航天科技图书出版基金资助出版

太阳系无人探测历程

第三卷：礼赞与哀悼（1997—2003 年）

Robotic Exploration of the Solar System
Part 3：Wows and Woes 1997—2003

［意］保罗·乌利维（Paolo Ulivi）
［英］戴维·M. 哈兰（David M. Harland）　著

杜　颖　邹乐洋　付春岭　逯运通　译

中国宇航出版社

·北京·

本书中文简体字版由著作权人授权中国宇航出版社独家出版发行，未经出版社书面许可，不得以任何方式抄袭、复制或节录本书中的任何部分。

著作权合同登记号：图字：01-2021-5016 号

版权所有　侵权必究

图书在版编目（CIP）数据

太阳系无人探测历程. 第三卷, 礼赞与哀悼:1997—
2003 年 / (意) 保罗·乌利维 (Paolo Ulivi)，(英) 戴
维·M.哈兰 (David M. Harland) 著；杜颖等译. -- 北
京：中国宇航出版社，2021.9
书名原文：Robotic Exploration of the Solar
System Part3:Wows and Woes 1997—2003
ISBN 978-7-5159-1973-7

Ⅰ.①太… Ⅱ.①保… ②戴… ③杜… Ⅲ.①太阳系
-空间探测-1997—2003 Ⅳ.①P18②V1

中国版本图书馆 CIP 数据核字(2021)第 186593 号

责任编辑 臧程程　　**封面设计** 宇星文化

**出 版
发 行** **中国宇航出版社**

社　址 北京市阜成路 8 号　**邮　编** 100830
　　　　 (010)60286808　　　(010)68768548
网　址 www.caphbook.com
经　销 新华书店
发行部 (010)60286888　　(010)68371900
　　　　 (010)60286887　　(010)60286804(传真)
零售店 读者服务部　　　　(010)68371105
承　印 天津画中画印刷有限公司

版　次 2021 年 9 月第 1 版
　　　　 2021 年 9 月第 1 次印刷
规　格 787×1092
开　本 1/16
印　张 30.75
字　数 748 千字
书　号 ISBN 978-7-5159-1973-7
定　价 228.00 元

本书如有印装质量问题，可与发行部联系调换

航天科技图书出版基金简介

航天科技图书出版基金是由中国航天科技集团公司于 2007 年设立的，旨在鼓励航天科技人员著书立说，不断积累和传承航天科技知识，为航天事业提供知识储备和技术支持，繁荣航天科技图书出版工作，促进航天事业又好又快地发展。基金资助项目由航天科技图书出版基金评审委员会审定，由中国宇航出版社出版。

申请出版基金资助的项目包括航天基础理论著作，航天工程技术著作，航天科技工具书，航天型号管理经验与管理思想集萃，世界航天各学科前沿技术发展译著以及有代表性的科研生产、经营管理译著，向社会公众普及航天知识、宣传航天文化的优秀读物等。出版基金每年评审 1～2 次，资助 20～30 项。

欢迎广大作者积极申请航天科技图书出版基金。可以登录中国宇航出版社网站，点击"出版基金"专栏查询详情并下载基金申请表；也可以通过电话、信函索取申报指南和基金申请表。

网址：http://www.caphbook.com

电话：(010) 68767205，68768904

序

　　旅行者 1 号离开地球 40 年了，向着太阳系边际飞行，已到达 200 亿千米以外的星际空间，成为飞得最远的一个航天器。与旅行者 1 号一起飞离太阳系的还有它携带的一张铜质磁盘唱片，如果有一天地外文明破解了这张唱片，将会欣赏到中国的古曲《高山流水》。地外文明何时可以一饱耳福呢？以迄今发现的最接近地球大小的宜居带行星开普勒 452b 为例，它距离地球 1 400 光年，而旅行者 1 号目前距离地球大约 0.002 光年。如果把地球与宜居行星之间的距离比拟成一个足球场大小的话，那么旅行者 1 号飞行的距离还不如绿茵场上一只蚂蚁迈出的一小步。这还是旅行者 1 号利用了行星 170 多年才有一次的机缘巧合、特殊位置的机会，进行了木星和土星的借力，飞行了 40 年才实现的。由此可见，对于人类的很多太空梦想，即使是一个"小目标"都很困难。航天工程是巨大的、复杂的系统工程，而深空探测更是航天工程中极其富有挑战的领域，它的实施有如下特点：经费高，NASA 的好奇号火星车，是迄今最贵的航天器，造价高达 25 亿美元；周期长，新地平线号冥王星探测器，论证了 10 年，研制了 10 年，飞行了 10 年，前后 30 年耗尽了一代人的精力；难度大，超远距离导致通信、能源这些最基本的保障成为了必须攻克的难题，飞到木星以远的天体已无法使用太阳能，只能采用核能源供电，或采用潜在的其他能源。

　　再来看看中国的深空探测的发展。在人类首颗月球探测卫星、苏联的月球 1 号发射将近 50 年之际，中国的嫦娥 1 号于 2007 年实现了月球环绕探测，2010 年嫦娥 2 号实现了月球详查及对图塔蒂斯小行星的飞掠探测，2013 年嫦娥 3 号作为地球的使者再次降临月球，中国深空探测的大幕迅速拉开。但同国外相比，我们迟到了将近 50 年，可谓刚刚起步，虽然步子稳、步子大，但任重而道远。以美国为代表的航天强国已经实现了太阳系内所有行星、部分行星的卫星、小行星、彗星以及太阳的无人探测，而我们还没有实现一次真正意义上的行星探测。

　　"知己不足而后进，望山远岐而前行。"只有站在巨人的肩上，才能眺望得更远；唯有看清前人的足迹，方能少走弯路。中国未来的深空探测已经瞄准了火星、小行星和木星探测，并计划实现火星无人采样返回。为了更可靠地成功实现目标，必须充分汲取所有以往的任务经验，而《太阳系无人探测历程》正是这样一套鉴往知来的书系。它深入浅出地详细描绘了整个人类深空探测发展的历史，对每个探测器的设计、飞行过程、取得的成果、遇到的故障都进行了详细的解读。如果你是正在从事深空探测事业的科研工作者或者准备投身深空探测事业的学生，此书可以说是一本设计指南和案例库；如果你是一名对太阳系以及航天感兴趣的爱好者，那此书也会给您带来崭新的感受和体验。

　　本书的引进以及翻译都是由我国常年工作在深空探测一线的青年科研人员完成，他们极具活力和创新力，总是在不断探索、奋进！他们已把对深空探测的热爱和理解都融入到这本书中，书中专业名词的翻译都尽可能使用中国航天工程与天文学领域的术语与习惯，具有更好的可读性。

　　纵然前方艰难险阻重重，但深空探测是人类解开宇宙起源、生命起源、物质结构等谜的金钥匙，是破解许多地球问题的重要途径，人类今后必须长期不懈地向深空进发，走出太阳系也只是第一步，而离走出太阳系仍很遥远。最后想说的是，通过阅读本书，总结人类这几十年来深空探测的历史，对从事深空探测的科学家和工程师实践的最好注解是 NASA 对他们三个火星车的命名：好奇、勇气和机遇。

2017 年 12 月

译者序

嫦娥任务发射期间,我们离开喧闹的城市来到了山沟里。晚上大家出来散步,脚边溪水潺潺,头顶繁星满天,挂在山峰附近的几颗星星似举手可摘。同事们畅谈理想,共同感慨宇宙的浩瀚和人类的渺小。遥远的星空总能引发人们藏在心底的理想,我们不例外,千百年来仰望星空的人们也不例外。星空的美好和神秘一直吸引着人类去探索,从古代的司天监、占星师,到近代使用望远镜观测天体的伽利略、徐光启,再到 20 世纪以来不断开拓的航天工作者。

深空探测就是近距离地去探索太空中的那一颗颗星星,是当今人类最恢宏、最美好的理想之一。我国航天事业奠基人钱学森先生认为,宇宙航行划分为两个阶段:第一阶段为航天,即冲出地球大气层,在太阳系的广阔空间内活动;第二阶段为宇航,即冲出太阳系,到银河系或更深远的宇宙空间内活动。第一阶段的航天探测方兴未艾,蓬勃发展。尽管无人深空探测还是一个年轻的领域,发展至今也不过 60 多年的时间,但是富有好奇心的人类探测器搭乘科技发展的快车已经遍访了太阳系内所有的行星。第二阶段的宇航尚停留在憧憬阶段,虽然各种时间旅行、宇宙航行的科幻作品层出不穷,但在基础物理学取得突破性进展之前还只能停留在想象之中。或许,若干年后,当引力、时间和光速的秘密终被揭开,我们的后代将真正实现宇航。我想他们应该会向这个时代的航天人致敬,感谢人类的先驱通过不断的摸索所开创的太阳系无人探测时代。

《太阳系无人探测历程》一书从航天历史的视角详细阐述了人类的无人深空探测历程。本书共计四卷,分别为《黄金时代》《停滞与复兴》《礼赞与哀悼》和《摩登时代》,您所拿到的是第三卷《礼赞与哀悼》。本卷讲述了从 1997 年到 2003 年之间实施的太阳系无人探测任务,相信读者从本卷的名字也能猜出这个阶段任务的特点——成功与失败并存,礼赞伟大的成功,哀悼不幸的失利。这是一段伟大的太阳系航行时代,卡西尼号探测器取得了诸多令人振奋的土星探测成果,勇气号和机遇号火星车成功巡视火星,机遇号甚至不可思议地在火星上行驶了 15 年之久;另一方面,这也是一段黑暗的太阳系航行时代,许多低成本的探测任务失败频发,"更快、更省、更好"的口号却获得了"更快、更省、更糟"的结果,引发了人们对低成本任务深深的质疑。与《黄金时代》和《停滞与复兴》阐述的航天时代不同,随着苏联的解体,其继任者没能扛起深空探测的大旗,突然淡出了深空探测的舞台。和大多数人所想的不同，深空探测最绕不开的话题不是科学目标，也不是航天技术，而是天文数字的研制经费，卡西尼号曾因耗资巨大险些被取消，多个低成本任务因为缩减成本而陆续失败。相信读者在读完本卷之后对深空探测任务背后这个无形的大手会有更深刻的认识。研制经费在过去、现在和将来都是深空探测任务一个无法回避的话题。

如前所述，本卷截止于 2003 年的发射任务，彼时月球和深空探测的舞台上还缺少中国人的身影，但仅仅 4 年之后，中国就发射了第一颗月球环绕探测卫星——嫦娥一号，开启了中国深空探测的新纪元；之后仅用了 14 年时间，中国就已经取得了月球环绕探测、小天体飞越探测、月球正面和背面着陆巡视探测、月球采样返回、火星环绕着陆巡视探测等巨大的成就，且均一次成功，这在人类深空探测史上是不可思议的。深空探测事业的背后是国家实力，中国深空事业的蓬勃发展也是国家国力向上、经济高速发展的缩影。未来，我们还将陆续实现第二次月球采样返回、月球极区探测、小天体采样返回、月球科研站建设、火星采样返回……中国人正在以自己的方式为世界的深空探测事业做出贡献；未来中国的深空探测者还将继续与全世界的同行一道，为宇宙空间的人类命运共同体贡献自己的力量。

我们是一群对月球和深空探测充满热情的航天工作者。一直以来，我们都希望拥有一套详细讲解全球深空探测历史的图书。2015 年一个偶然的机会，我们团队发现了保罗·乌利维博士的这套作品，并被其详尽的描述深深地吸引，同时我们也希望这套书能为更多的人提供知识和帮助。几经波折，最终在北京空间飞行器总体设计部和航天科技图书出版基金的支持下，我们进行了本系列图书的翻译工作。所有译者都是参与中国月球和深空探测任务的一线设计师，虽然我们对于月球和深空探测器的研制熟稔于心，但本书的翻译确实是一项极具挑战性的工作。对于书中不易理解的内容，我们通过翻阅资料，与保罗·乌利维博士进行充分的沟通，确定了最终的翻译稿。我们不是专业的译者，但依然想竭力做到信、达、雅。由于水平有限，翻译可能会有不当之处，还请读者见谅。在此，向本书的作者保罗·乌利维博士表示感谢，对本书译者所在单位北京空间飞行器总体设计部的大力支持表示感谢，对参与本书翻译工作的黄晓峰、李飞、李炯卉、何秋鹏、温博、强晖萍、赵洋、李莹、谢兆耕、郭璠表示感谢。

深空探测事业是人类发展的必由之路，虽然曾经有过犹豫、彷徨甚至步履维艰，但是历史的车轮始终向前滚动，人类必将不断克服困难，取得深空探测上一个又一个成功。荀子曰："不登高山，不知天之高也；不临深溪，不知地之厚也。"译者云："不探深空，不知宇宙之深邃也"。

译 者

2021 年 7 月于北京航天城

原书序

应邀为保罗·乌利维、戴维·M. 哈兰所著的杰出系列丛书《太阳系无人探测历程》的第三卷作序，我感到十分荣幸和高兴。空间探测是我一生的挚爱，而我也非常幸运可以将这份热爱付诸我在喷气推进实验室（Jet Propulsion Laboratory，JPL）的工作。我相信，对于想要了解非凡的行星际冒险经历的读者来说，本系列丛书的前两卷已经成为重要的知识来源。即使不为了其他原因，应邀写作卷首语将让我可以最早读到这本我殷切期待的第三卷，并且就像我所希望的那样，这是本系列丛书的绝佳新作。

这一卷涵盖了另一段人类利用机器人探测器将我们的触角延伸到太阳系的非凡时期，讲述了两次有史以来最令人赞叹的任务的广博历史。本卷始于卡西尼号。虽然研发历程艰辛，但是它在将近 8 年的时间里非常平稳地环绕土星运行，这次任务完成了许多雄心勃勃的目标，揭示了土星环、各种各样的卫星以及土星自身的本质。对于卷中的所有项目，本卷以丰富的细节描述了研制与运行中应对工程挑战时随机应变的解决方案和积累的科学成果。当我们跟随这段在太阳系内对土星系统进行细致探测的旅程时，就好像在读机器人探测器自己的日记。

本卷结束于勇气号和机遇号两辆火星车。对这两辆火星车在火星表面的旅程进行了详细描述，与卡西尼号部分一样丰富，其中包括探测器的所为和我们的所获。它们之前的那些没能突破概念研究或者止步于地面技术验证阶段的火星任务在提醒我们，那些真正进入太空的探测任务只是人类为了探测太阳系所付出的富于创造性的努力中的一小部分。

在这些任务之间，本卷还记录了其他所有任务，每个任务的介绍中都包括了任务目标与约束条件、问题与解决方案、成就与失望。它们虽然彼此不同，但它们都一样雄心勃勃。有的目标是进行一次大型的复杂任务，比如卡西尼号，而有的是以较低的成本尝试实施有价值的、富有成效的任务，比如深空 1 号、星尘号、隼鸟号以及其他一些任务。

在本卷覆盖的时间跨度内，我为深空 1 号工作了超过 7 年。我的工作始于参加形成新千年计划的第一次会议，那时它还只是一个模糊不清的概念，目的是测试专门用于行星际任务的高风险先进技术，这样后续任务可以从中受益，而无需承受首次使用的成本和风险；我的工作结束于 2001 年同意发送指令结束深空 1 号的运行。我饶有兴致地阅读本卷中关于我们在这个项目中的经历，我们不仅学到了如何将这些前沿的、来自其他国家的技术整合到一个探测器上，而且学会了怎么在飞行任务中使用它们。在 11 个月的任务成功结束后，为了对整个系统进行全面评估，我们确立了一个完全不同的任务目标。在没有其他技术目标，并且也不再是新千年计划的一部分的情况下，深空 1 号被用于进行彗星科学探测。在这个两年拓展任务的早期，由于一台使用传统技术的星敏感器失效，我们失去了唯一的三轴姿态测定手段，导致我们面临着在轨运行团队能够遇到的最令人气馁的困难。即便每个人都认为这台设备的失效是灾难性的，而探测器既然已经超额完成了主要任务目标，那么应当就此退役，但是我的团队仍然进行了一次漫长而异常艰辛的拯救。成功地重新获得完整的姿态控制能力使我们得以获得美国国家航空航天局（NASA）的第一张彗核近景图像以及其他数据。本卷让我再次感受到了那次冒险时的激动心情。

　　虽然俄罗斯在这个时间段内并没有进行任何深空飞行，但是探索太阳系的国家也并不只是美国。除了大多数项目中的国际合作以外，欧洲和日本也领导了令人赞叹、兴奋的任务，这些任务也是这个故事的重要部分。那时我以极大的兴趣和对成功的期望关注所有这些任务的进展，不论我在其中的贡献是大是小，甚至没有贡献，我都被本卷中描述的任务细节深深吸引了。这些内容经过了充分的调研和记录，配有大量引用文献，因而阅读本卷不仅是了解发生过什么（在很多情况下，什么事情都没有发生）的最佳途径，还可以了解发生的方式和原因。

　　在我继续努力揭示太阳系更多的奥秘，并以浓厚的兴趣关注所有太阳系探测活动的同时，我也非常期待这个系列丛书的新作。

马克·D. 雷曼

喷气推进实验室，加利福尼亚

2012 年 4 月

自　序

　　《太阳系无人探测历程》丛书第二卷内容结束于 1996 年的发射，对当时已经在轨飞行的任务直至完成之前的全过程进行了讨论。第三卷覆盖了从 1997—2003 年短短 7 年期间的发射任务，主要包括有史以来成果最为丰硕的两个行星探测任务：卡西尼号和两台姊妹火星巡视器。这是一段繁忙的时期，频繁地发射了一次旗舰级任务和许多低成本任务，但同时这也是一段失败频发的时期，导致了对低成本路线的怀疑，并最终导致从根本上放弃了这一路线。苏联曾是这套系列丛书前几卷中的重要组成部分，却在这一段时间内销声匿迹，但是它通过提供科学载荷、有价值的实施经验以及"发射服务"为其他国家的成功做出了贡献。在这一时期另一个值得注意的事情是多个低成本采样返回任务的实施，这些或成或败的任务从彗星、小行星以及我们的恒星（译者注：原文如此）带回了样品。

　　本卷中描述的两个最成功的任务在写作本卷时仍在运行并传回数据。不幸的是，这意味着它们的历史是不完整的，它们的探测活动获得的很多结果，特别是最新的结果，现在还无从知晓或者不得不被认为是非常初步的。

　　在本卷和系列丛书的下一卷中，我对于囊括哪些任务进行了武断的筛选。特别是，我没有考虑任何太阳观测任务和那些停留在日地系统拉格朗日点上的任务，只有起源号（Genesis）是个例外，因为它是一个采样返回任务，而且它其实是一系列小型行星任务的一部分。此外，我选入了斯皮策空间望远镜任务，因为它的轨道与深空探测器的太阳轨道相似。

保罗·乌利维

图卢兹，法国

2012 年 4 月

致　谢

照例，我必须要感谢许多人。首先，我必须感谢我的家庭对我的支持和帮助。其次，我也要感谢米兰理工大学（Milan Politecnico）航空工程系的图书馆和互联网论坛成员提供的极大的帮助。特别感谢所有为本卷提供文献、信息以及图片的人，包括乔瓦尼·阿达莫里（Giovanni Adamoli）、布鲁诺·贝尔托蒂（Bruno Bertotti）、彼得·R. 邦德（Peter R. Bond）、安德烈·卡鲁西（Andrea Carusi）、菲利普·科内尔（Philip Corneille）、道恩·戴（Dwayne Day）、布莱恩·哈维（Brian Harvey）、科林·皮林格（Colin Pillinger）、大卫·S. F. 波特里（David S. F. Portree）、帕特里克·罗杰-罗维力（Patrick Roger-Ravily）、因戈·里克特（Ingo Richter）、安妮·玛丽·希珀（Anne Marie Schipper）、约翰·T. 斯坦伯格（John T. Steinberg）、保罗·托尔托拉（Paolo Tortora）、吴强洙（Vu Trong Thu）和吉川真子（Makoto Yoshikawa）。如果我无意中漏掉了谁，我表示歉意。我还要感谢我的朋友们在我的职业生涯发生重大变化的这段时间内给予我的帮助，系列丛书的上一卷和这一卷之间相隔了 4 年也与此相关。除了在第一卷中已经提到的人以外，我还想感谢西蒙娜（Simone）、劳拉（Laura）、多梅尼科（Domenico）、丽塔（Rita）、安娜丽莎（Annalisa）、特蕾萨（Teresa）、马里奥（Mario）、卡洛（Carlo）、马克森特（Maxent）、维杰（Vijay）、本杰明（Benjamin）、克里斯托夫（Christophe）、罗迈因（Romain）、芙洛拉（Flora）、亚历山德拉（Alexandra）、达米安（Damien）、西里尔（Cyril）、布萨德（Boussad）以及我在梅斯（Metz）、洛林（Lorraine）和图卢兹（Toulouse）工作时有幸与之共事的来自全球各地的同事们。

我必须感谢戴维·M. 哈兰（David M. Harland）在主题检查和扩展方面给予的支持，同时感谢普拉克西斯（Praxis）出版社的克莱夫·霍伍德（Clive Horwood）和斯普林格（Springer）出版社的工作人员，特别是莫里·所罗门（Maury Solomon）所给予的帮助与支持。我必须感谢马克·D. 雷曼（Marc D. Rayman）为我作序、校对并为深空 1 号任务章节提供了第一手意见。

尽管我已经设法确定了大部分图像和照片的版权持有者，但仍有一些对于故事说明很重要的图片无法确认，我还是使用了它们并且尽可能保持完整；若造成了任何不便，我深表歉意。

目　录

第 8 章　最后的旗舰

8.1　重回土星

在先驱者 11 号探测器正在奔向土星，一对孪生的水手号木星-土星（即后来的旅行者号）任务正处于研制阶段的时候，美国开始研究可行的轨道探测任务，以跟进对这颗具有光环的行星的快速勘测。

1973 年 NASA 的艾姆斯研究中心（Ames Research Center）曾提出过一些利用一些当时正在为了携带探针的先驱者号金星和木星轨道器（即后来的伽利略号）而研发的技术，对土星、土星系和神秘的土卫六（Titan）进行探测的初步任务建议。1975 年国家研究委员会（National Research Council）的空间科学理事会（Space Science Board）建议开发一种轨道器，对土星及其卫星和土星环进行深入探测。

几乎同时，艾姆斯与马丁·玛丽埃塔公司（Martin Marietta Corporation）签订了合同，对土卫六探测的详细概念设计和系统架构进行评审。当然，土卫六作为太阳系中仅次于木卫三的第二大卫星，在此之前只能通过地面望远镜进行观测，除了在 1943 年的光谱分析中得知土卫六的确有大气、大气中存在甲烷并且非常有可能存在其他复杂的碳氢化合物之外，对其大气层知之甚少。如果是这样的话，那么土卫六的环境将与原始地球的环境相似[1]。

对许多可能的任务进行了研究，包括能够根据所遇到的大气密度，自行"决定"用降落伞降低速度，还是用制动火箭减速的自适应穿透器。另一个可能的任务包括轨道器和着陆器，首先进行轨道探测研究，之后进行大气减速并实施软着陆。

还有一些奇妙的想法，包括携带氧化剂的热气球，到达土卫六后点燃周围的甲烷。土卫六气球也是欧洲研究的焦点。1978 年法国科学家雅克·布拉芒（Jacques Blamont）提出了土卫六太阳能热气球。此外，布拉芒还参与了法国-苏联联合研制的金星黎明女神气球（Eos balloon）[2]。

土卫六探测研究中最传统的方案是一个专用的轨道器和一个类似于海盗号的着陆器（其有效载荷与火星探测器相似）[3]。土星轨道器和土卫六着陆器任务也是 1976 年喷气推进实验室公布的一项研究，该研究是高可见度行星任务"紫色鸽子（Purple Pigeons）"计划的一部分[4]。采用航天飞机和四级火箭的最早发射时机在 1985 年，航天器在 1990 年到达土星。对土卫六知之甚少极大地增加了着陆器的设计难度。不过土卫六相对较小的质量和大气将有助于实现软着陆，当时认为其大气密度在地球的 20% 至 100% 之间。土卫六表面可能存在不流动的液态碳氢化合物，所以需要着陆器能够悬浮[5]。

　　随着 1980 年和 1981 年旅行者号的飞掠，对土星和土卫六的深入探测成为科学上的焦点，部分是因为这些飞掠探测所展示的成果，而主要是因为这些飞掠探测所未能揭示的谜团。特别是作为旅行者 1 号任务主要动力之一的土卫六近距离飞掠，未展示出这个已证实为烟雾笼罩的天体表面的任何细节。与金星一样，除了大气中一些瞬息变化的细节外，土卫六在旅行者号的相机中是毫无特色的球体。为了发现迷雾之下的真相，需要一台与正在研制的金星轨道成像雷达（后来的金星雷达成像仪）类似的成像雷达。此时，NASA 的研究倾向于实施类似于伽利略号的任务对土星进行探测，可能装备一对大气探测器：一台探测土星，另一台探测土卫六。几乎同时，科学应用国际公司（the Scientific Application International Corporation）对土星和土卫六的探索任务开展了为期 6 个月的研究。研究结果在 1983 年夏季的一次专题会上作了发布，它提出了包括两个土卫六轨道器、一个土卫六飞掠平台、一个大气探测器和穿透器、一个用于测量上层大气的火箭、三个小气球和一个大气球（或一个小飞艇）等多个飞行器的任务设想。类似伽利略号的轨道器能够被土卫六大气捕获[6]。大气捕获轨道机动大概是由法国航天先驱罗伯特·埃斯诺-佩尔特里（Robert Esnault - Pelterie）在 1929 年首先提出的。其中包括飞行器到达时尽量深入目标大气以消耗掉大部分动能，同时消耗极少的推进剂（基本上仅用于姿态控制）。到达捕获轨道的远拱点时，将通过一次较小的轨道机动把近拱点抬高至大气层外。虽然多年来有许多的任务提出过大气捕获技术，但这种技术尚未在实际中得到验证。

　　同样在 20 世纪 80 年代早期，巴黎默东（Meudon）天文台的丹尼尔·戈蒂埃（Daniel Gautier）建议法国和美国采用与联邦德国和美国共同研制携带探针的伽利略号木星轨道器相似的方式联合研制土星轨道器。由于这个联合任务将非常昂贵，戈蒂埃和德国马克斯·普朗克（Max Planck）研究所的叶永烜（Wing - Huan Ip）在 1982 年将各自独立的土星探测想法融合，并联合 27 位研究人员向欧洲空间局（ESA）提交了联合提案，呼吁开展科学探测任务。如果得到批准，预期该提案将成为美欧联合任务的基础。欧洲和美国之间研究的联系是由夏威夷大学（University of Hawaii）的托拜厄斯·欧文（Tobias Owen）发展起来的。为了发挥每位合作伙伴的专业特长，当时设想 ESA 研制轨道器，NASA 研制土卫六探测器。ESA 从未研制过进入大气的飞行器，在这方面的专业知识极为有限。提案被命名为卡西尼（Cassini），以纪念 17 世纪的意大利-法国天文学家乔凡尼·多美尼科·卡西尼（Giovanni Domenico Cassini），他致力于研究土星、土星的卫星和土星环，并在此过程中发现了土卫八（Iapetus）、土卫五（Rhea）、土卫四（Dione）和土卫三（Tethys），以及土星环包含一个窄缝的事实，该窄缝现在被称为卡西尼环缝（Cassini division）。

　　20 世纪 80 年代初，太阳系探测委员会（Solar System Exploration Committee）发布了美国至少未来 10 年的行星探测规划报告。如前一卷所述，委员会建议实施 4 次核心任务：金星雷达测绘，火星星球科学/气象学轨道器，彗星交会/小行星飞掠（Comet Rendezvous/Asteroid Flyby，CRAF）以及土星轨道器、土卫六探测器和雷达测绘任务[7]。与太阳系探测委员会研究并行，欧洲空间基金会（European Space Foundation）和美国国

1976 年"紫色鸽子"土卫六着陆器

家科学院（US National Academy of Sciences）成立了联合工作组，探讨美欧合作进行行星探测任务的可行性。该工作组提出了土星轨道器，其任务概念和科学目标基本复制了卡西尼提案的内容。最初为节约成本，打算将伽利略号探测器的备份用于土星轨道器，虽然当时伽利略号探测器尚未在轨飞行，但是对其能力具有较高的期望。之后的方案变为，由美国提供的探测器将释放一个由欧洲提供的短期生存的轻型土卫六大气探测器。轨道器已经具有了一个探测器固定装置、一个探测器数据中继系统以及一个用于科学观测的大容量数据存储器。轨道器改造后可以进行类似于先驱者号金星任务的雷达测绘。联合工作组的报告设想该任务在 1990 年 2 月发射，并于 8 年后到达土星。在行星际巡航期间，探测器将对小行星（830）彼得罗波利塔纳（Petropolitana）和小行星（250）贝蒂（Bettina）或其他可能的小行星进行飞掠探测[8]。

　　然而，在太阳系探测委员会的报告中却表示不太可能重新使用伽利略号探测器，而是更倾向于使用标准化的、低成本的水手Ⅱ型探测器平台。采用这种平台的第一个任务将是 CRAF，而卡西尼号很快成为该系列中可能的第二次任务。原则上，这个决定有助于减少任务成本，但也将任务的批准推迟到 20 世纪 80 年代末，并且实际上 CRAF 的批准要比它的批准优先级更高[9]。

　　JPL、ESA 技术中心（ESA Technological Center，ESTEC）及欧洲空间运营中心

（European Space Operation Center，ESOC）开展了技术评估。但是 ESA 不大情愿签署一份 NASA 尚未承诺的联合任务，当然 NASA 近期单方面取消国际太阳极地任务中美国的部分任务的举动也让 ESA 更加疑虑。1983 年，对卡西尼和另外一项提案进行了评估。1985 年再次征集了一些候选任务。这些任务包括灶神星（Vesta）小行星和彗星任务以及彗星大气交会和采样返回任务（Comet Atmosphere Encounter and Sample Return，CAESAR）。虽然对卡西尼号的评价一直高于其他任务，但该任务是否能被批准取决于 NASA 的承诺[10]。

1986 年，美国国家研究委员会将对土星及其系统的深入研究列为探索外太阳系行星的首要任务。

JPL 于 1987 年总结了其初步的卡西尼任务"A 阶段"研究。计划于 1994 年 5 月由航天飞机发射，然后由半人马座上面级推进至周期 3 年、远日点位于小行星带内的轨道，在远日点探测器将进行一次深空机动降低近日点，并准备于 1997 年 6 月飞掠地球。这次近地飞掠将使它获得奔向土星所需的能量，并将于 2002 年抵达土星。探测器第一次飞往太阳和随后飞往土星的巡航阶段有大量飞掠机会，包括小型天体、中等大小的天体以及 115 km 的小行星（24）特米斯（Themis）的飞掠。与 NASA 的策略一致，对巡航过程中的机遇目标将持续进行"分段的"小行星探测。

20 世纪 80 年代末提出的采用水手 II 型平台的卡西尼号

基本任务设计要求对土星系进行为期四年的探测，包括与土卫六和其他冰态卫星进行数次交会，在磁层尾部遥远轨道和极轨进行极光的粒子和场的研究，以及当轨道器经过土星环之后进行具有较高科学价值的无线电掩星实验。除了极轨和由于土星质量相对较小而导致的较短的公转周期外，此次任务设计与伽利略号轨道器在木星系中的"迷你之旅（mini tour）"类似。欧洲研制的由电池驱动的土卫六探测器将在轨道器完成土星捕获、到达近拱点 10 天前释放，进入土卫六拦截轨道。探测器将以约 6 km/s 的相对速度，在 500 km 的高度进入大气。上层大气的环境压力极小，但随着大气密度的增大，压力会迅速增加，几百千米之后探测器的水平速度将被消除。在约 175 km 的高度，探测器将减速至亚声速，抛除已经完成使命的防热背罩后打开降落伞，开始缓慢下降。在地球上，一般认为这个高度上的环境是空间环境，但在土卫六，由于低重力，这个高度上已经有足够的空气。探测仪器将开始研究大气的结构和组成。在着陆器下降过程中，监测着陆器传输的无线电信号多普勒频移（与伽利略号的大气探测器类似）可以测量出风的速度和动态变化。随着密度和压力迅速增加，将抛除降落伞并换为一个小伞（或者可选择自由下落），以在合理时间内到达土卫六表面。整个下降过程持续约 3 h。探测器预期能够在约 4 m/s 的撞击下存活，并开展短暂的表面探测任务。由于无法知晓表面的环境如何，探测器必须被设计为适应各种条件，包括溅落在碳氢化合物的海洋中。由于能源和数据传输速率的限制，探测器无法直接对地球建立通信链路，轨道器需要一个天线专门接收探测器数据并转发至地球。当轨道器在 1 000 km 高度经过土卫六并降至探测器所在位置的地平线以下时，这次表面探测任务即宣告结束[11-12]。

8.2　选择和缩减

卡西尼号的甄选过程漫长而复杂，ESA 于 1982 年发布了最初的项目建议征集书，6 年后才选择了卡西尼号，20 世纪 90 年代实施，并在 21 世纪初抵达土星。考虑到 20 世纪 80 年代美国行星探测和空间科学的难度，以及挑战者号航天飞机事故的影响，那么 ESA 实际上是第一个投入到这项任务之中的机构就不令人感到惊讶了。1988 年 11 月 25 日，在击败灶神星（Vesta）小行星和彗星任务、轨道射电望远镜、紫外望远镜和伽马射线天文任务四个竞争项目后，土卫六探测器被选择为地平线 2000 计划中的第一个中型任务。为纪念 17 世纪荷兰天文学家克里斯蒂安·惠更斯（Christiaan Huygens），探测器以他的名字命名，他发现了土卫六并第一个用环绕土星的扁平环解释了土星神秘多变的外表[13]。由于项目还未获得批准，NASA 对水手 II 型探测器平台及其前两项计划任务进行了一系列"概念"研究。最后，为使计划更容易获批，NASA 在 1988 年预算中将 CRAF 和卡西尼号作为一个项目提出，但直至 1989 年 11 月才在削减预算的情况下获得了批准。

由于计划安排，作为任务基线的 1994 年航天飞机发射不再可能，同时也是因为挑战者号的灾难，半人马座上面级也不再能在航天飞机上搭载。任务换为大力神 IV 型运载火箭发射，大力神 IV 型运载火箭是国防部为发射其最重的有效载荷而建造的，也是当时武器库中最强大、最昂贵的火箭。确定了 3 个发射机会，除多次飞掠金星或地球外，还需飞掠木星。最早的发射机会为 1995 年 12 月，第二个发射机会为 1996 年 4 月，最后的发射机会为 1997 年。后来决定瞄准 1996 年的发射机会。发射之后，卡西尼号将于 1997 年 3 月在一条日心轨道上与 80 km 大小的主带小行星（66）光神星（Maja）交会，并于 1998 年 6 月回到地球附近进行借力，2000 年 2 月将在距离 350 万千米处飞掠木星，并于 2002 年 10 月到达土星。

1990 年 9 月公布了有效载荷，在此之前已经开始对硬件进行详细的工程化研究。与之前的联合任务不同，由于资金和管理程序不同，这两个航天机构决定分别选择探测仪器。特别地，ESA 继续以为项目提供资金支持的成员国的利益为考量进行载荷选择；NASA 则继续自行选择，并为仪器和实验提供资金。这种管理方案运行良好，适用于未来所有的美欧联合任务。

卡西尼号探测器的飞行控制位于 JPL 的专用支持区，惠更斯号的飞行控制室则位于慕尼黑附近达姆施塔特（Darmstadt）的欧洲空间运营中心，但所有的惠更斯号探测器的指令将传输到 JPL 后，通过其深空网（Deep Space Network）发送。

为适应卡西尼号任务，水手 II 型探测器必须具备两个扫描平台，一个搭载高精度指向的遥感仪器，如相机和光谱仪，另一个配备转速为 1 r/min 的转盘，为质谱仪、尘埃和等离子探测器、等离子波传感器等提供尽可能宽的覆盖范围。磁强计将具有专用悬臂[14-15]。

首次计划变更出现在 1991 年，将卡西尼号的发射日期提前到 1995 年，在 CRAF 之前发射，而 CRAF 将于 1996 年 2 月开始执行任务。在新计划中，卡西尼号将分别利用金星和地球各进行 1 次借力，并在去往木星的途中与 38 km 大小的小行星（302）克拉丽莎（Clarissa）交会。但这个计划并未制订多久，两个任务就都被推迟到了 1997 年发射，并且削减了预算（削减后的总成本为 18.5 亿美元）。CRAF 将于 4 月发射，卡西尼号将于 10 月发射。如果卡西尼号需要一次至关重要的木星借力，发射时间就不能再次推迟。对 ESA 而言，计划推迟增加了整个任务的成本，但却在实际硬件结构制造之前提供了更多的工程研究时间。几个月之后，CRAF 的主要合作伙伴 NASA 和德国航天局共同决定取消此项任务。对于 NASA 来说，这一决定减轻了财政问题，使其能够确保同样处于危险边缘的卡西尼号任务的进行，而德国由于近期的国家统一造成了大量财政问题，对这一决定也非常高兴。CRAF 的取消事实上扼杀了水手 II 型探测器平台的概念[16]。

面对不断升级的成本，1992 年 4 月决定取消卡西尼号的扫描平台，以节约 2.5 亿美元经费，将扫描平台上的所有仪器，包括接收惠更斯号探测器的信号的天线，都安装在固定位置。这使得惠更斯号探测器的数据不能实时转发至地球，只能先存储在探测器上，并于事后回放。为克服固定安装的限制，分别为三台仪器提供了执行机构，使它们能够单独旋转。这项新设计将使得观测计划变得复杂，并降低任务的效率，因为卡西尼号将为使其仪器面向独立的目标而调整姿态，并将数据在轨存储。所以迫切需要一台大容量的数据存储器。在完成观测后，卡西尼号必须把天线指向地球传输数据，类似麦哲伦号金星雷达成像仪的工作方式。此外，由于探测器最大角速度仅是原设计的高精度扫描平台的 1/18，排除了在极近距离飞掠时跟踪目标的可能性。但是从另一个角度来说，这一决定使得卡西尼号在 NASA 整体面临严重的财政危机，而空间科学领域尤为明显的情况下得以幸存。

　　另一项节约成本的措施是将大部分飞行软件的全面开发推迟到发射之后。虽然这将给人一种"大量工作人员维护着在太空中工作相对较少的探测器"的印象，但这将在其他研发需要投资的时候节省资金。更重要的是，这种方式允许团队在飞行经验中学习，而不是处理和纠正在轨异常。当然，探测器上的两套系统，即姿态控制系统和指令及数据处理系统，必须具备足够的能力满足探测器发射、巡航导航、轨道修正、硬件维护和有效载荷校准的要求。作为此项决定的后果，在穿越小行星带时未安排交会目标，且除非获得专项资金，在行星借力过程中得到的科学数据将微乎其微。在最坏的情况下，计划仅在土星轨道入射前 6 个月的 2004 年年初才开始科学观测。

　　尽管如此，卡西尼号任务在 1992 年和 1993 年还是受到了巨大的预算压力。在取消扫描平台之前，任务经费预计为 16.8 亿美元。到 1993 年 11 月，在进行了旨在使其更具有"成本效益"的重组活动之后，任务经费总额削减至 9.76 亿美元。同样在 1993 年，NASA 和意大利航天局（Agenzia Spaziale Italiana，ASI）签订了机构之间的协议，并在第二年转为政府间协议，帮助 NASA 降低了部分成本。结果，意大利在任务中的最终贡献包括高增益天线和低增益天线组件、大部分射频系统、半部土卫六成像雷达以及可见光和红外成像光谱仪的可见光通道。即使这样，任务还是在 1994 年险些被取消。当时，NASA 的管理部门强调采用"更快、更省、更好"的小型任务概念，这类任务将以区区几亿美元的成本产生一流的科学成果。卡西尼号被嘲笑为过时的探索行星的方法，利用大型"旗舰"探测器，涉及如此多的仪器和实验（和专业），以至于无法承受失败［NASA 局长丹尼尔·戈尔丁（Daniel Goldin）把卡西尼号比作太空堡垒卡拉狄加（Galactica）］。卡西尼号任务没有被取消，很大程度上要归功于它的国际化。到此时为止，ESA 已经向惠更斯号探测器投入了大约 3 亿美元，并已经开始硬件集成和测试。ESA 负责人吉恩-马利·卢顿（Jean‐Marie Luton）在写给美国副总统艾伯特·戈尔（Albert Gore）的信中强调，欧洲认为"美国单方面撤出合作的任何预期都是完全不可接受的"。而且这种行为"将引发对美国作为合作伙伴的可信度的质疑"。他暗示了对包括国际空间站在内的大量联合项目的影响。尽管没有了任务撤销的压力，但美方资金进一步削减至 7.55 亿美元。作为"最后一只恐龙"，卡西尼号在 1995 年美国国会的撤销提案中再一次幸免于难。

　　在频繁的"缩减"活动中，轨道器最终取消了固定中继天线，意味着将使用高增益天线接收土卫六探测器发射的信号。另一项节省成本的决定是使用一套闲置的旅行者号宽视场相机光学系统[17-18]。为了给卡西尼号提供能源，必须制造三台新的 RTG（放射性同位素热电源）。由于缺乏应用，美国已经停止生产 RTG 级低辐射高热输出的氧化钚，需要专为卡西尼号任务而恢复生产。如果实现 1997 年的发射窗口具有风险，那么使用一个旧的闲置的尤利西斯号的 RTG 可作为最终的手段。

　　任务的全部成本最终估计为 33 亿美元，包括运载火箭、在轨运行和国际捐助。轨道器及其仪器的开发和研制估计花费 14.22 亿美元，运载火箭成本约 4.27 亿美元，其他成本包括 RTG 供电系统和深空网支持至 2008 年 9 月的费用。ESA 在任务中提供了 5 亿美元，意大利也提供了 1.6 亿美元。

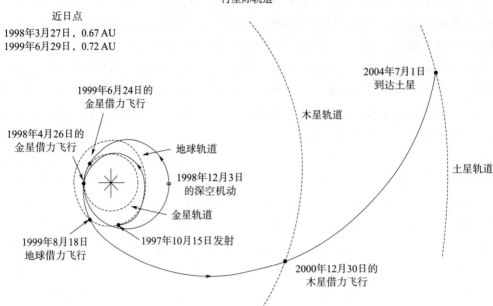

卡西尼号利用金星和木星从地球到达土星的迂回旅程

经最终批准，这个将于 1997 年 10 月发射的复杂任务中将分别在 1998 年和 1999 年进行两次金星飞掠，相对较近的近日点距太阳约 0.67AU，这将对探测器加载在整个任务中所能承受的最大热负荷，1999 年 8 月将飞掠地球，在世纪之交将以较远的距离飞掠木星，最终于 2004 年 11 月到达土星。任务基线是采用标准的大力神Ⅳ号运载火箭。不过美国军方正在通过将两个固体推进剂助推器的金属外壳更换为更为轻质的碳纤维复合材料，研制一种动力更强劲的升级版运载火箭，如果研制成功，NASA 将使用这种火箭发射卡西尼号。使用升级版火箭发射使得卡西尼号探测器可以携带更多的推进剂，并将到达土星的日期提前到 2004 年 7 月。卡西尼号从水手Ⅱ型探测器上继承的贮箱的尺寸适用于对推进剂装载量需求更大的 CRAF 任务，所以新增推进剂无需对贮箱进行更改。另外，探测器在轨飞行期间交会的卫星将增加 1 倍。

8.3　旗舰

卡西尼号的发射质量约 5 650 kg（与引用文献中的质量稍有不同），包括超过 3 t 的推进剂和 320 kg 的惠更斯号探测器。轨道器干重约 2 125 kg，是美国离开地球轨道的无人探测器中最重的。只有苏联和俄罗斯发射的福布斯和火星 8 号的质量超过 6 t，比卡西尼号更重。

轨道器具有 6.8 m 高的堆叠结构，由装有主发动机和 RTG 的下仪器舱、装有贮箱和管路的长推进舱、采用 20 世纪 60 年代初 JPL 为水手-R 金星任务研制的 12 面电子平台结构的上仪器舱以及高增益天线组成。与堆叠结构相接的是遥感仪器底座、粒子和场仪器底座以及惠更斯号探测器及其支撑硬件和释放分离机构。其他仪器底座均与上仪器舱连接，包括雷达支架以及射频和等离子体波天线和仪器。从上仪器舱伸出的长悬臂装有磁强计。堆叠结构底部安装的 3 台 RTG 能够在任务初期提供 816 W 的输出功率，在标称任务末期降至 641 W。电源将以 30 V 直流电的形式分配给所有用户。

　　推进系统由洛克希德·马丁公司提供。堆叠结构底部安装了一对冗余的 20 世纪 60 年代的主发动机，具有独立的管路和万向接头，能够将其 445 N 的推力器指向 2 个坐标轴 25°内的任意方向。这是第一次在深空任务中使用冗余的主发动机，探测器能在地面不进行干预的情况下，在 10 min 之内完成主发动机切换。发动机使用自燃的一甲基肼和四氧化二氮，贮箱占据了整个探测器一半的长度。喷嘴覆盖一薄层耐火陶瓷，这层陶瓷非常脆弱，易被微流星体尘埃撞击。陶瓷上的小撞击坑会导致推力器壁烧穿，引起发动机失效。因此发动机安装了保护罩，能够多次开合完成点火，如果无法打开可以将其抛弃。发动机在新墨西哥州白沙（White Sands）试验场进行了大量测试，整整 200 min 的点火为发动机的任务应用扫清了道路。两套冗余的具有 132 kg 肼氨增压贮箱的独立推进系统为 16 个 0.1 N 和 8 个 1 N 的推力器提供推进剂。推力器分组安装在下仪器舱周围，提供平行于主轴方向和垂直于主轴方向的推力，用于小的速度修正和姿态控制。姿态控制系统保证探测器三轴稳定，将天线指向地球进行通信，在交会和数据采集阶段将仪器对准目标。一般采用三个反作用轮加一个备份进行姿态控制，以提供高稳定度的平台。不过在探测器飞掠土卫六需要快速旋转进行雷达扫描时使用了精度不高但推力更大的推力器。姿态确定将使用 3 个冗余的惯性平台完成，每个惯性平台配备 4 个固态陀螺仪，以及能够同时跟踪 5 颗恒星的宽视场星敏感器。在安全模式和其他应急事件中，由太阳敏感器实现粗姿态确定。姿态控制系统还包括一个纵轴加速度计，用于确定发动机点火时的关机时间。

　　上仪器舱包括电子和电气设备。其中的指令和数据分系统接收来自地球的指令，对其进行验证和处理，发送给科学有效载荷和其他分系统。同时也接收数据并处理、格式化、编码并准备向地球传输。电子设备进行了许多技术升级，固态开关代替了继电器和保险丝，两台冗余的固态数据存储器代替了盘式磁带记录仪，每台固态数据存储器能够存储 1.8 Gbit 的数据。直径 4 m 的高增益天线由 ASI 提供，是空间应用中最大的非展开天线。天线由碳复合铝蜂窝材料制成，尽管尺寸较大，但质量仅 100 kg。天线的设计尤其困难，因为不仅要求其在土星−200 ℃温度下作为天线工作，而且需要其在任务早期作为遮阳板，在此期间温度将达到 180 ℃。一个低增益天线与高增益天线馈源并置，另一个安装在惠更斯号探测器支撑结构下方。低增益天线在主天线无法指向地球时使用，即在行星际巡航阶段早期位于地球附近及主天线用作遮阳板时使用。高增益天线馈源还安装了一台 S 频段接收机，接收惠更斯号在大气进入过程中发送的信号。任务使用了 4 个不同频段的遥测，在天线馈源处需要一台复杂的选择性反射器。四个频段中，Ka 频段系统将用于包括尝试引力波探测在内的高精度射频实验，有特殊的稳定性要求。任务中大部分时期使用 X 频段，配备了 20 W 功率的冗余放大器。当使用深空网的 70 m 天线接收时，X 频段遥测最大数据传输速率为 116 kbit/s，若用 34m 地面天线接收则遥测最大数据传输速率为 36 kbit/s。热控大部分为被动热控，用黑色和金色隔热层包覆探测器大部分本体。仪器舱在需要时通过自动驱动金属百叶窗向空间辐射热量。电加热器和放射性同位素加热器用于在严酷的空间低温环境下保护推力器和发动机。如上所述，在内太阳系，高增益天线被用作遮阳板，防止探测器堆叠结构其余部分过热。

科学有效载荷包括 12 台仪器，总质量 362 kg。数据分析的科学团队有大约 300 名成员，是历次行星探测任务中组建的规模最大的团队之一。卡西尼号将确定土星、土星卫星和土星环的组成和特性；确定土星和土卫六大气以及土卫六表面和土星环的运行过程；研究土星磁层及其与太阳风、土星环和卫星的相互作用；绘制土卫六表面从雷达波至紫外线的波长图；研究土星系中其他卫星和冰粒子；研究土星的射频和等离子波辐射；评估土卫六存在生物的可能性；寻找穿过太阳系的引力波证据。

相机也被称为"成像科学分系统"（Imaging Science Subsystem，ISS），包含两个孔径光学器件。f/3.5、200 mm 焦距的宽视场相机是旅行者号的备用相机。f/10.5、2 000 mm 焦距的窄视场相机使用里奇-克列基昂（Ritchey - Chrétien）光学系统，专为卡西尼号制造。与旅行者号不同，2 台相机都采用了 1 024×1 024 像素的 12 位电荷耦合器件（Charge - Coupled Device，CCD）成像器件，代替目前已经淘汰的技术上较落后的光导摄像管，CCD 的感光波长是光导摄像管无法达到的。每台相机配备了一对滤光轮，继承了哈勃太空望远镜（Hubble Space Telescope）的设计。宽视场相机的每个滤光轮有 9 个滤光狭缝，窄视场相机的每个滤光轮有 12 个滤光狭缝，两台相机分别总计有 18 和 24 个滤光狭缝。每个滤光轮配备了一个中性滤光器以及蓝、绿、红和红外滤光器，专用的甲烷、甲烷冰、水冰、氨冰和氢-阿尔法（hydrogen - alpha）滤光器。窄视场相机还有紫外和偏振滤光器。卡西尼号最初的设计无法识别土卫六的表面，但人们在 20 世纪 90 年代初意识到土卫六的大气在特定的红外波长下应该是相对透明的。当这种观点被地基望远镜和旅行者号的数据再次分析证实之后，研制了专用的滤光器，使卡西尼号能够透视形成土卫六上层大气的烟雾层。在以 1 000 km 的距离飞掠土卫六时，窄视场相机能够达到的理论空间分辨率为 6 m，但实际上，烟雾会使光发生散射，将分辨率降低几个数量级。

在其他计划观测的土星卫星中，对最大卫星的观测分辨率为 1 km，最小的为 10 km。不过有针对性的飞掠能够获得 1～10 m 分辨率的图像。对土卫八至少进行一次近距离飞掠被认为是特别重要的，在整个太阳系之中，这个"阴-阳"卫星的反照率或反射系数变化极大。它的暗半球像煤一样黑，仅反射 3% 的太阳光，与彗核类似。而亮半球对入射光反射的典型值为 35%，有的部分反射可达 60%。这种区别是由乔凡尼·多美尼科·卡西尼（Giovanni Domenico Cassini）自己发现的，其根源却是未解之谜，旅行者号也无法揭示此现象的成因。特别是无法确定黑色和明亮的材料是由内部原因造成的渗出，还是此卫星的半球被源于他处的材料"涂漆"。土卫二（Enceladus）是另一个关注焦点。旅行者 1 号对其成像效果不佳，而旅行者 2 号探测结果显示土卫二是一个很小的具有极高反射率的物体，表面类似新鲜的雪或水冰。此外，土卫二上古老的多坑地域与年轻的少坑平原并存，

后面的装配技术人员衬托出了卡西尼号探测器的庞大尺寸

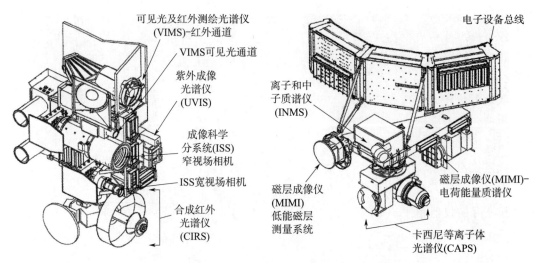

卡西尼号遥感系统（左）以及粒子和场探测仪器（右）的布局

看起来是过去 1 亿年中某些内部活动造成的。甚至那些古老的地域也发生了大规模改变。由于与更大的土卫四的轨道共振产生了引力潮汐，土卫二应当获得了一些内部热源，但认为这些热量不足以引发类似木卫一的火山活动。科学家期望最好能够发现间歇泉形式的活动。这个小一些的卫星成为卡西尼号的目标，以修正旅行者号的观测结果。也希望卡西尼号对旅行者号数据中疑似的微小卫星进行确认，并发现新的微小卫星。另外，导航图像也用于修正所有卫星的星历。

卡西尼号将对土星环系统开展大规模观测，特别是卡西尼号轨道不在土星环平面上的主任务早期和末期，将寻找更多的在环缝内运行的小卫星以及沿着细长的 F 环寻找穗带（braids）和弯折（kinks）。最好的观测机会可能是刚到达土星时，卡西尼号在土星环正上方几千千米处。抬高近拱点之后，卡西尼号距离土星环就不会再如此之近了。CCD 相机具有足够的灵敏度对纤细的外层 G 环和 E 环进行详细观测。

由于卡西尼号一张 12 bit 的原始图像包含了 1.6 MB 的数据，将采用压缩算法和 8 位压缩方法将数据量控制在一定范围内，但同时也将给图像带来不同程度的信息损失。主任务期间预期能够传回包括土星、土星卫星、土星环的 50 000 余张图像，相对于旅行者号，卡西尼号在图像的数量和质量上均有巨大飞跃。

合成红外光谱仪由两台光谱仪组成，覆盖了近红外至远红外波长。它继承了一些相似仪器的组件，包括为最终未实施的 20 世纪 70 年代木星-天王星旅行者后续任务研制的高灵敏度光谱仪以及火星观察者（Mars Observer）的红外辐射计。这台仪器特别适合研究土卫六的大气，测量压力和温度曲线并分辨其构成成分。旅行者号的红外仪器仅能发现一些复杂化合物，但实验室和分析研究预测会有其他的分子，新仪器将能探测其中的绝大部分。另外，根据探测数据可以对土卫六高层大气的光化学过程进行深入研究。

可见光和红外成像光谱仪由美国、意大利和法国联合研制，通过获取多谱段图像提供土星卫星大气和表面的组成信息，每个像素中都包含了对应点的高分辨率光谱，仪器可见光范围有 96 个通道，红外范围有 256 个通道。从某种意义上说，它产生了由二维 64×64 像素图像和附加光谱维度组成的三维图像。因此，这些图像被称为"立方体"。红外和可见光通道分别由 230 mm 的里奇-克列基昂（Ritchey - Chrétien）和谢弗（Shafer）望远镜补光。

双通道紫外成像光谱仪由 ESA 提供，将拍摄、测量并分析在远紫外和极紫外谱段存在的辐射。用于确定土星大气中可能从其形成之时就未变化的氢氘比。仪器的另一工作模式是跟踪土星和土卫六大气及土星环对太阳和恒星的掩星。

六台仪器用于粒子和场探测。磁强计衍生于尤利西斯号的仪器，包括一台三轴磁通门和一个氦磁强计，前者安装在探测器内部，后者安装在探测器外部 11 m 长的悬臂上。与尤利西斯号的仪器相比，卡西尼号的磁强计具有更现代的电子器件以及精确测量强场（如土星产生的场）的能力。这台仪器由英国、美国和德国的科学家合作研制。先驱者 11 号和旅行者号已经表明土星的磁场"既普通又特别"。其他有磁场的行星具有倾斜的偶极子轴，偶极子偏离行星自转轴，或者轴的极性发生变化，但土星的偶极场几乎与其自转轴完全一致——尽管看上去确实有偏差。磁强计能够测量场的高阶分量，确认它与简单偶极子有多大程度的不同，并检测相对于之前进行的飞掠探测的变化。同时还要详细研究土卫六与土星磁层的相互作用，以及磁层和太阳风的相互作用。对于土卫六本身，旅行者 1 号的近距离飞掠未能探测到任何可测量的磁场。

射频和等离子体波实验使用了一个偶极子和一个单极天线（每个长 10 m 且相互垂直）来探测电场，在 1.5 m 长的悬臂的末端安装了一台探察线圈磁强计和一台朗缪尔（Langmuir）探头。该仪器的作用之一是探测静电放电现象。这种现象是由旅行者号行星射电天文学组件发现的，最初解释为土星环内部的放电[19]。然而 20 世纪 80 年代的研究证实它们源于行星大气中的闪电。该探测组件还将用于确定土星自转周期。在没有固体表面可观测的情况下，木星、天王星、海王星的自转周期通过测量磁场的调制周期确定，假定磁场的调制周期与行星核旋转同步。由于这些场的轴线与行星的自转轴并不严格成为一线，所以这种假设是可能的。但对土星来说，其磁场调制太小而无法测量，只能通过旅行者号行星射电天文学组件探测的千米波辐射周期测量，假定其周期与土星核的自转相匹配。但很难理解为什么在磁场轴线与自转轴成一线的情况下，这种无线电辐射还会被调制。此外，大气科学家对此持怀疑态度，因为这种方式确定的旋转意味着在赤道附近有非常快的、几乎是超声速的风。包含三台仪器的一套组件用于描述这颗行星磁层和辐射带中等离子体的变化过程，测量在占据了土卫六轨道的等离子体环中进行，同时测量从冰态卫星中逃逸的离子。组件安装在方位角可旋转 208° 的执行机构上，由离子质谱仪、窄波束离子束光谱仪和电子光谱仪组成，可以测量离子的组成、密度、速度和温度。三传感器磁层探测仪由低能磁层传感器、电荷-能量-质量谱仪以及离子和中性原子"相机"组成，对土星周围等离子体环境成像，并远程确定离子的电荷和组成。离子和中子质谱仪将直接测定土星磁层和土星环中离子的化学、元素和同位素组成，同样，在近距离飞掠土卫六时，将对其高层大气和电离层进行探测。

　　尘埃分析仪的灵敏度是之前唯一在土星系运行的先驱者 11 号尘埃分析仪的一百万倍。这台分析仪继承了维加号（Vega）、乔托号、伽利略号和尤利西斯号的技术和部件，由 2 台独立仪器组成：测量尘埃粒子质量、电荷、速度、到达方向与组成的尘埃分析仪；以及土星环交叉区域等多尘埃环境优化的仅记录通量的高速率探测器。与之前的尘埃探测仪器一样，这台仪器将由德国马克斯·普朗克研究所管理，其中的高速率探测器由芝加哥大学提供。

　　雷达是一台多模式仪器，可以用作合成孔径雷达、高度计、散射计或辐射计。它利用高增益天线馈源处的 5 个照明装置在飞行方向的横向产生圆形相邻光斑。窄光斑位于探测器底部，相邻的左右两个方向各 2 个光斑，共同从天线的轴线向外延展了几度。根据飞行高度的不同，这种排列方式可以沿探测器行进方向在土卫六表面照亮宽度在 120～460 km 之间的条带，沿轨迹方向的分辨率可达 350 m，轨迹横向分辨率在 420 m～2.7 km 之间。这相当于麦哲伦号在金星时的能力的三分之一。Ku 频段雷达输出的峰值功率为 63 W。在高度计模式下，利用中心光束在直径约 25 km 的光斑区域获得约 50 m 的条带垂直分辨率。散射计模式将用于离土卫六较远的地方，通过反射无线电波的方式表征不同类型地形的性质和纹理。辐射计模式以完全被动的方式测量物体的辐射。在标定和探测器起旋之后，将进入对土卫六为期 70 min 的典型雷达观测阶段，在探测器距离土卫六 22 500～4 000 km 之间时，进行散射测量、辐射测量和高程测量，随后开始 16 min 的雷达成像，在此期间探测器经过交会的最近点。在仪器采集图像数据的过程中，将被动采集高分辨率辐射数据。每次交会时，大约可以"看到"土卫六表面的 1%，与主任务观测的条带相结合，能得到土卫六表面 20% 的数据。由于其他仪器均与雷达方向不一致，无法获得同步的遥感数据与雷达观测条带形成互补。在卡西尼号揭开它的面纱以前，土卫六是太阳系内最大的未曾探测过的表面。

　　无线电科学实验有几个目标。最显而易见的是通过飞掠确定每颗卫星的质量。旅行者 1 号的飞掠已经提供了大多数卫星相对粗略的结果，更精确的测量将建立其更为详细的内部模型。土卫六的飞掠还可以测量土星潮汐引起的变形量，从而了解其冰态外壳的强度和弹性特性。此外，还将进行无线电掩星实验，对大气、离子层和土星环进行探测。无线电系统还将进行两项基础物理实验。当卡西尼号在木星飞掠后与地球处于冲日位置时，它会试图通过测量自身与地球间可能发生的任何微小周期性位移来探测引力波。2002 年，将充分利用发生的合日的时机，精确测量太阳等大质量物体附近电磁波的引力弯曲，以进一步测量爱因斯坦广义相对论的精度。

　　卡西尼号的能源不足以同时运行所有的系统和仪器，因此需要根据能源约束精心设计科学观测序列，支持雷达、成像、粒子和场的观测。土星轨道上典型的日常活动包括 16 h 的遥感数据收集，然后是 8 h 的对地数据回放。当下传数据时，高增益天线将指向地球，探测器则绕天线轴线缓慢旋转，以使粒子和场的探测仪器能够对周围的环境进行扫描[20-30]。

卡西尼号与惠更斯号（左面）对接（在发射前，两个探测器将被包覆于金色热控材料中）

8.4　惠更斯号：ESA 的杰作

惠更斯号可能是迄今为止搭载仪器最多的行星大气探测器。由总承包商法国宇航公司（Aerospatial）［现在的泰雷兹·阿莱尼亚宇航公司（Thales Alenia Space）］在戛纳一个欧洲最古老的航天设施中建造，使用的部件和系统由 ESA 的各成员国及美国提供。事实上，有超过 40 家公司和研究机构参与了研制。

最初的概念是将惠更斯号建造在一个圆锥形的热防护罩内，带有一个可展开的裙边减速器，在探测器减速至亚声速之后，抛掉该减速器，仪器设备上有可弹开的罩子。热防护罩由铍制成。此外，器载人工智能将确保下降轨迹与原位测量的大气参数相适应。不过，对该设计进行了修改和简化，探测器恰好被包裹在热防护罩和可抛弃的大底之间。

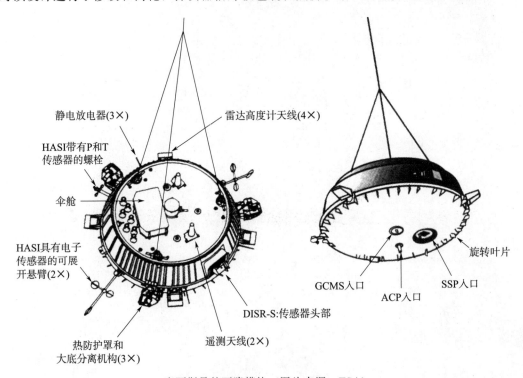

惠更斯号的下降模块（图片来源：ESA）

在最终设计时，惠更斯号的质量为 320 kg，还有安装在卡西尼号上的 30 kg 支撑系统；下降段的探测器质量为 200.5 kg。79 kg 的热防护罩是一个 120°的直径 2.7 m 的球锥体。它是欧洲当时研制的最为先进的进入器，利用了为已经取消的赫尔墨斯（Hermes）航天飞机开发的技术。惠更斯号由碳复合蜂窝结构组成，表面粘贴烧蚀材料隔热瓦，烧蚀材料中的硅纤维毡埋在酚醛树脂基体中。一个"更温和"的热防护层直接喷在防护罩后部结构上。利用现有的少量数据（主要来自旅行者 1 号的飞掠和无线电掩星）建立了土卫六大气层的工程模型，以研究进入大气层的空气动力学，并为热防护罩和降落伞的设计提供帮助。必须对大气层的组成进行假定。特别是，氩在大气成分中据信只占百分之几，但在光谱中无法检测到。它对探测器的高超声速空气动力学和热平衡具有重要影响。设计海盗号进入"气动外壳（aeroshell）"的美国工程师们也曾遇到过类似的问题，即火星 6 号对火星大气中氩气占比的测量不准确[31]。最初假定土卫六大气中氩气占比为 21%，后来减至不太保守的 6%。探测器大底为覆盖喷涂硅弹性体泡沫的铝罩，完成探测器的热防护。探测器下降舱是一个短而粗的圆锥截体，两个铝蜂窝平台承载着内部仪器和系统，以及降落伞和外部附件的固定装置。平台间由具有加强筋的铝壳连接，防止其在极冷的大气中收缩时发生屈曲。主平台和外部热防护罩由钛支撑杆连接。探测器还具有 1.25 m 半径的圆顶，在下降过程中对着进入方向。顶部平台上有一个孔用于在下降过程中平衡内部压力和环境压力。

惠更斯号用于坠落试验的"特殊模型 2"（矩形的盒子为主降落伞伞舱）

惠更斯号采用自旋稳定方式并为其仪器提供 360° 的水平覆盖范围。为确保这一点，在前方圆顶上安装了 36 个旋转叶片，通过加速度计对轴向减速和自旋速率进行测量。旋转连杆将自旋的下降舱与降落伞伞绳解耦。四个方形天线安装在外围，供一对雷达高度计使用，两个雷达高度计的工作频率稍有不同。有关下降速度和自旋信息将提供给所有需要这些数据的仪器。三根短棒以 120° 的间隔伸展，作为任何闪电的首选导体。针对惠更斯号对于雷电敏感性的特征，开展了大量试验对此威胁进行防护。这将防止先驱者号金星探测器的经历重演，其所有仪器在 12 km 以下高度遭遇故障，最有可能的原因是放电。尽管旅行者 1 号的飞掠探测并没有发现闪电的迹象，但还是采取了这项预防措施[32-34]。

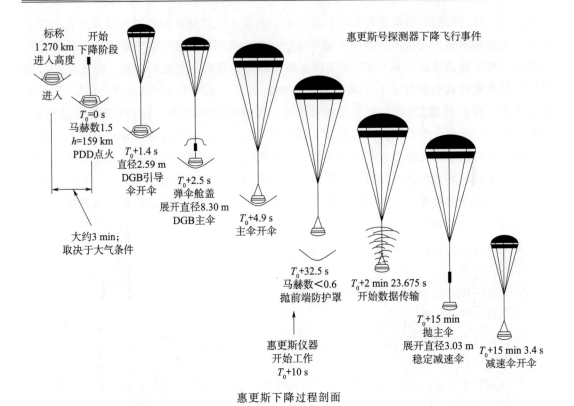

惠更斯号探测器下降飞行事件

惠更斯下降过程剖面

与卡西尼号对接之后，惠更斯号的温度将由一个 5 cm 厚的泡沫隔热层、多层箔隔热层和 35 个内部放射性同位素加热器（RTH）控制。热防护罩前表面喷有白漆的窗口允许多余的热量在飞行过程中逸出。来自轨道器的脐带电缆为探测器进行周期性健康检查和仪器标定提供电能，但仪器在巡航飞行过程中均不工作。脐带电缆还可以向探测器上传指令，修改其下降序列，并在释放之前设置唤醒计时器。脐带电缆将在惠更斯号与卡西尼号分离时切断。由于土星和地球之间的距离导致的通信时延达到几个小时，从地球上无法对进入和着陆过程进行直接干预，惠更斯号事实上仅能依靠自己，利用在轨控制和决策系统执行一系列的程序控制指令，并对各种输入参数进行响应。由于自身没有轨道控制能力，进入弹道将完全依赖卡西尼号的瞄准精度。三重冗余的计时器和重力开关将对大气减速进行检测并启动下降序列。在与卡西尼号分离之后，探测器将由 5 个锂二氧化硫电池供电，1 800 W·h 的电量能够保证任务持续 153 min 并有适度的余量；下降过程预期持续不超过2.5 h，预计最后的几分钟探测器能够提供土卫六表面的些许数据。卡西尼号轨道器的程序设置为持续接收 3 h 以上惠更斯号发送的数据。惠更斯号下降舱装有一对冗余的 12 W 发射机，通过独立的螺旋宽波束天线向卡西尼号以 8 kbit/s 的速率发送数据，卡西尼号将数据存储在其冗余的存储器上。除非发生小概率的发射机和接收机全部失效的故障，这种设计将保证数据很可靠地中继至地球。总数据量预计约为 175 Mbit。

虽然其设计初衷并非为了在着陆后幸存下来，但设计人员很早就意识到惠更斯号可能能够承受适度的撞击速度。在溅落于液体中之后，探测器能够持续漂浮几分钟，相机在

"水线"之上，探测器底部安装的仪器将与液体直接接触。除非表面材质过硬导致仪器被压碎，否则探测器很可能在固体表面着陆后幸存下来。1995 年在瑞典北部，从一个平流层气球释放了包括热防护罩在内的模型，测试了整个下降序列。这项试验尽量模拟了土卫六大气的雷诺数和马赫数，并取得圆满成功[35]。试验也证实了惠更斯号很可能在着陆后幸存下来，即使其遭受到 2 倍于真实探测器的速度与地面接触，唯一的损坏是弯曲的天线[36]。

惠更斯号装备了仪器以确定土卫六大气的成分、结构、温度和风。除了研究气溶胶和云的化学组成和物理特性之外，它还将分析表面的物质，调查上层大气和电离层。这种综合分析要求探测器在大气层中进行长时间且稳定的降落伞下降过程。

旅行者 1 号发现土卫六被数百千米厚的稀薄烟雾完全笼罩，这些烟雾层的厚度足以完全掩盖土卫六表面，使其无法在可见光波段被观测到。大气主要成分为分子氮，表面压力为 1 500 hPa。对于这样一个小型的天体来说，它的表面压力比地球海平面高出 50%，意味着其外壳中含有的气体比地球大气所含气体要高一个数量级。大量的惰性氮使其成为太阳系内（除地球外）唯一的以氮为主的大气层。第二丰富的成分是甲烷，约占百分之几。表面温度估计为 −180 ℃，但气压仍然足以使甲烷和乙烷保持液态，并形成云和雨，以及河流和海洋。在高海拔地区，氮和甲烷的分子被太阳的紫外线和土星磁层中的高能粒子分解，然后重新组合成碳氢化合物如乙炔、丙烷和氰化氢。由于 DNA 核苷酸之一的腺嘌呤是一种氰化氢的聚合物，所以氰化氢的存在受到极大关注。然而由于温度极低，我们现在看到的生命不太可能在土卫六上出现。上层大气中形成的复杂分子将通过雨或雪到达表面。通过计算太阳系有史以来产生的碳氢化合物总量表明，可能存在几千米深的海洋，以及几千米厚的有机物雪层。据信，这个卫星的外壳主要由水冰或者水和氨的"防冻"混合物构成。甲烷的存在本身是一个谜团，因为其分子在相对较短的 1 000 万～2 000 万年之间就会被太阳的紫外线破坏，所以甲烷必定得到了补充。它可能来自液态碳氢化合物的湖泊或海洋，也可能是冰火山的作用——从该卫星内部挤出富含甲烷的低温液体[37]。

具有 39 个传感器的 6 台仪器是下降舱 48 kg 有效载荷的一部分，包括美国研究人员提供的 2 台。

探测器前方圆顶上装有气体色谱仪和质谱仪的气体加热进气道，可以作为简单的质谱仪或者在分析气体色谱仪柱中的样品前对其进行分解。它还配置了储液器用来存储在高海拔处收集的大气样品，并在后续的下降段进行分析。仪器的加热进气道在着陆后可用于汽化表面物质。此外，质谱仪通过控温管道连接到气溶胶收集器和热解器。这台仪器具有独立的取样器，在下降过程中使用两次：一次在从大气顶层下降至高度 40 km 期间，另一次在从高度 23 km 下降至高度 17 km 期间。取样器主要由过滤器和烘箱组成，过滤器收集悬浮在大气中的气溶胶，烘箱将样品按三个温度阶梯汽化。烘箱中的气体会被送入质谱仪中。这两种仪器被寄予厚望，以期获得最令人感兴趣的与土卫六化学成分相关的成果。尤其是，它们的灵敏度足以检测小浓度有机分子，并确定它们是否发生聚合作用产生氨基酸、索林（氨基酸前体聚合物）和核苷酸等生物化学前体高分子。

一台复杂的多传感器光学仪器用于紫外线、可见光和红外线波长成像并进行光谱观测。它将测量大气上升和下降的平衡以及对太阳光的散射程度，并用一台侧视水平传感器对云成像。这台仪器最吸引人的部分，至少对公众来说，是三台朝向下方和侧方的具有不同图像和像元尺寸的相机。它们设计精巧，由一片 CCD 和光纤组成。同样一片 CCD 上的部分区域还用于太阳散射实验以及其他光谱和光度观测。该仪器由洛克希德·马丁公司为亚利桑那大学研制。相机在下降过程中工作，有望给出探测器在表面漂移的图像。12 组不同方位的三幅图像将提供从地平线到天底点的全景图。在几百米高度时将开启一个 20 W 的照明灯，以收集光谱反射率数据，从而得到关于表面组成的信息。实际上，照明灯将填补被大气过滤掉的部分太阳光谱。在传输给卡西尼号之前将使用类似 JPEG（Joint Photographic Expert Group）标准算法对图像进行压缩。虽然压缩将导致一些信息丢失，但首要任务是在短时间内传输尽可能多的图像。相机由透明罩保护，保护罩将在热防护罩释放之后抛掉[38]。

另一个多传感器仪器由安装在探测器质心附近的灵敏三轴加速度计、高低精度温度传感器、压力传感器和检测雷电并测量大气或表面电特性的电场传感器阵列组成。温度和压力传感器安装在固定的悬臂上。两个可展开悬臂承载了电传感器，使其与探测器具有一定距离。其中一个悬臂上还装有一个麦克风。作为补充，这台仪器能够处理来自雷达高度计的回波并获得表面特性的附加信息。加速度计是唯一在整个进入、下降及着陆过程中采集数据的仪器。其数据将被存储在探测器中，并与实时数据一起传输至轨道器。

多普勒风实验包括一对超稳铷原子振荡器，一个在惠更斯号上，一个在卡西尼号上，测量任一探测器发射信号的多普勒频移，从中可以提取土卫六的风速信息。与卡西尼号轨道器相匹配的高精度振荡器安装在两台遥测接收机中通道 A 的一台上。根据旅行者号和地基观测的结果，科学家预测土卫六具有与金星相似的超级旋风。通过将天线与旋转轴偏置，在下降舱旋转的方向和速度下，以及在开伞后摆动和晃动的情况下仍可提供数据。

表面科学包主要用于研究表面特性。该仪器由几个传感器组成，针对在液体中着陆进行了优化，但也能够在固体表面提供有效信息。其中两个传感器用于测量撞击过程的动力学：加速度计用于记录 0～200g 的过载，测力传感器安装在基座 55 mm 长的杆上，用于进行几毫秒之内的穿入测量。其中，加速度计和穿入计可以表征的表面硬度范围从松软未填塞的雪到坚硬的冰。如果着陆在液态表面上，大气加速度计可以记录波的运动。倾斜仪用于测量探测器的着陆倾角或波的振荡。该仪器还可提供伞降期间探测器自旋速度和钟摆运动的备份数据。

探测器上没有能够直接测量任何表面液体组成的仪器，因此只能通过间接测试方法进行推断。一种方法是利用光学折射计测量液体的折射率，折射率被认为是相当敏感的成分指标。热线温度计将同时测量液体的温度和导热系数。声波信号通过 10 cm 间隙所用的时长可以用来测量大气或任何液体中的声速，再次约束其组成成分（事实上测量它们的平均分子质量）。另一个实验将在下降的最后几百米测量表面回声。实际上这是一种声呐，从这些回声可以推断出表面的性质和局部粗糙度。在探测器发生溅落的情况下，将尝试测量液体的深度。电容传感器完成大气中和表面上的一系列电测量。表面科学包的最后一个仪器是用于大气或液体中的密度计[39]。

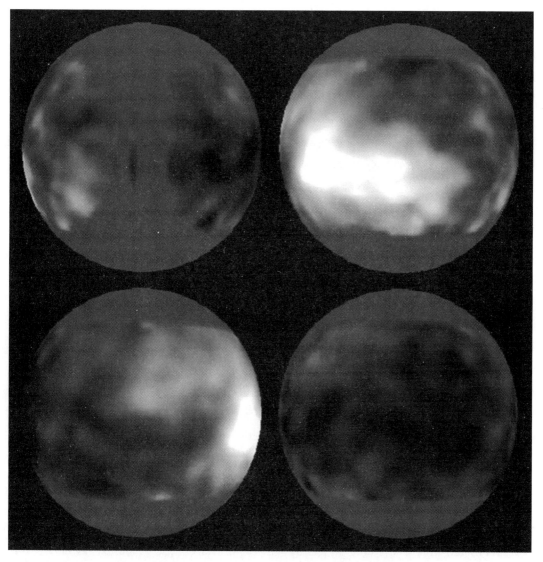

1994 年哈勃太空望远镜数据中的土卫六 4 个半球的图像，明亮的"大洲"后来被正式命名为
仙那度（Xanadu）（图片来源：亚利桑那大学月球与行星实验室；太空望远镜科学研究所）

　　除了必须着陆在有光照的地点进行成像和其他观测，以及必须在轨道器和地球可见范围之中外，对着陆点无其他要求。由于缺乏表面性质的数据，目标由照度和轨道约束决定。进入椭圆宽 200 km，长 1 200 km，中心位于北纬 18.4°，东经 200°。选定目标后，哈勃太空望远镜和大型地基望远镜通过"红外窗口"的观测表明，着陆区位于一个后来被称为仙那度的明亮"大洲"内[40-44]。

8.5　巨人发射

卡西尼号的发射窗口从 1997 年 10 月 6 日持续到 11 月 4 日，之后直到 11 月 15 日还有一些不太好的发射机会，将逐步推迟卡西尼号到达土星的时间，从 2004 年 12 月，到 2005 年 7 月，最后到 2005 年 12 月。大家极为渴望抓住这个发射窗口，因为这是利用木星借力到达土星的最后一个好机会。第二个发射窗口从 1997 年 11 月末到 1998 年 1 月中旬，另一个发射窗口在 1999 年 3 月和 4 月，但这些发射窗口均无法利用木星借力，替代方案是地球—金星—地球—地球—土星巡航，这种方案的巡航时间较长，卡西尼号将在接近土星 2009 年的二分点（equinox）的时候到达，此时土星环照度不足，不利于成像和科学研究。

这是运载能力强劲的大力神Ⅳ首次用于行星探测任务，由于对后续行星探测任务规模较小和预算较低的要求，也是该运载火箭最后一次用于行星探测任务。因为每次发射需数亿美元，使用大力神运载火箭发射预算有限的科学任务是不现实的。事实上，这种火箭还有推力更为强劲的版本可用，使得 JPL 将卡西尼号到达土星的时间提前至 2004 年 7 月，选择的发射日期使卡西尼号可以近距离飞掠（在土星轨道进入前的三星期）土星黑暗的外部卫星土卫九（Phoebe），即使在旅行者号探测之后对该卫星也是知之甚少。土卫九以逆行方式运行在 215 倍土星半径即 1 300 万千米的轨道上，这意味着它是一个被捕获的天体，而除了这次机会以外，探测器在土星系统内运行的过程中将再也没有机会靠近土卫九。在 1993 年大力神Ⅳ发射失败后，NASA 曾暂时考虑放弃该火箭并采用一个更为复杂、风险更大且昂贵的方案，即通过两架航天飞机分别将卡西尼号和惠更斯号送入近地轨道，并由航天员进行对接，但经过反复考虑，还是坚持了原来的方案。

同时，天体力学专家正忙于设计土星巡航轨道。重新使用了伽利略号木星任务中开发的工具和技术。相比于木星有四个能够用于调整探测器轨道形状的大卫星，卡西尼号任务中唯一可用的"任务赋能者"是尺寸几乎与木卫三（Ganymede）同等大小的土卫六。由于质量是其他土星卫星的 50 多倍，土卫六成为探测器轨道形状调整的主要手段。其大气层所允许的最近距离的飞掠可将卡西尼号和土星的相对速度改变 840 m/s，远远大于卡西尼号推进系统的能力。在 4 年的主任务期间，土卫六将提供总计 33 km/s 的速度变化，比行星际巡航阶段金星、地球和木星的作用总和还要大。由于可能飞入土卫六外层大气边缘，大气密度足以引起姿态失控（被称为"翻滚密度"），卡西尼号与土卫六之间的距离不能低于 950 km。一旦这个风险得到更好的评估，这个限制将会提高或者降低。科学家对于探测内侧的冰态卫星很感兴趣，尤其是土卫二（Enceladus）。基本上在土卫六的每次飞掠之间都会与这类卫星交会。与伽利略号的情况相同，有"目标"（"targeted"）交会和"非目标"（"non‑targeted"）交会。非目标交会不需要专门的轨道修正机动且交会距离相对较远。与伽利略号一样，以恒星为背景对卫星进行跟踪和成像，将提供一种在两次交会之间导航的方法，实现轨道器在土星系内约 10 km 的定位精度。地基望远镜已经收集

位于发射塔架上发射卡西尼号和惠更斯号的大力神Ⅳ火箭［这是美国 20 世纪 80 年代和 90 年代最强劲的（同时也是最贵的）运载火箭唯一一次用于发射行星探测器］

了土星卫星的精确位置，以便对其星历进行修正，当地球和太阳在 1995 年的二分点穿过土星环平面时，大部分由旅行者号发现的小卫星被重新找到并修正了轨道参数。

　　到了 1998 年，经过项目科学家和任务设计师之间的权衡，将最初提出的 18 个候选行程缩减至分别属于两"类"的 3 个。由于主任务最初的 1.2 年在任何情况下都是一样的，这段时间在发射时已经最终确定。剩余的行程将在不早于 1999 年地球飞掠时再确定。方案比较包括产生的科学成果、最高效的覆盖冰态卫星的飞掠、在轨操作的限制和其他权衡。"理想"的行程会有各种科学和操作约束。例如，在 18 天的土星太阳日凌时期，与地球的通信极不稳定，无法安排目标飞掠。每年都会有这样一个时期。行程中将包括土星环掩星的低倾角轨道、极区大气掩星和土星环成像的高倾角轨道、进行磁层尾部研究的远拱点与太阳方向相反的轨道以及进行土星整个星系成像的远拱点位于太阳上方的轨道。土星环掩星轨道需要尽早出现，因为从地球方向看，当土星到达二分点时，土星环平面将关闭——几何上将使掩星无效。

虽然大量交会必然带来不同的科学观测和成像几何关系，但每次飞掠土卫六的主要动力是轨道摄动，而非科学研究的需要。例如，大部分表面将由雷达进行成像，但在调整卡西尼号轨道倾角时，会经过高纬度地区，这时将对极区成像。

每次飞掠土卫六的行程至少三次飞掠土卫二并多次飞掠其他卫星，且每次行程均提供大多数冰态卫星在 10 万千米距离下的非目标飞掠。土卫七（Hyperion）和土卫八是特别难飞掠的目标，在不影响其余行程科学目标的情况下，勉强可以通过，且最后只能以低倾角轨道到达。更为特殊的是土卫八，由于与土星的距离较远和较陡的 15° 轨道倾角，使其成为一个困难的观测目标。当然，一次有用的飞掠，必须利于在暗半球和亮半球之间的过渡地带成像。

最高效的行程设计被证明从赤道轨道开始，然后是行星尾部的行程，远拱点位于太阳上方的轨道，最后是大倾角轨道。每个阶段将持续 1 年。为实施这个策略，将在第二和第三阶段之间，进行"π 转移"或 180° 转移机动。在接近土星并与土卫六交会之后，卡西尼号将在远离土星时再次与其交会，第二次交会将使得探测器的轨道近拱点旋转 180°，从行星背光面转到行星阳照面，并生成新的观察土星的轨道几何关系[45-47]。

卡西尼号的总装工作于 1996 年初在 JPL 开始，惠更斯号则于 3 月在欧洲开始。在 9 月完成总装之后，轨道器要进行一系列的热试验和其他艰苦的测试。卡西尼号于 1997 年 4 月 21 日空运到卡纳维拉尔角进行最终测试、RTG 的集成和与惠更斯号对接。惠更斯号于 5 月初交付。卡西尼号的遥感平台下方装有一张 CD，CD 中有超过 60 万人的签名，包括从手稿中扫描的乔凡尼·多美尼科·卡西尼和克里斯蒂安·惠更斯的签名。惠更斯号也有一张类似的 CD，装有超过 10 万条信息。

2 月 23 日，升级版的大力神 IV B 运载火箭进行了第一次飞行试验，成功将一颗军用预警卫星送入轨道。卡西尼号将成为它的第二个有效载荷。在最后时刻运载火箭出现了一些小故障。首先是火箭有些许泄漏，然后是整流罩冷空气循环的空调设置太高，破坏了惠更斯号的隔热层。探测器必须被取出、拆解并清理。这使第一次发射机会推迟到不早于 10 月 13 日。10 月 3 日白宫同意发射这颗核动力航天器。与以前的任务一样，关于这个项目有许多公开的争论。尽管那些反对发射的人的论点往往不符合常识，有时是可笑的，但争论表明在太空中使用钚可能仍旧是一个敏感的问题。未来 NASA 必须尽最大努力让公众，特别是环境保护群体明白其中真正的风险是什么。当火箭和它的有效载荷最终准备好之后，为避免高空风对火箭的结构造成致命损伤，发射又推迟了两次。

卡西尼号于 1997 年 10 月 15 日 8 时 43 分（UTC 时间）在卡纳维拉尔角的黎明前从 40 号发射台起飞。火箭升空之初具有一个方位角，以防止发生事故时 RTG 掉到非洲。起飞后11 min，半人马座上面级到达低停泊轨道。19 min 之后，半人马座上面级在西中非的海岸线上方再次进行 7 min 15 s 的逃逸点火。短时的遥测丢失引起一段时间的焦虑，但一切安好。半人马座上面级到达了飞掠金星的日心轨道，并机动调整探测器的方位，以使用高增益天线作为遮阳伞。卡西尼号在发射后的 43 min 与运载火箭分离，10 min 之后与位于澳大利亚的深空网建立了联系[48]。

8.6　漫长的巡航

发射后八天，第一次对惠更斯号进行了检查。结果显示，除了后来被确认为来自轨道器高增益天线的外部干扰使得信号强度较低外，探测器是健康的。同时，卡西尼号展开了朗缪尔探针的悬臂和等离子体波探测仪的导线天线。

这次发射的速度和轨道都非常精确，11 月 9 日的轨道修正量仅为 2.7m/s，节省了大量推进剂，令人鼓舞。第一次轨道修正使用了主发动机，而 1998 年 3 月 3 日进行的第二次中途修正使用了较小的推力器。3 月晚些时候，卡西尼号到达了最接近太阳的位置，距离约为 0.676 AU。对惠更斯号的第二次检查由于太阳噪声通过卡西尼号的高增益天线进入无线电系统而受到了影响。3 月 24 日，卡西尼号进入安全模式，但在 36 h 内恢复正常。该问题的发生是由于飞行控制系统不断在主份和备份星敏感器之间切换，而主备星敏感器之间存在轻微的校准误差。虽然在可接受的容差范围内，但是该误差的存在却使得姿态控制系统认为它失去了对目标星的追踪。该问题的解决方案比较简单，增加软件的容差度即可。

4 月 26 日，卡西尼号第一次飞掠金星，在距离金星 284 km 处飞过其北半球，并以最大 11.8 km/s 的相对速度通过其背光面。金星的借力作用使得卡西尼号的速度增加了 7.1 km/s，轨道偏转超过 70°。这次借力将远日点延伸到了 1.58 AU，超出了火星轨道。在到达距金星最近点几小时后，从地球上观测时发现卡西尼号被金星星体所遮掩。另外，还发生了较短的太阳掩星现象。为了节省操作和数据分析成本，第一次飞掠期间大多数科学仪器仍处于休眠状态。雷达在金星表面进行了无线电波反射，并对反射能量进行了测量，但没有尝试成像。此外，由于深空网的天线正忙于其他任务，第一次飞掠期间的全部工程和科学数据被延迟至 5 月初才进行了数据下传。因为导航的精确度很高，所以取消了原计划于飞掠前及飞掠后 3 星期实施的中途修正[49]。

1998 年 12 月 3 日，耗时 88 min、速度增量为 450 m/s 的深空机动为第二次金星飞掠建立了正确的轨道。4 天后，卡西尼号到达了被拉长的轨道的远日点。1998 年 12 月末及 1999 年 1 月，卡西尼号与太阳分别在地球的两侧，其高增益天线能够与地球通信。因为只有在卡西尼号处于与太阳相反的方向，当地球运行至太阳与探测器之间时，卡西尼号作为遮阳伞的天线同时也指向地球方向。这为为期 4 星期的仪器校验和标定工作提供了便利。

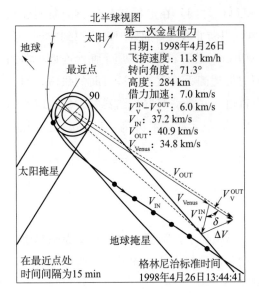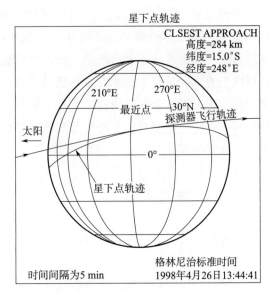

1998 年卡西尼号首次飞掠金星时的飞行轨迹和星下点轨迹

利用遥感定标仪对室女座（Virginis）α 星［角宿一（Spica）］进行了观测。在返回内太阳系的途中，尘埃分析仪被激活，它将在后续任务中长期工作。5 月 18 日进行了第二次金星飞掠前的最后一次轨道微调。6 月 24 日，卡西尼号第二次飞掠金星，在距金星最小距离 603 km 处通过其南半球，并以最大 13.6 km/s 的相对速度通过其对日面。像以前一样，飞掠过程中出现了地球掩星现象。交会之前发现金星将通过遥感仪器的视场，因此这些仪器均被激活。相机拍摄了 24 幅图像序列用于校准。其中一张图像捕捉到了金星晨昏线的夜晚部分，呈现出一些大气的特征。成像光谱仪对背阳面进行了长时间曝光成像，并进行了一系列校准观测成像，对散射光进行了测量。同时，紫外光谱仪也获得了几个光谱。在每次飞掠中到达最近点附近的 2 h 内，等离子体波探测组件都对闪电造成的高频射电爆发进行了"监听"，该仪器比伽利略号上的同类仪器灵敏得多。虽然记录到了十余个"事件"，但是它们似乎并不是由闪电引起的。总体而言，这些证据表明，要么闪电非常罕见，大约每小时发生一次，要么与地球的闪电不同，在高频下几乎检测不到[50-51]。第二次飞掠使得卡西尼号的日心速度增加了 6.7 km/s，近日点和远日点分别提升到 0.717 AU 和 2.6 AU。不仅如此，在卡西尼号到达远日点前，飞掠地球将进一步提高探测器的能量。卡西尼号离开金星后，继续向太阳飞行约 5 天的时间并于 6 月 29 日到达近日点。此后，它将再也不会与太阳如此接近。

　　1999 年 7 月至 8 月初卡西尼号进行了四次轨道修正，使其瞄准了地球方向。通过稳健的轨道设计和精确导航，将卡西尼号意外进入地球大气层、解体并释放装载钚的 RTG 的可能性降到最低。据估计，飞掠地球高度低于 1 000 km 的概率约为百万分之一。直到飞掠前一星期，卡西尼号所在轨道的飞掠距离仍为数千千米。这将确保卡西尼号在任何故障下都不会再入地球。飞掠前三天，磁强计悬臂展开，在地球已知磁层中对仪器进行校准。同时测量粒子和场相关的仪器也开始运行。这些校准得到了地球轨道卫星的协助。

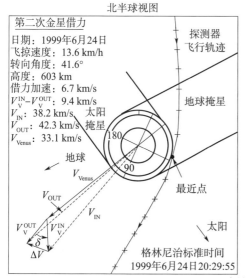

北半球视图

第二次金星借力
日期：1999年6月24日
飞掠速度：13.6 km/h
转向角度：41.6°
高度：603 km
借力加速：6.7 km/s
$V_V^{IN} - V_V^{OUT}$：9.4 km/s
V_{IN}：38.2 km/s
V_{OUT}：42.3 km/s
V_{Venus}：33.1 km/s

探测器
飞行轨迹

地球掩星

太阳
掩星

最近点

太阳

地球

格林尼治标准时间
1999年6月24日20:29:55

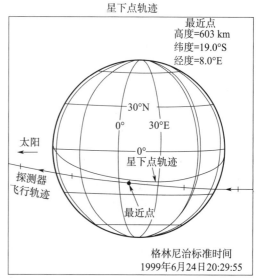

星下点轨迹

最近点
高度=603 km
纬度：19.0°S
经度：8.0°E

太阳

探测器
飞行轨迹

星下点轨迹

最近点

格林尼治标准时间
1999年6月24日20:29:55

在最近点处
时间间隔为5 min

1999 年卡西尼号第二次飞掠金星时的飞行轨迹和星下点轨迹

卡西尼号在第二次飞掠金星时拍摄的唯一"清晰"图像，显示出沿晨昏线方向似乎存在大气波浪

（图片来源：NASA/JPL/空间科学研究所）

8 月 18 日，卡西尼号在距离复活节岛天顶处不远的东南太平洋上方 1 166 km 处通过。随后，它以 19 km/s 的相对速度掠过地球。在距离地球最近点附近，卡西尼号经历了一个多小时的日食。它离开的方向与太阳方向相反，从地球磁层尾部穿过。当卡西尼号再次回到阳光下时，它被澳大利亚的业余天文爱好者发现。在飞掠过程中共有 9 台仪器处于工作状态，获取了校准和科学数据，包括对月球成像以及对地球磁层的研究。与金星的"无线电静默"相反，等离子波实验记录了闪电爆发产生的连续的嗡嗡声。卡西尼号与风（Wind）卫星共同"聆听"来自木星的无线电辐射。雷达通过观测地球南半球对散射测量和辐射测量模式进行了校准。卡西尼号在 375 000 km 距离处对月球进行了一系列成像，以完成对其两个摄像头的校准。这些可视光谱图像中的月球近侧图像的最佳分辨率为 2 km，并无科学价值。红外成像光谱仪以 175 km 的分辨率完成了 11 次完整扫描和 2 次部分扫描。10 年后，由于在月球表面检测到了水的示踪剂羟基，这些图像被重新评估，不仅证实了这一发现，而且给出了月球近地面的羟基分布比例图，显示其在月球风化层中的浓度为 1/1 000[52]。卡西尼号在距离约 60 个地球半径处飞出磁层尾部，随后由于太阳风的作用又重新进入磁尾几次。磁层成像仪对磁尾进行了大范围的探测。卡西尼号飞掠地球后增加了 5.5 km/s 的日心速度，其远日点被延伸至 7.2 AU，位于木星轨道和土星轨道之间。

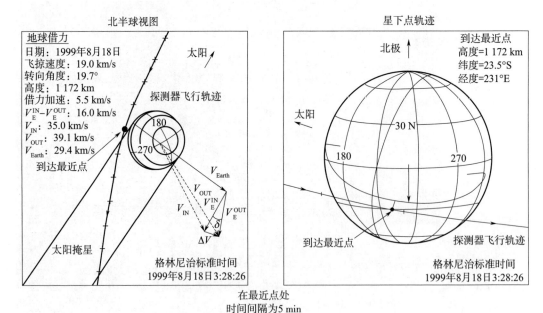

1999 年 8 月卡西尼号飞掠地球期间的飞行轨迹和星下点轨迹

卡西尼号飞掠地球之前不久，其土星之旅才最终确定。主要任务包括 74 圈环绕土星轨道运行、在距离为 950～2 500 km 范围内 44 次飞掠土卫六、3 次与土卫二的目标交会和与土卫七、土卫四、土卫五及土卫八的各 1 次目标交会，以及 30 次与其他卫星和更多小卫星的非目标交会。遗憾的是，卡西尼号不可能有近距离飞掠木卫一（Mimas）的机会。

特别值得注意的是轨道入射后的第一圈环绕轨道，卡西尼号在远拱点处的推进机动将其第一次与土卫六的相遇定于 2004 年 11 月 27 日。在飞掠前三星期，卡西尼号将建立撞击轨道并释放惠更斯号探测器；两天后，卡西尼号将进行一次倾斜机动，目的是当其从距离土卫六 1 200 km 之外飞掠时，可以接收到来自惠更斯号探测器的信号传输。如果出现了问题，惠更斯号探测器的释放将会延迟至 2005 年 1 月 14 日与土卫六的第二次交会时。在主任务期间，轨道周期在 7～155 天范围内变化，近拱点距离在 2.6～15.8R_S（土星半径）之间，倾角变化范围为 0°～75°，以完成包括土星成像和遥感，土星环成像，磁层研究，以及地球、太阳、恒星与土星、土卫六和土星环的掩星现象等在内的综合探测程序。

卡西尼号飞掠地球 13 天后，发动机点火对其木星巡航轨道进行修正，并于 9 月 25 日穿越火星轨道，随后准备进入小行星带。此过程中，卡西尼号将进行旋转，从而使尘埃分析仪的入口转向理想方向以收集尘埃。同时，紫外光谱仪开始启动对从星际空间渗透到太阳系的氢和氦的观测程序。

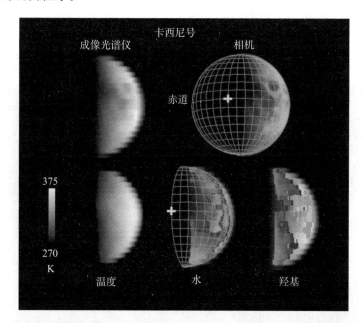

上部：在卡西尼号飞掠地球期间，成像光谱仪（VIMS）和相机（ISS）拍摄的月球的近侧；
底部：月球的可见侧的温度，以及含有水和羟基的矿物分布图
（图片来源：NASA/JPL-加州理工学院/USGS）

2000 年 1 月 23 日，为了测试卡西尼号自动跟踪运动目标的能力，在距离为 160 万千米时将其广角和窄角相机以及遥感组件对准小行星（2685）马瑟斯基（Masursky）。这颗小行星于 1981 年 5 月被发现，以参与多项美国早期行星探测任务的地质学家哈罗德·马瑟斯基（Harold Masursky）命名。该项工程测试基本上是成功的。虽然小行星的尺寸约为 15～20 km，但由于距离太远而无法分辨。尽管如此，还是获得了有用的科学数据，包括红外光谱仪的高分辨率光谱。虽然小行星马瑟斯基属于 S 型小行星族群，但并未表现出相应的 S 型特征。

　　2 月，对惠更斯号探测器与卡西尼号轨道器的无线链路进行了首次测试。该项测试首先由欧洲的控制人员生成模拟惠更斯号探测器的多普勒频移、衰减等信号。NASA 将此信号发送至卡西尼号，用以模拟实际应用中惠更斯号探测器产生的信号。测试的结果出乎意料：卡西尼号的接收机出现了重大异常，无法锁定惠更斯号的信号，导致大部分数据丢失或损坏。进一步的测试证实了该问题的存在。卡西尼号接收机的带宽太窄，不适应由卡西尼号轨道器和惠更斯号探测器相对运动而产生的多普勒频移的整个范围。这将严重危及惠更斯号探测器的科学研究。窄带宽是根据早期轨道器上计划采用一个专用天线来接收探测器数据传输来设计的，后来决定用高增益天线替代专用天线，而窄带宽设计不再符合使用要求。但在研制过程中的技术审查以及地面测试中均未发现该问题。事实上，项目并未提出在真实条件下对无线电系统进行端对端的检查的需求，因此也从未测试过。研究了各种可能的解决方案，如修改软件利用探测器时钟偏差，或通过改变降落伞开伞时间而调整探测器的下降过程。一种选择是将惠更斯号的释放时间延迟到卡西尼号测量土卫六的风速之后，这样可以利用风来减小多普勒频移的峰值[53]。当大西洋两岸的工程师成功解决该问题时，卡西尼号飞离了小行星带。它是历史上第 7 个穿越小行星带的探测器，并且如它的先辈们一样毫发无损。

小行星（2685）马瑟斯基（图中间的"星"），距卡西尼号约 160 万千米
（图片来源：NASA/JPL/空间科学研究所）

　　5 月，卡西尼号终于将所有通信都切换到高增益天线，此时高增益天线无需再作为遮阳伞。从那时起粒子和场，以及尘埃数据基本可以连续收集。第一个新的飞行软件在飞掠木星期间上载使用。该软件使得卡西尼号自发射以来首次收集到一流的科学数据。尘埃分析仪在卡西尼号穿过维尔特 2 号（Wild 2）彗星轨道时开机工作，四年后将由携带类似探测仪器的星尘号（Stardust）探测器造访该彗星。但是卡西尼号并未检测到任何尘埃颗粒。同样在 5 月，太阳日冕物质抛射产生的等离子体冲过卡西尼号，它们是来自与地球相对的太阳系另一侧的等离子体。

　　6 月 14 日，卡西尼号进行了 0.6 m/s 的点火以修正其前往木星的目标行程。本次交会时机的设计是为了建立一条可使卡西尼号在进入土星轨道时飞掠其神秘卫星土卫九的轨迹，因为这将降低卡西尼号的速度并减少轨道入射所需的推进剂。12 月下旬，在距木星 1 000 万千米时，因为伽利略号探测器正在轨开展第二次拓展任务，所以为卡西尼号提供了一个研究木星磁层的独特机会。伽利略号的任务早期由于受到故障影响，严重限制了其大量传输数据的能力。其高增益天线于 20 世纪 80 年代存储时期失去了润滑，在飞行中没有完全展开。人们制订了协同观测粒子和场的计划。这两个探测器将使用曾在近地多航天器任务中成功开发应用的相关技术。当卡西尼号到达距木星最近点时，它将监测太阳风上游和木星外侧磁层，此时伽利略号沉浸在磁层内部。卡西尼号与木星交会后，将运行至磁尾，此时伽利略号运行至远拱点，位于背阳面的磁层外，两个探测器将互换角色。科学家们担心卡西尼号有可能会完全错过木星磁层，但是由于其最近点距离是由土星任务需求决定的，其对木星的观测仅仅是额外的收获。卡西尼号飞掠木星的距离足够远，若太阳风是有利的，它在向目标飞行段将保持在磁层外，随后才进入磁尾。尽管卡西尼号飞掠木星的距离较远、时间较短，但仍提供了一次观察木星及其卫星的机会。卡西尼号将与伽利略号、地面望远镜一同进行大量协同观测，通过电磁频谱监测木星的气象、闪电、极光现象，以及木卫一的火山活动、尘埃流以及等离子体环面[54]。虽然木星无线电辐射立体观测联合任务将于 2000 年 10 月正式开始，但在 2 月和 5 月这两个探测器就已分别就位。

　　9 月对卡西尼号姿态控制系统的稳定性进行了测试，为飞掠做准备。长时间的星图曝光表明，相机能够准确地凝视一个目标长达 32 s。随后对仪器设备进行了检查和校准。对木星的观测将于 10 月 1 日开始，此时卡西尼号在距离木星 8 470 万千米之外。3 天后开始彩色成像。紫外光谱仪也在 10 月开始率先对木卫一的圆环进行观测。对木星的观测开始后不久，磁层成像仪第一次检测到来自木星的中性原子。此外，在卡西尼号的位置还检测到了太阳风"拾起"离子。这些都源于木卫一火山喷发的气体。当六个月后卡西尼号距离木星 1 AU 之外时，第一次检测到了被木星磁场加速后的火山尘埃。不同于尤利西斯号和伽利略号记录的平行喷射流中的上万次撞击，卡西尼号观测到了连续流和仅几百次撞击[55]。

　　到了 11 月中旬，木星充满了整个窄视场相机的画面，因此不得不使用分块成像来覆盖整个星体。在向木星飞行段的某一时刻，另一波日冕物质抛射朝着卡西尼号席卷而来。那时，伽利略号正从远拱点轨道附近下降运行，记录了木星磁层对太阳风的变化的反应。经过这次及其他类似观测，两个任务的联合观测证实了木星磁层的无线电辐射与木卫一无关，而是由太阳风触发和控制，并形成类似地球上极光的过程。在 12 月的另一次观测中，当哈勃太空望远镜观测到紫外线下的极光现象时，卡西尼号的等离子体传感器和磁力计监测了太阳风上游的相关参数。

　　12 月 18 日，卡西尼号将注意力转向了木星外侧体积最大的不规则卫星木卫六（Himalia）。尽管飞掠距离远达 444 万千米，木卫六却是当时木星系统中已知的距离卡西尼号最近的天体。在每像素 27 km 的分辨率下，尺寸为 186 km 的木卫六在窄角相机中最

2000 年 12 月 7 日木卫二（Europa）的影子通过木星盘，但木卫二卫星本身并不在图像中

（图片来源：NASA/JPL/空间科学研究所）

多横跨 6 个像素。足以分辨出木卫六的不规则形状，并测量其反照率，测量结果证实了其与碳质小行星的相似性，进一步支持了木卫六是被木星所捕获的这一假说。

　　与此同时，12 月 15 日，卡西尼号的姿态控制意外地自主从反作用轮切换为推力器。JPL 的工程师在两天后发现了这一情况。一个反作用轮承受着比平常更大的摩擦，因此吸收了更大的电流。如果要继续执行预定的遥感任务，将会消耗过多的肼推进剂，因此，12 月 19 日，决定将需要精确指向的科学观测任务暂时告一段落。在研究该问题的过程中，卡西尼号将高增益天线指向地球以获得最佳的通信性能。同时，继续进行不需要精确指向的实验。遗憾的是，由于该故障的发生，无法按原计划通过观测确定木卫六的旋转周期。另外，也失去了对其他一些木星卫星和木星环进行观测的机会。诊断测试表明，反作用轮在低速旋转时需要增加扭矩，但是在高速旋转时扭矩恢复正常，这是一个一次性问题。似乎是由于反作用轮在低速下长时间旋转时润滑不均匀引起的。进一步的测试使卡西尼号得以从 12 月 28 日起恢复观测计划，恰好是距木星最近的时刻。为了使从木星到土星巡航期间反作用轮的磨损最小化，决定使用推力器代替反作用轮[56]。同一天的早些时候，当卡西尼号距木星 $140.2R_\mathrm{J}$（木星半径）时，比预期提前一整天穿越了木星的弓形激波；等离子体波实验记录了该事件。太阳风的弱化使得磁层短期膨胀明显，超过了 $100R_J$。在 1 月 3 日之前，多次观测到冲击波峰来回翻转，但是卡西尼号从未真正穿透磁层顶进入木星磁层。

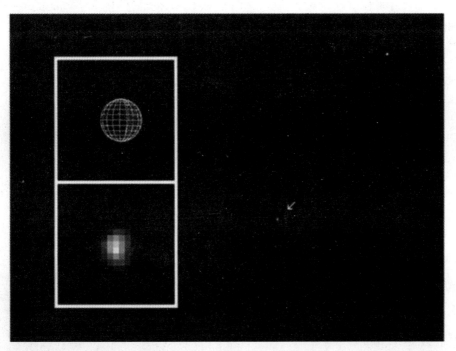

卡西尼号对木星的第六大卫星木卫六（箭头所指）成像，插图显示了观测到的几何形状，
卫星左半部被照亮，小圆盘被放大近 10 倍（图片来源：NASA/JPL/空间科学研究所）

2000 年 12 月 30 日 10 时 05 分（UTC 时间），卡西尼号到达其最接近木星的距离，约为 972 万千米，相当于 $136R_J$，而且恰好位于木卫四（Callisto）轨道之外。它在非常接近赤道平面的轨迹上以 11.6 km/s 的相对速度通过木星。强大的引力使得探测器的轨迹向着土星弯曲，其日心速度增加了 2.22 km/s，远日点延伸至 9.28 AU。对木星环、木星的卫星和大气成像持续到 1 月 15 日，此时卡西尼号距离木星 1 800 万千米，开始对其背光面成像，并寻找极光。

在木星飞掠过程中，从紫外线到近红外波段对木星大气循环的全过程进行了拍摄，以监测大气特征的演变。当探测器最接近木星时，木星圆盘占据了 3×3 帧的拼接图像。每像素 58 km 的最佳分辨率虽然比旅行者号和伽利略号探测器所获得的图像低，但是以前的任务从未有过对木星如此长时间、不间断的监测。探测到大气喷射速度相对于旅行者号观测结果的变化，在某些情况下达到每秒几十米。观测发现了大红斑吞噬较小的对流风暴，表明那些较大的、持久的飓风通过吸收更小系统的能量自我维持。在高纬度地区可以清晰地观测到小涡流在几天或几星期内就会经历成形至消散的过程，卡西尼号甚至记录了 20 世纪 30 年代大红斑南部出现的剩余白色椭圆的合并过程。第一次观测到了大量"空气"在黑暗"带"内上升，继而在明亮"区域"消失，并伴随几十次雷暴。在旅行者号时期提

木星边缘和大红斑（Red Spot）上方的木卫三（Ganymede），照片摄于 2001 年 1 月 6 日，
近一星期后，卡西尼号到达距木星的最近距离（图片来源：NASA/JPL/空间科学研究所）

出的明亮区域空气上升后膨胀冷却，黑暗带内空气下降至其内部的模型极有可能过于简单。最令人印象深刻的大气观测是在南纬 60° 附近观测到了一个深色椭圆形斑点，面积约 28 000 km×18 000 km（与大红斑面积相似），形成于卡西尼号与木星交会的早期。这个椭圆斑点从 10 月下旬开始只能断断续续地看到，随后观测到它在伸展，在 12 月下旬卡西尼号远离木星时可能已经开始消散。1997 年，哈勃太空望远镜也观测到了类似的斑点。卡西尼号观测到的这个椭圆形斑点南部边缘似乎与最强极光辐射的纬度吻合，暗示其可能由磁层与紫外线吸收的甲烷、乙炔或其他碳氢化合物等化学物质反应产生的高能粒子"雨"形成。在北部，紫外图像中可见的波浪形图案似乎与蓝色滤光图像中看到的云波纹相匹配。

许多科学观测都是针对伽利略卫星（Galilean satellites，木星的四个大型卫星）的，特别是木卫一。飞掠过程中拍摄了超过 500 张遍布火山的木卫一图像。12 月 30 日和 31 日，在 1 000 万千米距离进行了火山监测。长时间的曝光显示了至少两个巨大的烟柱。其中一个高达 400 km，来自赤道地区的贝利（Pele）火山，光照并不充足。另一个烟柱似乎起源于北纬高纬度地区，后来分析表明它来源于瓦史塔·卡泰纳（Tvashtar Catena）火山地区，在卡西尼号观测时位于木卫一的远端。瓦史塔·卡泰纳是伽利略号在 1999 年 11 月飞掠木卫一时拍摄标志性"熔岩幕"的地点。2001 年 1 月 1 日，观测到木卫一在木星的阴影中并穿过等离子体环面。记录了电子与木卫一稀薄大气层相互作用产生的可见辉光。4 天后的另一次日食提供了辉光的光谱信息。在日食中对木卫二成像时，也显示出大气辉光。12 月 29 日和 1 月 11 日，在日食中拍摄到木卫三。在接近和远离木星过程中拍摄了木星较小卫星木卫十六（Metis）和木卫十五（Adrastea）的图像，以便修正它们的轨道，并确认它们是环状物质的主要来源。一些图像中还拍摄到了木卫十四（Thebe）。在接近阶段，至少拍摄了 160 张图像寻找运行在木卫五（Amalthea）和木卫四（Callisto）轨道之间尚未发现的小卫星，但没有新的发现。许多观测都以木星环为目标，以便更好地了解其组成粒子的类型和大小。这些观测是卡西尼号将来研究绚丽的土星环的很好的演练。

其他仪器也在获取数据。复合红外光谱仪分析了木星大气中微量碳氢化合物的丰度随深度和纬度的变化，并与旅行者号的数据进行了有趣的比较。1979 年北部秋季至夏季的季节效应明显。尽管运行的距离比设计的遥远，在最接近的时候，高能中性原子成像仪探测到了未知的环形气体云，其密度最大的区域就在木卫二的轨道之外。这片云主要由被木星磁层粒子从卫星的冰表面剥离的氢、氧和水分子组成。虽然空间分辨率很低，但是红外光谱仪也对这些卫星进行了监测。2001 年 1 月 2 日和 3 日，在探测器远离木星的过程中，雷达作为辐射计，通过扫描与木星相对的高增益天线及其周边，记录了大气热辐射和辐射带中高能电子的无线电辐射。同时，磁层成像仪绘制了内磁层的形状和组成。

当卡西尼号远离木星时，可以看到木星的背光面。在联合研究的第二阶段，卡西尼号在背光面观测极光现象的同时，哈勃太空望远镜在阳照面观测。极光的辐射在短时间内会发生变化，可能是由于太阳风压力的变化造成的。仪器显示 1 月 9 日有 8.5 h，以及第二天有 13 h 以上，卡西尼号在木星"下风向"1 400 万千米的磁层尾部内飞行。磁层形状模型显示，太阳风增强的区域正在导致昏暗的弓形激波在卡西尼号上空来回冲刷。这种情况也被当时正处于远拱点的伽利略号证实。与所预料的受压磁层一致，哈勃太空望远镜几天后观测到一个小而明亮的极光椭圆。不过，地球轨道上的钱德拉（Chandra）卫星没有观测到来自木星极光的 X 射线和太阳风状态之间有明显的相关性。

卡西尼号在 2 月 28 日进行了轨道修正，以调整其对土星的瞄准。在 2001 年 3 月 22 日停止成像时，它已经传输了关于木星、木星卫星和木星环的约 26 000 幅图像，与旅行者号的飞掠相当。在 3 月初距木星超过约 $800R_J$ 之前，它继续在磁层尾部振荡中进进出出。木星"千年计划"于 3 月 31 日正式结束[57-65]。

8.7　小故障和解决方案

卡西尼号在飞往土星的最后一段航程中运行在活跃度较低的状态下。为防止灰尘和氧化物在管道和过滤器中积聚，主发动机推进剂管路每年至少要冲刷 5 s，因此进行了小量级中途修正。与此同时，项目团队正在确定能够满足多种约束条件下，尤其是在仪器均安装在固定支架上而不是扫描平台上对科学探测产生约束的情况下，探测器在轨运行期间的科学探测序列。当然，为了提供必要的灵活性和应对不可避免的新发现，每次交会前不久才确定何时进行何种具体观测，但是基线计划已经提前拟订[66]。

在木星飞掠和土星轨道入射开始之间的 3 年中进行了一些科学观测。其中大多数利用了三个波长的无线链路，即使在探测器非常接近太阳以及无线电波通过日冕等离子体时，也能提供高质量的多普勒导航数据。这是为了帮助在日合前几天的土星轨道入射进行精确导航。该无线链路在 2001 年 6 月和 2002 年 6 月的日合中得到了验证。2002 年 6 月，卡西尼号与太阳圆面中心夹角小于 1°，而太阳圆面直径张角只有 0.5°。

从 2001 年 11 月到 2002 年 1 月初，卡西尼号完成了探测穿过太阳系的引力波的实验。这段时间里，精确的跟踪和稳定的定位使科学家们能够确定由 RTG 的热辐射引起的极微小加速度的量级约为 10^{-15} m/s^2。这是一个特别有趣的结果，因为错误的 RTG 辐射加速度模型曾被认为是引起"先驱者异常（Pioneer Anomaly）"最可能的原因[67]。

最有意思的实验是在 2002 年日合期间进行的，当时卡西尼号距离太阳超过 7 AU。一个专门为该实验建造的深空网天线向卡西尼号发送两个无线电载波，卡西尼号的无线电系统使用本身的三个无线电载波对其做出反应。由于时空的相对论变形，通过分析回波信号精确测量电磁信号经过巨大物体（在这种情况下是太阳）的时间延迟和路径延长是可能的。实验结果证实了爱因斯坦理论的误差在百万分之十以内；是迄今为止最为准确的[68]。

在卡西尼号最后一段星际巡航中，遇到了一些技术故障，并得到了解决。

2001 年 5 月，工程师们在明亮的角宿一（Spica）图像中发现了大量雾霾，这些图像用于校准相机并完善其相对于其他遥感仪器指向的数据。自从离开木星以来，卡西尼号一直使用推力器进行姿态控制，以便将反作用轮留给后续任务使用，但是看来推力器的废气已经进入了光学系统。由于在其他任务中也发生过类似的污染问题，采用了常规的解决办法，即加热光学设备使污染物蒸发。当然，只有当问题确实是光学污染而不是 CCD 探测器故障时，这种方法才会奏效。尽管存在污染，但仍在 7 月 13 日首次将相机对准了土星。这颗行星及其光环的模糊图像只有几十个像素，而土卫六只是旁边的一个小点。2002 年 1 月 14 日，将温度提高到近 100 ℃，开始对光学系统进行净化。5 月拍摄的图像显示出积极的反应，7 月图像质量恢复正常。

惠更斯任务恢复特别小组正在继续研究如何最好地确保卡西尼号能够收到惠更斯探测器发出的信号。为了更准确地确定异常情况，2001 年 2 月使用了中继系统，特别小组最终于 7 月 29 日公布了结论。

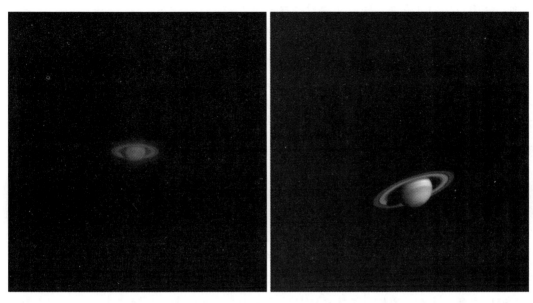

分别于 2001 年 7 月 13 日（左，卡西尼号拍摄的首张土星图像）和 2002 年 10 月 21 日（右）拍摄的
两张遥远的土星图像。左边的照片中，相机污染严重。2002 年的图像中，可以看到明亮的土卫六
（图片来源：NASA/JPL/空间科学研究所）

　　建议在大气进入之前增加 4 h 惠更斯发射机预热阶段。原定的预热时间是 45 min，但
延长预热时间可以稍微降低数据流频率并提高裕度。预热不会严重消耗电池电量。如果仅
进行此项修改，估计卡西尼号将仅能接收来自惠更斯号不足 10% 的数据并丢失所有科学目
标。因此，卡西尼号的飞行剖面不可避免地要作大范围修改。一个任务需求是在主任务中
尽快释放惠更斯号，因为未释放的惠更斯号遮挡了卡西尼号一些仪器的视野，同时惠更斯
号的质量会显著增加卡西尼号轨道机动中推进剂的消耗。此外，由于前期投入了大量的时
间和精力进行轨道设计，也希望尽可能多地保留最初设计的轨道。

　　推荐的解决方案包括大幅度增加卡西尼号和土卫六之间的最近距离，并将卡西尼号和
惠更斯号之间的延迟从 4 h 减少到 2 h。为了实现这一目标，前两段轨道被替换为三段较
短的轨道。在最初的方案中，惠更斯号将在 11 月下旬首次飞掠土卫六时被释放并完成任
务。在卡西尼号进行距离为 1 200 km 的飞掠时，惠更斯号在下降过程中与卡西尼号的距
离在 77 000～27 000 km 之间。在修改后的方案中，惠更斯号将于 12 月 25 日被释放，并
于 2005 年 1 月 14 日到达土卫六，比原计划晚近两个月。从开始进入到标称任务结束期
间，卡西尼号和惠更斯号之间的距离在 71 000～60 000 km 之间。惠更斯号的下降发生在
卡西尼号接近土卫六、通过最近点以及随后远离的过程中，因此下降开始时具有约
3.8 km/s 的最大相对速度（和多普勒频移），在卡西尼号与土卫六距离最小时减小至 0，
然后增加至 0.8 km/s；均在窄带接收机的频段内。若使用最初方案的轨道，二者的相对
速度基本固定在 5.6 km/s。一个月后卡西尼号将返回土卫六，继续预定的轨道之旅。还
有一个推迟释放惠更斯号并在大约 6 个月后重新恢复卡西尼号环绕之旅的备用方案，但此

方案将使用更多的推进剂，同时无法实现与土卫二的前两次交会。

除了保证从惠更斯号得到所有预期的数据外，修订的方案还有其他优点。从纯工程方面考虑，高增益天线的指向要求没有原计划那么严格。在科学方面，修订的方案将第一次飞掠土卫六的时间从 2004 年 11 月下旬提前到 10 月下旬。携带惠更斯号的第二次飞掠将于 12 月进行。在两次飞掠过程中，将评估土卫六风的强度和方向特性对惠更斯号探测器大气下降过程中多普勒频移的影响。当然，早期的观测将改善土卫六的星历，这反过来有助于更精确地确定高增益天线指向。

修订的方案对土星其他卫星的观测也产生了影响。在释放惠更斯号探测器一星期后，卡西尼号将以相对较近的距离飞掠土卫八。由于可以观测到与先前计划的单一目标交会可见半球相对的半球，这次飞掠是受欢迎的。另一个好处是 2005 年 2 月对土卫二的一次额外飞掠。不利的方面是惠更斯号探测器任务期间，卡西尼号与土卫六的距离增大，导致其接收到的惠更斯号的信号强度比最初的设计降低了十分之一，同时，实现新的行程需要额外增加 95 m/s 的速度增量，相当于预留可用推进剂的四分之一。延长轨道入射点火时长，增加速度增量，将第一段轨道缩短 2 个月。提升近拱点也需要明显延长点火时间。在释放惠更斯号后，需要额外的推进剂来调整与土卫六之间错开的距离。鉴于到目前为止出色的导航节约了大量推进剂，这种推进剂的意外使用对完成主任务没有影响，但将消耗用于拓展任务的推进剂的三分之一。

着陆区域仍在西经 190°附近，但为了确保卡西尼号和惠更斯号在整个下降过程中都能看到太阳和地球，着陆目标点向南移动了 20°。

没有实施其他可能的方案。一个方案计划利用惠更斯号发射机的时钟漂移。飞行过程中时钟明显漂移，可能改善多普勒频移，从而在一定程度上弥补该问题。但是由于补偿与硬件在低温下的特性有关，很难预测补偿程度。另一个保留方案是在数据流中插入"0"序列，以提高信噪比。

2001 年晚些时候，评估了姿态控制系统精确旋转卡西尼号的能力，以最大限度地接收来自惠更斯号的信号。以地面天线为发射机，对新的下降过程任务剖面进行了仿真，全面验证了故障预案的有效性[69-71]。同时继续采集巡航数据。卡西尼号在 2002 年 4 月 3 日进行了中途修正，与无线电和等离子波组件开始探测土星无线电辐射的时间大致相同，此时探测器距土星约 2.5 AU。不过，随后发生了更多的技术故障，秋天出现了硬件磨损的迹象，特别是一个反作用轮显示摩擦力偶尔增大。于是决定切换到备份反作用轮，把这个不太好用的反作用轮作为备用。10 月 21 日卡西尼号距离土星 1.9 AU，从地球上不可见的角度对它的目的地拍摄了更多图像。图像中可以看到橘红色的土卫六，但此时它只是一个斑点。

从 2003 年开始卡西尼号的活动激增，用三次机动取代了通常的一次。三次机动是为了修正轨道与土卫九（Phoebe）交会。第一次机动在 5 月 1 日，第二次机动在 9 月 10 日，第二次机动使用了姿态控制系统推力器。与此同时，地面上传了新的软件执行土星轨道入射机动，近拱点提升机动，土卫六对准和惠更斯号中继。特别是，软件具有土星轨道入射机动自主决策能力。8 月对这次机动进行了完整的演练，10 月 1 日的主发动机点火验证了后续将使用的系统和算法。卡西尼号在 6 月下旬进入日合。当与太阳的角距离减小时从地球发出空闲指令，评估探测器接收指令的可靠性。在此期间进行了第二次广义相对论实验，但无线电系统的故障使实验数据几乎无法解释。仅一个月后 Ka 波段传输系统的一个组件发生故障，使下次冲日以及土星轨道阶段任务期间获得的多普勒数据降级。

2003 年 7 月 22 日卡西尼号在距离土星 1.08 AU 处探测到无线电波的爆发，这种现象最初被解释为土星大气中闪电的辐射。随后意识到这些爆发来自木星。卡西尼号将在未来的数年内继续探测木星辐射，即使距离木星超过 10AU[72]。卡西尼号还收集了其他数据。从 2003 年中开始的一年中，紫外光谱仪监测了进入太阳系的星际气体引起的莱曼-阿尔法（Lyman–alpha）带的辉光，并与旅行者 1 号上的相应仪器的观测结果相关联，旅行者 1 号当时距离太阳接近 100 AU[73]。

8.8　到达与首次发现

在卡西尼号和惠更斯号设计、建造和飞行的过程中，对土星系统的认识也有了显著的提高。1988 年，美国科学家开始使用金石（Goldstone）深空通信天线作为雷达探测土卫六的表面，其高反射率意味着土卫六表面"粗糙"，与液态碳氢化合物的存在相矛盾。不过，最重要的发现来自哈勃太空望远镜于 1994 年开始的一项观测计划。近红外图像显示了几个黑暗区域和一个位于先导半球横跨赤道的大而明亮的"大陆"。这个被雷达发现的奇异特征后来被命名为仙那度。从图像中不可能最终确定是否存在碳氢化合物的"海洋"，但黑暗区域可能是有机物聚集的低地。使用世界上最大望远镜进行的其他红外观测发现，在高海拔地区有短期的甲烷云以及南极云。旅行者 1 号发现的北半球和南半球大气外观的不对称性，被认为是一种季节性现象，其中包括烟雾从一个半球运动到另一个半球的现象。土卫六上是否存在液态碳氢化合物引起了激烈的争论。2001 年年底和 2002 年，作为一种低分辨率雷达，位于波多黎各（Puerto Rico）阿雷西博（Arecibo）的射电望远镜记录了来自土卫六地表区域的镜面反射，显示其具有平静湖泊或海洋的巨大而平坦的特征。然而红外图像和光谱却显示出了与木卫三（Ganymede）相似的特征。木卫三是一颗被水冰覆盖的卫星，几乎没有有机沉积物的迹象。2003 年和 2004 年支持卡西尼任务的地面观测没有发现任何阳光的镜面反射，排除了土卫六存在全球性海洋的预期[74-75]。

卡西尼号对土星的系统性观测始于 2003 年 12 月，当时其与土星的距离为 1.11 亿千米。12 月 25 日在 E 环的轨道半径上，紫外光谱仪探测到氢原子云团。这种现象在 2004 年 2 月和 3 月初再次出现，随后的几个星期中，云团开始变得不对称并弥散开来。云团的来源可能是 E 环与土卫二释放的冰粒子的撞击。E 环是土星环中最神秘的一环，延伸了 3~8R_S，覆盖了四个主要的冰态卫星的轨道：土卫一，土卫二，土卫三和土卫四。E 环是一个广阔而弥散的环，在土卫二附近密度最大。对比其他土星环，E 环缺乏碰撞和吸积的证据，表明它起源于四颗冰态卫星中的一颗释放的粒子，这颗卫星很可能是土卫二。20 世纪 90 年代，哈勃太空望远镜发现了一个与 E 环一致的羟基离子环。磁层的内部含有大量的羟基和氧，氢则在更远处。几乎所有这些分子和离子都被怀疑是由 E 环中的水冰粒子离解而产生的。此外，它们将在 1 亿年内消失的事实表明，存在一种用冰补充 E 环的机制。这与木卫一火山对木星磁层的作用类似，虽然这种作用规模较小。

从 2004 年 1 月 10 日到 30 日，卡西尼号几乎连续不断地研究太阳风，测量了它的磁场及等离子体的密度和速度。此外，等离子波实验记录的土星极光活动与哈勃太空望远镜的观测结果一致，该望远镜每隔一天在紫外线波段观察极光。此时卡西尼号与土星的平均距离为 7 800 万千米，并几乎直接从太阳上方接近土星。令科学家们感到尤其幸运的是，1 月 15 日和 25 日，探测器被太阳风的两波冲击波扫过，17 h 后，这两波冲击波击中了土星。在此过程中，哈勃太空望远镜看到了明亮的极光，卡西尼号探测到来自土星的无线电噪声也相应增加。1 月 25 日，极光戏剧性地明亮了起来并完全充满了土星向阳一侧。土星磁层对太阳风的反应方式与地球、木星有相似之处，也有一些独特的特点。与由"泄漏"的太阳风等离子体组成的地球磁层不同的是，木星和土星磁层主要由其卫星脱落物质组成。但旅行者号发现土星卫星的等离子体源比木星卫星（尤其是木卫一）的等离子体源要弱得多。与地球相同，土星的极光也是由太阳风控制的。在木星上，极光与木卫一磁通管相关。不过可能由于土星磁层距离太阳更远，太阳风与土星磁层相互作用的方式明显不同[76-79]。

尘埃分析仪从 1 月开始记录微观粒子冲击的爆发，随着卡西尼号接近土星，爆发的强度增加。尘埃可能来自土星 A 环，成为带电粒子后被土星磁场加速，以超过 100 km/s 的速度逃逸到星际空间。许多任务（包括卡西尼号）在接近木星时都记录到了类似但更强的爆发。仪器发现这些尘埃是一种水分或其他挥发物相对较少的硅酸盐物质。实际上，这些粒子是土星环中灰尘的样品[80-81]。

成像开始于 2 月 6 日。卡西尼号的视野中是土星的南半球和土星环的阳照面。9 日开始进行每星期一次的彩色成像，跟踪细长的 F 环中的结和小团块，并监测大气特征，特别是测量风速。南极的"圈"以及大气和环中的精致细节清晰可见。在 2 月下旬至 3 月下旬成像期间，卡西尼号看到了 1 000 km 宽的两场风暴相遇、相互作用、剪切并最终在 3 月 19 日/20 日合并的现象。由于发生这个现象的南纬 36°区域中类似的活动频繁，后来被称为"风暴巷"。5 月记录了一次这种风暴的静电放电。

从工程角度，3 月初的一整个星期成功地进行了惠更斯号中继任务的最终演练。3 月 22 日，首次记录到弓形激波中爆发的电子，这是卡西尼号即将进入这颗带有光环的行星范围的明显信号。

对土卫六低分辨率监测始于 4 月，通过甲烷过滤器拍摄的图像开始显示土卫六表面的细节，不久之后，图像分辨率就超过了哈勃太空望远镜。通过大气细节可以测量风速，作为惠更斯号中继异常问题解决方案的输入。土星及其大气是复合红外光谱仪和雷达观测的焦点，复合红外光谱仪获得了温度分布图，雷达则进行远程辐射扫描，用于校准地基射电望远镜数据。

从 2004 年 2 月 22 日开始至 3 月 22 日结束的时间推移序列图像，显示南部"风暴巷"的两个风暴相互作用并最终合并（图片来源：NASA/JPL/空间科学研究所）

卡西尼号将穿过的环平面区域正受到相机和地面的详细检查，以探测任何可能对探测器构成威胁的碎片或其他物体。如果穿越环平面的飞行过程必须在 F 环和 G 环以外的地方进行，那么将对飞掠土星卫星的行程产生较大影响。5 月中旬，在没有发现任何危险的情况下，最终的目标机动获得了批准。5 月 22 日，打开了主发动机盖，为 5 天之后速度增量为 34.71 m/s 的轨道修正做准备，这次修正是为了飞掠土卫九，同时也作为土星轨道入射点火程序的演练。氢气压力调节器的状况令人担忧，因为多年以来它已经让太多推进剂泄漏到太空了。在准备轨道入射期间，发动机盖保持打开状态。

2 月 9 日至 6 月 1 日之间，卡西尼号专门对昏暗的土星环拍摄了四个序列共 800 帧窄角图像，以观测已知的小卫星和寻找新的小卫星。3 月 10 日，在距离上次被发现的几年之后，图像中再次看到了土卫十七（Pandora）和土卫十六（Prometheus）这两颗 F 环的"牧羊卫星"；此外还看到了土卫十（Janus）、土卫十一（Epimetheus）、土卫十八（Pan）和土卫十五（Atlas）。卫星搜索的最后一天，在距离土星 194 000 km 和 211 000 km 的圆形赤道轨道上，即土卫一和土卫二的轨道之间发现了两颗新的卫星。最初被命名为 S/2004 Sl 和 S2，后来被命名为土卫三十二（Methone）和土卫三十三（Pallene）。它们的大小分别为 3.2 km 和 4.4 km。土卫三十三曾经在旅行者 2 号的一幅图像中作为条纹出现，当时被称为 1981 S14[82]。从天体力学角度来说，土卫三十二的发现特别受欢迎，通过它可以对土卫一的质量进行更精确的估计。由于在卡西尼号的飞行计划中没有与土卫一的交会，也没有高质量的跟踪数据[83]。

现在所有目光都转向土卫九独特的飞掠。虽然这颗暗淡、遥远、逆行的卫星在 1899 年被发现时看起来很奇怪，但它实际上是在距离土星较远轨道上运行的不规则小卫星中最大的一颗。近年来，天文学家发现了许多这样的天体。其中一些被称为挪威群（Norse group），运行在与土卫九相似的轨道上，表明它们可能是撞击时产生的碎片。

卡西尼号将在约 2 000 km 处飞掠土卫九。最初设计的最近点距离约为 56 000 km，但考虑到对于探测一个可能是被捕获的半人马小行星的高度兴趣，尤其是不需要卡西尼号在其主任务期间进行更多的冒险，因此更近距离的飞掠显得更有意义。更近距离的飞掠可以提供卫星质量和重力场的高质量数据，但土卫九被认为正在脱落尘埃，而探测器受损的风险被认为是不可接受的。

支持这次飞掠的地基观测结果表明土卫九表面主要是灰色的。光谱观测显示了水冰的存在，证实了其与彗星和半人马小行星之间的关系。观测显示土卫九自转周期约 9 h，这种相对较快的自转使得卡西尼号能够绘制出整个卫星表面地图，虽然部分区域分辨率较低。控制人员使用土卫九的导航图像几乎实时地修正观测时间表。事实上，需要在最后关头更新观测时间以确保土卫九进入遥感仪器的视野。6 月 7 日卡西尼号与土卫九之间的距离小于 250 万千米，图像分辨率已经达到了旅行者号的最高水平。随后几天在 100 万千米范围内拍摄的图像清晰地显示了火山口并显示出可能发生过猛烈爆炸的迹象。6 月 10 日在650 000 km 处拍摄的图像显示了更多的火山口和北极附近一个具有陡峭坑壁的巨型火山口形成的巨大洼地。另一个火山口状的洼地横跨土卫九南极。

6 月 11 日飞掠了土卫九。从 140 000 km 的距离上可以看到，土卫九不仅有深灰色地区，还有明亮的白色斑块，斑块亮度很高，以至于在随后的所有图像中亮度均达到饱和。不出所料，土卫九具有非球形形状，是太阳系中已知的非球形的最大天体之一。但其自身引力足以使其曾经是圆形的。在 32 500 km 处拍摄的分辨率为 190 m 的图像中，土卫九几乎填满了相机的视野。虽然有些陨石坑的外观比较黯淡，但仍可以看到布满陨石坑的地形，表明这些地区较为古老。卡西尼号以 6.4 km/s 的相对速度在距土卫九 2 068 km 的距离飞掠而过。与飞行计划的差别很大程度上是由于卫星星历的不确定性造成的，仅有小部分来自目标机动的误差。它成功地以优于 2 km 的分辨率绘制了土卫九三个自转周期的全部表面。在最接近的时候，分辨率达到了 13 m。通过无线电多普勒跟踪推断出了土卫九的质量，通过图像分析计算出了土卫九的形状和体积。这些测量结果综合后得出了非常低的平均密度，仅比水的密度大 60%，说明土卫九是冰和岩石的多孔混合物。不过这个密度比除土卫六外的土星系统内部的冰态卫星密度大。这进一步证明了土卫九是被捕获的天体。

土卫九表面几乎布满了陨石坑。有 130 多个直径超过 10 km 的陨石坑。最大的〔后来命名为杰森（Jason）〕在北极附近，直径约 100 km，相当于土卫九直径的一半。土卫九在撞击中幸存了下来，但冲击可能使其内部断裂破碎成块后又重新聚积。陨石坑的北部和东部坑壁显示出明亮的近期山体滑坡的迹象，山体滑坡的外围可能是地面上圆丘状碎片的来源。在许多陨石坑的坑壁上可以清楚地看到分层，最上面的一层是黑色的，而较亮的条纹一直延伸到地面。这意味着土卫九内部是富含水冰的原始物质，且大部分表面覆盖着一层几百米厚的较暗物质。在陨石坑中，以及陨石坑间的平原和丘陵地带，都有数十米至数百米的巨大冰砾。

成像光谱仪在飞掠过程中以每像素 500 m 的分辨率绘制了土卫九表面，并测量了其组成。土卫九是太阳系中所观察到的组成最多样化、最原始、最无差异的表面。有零星分布的含铁矿物、水冰、结合水和捕获水以及二氧化碳、含氮化合物和氰化物、有机物和黏土。推测的成分与外太阳系其他天体，如海卫一（Triton）和冥王星（Pluto）类似，但与土星的常规卫星不一致。特别是，二氧化碳冰的存在意味着土卫九从来没有足够高的温度使其升华到太空中。说明土卫九作为半人马或柯伊伯带天体形成于外太阳系较冷的区域，后来被土星捕获。紫外数据证实了水冰的特征。光谱仪也在挥发物中寻找类似彗星的挥发现象，但是没有找到。

复合红外光谱仪获得了阳照面和背光面全球和区域温度图，并在最接近时进行了高空间分辨率扫描。测量的平均温度为 110 K，在大型陨石坑和其他地形周围温度有变化。总的来说，表面只反射了 1%～6% 的阳光。热惯量表明土卫九表面是一层绝缘性能良好的粉状风化层。在辐射测量和散射测量模式下，雷达“探测”了几十厘米的地表物质，发现其中含有大量灰尘[84-91]。

卡西尼号很快就把土卫九抛在了身后，6 月 16 日进行了一次小机动，建立了必要的轨道入射轨迹。科学家随后宣布了一项极其令人费解的观测结果。由于之前的任务已经接近土星，等离子波实验也已经探测到被广泛解释为土星内核自转“信号”的千米波辐射。但卡西尼号探测到的辐射周期比 1980 年和 1981 年旅行者号飞掠时探测到的长 6 min（1%）。1994—1997 年尤利西斯号的无线电观测中已经注意到这种减速。由于没有已知的物理方法能够将内核转速在如此短的时间间隔内减慢到能够测量的程度，合乎逻辑的推论是无线电辐射与内核自转不同步[92]。

到 6 月中旬，窄视场相机对土卫六大部分表面进行了分辨率为 35 km 的测绘，比从地球成像的分辨率提高了 10 倍。有趣的是，表面没有清晰可见的地质构造，也没有陨石坑。长期成像记录了南极附近云层的形成和消散。

最后，在轨道入射机动前，卡西尼号对土星环阳照面进行了多光谱遥感观测，显示了 B 环整体的“沙褐色”色调和由于粒子组成不同导致每个环色彩上的微妙变化。6 月 21 日的观测显示又有两颗卫星在 F 环的中心内外运行。它们被称为 S/2004 S3 和 S4，但未被指定专有名称，因为事实证明很难确保通过后续观测来确认它们的性质。它们很有可能实际上只是 F 环粒子随着时间推移而消散的团块，仅在 2004 年就出现了数十个这样的“正在消失的小卫星”。接近阶段的图像还发现了一个新的微弱环 R/2004 S1，与旅行者号发现的小卫星土卫十五的轨道相匹配[93]。

到达之前的 8 天，对整个轨道入射点火序列进行了上传和演练，卡西尼号进入仅简单维持其高增益天线指向地球并发送工程数据和在此方向上能够获得的科学数据的最小活动状态。与此同时，深空网开始连续跟踪。6 月 27 日，探测器在 $49.2R_S$ 处第一次穿过弓形激波，比先驱者 11 号和旅行者号远 50%。弓形激波来回冲刷了好几次，直到 20 h 后卡西尼号终于在 $40.5R_S$ 范围内穿透了磁层[94-96]。

最初的设想是卡西尼号将有一个可转向天线，在轨道入射点火过程中向地球传递数据，但为了节约经费被取消，发射时的期望是探测器在不传回实时遥测的情况下执行这次关键机动。但是在经历了没有遥测情况下 1993 年一次和 1999 年两次火星任务失败（详见

在 32 500 km 外拍摄的土卫九图像，杰森是顶部的巨大陨石坑（图片来源：NASA/JPL/空间科学研究所）

第 10 章）之后，工程师们开始寻找方法来确保在点火过程中保持下行链路。虽然卡西尼号由于距地球太遥远无法直接干预，但遥测丢失至少表明是否发生了异常，如果在穿越环平面时丢失遥测，可能是环境的影响，如果在制动点火时丢失遥测则可能是硬件故障。因为在点火过程中，高增益天线会指向远离地球的方向，所以无法使用高增益天线通信。若高增益天线指向地球则需要以非最佳姿态点火，这将消耗计划用于拓展任务的推进剂。此外，这种情况下点火时间将比原计划长得多，并将影响独特的科学观测结果。在任何情况下，卡西尼号每隔 1 min 左右才会对它的分系统进行一次轮询，瞬间的灾难性故障很可能会被忽略。探测器将被 A 环和 B 环遮挡 53 min。点火过程中，卡西尼号有 30% 的时间在密度较大的 B 环后面，旅行者 1 号已经证明即使使用高增益天线，信号也会极度衰减或丢失。当然，那时土星离日合仅有几天的时间，信号会因为穿过日冕而进一步减弱。不使用高增益天线保持通信的可行提议包括在探测器穿越环平面后到点火开始之间调整姿态将天线转向地球以提供探测器健康信息，或者仅使用低增益天线发送一个可以被地球接收到的强大载波信号以监测探测器的减速机动点火。然而，与高增益信号不同的是，低增益信号会被 B 环和密度较低的 A 环减弱。

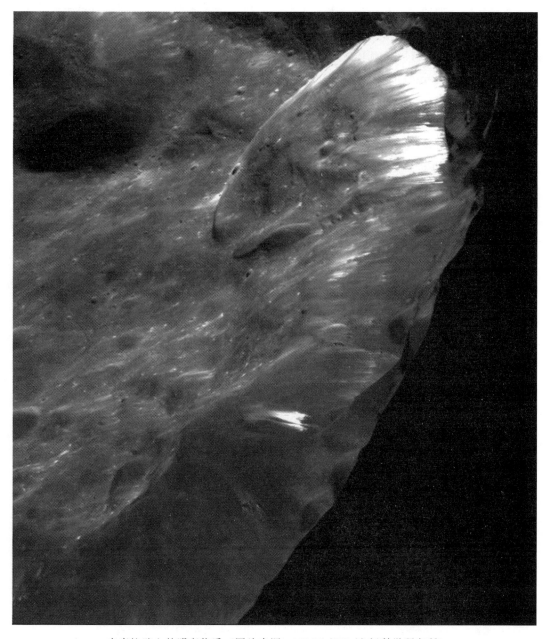

杰森坑壁上的明亮物质（图片来源：NASA/JPL/空间科学研究所）

在与 NASA 总部协商后，JPL 选择实施第二种策略，因为它不会妨碍对土星环的观测。同时决定在点火机动后立即使用高增益天线传回简短的探测器信息。点火机动没有在最优时间开始，而是在此之前 30 min，探测器穿越环平面不久后进行。这一决定的代价是机动执行效果稍差，但在入射后约 75 min，可以以特别有利的几何构型近距离观测土星环，这种机会在主任务期间不会再出现。如果有必要的话，"提前"点火还将为"发动机切换"提供时间。完整的机动演练在 5 月进行。

6 月 30 日午夜前几分钟，当卡西尼号将高增益天线指向前方作为本体的防尘罩后，遥测作业被切断。即使天线被击中，表面的小凹坑对其性能也几乎没有影响。卡西尼号于 7 月 1 日 0 时 47 分（UTC 时间），以 22 km/s 的速度从南方的向光侧穿越环平面向北飞行 2.628 倍土星半径，与目标相差在几千米内。先驱者 11 号和旅行者 2 号也穿过了 F 环和脆弱的 G 环 30 000 km 的间隙，而后者受到了粒子撞击[97]。粒子和场测量仪在整个入射机动过程中持续工作，希望磁力计能探测到磁场的高阶分量。同时，抛掉了质谱仪入口的盖子。仪器适时地记录了土星环粒子解体产生的等离子体对探测器的撞击。安全穿过环平面后，探测器转向将发动机调整到速度矢量方向。轨道入射点火从 1 时 12 分开始。卡西尼号以 0.008°/s 的速度缓慢旋转以保持发动机推力尽量与土星相对速度矢量平行，土星相对速度矢量在点火过程中旋转了 46°。2 时 28 分卡西尼号到达了最接近土星的位置，仅距云层顶部上方 19 800 km（$0.33R_S$）。比先驱者 11 号近几百千米。发动机继续点火，直到加速度计测量到已达到所需的减速量。随后在准备第二次环平面穿越时关闭了发动机盖。

A 环掩星期间，可以断断续续获得卡西尼号的低增益信号，在探测器穿过卡西尼环缝的间隙时，信号以最大强度重新出现，随后被 B 环完全阻断。信号的重新出现显示了点火结束，当时的多普勒频移在预测的 5 Hz 之内。由于发动机的推力略大于预期，所以点火比标称时间短了大约 1 min。点火时长共 96 min 24 s，探测器减速 622 m/s，消耗了 830 kg 推进剂。最后 18 min 缩短了轨道周期。在点火之后，20 s 的高增益遥测提供了 3 个 10 000 bit 的数据包，显示探测器健康状况良好。点火机动后，卡西尼号相对土星的速度为 30.53 km/s，在 $1.3R_S×150.5R_S$ 的轨道上运行，轨道周期为 116.3 天，相对于土星赤道平面的倾角为 16.8°。在首次提出这一设想之后大约 22 年，这颗探测器成为这颗具有光环的行星的第一颗人造卫星。对于 JPL 来说，这是具有里程碑意义的一年的高潮。在这一年里，两个巡视器成功着陆火星，同时星尘号任务飞掠了维尔特 2 号彗星。由于卡西尼号的运行轨道十分接近预定轨道，取消了原定于入射后 3 天内进行的一次重要轨道调整机动。在点火结束后的 20 min 内，卡西尼号就已经在距离土星环背光面 16 000 km 上方进行了科学观测，观测距离不到主任务的任何其他时间的距离的十分之一。

从地球上看，卡西尼号在点火约 45 min 后被土星遮挡，3 min 后飞进了土星的阴影锥。掩星和日食持续了超过 0.5 h。然后探测器转向使用高增益天线作为防尘罩，在 4 时 34 分以 $2.632R_S$ 的距离再次从 F 环和 G 环的间隙中向南穿越环平面。安全通过后，卡西尼号开始恢复观测，这次是观测 A 环和 F 环的阳照面。

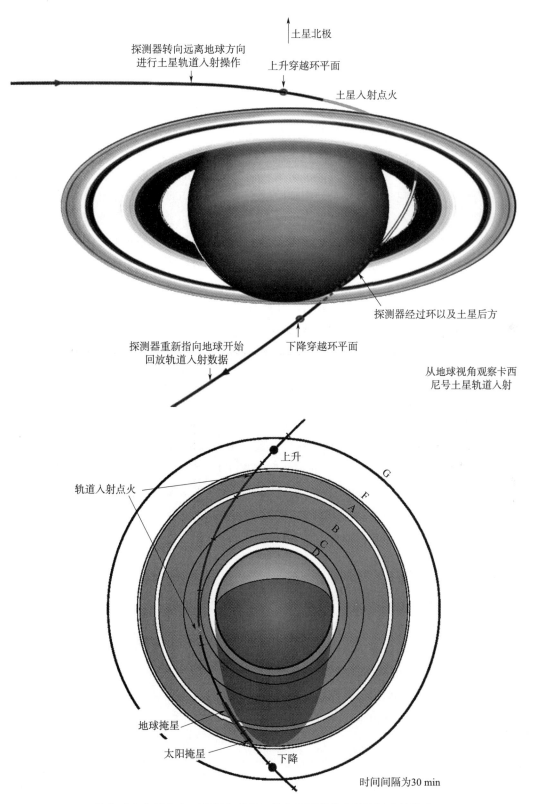

从地球视角观察卡西
尼号土星轨道入射

从地球和土星上方（太阳在顶部）的角度看到的土星轨道入射机动

在入射序列开始切断通信约 6 h 后，卡西尼号重新指向地球，以便下传它收集到的工程和科学数据。两个土星环观测序列总共产生了光学分辨率在 100～350 m 之间的 85 幅图像，以前只有旅行者号的无线电和恒星掩星才能达到这种水平的细节。其中 43 幅是土星环背光面的图像。这个序列从 C 环外部开始，继续进入 B 环内部，跳过 B 环中心，持续到 B 环外部，然后到卡西尼环缝进入 A 环。在这些图像中，暗带要么是环中阻挡光线的密度较大区域，要么是透过间隙看到的黑暗空间。C 环的图像捕捉到了稀薄的麦克斯韦环缝和其中狭窄的偏心环，清晰地显示出一个波穿过了它的中间。高分辨率 B 环图像有一个令人困惑的外观，因为它的一部分显示精细结构，但其他部分看起来很光滑，亮度的波动间隔数百千米。卡西尼环缝中有另一个狭窄的偏心环，称为惠更斯环，波形特征显示与沿着缝最厚部分移动的小卫星土卫十六共振。

最有趣的图像显示了 A 环丰富的细节和意想不到的发现。其中两张高分辨率图像显示了四个跨度约 5 km 的螺旋桨状特征，似乎是 10～1 000 m 范围内的物体对跨度小于 1 m 的环粒子扰动的结果。小卫星土卫十八在这个尺寸范围的上限。从观测到四个"螺旋桨"的小区域推算出环内可能共有 1 000 万个这样的物体。仿真表明对于 1 km 的小卫星，引力将是在其轨道周围清出一个完整间隙的主要因素。对于较小的天体，频繁的撞击将迅速填补这一间隙，引力和轨道速度的相互影响将产生螺旋桨状的密度增强，并随与土星距离的增加而减小。这一发现有助于弄清土星环的起源。如果它们是积吸作用失败的卫星的原始物质，那么这些粒子在过去的岁月里经历了如此多的相互碰撞，以至于现在只剩下不到 1 m 大小的物体。100 m 大小物体的存在证明土星环是一颗被撞碎的卫星的残骸。在 2006 年卡西尼号开始增加其相对于环面的倾角之前，很难获得新的螺旋桨图像[98-99]。人们发现，恩克环缝（Encke gap）被微弱的小环和密度不均匀的中心环所占据。当土卫十八的扰动作用使粒子聚集成更密集的流时，沿环缝边缘会产生密度波。类似但更大的螺旋密度波已经被旅行者号在 A 环的外层观测到，它们是由土卫一的影响引起的。当卫星的扰动使某些环粒子的轨道延长并与其他粒子的轨道相交时，就会产生密度波。波的振幅和波长随着与扰动源距离的增大而减小，最终逐渐消失。对这种模式的研究有助于深入了解土星环的密度，以及对其厚度的限制。A 环的密度在恩克环缝附近最大，向内和向外都逐渐降低。环本身的厚度看上去不超过 10～15 m。密度波现象并不是行星环所特有的，它们也存在于螺旋星系中。因此从土星环中获得的知识将具有深远的意义。一个尚未被观测到的小卫星的引力在沿着基勒环缝（Keeler gap）边缘的"纤细"特征中表现明显，基勒环缝是靠近 A 环外缘和经典环系的一个 35 km 的区域。

在穿越环平面后，卡西尼号已经对从 F 环开始向内到达基勒环缝和恩克环缝的环系统的阳照面进行了成像，也拍摄到了内部的牧羊人卫星土卫十六。微弱但非常有活力的 F 环图像中（第一次）显示了丝状、杆状且斑驳的结构，以及明亮中心两侧的窄束。中心内部的尘埃层被规则的"通道"、径向结构以及连接土卫十六和土星环的流带穿过，在两者之间运送物质。图像证实了旅行者号掩星数据所怀疑的 F 环的多束性质。恩克环缝内缘的阳照面图像显示了刚经过的土卫十八引发的一系列扇形径向波和丝状结构。如果小卫星的轨道平面稍微倾向于土星环，将导致粒子波在环平面上下"跳舞"，这些特征可能是由于这颗小卫星的引力影响造成的。对这些结构的分析使土卫十八的质量和密度得以测量。土卫十八被证明是极多孔的，密度只有水冰的50％[100-101]。

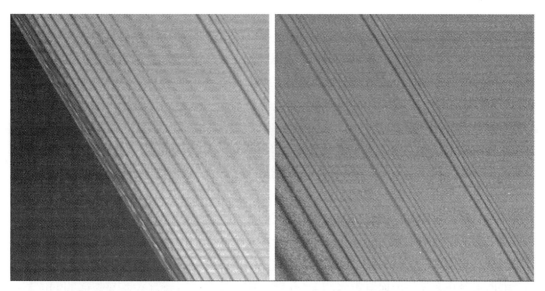

左图为恩克环缝外缘背光面图像及其外部区域。由土卫十八引起的密度波和复杂的"丝"状结构清晰可见。图像覆盖范围约 180 km，分辨率约为 270 m/像素。右图为 A 环中密度波的背光面图像。图像在距离环平面 135 000 km 处拍摄（图片来源：NASA/JPL/空间科学研究所）

恩克环缝的阳照面图像，显示了其波浪形的内缘（图片来源：NASA/JPL/空间科学研究所）

　　复合红外光谱仪也对土星环进行了观测。土星环背光面的温度在 −200～ −160 ℃ 之间，不透明的部分比薄的部分更冷。最冷的是 B 环外部密度最大的部分。这证实了先驱者 11 号和旅行者号的观测结果，尽管因为那时土星接近春分点，土星环几乎完全是从侧面接收阳光，从而导致它们记录到的温差较小。与模型和以前的测量结果相反，A 环的两个表面的温度几乎没有差别。紫外光谱仪和红外成像光谱仪以前所未有的分辨率对土星环的相应波长进行了研究，发现这些缝隙实际上被黑暗的岩石状物体占据，而环的其余部分大多由冰体组成，冰体的大小随着与土星距离的增大而增大。这两种仪器沿着展开方向对 A 环、B 环、C 环和一些环缝中的水、挥发物、岩石和灰尘进行了测绘。A 环的光谱中含有丰富的冰，而其他环的光谱中含有更多的岩石。F 环主要由尘埃组成，几乎没有冰[102]。质谱仪在 A 环上方的"大气"中探测到了氧离子[103]。

　　粒子和场探测仪在采集数据时不需要特定的姿态，在整个轨道入射序列中都在工作。正如先驱者 11 号和旅行者号展现出来的一样，在那个距离上，土星的辐射环境相对温和。卡西尼号掠过土星环时，磁层成像仪器获得了高能中性原子分布图，显示在 D 环内缘和行星主体之间的空间中，存在着一条此前未知的辐射带[104]。磁力计的高分辨率数据被破坏了，但科学家们相信，他们可以利用其他数据来克服这一损失。

　　卡西尼号在穿越环平面时被大约 20 万颗小粒子撞击。与旅行者 2 号情况相同，粒子撞击卡西尼号时解体产生的等离子体云在等离子体波实验中被监测为射电爆发。记录的最高撞击速率为 680 次/s，但高增益天线承受了所有的损伤。存储在探测器上的工程数据显示，惠更斯号毫发无损[105-106]。

　　7 月 2 日，在轨道入射约 31 h 后，卡西尼号完成了主任务中的第一次非目标交会，以 339 000 km 的距离飞掠了土卫六。在修改后的飞行方案中这次飞掠称为 T0。虽然飞掠距离较远，但这是早期遥感观测的好机会。由于位于土卫六轨道的正南方，卡西尼号的仪器对这颗卫星的南极地区和面向土星半球的南部有很好的视角。这个距离上土卫六可以进入窄视场相机的视野。由于大气雾霾的散射，分辨率明显低于理论值。图像与大型地面望远镜红外成像看到的幽灵般的特征非常匹配，尽管各种不同形状和外观的表面特征很明显，但科学家们并不知道它们在地质学上代表着什么。这似乎可以追溯到几个世纪以前，那时天文学家们还在争论水星或火星上不明确特征的性质。瞄准大气的图像清晰地显示，在南极 30 km 的上空盘旋着跨度 700 km 的明亮云层。这些情况也被红外测绘仪看到。交会时云的变化方式提供了一种测量风速的方法。极地云层的持续存在表明，存在可以锁定云层的山脉或海洋；尽管这些特征并不明显。利用可见光和红外成像光谱仪得到了初步的多光谱立体图，但为了节省带宽，只下载了几个光谱通道。神秘的明暗区域光谱被解释为每个区域水冰和碳氢化合物的百分比。然而很明显，黑暗区域并不代表长期以来寻找的碳氢化合物海洋。仪器显示，向光侧的大气会发出电离甲烷的光，最高亮度出现在约 350 km 的高空。背光侧到处都是一氧化碳的排放。在漫长的岁月里，预计会有大量的氮从大气中剥离，但令人惊讶的是，等离子体光谱仪没有探测到泄漏物形成的与土卫六环绕土星轨道一致的环面。目前还不清楚是由于泄漏速度比预期的慢，还是因为离子被某种机制从磁层中移除。卡西尼号确实证实了旅行者号观测到的氢环的存在。

第一次飞掠的目标之一是收集大气数据以验证惠更斯任务设计中使用的模型。尽管已证明大气略微稠密和温暖，几天后进行的风险评估还是认为该模型有效[107-109]。第二天卡西尼号到达远拱点，能够在 300 万千米距离对土卫八成像。日合开始于 7 月 6 日。卡西尼号在土星磁层中飞行了大约 400 h 后，在日合结束时飞回了南纬高纬度的太阳风中。在 7 月 14 日飞离前，卡西尼号在 $56\sim85R_s$ 之间穿过弓形激波十余次[110-111]。在接近远拱点的位置拍摄了第一张土星早晨结束时背光侧的红外地图，表明大气层深处的云和其他特征基本隐藏在了阳光照射的阴霾中。红外地图上的暗区是内部发出的热辉光之间的不透明区域[112]。

8 月 23 日进行了 51 min 速度增量为 393 m/s 的点火，将卡西尼号的远拱点抬升到 300 000 km，以离开环系最密集的部分，并为与土卫六的首次近距离交会创造条件。这是整个任务中第三大发动机点火。由于后续不再需要这样的点火，推进剂贮箱被重新增压并关闭了氦气管道——随后所有的推进机动都将在"落压"模式下进行，利用剩余的气体压力使推进剂进入发动机。4 天后卡西尼号远拱点到达 900 万千米，标志着 A 阶段运行的开始，这是为克服惠更斯号中继问题增加的三个阶段中的第一个（按字母顺序指定）。

夏天和初秋，卡西尼号对土星的大部分电磁光谱进行了广泛的观测。记录了从风暴巷的风暴中发出的多次持续数十毫秒的射电爆发，包括 9 月份因其巨大规模被称为"龙风暴"的一次。此外，卡西尼号证实千米波的辐射周期比旅行者号探测到的增加了 6 min。长期遥感飞行序列用于对土星大气进行监测。卡西尼号发现 1981 年大部分为声速的土星赤道急流风速已经减缓。另一方面，相对于 20 世纪 90 年代和 21 世纪初哈勃太空望远镜的测量结果，风速已经加快。卡西尼号在其他纬度探测得到的风速分布同旅行者号的测量结果完全匹配。一种可能的解释是，卡西尼号观测的是不同深度的云，因此记录的是不同大气层级的风。探测结果证明土星大气层中，碳相对于氢的含量较高。碳与氢的比率是太阳的七倍，木星的两倍。这与太阳系形成的理论相一致，这种理论预测重元素随日心距离增加而增多。红外光谱表明磷化氢（PH_3 或"沼气"）在土星的南部条带相对较少。高温的深层大气层中形成的磷化氢，在寒冷的上层大气层中容易被破坏。相对于赤道地区，南部条带相对较少的磷化氢提供了一种绘制大气环流系统中化学物质垂直传输的方法。与南部条带的现象相反，磷化氢在南极地区增多[113]。

在 10 月 6 日和 7 日之间，卡西尼号的紫外光谱仪监测了鲸鱼座天困星（xiCeti）被土星环掩星的过程。除了记录了土星环异常锋利的边缘，通过这次掩星还发现环结构的厚度只有几十米。在 4 年的主任务期间，卡西尼号通过观察大量恒星的掩星过程，将有可能研究环系统的精细结构。

10 月 17 日卡西尼号接近土星飞行的过程中，在 110 万千米距离拍摄了土卫八的图像，图像显示一连串的亮点穿过土卫八黑暗的先导半球。这些亮点被证明是 20 km 高的山峰，这些山峰与火星的火山同为太阳系中的最高峰。回想起来，在低分辨率的旅行者号图像中也有它们存在的迹象。卡西尼号发现土卫八先导半球的卡西尼区（Cassini Regio）撞击坑

2004 年 7 月 2 日的 "T0" 飞掠期间成像光谱仪拍摄的土卫六图像。透过雾霾和南极上空明亮的云层，可以看到表面的细节（图片来源：NASA/JPL/亚利桑那大学/USGS）

密布。拍摄了土卫八和其他土星卫星的导航图像用于精确确定这些卫星的位置和（通过它们彼此施加的扰动）质量。一个重要的初步结果是，土卫八的质量和密度比据信已被先驱者 2 号和旅行者号的测量结果准确限定的要大约 25％。这种看似无害的结果将会产生重要的影响。如果惠更斯号探测器按原计划释放，其飞向土卫六的弹道轨迹的弧线将近距离经过土卫八，如果不能精确确定土卫八的质量，其不明的扰动可能导致探测器错过狭窄的进入走廊。虽然科学家们有信心很快地确定土卫八的质量，但有三个选项被认为可最大限度地减少其对任务的影响。一是飞掠后比预期推迟约 10 天释放惠更斯号探测器。探测器将到达指定的进入走廊，但将卡西尼号转向期望飞掠路径的发动机点火时间将大幅增加。第二个选项是在稍后的轨道释放惠更斯号，但会推迟科学观测从而影响轨道任务。第三个选项是按原计划释放惠更斯号但增加与土卫八的距离以减少可能的扰动。这种方式会打断已设计好的 12 月 13 日土卫六交会飞行序列，并取消 2 月的土卫六掩星，但最终仍然选择了这个选项。结果与土卫八的距离超过原计划的一倍，达到 117 000 km，2004 年 12 月飞掠土卫六的高度从 2 336 km 减小到 1 200 km，2005 年 2 月飞掠土卫六的高度从 950 km 提高到 1 579 km。

土星南极图像，拍摄于 7 月 28 日（图片来源：NASA/JPL/空间科学研究所）

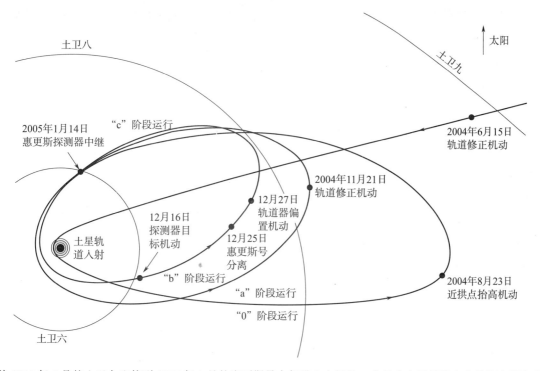

从 2004 年 6 月的土卫九飞掠到 2005 年 1 月的惠更斯号大气进入之间的 7 个月中卡西尼号在土星的飞行轨迹

10 月的观测目的是努力发现新的卫星。10 月 21 日窄视场相机观测到的 6 帧图像中发现了一个移动的微弱光点，被证明是一个大小约 5 km 的卫星。最初被称为 S/2004 S5，后来命名为土卫三十四（Polydeuces）。通过进一步的图像分析发现它位于土卫四的后侧拉格朗日点，即 L5 点。虽然卡西尼号的轨迹将在 2005 年 2 月以小于 6 500 km 的距离经过土卫三十四，但这个发现来得太晚了，以至于不能通过修改科学工作序列进行更深入的探测[114-115]。

在卡西尼号首次到达近拱点的过程中，将在 10 月 26 日穿过土卫六的轨道。这将是人们翘首以盼的首次以被云遮挡卫星为目标的飞掠。因为卡西尼号处于 A 阶段运行轨道，这次飞掠被称为 Ta 交会。土卫六 10 月的交会距离是 7 月的交会距离的约 1/300，这将有助于开展一些初步的研究。

离子和中子质谱仪用于观测并确定在 950 km 高度飞掠土卫六是否安全。这次和后来的飞掠探测数据，以及来自惠更斯号的探测数据都表明土卫六上层大气的密度远高于预期，而 950 km 的飞掠高度被判定为具有很大的风险。即使在更高的高度，为克服气动力矩，姿控系统也必须全力工作以维持探测器的方向。决定将 2005 年 4 月和 9 月的飞掠高度从 950 km 提升到 1 025 km。此外，测量数据也被用来验证惠更斯号的下降模型。该仪器通过检测氮、甲烷、一些复杂的碳氢化合物和含氮分子，产生了其他的科学成果。该仪器还确定了碳和氮的同位素比值，期待惠更斯号进行更详细的测量，同时还测量了惰性气体以支持惠更斯任务[116]。

复合红外光谱仪也在"为惠更斯号工作"，采集大气温度和密度的分布数据。不幸的是，大部分数据丢失了。仪器在北极检测到的分子在南半球没有出现，表明某种季节性的影响。测量结果主要用于验证惠更斯任务设计用到的模型。

在 9 月末和 10 月初，从地球上以及从卡西尼号上进行了土卫六的远距离监测，可以看到极地的云层显著变亮。但卡西尼号停止了活动，看起来像失效了一样[117]。在土卫六的接近阶段，相机对土卫六云层进行了动态成像，看起来如同分辨率逐渐提高的彩色马赛克图像。几天前可以看到的中纬度稀薄的云已经散去了。在 500 km 的高度发现了单独的一层雾霾，比旅行者 1 号在 1980 年交会发现的雾霾高 150 km。这种变化也被归因于季节性效应。在这期间穿插有遥感仪器的观测，雷达收集了"仙那度大陆（Xanadu continent）"的散射测量数据。在最近点附近，相机拍摄了高分辨率"海岸线"的图像，那里是仙那度与西面黑暗平原相接的区域。获得了包括惠更斯号目标着陆点的黑暗区域的图像。多谱段成像光谱仪也对该区域进行了观测。通过相机看到土卫六表面出现了许多比科学家此前预计要复杂的地质活动，带有风驱动甚至是液体驱动过程的标记。缺少明显的撞击坑可以确认表面地质较为年轻而且活跃。然而，在这些早期的图像中没有发现任何明显的全球甲烷储层。但一定有甲烷储层补充大气中的甲烷。明亮区域的黑暗物质的线性条纹表明，风中携带了富含有机物的细尘，这一观察促进了风循环机制的初步确定。科学家们将不得不等待雷达观测以进一步开展研究。有趣的是，平行的明暗条纹穿过惠更斯号着陆的目标点。一个横跨 30 km 的明暗环形特征区域被称为"蜗牛（the Snail）"，位于仙那度西部黑暗的香格里拉（Shangri - La）地区。它有几百米高，被解释为一个可能的冰火山的圆顶，具有两个延伸到西面的流体。最高分辨率的多光谱立体图覆盖了"蜗牛"区域，这里后来命名为托尔托拉光斑（Tortola Facula）。在最近点使用推力器控制姿态，以免大气阻力使反作用轮无法维持姿态。由于指向精度相对较差导致成像光谱仪产生了"变化无常"的观察结果[118-120]。香格里拉另一处特征鲜明的区域因为形状被称为"大不列颠（Great Britain）"，后来正式命名为四国光斑（Shikoku Facula）。

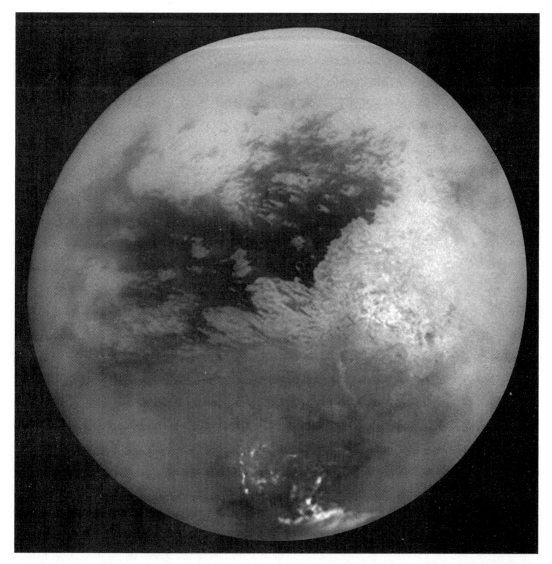

2004 年 10 月 26 日第一次飞掠土卫六的接近阶段拍摄的 9 幅图像的拼接图。明亮的大陆仙那度在中心的右侧，惠更斯号着陆地点在中心的左侧。注意，由于大气的吸收作用，土卫六圆面中心的细节比边缘的细节更加清晰。可以看到南极上空有云层（图片来源：NASA/JPL/空间科学研究所）

在获得了数百幅图像和多光谱立体图后，卡西尼号转入短时间的雷达探测阶段。对相机未看到的条带区域进行成像之前，对北半球中纬度地区进行了从东到西的高度测量。因此，不可能在任务的早期阶段将雷达扫过的条带区域与特定的地形相关。雷达高度计探测结果表明这是一个非常平坦的表面，沿 400 km 轨迹的起伏很小。这条轨迹并没有越过任何反照率边界。雷达探测条带覆盖的 120 km×2 000 km 的区域位于相机观测区域的北部，二者只有一小部分重叠。当然，这是由于在相机观测和雷达观测之间切换需要调整探测器的指向造成的。雷达扫过一个横跨土卫六的 100°的弧线，以 300 m 的最高分辨率覆盖了土卫六不到 1%的表面。通常测绘雷达图像中，明亮的区域对应于粗糙的地形，因为这样的地形将光照的能量散射到各个方向，包括反射回接收器；而黑暗的区域对应于平坦的地形，因为这样的地形只在一个方向上反射，大多数反射通常没有返回接收器。从光学图像中看到的明亮地形同从雷达图像中看到的明亮地形之间不一定是互相对应的。对雷达探测得到的地形的解释也很复杂，因为事实上至今仍没有得到该区域的可见光图像。条带的四分之一是雷达探测图像的黑暗区域，其余的区域看起来是“斑点状的”。可以看到类似流体流动前沿的叶状特征，以及神秘的扇形图案和线性条纹。河流般的沟渠和孤立的小山无处不在。长几千米、宽不到 1 km 的狭窄弯曲的地形可能是峡谷。20 km 宽的黑暗新月状斑点和一个“有点像猫头轮廓”的不规则黑暗斑点的群岛可能是甲烷湖泊，平坦的表面使它们看起来是黑色的。可以立即得出结论的是不存在分布广泛的海洋。也没有任何清楚明确的撞击特征。雷达条带测绘拍摄了几个明亮的圆形地貌，其中的沉积物表明它们与冰火山活动有关。一个黑暗的 180 km 的圆形地貌被命名为象头神暗斑（Ganesa Macula），初步被解释为类似于金星“薄饼（pancake）”火山的冰火山（cryovolcanic）的圆顶。圆形地貌的边缘是明亮的，可能是崎岖的地形，但在它的中心存在一个约 20 km 宽的洼地，看起来更可能是火山而不是撞击影响。占地数万平方千米名叫云雅流动地带（Winia Fluctus）的区域看起来可能是冰火山的冰岩浆流[121-122]。

卡西尼号最接近土卫六的点位于土卫六北纬 39°上方 1 174 km，由于土卫六星历的不确定性，比计划的高度低了 26 km。磁强计在电离层中 20 min 的探测确认了旅行者 1 号得出的土卫六没有内禀磁场的观测结果。离子和中子质谱仪发现土卫六外逸层外部的中性原子被土星磁层的粒子所激励。这些观测促进了土卫六外逸层及其与周围环境作用的较简单的新模型的开发[123-124]。根据太阳风的强弱，土卫六有时在土星磁层内，有时位于行星际空间中。无线电和等离子波实验寻找土卫六大气中的闪电，但检测到的冗长的爆发来自太阳。

卡西尼号继续飞向近拱点，首次获得了高分辨率土卫四以及土卫三尾随半球图像。另一个 F 环内侧边缘的 S/2004 S6 旋转块状小卫星，估计尺寸小于 5 km。观测表明，这个块状物体完整保持了一年，是这类观测对象中寿命最长的物体之一。详细的分析将有助于澄清许多 F 环结构的起源，如突然出现并在随后几星期或几个月内消散的粒子云。一种理论认为它们是由流星撞击土星环引发的，而另一种理论认为它们是由嵌入物之间的撞击造成的。关于 S/2004 S6 尤其有趣的是，它的轨道以很高的速度穿过环中心，增加了第二种解释的可信度。为了避免对短寿命物体命名的混乱，将 F 环内的 S/2004 S6 块状物非官方命名为“C7”后，并未在天文界广泛报道。截止到 2006 年至少已发现 16 个块状物，其中

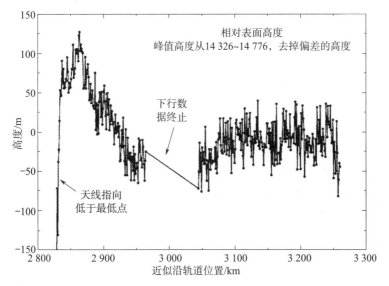

在 "Ta" 飞掠阶段，卡西尼号对土卫六的测高条带。沿着 400 km 长的轨道，高度变化最大为 150 m
（图片来源：NASA/JPL）

土卫六的首个雷达成像条带的部分区域。该图像宽 150 km，长 250 km，最高分辨率为 300 m。明亮的
区域对应粗糙的地形，黑暗的区域对应平滑的地形。注意存在明显的流动和明亮蜿蜒类似河流的地貌。
在该地区没有看到真正的撞击坑（图片来源：NASA/JPL）

一些有可能是再次被发现的 S/2004 S3，S4 和 S6（值得一提的是，1995 年哈勃太空望远
镜观测时，由于土星环位于视线的侧向且没有眩光，可以看到土星环的暗弱细节，那时已
经在土星 F 环附近发现了大量旋转尘埃块状体小卫星）。卡西尼号发现了一个约 300 km
宽的新环，命名为 R/2004 S2。它位于阿特拉斯（Atlas）环 R/2004 S1 和 F 环牧羊人卫星
土卫十六的轨道之间。它是如此接近土卫十六，以至于不时与卫星相撞。R/2004 S1 和 S2
更像是木星的薄环，而不像土星系的其他环[125-127]。

　　飞掠土卫六两天后，卡西尼号到达 $6.17R_S$ 的近拱点。随后进入了 48 天的、设计上周
期是土卫六轨道周期三倍的轨道。因此，卡西尼号 12 月将在与 10 月相同的轨道位置再次

经过土卫六，由于土卫六自转周期与公转周期相同，卡西尼号将会看到同一半球[128]。经过近拱点后，卡西尼号专门针对土卫十六以及其与 F 环的相互作用进行了成像。窄角相机的视图展示了扭折、结、线、剪切间隙和水流纹——包括连接环中心与土卫十六的由尘埃组成的桥梁。F 环如此动态变化可能部分基于这样一个事实，即它位于行星的潮汐力平衡引力质量吸积过程的位置附近，防止了卫星吸积。因此其内部的粒子被不断地构造与破坏。

2004 年 10 月 28 日观测到的土卫三尾随半球和北极区域（图片来源：NASA/JPL/空间科学研究所）

卡西尼号在 11 月 21 日到达 $78R_S$ 的远拱点，在 12 月 13 日开始 B 阶段运行，进入土星接近段，以 6.1 km/s 的速度在 1 192 km 高度飞掠了土卫六。本次交会称为 Tb，除雷达外使用了所有遥感仪器，以补充 Ta 的观测。为期两天的监测序列显示中纬度的云以每秒几米的速度来回移动。成像光谱仪观察到这些云在 0.5 h 内上升到高海拔的位置，然后在 1 h 左右消散，最有可能是以甲烷液滴形式下落。此外，光谱仪能够检测到相机无法观测的南极云的消散。地面望远镜也对中纬度地区的云进行了监测。由于它们似乎聚集在同一个经度，一种假设认为它们是由冰火山或间歇泉的排放口释放甲烷造成的。在后续的飞掠过程中，使用雷达对该地区进行了勘察，但没有发现火山地貌。然而，存在一个可以迫使大部分气流上升的山脉，它促进了甲烷的凝结，从而形成明亮的云层[129]。

由于雷达没有工作，大部分数据来自相机和其他光学仪器。相机对仙那度周围的赤道地区进行了勘察，其中由东至西的线性标记说明表面由风的活动成型。绵延弯曲的黑暗地貌似乎是河流。缺乏镜面反射的现象说明如果它们确实是河流，那么在观测的时候是干涸的。突出的黑暗线条和有棱角的地貌可能是大规模地质构造作用的结果。飞掠过程中看到的最有趣的地貌是位于仙那度东南部，跨度 550 km 的明亮区域。这种地貌在近红外的探测中最为明显，最初被称为"微笑（the Smile）"，后来被命名为布袋圆弧（Hotei Arcus）。该地区在 7 月轨道入射后拍摄的远距离图像中是可见的，实际上 2003 年它在望远镜拍摄的照片中就已经被注意到[130-131]。相机拍摄了惠更斯号着陆目标位置更多的低分辨率图像。相隔一个半月的图像没有明显的变化说明这是固体表面。惠更斯号着陆目标位置的西部有一个 150 km 直径的圆形结构，可能是带有中央峰的撞击坑，仙那度东北部黑暗区域中可能有 300 km 多环状的盆地，但仍未发现清晰的撞击坑[132]。获得了整个可见半球高层大气的温度分布，再次确认用于规划惠更斯号任务的大气模型是有效的。复合红外光谱仪测得了风速，绘制了甲烷和一氧化碳分布图。卡西尼号记录的更复杂的碳氢化合物和腈类的丰度数据相对旅行者号的数据存在显著差异，但飞掠发生在当地年的不同时间，差异可能是季节性的[133]。复合红外光谱仪对大气层进行了 2 h 扫描以寻找新的分子，然后切换到土卫六表面，有趣的是，它不能区分表面明亮和黑暗的区域。卡西尼号飞离时，仪器对准了被土星反射的阳光照亮且冬季黑暗的土卫六北极部分地区，以搜索闪电和"热点"。

在飞掠土卫六期间，紫外光谱仪观测到两颗恒星的掩星：南半球的天蝎座 λ 星（lambda Scorpii）和北半球的角宿一（室女座 α 星）。第一次观测中探测器采用反作用轮进行姿态稳定，第二次观测转换为使用推力器进行姿态稳定。因此，卡西尼号非常稳定地观测了天蝎座 λ 星，当星光被土卫六 1 600～450 km 高度的大气层过滤后能够检测到甲烷、乙烯、乙炔、乙烷、二乙炔和氰化氢。在 600 km 以下只检测到甲烷。不幸的是，在观测角宿一时卡西尼号的姿态发生漂移，降低了探测的质量[134]。在 Ta 和 Tb 飞掠过程中，磁层成像仪显示高能中性原子从土卫六向外延伸了至少 40 000 km。由于没有内禀磁场保护土卫六，土星磁层的离子可直接与上层大气中的中性原子相互作用，激发中性原子至逃逸速度而产生了外逸层[135]。12 月的飞掠使卡西尼号的轨道发生偏转，如果不进行轨道修正，它将在 1 月中旬返回土卫六并以至少 4 600 km 的距离飞掠。

12 月 15 日，卡西尼号继续飞向近拱点，对土卫四进行了非目标飞掠，在 72 000 km 的高度观测了其背向土星的半球。相机检查了旅行者号曾发现的尾随半球上的明亮细纹地形，推测这种地形由某种形式的冰火山"绘制"。新的图像显示，细纹是遍布撞击坑的地形上附着在悬崖峭壁的明亮新冰。当天晚些时候，卡西尼号在 $4.76R_S$ 处经过了近拱点。

9 月中旬和 11 月下旬开展了惠更斯号最后的 16 项检查。11 月初有一个下降和中继操作的演练。然后，ESA 在考虑近几年开发的各种土卫六大气模型的基础上，重新验证了整个下降轨迹。NASA 和 ESA 的工程师在如何计算和预测下降中的气动热方面存在显著的差异，因此将重点着眼于一个常用的保守计算方法。12 月 16 日，决定按计划继续进行后续部署。时长 85 s、速度增量为 11.9 m/s 的目标机动使探测器进入了土卫六碰撞航向。

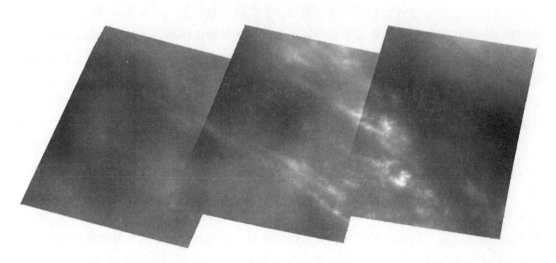

Tb 飞掠过程中，观察到的土卫六南部中纬度的云层（图片来源：NASA/JPL/空间科学研究所）

12 月 23 日，完善了入口的几何形状。12 月 25 日（JPL 的平安夜）分离时刻之前的 10 s，卡西尼号的推力器被禁止点火。2：00（UTC 时间）弹簧将惠更斯号以 33 cm/s 的速度推出，螺旋槽使探测器以 7.5 r/min 的角速度逆时针旋转。60 s 后，姿态控制系统重新开始稳定轨道器的姿态。所有这一切都发生在与地球没有通信的时段里。重新建立与地球的通信时，遥测数据清楚地表明，惠更斯号被成功释放，探测器上的测温通道已断开。此外，轨道器上先前由热防护罩遮挡部分的温度发生了变化。旋转的惠更斯号探测器在磁强计的数据中留下了一个可测量的"信号"。为了准确测量惠更斯号的运动轨迹，约 11.5 h 以后，卡西尼号拍摄了 5×5 帧的拼接图像，显示出惠更斯号已在 18 km 以外，如同一颗以土卫六和土卫五为背景的明亮的星星。

12 月 28 日卡西尼号进行了时长 153s、速度增量为 23.8 m/s 的点火改变其轨道，使其不会跟随惠更斯号进入土卫六的大气层中，而是在惠更斯号差不多到达土卫六表面时到达土卫六飞掠的最近点。

2004 年的最后一天，卡西尼号和休眠的惠更斯号到达 $60R_S$ 的远拱点并开始了 C 阶段运行。几个小时后，它们以相对缓慢的 2 km/s 的速度，在 123 400 km 的距离飞掠了曾经造成恐慌的土卫八。

土卫八新的图像最佳分辨率为 700 m，显示出 2 个月前看到的卡西尼区的一连串亮点是 20 km 高、70 km 宽的山脉，它们在赤道上至少延绵 1 300 km 或 110°，使土卫八形成了类似胡桃的外貌。嵌入山脊的撞击坑证明了它久远的年代。卡西尼区的一侧延伸到一个巨大的撞击盆地，而另一侧穿过了明亮地带上的一群孤立山脉。因为在旅行者 2 号的图像中可以看到这些山脉伸出了土卫八的边缘，所以后者被称为旅行者山脉（Voyager Mountains）。不幸的是，整个山脊在那时被错过了。对旅行者号来说，卡西尼区几乎毫无特色而言，但新的相机能看到黑暗地形中的细节。至少发现了五个直径超过 350 km 的撞击盆地。明亮物质的条纹从北极地区延伸到黑暗的卡西尼区。

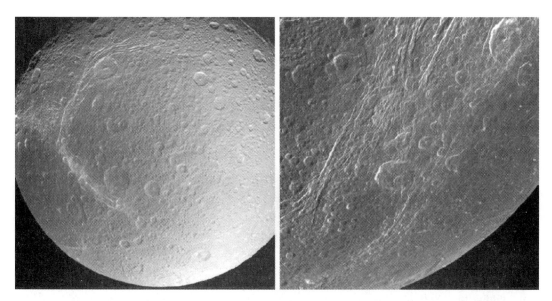

2004 年 12 月 14 日拍摄的土卫四背向土星的图像，确定旅行者号观测到的神秘细纹地形为平行的山脊和裂纹（左）。12 月 14 日非目标飞掠拍摄的细纹地形的高分辨率特写（右）（图片来源：NASA/JPL/空间科学研究所）

在广角相机图像上方那颗明亮的星星是惠更斯号，它在释放后 12 h 23 min 距离卡西尼号 18 km（图片来源：NASA/JPL/空间科学研究所）

　　对土卫八的阴阳外观进行了图像和光谱观测，以确定是黑暗物质"刷"在明亮的表面上，还是明亮物质"刷"在黑暗的表面上。有迹象表明，土卫八在太空中运行过程中累积了使其先导半球变黑的物质。条纹显示从中心向外辐射。陡峭的斜坡和撞击坑壁的亮度说明黑暗物质只是薄薄的一层。红外光谱仪显示黑暗物质与新鲜蓬松的雪的物理特性一致，与粘性流动冰的特性不同。通过低分辨率成像光谱仪的扫描确定了明亮半球是被有机物轻微污染的水冰，同时黑暗半球是有机物和含有少量水的聚合碳氢化合物的混合物。首次观测到从卡西尼区中心点到其边界的光谱变化。虽然众所周知土卫九表面与土卫八黑暗半球的光谱不同，但广为接受的假说是土卫八清扫了来自土卫九的黑暗碎片。值得注意的是，卡西尼号的紫外光谱仪发现土卫九和土卫八具有部分相同的光谱吸收特性——但是在土卫八明亮的一侧，而不是黑暗的一侧！

2004 年 12 月飞掠期间拍摄的土卫八远距离图像显示了黑暗的卡西尼区、明亮的北极地区、巨大的盆地和赤道山脊（图片来源：NASA/JPL/空间科学研究所）

卡西尼号的无线电跟踪用来测量土卫八的质量。由此计算出土卫八的平均密度只比水冰大 10%。相机获得了长时间曝光的土卫八图像，土卫八依稀地被土星的光芒照亮，使其大小和形状可以测量。土卫八被证实是一个半轴为 749 km×747 km×713 km 的椭球。这种非球形的卫星是现代天体力学的未解之谜之一。土卫八的自转周期与轨道周期同步，约为 79 天。这使得它成为太阳系中最遥远的同步卫星。但同它形状一致的自转周期应为 15～17 h。计算表明通过潮汐相互作用将土卫八的自转周期从 16 h 减慢到 79 天需要两倍于太阳系年龄的时间。解决这种差异性既需要土卫八内部能够在超过太阳系年龄的时间里充分消耗能量降低自转速度，又需要刚性外壳防止其从椭球形松弛到球形。也许是自转减慢造成的压力形成了赤道的山脉。另一种可能是土卫八曾经拥有一个自身的小卫星和碎片组成的环，这些都由一次大撞击形成。来自小卫星的潮汐相互作用使土卫八自转速度快速降低。此外，碎片会在几乎水平的轨道上降落下来形成山脊。由于土卫八自转减慢，动量传递的过程会造成小卫星逐渐远去，最终逃逸离开，尽管它会被土星所捕获。这个有趣的理论可以解释为什么在太阳系所有已知卫星中只有土卫八有山脊。就是说，由于相对质量较大并且远离土星系的质心，土卫八可以在近似稳定的轨道维持一颗卫星的运行[136]。其他解释山脊的理论不能解释同步自转。一个说法认为也许是因为存在大量的氨，所以土卫八的内部比纯冰的粘性略小，然后在一定时间里发生的双体对流模式产生了表面上的山脊[137-142]。

土卫八的边缘，清晰地显示出赤道山脊（图片来源：NASA/JPL/空间科学研究所）

土卫八明亮的北极地区（左）。被土星微弱照亮的土卫八夜侧和明亮半球的长时间曝光图
（因此有星轨图）（右）（图片来源：NASA/JPL/空间科学研究所）

离开土卫八及其背后的未解之谜，卡西尼号在 2005 年 1 月 3 日进行了"清理"机动，为即将到来的土卫六飞掠优化轨道。它将仅在 2007 年 9 月返回土卫八。4 天后，探测器停止了包括科学数据收集在内的不必要的活动，为惠更斯号任务做准备。

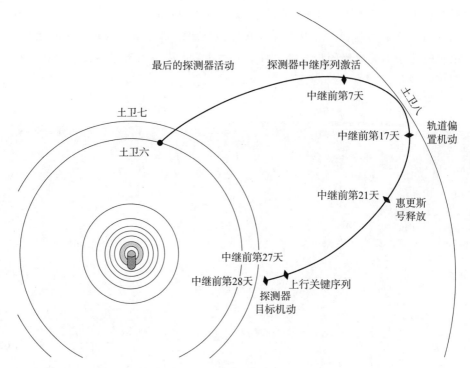

惠更斯号大气进入事件的时间轴（注意探测器在远离探测目标的轨道上释放，
进入发生在接近探测目标的轨道上）

8.9　惠更斯号下降

地球上两队科学家开始着手跟踪惠更斯号的下降过程。来自 JPL 的科学家团队希望为土卫六上风力测定提供支持。伽利略号曾进行过类似试验，获得了轨道器本身无法获得的前所未有的成果。第二个团队来自欧洲，利用甚长基线干涉测量（VLBI）确定惠更斯号位置，精度高达 1 km。土星接近冲日位置时距离地球最近的情况给两队科学家都带来了帮助，此时地球同惠更斯号天线轴线的夹角仅 30°，使实时无线电跟踪成为可能。因为在 9 AU 的距离（13.5 亿千米）很难检测到 12 W 的信号，地面采用 15 个射电望远镜组成的网络监测惠更斯号的无线电 "A 通道"，其中 6 个直接参与多普勒风速实验。

2005 年 1 月 15 日清晨，惠更斯号迅速且安静地接近了土卫六。4 时 41 分（UTC 时间），惠更斯号 3 个互为冗余时钟到达零点并触发了电子设备、加速度计和发射机的供电。然后在约 6 时 51 分，卡西尼号接收机电源接通，设置为从惠更斯号接收双通道数据传输。或者说人们相信事情是这样的……加速度计在 1 500 km 的高度开始检测微弱的气动减速效果。9 时 06 分前的几秒，惠更斯号探测器通过了 1 270 km 处，该处被选定为进入大气层的标记。惠更斯号飞行速度为 6 022 m/s。事实上，65.2°的航迹角同理想角度偏差小于 0.2°，证明惠更斯号被卡西尼号释放时进入了非常精确的轨道。

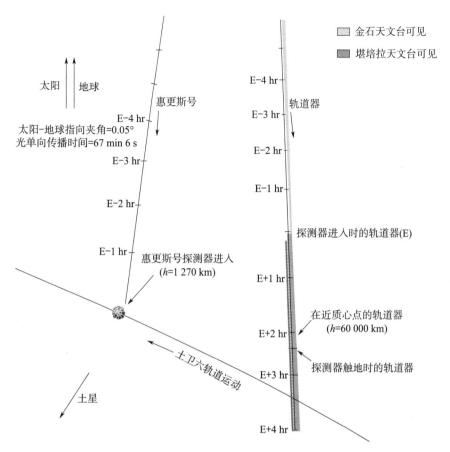

2005 年 1 月 14 日进入过程中卡西尼号、惠更斯号和土卫六的轨迹

　　最初计划使用卡西尼号的相机尝试拍摄惠更斯号进入土卫六大气层产生的火球，但由于需要转动高增益天线偏离土卫六，取消了该计划。几个大型地面望远镜试图观测火球，但并没有得到结果，因为探测器太小且火球太微弱，无法在如此遥远的距离被观测到。另一方面，地面望远镜确实提供了有用的土卫六那一瞬间大气状态的快照。

　　过了大约 4.5 min，惠更斯号的速度从 6 km/s 下降到约 400 m/s。减速曲线基本同预测的一致。在进入后 100 s，过载达到了约 $13g$ 的峰值，此时热防护罩前端温度达到 1 700 ℃，后盖温度达到 275 ℃。在速度为 1.5 马赫（约 400 m/s）、高度约 155 km 时，弹射装置将直径 2.59 m 的引导伞打开。然后分离尾盖并拉出直径 8.3 m 的主伞。热防护罩精确地于 30 s 后被释放。一旦下降舱周围的气体流动稳定，仪器的端口被打开，保护帽被抛掉，悬臂展开，开始测量。那时探测器早已进入了橙色的雾霾中。在 148 km 高度处，惠更斯号开始向卡西尼号传输数据，此时卡西尼号恰好飞过其上方。一个多小时后，地球上的绿岸（Green Bank）射电望远镜检测到了土卫六上一个微弱的信号。虽然无法解调这个信号，但通过载波可以确认探测器已平安进入。地面在几个小时内无法获得卡西尼号记录的数据。

在 146 km 高度处，气相色谱仪开始采集数据。惠更斯号从 143 km 下降到 130 km 过程中，相机拍下了第一组图像，只显示了黑暗的天空。在 140 km 高度处质谱仪采集了第 1 个样品，然后在 85 km、55 km 和 20 km 处又采集了 3 个样品。在 130 km 高度处，气溶胶热解器开始采集第 1 个样品；其入口在 35 km 处关闭。展开主伞 15 min 后，为了增加下降速度，探测器采用直径 3.03 m 的降落伞来替代原来的主伞，否则电池将不能持续工作到土卫六表面。探测器当前高度为 111 km，并以 5.4 m/s 的速度下降。虽然下降最初相对于降落伞的伞带来回摆动达到 20°，但后来稳定的 3°倾斜表明，强风横扫了下降舱的降落伞。

几个小故障对任务的影响不大。太阳传感器由于某些原因失去了敏感性，仅当探测器在高层大气时返回了有效数据。由于下降的前半程比预期的还要恶劣，太阳敏感器在大部分时间里失去了对太阳的跟踪。然后质谱仪的一个离子源发生了电气故障无法进行一氧化碳测量。一个更严重的且至今仍无法解释的问题是探测器的自旋。惠更斯号开始以卡西尼号在释放时所施加的 7.5 r/min 的角速度自旋，它在大气中减速，然后在下降 10 min 后竟然停止自旋并改变了方向。结果是惠更斯号开始下降后的 1 000 s 时，在相反的方向上以 10 r/min 的角速度自旋。然后它的旋转同预测的一致迅速地减慢，但是在顺时针方向而不是逆时针方向。简单的解释诸如旋转叶片安装不正确等在早期没有引起重视。看来这种反常的行为源自下降舱和降落伞之间未建模的气动干扰。虽然伞的阻力略低于预期，但仍然在可接受的性能指标范围内。

惠更斯号在 80~75 km 之间拍摄了更多组图像，在 60~54 km 之间再次拍照，这两种情况下图像显示的只有雾。雷达高度计在 60 km 高度处开机。雷达高度计预计在 45 km 高度才能锁定土卫六表面，但下降到当前高度时能够作为气象雷达使用。然而，雷达高度计并没有发现任何带有雨水的云。大约在这个时候，探测器记录到几个无线电脉冲，可能是遥远的闪电，但麦克风没记录任何可以说明是雷声的信号。来自高度计的一个观测结果存在争议，在它锁定地面前，返回了像雨的回波图形。不过后来意识到这个回波是由仪器内的热噪声引起的[143]。

另一幅全景图是在 49~20 km 高度拍摄的。虽然土卫六表面的细节仍然主要被雾霾所遮挡，但可辨识出模糊的黑暗和明亮区域。第一幅拼接图像覆盖了面积约 130 km² 的区域，向其东部边缘分辨率的增加表明探测器以约 20 m/s 的速度向东北偏东方向飞行。明亮的区域被黑暗的区域分开。一个明亮的显然是丘陵的地区被通往黑暗"海洋"的峡谷所侵蚀，它上面的云层看起来像海滩和海湾。没有看到撞击坑。

雾霾在比预想还要低的高度出现。大气仅在 30 km 高度是清洁的，比预测至少低了 20 km。惠更斯号在雾霾下面定位太阳再次遇到了麻烦，这使得重新建立空中成像方向存在困难——下降模块未按预期旋转已经使这个任务非常复杂了。实际上，拍摄图像的方位基本上是随机的而不是在预定的固定位置，结果使全景图存在很大的间隙。35 km 高度的第 2 次全景成像进行到一半时，探测器进入了强湍流区域。在 25~20 km 间，惠更斯号采集了第 2 个气溶胶样品。低于 20 km 处，探测器进入了一层由饱和甲烷组成的厚重雾霾。

与预期相反，这种雾霾持续存在，在一定程度上一直向下延伸到土卫六表面。根据温度分布和气象模型，这种分层将是一个半永久性的状态，并伴有与土卫六表面接触的细雨层。由甲烷和氮气混合物组成的液滴冰点温度应该非常低。这种混合物的组成主要通过化学分析来证实，从 8 km 处向上观测的光谱仪表明，大气中的甲烷已经饱和[144-145]。

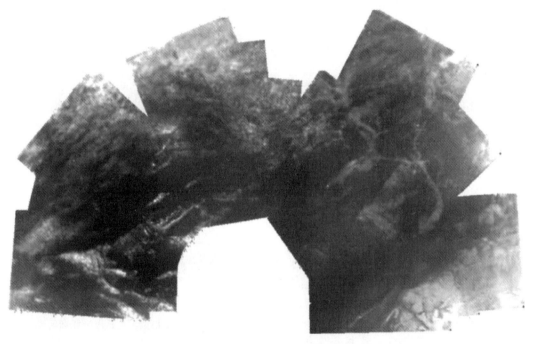

惠更斯号拍摄的高空图像拼接图。在这个高度上只能看到模糊的黑暗区域和明亮区域（图片来源：ESA）

　　惠更斯号在 17～8 km 采集了中等高度的拼接图像，开始时的分辨率约为 40 m，随后逐步改善。占据了全景图像北部的明亮地形现在明显地被几十米宽、最长至 10 km 的黑暗的分支地貌切断。这很容易解释为流体蚀刻的水渠和河床。一些分支起始的小圆斑点让人强烈联想到池塘，雨水径流在通往开阔平原上的水渠前汇集到这些池塘里。明亮的条纹或者是被雨水冲刷干净的表面，或者是从裂缝渗出来的甲烷冰。总的印象是一个雨水排水网。如果这种情况属实，气象模型表明在土星 29 个地球年公转轨道的春分点的雨季，水渠会被洪水冲刷。下一个春分点在 2009 年，卡西尼号将有机会监测土卫六表面的季节性变化[146]。

　　通过对为数不多"成对"的惠更斯号拍摄的图像进行立体分析发现，被水渠横断的明亮地形比黑暗地形高约 100 m。明亮地形比黑暗的平原更加崎岖。一座山似乎升高了200 m。明亮陆地和黑暗平原之间的边界类似海岸线，可能是因为黑暗的碳氢化合物在那里聚集，看起来像海滩、连岛坝等。在整个拼接图像中均可以看到甲烷雾的白色条纹。黑暗平原上有明亮的"岛屿"，周围有似乎流动的液体。由于类似的过程似乎在起作用，这个场景看起来非常像是地球的航拍照片。一位科学家开玩笑说，看起来"惠更斯号偶然进入了意大利的湖区"。

土卫六的中等高度拼接图。需要注意的是这个全景图与地球的海岸相似，包括海岸线和河流
（图片来源：ESA）

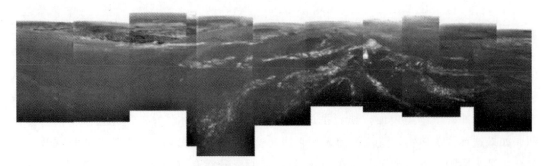

低空拼接图。在上一幅拼接图右下部分可以看到相同的区域（图片来源：ESA）

　　探测器从 7 km 下降到 500 m 拍摄的第三张低空全景图像的分辨率优于每像素 20 m。在约 6.5 km 处它停止了向东漂移，开始慢慢向西北偏西方向移动。在最后 15 min，惠更斯号随着降落伞向一个看起来像岛屿的明亮地形方向移动了约 1 km，这个岛屿离明亮的丘陵地区不远。拼接图像中心附近的山脊被黑暗的水渠穿过。随后将沿着这些水渠中的一个的延展方向定位惠更斯号的着陆点。

　　与此同时，卡西尼号在 11 时 12 分到达最近点，以 60 003 km 高度飞掠土卫六；这仅比计划飞掠高度高 3 km。除了接收惠更斯号的数据和记录自己的磁强计数据外，卡西尼号在 Tc 交会中没有进行任何科学观测。

在低空，惠更斯号上的仪器为着陆准备进行了配置。在 700m 的高度打开照明灯并采集光谱数据。黑暗表面不像硅酸盐岩石那样反射光线，而是如同坚硬如岩石的冰壳。声呐的声波探测显示了缓和起伏的光滑表面。相机仍然在工作，在距离表面 215 m 处拍摄了最后一张航拍照片。

11 时 38 分 11 秒（UTC 时间），惠更斯号以 4.54 m/s 的垂直速度撞击土卫六表面，并在 15g 的撞击下轻松存活下来。惠更斯号以 3° 的倾斜角度停止了移动，可能是因为落在了一小块岩石上。整个下降过程中，它被风向东吹了 160 km，着陆在约西经 192.32°，南纬 10.25° 的位置，同目标偏差仅 7 km。从 155 km 高度的下降持续了 2 h 27 min 50 s，比预期时间长，但在大气科学数据方面得到了意外的收获。着陆点位于仙那度西部的中等明亮区域阿迪立（Adiri）地区东部边缘，以位于欧洲和美洲之间的神秘岛屿安提拉（Antilia）命名，象征该任务的国际化和洲际桥梁的特性。

撞击中硬度计的测量结果表明表面特性与沙子、密实的积雪或湿黏土一致，可能有更坚硬的外壳，用一位科学家的话说"让人想到焦糖布丁"。"土壤"可能是冰粒、碳氢化合物的雪和液态甲烷的混合物。惠更斯号也有可能击中了一块鹅卵石并把它推到一边。加速度计组件记录了探测器在沉降过程中移动了几厘米。

表面图像给人的印象要么是干涸的河床，要么是干燥的卵石滩。相机前方立刻呈现出深色的细粒土壤，并有"岩石"位于水平表面。共有超过 50 块从 0.3~15 cm 大小不等的石块。该地区不可能有更大的岩石，否则它们应该在最后的航拍图像中显示出来。当然，它们不是真正的岩石，而是坚如磐石的水冰块。部分岩石一侧的暗色痕迹暗示了近期表面液体流动的可能方向。相机前几米，一条"无岩石"条纹贯穿图像全景。这在航拍图像中也是可见的。它似乎是一条小溪，溪中的水流足以冲走岩石。从表面看，视图右下角的一个亮点是探测器底部的照明灯产生的。土卫六地表的红外反射光谱与复杂的有机物匹配，并清楚地表明水冰的存在。土卫六的大地呈棕色，天空可能是橘红色的。在大气中光的散射掩盖了太阳，但如果在土卫六表面能看见太阳，它将如同汽车前照灯在 150 m 远的大小和亮度。土卫六地表的漫反射与地球日落后 10 min 相似。

虽然惠更斯号及其着陆后拍摄的一长串图像的方位均不可知，但显然不是朝东的，因为风会把降落伞吹到该方向，但图像中并未见到降落伞。根据极少数阴影来看太阳在左上角，这种情况下相机应该是朝南的。

相机在下降过程中共拍摄了 376 幅图像，降落后拍摄了 224 幅图像，即每分钟约 3 幅。在土卫六表面拍摄的图像都是同一个场景，可以检测探测器的移动。不过图像的有损压缩使得这种分析虽然并非不可能，但是非常困难。出现在部分图像底部的明亮细长的物体，可能是飞溅的雨滴或是被风吹到镜头上的东西。或者可能是着陆器照明灯的热量从地面蒸发出来的化学物质。尽管有证据表明地表附近有干涸的河床和饱和甲烷的雾霾，但惠更斯号没有在土卫六表面上看到雨或液体。不过土壤确实看起来因为吸收了降雨而潮湿。

惠更斯号看到的土卫六表面。探测器着陆后传回了 224 幅相同场景的图像（图片来源：ESA）

　　卡西尼号在飞到着陆点地平线以下之前，接收了惠更斯号从土卫六表面发回的 1 h 12 min 的数据，然后有效地终止了中继任务。因为轨道器不再处于可接收数据的位置上，所以在地球监测停止前，由最西面的地基射电望远镜接收了来自土卫六表面 3 h 13 min 的微弱信号。惠更斯号这样的长寿命令人意想不到，但它显然还有剩余的电能。根据遥测的推断，电池还可以工作 17～20 min 才耗尽。数据传输的延时引起了人们的忧虑，认为部分仪器开机失败和掉电，但幸运的是这种情况并未发生。

　　与惠更斯号联系中断后仅 0.5 h，卡西尼号转向地球开始回放记录的数据。最初传回的一张"快照"表明它已经正确接收并存储了来自惠更斯号的数据，然后整套数据回放了两次，由西班牙和加利福尼亚的两个深空网测控站记录以确保没有数据丢失。只有所有数据的接收得到证实后，轨道器固态数据记录器中的存储空间才可以释放用于其他用途。德国达姆施塔特（Darmstadt）的 ESA 空间运行中心（Space Operations Center）及时接收了超过 220 min 的 130 Mbit 科学观测数据。

　　除了惠更斯号探测器意外的旋转和太阳传感器的故障外，还出现了几个小问题。高度计短时发生故障，指示的高度为实际高度的一半。着陆后几分钟，表面科学包的一个传感器停止了工作。同以下这个令人尴尬的发现相比，这些故障都是微不足道的：上行序列中漏掉了接通卡西尼号遥测 A 通道超稳振荡器指令，导致 A 通道的所有数据丢失且无法恢复！科学家们曾经争论过是否在两个通道上发送相同的数据，或通道 A、B 各发送一半数据使总数据量翻倍。最终达成的妥协是重复发送光谱测量数据，但为了加倍获取图像的数量，在一个通道上传回约 350 幅，另一个通道传回数量相同的其他图像。结果只有 B 通道的图像被恢复出来。虽然可以满足试验的科学目标，但通道 A 是测量风速的多普勒试验的唯一数据来源，这部分数据丢失了。

根据累积数据获得的印象，土卫六被恰当地描述为在发展早期被冻结了的"彼得·潘 (Peter Pan) 的世界"。

加速度计测量了从 1 500 km 高度到土卫六表面的大气剖面。高海拔地区的大气密度和温度分布同旅行者号的观测结果不一致，特别是与旅行者 1 号的无线电掩星数据不同。250 km 高度处的温度最高，约为 -86 ℃。惠更斯号的大部分观测都在 200 km 以下进行，温度曲线与预测较为匹配。在 44 km 处，温度达到了最低值（-200 ℃ 以下），只比绝对零度高 70 ℃。此外，对电离层进行了分析，并在约 60 km 高度处记录了电子密度最大的层。

气相色谱仪和质谱仪得到了关于土卫六甚至土星系统作为一个整体形成的理论发展的重要信息。甲烷浓度的垂直剖面显示，它在地表附近比在平流层含量更加丰富，证实了甲烷在低海拔地区会凝结。也证明相机看到的明亮面纱的确是甲烷雾霾。甲烷是主要的含碳气体。二氧化碳在这样的低温下将保持凝结状态，据估计它只占大气的 0.03%。由于水也会被凝结，所以大气中没有水蒸气。气相色谱仪检测到少量的稀有气体同位素氩 36。相对分子质量更大的氪和氙更加稀少；事实上，它们比通过太阳系形成理论所预测的更少。这种结果揭示了对土卫六及其大气历史的一些认识。首先，土卫六一定是在相对温暖的条件下形成的，惰性气体被氨等在这种条件下凝结的分子所取代。如果是这样的话，那么土卫六（以及土星）显然是在比目前更接近太阳、更温暖的轨道上形成的。此外，通过试验得到的氩 36 相对较低的含量表明，大气中的氮是由氨分解形成的，因为在低温下凝结的氨不会捕获并携带氩气，但是可以捕获并携带氮。探测到氨是一个重大发现，表明由冰冻的水组成的冰火山因为氨的"防冻"特性而变得更活跃。另一种理论认为氨冰释放氮气是彗星和小行星高能撞击的后果。2004 年 10 月卡西尼号飞掠过程中探测到第 2 个同位素氩 40。由于人们预计钾可能会迁移到土卫六岩石内核中，而氩 40 是钾 40 放射性衰变的产物之一，这将支持在土卫六历史的某个时刻有常规火山活动的理论。也对氮 14 与氮 15 的同位素比值进行了测量。较轻的同位素较为稀少说明自土卫六形成以来大气的很大一部分必然已经逃逸到太空中。事实上，这些测量表明土卫六已经失去了 2~10 倍于当前大气的质量。由于没有类似的碳同位素异常现象，说明碳必须以甲烷的形式得到补充。理论上可能涉及生物过程，但碳 12 与碳 13 的比例证实土卫六上没有发生这种反应。因此，复杂的有机分子一定是火山作用和光化学反应的产物。总结同位素的探测结果，土卫六大气中氘的含量明显高于太阳星云的平均水平。

将气溶胶加热到 600 ℃可以识别氨、氰化氢和其他有机分子。有机物可能在高层大气中由光化学反应而形成，然后以气溶胶液滴的形式降落到地面。除了在高层大气和地面上可以采集到有机物，预计其他地方复杂有机物并不常见。因此，样品中没有检测到有机物并不奇怪。尽管实际上已经证实大气中含有生产氨基酸所需的所有关键成分，但没有仪器检测到氨基酸。

惠更斯号的仪器在土卫六表面继续工作。在惠更斯号与土卫六表面撞击 3 min 后，这是色谱仪入口加热潮湿土壤以充分释放突然爆发气体所需的时间，气体中的甲烷浓度增加约 30%。当时没有检测到水，可能是因为入口没有与土卫六表面直接接触。色谱仪从土卫六表面收集了 69 min 的气体，蒸发仅在 50 min 后呈现减弱的迹象。正如预测的那样，在表面上检测到了更复杂的分子如氰、苯和二氧化碳。

当然，来自为溅落而设计的仪器的数据不是很有意义。在土卫六表面测得的温度是 −179 ℃，只比绝对零度高 94 ℃；测得的压力约 1.47 hPa，略低于 1.5 atm（1 atm＝101 325 Pa）。惠更斯号着陆后也开展了其他观测。例如，中继天线次级波瓣的反射可以用来表征着陆点以西数千米表面的粗糙度特性。

幸运的是，多普勒风力测量实验并没有完全失败。美国、澳大利亚、中国、日本和欧洲的 18 个射电望远镜在惠更斯号下降过程中接收到了载波信号，尽管分析很困难，但仍有可能获得精度为 1m/s 的风廓线。最终在地球接收的多普勒数据满足了所有的任务目标。早期发表的结果只利用了两个射电望远镜的综合数据。高空风向或多或少与土卫六的自转方向一致。最大风速为 120 m/s，发生在海拔 120 km 的高度，超过了土卫六自转速率。事实上，自 20 世纪 90 年代第一个大气模型问世以来，人们一直怀疑特快自转的存在。在 100~80 km 之间观测到了强烈的阵风，但在 75~65 km 之间的风逐渐减弱为每秒几米的缓缓微风。结合多普勒数据、探测器随着降落伞漂移时下方地形的图像、大气结构探测仪的数据，对低海拔地区的风速进行了测定。初步结果中，由于射电望远镜覆盖范围存在缺失，导致无 14~5 km 的数据，但通过综合图像数据说明低于 5 km 高度的风速可能不超过 1 m/s。即便如此，7 km 以下的风向非常多变，这可能是由于表面附近存在对流层。多普勒数据显示着陆到地面时刻空气是停滞的，携带降落伞的探测器是稳定的。可以根据探测器失去热量的速率来估计地表的风力。虽然惠更斯号由 5 cm 厚的绝缘泡沫层隔热，但损失了约 400 W 的热量。这种冷却要求表面风速不超过 20 cm/s[147-158]。

在惠更斯号任务成功完成后，进行了一项调查确定为什么卡西尼号的 A 通道接收机停止工作。原因是简单的和令人尴尬的，虽然显而易见但几乎没有报道。问题在于，在美国政府实施的《国际武器贸易条例》（International Traffics in Arms Regulations，ITAR）出口管制规定管制的领域，管理卡西尼号的 JPL 工程师和管理惠更斯号的欧洲工程师之间缺乏协调！事实上，由于《国际武器贸易条例》，JPL 不愿向 ESA 提供帮助。没有系统工程师被指派去协调与 ESA 的共享工作。例如，JPL 提供给 ESA 的早期卡西尼—惠更斯通信演练的遥测，没有美国工程师检查和复核数据。另一个导致该问题的原因是，无线电接收系统被制造商列为公司机密，并没有向其用户提供完整的技术规范。这个问题应该早在

2004 年 3 月的演练期间就被发现,但过度劳累的团队错过了这个机会。不过还有其他问题,包括演练期间卡西尼号的指向角使其不能模拟来自惠更斯的信号,导致振荡器实际上并没有打开的问题仍隐藏在遥测系统中[159]。

8.10　主任务

在为惠更斯号提供中继的两天后,卡西尼号对土卫一和土卫二进行了非目标飞掠,然后以 4.82R_s 的距离通过了近拱点。尽管最近距离为 200 000 km,但对土卫二进行了特别深入的研究。卡西尼号采用了能够凸显尘埃或易逝结构外观的几何构型,拍摄了土卫二背光一侧半球的首张图像。结果显示南极上方出现了一个相对明亮的亮点。旅行者号没有获取这一地区的图像,所以明确这个点是什么是未来飞掠所要完成的任务。向光侧的图像首次显示了旅行者 2 号经过时不可见的先导半球。虽然由于距离远,分辨率较低,但这一地区似乎与尾随半球部分地区一致,平坦而无撞击坑,具有弯曲的皱褶和山脊。

2 月 1 日在远拱点附近,卡西尼号执行了速度增量为 18.68 m/s 的点火,最终将它恢复到原来运行的轨道上。在返回原轨道期间,探测器在 2 月 15 日飞掠了土卫六。因为这将是原有探测器行程中与土卫六的第三次目标交会,所以这次交会被命名为 T3。最初计划通过低空飞掠进行无线电掩星,但在考虑到土卫八不可靠的质量估计而对惠更斯号释放进行校正后,土卫六的交会距离发生了改变。无线电掩星观测小组将轨道控制权交给雷达观测小组,作为交换在 2006 年 3 月的飞掠中进行期望的无线电掩星观测。按照最初的计划,雷达直到下一个 9 月才会对土卫六进行首次扫描。此次 1 579 km 高度的飞掠与土星及其磁层的位置几乎相同,几何关系类似之前几次飞掠,主要用于成像和遥感。相机和雷达都将开机,前者拍摄大部分先导半球和与土星相反半球的拼接图像,特别是仙那度和布袋圆弧,但部分图像中的区域已经被雷达探测过了。成像光谱仪将研究“蜗牛(Snail)”东部和仙那度西北部。复合红外光谱仪将测量北半球高纬度地区的风,这里的极地涡旋使空气下降到较低的高度。然后,雷达将对由黑暗到明亮的地形进行高度测量,以确定这是否是地形的边界。在距离土卫六最近距离的 40 min 内雷达将完成一个条带的成像。在离开的过程中,卡西尼号将进行进一步的高度测量,以及散射测量和辐射测量。

雷达成像条带覆盖了 180 万平方千米,包括仙那度的首批视图。这条轨道与 10 月飞掠的轨道平行,但偏南一些。它跨越了与之前图像相似的地形地貌,但也发现了大量新的特征,包括明确识别出名为密涅瓦(Menrva)的 450 km 撞击盆地和 80 km 的仙来普(Sinlap)撞击坑。密涅瓦最初被称为“古罗马大竞技场(Circus Maximus)”(当然它不是真的圆形),它有雷达探测意义上的明亮外环和被侵蚀的内环。西南边缘似乎已退化,并可能已被流体流动所改变,有些地方的物质已经进入盆地。水渠的分支网络突破了撞击坑南边的侧壁。所有这些特性说明密涅瓦盆地相对古老。它的大小和深度能够为土卫六冰壳的演化提供一些约束。仙来普撞击坑深 1 300 m,有大量清晰明亮的喷出物覆盖层。10月由雷达获得的辐射测量和散射测量结果中,可以看到在条带的东端存在明显的“冷斑”。

卡西尼号在土卫六大气层释放惠更斯号后到达近拱点，拍摄了令人惊叹的土卫一越过土星的图像，
图中背景为环的阴影（图片来源：NASA/JPL/空间科学研究所）

发现了横跨 180 km 像金星穹形火山的圆形结构。象头神暗斑（Ganesa Macula）有一个中央塌陷的火山喷口，雷达探测到明亮的几十千米的流体从中流出。曲折的类似河流的水渠以及下游的扇形沉积都很明显。一些水渠长 200 km，看起来从密涅瓦和仙那度流向东北方向。此刻它们似乎是干燥的，没有明确的液体湖泊或水池。不同于第一次飞掠和惠更斯号下降过程中看到的深度侵蚀的水渠，这些水渠都浅如沙漠的干涸河床。雷达探测到的明亮水渠可能是因为那里如同惠更斯号着陆位置，到处都是鹅卵石和小石块。几个水渠汇聚的大面积区域被解释为河流的沉积，命名为埃利伐加尔流（Elivagar Flumina）。起始于"密涅瓦"西边约占 20％面积的条带，被几十千米长，间隔几千米，基本上都是相同的东西走向的窄而黑的线性地貌覆盖着。这些叠加到地形上的"猫抓痕"非常类似地球的线性沙丘[160]。

2005 年 1 月 22 日拍摄的土卫二背光侧的图像，显示了其南极上空的明亮耀斑。未来的观测将证明它是由间歇泉喷涌的水蒸气引起的（图片来源：NASA/JPL/空间科学研究所）

"古罗马大竞技场"是 450 km 的撞击坑"密涅瓦"最初的绰号（图片来源：NASA/JPL）

　　接近近拱点时，卡西尼号非目标飞掠了几个较小的卫星。2 月 17 日经过近拱点后不到 3 h，卡西尼号在土卫二面向土星的半球的赤道区域上方约 1 261 km 处掠过，这是卡西尼号首次近距离飞掠土卫二，被称为 E0。卡西尼号以 100 m 的分辨率对土卫二尾随半球南部成像。土卫二表面似乎被剧烈的地质构造活动塑造生成了伸展和挤压的地貌特征，并具有高达 1 000 m 结冰外露物的低谷和裂缝。也有一些地貌可能是冰川或粘性冰火山流。红外成像光谱仪检测到表面上只有纯水冰。即使存在其他分子，它们的量也小到无法探测到。雷达显示表面覆盖了一层厚度为几十厘米的水冰。复合红外光谱仪测量来自背光侧的热辐射。尘埃探测器记录了数百次撞击。最惊人的发现来自磁力计，土星的磁力线没有紧

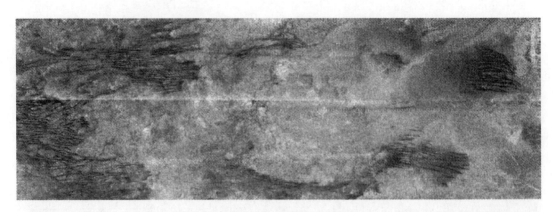

被称为"猫抓痕"的东西走向的长黑线后来被证明是纵向沙丘区域，其中的"沙子"由有机物组成
（图片来源：NASA/JPL）

密包围土卫二，而是如同土卫六一样，磁力线发生了位移，就像场被大气层中的重离子加载。所有的大气层都很稀薄，延伸至约一个土卫二直径进入太空。当紫外光谱仪详细观察被土卫二赤道地区遮掩的天蝎座 λ 星时，无法证实这一发现；在进入和结束掩星时星光完全没有衰减。1981 年旅行者 2 号在 100 000 km 距离交会推断出了土卫二质量的近似值。卡西尼号的跟踪改善了土卫二质量的测量结果，并显示土卫二的密度比预想值大约 60％。这意味着土卫二不完全是纯水冰，可能内部有一个占卫星 2/3 半径的岩石内核。

　　卡西尼号 3 月回到近拱点时没有与土卫六交会，而是直接进行第二次目标飞掠土卫二。此次交会命名为 E1，最终恢复了原计划的主要路线。卡西尼号在 3 月 9 日以 497 km 的高度飞掠土卫二，最近点在土卫二背向土星半球赤道的上方，几乎与第一次飞掠处于正相反的位置。2.5 h 后卡西尼号到达近拱点。所有遥感仪器均工作，虽然其中有 80 min 的时间探测器将高增益天线朝前作为抵挡 E 环粒子的保护罩。复合红外光谱仪绘制背向土星半球的向光侧温度分布，寻找可能表明地质活动的"热点"和其他热量异常情况。观测表明，与上次飞掠的背光侧数据类似，表面热惯性的测量数据与松散的雪一致。工作在辐射测量模式的雷达也对土卫二的热平衡进行了测量。旅行者 2 号千米级分辨率的图片中看起来光滑的平原，通过卡西尼号探测发现被几十米宽的细平行线割裂并遍布沟槽，部分地区有几百米深的峡谷。部分年轻的山脊网络似乎与多坑的较为古老的平原并存。其他仪器试图收集从土卫二上泄漏的物质进行化学分析。磁力计获得了大气层存在的进一步证据；虽然为了解释紫外光谱仪在赤道上方没有检测到大气，只能假设大气层仅局限在南极。两次飞掠发现这种气体包络层（更准确地说是外逸层而不是大气层）的持续存在意味着有气体补给过程，否则大气已经因为超过了土卫二 235 m/s 的逃逸速度而遗失到太空中。磁强计检测到可能是感应磁场的信号。可能意味着在地表下存在导电性流体，以及土星磁场"拾取"的水和水基离子。最后，随着夜幕的退去，相机拍摄的远距离图像显示在南极上方有一个比 1 月份的非目标飞掠时看到的更大的亮点。

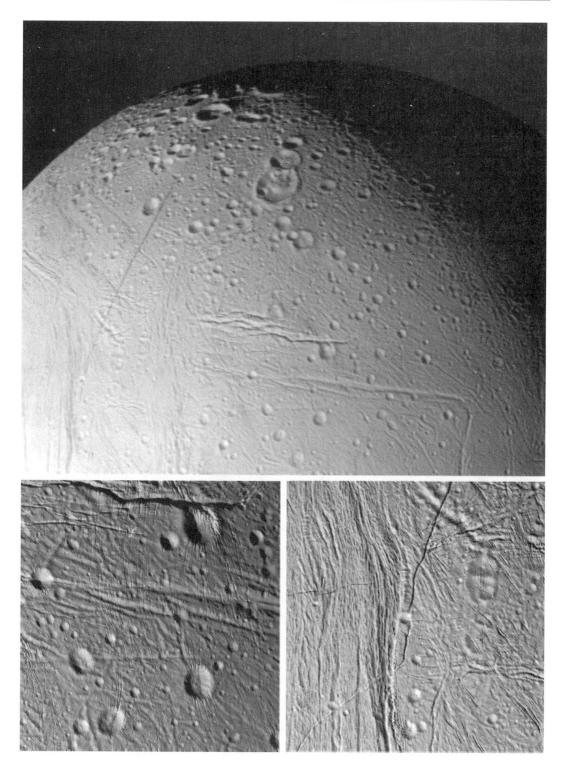

2005 年 3 月 9 日飞掠期间拍摄的土卫二表面的三幅图像。大量被软化的撞击坑以及地质构造的凹槽和裂缝
使卫星的冰冷表面坑坑洼洼（图片来源：NASA/JPL/空间科学研究所）

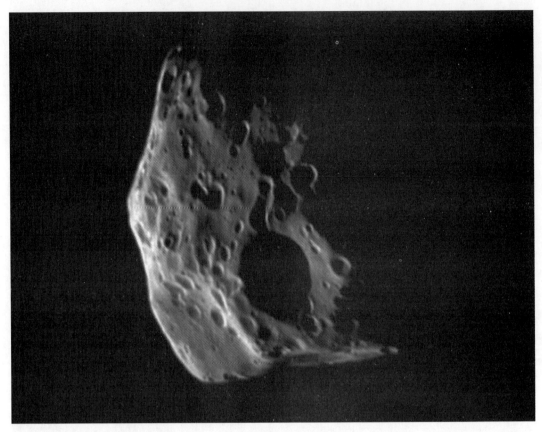

2005 年 3 月 30 日，卡西尼号拍摄了大小为 116 km 的共轨卫星土卫十一的图像。当时卡西尼号与其距离约为 74 600 km（图片来源：NASA/JPL/空间科学研究所）

　　卡西尼号从近拱点抬高时以 83 000 km 距离非目标飞掠了土卫三（Tethys）。3 月 19 日到达远拱点。在回到土星的内部系统过程中，卡西尼号拍摄到一对共轨卫星土卫十一（Epimetheus）和土卫十（Janus）的良好视图。土卫十一的形状是不规则的，并布满撞击坑。虽然同样撞击坑密布，但土卫十具有明显的球状外形。两种情况下的撞击坑均被软化。光谱表明表面主要是水冰。低密度意味着它们是冰冷颗粒的松散聚集体。

　　3 月 31 日，在到达近拱点两天之后，卡西尼号第一次在远离土星阶段飞掠土卫六。这次飞掠被命名为 T4，为首次观测土卫六面向土星半球提供了机会。红外成像光谱仪采集了北半球地貌组成的数据，并监测了云等大气特征。对布袋圆弧进行了重点研究。作为卫星上的最大亮点，这里被视为是最温暖的地方，近期可能发生过撞击或冰火山流。然而，根据红外光谱仪和辐射计的探测结果，它并没有比周围地区更加温暖。虽然布袋圆弧有可能是一片较为持久的云，但是它更可能是某种形式的地表特征。雷达收集到的无线电数据包括布袋圆弧的低分辨率数据以及黑暗的赤道地区芬撒（Fensal）北边的一小片地区的散射测量数据。在到达最近点 0.5 h 之前，探测器重新调整了它的指向，以对之前在飞掠期间使用雷达和高度计勘察过的地区进行高分辨率的"真实视觉"意义上的观测。最近点经过晨昏线的黎明位置，高度为 2 404 km。粒子与场探测仪全程开机工作，而无线电和等离子体波的设备试图对闪电爆发进行探测。

一张被发现的"造成波动的卫星"土卫三十五（Daphnis）位于基勒（Keeler）环缝中的图片
（图片来源：NASA/JPL/空间科学研究所）

在回到第二个近拱点的过程中，卡西尼号对土卫十八、土卫一和土卫十四进行了探测，特别是以不到 82 500 km 的距离飞掠了土卫一。它还观察到了土星中南部大气层造成的参宿二（epsilon Orionis）的掩星现象。这次经过近拱点的过程中拍摄的图像覆盖了 F 环沿经度方向大约 60°的范围，记录了从土卫十六的位置扇形散布的多个黑暗的通道。数值模拟表明，每当土卫十六穿过环的内部满是灰尘的区域时，就将产生通道和条带[161]。

在 4 月 16 日飞离土星的过程中，卡西尼号重返土卫六进行第 5 次交会（T5）。由于距上次飞掠只过了 16 天，而在此期间探测器只绕土星飞了一圈，所以这是两次交会之间最短的时间。最近点在北纬 74°上空高度 1 027 km 处。它在高纬度地区收集了粒子和场的数据，并研究了卫星的等离子环境与磁层之间的相互作用。在最近点，卡西尼号优先使用等离子体光谱仪对电离层进行采样。同时，利用抵近飞掠的优势，离子和中性质谱仪进行了原位分析，在高度超过 1 200 km 的范围内找到了多种复杂的有机物。对面向土星的半球拍摄了高分辨率图像，包括一个 1 000 km 宽，远离赤道，看上去像是撞击坑的地貌特征。成像光谱仪对芬撒和阿兹特兰（Aztlan）表面组成和云形成的过程进行了研究。此外还对布袋圆弧进行了探测，布袋圆弧当时在日下点附近，并且从飞掠清晨的晨昏线的轨道器看来在卫星边缘附近。

在接下来的 3 个月中没有安排其他卫星的目标飞掠探测，在这个过程中卡西尼号将完成 5 圈的飞行。在这个"窗口"期间，计划了 6 次由土星和土星环造成的无线电掩星。此外，由于不存在近距离交会造成的轨道扰动，所以无线电跟踪将可以对土星的质量等一些重力参数进行细化[162]。当然，对土星系的观测是连续开展的。5 月 1 日的成像序列记录了 A 环中 35 km 的基勒（Keeler）环缝中一个假定物体的一个完整自转周期，以确定这是否造成了环缝边缘处的波纹，波纹是在入轨后立刻拍摄的图片中发现的。一个勉强能够辨识的 7 km 的物体的确在六幅图片中都出现了。这个物体被命名为 S/2005 S1，后来被命名为土卫三十五。不出所料，它的轨道几乎是圆的并且和土星环共面[163]。两天后，在经过近拱点时，卡西尼号自入轨以来第一次从地球观测的角度被土星环遮掩，这被用来在 3 个频率的无线电信号下对经典的 A、B 和 C 环进行探测。这仅是历史上第二次尝试进行土星环掩星试验；第一次是旅行者 1 号在 1980 年飞掠期间进行的。A 环看起来包含厘米级大小的颗粒。C 环也是这样。A 环的内部和整个 B 环看起来几乎没有小颗粒，但在 A 环和 D 环的外侧大量存在小颗粒。数据揭示了 B 环的精细结构，显示它包含间隔紧密的小环和密度是 A 环四倍的内核。B 环中最密集的部分似乎被分成了五个不同的条带，中央的 5 000 km 宽的条带密度最大，由大小为米级的物体组成[164]。

　　第二天，即 5 月 4 日，窄视场相机第三次获得了 F 环的视频影像。前两次分别是在 11 月和 4 月。在这些拍照序列中，相机在 15 h 的轨道周期内始终凝视一个环脊。与预期相反，结果表明环两边的细线并不是同轴的小环，而是至少环绕土星 3 圈的巨大螺旋。从动力学仿真的情况推测，这个螺旋在 2004 年年初时是一片小范围的云，然后逐渐伸展和收卷起来。由于小卫星 S/2004 S6 在与螺旋相遇时穿过了环的核心，这个巨大的结构可能在某种程度上与布满尘土的块状小卫星有关。这个螺旋可能是由受到高速撞击的小卫星表面散射出的环颗粒造成的。另外一种可能是，这个螺旋是一次对 F 环的巨大撞击的产物，其中 S/2004 S6 是最大的碎片之一。事实上，这个小卫星在 2005 年年底之后就没有再被可信地探测到过，所以它肯定曾经只是一块尘土。土卫十六还对环内嵌入的一些物体产生了扰动，结果反过来导致了对环的内核和螺旋的扰动。所有这些特性使得 F 环成为太阳系中的一个独特的地方，在这里可以研究较短时间尺度内的撞击的效果[165-166]。

　　当卡西尼号在 5 月 20 日到达它的下一个近拱点时，它第一次较为精准地从环和太阳之间穿过。这是一个观测太阳光在环颗粒上反射形成的"反光点"的机会。之后进行这种观测的机会是在 6 月份[167]。在 5 月 21 日，卡西尼在 102 000 km 远的位置对土卫二的被完全照亮甚至过曝的圆面拍摄了低分辨率图像，并且首次对南极进行了观测，南极是下一次交会的目标。这片区域有被称为"虎纹"的 4 条黑暗的平行线。在同一天，探测器观测到了土星造成的参宿三的掩星现象。3 天后，探测器观测到了环的外侧部分造成的鲸鱼座 o 星（更为人所知的名字是蒭藁增二）的掩星现象，结果表明，尾迹（wakes）等精细的结构使得环的外部比内部更加不透明。

　　6 月 6 日的一次土卫六非目标飞掠为第二次观测这颗卫星的南极提供了机会。通过这些图片与 11 个月前拍摄的图像之间的比较，首次得到了表面变化的证据。部分黑点改变了形状，部分消失了，并且出现了一些新的黑点。一种可能是去年 10 月位于这片区域的云（这片云在卡西尼号飞掠之前刚好消失了）造成了大量的降雨。窄视场相机的近红外图像显示出一个 230 km×70 km 的肾状的黑暗物体，这很有可能是一片碳氢化合物的湖。由于它与北美洲的湖有相似之处而被称为"安大略湖"。不论它是什么，在 2004 年 7 月的远距离飞掠的图像中已经能够看到它，那时卡西尼号刚刚抵达土星系。

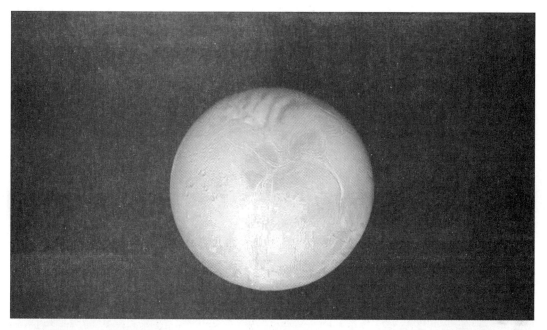

一张显示出南极"虎纹"（顶端）的土卫二的远距离图像（图片来源：NASA/JPL/空间科学研究所）

　　α 狮子座（狮子座一等星）的土星环掩星现象发生在下一个近拱点，即 6 月 8 日。这一次，达到米级空间分辨率的紫外光谱仪在 F 环中探测到了一个 600 m 的不透明物体，昵称为"手套"（Mitten）。这个物体可能是一个小卫星或者仅仅是另一个土块。3 天后又发生了一次蒭藁增二（Mira）的掩星现象。在主任务期间，紫外光谱仪监测了超过 80 次此类的掩星现象，其中许多在 F 环中发现的物体的尺寸介于 9～27 m 之间[168]。

　　在 6 月 9 日到 11 日期间，卡西尼号首次与不规则的、混沌的卫星土卫七进行了交会，交会距离为 168 000 km。卫星上的撞击坑底部有令人感兴趣的黑色沉积物。

　　在 7 月 14 日卡西尼号到达第 11 圈轨道的近拱点前的几个小时，卡西尼号与土卫二近距离交会。第二次土卫二飞掠的高度本来是大约 1 000 km，但是科学家们说服了他们的工程师同事将高度降低到了 166 km。由于这颗卫星的引力很弱，所以可以在不影响逃逸轨道的情况下对飞掠高度进行修改。这次飞掠将发生在南部高纬度区域，目的是首次获得令人感兴趣的南极区域的近距离视图。最近点将位于背向土星半球的南纬 23°上空。这是一个梦寐以求的观察"局部"大气层的机会，甚至有可能直接对大气层进行采样。然而，本来指向土星环平面的相机要想在接近过程中进行拍照，就必须进行大量的测试以评估尘土冲击对光学部件可能造成的影响。飞掠前 8 h，遥感设备开始在 288 000 km 的距离对这颗卫星进行观测。极地的地形看起来是一片几乎没有撞击坑的圆形区域，因此很年轻。南极区域横跨着 4 条 130 km 长、2 km 宽、间隔 40 km 分布的"虎纹"。它们大约 500 m 深，两侧是 100 m 高、以钩子形状转弯突然截止的山脊。这些"虎纹"后来被正式地命名为亚历山大（Alexandria）、巴格达（Baghdad）、开罗（Cairo）和大马士革（Damascus），即 A、B、C 和 D。它们之间是细槽形的明亮地形，并且延伸至大约南纬 55°。在这个纬度上，

2005 年 6 月 4 日，卡西尼号在 120 万千米的距离拍摄了这张土卫六远距离图片，其中显示出圆面中央明亮半圆形的布袋圆弧。图片底端的亮点是南极上空的云（图片来源：NASA/JPL/空间科学研究所）

褶曲的山脊、山峰和山谷形成了一条边界，可能是一种挤压地形。其他的无撞击坑的区域和裂纹延伸到了赤道。少量的较为明显的撞击坑显得有些变形，原因是被裂缝横切，以及被冰覆盖的表面经历了造成撞击坑底面被顶起的均衡反应。

　　接近段最后 2.5 h，通过优化相机指向而获得了更高分辨率的测量数据。相机传回了大量极地地形的图像。宽视场相机的图像的最高分辨率是每像素 40 m，而窄视场相机的分辨率比宽视场相机高十倍。在这样精细的分辨率下也仍未发现撞击坑，这更加证明了极地表面处于年轻时代。极地杂乱地分布着几十米到几百米大小的巨石，几乎没有细粒度冰晶体的覆盖物。复合红外光谱仪生成了这颗卫星的阳照面和背光面的热分布图。由于土卫二的反射率很高，所以土卫二的表面可能是土星系内最寒冷的地方之一。事实上，土卫二

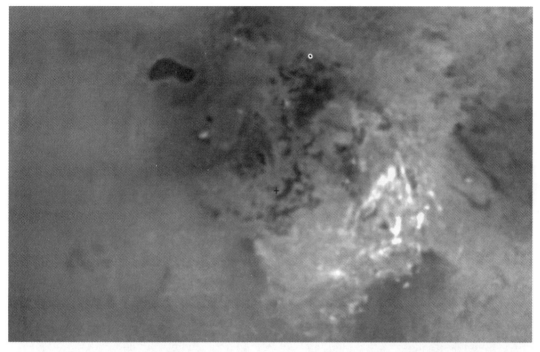

几张土卫六南极的远距离图像合成了这张图片，其中显示出了黑暗的"安大略湖"
（图片来源：NASA/JPL/空间科学研究所）

表面的平均温度是极低的 75 K，约为−200 ℃。这个数据与旅行者 2 号对整个土星圆面进行的单次温度测量的结果是一致的。卡西尼号在离开时对北极的一小块地形进行了观测。这些地形自 1995 年春分以来就一直处于阴影区，温度为−240 ℃。虎纹区域却惊人的温暖，温度在−159～−116 ℃之间。这种温暖情况中更令人惊讶的是，虎纹区域只能以掠射角接收来自太阳的热量。很明显，热源一定来自内部，并且热漏率很大。成像光谱仪发现了结晶水冰的特征。这是完全出乎预料的，因为暴露于空间环境和宇宙辐射中时，冰会失去其晶体结构并且变为非晶体，这种变换最多需要几十年。因此，发现结晶冰意味着该地带一定非常年轻。此外，土星的磁场被卫星弯曲的方式与一个球形、对称的物体造成磁场弯曲的方式是不一致的。事实上，这种磁场的偏差在 27 个土卫二半径的距离上才开始变得明显。

在离开前 21 min，卡西尼号转向以观察在 17 min 后被掩星的猎户座 γ 星（参宿五）。这次，紫外光谱仪瞄准了一颗在紫外谱段比 2 月份的天蝎座 λ 星更亮的星，以获得更高的信噪比。结果显示出了土卫二大气存在的明确证据。但只有在约南纬 76°的进入点出现了光谱信号衰减。在出口的北纬区域并未出现这种现象。大气的分布并不是全球性的，而是集中在南部高纬度区域。掩星之后，这颗卫星在探测器飞向最近点的过程中迅速地穿过了设备的视场范围。3 min 后，卡西尼号掉转了指向，以对准迅速缩小的土卫二。它继续观察了近 2 h，最初是在阳照面，之后是在背光面。在整个交会期间，粒子与场探测设备均开机工作。

卡西尼号在 2005 年 6 月 26 日拍摄的太阳光在 B 环上反射的"反光点"。此时探测器距离土星
大约 478 000 km 远（图片来源：NASA/JPL/空间科学研究所）

关于极区地形、虎纹、局部的大气层和与土星磁场之间相互作用等令人疑惑的观测结果可以通过质谱仪的数据很好地解释。在之前的交会过程中，这台设备指向后方，没有获得特别有价值的数据。然而，这一次它指向了前方，并且检测到了一个来自水分子的强烈信号。事实上，水的存在量如此之大，使得探测器能够获得这颗卫星 4 000 km 范围内的密度分布情况，并且在到达最近点前 35 s 检测到了一个清晰的密度峰值，此时卡西尼号的高度约为 250 km，几乎位于"虎纹"的正上方。所有的观测结果都显示出了一个类似于彗星的过程，其中间歇泉或喷泉直接从南极地区喷出来。自从旅行者号飞掠之后，科学家们一直在讨论间歇泉的可能性，而这次交会首次提供了有力的证据。被太阳照亮的气柱可以解释 1 月份获得的远距离图像中南极上方令人费解的亮点。紫外光谱仪也观测到了水。除了水之外，质谱仪在羽流中检测到的气体中包括大量的二氧化碳、一种可能是一氧化碳或氮分子（它们有相同的分子量）的分子以及甲烷、氢和氩。乙炔、丙烷占比约为几个百分点。即使有氨存在，其含量也不会超过 0.5%。

从到达最近点前 20 min 开始，高速尘埃探测仪记录下了卫星附近的一片微米级颗粒

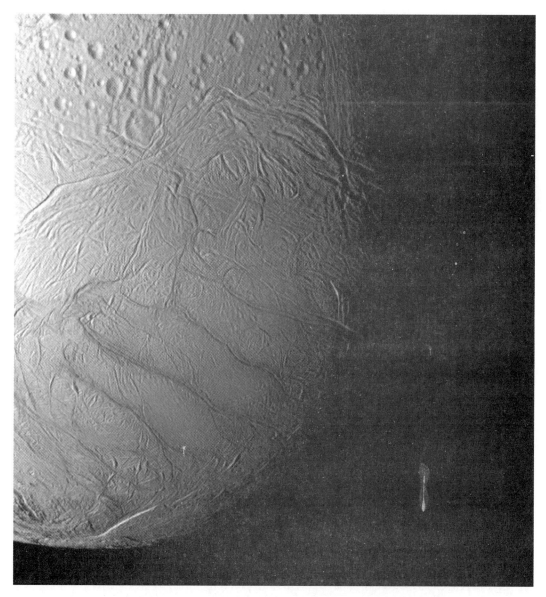

土卫二南半球的虎纹图像（图片来源：NASA/JPL/空间科学研究所）

的云。撞击率在到达最近点前 1 min 达到了峰值，此时卡西尼号位于南极地区上空 400 km
处。虽然尘埃分析仪的数据被压缩得过于严重而无法用于科学研究，但是在 2 月份的飞掠
过程中记录下了约 20 个颗粒的良好光谱数据，并在大多数的环绕轨道穿越 E 环时对数千
次这样的撞击进行了分析。在土卫二周围采集到的粒子与 E 环中分布的粒子比对后的一致
性较好，因此说明它们之间有一定的关联。事实上，探测中发现了两种不同的颗粒，一种
是几乎纯的水冰粒，而另一种的成分较为复杂，包括一些有机物和富硅矿物[169]。从这些
观测结果可以看出，喷泉似乎每秒喷出 150～350 kg 的水，或者说一浴缸的水，这与黄石
国家公园的老忠实间歇泉的流量相似。气体以 500 m/s 的速度扩散并且迅速地从卫星上逃

这张模糊的图像是在 2005 年 7 月 14 日飞掠土卫二时拍摄的最高分辨率的图片。它显示出了裂隙、巨石遍布的南极地形（图片来源：NASA/JPL/空间科学研究所）

逸。冰粒以慢得多的速度跟在后面。其中的大多数重新落回卫星表面形成雪，但是大约 1% 逃逸进入 E 环。随着时间的推移，喷泉可能在整个卫星表面上形成了一层薄薄的冰，使它成为太阳系反射性最强的天体之一，其反照率是 99%。相比之下，月球的平均反照率只有 13%。

　　虽然土卫二的一些特征与彗星相似，但是它的喷射是由一个内部的热源而不是阳光来驱动的。内部热源的起源仍然是个谜。考虑到这颗卫星的尺寸较小，岩石内核中的放射性同位素的衰变释放的热并不足以提供观测到的高温。也许与木星的火山卫星——木卫一类似，热量是由潮汐产生的。与土卫四（其环绕土星的周期是土卫二的两倍）的共振，使得土卫二的环绕轨道无法圆化，从而使得土卫二的"热动力"源源不断。这一理论可以解释为什么"虎纹"沿着潮汐隆起的最大拉应力的方向分布。热的另外一个产生原因可能是大约几度的小范围天平动运动叠加在自转周期上（从技术上讲，自旋-轨道振动共振）；卡西尼号的观测结果表明不可能有更大幅度的天平动。另一个无法解释的现象是，为什么同样大小的土卫一，尽管距离土星更近而且位于更加偏心、能够产生更大的潮汐应力的轨道上，但是所有观测结果都表明它是没有活动的。在这种情况下，热源可能是由于在土星潮汐周期性地改变相位和偏心率的作用下，虎纹的边缘不断互相摩擦导致的，这与在木星的卫星木卫二上看到的摆线山脊相似。据估计，裂缝的两侧每 33 h 会偏移几十厘米。此外，在每圈轨道的一半时间中，裂缝的边缘将被分开以使气体和蒸汽可以出来，并且在另一半时间中排气口将被封闭。如果这个理论是正确的，偏移潮汐隆起模型可以被用来预测裂缝何时会打开，从而可以预测什么时候能发现羽流。另一方面，为了更有效地制造间歇泉，这个模型要求冰壳与岩石核心解耦，例如被液态水隔开。红外分光仪在南极发现的热点正在向空间辐射约 1 000 GW 的热量。这表明，也许在地壳下很浅的深度处，水可能以接近其"三相点"的形式存在，即同时存在气态、液态和固态，而沸腾的水形成了喷泉中的蒸汽。氨的存在将在整个过程中起到很大的作用，因为氨-水混合物的三相点温度接近于红外光谱仪测得的温度。这个模型的主要障碍是在间歇泉中并不存在氨，至少含量没有达到所需的数量，并且土星系统中的任何冰态卫星上都没有探测到氨。

　　氨-水混合物再加上内部热源可以制造出一些低密度的物质或底辟，它们可以在向表层移动时使平滑的地形产生裂缝。因此，它们将改变卫星的转动惯量并扰乱自旋，使卫星摆动和"翻滚"进入一个新的平衡位置，在这个位置这些物质会位于两极中的一极。这团暖冰的上升可能是一个罕见的事件，但它会偶然地出现。底辟构造的存在有可以间接测试的方法。首先，它们应该会产生出与一定体积的低密度物质相对应的质量异常，而这应当可以通过重力测量而检测到。为此，探测器将在未来几次飞掠时进行无线电科学重力研究。此外，如果土卫二的确为了将低密度物质置于南极而改变了自己的指向，那么它的其他部分的表面不应该在同轨道方向球面和逆轨道方向球面的撞击坑分布率上显示出任何的差别，因为在这颗卫星的历史上，同轨道方向球面和逆轨道方向球面的指向应该也更改过。另外，最有趣的是，液态水在地表下与甲烷和复杂的碳氢化合物混合可以为低温、缓慢代谢形式的生命营造良性的环境。因此，土卫二与木卫二等天体一道，成为太阳系中人们相信可能孕育生命的少数天体。但是一些科学家认为不存在次表层海洋，并指出羽流中探测到的二氧化碳、甲烷和氮将不会溶解在液态水中。他们认为水是以冰的形式存在的，而气体被包含在冰的晶体结构内部。在这种情况下发现生命的可能性很低。如果这种富含气体的冰暴露在太空中，结果将导致一次爆炸性的分解，而分解过程中释放出的气体会携带足够的水以产生羽流[170-189]。

　　离开土卫二后 1 h，卡西尼号在 77 000 km 的距离上飞掠了小卫星土卫十一。

　　8 月上旬，卡西尼号在近拱点对土卫五、土卫十八、土卫一、土卫六和土卫四的南极区域进行了观测。8 月 2 日在 61 000 km 非目标飞掠土卫一的过程中获得了这颗尺寸小、撞击坑密布的卫星迄今为止最精细的数据。然而在这一圈环绕轨道中没有安排其他重大的活动，因为土星系正在经历日合。在 8 月下旬以 22°的轨道倾角回到近拱点时，探测器对土卫七拍摄了一系列远距离图像以记录它极不规则的自转。8 月 20 日，当位于近拱点时，窄视场相机在天蝎座 α 星（心宿二）被掩星的过程中对环的阴影面拍摄了一组 26 张图像。其中 4 张图像显示出恩克环缝中的 7 个"螺旋桨"，之后的一组图像又在环缝外几百千米的地方发现了另一个。所有中央小卫星的尺寸均为 10～100 m[190]。掩星本身是由紫外光谱仪和红外分光计进行监测的，两台设备都探测到了在距离 F 环中心 10 km 处、约 500 m 宽范围的不透明度的增加，这可能是灰尘小卫星，被称为"皮瓦克"（Pywacket）[191]。

在 2005 年 8 月 2 日的远距离飞掠时，以土星为背景拍摄的土卫一的惊人图像

（图片来源：NASA/JPL/空间科学研究所）

远离土星时，卡西尼号在 8 月 22 日第 6 次飞掠了土卫六，这次到达了南纬 59°。这次飞掠中主要使用了复合红外光谱仪，以获得大气层温度在经度、纬度和海拔等维度上的完整分布图。此外，还将研究大气层的组成和气溶胶分布。虽然 3 660 km 的最近距离还是相对较大，但相机仍然获得了仙那度南部区域的首张高分辨率图像。粒子和场设备对电离层的阳照面与行星磁层相互作用的方式进行了研究。

　　一个谜团是为什么"环辐条结构"在 1980 年和 1981 年的旅行者号飞掠时非常明显，但是一直没有在卡西尼号的图像中看到。也许辐条结构的形成是一种季节性的现象。如果是这样，它们应该在条件合适时重新出现[192]。当卡西尼号在 2005 年 9 月 5 日到达近拱点时，在正要进入土星阴影时拍摄到了 B 环的阴影面的辐条结构。然而，这些辐条结构只有几千千米长、100 km 宽，尺寸量级比旅行者号记录的数据更小、更模糊。等离子体的测量证实了辐条结构由从环中漂浮出来的尘埃所形成的假说。这个过程取决于土星系内层的等离子体密度，而等离子体密度又与环平面与太阳之间的夹角有关。这就解释了为什么辐条结构在 20 世纪 80 年代初非常明显，之后消失了，直到卡西尼号开始探测 1 年后，当夹角再次减小时才再次出现。卡西尼号光谱仪的后续观测证实了辐条结构主要由微米级的颗粒组成，而这些颗粒易于带电并从环面中漂浮出来[193]。

2005 年 9 月 5 日，卡西尼号自 1981 年旅行者 2 号飞掠后首次拍摄的辐条

（图片来源：NASA/JPL/空间科学研究所）

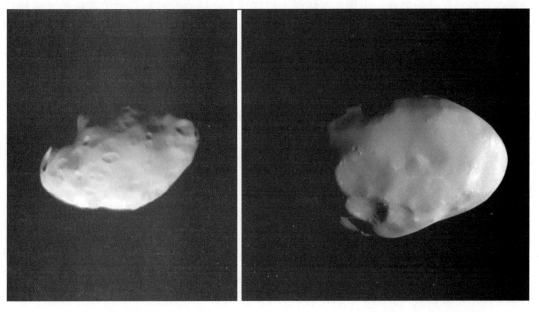

左图为 2005 年 9 月 5 日拍摄的小卫星土卫十七的图像。请注意其平缓的地貌和撞击坑。

右图为土卫三的拉格朗日卫星土卫十三（图片来源：NASA/JPL/空间科学研究所）

在同一天，即 9 月 5 日，卡西尼号在 52 000 km 的距离上非目标飞掠了土卫十七。作为 F 环的外层"牧羊人卫星"，土卫十七是一个约 80 km 长的细长椭球体，上面有很多被侵蚀的撞击坑和光滑的坑内平原。

在 9 月 7 日穿越土卫六轨道时，卡西尼号进行了第 7 次飞掠（T7），这是当时最靠南的一次飞掠。当时南半球处于夏季，上层大气层的密度应当更高。考虑到关于分离层中的阻力尚有许多未解决的问题，作为一种预防手段，飞掠最低点高度从 50 km 提高到 1 075 km，并且使用推力器进行探测器姿态控制[194]。接近阶段完全位于阳照面，在经过黎明的晨昏线到达最低点后，在背光面飞离。相机和成像光谱仪在接近段进行了观测，但是主要使用的是雷达。人们打算先对北半球进行辐射度量，进行一次短时间的测高扫描，之后沿着设计的轨迹对仙那度东边到南边高纬度区域进行条带成像，这条轨迹设计的目的是对从相机图像中推测出的湖泊是否存在进行探测。不幸的是，一个软件错误使得其中一个固态数据记录器无法使用。结果，在到达最近点前 12 min，第一个记录器已经填满，所以雷达图像的记录在仅仅 8 min 后就停止了。计划在离开时进行的测高数据也丢失了。

结果是，第一个记录器中的数据最多覆盖了长 1 970 km、宽 300 km、分辨率为300 m 的条带。它始于仙那度东南部的一片叫作泽吉（Tseighi）的明亮区域，之后沿东南方向向南极延伸，横跨面向土星的半球，穿过一片叫作梅佐拉米亚（Mezzoramia）的半圆形黑暗区域。条状地带的最开始是带有模糊的圆形斑点的地貌。许多边缘明亮、底面黑暗的圆形地形尺寸太小，不可能是撞击坑。事实上，尺寸小于 1 km 的火流星会在到达地面之前就在稠密的大气层中分解。虽然这些结构可能是冰火山的源头，但是周围没有液体流动的痕迹令人费解。在其他地方，山体大致按照半圆形排布，这表明它们是一个已经被侵蚀并且部分被掩埋的较大结构（也许是一个撞击坑）的遗留物。这种地形旁边是一个被沟渠和较深的峡谷切割开的明亮高原，这些沟渠和峡谷向极区延伸，周围有碎片累积的广阔扇形区域。在部分地方的沟渠延伸数百千米，在南纬 60° 的一片相对平缓的雷达探测的黑暗区域突然停止。雷达探测的明亮高原与雷达探测的黑暗地形之间的边界是像海岸线一样的扇形，其中包括海湾、半岛、岛屿等。雷达探测的黑暗的梅佐拉米亚可能是干涸的湖泊或充满有机物"细沙"的海洋。虽然当时这片地区是干涸的，但是显示出了地表径流收集器的外观。正是在这个时候，雷达的条带图像过早地终止了[195-196]。飞掠后 40 min，紫外分光光谱仪观察到了土卫六造成的飞马座 α 星掩星。

卡西尼号尚未发现能够冲刷出这些河流并填充这些海洋的液态烃的任何踪迹。根据天气模型推测，土卫六上很少下雨，因为在寒冷的温度下蒸发是非常慢的，以至于大气需要几十年的时间才能充分饱和而下大雨。另一方面，在这次和之前的飞掠中，可见光和红外成像光谱仪都在北纬 60° 看到了一个跨越所有经度范围的云带。它们的高度范围在 30～60 km 之间。这些特征表明，它们是由乙烷液滴形成的[197]。

第 7 次飞掠（T7）的一个影响是让卡西尼号回到赤道面，使其能够与众多卫星进行一场复杂和快节奏的"芭蕾舞"。在一个轨道周期多一点之后，卡西尼号将会间隔两天时间分别与土卫三和土卫七交会。在回到近拱点时会经过土卫四。最后，在几乎再环绕一圈之

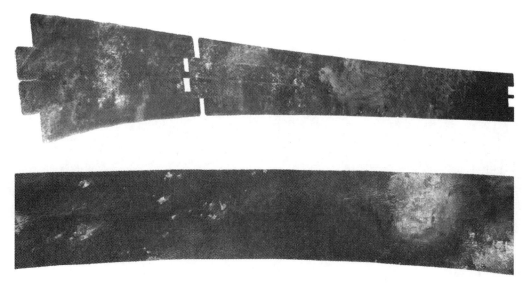

第 7 次土卫六飞掠（T7）的雷达探测条带全图（上图）。梅佐拉米亚的海岸线位于条带图的右侧。
第 8 次飞掠（T8）时的雷达探测条带图（下图）中央分辨率最高的部分是一些雷达探测黑暗的
平行线形沙丘（图片来源：NASA/JPL/卡西尼号雷达团队）

后，在接近段卡西尼号将重返土卫六。土卫三和土卫七最初飞掠的距离分别是 32 000 km
和 1 000 km，但在之后被大幅降低。这次修正的代价是大约 8 m/s 的速度增量，但是为了
从近距离交会中获得预期的科学成果，这是非常值得的。在 9 月 23 日位于 3 个土星半径
的近拱点期间，雷达被当作辐射计使用，对这颗行星南极到北极的大气热辐射绘制影像。
探测器之后在土卫三的尾随拉格朗日点以 91 000 km 的高度飞掠了土卫十四。土卫十四是
一个被拉长的不规则物体，大约 25 km 长，沿着它主轴的一半是一个大撞击坑或低洼地
区。与典型的土星小卫星相似，土卫十四的表面较为光滑。

在到达近拱点后大约 5 h，卡西尼号在 1 495 km 的高度飞掠了土卫三。相对速度达到
了 9 km/s，比典型的土卫六飞掠增大约 50%。在接近过程中的观测目标是旅行者号没有
拍摄过的地区。然后卡西尼号把注意力转向了伊萨卡峡谷（Ithaca Chasma）和巨大的火
山口奥德修斯，这两个地点都是旅行者号发现的[198]。伊萨卡峡谷的最佳图像分辨率为
18 m，显示出其撞击坑遍布，表明这个地形相当古老。科学家们感兴趣的是土卫三与 E
环之间的相互作用，以确定这颗卫星是否为包含其轨道的环提供物质。紫外光谱仪为了寻
找与土卫二大气类似的土卫三的稀薄外层而观察了一次掩星，但是没有检测到任何东西。
另一个不同于土卫二的特点是，土卫三的磁场紧紧地包裹着自己。然而，雷达数据却显示
其表面被非常洁净的水冰覆盖。虽然对于活跃的土卫二来说，这种水冰的成因是很明显
的，但是对于看似不活跃的土卫三则不是如此。

9 月 26 日，在土卫三飞掠几乎整整 48 h 后，卡西尼号进行了主任务中唯一的一次土
卫七目标飞掠，飞掠高度为 479 km。由于土卫七的环绕轨道与土星的距离和土卫六与土
星的距离大致相同，交会的相对速度也是相似的 5.6 km/s。在 20 世纪 80 年代，数学家意

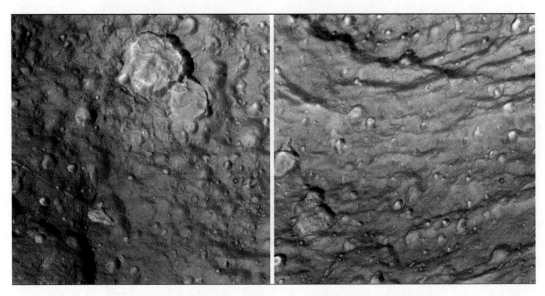

在 2005 年 9 月飞掠过程中拍摄的土卫三表面的两张高分辨率图像

（图片来源：NASA/JPL/空间科学研究所）

识到这颗不规则的卫星处于混沌的自转状态下，意味着在几天或几星期的时间内，即使是其自转轴指向和自转周期等基本特征也可能以不可预知的方式改变。卡西尼号过去一年的观测证实了自转轴随机的移动穿过本体，指向也不确定。因此不可能明确在飞掠过程中会观测到卫星的哪个部分[199]。飞掠过程中主要关注的是 4 个科学问题，即卫星的内部构造、地质和组成，可能存在的稀薄大气层、表面挥发物，以及卫星与土星磁层之间的相互作用。此外，科学家们渴望绘制一个混乱自转天体的表面温度分布，并寻求卫星附近的尘埃存在的证据，以确定是否是土卫七而不是土卫九负责"喷涂"土卫八。无线电跟踪用于确定土卫七的质量，并确定土卫七到底是"瓦砾堆"还是固体冰块。从任务导航的角度来看确定它的质量也很重要。土卫七位于土卫六的共振轨道上，在土卫七完成 4 个环绕周期的时间中，土卫六将完成 3 个环绕周期。虽然预计中土卫六的扰动将很轻微，但是实际上这些扰动对过去多次飞掠时的导航精度都造成了影响[200]。最终，土卫七的引力将卡西尼号的速度仅仅改变了 0.1 m/s。因此可以推断出这颗卫星的密度只有水的 60%，这意味着它肯定是一种主要由冰和空洞组成的多孔天体。

相机拍摄了土卫七米级分辨率的图像，同时光谱分析仪研究了表面成分，并在紫外谱段中寻找挥发物的迹象。土卫七的表面就像一块遍布撞击坑的海绵。旅行者号曾观测到了最大撞击坑的一部分（弓形山脊），并将其命名为邦德-拉塞贝脊背（Bond - Lassell Dorsum）。它的跨度比卫星的长轴稍短，并且底面中央有一个凸起。撞击坑的形状是被拉长的凹陷。在撞击坑非常深的底面上和卫星上其他的低地势区域均发现了黑暗的物质。凹陷被比作深的"阳光杯"，其中黑暗的沉积物从阳光中吸收热量并逐渐融入冰冷的表面。当然，另一种可能是，这些凹陷本来是卫星的低密度和高孔隙率造成的很深的坑。多孔性还被用来解释为什么这些坑没有喷发物覆盖层，其逻辑是撞击物可能会直接穿过了空的地方。黑暗物质的来源尚不清楚，但它可能来自土卫九的尘埃。另一种可能是来自外层的不规则小卫星。然而，在潮汐锁定的土卫八上，"喷涂区域"位于先导半球，而土卫七的这种混沌自转的状态将使其更随机地分布。叠加在黑暗物质上的撞击坑的存在表明它是一层薄层。光谱仪在一些撞击坑的边缘发现了外露的水冰、冻结的二氧化碳以及复杂的有机分子，这些与在土卫九和土卫八的黑暗半球上发现的类似。然而对于雷达来说，土卫七的表面似乎是完全由纯冰组成的，只比土卫二或土卫三的冰稍微脏一点[201-203]。

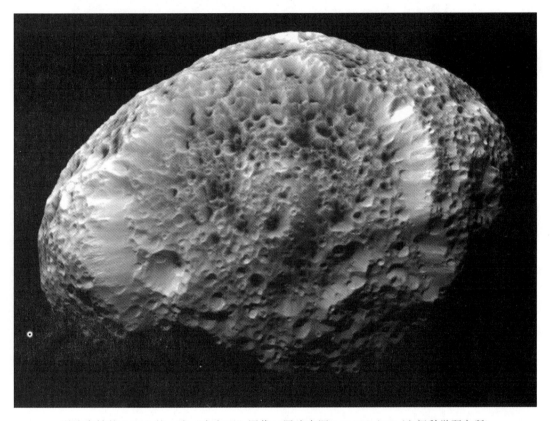

混沌自转的土卫七的一张"全盘面"图像（图片来源：NASA/JPL/空间科学研究所）

　　卡西尼号在 10 月 2 日抵达远土点并开始了第 16 圈环绕土星的轨道。9 天后，在到达近拱点前仅仅几个小时，它在 499 km 的高度飞掠了土卫四，这是主任务期间唯一一次与这颗卫星的目标交会。在接近过程中，距离土卫四还有 111 000 km 的时候，通过相机获得了一幅拼接图像，以对背向土星的半球进行测绘，旅行者号较少观测过，或者完全没有观测过这片区域。在最近点附近，卡西尼号指向了"束状地形"，并看到了一些不同年龄的断裂地形。它们与土卫二的虎纹的惰性地形非常相似。复合红外光谱仪绘制了可见半球的热分布图，以在破碎和断裂地形周围寻找内部活动，但是没有发现任何热点。虽然有包括冰火山流动等现象在内的古代活动迹象，但从地质学上来说，土卫四的表面是毫无生机的。与土卫七类似，土卫四表面看起来覆盖着相当均匀的黑暗尘埃。卡西尼号开展了等离子体环境研究，以观察卫星与磁层之间的相互作用。磁强计发现土卫四被包围在与土卫二

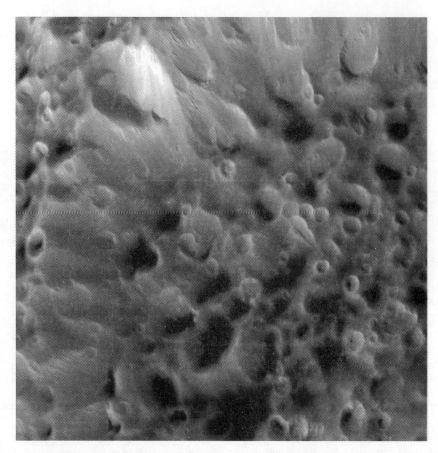

土卫七的近距离观测图像，图中显示出了黑暗物质的沉淀物和这颗海绵状的卫星特有的撞击坑外观
（图片来源：NASA/JPL/空间科学研究所）

类似但体积、密度小得多的薄离子云中。如果离子云的来源与土卫二相同，即都来自间歇泉，那么土卫四每秒只会向太空中排出 0.5 kg 多一点的物质，比土卫二整整小了三个数量级。相机在本次交会和后续的交会中一直在土卫四的边缘寻找羽流，但是没有任何发现。

经过土卫四后 1.5 h，卡西尼号飞掠了土卫十三，这是一个与土卫三之间存在拉格朗日关系的小卫星，而这是主任务中卡西尼号离土卫十三最接近的一次。从 9 550 km 远的观测结果来看，土卫十三的尺寸为 24 km，卫星表面比其他小卫星都要平滑。卫星上可以看到一个大的撞击坑，一些巨石标识出了其他撞击坑几乎已经消失的边缘。所有较小的卫星都显示出一种由厚厚的一层灰尘造成的平缓地貌。在对土卫十三进行成像后，卡西尼号对土卫四的背光面进行了雷达散射测量。不到 24 h 后，卡西尼号进行了一次大的轨道机动，以建立未来飞掠探测的轨迹。

10 月 27 日，卡西尼号在接近土星时第 8 次飞掠（T8）了土卫六。卡西尼号从阳照面进入，从背光面离开，最低点高度只有 1 353 km，靠近黎明的晨昏线，位于赤道以北只有几度的位置。在接近土卫六的过程中，相机拍摄了远距离云层监测图像，并在更近的距离拍摄了更高分辨率的图片。然而，这次飞掠使用的主要设备是雷达。像往常一样，在飞掠香格里拉（仙那度的一大部分）以及阿迪立和迪尔蒙（Dilmun）（毗邻香格里拉的两个明亮区域）的部分区域时，雷达首先进行了辐射测量和散射测量。之后对香格里拉进行了短时间的跟踪测高，并在惠更斯号着陆点西北方向约 700 km 处经过。在到达最近点前15 min，卡西尼号开始进行雷达成像，并持续了 0.5 h，获得了宽度从 450～180 km 不等的总长 5 000 km 的条带图像。卡西尼号接近惠更斯号着陆点时高度相对较高，因此只能获得中等分辨率的图像，之后在向西飞行的过程中分辨率逐步提高。最初，由于相机和雷达的分辨率不同，以及难以将可见光波段和雷达看到的特征匹配起来，导致很难确定惠更斯号的确切着陆点。最终利用惠更斯号拍摄的高空全景图片中两个侧视的孤立沙丘确定了着陆点。不幸的是，着陆点附近的河道无法在雷达图像中分辨出来，这片区域的雷达图像分辨率超过了 1 000 m[204]。惠更斯号着陆点的西边是较长的弯曲链状地形，自东向西绵延几百千米。因为这些地形显示出了"雷达阴影"，所以它们被认为是山脉，其中最高的山峰的高度仅为 600 m。在土卫六上发现山脉是令人感到意外的，因为在原先的假设中，冰物质会较为松散，必然有某种地壳剧变正在进行中，以形成山脉并维持它们抵抗均衡的松散。

　　大约三分之二的条带都位于黑暗区域贝莱特（Belet）中，并且被"猫抓痕"般的地形覆盖。这些黑暗赤道区域的地形地貌是由某些与地球上类似的危险过程形成的。它们是由纵向沙丘组成的广大区域，与在纳米布沙漠、撒哈拉沙漠以及戈壁沙漠的部分区域中发现的一样。与之前看到的情景相似，这些沙丘自东向西分布，雷达的视场基本上与这些沙丘的长轴垂直，从而可以从沙丘造成的"雷达阴影"中测量出它们的高度和坡度。它们的长度达到 1 500 km，宽度从几千米至 200 km，高度为 100～150 m。沙丘的存在对表面形貌、表层物质、风以及大气演化施加了很大的限制。不论"沙子"的特性如何，它们在相机中看起来都是黑色的，并且是干燥的，否则这些沙粒会粘连在一起而无法形成沙丘。多光谱观测的结果显示出这些沙丘不包含水冰，这意味着沙粒主要由小型固体有机物颗粒或者被有机物覆盖的冰核组成的。光谱显示出了一些诸如苯的复杂有机分子。液体破坏了地球上的沙丘区域。所以在土卫六赤道区发现的沙丘意味着这一区域基本上保持着干燥。沙丘区域覆盖了土卫六表面积的 20％并且代表了大约 50 万立方千米的物质，这里可能是这颗卫星上最大的有机物存储区。像土卫六上所呈现的这些纵向沙丘可能是由风带来的颗粒组成的。然而，这与基本的大气环流理论以及惠更斯号的观测结果相悖。一方面，形成这种由风所塑造的地形需要较强的表面阵风，但是惠更斯号所观测到的表面阵风没有达到这种强度，科学家对该问题的解释存在争议；另一方面，沙丘显示出这颗卫星表面的风携带沙子自西向东运动，与自转方向相反。由于日光照射产生的热量太弱了，所以土卫六上的风被认为主要是由土星的潮汐所驱动的。然而，如果假设风如地球上的季风一般在春分时改变了方向，那么就可以解释这些相悖的现象了。如果是这样，那么沙丘可能是在春分时由短期而强劲的周期性风与一个土星年中其他时间盛行的弱风相对作用而形成的。

　　条带中还发现了其他地貌，包括分散的圆形结构和被沙丘覆盖的盆地。虽然它们的边

在 2005 年 10 月 11 日飞掠前不久，以土星为背景拍摄的土卫四广角视图

（图片来源：NASA/JPL/空间科学研究所）

缘和溅射覆盖物不是很明显，但是某些圆形地形仍然可能是小型的撞击坑。沙丘区域终止于一种被河道穿过的地形。沙丘区域似乎只在赤道附近南北纬 30°的范围内出现，因为在探测器前几次飞掠时所拍摄到的高纬度雷达暗区图像中，并没有发现"猫抓痕"地形。事实上，最早的 4 条雷达条带表明，水渠和类似于河流的地形更多存在于中纬度区域，在这里风暴和甲烷降雨更有可能发生[205-210]。在探测器飞离时，雷达获得了仙京（Senkyo）区域的测高数据。高度测量轨迹只有几百千米长，而且只记录到了较为平缓的高度变化。

　　第 8 次飞掠（T8）刚好发生在等离子体尾流的上游。等离子体尾流是由于快速旋转的磁层冲刷缓慢环绕的卫星而造成的。探测器在离子积聚的区域完成一个深度穿越。在此过程中，粒子和场探测设备（尤其是磁强计）开机工作并进行了观测。

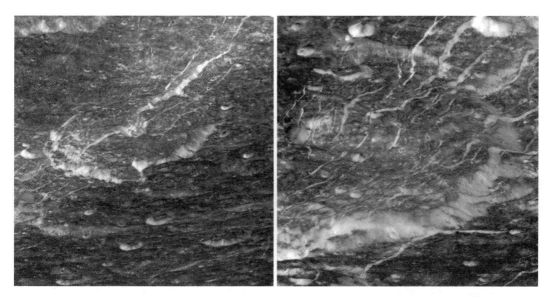

土卫四上"束状地形"的两个特写（图片来源：NASA/JPL/空间科学研究所）

　　3 天后，当卡西尼号远离土星并穿越土卫四的轨道时，等离子体光谱仪观测到了与这颗卫星相关的电子环。另一个相似的电子环被怀疑可能与土卫三有关[211]。

　　第 8 次飞掠（T8）使卡西尼号的轨道周期从 18 天增加到 28 天。11 月 26 日，卡西尼号在到达近拱点前 12 h 进行了主任务中唯一一次土卫五目标飞掠，为一系列忙碌的飞掠探测画上了句号。在这一系列的飞掠中，卡西尼号造访了大多数的大型冰态卫星。当卡西尼号接近土卫五粗糙多坑的阳照面时，相机在 540 000～54 000 km 的范围内进行了拼接图像测绘。相机指向了尾随半球和背向土星的半球上的束状地形，以及前导半球上的一个 75 km 的撞击坑。这个撞击坑后来被命名为因克托米（Inktomi），其亮度说明它相对年轻。大体上，土卫五的山脊和裂纹表面组成与土卫四相似。在更近的距离上获得的图像显示出了因克托米撞击坑的边缘，分辨率最高达到了每像素约 32 m。一个首要任务是通过无线电跟踪来精确地确定土卫五的质量。在这次以及之前的相似试验中，卡西尼号都是将来自地球的一路信号重新用 3 个不同的频率转发出去，由地基天线来监测多普勒效应。接近时的最近点距离为 504 km，相对速度高达 7.3 km/s。紫外光谱仪持续搜寻由小型粒子撞击形成的稀薄大气层，然而这台设备以及离子和中性粒子质谱仪都未能检测到气态包层。卡西尼号利用紫外光谱仪和红外光谱仪对土卫五表面成分组成进行了研究。在飞离时，雷达获得了一些散射测量和辐射测量数据。

　　这次飞掠是卡西尼号第一次穿越一颗冰态卫星的磁层尾下游，粒子与场探测设备发挥了关键作用。尤其被用来探测土卫五是否是物质和等离子体的一个来源。在接近土卫五时，等离子体光谱仪和磁层成像仪观测到了磁层电子的减少，然后在探测器穿过土卫五的"阴影"下游之前又观测到了电子通量的 3 次急剧减少。在逐渐远离土卫五时，这一系列事件又以相反的次序依次发生了。由于没有观测到与这种变化相关的异常气体或尘埃包层，那么这样看来，土卫五一定有一系列的碎片盘或碎片环，延伸到 5 000 km 的高度。

一张多坑的土卫五全景影像（左图）。2005 年 11 月的飞掠过程中拍摄的土卫五表面特写（右图）
（图片来源：NASA/JPL/空间科学研究所）

这些物质在重力的作用下束缚在这颗卫星的周围。这三次电子通量陡降现象似乎说明在赤道平面稀疏分布着至少能够构成薄环或弧的米级大小石块。然后，这些石块即使借助前向散射的阳光也很难看清楚。这种非常薄的环和弧的存在意味着微小的"牧羊卫星"① 可能存在。如果是这样，那么这就是在行星的卫星周围存在光环的第一个实例。对土卫五的撞击可能使石块和灰尘进入其环绕轨道。仿真结果表明，在土卫五和土星的共同影响下，这些环可以继续存在很长的时间[212-213]。

离开土卫五后，卡西尼号进行了转向以观测土星和土卫二。在大约 10 万千米远处，土卫二背光的新月图像清楚地显示出科学家一直在寻找的东西。之前在南极上空看到的明亮斑点不是相机造成的假象，它是真实存在的。这种亮度说明那里有十几个冰粒喷泉。冰粒混合在一起，上升形成了更大但更微弱的羽流。通过对喷泉反向追踪，发现它们是从虎纹地形中最热的地方喷射出来的[214]。

在 12 月 11 日到达远土点时，卡西尼号获得了一张非常好的图像，图中土星环以侧边缘成像，土星如同一根细线横断被照亮了一半。之后，卡西尼号在 24 日回到了近拱点，并且以土星和土星环为背景拍摄了土卫十一和土卫十靠近在一起的照片。这是监测这些共轨卫星轨道交换情况的计划中的一部分，轨道交换将在 2006 年 1 月 21 日发生。

在 12 月 26 日飞离土星后，卡西尼号第 9 次（T9）穿过了土卫六的轨道并开始了飞掠探测。这是一次距离非常远的赤道飞掠，最近点的距离为 10 411 km。在这个距离上可以使用遥感设备组件（特别是成像光谱仪）以较好的分辨率对表面大面积区域进行长时间的观测。相机对阿兹特兰（Aztlan）、维拉（Quivira）、巴扎鲁托（Bazaruto）、厄尔巴岛光

---

① "牧羊卫星"是指能够给环施加力学影响，从而保护光环使之不会破裂四散的卫星。其作用就像牧羊人管理羊群一样。——译者注

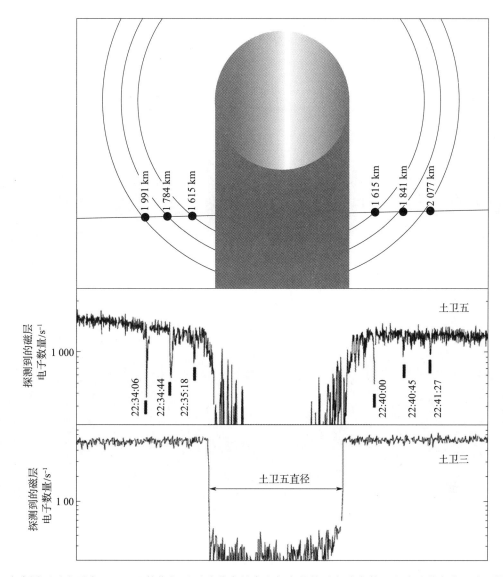

这张图显示出了在土卫五飞掠期间呈对称分布的令人好奇的粒子衰减事件,这暗示着存在一个环绕
该卫星的环。然而,在余下的任务中却没有什么发现

斑（Elba Facula）和奥玛卡托黄斑（Omacatl Macula）进行了成像。其中的一些观测区域
被设计为与之前的雷达探测条带重叠。作为主任务中的第一次也是最后一次,紫外光谱仪
利用一个用来测量氕氢同位素比值的组件进行了光谱测量。卡西尼号抓住了唯一的一次机
会,沿径向穿过了土卫六下游的等离子体尾流。等离子仪器收集到的数据用来与旅行者 1
号在 1980 年的一次相似的穿越过程中所获得的数据进行了直接比较。

　　2006 年 1 月 15 日,卡西尼号在环绕土星第 20 圈接近土星的过程中,第 10 次飞掠
（T10）了土卫六。最近的距离是海拔 2 043 km,位于赤道地带的阴暗面。飞掠过程的几
何关系允许磁强计对卫星的电离层进行采样,并与之前在 8 月和 10 月获得的数据进行比

土卫二的黑暗图像显示出了南极上空背光的羽流（图片来源：NASA/JPL/空间科学研究所）

较。相机对仙那度和惠更斯号着陆点进行了拍摄，并结合 2004 年 12 月获得的图像进行立体分析。成像光谱仪对仙那度、香格里拉和托尔托拉光斑（也被非正式地称为"蜗牛"①）进行了高分辨率多维数据采集。在卡西尼号探测器到达与土卫六最接近点前大约 40 min，卡西尼号进入了土卫六的阴影区。紫外光谱仪利用这次土卫六的太阳掩星现象对大气层的成分进行了识别，特别针对氮、甲烷和其他碳氢化合物。最后，复合光谱仪对准了一片区域处的天体边缘，人们预计这片区域上方的大气层可能会转变冬季极地涡旋。

　　卡西尼号以一个 39 天周期的赤道轨道逐渐远离土星，在此过程中，对土星进行了观测并且记录了"风暴巷"中明亮的螺旋状雷暴。虽然风暴位于背光面，但是它被土星环反射的太阳光微微地照亮。土星风暴是被业余天文学家首次发现的，它的规模相当于澳大利亚的大小。卡西尼号检测到了由强大的闪电而造成的无线电波爆发。

---

　　① 由于托尔托拉光斑具有形似"蜗牛"的特征，所以也被非正式地称为"蜗牛"。——译者注

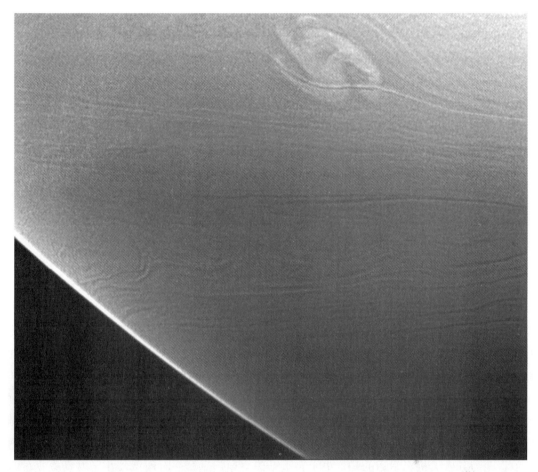

2006 年 1 月 27 日拍摄到的"风暴巷"中的一场巨大的风暴。这张照片是在被土星环反射的光线照亮的背光面拍摄的（图片来源：NASA/JPL/空间科学研究所）

在 2 月 25 日，卡西尼号到达了 $5.58R_S$ 的近拱点。2 天后第 11 次飞掠（T11）土卫六时，探测器距离土卫六更近，其最近距离为 1 812 km，刚好位于黎明的晨昏线上。主任务中安排了四次通过精确的无线电跟踪进行土卫六内部结构探测的飞掠，以重点寻找次表层海洋存在的证据。本次飞掠探测是这四次中的第一次。为了对土卫六的重力场进行全面的勘查，4 次飞掠中的 2 次将位于赤道上空，而另外 2 次则位于两极上空。此外，其中 2 次将发生在土卫六位于公转轨道近拱点时，而另外 2 次将发生在土卫六位于公转轨道远拱点时。本次的飞掠位于土卫六的赤道区域并且土卫六处于公转轨道的远拱点。探测器利用反作用轮进行姿态控制，从而尽量减小任何由探测器自身造成的轨道扰动。

卡西尼号于 3 月 19 日在下一圈环绕轨道接近土星的过程中重返土卫六。这次赤道飞掠是第 12 次飞掠，主要目的是南半球无线电掩星探测。这是 1980 年旅行者 1 号飞掠以来首次进行这样的试验，仅能够在远距离上进行遥感探测。卡西尼号拍摄了南极上空的云，而雷达收集了辐射和散射信息。在达到最近点前约 1 h 25 min，卡西尼号"转身"并使它的无线电信号以近乎掠射角从土卫六的表面反射，同时地基天线对发射的无线电信号进行监视。从原理上来说，反射信号的强度和极化能够提供与土卫六表面物理性质和表面粗糙度相关的数据。然而，并未记录到任何由于存在液体而导致的镜面反射。事实上，第一次的双基地雷达实验中，地球上根本没有捕获到任何反射信号。在到达最近点前 20 min，卡西尼号开始通过所有三个频带传输无线电载波。地基天线记录到了在掩星的入口和出口位置时，信号穿过土卫六大气层时的衰减情况。三种波长的表现很不一样，Ka 波段被吸收，而 S 和 X 波段只有少许被吸收。Ka 波段的无线电波可能被某种特别分子或者云层中的气溶胶所吸收。此外，入口和出口的衰减情况略有不同。在通信中断期间，探测器以 1 949 km 的距离，从背光面飞掠了最近点。

两天后，在刚刚到达近拱点之后，卡西尼号进行了一次土卫五的非目标飞掠，飞掠距离为 82 000 km，飞掠期间卡西尼号要对土卫五的阳照面以及它被土星反射光照亮的背光面进行拍摄。在之后的一圈环绕轨道中卡西尼号没有动作，并于 4 月 28 日通过了近拱点。两天后，在远离土星时，卡西尼号进行了对土卫六的第 13 次赤道飞掠（T13）。在接近土卫六的阳照面过程中相机对云进行了观测。到达最近点前 1 h 15 min，紫外光谱仪观察到了猎户座 β 星的掩星现象。在逐渐远离土卫六的过程中，相机将在土卫六的背光面搜索闪电和极光。在这次飞掠中，优先使用雷达，自 10 月 28 日以来，雷达就没有再对土卫六进行成像。雷达探测条带穿过了仙那度的中心区域以及那些已经被相机较好地观测过从而能够为结果分析提供帮助的地区。科学家们特别渴望找到这颗卫星如此明亮的原因。同时，卡西尼号在晨昏线附近，到达了本次飞掠的最低高度——1 856 km，之后它将从背光面远离土卫六。不幸的是，当探测器应转向地球并发送它存储的数据时，它未能成功地与地球建立通信。通过地面上注指令重新建立了通信链路。之后，确实是杂散的宇宙射线使发射机的振荡器异常关机。幸运的是，由于在重新建立通信后第一时间就停止了对新数据的采集，只有一小部分飞掠过程中的数据被之后收集到的粒子和场数据覆写。其中所丢失的部分是最初 8 min 的仙那度东端雷达探测条带。

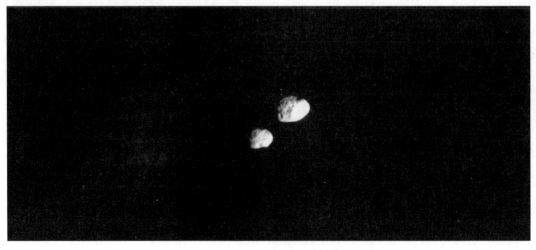

2006 年 3 月 20 日拍摄到的土卫十和土卫十一，这时距离它们交换轨道已经过去了 2 个月。土卫十（看起来较小的）实际上比它的共轨伙伴土卫十一距离相机更远（图片来源：NASA/JPL/空间科学研究所）

恢复的雷达数据包括 2 500 km 长的条带数据，显示出仙那度的表面为多丘且崎岖的地形。条带被一些长且分支的河道切断，这些河道均排入相邻的黑暗地形。其中一些河道是在这颗卫星上发现的最长河道。还发现了一些小型撞击坑，其中一个的中央有一座山峰。然而，在那里没有明显的火山或地质构造特征的情况下，这片大陆的性质仍然是个谜。通过雷达的测高和辐射测量模式获得了一些有趣的结果。高度计显示仙那度的高度比相邻的暗色区域要高，说明它是一块真正意义上的大陆。另一方面，辐射测量表明，仙那度内部的粗糙地形表面是较为纯净的冰。这片高海拔区域可能被甲烷雨冲刷干净，产生了几乎完全由裸露的冰组成的侵蚀表面。"仙那度"西边的"香格里拉"有较大的沙丘地带以及一个被命名为瓜布尼托（Guabonito）的地形。这片地形首次被相机发现时是一个 80 km 直径的明亮环形地形，曾被怀疑是一个被掩埋的撞击坑或者一片火山地形。雷达探测条带接着穿过了凯尔盖朗光斑（Kerguelen Facula）和四国光斑（Shikoku）。虽然成像光谱仪的大部分数据都因为下行链路异常而丢失了，但是返回的数据中包含了目前为止仙来普撞击坑的最佳多维度数据集[215-216]。

20 天后，即 5 月 20 日，卡西尼号在接近土星的过程中第 14 次飞掠（T14）了土卫六。为了优先进行另一次无线电掩星试验，探测器只能进行远距离遥感探测。在地球看来，卡西尼号随后滑入南半球的边缘后面，14 min 之后，它在背光面达到了 1 879 km 的最低高度，之后重新从土卫六背面出现。在入口和出口处分别进行了双基地雷达试验，这次收到了一个反射波，尽管很微弱。除了分析卫星的电离层和大气层以外，基于卡西尼号观察到的两次无线电掩星现象更好地估计了土卫六的半径，效果比使用旅行者 1 号的单次无线电掩星数据要好。

在接下来的几天里，卡西尼号观察了猎户座 β 星、ε 星和 ζ 星的土星掩星现象，并在 64 000 km 的距离上对土卫三十四进行了拍照，结果表明土卫三十四应该是一个大约 3 km 长的细长天体。

一个多月后，卡西尼号在 7 月 2 日通过了第 25 圈环绕轨道的近拱点，并且第 15 次飞掠了土卫六。就像之前的几次飞掠一样，这次的飞掠位置也是精确地位于赤道上空。在探测器接近过程中，使用相机和红外光谱仪对阳照面进行了远距离的全球观测。在到达最近点前 5 h，高增益天线指向土卫六，同时雷达开始采集辐射测量数据。之后又花了 15 min 进行散射测量。最后，在到达最近点前 1 h 主要使用粒子和场探测设备，此时探测器穿过了土卫六等离子体尾迹的下游。飞掠的距离为 1 906 km。到达最近点后 0.5 h 重新开始进行遥感探测，相机、红外光谱仪和紫外光谱仪均在卡西尼号从黄昏晨昏线离开时进行观测。

这是卡西尼号主任务中最后一次赤道飞掠探测。从该月稍晚时候的下一次飞掠开始，轨道倾角会逐步增加到 60° 左右。这也标志着所谓的 π 转移的开始，其中包括更短和更大倾角的轨道，直到卡西尼号在土星的另一边与土卫六交会。赤道轨道对千米波的无线电散射进行了深入研究，最初认为这种散射的调制与土星核的自转有关。自从卡西尼号抵达土星系统以来，这种散射的周期在几个月中变化了 1%。它看起来可能是由行星磁层深处的

第 13 次飞掠土卫六的过程中雷达明亮区域"仙那度大陆"的雷达探测条带图的一部分（上图）。第 16 次飞掠土卫六的雷达探测条带图（下图）中位于这部分区域中的黑斑可能是碳氢化合物的湖泊，其平坦的表面将无线电波反射到远离卡西尼号的方向（图片来源：NASA/JPL/卡西尼号雷达团队）

等离子体和磁场旋转引起的，其源头定位在磁层中早上到中午的部分，而波动变化是由土卫二轨道周围等离子体的不稳定性引起的。两种机制进一步解释了波动的周期性。短期的波动似乎与速度、密度和冲击行星磁层的太阳风的风压等参数密切相关。较大的波动可能是由于土卫二的间歇泉将大量物质喷射到了等离子体盘，该等离子体盘又与行星的磁层相互作用而导致的[217-221]。关于土星自转的一种估计来自大气模型，模型中假设所观测到的东向分布的风以及随纬度变化的喷射流是一个稳定的结构，从而求得土星的自转周期为 10 h 34 min。这个结果与其他分析的结果相比，一致性较好，但是比千米波的无线电散射的周期短了几分钟。如果这个周期是正确的，那么观测到的云层顶端的风向不会总是向东；就像在木星上一样，这些风的风向会在东、西两个方向上交替变化[222-223]。虽然行星自转周期上几分钟的误差看起来很小，但是它实际上意味着土星的内部结构和核心的质量分数与木星相似。事实上，这会反过来形成关于太阳系形成理论的重要推论[224-225]。主任务中的赤道飞掠探测的另一项成果是改进了土星的运动方程，揭示了一些尚未得到充分解释的微妙效应[226]。

　　在第 26 圈环绕轨道接近近拱点的过程中，卡西尼号在 7 月 22 日第 16 次飞掠（T16）了土卫六。这次飞掠经过了土卫六的北极区域，并且将轨道倾角增加了将近 15°。从科学的角度来看优先使用雷达，因为其成像一直从极地延伸到热带地区。北极仍然处于黑暗的冬天，如果碳氢化合物的湖泊存在的话，那么最有可能存在的地方就是那里。最低的允许飞掠高度问题仍未解决。有迹象表明赤道上空的大气是膨胀的。这意味着高海拔的大气密

度将在赤道处达到最大值，并随着纬度的升高而降低。因此，这次飞掠的高度降至
950 km，以更有效地调整探测器的轨道。

　　在接近土星的过程中，雷达获得了迪尔门、香格里拉北部以及仙那度大陆北部边境的
散射测量数据，之后切换到成像模式进行探测，探测条带长度达到 6 130 km，纬度到达了
83°N。70°N 北边至少有 75 个雷达黑暗区域，区域的大小从几千米的极限分辨率到超过
70 km 都有。黑暗的蜿蜒河道排入这些区域意味着这些区域的确是液态烃的湖泊，它们光
滑如镜的表面使它们看起来是黑色的区域。喀斯特地形洼地或火山臼满是一些陡峭的洼地
和类似于地球上湖泊的区域。有些洼地并没有完全填满。其他洼地的边缘与湖泊类似，但
却是干涸的。似乎只有极区能够提供相对湿度足够大的甲烷和乙烷，使表层呈现出液体。
这些洼地可能在冬天时填满了水，但是在夏天时蒸发了。从湖泊蒸发的甲烷可能产生了包
括惠更斯号着陆点在内的全球性的雾[227-228]。离子和中性质谱仪在这次低空飞掠过程中收
集数据以确定大气层和电离层的结构和组成。它识别出了苯的分子和离子，它们可以发生
聚合反应以形成更加复杂和更重的分子，永久存在于高海拔的雾层中。探测设备准确地得
到了苯密度和浓度的分布曲线。探测设备在电离层高度上进行了直接采样，发现这种分子
在电离层中的密度比在平流层中高 1 000 倍，而平流层中的这些分子是更早的时候通过地
面望远镜和探测器上的复合红外光谱仪发现的[229-230]。卡西尼号虽然平安度过了这次低空
飞掠，但是姿态控制系统在 60% 的时间内都在工作，这个情况意味着极地区域上空的大气
密度仍然相当可观。因此，简单的随纬度变化的大气模型是不恰当的。到达最近点后
30 min，紫外分光光谱仪观察到了明亮的恒星角宿一被土卫六掩星的现象。在飞掠的过程
中，成像光谱仪一直在寻找中纬度的云层，并且首次使用了"面条"技术以拍摄长距离的
之字形光谱，取代了单次多光谱快照多维数据集。

　　飞掠土卫六两天之后，卡西尼号与土卫四进行了一次远距离的非目标交会，并且发现
一些旅行者号在低分辨率下发现的地貌其实并不存在。卡西尼号在之后的两圈环绕轨道中
没有动作，在 8 月 5 日到 9 日刚刚开始第 27 圈环绕轨道时发生了太阳会合。在回到近拱
点的过程中，探测器对土卫二上背光的羽流进行了远距离观测。

　　探测器的下一个活动高峰期出现在 9 月 7 日第 17 次飞掠土卫六（T17）的时候。这次
飞掠发生在上一次飞掠的两圈环绕轨道之后，飞掠的位置几乎与上次飞掠土卫六轨道位置
相同。由于最近点的位置仅在 23°N，卡西尼号决定将飞掠高度提高到 1 000 km。质谱仪
将收集大气数据，为设计未来的飞掠提供帮助——尤其是决定是否要将计划在 10 月下旬
执行的 1 030 km 飞掠探测高度进行提升。相机在到达最近点之前和之后都进行了拍照，
成像光谱仪在飞掠前 15 min 观测到了一次掩星，而主要使用的是质谱仪和雷达。虽然只
运行了几分钟，但是雷达在被完全照亮的向阳面成像了一条较短的条带，条带中主要包括
了芬撒地区的沙丘海，并且恰好包括了 29 km 直径的科萨（Ksa）撞击坑的一个边缘。科
萨撞击坑的中央高峰以及清晰的喷射物覆盖层表明它相对年轻。沙丘已经冲刷掉了覆盖层
的西部。土卫六上的撞击坑较为稀少，这是土卫六正在进行的快速表面重构和侵蚀的证
据。据估计，撞击坑只能持续几亿到 10 亿年。但由于它们的数量较少，而且土星系内撞

击坑的形成速率具有较大的不确定性，无法得出有意义的统计结论。事实上，圆形撞击坑状的地貌特征在仙那度更加常见，说明这片大陆是更古老的外露表面之一。由于穿过大气层时姿态控制系统在保持探测器稳定方面遇到的困难比预期的少，所以项目管理者将下一次飞掠的距离确定为 1 030 km。

第 17 次土卫六飞掠时拍摄的科萨撞击坑，这是一个不同寻常的土星系撞击坑。注意撞击坑及其喷出物区域周围丘陵的分布（图片来源：NASA/JPL/卡西尼雷达团队）

　　两天后，卡西尼号在 15 000 km 和 40 000 km 的距离上分别非目标飞掠了土卫三十二和土卫二。就在同一天，磁层探测设备记录下土卫三十二的轨道周围大约 3 000 km 处有两个高能电子数量的降低。像土卫三十二这样小的卫星似乎不太可能产生这种大范围的衰减，因而以此为标志判断这里存在一个与这颗卫星共轨的环，这个环被命名为 R/2006 S5[231]。

　　9 月 15 日，卡西尼号飞至土星背光面时到达远拱点，然后耗费 12 h 穿越土星阴影锥。此时，该探测器距离土星 220 万千米，与土星环平面呈 15°夹角，可观察到土星未被照亮的光环表面。不透明的背光区域看起来十分晦暗，尤其是稠密的 B 环。稀薄的层层光环清晰可见，卡西尼环缝内部的物质亦是如此。这一情况对研究已知光环的微弱细节以及发现新光环而言十分理想。人们可以观察到扩散的 G 环存在明显内缘，还可以看到从土卫二延伸至 E 环的结构，这可能是粒子流在"喂养"该光环。这次日食还让科学家捕获了四个新的小环，分别命名为 R/2006 S1 到 R/2006 S4。第一个是由小尘埃颗粒组成的漫射环，它与共轨卫星土卫十和土卫十一有关。第二个光环与土卫三十三共轨。这两个环宽度均达数千千米。第三个光环位于卡西尼环缝的外间隙，被称作魅力之环。在这一照度下，它显得如此明亮，以至于令一些图像饱和。它必定密集地布满了小尘埃。后来，红外测绘分光仪发现，这种物质与 F 环和恩克环缝类似，但与邻近的光环不同。第四个光环以狭窄、纤细、不连续的小环为特征，位于卡西尼环缝的两个宽条带之间[232-233]。从阴影锥上拍摄的图像中还可观察到土星的背光半球被光环反射的太阳光所照亮。由于此次日食的发生时间距离上一次行星聚合仅一个月，在土星的天空中，地球和太阳十分接近。此外，这些照片还包括透过主环系统外部看到的 10 AU 之外的地球。从地球的角度来看，当航天器被土星遮蔽时，科学家利用无线电掩星探测入口近赤道纬度和出口中南部纬度的大气。

2006 年 9 月 15 日卡西尼号穿越土星阴影时拍摄的拼接图像。"经典环"外围的微弱光环以及卡西尼环缝内部的光环，在背光条件下比在反射光条件下显得更加明显。9 点 30 分，在经典环和 G 环之间可见的亮"星"是地球（图片来源：NASA/JPL/空间科学研究所）

　　两天后卡西尼号到达远拱点。第 29 轮公转的第一部分是对 G 环 70 张图片展开调查。这一微弱光环独一无二，因为它与已知的最近距离的卫星有数万千米之遥，且其存在原因无法得到轻易解释。9 月 19 日拍摄的照片显示，这一光环内出现一道明亮弧线，显然是由于与土卫一发生共振而捕获到的。该卫星在土星环完成 7 次轨道运行的时间内完成了 6 次轨道运行。这些物质形成一条横跨 60°经度的弧线，但其宽度却只有 250 km。它看起来十分类似于旅行者 2 号于 1989 年在海王星环系统中发现的弧线。磁层成像仪在 G 环附近发现电子通量局部下降。这表明光环中一定也有厘米级到米级尺寸的天体。在背光照度下，这些天体不易被相机捕捉到。2005 年 9 月，当卡西尼号探测器经过光环的最外围时，一颗尺寸至少为 0.1 mm 的天体颗粒击中了该航天器的尘埃探测器，这便是光环内存在较大颗粒的证明。从其磁层特征来看，该弧线中的物质总质量相当于一个直径 100 m 的小卫星。最大圆弧体的碰撞与侵蚀被称作整个光环的源头[234]。

　　9 月 23 日，第 18 次土卫六飞掠（T18）最近交会点在北纬 71°以上 960 km 处。与之前相同，这次是卡西尼号在夜间接近土卫六的时机，这为照相机寻找闪电和极光提供了机会。但是，同 9 月 7 日的飞掠一样，最近点时优先使用的仪器是雷达和质谱仪。雷达扩展了北极地区成像范围，从而发现了更多小湖泊。除此之外，测绘分光仪在极地涡旋边缘探测到一大片乙烷云。在飞掠最近点后，卡西尼号探测器摄像机拍摄了 10 h，对土星大气黄昏侧实施远距离观测。

2006 年 9 月 25 日，不规则的卫星——土卫十穿过土星云层顶部（图片来源：NASA/JPL/空间科学研究所）

　　土卫六的频繁飞掠迅速将卡西尼号的轨道倾角从 15°增加到 25°，再到 38°，再增加到 47°，从而减小了它的偏心率，同时将其轨道周长增加至 5.5R_S。但是，它的轨道周期与土卫六相同，约为 16 天，这样每次绕轨飞行都会产生一次土卫六飞掠。与此同时，与其他卫星无论是目标交会还是非目标交会都会变得越来越少。因此，多数观测均致力于土星、其大气、光环和土卫六本身。10 月 9 日的第 19 次土卫六交会是另一次高纬度的飞掠。由于航天器和卫星轨道共振，它发生在与前三次类似的轨道位置。在此情况下，卡西尼号在背光半球飞行了 980 km。雷达在最近点开始工作，这条带状区域包括一些没有特征的明亮斑块和神秘的圆形图案。当时发现更多湖泊以及广袤的河道网络。一个特别大的湖区的范围无法确定，因为其中只有一部分位于雷达条带内。此外，雷达还采集辐射度、散射度、高度数据。

　　在 10 月 11 日的近拱点，卡西尼号观测到角宿一（Spica）被光环遮住。在卡西尼环缝中观察到一条狭窄的小光环，这在其他情况下并不存在。相机在土星的南极地区拍摄 3 h，捕捉到一个黑色眼睛状旋涡，旋涡中心位于极点，其中的总体气流向下。这提供通常被顶部云层掩盖的更深层次的云图。因为旋涡暴露了内部情景，所以红外辐射计将其视作一个异常热斑。旋涡"眼"被高处的云彩和薄雾包围，形成了两个同心"眼墙"。因为这些墙投下了阴影，所以探测器有可能测得其高度：外层光环高度为 40 km，内部椭圆形的光环高度为 70 km[235]。

　　10 月 25 日的第 20 次土卫六交会（T20）几乎位于赤道附近。9 月份测试后，计划的最近点在北纬 7.5°，当时的高度为 1 030 km。科学家们对这次飞掠所使用的主要仪器展开了激烈辩论，最终决定使用红外测绘分光仪来采集高分辨率数据。首先，以超过 20 000 km 的距离拍摄托尔托拉光斑条的雷达成像条带，但是这并不理想。然后，分光仪开始在芬撒上空拍摄"面条状"图片，瞄准特定沙丘区域，以此来确定其成分。这"面条状"的条带包括侵蚀和沉积特征以及呈现为冰火山流的特征。该仪器专门用于获取高质量中等分辨率的南极立方图。其数据表明，在南半球存在一个绵延 150 km 的山脉，其山峰高达 1 500 m。与此同时，相机还拍下了仙京和慈济（Tseighi）的照片。这次飞掠将卡西尼号的轨道倾角增加到 55°，但将其轨道周期从 16 天缩短至 12 天，因此探测器在一段时间内不会再碰到土卫六了。接下来的两轮半轨道飞行中只在 11 月 9 日以 90 000 km 的距离与土卫二发生了一次非目标交会。

　　11 月 23 日和 24 日，卡西尼号拍摄到一长串覆盖土卫十六轨道的图像，以便详细观察其影响 F 光环的具体方式。F 光环和土卫十六轨道均略微偏心，因此当土卫十六在远拱点接近 F 光环时，两者的相互作用最大，会把粒子拉向该卫星。这就创造了连接两者的物质桥梁。但是，F 光环和土卫十六的轨道周期不同，因此流光会拖在该卫星后面。在下一圈轨道上，土卫十六会与 F 光环的另一部分交会，从而在靠近前一个流光前几度的地方拉出另一条流光，然后以此类推。随着时间的推移，这一相互作用便产生一系列凹痕，给 F 光环的内缘带来锯齿状外观[236]。其他观测活动则致力于寻找主光环中的"螺旋桨"状特征，然后以中等分辨率开展了一轮完整的纵向扫描，确定了其中的 19 个"螺旋桨"状特征。

　　卡西尼号在远离光环平面时会与哈勃太空望远镜合作研究土星极光。这个地球环绕轨道上的望远镜监测到紫外极光椭圆，而卡西尼号则拍摄到红外立方图并且测得磁场参数和高能粒子通量。椭圆动力学已在对地研究中获得了有限的观察角度和几何形状。当逆流的太阳风保持平静时，这个椭圆形在纬度 75°处形成一个圆；但是，当风压增加时，它会向极地收缩，同时会形成一个螺旋形状。卡西尼号凭借其有利位置，可以观察到整个极光椭圆。例如，10 月 11 日，卡西尼号记录到这一螺旋形状；11 月 10 日，极光主要由一个微弱椭圆形和数个较亮的斑块组成，其中最亮的斑块位于晨区。这些观测结果证明，不同于其他行星的极光，土星极光具有独有特征和结构，包括激光发射区域位于主椭圆的赤道向和极向。其中一些结构似乎涉及磁层过程，但科学家尚未完全理解其中的原理[237]。高倾度轨道也揭示存在第二部分千米波发射，其强度有时和第一部分相当，但持续时间略短。它们似乎源于极光区域，北方部分与南方部分的持续时期略微不同。旅行者号的仪器主要观测北方无线电辐射。在其他任何具有"磁性"的行星上均未发现此类现象。该现象可能展现了一种行星内部机制：行星内核的内部旋转被转移到磁层中的等离子体[238-239]。

　　12 月 2 日，卡西尼号在其第 34 轮公转中经过近拱点，并且观察到 F 光环遮蔽了角宿一。该星光曾两次短暂地被跨度为 1 km 的不透明物体阻断。它们被称作"胖墩儿"和"毛绒绒"。而后者很可能便是环核本身[240]。

12 月 12 日，卡西尼号在第 35 轮公转回程阶段与土卫六第 21 次交会（T21）。自上一次飞掠起，土卫六完成了三轮环绕土星轨道飞行，而卡西尼号则完成了四轮。本次最近点在北纬 44°，飞掠高度为 1 000 km。在 1 h 10 min 的时间里，紫外成像光谱仪利用一次英仙座 α 星（alpha Persei）掩星观测，测量了碳氢化合物和雾霾的垂直剖面。不过，主要仪器还是雷达和质谱仪。北纬中纬度地区雷达成像特征是贝莱特地区，这是尾随半球上一个之前未被观测到的区域。它显示为一块黑暗且无特征的平原、沙丘以及分散的亮斑。一半地形由散布着沙丘的线性小山组成。这次飞掠将卡西尼号的公转周期恢复到 16 天，并且在 12 月 28 日与土卫六第 22 次交会（T22）。这一次，相机拍摄到慈济的高分辨率图像，而复合红外光谱仪测量到了一氧化碳、水、氰化氢的空间分布，并且绘制出两幅表面温度图。不过这次飞掠的主要任务是继续通过无线电跟踪技术调查重力场。2 月 27 日，土卫六接近远拱点，但这一次卡西尼号到达了北纬 40°的更高纬度。最近点在 1 297 km 处，是迄今为止使用反作用力轮控制所达到的最近点。2007 年 1 月 13 日——下一轮公转的回程阶段中，卡西尼号实施了对土卫六的第 23 次飞掠探测（T23）。这次距离为 1 000 km 的飞掠与前一次十分相似，但这次的主要任务是雷达成像。本次飞掠所获得的成像雷达和雷达高度计探测条带与 2004 年首度土卫六飞掠探测以及 2005 年 2 月和 10 月的飞掠探测期间所探测的地形有部分重叠。尤其是，本次飞掠探测提供了关于象头神暗斑的第二种观点。人们一直怀疑此处是一个冰火山穹丘。但是，一直到 2004 年 10 月，基于这一地带数据的三维模型显示，此处形状并非圆形，因此它很可能不是火山。这条狭长地带包括北半部分的一个大型圆形结构，该结构的明亮边缘直径为 180 km，看似一个陨石坑。这个盆地黑暗而平坦的表面似乎被一层光滑的冰层淹没。探测器还拍摄到纵向沙丘区域。在此情况下，小型圆形叠加的特征可能是陨石坑。在这条狭长地带的北部边缘出现的明亮特征可能是冰火山流。这条带状区域在此前用红外测图光谱仪观测到的一些山脉附近结束。在探测器飞离途中，紫外线摄谱仪观测到一次土卫六遮挡南十字座 γ 星（gamma Crucis）的掩星现象，当时土卫六距离航天器超过 2 万千米。

2007 年 1 月 29 日，卡西尼号即将执行"π 转移"任务的第一部分，将其轨道近拱点围绕土星旋转 180°。这次交会将在环土轨道的回程阶段，但 2 月 22 日的下一次交会则会在环土轨道的去程阶段。随后的交会均位于去程阶段的轨道上，会逐渐将飞行器轨道倾斜度从目前的 59°降低直至回归土星赤道平面。之后的交会将再次增大轨道倾角，直到主要任务结束时倾角会达到 75°左右[241]。

1 月 29 日，卡西尼号与土卫六实现最后一次回程交会，即第 24 次土卫六交会（T24）。卡西尼号从背光半球侧靠近土卫六，在阳照半球侧逐渐飞离。最低飞行高度为 2 631 km。可见光、红外、紫外遥感仪器获得了探测优先级。特别是，相机将其高分辨率覆盖范围扩大到西部，而红外分光仪则观测到南十字座 γ 星掩星现象。此次交会使轨道倾角保持 59°，但公转周期则延长到 18 天。

2 月 13 日，卡西尼号在 200 万千米外观测到一次罕见的土卫八月食。在日光照射的土星环上空飞行为探测器提供了许多机会，可以观测到土星最令人印象深刻的特征。探测器对这些光环展开了多次方位角的扫描。这些观测活动分为两种,一种是阴影观测,即当光环粒子进入行星阴影锥区时,测量温度的下降情况;另一种观测测量粒子大小、旋转、动力学对温度的影响。截至 2007 年 2 月,卡西尼号探测器共开展了 48 次扫描,其中 29 次是针对阴影区的。根据这些数据,探测器确定土星环中的天体在缓慢旋转,并且在阳照侧和背光侧之间存在着巨大温差。在进入行星阴影时,C 光环中稀薄的颗粒呈现出高达 20 ℃ 的快速温降。但是,B 光环中稠密的颗粒却没有表现出此类温度变化[242]。这也可以证明,最里面的 D 光环有垂直结构,但实际上是弯曲的,“像一个波纹铁皮屋顶”。随着时间的推移,波浪卷得愈发紧凑。这暗示了 20 世纪 80 年代中期,就在旅行者号飞掠土星之后发生过一个米级物体的撞击。此外,自从这些任务拍摄以来,D 光环本身已向内移动了约 200 km。

卡西尼号在 2 月 22 日返回土卫六的去程阶段,在北纬 30°上空最低海拔 1 000 km 处实现了第 25 次土卫六交会 (T25)。遥感仪器利用抵近期间的照度,观测了土卫六的南极地区 (包括安大略湖区) 和北极地区。测绘分光仪观测到了一个北极湖泊,但光谱数据太嘈杂,无法推断出湖泊中的液体成分。不过,雷达才是这次交会探测的主要仪器。其工作时间为 10 h,其中 30 min 的图像聚焦于最近点的时刻。这一过程跨越了之前的 6 个区域,在面对土星一侧形成了一条从靠近北极到北纬 30°的狭长地带,这是一项独一无二的壮举。它几乎将雷达绘制的表面积增加了 15%。这片狭长地带的最南端是连绵不断的丘陵和沙丘。这一特征证明该地带被火山成因的沉积物所包围。其他圆形特征可能是陨石坑。另一张照片是索特拉光斑 (Sotra Facula),一个长达 40 km 的穹丘,向南释放了 180 km 长的流泻物,部分被沙丘覆盖。在飞离土卫六的过程中,探测器的雷达还试图以低分辨率展开 5 min 观测,以便拍下布袋圆弧的影像。这些图像显示了覆盖周围地形的流状特征。人们曾认为它们是冰火山流,但无法排除沉积矿床等其他来源。这片狭长地带中最令人惊奇的部分位于仙京和贝莱特再往上的高纬度湖泊地区。雷达在此发现了一个直径 400 km 的液态碳氢化合物区域,后来将其称作丽姬亚海 (Ligeia Mare)。这片狭长地带中还略微包括另一个碳氢化合物“海洋”和一个形状类似撒丁岛的大岛。最初,科学家按照尺寸将其称作“里海”,后来正式命名为“克拉肯海 (Kraken Mare)”。这次飞掠探测也引发了粒子和场科学家的关注。因为如果磁层被太阳风充分压缩,那么他们可能会在星际空间首次观测到土卫六,尤其是在弓形激波下游的行星磁鞘中。但是,这并没有发生。在最近点 5 h 后,相机开始拍摄中等分辨率的图像,以便监控本月早些时候形成的北部中纬度云层。T25 飞掠探测将卡西尼号送回周期为 16 天的公转轨道。

当卡西尼号接近远高于赤道平面的远拱点时,合成红外分光仪扫描了土星北极地区,以此来监测其大气变化。此时,随着冬天即将结束,北极开始吸收阳光。

卡西尼号在 3 月 7 日经过近拱点后,于 10 日发生了第 26 次土卫六交会 (T26)。它在高度 981 km 处飞过,最近点在北纬 32°的温带地区。这一次最重要的观测结果来自质谱仪。在最近点,质谱仪的入口指向前方以捕获材料并确定其成分。大约 45 min 前,光谱仪已监测到土卫六南极附近边缘遮蔽了太阳。此次飞掠的几何位置有助于拍摄北部后随半球区域更多的影像资料，即贝莱特和阿迪立以北的区域。这幅图像包括 2006 年 12 月雷达观测到的千米级分辨率的地形图像。高倾角轨道没有提供很多观测其他卫星的机会，因此下一个重大事件是 3 月 26 日的第 27 次土卫六交会（T27）。此次交会的最低高度为 1 010 km。它提供了北半球上空首次以雷达观测到的掩星现象。这次交会过程从抵达最近点前 23 min 开始，并且从南半球高纬度地区切换到北半球温带地区。在入口和出口均进行了双基地雷达实验，入口测量的区域正好位于安大略湖东部。尽管这次交会使探测器公转周期保持在 16 天，但其倾角降低至 52°。

部分 T25 雷达条带图显示了丽姬亚海（在右边）和克拉肯海的部分区域（其中心有一个大岛）

（图片来源：NASA/JPL/卡西尼号雷达团队）

卡西尼号在 3 月 31 日到达远拱点。在进入第 42 轮公转轨道时，红外光谱仪以高光谱分辨率对土星北极进行了一系列扫描，并且探测到由旅行者 2 号在 1981 年发现的六角形大气模式。此外，在卡西尼号到达该系统前不久从地球上拍摄的红外图像中也探测到了这种模式。六边形由一个温暖的气旋涡旋组成，与该行星一起刚性旋转。土星南极上空也有类似眼睛形的物体，但令人意外的是该物体在北极上空持续存在，因为自 1995 年春分以来土星北极就没有接收过太阳热量。"热"极点可能是由于气体进入大气深处，并且在压缩过程中受热形成。不幸的是，导致这一现象的精确大气机制详情还尚待了解，人们也不知道何种效应会产生六边形[243-244]。光谱学显示少量一氧化碳、磷化氢和其他化合物被对流输送到了云层顶部。

在 4 月 10 日的第 28 次土卫六交会（T28）期间，卡西尼号以 991 km 的最低高度掠过土卫六。这让雷达再次获得覆盖与 2 月掠过的地形类似的地带的成像带，其中包括那次在北纬高纬度地区发现的黑暗海域。因此，雷达能够从不同的角度观察该地区，从而创建出克拉肯海和丽姬亚海周边地区的三维视图。这两片海域分别为土卫六第一大和第二大碳氢化合物海。在这条带状地区的最南端可看到被推测为火山的地貌，以及明亮的地形。正如 2 月份拍摄的穿过索特拉光斑的条带图一样，这是一个孤立山区，有两座超过 1 000 m 高的山峰、大量非圆形火山口和指状流泻地形。这与地球上的山脉有相似之处，比如西西里

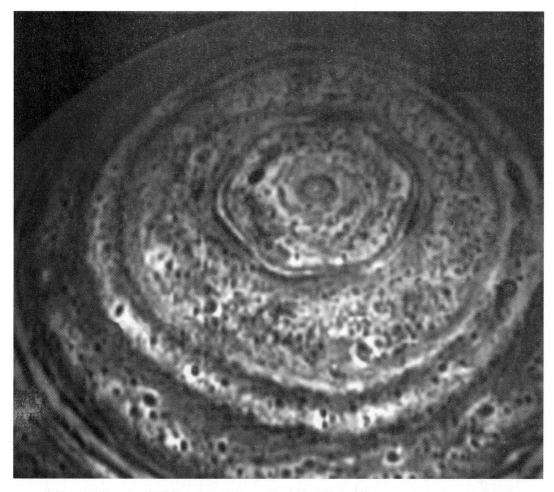

这幅土星北极六边形拼接图由卡西尼号可见光和红外成像光谱仪在 2006 年 10 月和 11 月拍摄
（图片来源：NASA/JPL/亚利桑那大学）

岛的埃特纳山和冰岛火山。这是冰火山的最佳候选地貌，测绘分光仪确定这些熔岩流与邻近地形的成分不相同。科学家尚不清楚索特拉光斑是否仍然活跃，但决定对其展开常规监测。

缺失预期中的碳氢化合物海洋证明值得科学家关注。雷达在其位置上发现了一个复杂的水文地质系统。最显著的特征是河床和排水沟。从赤道到两极（惠更斯号在此着陆）的范围内，每个纬度上都有河流。它们表现出相当大的多样性，有些河流宽度超过 1 km，有些河流则具有深峡谷，有些河流河床面呈雷达暗色调（因此十分平顺），有些则呈雷达亮色调，散落着碎屑。火星的沟渠似乎是由灾难性洪水或地下冰库突然融化所致，与之形成对比的是，土卫六上的河流则具备所有甲烷和乙烷降雨成因的特点，但在卡西尼号检查的时候，这些河流是干涸的。在土卫六表面降雨过程中，航天器还未遭遇雷暴。有许多短暂出现的云彩呈南北飘移，但只有少数云彩在一个地方持续存在，最佳实例是经常出现在南极上空的云。当 20～30 km 高空处的湍流导致碳氢化合物凝结时，此时的大气条件有可能导致没有云层的"幽灵雨"。事实上，地面望远镜已通过分光镜观察到了这一大气层中的液态甲烷。

当卡西尼号到达土星系统时，科学家对土卫六所知甚少，因此只能推测它的自转轴垂直于其公转轨道平面，并且其自转周期与公转周期保持同步。这些参数通常通过图像来测量，但是土卫六广泛的雾霾和大气折射使它不适合这样精确的观测。但是，人们很快意识到可以使用重叠的雷达波段进行观测。前 14 次雷达扫描产生了 19 个区域的两张或更多重叠图像，但雷达科学家无法精确匹配这一条带与下一条带的地貌；有 40 km 的误差。如果土卫六的自转轴与它的轨道平面倾斜 0.5°，则可以解释这一现象。但是，从一次飞掠到下一次飞掠，地貌仍然可能偏差数千米。人们得出的结论是，自旋周期略快于轨道周期。其可能的解释是风力改变了旋转周期。事实上，风并不一定会影响整颗卫星：如果厚达数十千米的冰壳由于富含氨的液态水海洋与卫星地核分离，那么当该卫星地核继续同步旋转时，其地核便会受到影响。人们已经强烈怀疑木星系统中的木卫二、木卫四以及可能还有木卫三存在着地下海洋。但是，模型和观测结果之间仍然存在差异，这可能意味着其他的原因。特别是，非同步旋转也可能是最近一次大撞击的结果，但在任何图像或雷达条带中都没有看到该地点存在撞击痕迹[245-247]。

当卡西尼号爬升到远拱点时，它拍摄了一系列土卫七图像，以研究其混乱的旋转，并且对土卫八明亮的尾随半球开展了远距离观察。在近拱点，它对土卫二背光面开展了一些观察，发现其羽流和喷流正向散射阳光。随着时间的推移，从不同观测方向拍摄的卫星边缘的三角图像使科学家们能够追踪这些喷射物源头。借此方式，科学家至少确认了 8 个独立来源。结果证明，所有四个虎纹条带均在发射喷流，其中最强大的一处来自巴格达沟和大马士革沟。此外，大多数间歇源与红外辐射计发现的温度异常和热点地点相吻合[248]。

卡西尼号于 4 月 26 日返回土卫六，发生第 29 次土卫六交会（T29），其几何位置与之前飞掠北半球时相似。它还包括刚好在最近点之后的为期 22 min 的太阳掩星和为期 21 min 的地球掩星。但是，科学家并未计划对其展开详细观察。本次飞掠的最低高度为 981 km。雷达再次成为主要的仪器，从芬撒东部通过厄尔庇斯暗斑（Elpis Macula）到北极地区拍摄了一张成像带，填补了北方大湖区地图的一些空白。相机在最近点后开始工作 6 h，拍摄了低分辨率的全球地图，在飞离时又重新开始监测云层。这次交会使探测器的轨道倾角从 46°降至 39°。

在 5 月 10 日近拱点，卡西尼号用雷达第二次观测到土星大气掩星，它在北纬 75°时进入，在赤道附近离开，然后穿过了一个环脊①。

第 30 次土卫六交会（T30）发生在两天之后。最近点在北纬 69°，高度为 959 km 处。由于地面航迹经过的区域已经过雷达成像，科学家决定在奔向最近点的过程中拍摄一条长时间测高条带，以确定该地区的地形地貌。此外，科学家还试验了一种技术，即在让相邻波束成像的同时，利用中央雷达波束来测高。在未来的交会中，科学家可以在成像的同时

---

①　环脊：从地球上看到的土星环两端。——译者注

测高，以此来迅速增加测高仪的覆盖范围。在此序列的最后，科学家用 4 s 的时间针对仍然处于冬夜北纬高纬度云层的散射测量展开研究。该想法是为了测量云层中的甲烷液滴，从而查明当时是否正在下雨。结果显示，水滴非常小或十分稀疏，表明当时无雨。随后，雷达对北半球展开高分辨率观测，以此来确定更多的湖泊和河道，采集数据，从而扩展该地区的三维地图。这条高分辨率条带图包括克拉肯海的一部分，以此来调查它在雷达探测中显示阴暗是因为它是自然形成的平坦地形还是因为它是一处内含液态碳氢化合物的凹陷区。这次飞掠也引发了磁强计科学家们的关注，因为土卫六位于磁层相对尚未探测的黎明侧。此外，还有一种可能是，在交会时土卫六可能在土星上游太阳风中；然而并不是这样的[249-250]。

在下一轮公转过程中，卡西尼号拍摄了一组成像序列，以此来跟踪小卫星土卫十八整个 9.5 h 的公转周期，从而细化其轨道参数。5 月 26 日，卡西尼号以 103 000 km 的距离对土卫三展开非目标飞掠，观察面向土星的半球的伊萨卡峡谷地貌。为确定其成分，科学家将红外光谱仪对准该峡谷西部的一条暗物质条纹区域。当天晚些时候，卡西尼号在土星阴影下观测了土卫一。在此次日蚀期间，红外光谱仪通过记录土卫一表面的降温情况，从而测量土卫一的热惯性。第二天，卡西尼号对土卫二和土卫四展开了远距离观测。特别是，通过接近太阳和土卫二之间的路径，探测器能够在一个理想照度下观察土卫二，观测该卫星反射阳光的具体方式。然后，当相机瞄准土卫四面向土星的半球时，紫外线摄谱仪观察到，这颗卫星在一项寻找大气或气体释放痕迹的观测过程中遮蔽一颗恒星。此后，科学家对土卫五展开了远距离观测。

卡西尼号继续飞离土星，在 5 月 28 日实施了第 31 次土卫六飞掠探测（T31）。此次交会发生的高度相当高，达到 2 299 km，因此未开展雷达探测。取而代之的是，它用无线电探测来绘制大气和电离层剖面图。一个时长 32 min、基本全直径的掩星现象描绘了南纬 75° 和北纬 75° 的大气轮廓。经过最近点后，科学家开展了一项双基地雷达实验，以此调查研究贝莱特北部黑暗和明亮区域之间的边界。为了寻找闪电和监测极光，相机对迪尔蒙、香格里拉、阿迪立和土卫六背光面拍摄了不同分辨率的图像。

接近远拱点的卡西尼号发现了一颗新的小卫星。它首次出现在 5 月 30 日拍摄的为期 6 h 的成像序列中。这个长 2.2 km 的天体沿着位于土卫三十二和土卫三十三之间的轨道运行，与土卫一形成轨道共振。该天体最初被命名为 S/2007 S4，随后又被命名为土卫四十九。它与土卫三十二和土卫三十三一道，形成了土星系统中已知的最小卫星族——阿尔库俄尼得斯族（Alkyonides family）[251]。从 2007 年 5 月开始，卡西尼号利用长成像序列对许多遥远不规则小卫星展开观测，以此来提高对它们的轨道和星体尺寸的了解。由于这些卫星与地球之间的距离十分遥远且具有偏心轨道，这些卫星的自转与其轨道不同步，科学家希望能够确定其自转周期。观测距离因天体而异，具体范围在 600 万～2 200 万千米之间。因此，除了一点微光之外，人们当然无法将这些卫星区别开来。但是，卡西尼号可借助在地球上无法实现的观测角度和几何位置来观测这些卫星。在接下来数年内，科学家以此方式瞄准的天体包括土卫二十六、土卫三十七、土卫三十八、土卫三十九、土卫二十

八、土卫四十二、土卫五十一、土卫四十四、土卫二十二、土卫五十、土卫四十五、土卫二十四（疑似由两部分组成）、土卫四十六、土卫二十五、土卫三十一、土卫二十、土卫二十九、土卫二十七、土卫四十七、土卫二十三、土卫五十二、土卫二十一、土卫三十、土卫十九，以及两颗未命名土星卫星 S/2004 S12 和 S13。

第 46 圈轨道是相当平静的。探测器除了再次非目标飞掠土卫一外，它还捕捉到了在 34 000 km 范围内土卫十五的景象，这使得土卫十五的南半球成像分辨率达到了每像素 320 m。鉴于土卫十五是小型卫星，在广角镜头下，图像的像素点仅仅在 120 个以内。

6 月 13 日的第 32 次土卫六交会（T32）是第八次连续飞掠，它所抵达的最近点约在北纬 84.5°、965 km 高，质谱仪是在到达最近点的前后 15 min 内作为主用仪器使用。然而，此次飞掠遇到了太阳和地球所造成的掩星现象。在利用远紫外光研究雾霾层以获取虚温和其组成分布时，太阳的掩星现象被观察到。飞掠最终是在土卫六离开磁气圈时进行的，对于研究该卫星是如何与行星际磁场和太阳风相互作用来说，这是一个难得的机会。卡西尼号从土卫六的背光面飞入电离层，之后又飞过阳照面（离土星较远的半球）。在卡西尼号以 15.4R_S 离开磁气圈的过程中，由于它会受不断变化的太阳风影响，在抵达最近点前的 20 min，它飞行得并不稳定。通过粒子和磁场探测器发现，在行星际磁场处有一处由土卫六造成的干扰，这可能说明了土卫六"记住"了数小时前它所处的土星磁场[252]。

此次飞掠将卡西尼号的飞行轨道倾角由 18°降至仅仅 2°，实质就是与土星赤道面基本一致。由于近乎没有角度，尽管这个飞行轨道对于观察星环来说并不太适合，但它却可以频繁地提供卫星的目标和非目标交会信息，并观察卫星与天体间的掩星与合现象。在接近近拱点时，卡西尼号在 18 400 km 范围内与土卫三发生了非目标交会，并提供了半球和土卫三伊萨卡峡谷的影像。之后卡西尼号分别在 103 000 km 和 88 600 km 范围内迅速掠过土卫一和土卫二，并为土卫二离木星较远的半球拍摄了低分辨率照片。

两日后，在许多次高纬度交会后，卡西尼号于 6 月 29 日又经历了九次交会。此次第 33 次土卫六交会（T33）的最近点在 1 933 km 高度，纬度很接近于土星赤道，为北纬 8.1°，主要科研目标是进行 3 h 的无线电跟踪。之前土卫六的"重力飞掠"发生在土卫六位于远拱点时，而本次则在近拱点。土卫六与土星间的距离一直在改变，根据该卫星在不同距离对潮汐效应做出的反应，有望得知它是否拥有次表层海洋。另外，粒子和磁场探测器利用了卡西尼号在磁气圈的位置和土卫六的位置。在抵达最近点之前的 1 h，相机便开始拍摄了。在 2005 年 10 月，土卫六阿迪立地区中部和西部的沙丘地便已被雷达影像所记录。摄像团队紧接着想要将雷达特征与可视影像匹配，并通过类比雷达未直接观察到的周边地势来使其相互关联。红外光谱仪记录下了北极地区云朵条纹的高分辨率图像和光谱，这些信息证明了这些云不仅比极地乙烷云高度更低，而且构成也不一样。通过陆地环境进行类推，这些云被认为是由甲烷形成的，而甲烷则是从湖里蒸发出来，之后凝结成了雾[253]。

这次飞掠使卡西尼号进入了一个 22 天周期的轨道，开启了延长远拱点以在 9 月到达土卫八的远征。在 7 月 9 日到达远拱点后，7 月 19 日发生第 34 次土卫六交会，此时卡西尼号的高度为 1 332 km。仙京地区位于土卫六朝向土星的半球上，属于土卫六的罕见地带，本次飞掠对拍摄和调查此地带来说，是一个不可多得的机会。从 2006 年 7 月的雷达影像可以看出，这个区域拥有着干旱的河道、河床和沙丘。相机和成像光谱仪连续观察土卫六超过 24 h，利用几何学来进行数百米高分辨率的多光谱测量，测量对象为西北部的香格里拉和贝莱特地区。个别沙丘被锁定，既而了解它们的光谱和构成。针对阿迪立地区的中部和西部，使用双基地雷达进行观察，该地带表面看上去非常粗糙、多山，希望可以观察到来自液体的镜面反射。这次飞掠进一步将卡西尼的轨道周期增至 40 天，并将远拱点增加到 $69R_\mathrm{s}$。这是自“惠更斯”探测器释放以来，为期最长的土星环绕轨道周期。

　　次日，卡西尼号与土卫十二发生非目标交会，两者距离 38 000 km，土卫十二是土卫四的特洛伊小行星。数百米分辨率的图像、紫外和红外光谱、热测量共同揭示了土卫十二是一个有棱角的、直径 32 km 的天体，且有大量凹陷坑存在，与旅行者号采集的低分辨率图像所表达的观点一致。环形面的结构使卡西尼号可以观测到由太阳导致的星环背光，利用这一点可以尝试再次观察模糊的细环，且靠近土卫三十三的模糊条纹可以被当作土卫十二的共轨星环。在阳照面到达远拱点使卡西尼号可以为追踪云朵录制视频，视频时长可达土星自转一圈所用的时间。由于行星聚合的原因，科学活动于 8 月 16 日停止，后于 29 日及时恢复，恢复时刚好赶上近拱点在 $5.4R_\mathrm{s}$。在那时，卡西尼号采集到了 F 星环的图像，接着与相距 55 400 km 的土卫三发生了非目标交会，采集到了前导半球的适中分辨率图像，且呈现出了奥德修斯撞击坑（Odysseus）的样貌。相对较近的非目标交会对象是相距 5 727 km 的土卫五，卡西尼号当时刚好经过卫星下方，卡西尼号再次检测到一处辽阔的电子短暂衰弱区域，这暗示着这个庞大的卫星拥有属于自己的星环。此次观测发现土卫五靠近土星的半球，仅有局部被太阳照亮。较长的暴露很轻易地反映了被土星反射光照亮的特征。在最接近土卫五时，卡西尼号的遥感设备探测了新生的 75 km 深的因刻托米（Inktomi）撞击坑，这个撞击坑在上次的目标交会中失之交臂。

　　在飞过土卫五的后一天，也就是在 8 月 31 日时，卡西尼号经历了第 35 次土卫六交会（T35）。此次飞掠开启了另一系列的交会，这也意味着主要任务将告一段落。由于本次探测高度达 3 324 km，大部分的观测是由遥感仪器完成的。复合光谱仪在抵近时观察到土卫六，并测量其大气层的成分。在到达最近点的 1 h 前，紫外光谱仪观察到了斗宿四（sigma Sagittarii）被土卫六遮蔽，红外光谱仪在 0.5 h 后又监测到了第二个掩星现象。于是使用成像光谱仪观测了北极的向阴面，在抵达最近点 2 h 后，成像光谱仪收集了北极地区和远离土星半球的迪尔蒙和香格里拉地区的高分辨率图像。值得一提的是，成像光谱仪获得了阿迪立地区良好的多光谱景象，包括惠更斯号探测器着陆地点的东北部，紧接着等离子体波仪器开始探索闪电。需要注意的是，卡西尼号尚未明确侦测到与雷电有关的射电爆发，这与惠更斯号探测器观察到的可能存在的远距离风暴，在某种程度上形成对比。原因可能是土卫六实际上没有闪电；或者说闪电很罕见，并且在卡西尼号邻近土卫六的这 300 h 里没有简简单单地发生；再或者说是因为闪电产生的无线电波无法离开电离层。另一种需要研究的假设是：与地球大气层的水蒸气形成的云不同，土卫六大气层的乙烷云可能不带有静电电荷。事实上，北部温和地带的云并没有展现出可以造成闪电的对流运动[254]。无线电相关的观测将会继续，但超过 600 h、70 次的抵近探测中收集到的数据只显示出负面结果。射电爆发的确在一次探测时被侦察到，然而事实是当土星与土卫六发生掩星现象时，爆发却消失了，这表明爆发起源于土星。

　　第 35 次土卫六交会（T35）后的第二天，卡西尼号需要进行两次机动，它已经完成了第一次机动，主要任务是目标飞掠土卫八。其间，摄像机收集到了被完全照亮的星球景象，从而监测了它的大气层、云朵和星环。卡西尼号在 9 月初开始对土卫八进行观测。由于飞掠发生在到达远拱点前的 4 天，卡西尼号以十分得当的速度飞行，每秒钟行进 2.4 km，相较于其他卫星而言，将用更长的时间专注于观测土卫八，避免手忙脚乱。主要的科研目标是判断土卫八的双面外观是内生的还是外因造成的。交会相关的系列事件在 9 月 9 日开始，大概就是抵达最近点的 33 h 前。虽然在接近背光面和被黑暗覆盖的半球时，土卫八内的图像展现出新月的形状，但是长时间的暴露捕捉到了被土星反射光照亮的背光面细节，包括很少被观察的南极区域。下行数传期间夹杂观测，被利用收集的跟踪数据，测量土卫八的重力和内部结构。紫外遥感仪器获得了卫星的表面光谱，并观察了斗宿四的掩星现象，从而寻找稀薄的包层，但结果差强人意。当范围缩小时，相机和成像光谱仪锁定在了赤道脊。在差不多抵达最近点时，相机沿着赤道脊拍了 8 帧的拼接图像，图像的分辨率是 12 m 的最佳分辨率。通过分析立体图像得知，在某些地方，延伸到赤道脊的斜坡倾斜度超过了 30°。

　　本次飞掠发生在 9 月 10 日 14 点 16 分（UTC 时间）。抵达最近点时的最低高度为 1 622 km，位于南纬 4°。抵达后不久，卡西尼号从黑暗的半球穿越到明亮的半球，并用它的仪器检测这一过渡阶段。即使是用最高的分辨率，有着巨大凹坑的表面不是黑色就是白色的，不存在介于黑白间的颜色。在两个半球间，凹坑的出现频率并没有明显的差距，这意味着两个半球有着大抵相同的年龄。在暗色的卡西尼区（Cassini Regio）内是特吉斯（Turgis）撞击坑，该坑直径为 580 km，是土卫八上的最大陨石坑。其他值得注意的特征包括一个 60 m 的撞击坑（后被称作埃斯卡利斯 Escremiz），它位于超强明亮光束的中心。有趣的是，许多暗色斑点存在于明亮半球，相当于洼地、暗色撞击坑和低谷。高纬度的撞击坑、环赤道地区和环明亮极地区往往是暗色的。在卡西尼区的有些撞击坑边缘呈现亮色，这表明暗色覆盖层至多几米厚。暗色外表的厚度已经被陆地雷达观测怀疑，观测无法区分两个半球，这点也被卡西尼号的雷达辐射测量和散射测量所认可。阳照面和背光面的表面温度与结构，是通过红外辐射计和光谱仪来改变分辨率测得的，阳照面的温度似乎与表面亮度相关联，暗色地带在零下 144 ℃时要比同时期在零下 160 ℃的明亮地带暖和。成像光谱仪寻找多环芳香烃，来解释暗色地带为什么是近乎黑色的。事实上，卡西尼区被证实是不会结冰的。除了表面的辐射测量和散射测量外，雷达同样在极远距离上针对前导半球和前所未有的冰冻情景完成了低分辨率图像扫描，并且实现了赤道脊的大范围测高。

　　新数据指出，使前导半球呈暗色的材料起源于其他地方。土卫八冰冷的外壳被一层薄薄的尘埃所覆盖，而黑褐色的材料上的太阳光照射可以使外壳升温，从而加速下层冰的升

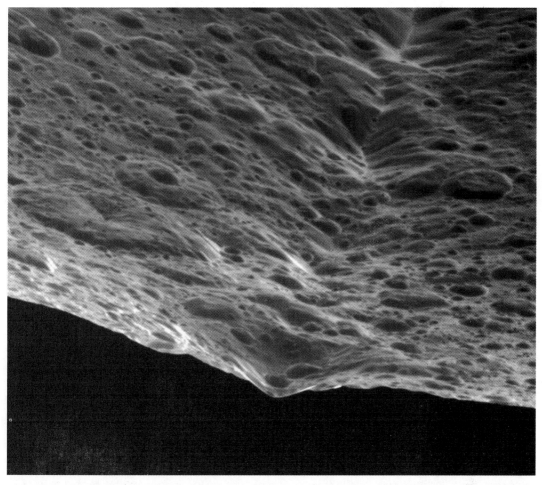

在 2007 年 9 月的飞掠中广角镜头拍摄的土卫八赤道脊照片（图片来源：NASA/JPL/空间科学研究所）

华，水分子将会从暗色的半球渗出，如果速度太慢难以脱离土卫八的话，水分子将会迁移至明亮半球的较为寒冷的表层，并且最终会再次结冰。这种热隔离现象在土卫八上尤为起效，这取决于土卫八独特的形状构成、离太阳的距离和漫长的自转周期。模拟实验显示，在土卫八 79 天的自转周期中，热隔离现象将会使暗色半球充分升温，并造成可持续至多数千万年的土卫八阴阳外观。在暗色半球表面，1 mm 厚的冰层会在少于 1 万年的时间内完全升华[255-256]。这种现象在之前一段时间内一直是个未解之谜，而前导半球是如何变暗的则是最难弄清楚的。通常的猜想是由于外部卫星尤其是土卫九或者相距约 18 km 的第二大不规则卫星土卫十九导致的。这个谜团在斯皮策太空望远镜（Spitzer Space Telescope）细看土卫九轨道空间的数年后被解开，这些红外线观测发现了土星最大的星环，一层幅员辽阔的尘埃自土卫九的轨道向土星蔓延开来，星环内最小的颗粒得以缓慢地自由地迁入土卫八、土卫七和土卫六[257]。当然，土卫七无秩序的自转会脱去这层外衣，而土卫六大气层的疾风也能夺走这下落的尘埃，只有土卫八变成了阴阳外观。

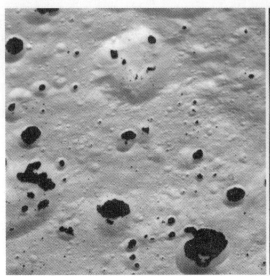

两张土卫八明与暗地带之间的过渡地带特写（图片来源：NASA/JPL/空间科学研究所）

卡西尼号于 9 月 14 日在远拱点开始了它的第 50 次运行。不幸的是，卡西尼号在传输土卫八最后的数据时进入了安全模式，有少数观测数据丢失。9 月 16 日新一轮的事件开始发生，在距土星数百万千米外，卡西尼号录制了土星影像，用来监测 10 h 自转过程中大气层和云朵的变化。成像光谱仪用了 20 h 观察土星并记录南极极光，探测器同时也监测了星环和现阶段相距遥远的土卫八，以观察上次飞掠中未看到的明亮半球的部分地区，包括一些深色的大撞击坑。

9 月 30 日，在经过近拱点后，卡西尼号与土卫四、土卫二和土卫三发生了非目标交会。在与土卫二的交会中收集到了迄今为止前导半球的最佳景象，浅坑的痕迹在这个区域纵横交错，像是"灭绝"老虎的虎纹。

在远离土星的过程中，卡西尼号在 10 月 2 日进行了土卫六的第 36 次飞掠（T36）。本次飞掠高度为 973 km，设计本次轨道旨在将探测器轨道周期减少至 24 天，使远拱点更接近土星而远离土卫八，并再次抬高轨道倾角，以便能够再次从远离平面的有利位置上观测土星环系统。在接近土卫六期间，红外光谱仪扫描大气层，雷达在芬撒和泽吉东部地区收集辐射测量和散射测量的数据。在最近点，为了直接采样上层大气中的碳氢化合物，质谱仪获得优先探测权。雷达对土卫六前导半球的条带成像至 70°S。探测结果表明，南纬区域存在三个充满液体的湖泊。它们的表面看起来非常平坦并且湖中液体具有很强的吸收性，以至于无线电反射的大部分信号是"噪声"。该条带也证实了通过早期成像光谱仪的数据已怀疑存在的赛尔克（Selk）撞击坑。在对惠更斯号着陆位置成像的同时，雷达测量了该位置的高度。在飞掠之后大约 6 h 之内，相机和其他遥感仪器继续对土卫六进行监测，如许多情况一样，这些设备对土卫六背向土星的半球上明亮的阿迪立地区、贝莱德东部地区和香格里拉西部地区进行了观测。

卡西尼号雷达成像的土卫八先导暗色半球的条带（图片来源：NASA/JPL）

　　在远拱点附近，卡西尼号接收了新飞行软件的上注。在这段时间内它几乎没有进行观测，即使有的话也是极少的。科学探测活动在 10 月 18 日恢复，进行了对恩克环缝的视频拍摄。三天后，卡西尼号在与土卫七相距 122 000 km 时，对其进行了罕见的非目标飞掠。当时距离土卫六 440 000 km。尽管距离远，但对土卫六的尾随半球（包括阿迪立北部地区在内的那些未经充分刻画的区域）进行了良好的观测。这次观测还包括贝莱德和仙京地区之间的明亮区域、一个带有黑暗底面的疑似撞击坑以及北部一个巨大的类似大海的黑暗斑点。卡西尼号在土星近拱点附近没有发生对其卫星的目标交会，但是对土星冰卫星们进行了远距离观测。此外，从环平面稍微偏南侧观测了完全被照亮的土星环，从 D 环到 B 环和 A 环，再向外至 F 环进行径向扫描。10 月 24 日，卡西尼号在约 636 000 km 的距离上观测了土卫二，它遮掩了恒星参宿一。参宿一几乎平行于土卫二的边缘，并穿过了南极的羽流。结果显示存在四个明显的约 10 km 宽的气体喷流叠加在羽流上。紫外光谱表明水的密度是 2005 年土卫二对参宿五掩星时观测到的两倍。然而，基于虎纹裂缝将要弥合时的模

2007 年 10 月 25 日拍摄的由土卫十六引力作用引起的 F 环中的绞线

（图片来源：NASA/JPL/空间科学研究所）

型，曾经做出了相反的预期！这次掩星表明羽流的来源是液态水层，而不是被困在晶体冰中的气体。光谱没有显示有一氧化碳，而一氧化碳曾在质谱仪原位取样时被怀疑存在；人们得出结论，质谱仪实际上一定检测到了氮分子，由于其与一氧化碳分子量相同，给出相同的读数[258]。在这圈轨道运行的后期，航天器又进行了另一次在土星中纬度的无线电掩星，从 41°S～39°S。10 月 29 日，在为了重新捕获小卫星——土卫四十九的长时间曝光图像中，偶然发现了极其微弱的窄弧围绕着土卫四十九和同在视场中的土卫三十二。这些图像显示，两个卫星伴有几十度长的环弧，并证实了土卫三十二环——R/2006 S5 的存在。土卫四十九的环被命名为 R/2007 S1。这些环可能由于与土卫一的共振而被限制为短弧[259-260]。

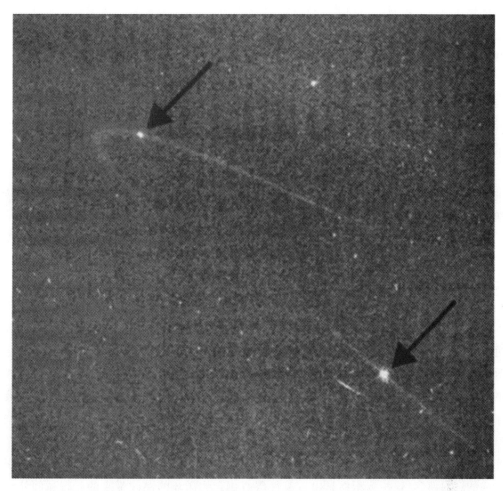

与土卫四十九和土卫三十二（右下角的明亮的"星"）相伴的环弧的深度处理图像
（图片来源：NASA/JPL/空间科学研究所）

在 11 月 17 日的近拱点，卡西尼号也没有与任何卫星交会。人们关注的焦点是土星的大气层以及土星环。但是探测器对小卫星进行了成像以研究它们的轨道和运动，特别是它们的轨道如何被更大的卫星所扰动。卡西尼号与土卫二和土卫五进行了非目标交会。卡西尼号以 170 000 km 的距离观测到土卫二新月状态的视图，提供了监测土卫二南极间歇泉的机会。卡西尼号再次穿过了土星的阴影锥。由于距离土星越近，飞行速度越快，这次穿过阴影锥的时间没有 2006 年 9 月于远拱点附近经过阴影锥的持续时间长。这次主要的兴趣是上层大气。在日食之后，相机再次瞄准土卫四十九，以更好地确定其轨道、形状和大小。

两天后，卡西尼号进行远离土星的飞行，进行了第 37 次土卫六飞掠（T37）。这次飞行的最低高度为 999 km，飞经的最近点位于 22°S。在接近土卫六期间优先使用两个红外仪器，观测土卫六的夜晚面，并收集了关于大气成分和化学过程的数据。成像光谱仪采集了一个覆盖四国光斑西侧边缘、仙京东部和棉兰老岛光斑（Mindanao Facula）的狭长"面条形"区域。质谱仪是抵近阶段的主要探测仪器，它采集了大气样品。对土卫六的圆面进行紫外扫描以绘制极光和碳氢化合物的分布。因为探测器穿透了电离层，所以粒子和场探测仪异常繁忙。在离开土卫六的过程中，相机拍摄了在尾随半球上阿迪立地区的视图。

在 11 月 27 日，卡西尼号在回到远拱点的过程中，通过等离子体波实验检测到了土星新的风暴，距上一次风暴过了 21 个月。当两个旅行者号在几个月的时间间隔都检测到风暴时，人们推测风暴是连续发生的，但显然并不如此。光学观测要等到卡西尼号位于相对土星恰当的位置上才可以进行。幸运的是，风暴一直持续到 2008 年 7 月中旬[261]。

在 12 月 3 日，就在到达近拱点前 1 h，卡西尼号以 9 200 km 的高度飞掠了土卫十一，这是所有飞掠的小卫星中距离最近的一颗。可惜当探测器距离土卫十一最近时，看到的是这颗卫星的背光面，所以最好的图像是在航天器远离时在更远的距离上所拍摄到的。

不到两天之后，卡西尼号在远离土星的飞行过程中，进行了第 38 次土卫六飞掠（T38）。最低飞掠高度为 1 298 km，最近点位于土卫六 79°S。在探测器接近背光面时，采用无线电跟踪测量了土卫六的重力和质量。在最近点处，优先使用遥感仪器进行探测。在飞到阿迪立地区上空时，成像光谱仪和照相机开始工作，勘察惠更斯号的着陆位置，并向南到达湖泊区域。在离开土卫六的过程中，这些仪器拍摄了赛尔克撞击坑和迪尔蒙地区的黑色线状纹理。最有趣的测量是在土卫六南极上空进行的，成像光谱仪以约 500 m 的空间分辨率勘察了"安大略湖"。它在湖的光谱中发现了许多在周围地带不存在的吸收带，这显然是由于湖中包含混有如丙烷和丁烷等化合物的液体乙烷。甲烷也如预期的那样以液体的形式存在于湖中，但是不可能将其光谱同大气中的甲烷光谱剥离开。这些观测证明"安大略湖"是一个湖泊，并使得土卫六成为已知的存在液体的第二个天体。"安大略湖"的多光谱图像显示其轮廓由两个分开的同心环组成。中等亮度的内环被解释为由潮湿沉积物所形成的"海滩"，这些沉积物是由季节性碳氢化合物循环的潮汐带来的。较亮的外环看起来干燥一些，似乎表示了古老海岸线上浸渍了乙烷的泥滩[262-264]。

12 月 20 日第 39 次飞掠土卫六（T39）的星下点轨迹与上一次飞掠相似，最低高度为 970 km。在飞掠进出的相当长的距离上，卡西尼号进行了遥感探测，监测大气的化学过程和气象状态。以最近点为中心的 5 h 内，优先使用雷达探测，并且生成了南极的第一幅雷达成像条带。它探测的条带长为 5 600 km，从 30°S 经过极点到达另一个半球几乎相同的纬度。卡西尼号还在接近土星过程中对泽吉地区进行了高度测量，在远离土星过程中又对阿迪立北部进行了高度测量。侵蚀的山地和斑驳的平原明显地贯穿整个条带，正如在北半球一样，南半球在狭窄的赤道带外没有沙丘区域。靠近南极存在带有几个黑色斑点的水渠，这些斑点显然是湖泊。然而，总的来说，条带中存在的可以被解释为湖泊的地貌比北极附近要少得多。此外，盛有湖泊的陡峭洼地是很罕见的，或完全没有。相反地，存在充满了光滑物质的平坦山谷，它们可能是沉积物的积淀或干涸的湖泊。这种不对称性或许是由土星和土卫六轨道的长周期现象所导致的，可能包括周期约为 45 000 年的倾角和偏心率的循环变化。特别是在土星的近日点附近，北半球的冬季现在降临了，这使北极的光照时间比南极短，并且使乙烷湖在北半球比在南半球保存得更好。有趣的是，条带中南极地区的湖泊比在 2004 年和 2005 年远距离光学观测到的数量要少。一种简单的解释可能是，近几年来这些湖泊随着季节的演变而蒸发或流干了（在这种情况下，科学家们有意愿利用一个拓展任务来监测剩余的湖泊，以查看它们的海岸线是否发生改变）。支持南半球湖泊消失的季节性解释的证据是，自 2004 年以来不断变化的天气模式阻碍了极区上空云的形成[265]。

虽然到目前为止，在土卫六两极发现的所有湖泊的面积相当于大约 60 万平方千米，或 1% 的表面，但这不足以在地质学的时间尺度上提供补充大气的甲烷来源[266-267]。

这圈轨道中的另两个观测是：又一次无线电掩星观测使卡西尼号对土星在 18°S 和 68°S 的大气进行了剖面图绘制；在第 39 次土卫六飞掠（T39）之后，远距离观测了缺乏特点的土卫五北部地区。在 12 月 27 日到达远拱点后，探测器返回土星系内部。2008 年 1 月 3 日，即到达近拱点的前一天，探测器使用许多遥感仪器来观测明亮的恒星天蝎座 α 星（心宿二）被土星环遮掩的过程，以确定探测环的不透明度、精细结构和密度。特别是通过红外光谱仪和紫外光谱仪的观测，掩星表明在 F 环的内核附近存在大小从几十米到几千米不等的额外物体。就在到达 $3.97R_s$ 的近拱点前，在距离土卫四 127 000 km 处进行了一个非目标飞掠，看到了土卫四被光照亮的前导半球。探测器几乎正好在土卫三和太阳之间的位置观测土卫三，这样的位置对于测量表面反射率是非常理想的。在远离土星的飞行过程中，卡西尼号在 1 月 5 日进行了第 40 次土卫六飞掠（T40）。这次的最低高度为 1 014 km，抵近过程的最近点靠近惠更斯号着陆的位置。卡西尼号进入土卫六的背光面，遥感仪器继续搜索闪电。在到达最近点前 44 min，红外光谱仪观测到牧夫座 α 星被土卫六掩星，21 min 后紫外光谱观察到天琴座 α 星（即织女星）被土卫六遮挡。然后优先使用成像光谱仪在惠更斯号着陆点附近获取高分辨率光谱立方体。卡西尼号还获得了泽吉撞击坑迄今最好的光谱扫描结果。离开土卫六的过程中，照相机拍摄了仙那度西部和香格里拉地区，包括候选冰火山托尔托拉光斑的地貌。这次飞掠使卡西尼号进入了一个周期为 12 天，相对于土星系赤道面倾斜 47° 的轨道。导致接下来的三圈没有与任何主要卫星的目标交会。

在 1 月中旬卡西尼号到达近拱点附近时，观测到土星的另一次无线电掩星，掩星的离开位置接近 70°S。它在 1 月 16 日远距离观测了与太阳处于对立位置的土卫五，以收集关于冰面的纹理和性质的信息。在远拱点附近，卡西尼号以超过 850 000 km 的距离非目标飞掠了土卫六，开展了北极地区的观测以寻找 2007 年 2 月雷达勘察地区发现的小型湖泊。尽管距离很远，但这次交会得到了梅恩瓦撞击坑迄今最好的图像。在第 58 圈轨道卡西尼号经过近拱点的过程中，开展了土星的无线电掩星试验并与土卫十五、土卫十八进行了非目标交会，人们发现这两个卫星分别是 39 km×18 km 和 33 km×21 km 的小椭球体。两颗卫星都有显著的对称平滑赤道隆起，这使它们具有"飞碟"形的外观。人们认为这种形状最可能的解释是，卫星本体的"内核"扫过土星环中的粒子，直到粒子完全充满其微小的引力"影响球"。然而，卫星内核似乎是相当粗糙的坚冰，光滑隆起的密度可能小于刚下的积雪。根据这两颗小卫星施加在土星环上的扇形波纹推断出了它们的质量，据此人们怀疑它们的密度很小[268]。

2008 年 1 月 3 日，心宿二透过土星环的闪光（图片来源：NASA/JPL/空间科学研究所）

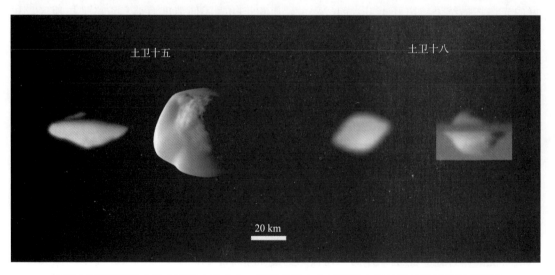

卡西尼号观测到的土卫十五和土卫十八，这两个嵌入土星环的小卫星显示出坚实的内核和
类似"飞碟"的碎片赤道盘（图片来源：NASA/JPL/空间科学研究所）

从卫星密度的角度来看，人们认识到土星系具有两类不同的卫星群：土卫一以外的大密度卫星和土卫十以内蓬松的、粉状的卫星。所有蓬松的卫星表示，积聚在坚实内核上的土星环物质可能只有它们当前尺寸的一半。另一方面，土卫四和土卫三的特洛伊卫星（土卫十二、土卫三十四、土卫十四和土卫十三）很可能是它们母卫星上的小碎片。数值仿真表明，当土星环粒子依附到小卫星上时，小卫星将被它们施加在环本身上的扰动向外驱赶。该动量传递过程另一方面意味着这些环将同时向土星收缩。进一步的分析解释了为什么这种"螺旋桨"状特征只存在于距离土星相当远的环区域。引力吸积①和分解的过程使环中物质不断循环，这为环中物质年龄的悖论提供了一种解释。虽然潮汐力摧毁一颗大卫星而产生土星环的过程可能只在太阳系的早期发生，但环中物质循环的过程将会维持明亮且富含冰的土星环，使其看上去比较年轻[269-271]。以卡西尼号的观测和仿真为基础，人们提出了一个土星环起源的理论，该理论能够解释土星环大部分的特性。土星环始于一个土卫六大小的巨大卫星，这个卫星拥有硅酸盐的内核和冰的外壳。该卫星在太阳系形成的最后阶段向内移动。由于距离原始土星距离很近，潮汐压力将该卫星表面的冰剥落，但是内核完好无损。冰粒子从而形成了土星环。岩芯继续螺旋运动并与母体融合。事实上，仿真结果显示冰物质不仅形成土星环，而且还可能形成了土卫三以内的所有卫星。这个理论很好地解释了如果说土星环是对一个古老卫星破坏的结果，为什么它们几乎完全"没有岩石"[272-273]。

在情人节这一天，卡西尼号在远拱点进入其第 59 圈轨道，通过对土卫八细小的新月进行远距离的观测，细化了该卫星的形状模型。在近拱点，探测器与土卫十在 144 000 km 高度进行了非目标交会，通过观测不仅更好地识别了这颗卫星的形状和地质，还识别了其表面的属性和纹理。

卡西尼号利用掩日法来观测背光的土星环，从而得到了土星环尘埃的数量。卡西尼号于 2 月 22 日返回土卫六进行了第 41 次交会（T41）。1 000 km 高度的飞掠轨迹与上一次相似，飞经土卫六时靠近惠更斯号的着陆位置。在接近过程中，可以看到一个细小的新月。复合光谱仪对布袋圆弧上方进行大气和表面温度测量。距到达最近点 5 h 前，雷达开始了为期 7 h 的观测。卡西尼号在飞掠进入时对慈济地区进行了高度测量；在飞掠离开时对阿迪立北部进行了高度测量。在飞掠进出之间，它成像的条带几乎平行于仙那度的南部边界。高增益天线指向星下点轨迹的右侧用于条带的第一部分成像，然后再向左对条带第二部分成像，第一部分对布袋圆弧和仙那度南部区域成像，第二部分对阿迪立的东南部和惠更斯号着陆位置附近的区域成像。该条带第二部分数据与 2005 年 10 月飞掠土卫六时所获得的数据相结合，能够得到着陆点及其周围地形的立体视图。在专门用于拍摄布袋圆弧的条带第一部分中，恰好位于北部的叶状地形与由成像光谱仪识别的可能是冰火山流的位置相匹配。紫外光谱仪在飞掠后的几个小时内观察到几次掩星。第一个掩星是大犬座 η 星（eta Canis Majoris），它穿过黎明晨昏交界线的薄雾层。其次是最亮的紫外星之一——大

————————————
①　吸积（accretion）是指致密天体通过引力俘获周围物质的过程。

犬座 ε 星（epsilon Canis Majoris），在一个独特观测的几何位置，卡西尼号看到了这颗恒星两次进出大气，第一次是飞掠后 22 h，第二次是之后的 6 h，在这两次中，卡西尼号都能够在上层大气的薄雾层得到高信噪比的数据。

在接下来 11 天的轨道中没有目标交会，最重要的观测是通过序列成像，在土星北半球不同深度的大气中识别云层。3 月 10 日，土卫六的非目标飞掠发生在几乎 100 万千米的高度。两天后，在第 61 圈轨道到达近拱点几小时前，卡西尼号进行了土卫二第 3 次交会（E3）。与上一次土卫二飞掠已间隔 3 年之久，本次目标飞掠最初设计为从距离 1 000 km 处经过。在科学家的鼓动下，工程师们研究了在低至 30 km 高度掠过的可能性，以便采用光学或雷达的方式详细检查呈现"虎皮条纹"状图像的区域。人们还提出一个冒险性的提议：直接对间歇泉进行采样。但是有人担心，这种物质可能污染照相机的光学器件，从而破坏了未来的研究工作[274]。最终，团队做出了折中的决定。

卡西尼号开始在超过 60 万千米的距离观测土卫二长达 15 h。成像光谱仪和其他遥感仪器凝视背向土星的半球和尾随半球的北部，收集了许多个小时的数据，以确保能够获取土卫二表面的高信噪比非冰组分光谱。探测器通过红外辐射计进行两次扫描，来找到北半球所有的"热点"。照相机获得了北极地区首个清晰的视图，并拍摄了最佳分辨率为 200 m 的图像。科学家特别渴望知道南极的"虎皮条纹"是否是唯一的，抑或在这颗卫星的其他地方也存在"化石条纹"。等离子体光谱仪进行了包括飞掠时刻在内的 26 min 优先探测。质谱仪、尘埃检测器、粒子和场探测仪器也在运行。在中纬度 20°S 上空的飞掠高度为 48 km。在超过 14 km/s 的相对速度下是无法成像的。当卡西尼号离开时，利用或多或少平行于喷发物质的飞行，继续在南向轨道上采集羽流。在经过最近点 30 s 后，探测器飞经极区上方，又过了 30 s 到达 650 km 高度并且迅速爬升，穿过羽流的中心地带。离子和中性质谱仪在射流中记录的气体密度是预测值的 20 倍。气体携带微小的冰粒子，当它们撞到探测器时引起了微小但频繁的姿态扰动。质谱仪利用这次对羽流的深度穿透获取高信噪比数据完成分析。除了水冰、氮和二氧化碳外，还发现羽流中含有乙炔、氰化氢以及如乙烷、丙烷和甲醛等复杂有机物，还有其他微量分子包括氪以及如苯等复杂碳氢化合物。也可能有部分氩气。数据显示信号中经常出现突然的尖峰，这可能是冰晶进入光谱仪入口并融化产生的。在这次近距离飞掠中，使用磁强计来研究卫星与磁层是如何相互作用的，并寻找地下海洋存在的证据。

在卡西尼号经过最近点仅 3 min 后，土卫二进入了土星的阴影锥，穿过影锥的过程为 2 h。复合红外光谱仪利用近距离探测实现空间高分辨率，它测量了当时处在日食中土卫二被冷却表面的热惯性，并对在黑暗中的南半球和虎皮条纹进行温度扫描，以识别所有主要热点的位置。它发现整个土卫二的最高温度出现在沿着虎皮条纹的位置上。照相机也瞄准卫星的黑暗面，以检测任何"非热能"的辐射，如极光和辐射诱导的发光。红外光谱仪接着观测到了从土星阴影中出现的土卫六。

在下一圈轨道远离土星的过程中，卡西尼号在 3 月 25 日进行了与土卫六的第 42 次交会（T42），最低高度为 999 km。与上次飞掠一样，航天器在飞行过程中看到一个细小的新月，它飞离时经过了尾随半球。质谱仪在最近点进行优先探测。成像光谱仪探测了一个长的之字形的"面条"状区域，从布袋圆弧南部开始，穿过特塞尔（Texel）和棉兰老岛光斑，在迪尔蒙西部终止。这次土卫六交会是在土星朝向太阳一侧发生的四次交会中的第二次，科学家们再次希望土卫六位于磁层之外，但事实并非如此。2007 年 6 月的交会注定仍然是主任务里土卫六沉浸在太阳风中唯一的一次。

虽然在随后五圈相对平静的 9 天轨道里，只进行了土星系内侧卫星的非目标飞掠。但高的轨道倾角使卡西尼号得以观测土星环和土星的大气层，并进行远距离成像以细化小卫星的轨道。例如，在 4 月初的第 63 圈轨道期间，它观测到土星环对白羊座 α 星的掩星。接下来在另一个环附近的掩星是巨型南部恒星半人马座 β 星（马腹一）。此外，土卫四十九环的图像清楚地展现了其约 200 km 宽的双链结构[275]。在 4 月 6 日到 9 日期间，卡西尼号采集了一个 22 帧 5 色广角拼接图像，覆盖了经典环系统的背日面，在 A 环中部的一个窄带中发现了 16 个"螺旋桨"状特征。后来，通过"螺旋桨"的中心部分投射到逐渐增加侧向光照的环平面上的阴影，也观测到了"螺旋桨"状特征，并且发现其大小为几百米。人们在恩克环缝和 A 环的外部之间发现了另一个"螺旋桨"带。这个条带由少量但较大的物体填充。人们对第 2 个条带上 11 个"螺旋桨"跟踪了几年的时间，为了纪念航空先驱者，以他们的名字为"螺旋桨"取了绰号。一个出现在 2005—2009 年的图像中的"螺旋桨"状特征以法国飞行员路易斯·布莱里奥特的名字命名。通过一次纯属偶然的机会，还在恒星掩星期间发现了"螺旋桨"状特征。由于获得了大量的观测结果，有可能研究"螺旋桨"运动方式。虽然本质上"螺旋桨"的运动轨道是一个标准的开普勒轨道，但它显示出几千千米的偏离，这明显或者是由于与较大的卫星的引力相互作用引起，或者也许被撞击所推动。多年以来，来自土星环的扰动将使嵌入在"螺旋桨"中的卫星向外运动。这种情况可能发生在土卫十五上，它的轨道超出了 A 环的外缘。作为唯一的嵌入在碎片环中小尺度天体的例子，"螺旋桨"的动力学为深入理解环绕恒星的行星是如何形成的问题提供了一个可能的参考[276]。其他观测包括对"晨时阴影边界"的观测，环的颗粒在那里从土星阴影中显露出来，这项观测企图捕获到正在形成中的辐条结构。

在 5 月 10 日的近拱点附近，卡西尼号进行了土卫三非目标飞掠，得到了其面向土星半球的南部尤其是伊萨卡峡谷地貌的图像。两天后它进行了土卫六第 43 次交会（T43），离开土星向上爬升。4 月中旬，在红外谱段监测土卫六的地球望远镜记录了"热带"纬度一个巨大云系的爆发，人们希望这标志着天气季节性变化的开始[277]。卡西尼号在接近过程中使用红外光谱仪观测了背日面，然后切换到雷达探测。雷达在对面向土星半球的若干辐射测量之后，又进行了布袋圆弧和贝莱特北部的高度测量。西北至东南的成像条带起始于布袋圆弧西南，经过仙那度中央的西部、香格里拉北部、迪尔蒙中部，然后进入阿迪立西北部。探测区域首次包括图伊区（Tui Regio）的西部，它位于仙那度的西南部，这里异常明亮，这是一块成分不同的区域，可能是低温火山平原或干燥的海床。本次经过仙那度的轨道与 2006 年 4 月经过仙那度的轨道覆盖范围部分重叠，从而能够对地形进行立体分析。这次在仙那度发现的显著地形包括 20 km 宽的圆形结构和类似断裂脊的三条平行线。在位于惠更斯号着陆地点以北约 1 000 km 的迪尔蒙地区，有一个直径 115 km 的撞击坑，它被命名为阿法坎（Afakan），这仅是土卫六上识别到的第五个真正的撞击坑。它包括一个带有少许中央峰的平坦底面，其边缘部分似乎已经倒塌。在经过条带约一半时，卡西尼号到达最低高度，高度约为 1 001 km。接近过程的最近点位于 17°N，太阳直接过顶。随后，航天器在离开被照亮的土卫六圆面时，用相机监测了云层。

2008 年 4 月 11 日，明亮的"螺旋桨埃尔哈特"（左上）位于 A 环的恩克环缝附近，以美国女飞行员阿梅莉亚·埃尔哈特命名（图片来源：NASA/JPL/空间科学研究所）

　　这次飞掠进一步缩短了卡西尼号的轨道周期，减少到略大于一星期时间。在 5 月 17 日的下一个近拱点，卡西尼号开展了土卫四、土卫十和土卫三的非目标飞掠。卡西尼号特别监测了进入土星影锥的土卫四，还探测了进出点分别在 22°N 和 58°S 的土星无线电掩星，以及土星对最接近太阳的恒星系统半人马座 α 星的一次掩星现象。在 5 月 25 日返回近拱点后，卡西尼号在 28 日再次飞掠土卫六。这次最低高度为 1 400 km 的土卫六第 44 次交会（T44）是主任务中最后一次经过土卫六的北半球。当卡西尼号接近晨昏线时，相机拍摄了到目前为止布袋圆弧最好的图像。成像光谱仪覆盖从图伊区的东部到布袋圆弧的区域。然而，与土卫六无关的观测被提上日程。特别在交会的初期，复合光谱仪具有对 A 环、B 环和 C 环的发光和未发光表面进行径向扫描的唯一机会。再次，探测土卫六的主要仪器是雷达。在到达最近点之前的 20 min，它开始对布袋圆弧和其他地区进行高度测量。使用到目前为止采集的雷达数据，科学家已经测量出了土卫六的真实形状，并确定它的形状为稍微扁圆，在极点处扁平，但在几百米内基本上是球形的。最高的区域位于参考球面以上不到 1 000 m，事实上，雷达探测的和可见光探测的大部分表面地形不是真实的地形结构。有趣的是，土卫六的形状与比它当前位置更接近土星的位置所形成的天体更加匹配，这意味着它已经发生了"迁移"。另一个有趣的推测是，如果一个本质上连续的"甲烷水位"存在于低洼的极点表面以下几百米，那么这就可以解释碳氢化合物湖泊仅能存在于那些地区[278]。雷达成像条带从仙那度南部开始，穿过它的西南部分，继续横跨图伊区东部、埃尔暗斑（Eir Macula）、香格里拉中部以及它的沙丘地带、尼科巴和瓦胡光斑（Oahu Faculae）、迪尔蒙的南部，最终在阿迪立的西北部终止，再次与 2006 年 4 月的数据部分重叠。图像显示位于仙那度边缘黑暗平原的明亮水渠最宽达到 5 km。使用沙丘地带的方向记录了盛行风在大陆拔高地块上的作用方式。卡西尼号离开时飞经了完全被照亮的向日面。如果当时正抵达火星的凤凰号任务需要深空网地面天线的话，那么将牺牲掉本次交会中收集的部分数据。

第 44 次土卫六交会（T44）是主任务中最后一次目标交会。虽然卡西尼号在接下来的五圈轨道中还会同土卫六和其他卫星发生非目标交会，但是大的轨道倾角提供的视角仅用来观察土星的大气层、极光和环。到了 2008 年 6 月，探测器接近土星的昼夜平分点，阳光照亮了土星的两极，使探测器能够对整个行星开展观测。在土星和土卫六上都看到了云纹的变化。到目前为止，土卫六的图像和光谱表明，它的云层集中在三个纬度：冬季的北极、夏季的南极，以及南方中纬度的窄带。后者似乎是由全球大气环流系统造成的，这个纬度与南极雾霾覆盖结束的纬度相匹配。这种分布预计随着季节而变化，并且随着任务的发展，南极小的明亮云层变得越来越少见，长条纹逐渐开始在北半球出现[279]。

在 2008 年 6 月 1 日的近拱点，大倾角轨道提供了几乎径向的无线电掩星，卡西尼号在土星后面经过，从 37°N 进入，在 68°S 重新出现。在那圈轨道上，卡西尼号在 365 000 km 的高度，与土卫六进行了非目标交会，照相机拍摄了北部的湖泊，以测量它们的直径。探测器从 1 000 km 左右高度，观测了克拉肯海，它最大范围面积应该超过 40 万平方千米。在其他成像阶段，探测器观测到土卫四和土卫五的日食，并试图检测土卫五周围的环。

6 月 26 日，卡西尼号在土星上开始了第 75 圈轨道，这是它主任务的最后一圈。在接近近拱点时，复合红外光谱仪测量了土卫一进入土星影锥时的表面温度和热惯量。就在卡西尼号穿过环平面之前，以 84 000 km 的高度非目标飞掠了土卫二。这给出了接近期间朝向土星半球的北部以及随后的南部的图像。在远离土星过程中，照相机瞄准了大量未充分测绘的断裂区域，包括伊斯班尼•福萨（Isbanir Fossa）区域以及围绕包含虎皮条纹和南极的地区的折叠地带。不久之后，土卫二进入日食。在大约与土卫二交会的同时，卡西尼号距离土卫十 31 000 km。在视察了土卫一的南半球之后，探测器将其注意力转向了土星环，从而完成了近拱点的探测活动。在 2008 年 7 月 1 日午夜（UTC 时间），恰好在卡西尼号进入土星轨道满四年时，主任务正式结束。自从卡西尼号到达土星，已经传回了超过 14 万张图像。

8.11 春分任务

正如常常发生的那样，在主任务结束时，卡西尼号仍然处于良好的工作状态，储备有大量的推进剂。除了 2006 年失效的磁强计部分部件外，其他所有仪器都是正常的。因此，人们决定延长任务期限，收集更多的科学数据。2007 年 2 月，与主任务具有相同运行节奏的 2 年扩展任务计划被批准开展。扩展任务包括在土星北半球春分时的 60 圈轨道。春分点本身将发生在 2009 年 8 月。在土星遮挡卫星产生日食的前夕，相互的卫星遮挡造成的日食，以及卫星的阴影穿过行星盘和环平面的移动将变得更加频繁，会带来前所未有的观测机会。因此，拓展任务命名为"春分任务"。

在这 2 年内，将增加 7 次对土卫二的飞掠，飞掠高度为 2 000 km 或更低，其中包括两个非常近距离的飞掠。为了研究卫星的内部结构，测量卫星的小重力场是特别重要的。计划飞掠土卫六 26 次，将雷达成像覆盖范围扩大 8%，总计约覆盖其整个表面的 30%。特别的是，这些飞掠会产生七次黄昏交会，三次北半球高纬度的星下点轨迹和卫星尾迹的中低纬度的越过。探测器将对土卫四、土卫五和土卫十二每颗卫星进行一次低于 2 000 km 的飞掠。在主任务中被忽视的土卫一也将开展一次相当近距离的飞掠。然而，因为难以到达土卫八，所以没有考虑土卫八的交会。春分任务将在土星的北半球探测到大量的中纬度大气掩星，以及三个土星环的"环脊到环脊"的掩星。

卡西尼号的扩展任务初始轨道倾角非常大，随后倾角逐渐减小到与赤道平行，与平分点附近的环平面保持足够的距离（此时土星环边缘将被太阳照亮），以确保能够有更多的机会对土星环和土星极点进行观测。首先，卡西尼号在一个近土星点 $2.7R_S$、远土星点 $20.8R_S$、倾角 $75°$、周期为 7 天的轨道上运行。初期主要观测目标聚焦土星环，其环的辐带也越发常见；随后，观测土星的大气和冰卫星。当卡西尼号于 7 月 3 日到达了第 74 圈的远拱点时，卡西尼号对土星环辐带以及小型卫星土卫四十九和它的环进行观测。第一个月相对平静，并没有有目的的飞掠。卡西尼号在 7 月 14 日到达了近拱点，穿过了土星的阴影锥，并利用这种几何关系在土卫六、土卫十、土卫一和土卫五等冰卫星进入阴影时对其进行了拍照。此外，紫外光谱仪和红外光谱仪还对一次太阳掩星进行了观测，从而对土星的最高雾层及其密度、高度和温度进行了探测。从土星的南极返回后，卡西尼号飞向土星的极地旋涡以获得相应的数据，为探测春分点做好准备，而那时太阳也将会在春分点附近。在接近近土星点的过程中，卡西尼号能够利用它在北极上方较高高度的轨道位置观测到南半球上空几颗被土星环遮蔽的恒星，而在经过近拱点后还可以对其他一些恒星进行观测。

卡西尼号于 7 月 31 日在远离土星的过程中进行了第一次点火机动，并与土卫六进行了第 45 次交会（T45）。交会的最低高度为 1 614 km，位于南纬 43° 上空。在接近过程中，相机对前导半球进行了成像，观测到了新月上西南方向的仙那度，之后继续观测布袋圆弧地区和云层。卡西尼号的主要动作是利用无线电跟踪的方式进一步研究土卫六的形状和内部结构。这项活动在 12 h 后开展,持续了 16 h。主任务中四次进行重力测量的飞掠探测已经获得了关于土卫六质量和密度的精准测定数据,其平均密度为冰的 1.8 倍。通过对转动惯量的估计,发现土卫六的内部很有可能是一种双层结构,由几乎全部是水冰的外壳和水化岩或冰-石混合物所构成的内核所组成。在这两种情况下,内部结构都只可能是部分出现分化。土卫六的分化程度介于木卫四和木卫三之间,木卫四内部未出现分化,而木卫三则拥有一个足以维持弱偶极磁场的富铁内核。这意味着土卫六内部的热量一直以来都不足以将冰和岩石完全分离。然而,此次以及之前几次的飞掠过程测定的一些参数似乎表明土卫六并非是完全固态的。另一个模型是假定存在一个将含冰地壳与含冰地幔分开的液态海洋以及由岩冰混合物组成的内核[280-282]。木星卫星的次表层海洋的存在已经因为观测到了木星磁场在木星的卫星上诱发的显著磁场而得到了证明。木星的磁场相对于其旋转轴存在着明显的偏斜,因此对其卫星及其导电的海洋产生了周期性的"施加力"。但土星的磁场与其自转轴几乎共轴,因此所产生的力也非常弱,在导电性海洋中的响应也很弱。此外,在从土卫六薄雾层上方的安全高度飞掠的过程中,电离层的存在可以轻易地掩盖诱发磁场的信号。

在 8 月初对土星进行第 79 圈环绕时,卡西尼在土卫一和土卫二之间的区域内搜索其他卫星,而这片区域是阿尔库俄尼得斯族卫星的运行区域。同时,卡西尼还观察到土星环系对南十字座的伽马掩星结果。8 月 4 日在近土星点时,卡西尼与土卫一进行了一次非目标交会,当时土卫一正处于土星的阴影区内。在土卫一进入光照区后对其进行了成像,填补了朝向土星那一面半球图像的缺失。此外,还进行了一次持续 30 min 的土星环无线电掩星观测。一星期后的 8 月 11 日,卡西尼再次回到了近拱点,与土卫二进行了第 4 次交会,这也是春分任务中第一次飞掠土卫二。

大倾角轨道意味着卡西尼需要从北极上方接近土卫二再从南极上方折返。在最接近土卫二时将优先使用遥感设备勘测土卫二的虎皮条纹及附近的地形环境,而穿越喷流的过程则为尘埃敏感器分析小颗粒物质提供了契机。在到达距离土卫二最近的位置之前 17 h,卡西尼对喷流和土星 E 环之间的相互作用进行了观测,而交会过程的观测在到达最近点前约 9 h 开始,其间采用无线电跟踪的方式对土卫二的引力进行了测定。4 h 后,距离最近点还有 280 000 km,红外成像光谱仪开始对北半球进行观测。卡西尼号获得的高信噪比近红外光谱证明土卫二表面上没有冰的存在。之前的飞掠过程在南纬区域检测到了二氧化碳、过氧化氢和轻质有机物。在此之后开始了常规的成像过程,此时土卫二刚刚充满了窄视场相机的视场角范围。同时,紫外光谱仪对水分子在喷流中解离后的排放情况进行了搜索测量。卡西尼号随后以 17.7 km/s 的速度,在距离南纬 28° 的阴影区上方 49 km 的高度进行飞掠。卡西尼号在进入光照区时几乎恰好位于南极上方。在距离最近的位置,尘埃分析仪和等离子体光谱仪对 E 环和喷流中的颗粒进行了采样。飞掠南极时,相机进行了被称为"双向飞碟射击"的拍照序列,即卡西尼号为了补偿近距离飞掠带来的大相对速度,在与土卫二似动方向相同的方向上以其最大角速度旋转,并在土卫二经过相机视场时快速连续拍摄了七张短曝光图像。获得了像素尺度为 7~28 m 的高分辨率图像,并覆盖了先前红外光谱仪记录的最高温度的区域,包括在"虎皮条纹"区域的三个热点和已知的辐射中心。

第一张图在到达最近点后整整 1 min 时拍摄。而此时卡西尼仍然处于昼夜交替的晨昏线上。33 s 后，卡西尼号在开罗沟（Cairo Sulcus）上空拍摄了第一张全光照图像。随后，卡西尼号的脚步转移到了巴格达沟附近，位于一个已知的喷发点上方，并最终飞过了大马士革沟。看到了"虎皮条纹"的闭合处有一个约 300 m 深的独特的 V 字形轮廓，周围的山脊高达 150 m。这些山脊遍布着冰块。图片上相对更明亮的材料可能是新形成的由粗粒冰组成的雪原。基于没有出现明显的活动源的事实，可以推断出沿着龈沟的任何区域随时都可能喷出间歇泉。

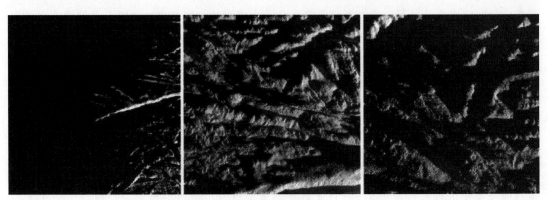

2008 年 8 月 11 日采用"双向飞碟射击"拍照序列拍摄到的土卫二南极高分辨率照片的前三张。第一张（左图）由宽视场相机拍摄，后两张由窄视场相机拍摄（图片来源：NASA/JPL/空间科学研究所）

在离开时，遥感设备再次在土卫二的表面对化合物的踪迹进行搜寻，此次搜寻在南半球进行。虽然探测距离在快速增加但仍算是很近的，因此可以获得高分辨率的搜索结果。光谱仪也用于探测非晶态冰，其晶格因太阳辐射和宇宙辐射而损坏，因此非晶态冰的分布将揭示远古时期冰所在的区域。在到达最近点之后不到 30 min，合成红外光谱仪首先对土卫二的日食情况进行观测，并对其温度和热惯量进行测量。几分钟后，卡西尼到达了 $3.94R_S$ 的土星近拱点。遥感设备在土卫二出蚀后继续进行观测，之后重新开始进行 3 频无线电跟踪。无线电跟踪的结果表明，土卫二是土星系主要的卫星中密度最大的。土卫二中约 60% 是岩石，很可能呈现聚核的形态。核的外面包裹着数十千米厚的冰层。相对较高的密度表明土卫二已经失去了一大部分的低密度物质，例如水冰。据计算，如果间歇泉自土卫二形成之时就在活动，那么土卫二很有可能已经失去了其原始质量的 20%。此次交会过程在经过最近点 16 h 后结束，最后进行了紫外光谱仪探测和多谱段成像。粒子和场测量仪收集的数据可以用来更好地研究土卫二与 E 环之间的相互影响作用。值得一提的是，科学家们希望能够将喷流带出的颗粒与那些从表面剥离的冲击性颗粒加以区分。

在到达最近点前几分钟，卡西尼调整了姿态，使离子与中子相机和电子光谱仪完美地沿着土星磁场线进行采集分析。光谱仪记录到了沿着磁场方向强大的离子束以及分布在土卫二周围广大区域范围内的电子，但是磁场通量和电场通量仅仅持续了 1 min 就突然消失了。可以据此猜测，离子束形成于土星极区的极光区域，这片区域的磁场线紧密地连接着土卫二和木星并激发了氢分子，使其发出了微弱的紫外线[283]。

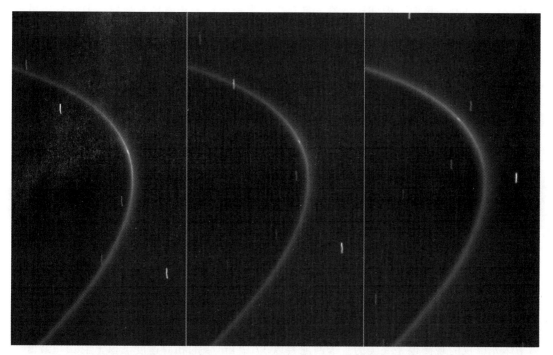

小卫星土卫五十三第一次以 G 环上的一个明亮、密集部分的形式出现
（图片来源：NASA/JPL/空间科学研究所）

在完成土卫二的飞掠后，卡西尼号到达了远拱点，对微弱的 E 和 G 环开展了红外扫描和成像。在 8 月 15 日跟踪 G 环的环弧时拍摄的 2 张图像中发现了一颗新卫星，至此土星系已知的卫星数量增加到了 61 颗。这颗卫星直径不到 1 km，起初被命名为 S/2008 S1，随后被命名为土卫五十三（Aegeon）。由于它位于 G 环的一段明亮的环弧中，一些科学家怀疑这是一个暂时的尘埃簇，但之后两年的观察显示，它具备一个固态天体的所有特征[284-285]。就在同一天，即 8 月 15 日，卡西尼号与土卫六发生了一次非目标交会。尽管卡西尼号的观测点距离土卫六远达 300 000 km，它仍然获得了对仙那度西北部和梅恩瓦撞击坑的最佳观测结果。最终，观测到云层从北极区域形成。

8 月 19 日，卡西尼号以 44 000 km 的高度飞掠了土卫三十三。土卫三十三只有 4 km 的大小，它在窄视场相机的图像里只占据了十几个像素。一星期后，当卡西尼号在其第 82 次圈轨道上飞向近拱点时，紫外光谱仪直接观察到了土星北极的极光活动，其活动区域覆盖了 82°纬度到极区的范围。由于土星的磁场微弱，土星的极光随着上游太阳风的变化而变化的情况比木星更快。在这样的情况下，光谱仪拍摄了北极地区的三组视图，准确地显示出（就像前两圈的观测结果一样）连接土星和土卫二的磁场所处位置上的一个稍微明亮的点，这也是土星系的主要离子源。这个发光点的变化可能是由喷流活动的变化所引起的。一个与之相似但更强大的"通量管"则将木卫一和木星连接了起来，而木卫一的火山则是等离子体的源头[286]。

由于在 9 月第一星期的时候，土星处于日合相位，9 月对卡西尼号而言是又一个平静的月份，只是以一星期为周期环绕着土星。除了常规的粒子和磁场观测外，卡西尼还进行了穿过太阳电晕的通信测试。在这个月中它完成了四圈轨道运行，没有进行有目的的交会。其间，观测到了土卫三和土卫二的日食，再次观测到了土卫五十三，观测了土卫六云层的形成以及克拉肯海的海岸线的变化，对"螺旋桨"状特征和辐条结构进行了成像等。10月1日，通过相机和紫外光谱仪观测到了一个由土星环和土星掩星形成的十字二星的掩星现象。在同一圈运行轨道中，即第87圈，在卡西尼号穿过土卫五的轨道平面时对土卫五进行了远距离观测，搜寻其可能存在的环结构。

在回到近拱点的过程中，卡西尼号在10月9日与土卫二进行了第5次交会（E5），下一次飞掠是在仅仅3圈后。和8月份一样，卡西尼号以快速倾斜轨道接近土卫二，由北半球上空进入，从南半球上空离开。这次光学仪器在最近点不工作，而主要使用质谱仪及粒子和场探测设备。由于在喷流中姿态受到了较大的扰动，卡西尼号使用推进器替代了动量轮进行姿态控制。交会飞行任务序列起始于飞掠前8h，采用雷达收集散射仪数据来评估北纬高纬度地区表面的粗糙度并采用辐射测量的方法测量能量平衡情况。在距离降至265 000 km之前，其他的遥感设备并未启用。在到达最近点前1h，卡西尼号切换至推进器进行姿态控制，随后通过姿态机动使质谱仪的入口朝前，这个姿态对于尘埃敏感器和等离子体光谱仪的观测也是完美的。卡西尼号以17.7 km/s的相对速度飞掠土卫二，最低飞掠高度为25 km，位于南纬28°上空。在到达最近点后不到30 s，卡西尼号以200 km的高度直接飞掠了南极并穿越了喷流。质谱仪获得了迄今为止最高信噪比的无线电频谱，并识别出了苯、甲醇、甲醛等复杂的微量分子。一个特别重要的结果是首次确定了氨的检测结果，其在喷流中约占0.8%。这个结果支持了地下海洋的假说，因为氨本身具有防冻功能。该仪器还检测了氩-40。检测到的氘氢的比例几乎是地球的两倍，与彗星的比例相当。同位素氩的存在表明土星卫星形成时的原始物质并未受到持续的热侵袭[287]。

尘埃分析仪切换成了高采样率模式，以获取喷流密度和成分的空间剖面图。探测仪器在冲击下达到饱和前，已获得了迄今为止关于土卫二地下海洋最有利的证据。在频繁通过E环期间，尘埃分析仪的探测结果揭示了三种粒子群的存在：一种是几乎完全纯净的水，一种是水和硅酸盐材料，另一种是水和钾盐、钠盐。然而，喷流中超过99%的颗粒是富含钠盐和钾盐的冰。氯化钠（食盐）和碳酸氢钠都存在。这些成分的构成与一个和土卫二岩状内核保持接触的海洋成分的构成是一致的。因为上方形成了纯水冰的硬层，所以这些无机盐在水中保持了溶解态，无机盐的存在使得次表层海洋的存在几乎成为确定的事实。而喷流中大量的二氧化碳也表明在土卫二的次表层中可能存在"苏打水"[288-289]。等离子体光谱仪观测发现了尺寸介于水蒸气和尘埃颗粒之间的粒子。在此次以及2008年的其他飞掠过程中，离子和中子质谱仪发现了一个与土卫二相同轨道的水分子环存在的证据，但原位测量却没有得到类似的结论。2010年，由ESA的赫歇尔（Herschel）红外空间望远镜证实了这个环状结构的存在。其中一小部分水会从环面逃逸并覆盖邻近的卫星，从而产生了在20世纪90年代所观测到的土星高层大气异常的水浓度。这使得土卫二成为在太阳系中已知的唯一一颗对其母星施加实质性影响的卫星[290]。

光学仪器在到达最近点后 15 min 恢复工作，此时窄视场相机的分辨率约为 140 m。与上次相似，土卫二在飞掠 46 min 后进入了土星的阴影锥。相机观测到了土卫二的日食情况，红外设备对巴格达和大马士革沟的热惯量进行了测量。这些观测在土卫二出食后又持续了几个小时。

在往来于土星两极的漫长航行中，卡西尼号对千米波辐射及其来源进行了研究。北部和南部的辐射来源于极光无线电辐射的地点，在地球磁层中也存在同样的现象。此外，两个极区的无线电波周期有很小的差异，并且会随时间变化，预计在 2010 年 4 月时"达到一致"，这大约是在春分后 8 个月。鉴于尤利西斯的研究已经发现这两个周期在 1995 年的春分之后 9 个月出现了重合，因此可以推断这个周期与春分之间存在固有联系。它可能与季节变化或太阳光照有关。一种说法是它随着土星高层大气导电率的季节性变化而变化。在 10 月 17 日，卡西尼号在距离土星 $5R_s$ 的高度上飞过了南半球的千米波源区。等离子体波试验设备、磁力计和等离子体光谱仪均获取了数据。事实上，对于这片区域将在第二次拓展任务末期进行更为详细的研究，那时卡西尼号将位于"近端轨道"，以非常近的距离掠过土星[291-292]。

10 月 24 日，在第 90 次环绕期间，卡西尼号进行了与土卫一迄今为止最近距离的交会，飞掠高度 57 000 km。但由于飞掠的是土卫一的背光面，并且此时只有一个细微的新月可见，没有进行成像。在土星的背光面，相机开始捕捉闪电，此处的云层不会被土星环（春分期间太阳光位于土星环侧面）反射的太阳光照亮以至于影响观测结果。大约在同一时间，在进行土星轨道入射之后的第 169 次中途修正时，一台 1 N 推进器发生了一次明显的欠推力现象。后续的机动过程证实了这一问题，表明推进器即将达到寿命。于是决定启用备份系统进行小推力控制。这项任务于 2009 年 3 月完成，此时卡西尼号没有轨道机动任务，也没有正在进行的科学观测任务。

与此同时，卡西尼号在 2008 年 10 月 31 日与土卫二第 6 次交会（E6）。卡西尼的飞掠轨迹与 8 月和 10 月初的飞掠轨迹几乎相同，这一次达到的最低高度是 169 km，最近点还是位于南纬 28°。交会过程的任务序列起始于到达最近点前 8 h，开始对土卫二进行红外到紫外线谱段的遥感光谱扫描。和前几次一样，这次交会的目标是勘察土卫二周围的水和其表面上的非冰化合物。卡西尼号在飞过最近点后，紧接着在南极上空进行了另一次"双向飞碟射击"形式的姿态机动，使用相机对"虎皮条纹"内的三个热点和活跃点进行了观测。这次总共拍摄了 9 张照片，在巴格达和大马士革沟的成像分辨率高达 10m。与此同时，使用复合红外光谱仪对一些沟的石床温度进行了测量。在通过了喷流并逐渐远离时，卡西尼号对南极开展了低分辨率成像，同时测量了紫外线光谱和热分布图。飞掠后 50 min，土卫二进入了持续 2.5 h 的土星阴影区。通过在交会前后的无线电跟踪对重力的测量结果进行了补充。

11 月 3 日，卡西尼在 3 个月内首次返回土卫六。这次交会与土卫二交会之间仅相隔 3 天时间，这是一个相当大的挑战。而土卫二最终的实际交会轨道高度比预计的低了大约 15 km。因此对此次土卫六交会的序列中设备指向进行了实时更新。第 46 次与土卫六交会

（T46）的位置几乎位于赤道处，高度为 1 105 km，最近点仅为南纬 3.5°。在接近期间，遥感设备拍到了部分被照亮的土卫六，可以看到仙那都的西南部区域。相机分别拍摄了一幅全球图和一幅区域图，后者聚焦于布袋圆弧。部分科学家们要求对这一"笑脸"状区域进行频繁拍照，希望能看到一些变化，从而证实这一区域是由低温火山产生的。但是这次飞掠的任务主要是进行无线电科学研究，并且在达到最近点之前的 1 h 全部用来进行无线电跟踪。此外，在飞进和飞出过程中还开展了无线电掩星和双基地雷达试验。从地球看来，卡西尼号在到达最近点前 14 min 在土卫六中南部纬度区域上空消失，而在几乎沿径向飞行 33 min 后，又出现在了中北部纬度区域上空。

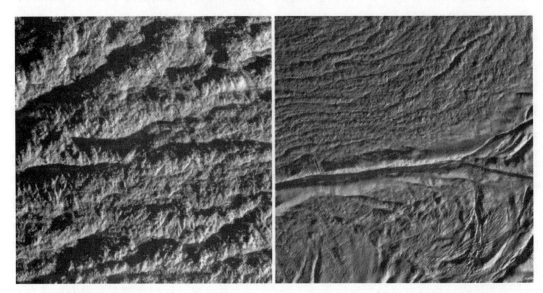

土卫二的最高分辨率图像之一，显示出南极区域的巨大岩石（左图）。右图是一张在更远距离拍摄的大马士革沟的图像，分辨率约为每像素 24 m（图片来源：NASA/JPL/空间科学研究所）

第 46 次土卫六飞掠使得卡西尼号的轨道周期增加到了 8 天，因此第 47 次土卫六交会（T47）恰恰发生在运行两圈后，即 11 月 19 日，并且几何位置关系未发生变化。在接近过程中，对位于晨昏线附近的布袋圆弧进行了多光谱成像，最佳分辨率为 12.5 km。当把此次的数据与第 41 次土卫六飞掠时获得的雷达图像一起进行研究后，产生了一种地质学方面的解释。布袋圆弧的中央部分看上去像是一个充满异常明亮流动物体的盆地。根据雷达的探测结果，尽管这些区域的边缘是平滑的，但却具有迥异的粗糙度。在南部盆地的边缘存在一处几乎有 1 km 高的山脉，看上去像是覆盖了黑色碳氢化合物。雷达图像显示出一些河道流入仅在红外光谱下可见的深蓝色洼地。在北部边缘的两个黑点为火山口。其整体结构看起来很年轻，也许只存在了不过几千年[293]。在卡西尼号以 1 023 km 的高度飞掠前大约 1 h，主要使用紫外光谱仪对大戟科（eta Ursae Majoris）掩星进行了观测，以对高层大气和尘雾层的不透明度进行测量。在最近点附近，采用成像光谱仪收集了土卫六背向土星的半球的数据，其中包括首次获得了惠更斯号着陆点的图像数据，分辨率为 1 km，借此确定了惠更斯号下降过程中拍到的区域的组成情况。在飞离过程中还进行了大犬座 β 星

(beta Canis Majoris) 的紫外线掩星观测。

在即将到达下一个近拱点之前，卡西尼号在 11 月 24 日与土卫三进行了一次非目标交会，距离为 25 000 km，并对土卫三朝向土星的那一面半球拍摄两张拼接图像，以对其地形进行立体分析。同时，它也在相距约 65 000 km 处拍摄到了土卫十二的照片。

卡西尼在 12 月 5 日与土卫六进行了第 48 次交会（T48）。此次交会的最近点位于南纬 10.3°，高度 961 km，这个高度已经接近能够安全进行赤道飞掠的最低限了。这已经是连续第 12 次在经过近拱点之后飞掠土卫六了，和之前各次一样，在抵近过程中采用遥感设备对前导半球进行了探测。在到达最近点前 1 h，开始优先采用雷达和质谱仪进行探测。在到达最近点前 20 min，雷达开始进行推扫成像，获得了第一幅高分辨率推扫图像。这条推扫图像穿过了埃尔暗斑和图伊区。随后，当质谱仪正在采集阳面赤道电离层数据时，雷达拍摄了第二幅推扫图像，这一次覆盖了仙那度的东南部区域、香格里拉中部的丘陵区以及迪尔蒙的东南部区域。在飞掠后 43 min，光学设备观察到土卫六对大犬座 ε 星的掩星现象。最终，卡西尼号到达了远拱点，结束了第 95 圈土星环绕轨道。

在开始下一次环绕的三天后，卡西尼号观察到了土星环和土星对半人马座的掩星情况。这为测量土星高层大气尘霾紫外线不透明度提供了契机。在当月的晚些时候，卡西尼号观测到了南十字座 α 星（alpha Crucis）掩星和半人马座 β 星（beta Centauri）掩星现象。

卡西尼号于 12 月 21 日返回土卫六，开展第 49 次交会（T49），这一次以 971 km 的高度飞掠南部高纬度区域上空。抵近过程中，相机对先导半球的南部区域进行了成像，同时红外成像光谱仪尝试对安大略湖进行远距离观测。在开展了约 12 h 的光学遥感后，在抵达最近点前 45 min 开始主要使用雷达进行探测，在飞向南部高纬度地区的过程中获取了自西北偏西到东南偏东的推扫图像。拍摄结果显示出一片黑暗的区域，而这片区域在卡西尼到达土星时尚未出现。它似乎是在 2004 年年底时由碳氢化合物雨水所形成，但是并不清楚在这片看起来曾短暂存在的湖中是否有液体存在。此时雷达切换到高度测量模式，从东南向西北防线穿过安大略湖，对湖边缘的坡度进行测量。结果显示安大略湖位于一个几百米深的凹陷地形中。卡西尼号在飞掠贝莱特时重新开始使用雷达成像。在飞行过程中使用了高度测量、散射测量和辐射测量等手段，并对北半球上空的云层进行了可视监测。与之前的飞掠类似，由于这次交会的几何位置关系，如果太阳风足够活跃，那么土星磁层朝向太阳一侧的外缘将位于土卫六的轨道以内，可以在真正的星际空间与土卫六进行交会，但目前为止情况并非如此。在经过最近点后仅仅 4 min，卡西尼号到达了距离土星 118 万千米 的远土点。第 49 次土卫六交会使得卡西尼号的环绕轨道周期增加至将近十天。

当卡西尼号在 12 月 24 日飞过土星环平面时，观测到了土星和土星环对半人马座和 β 星的掩星现象，并在第二天，观测到了 A 环和 B 环对 α 星的掩星现象。在 2008 年的最后一天，卡西尼号完成了任务原计划中的第 99 次环绕，但实际上这是第 100 次环绕，原因是为了重新安排惠更斯号探测器的任务，在任务早期就对飞行轨道进行了修正。在 2009 年 1 月 8 日，在土星环环面上第一次观测到了土卫十一的影子。而这也是卡西尼号观测到的众多"皮影戏"事件中的第一个。

在 2008 年年底和 2009 年年初，卡西尼对土卫五周边空间拍摄了一些深背光图像，尝试对土星环的一些假定存在的物质进行探测。在土卫五两端以及多种光照角度下拍摄了大量图像，但是结果却是否定的。电子损耗的现象切实存在，但并非由于土星环引起。一种可能性是短间隔、长曝光的图像没有展现出相应的情况。所有证据都显示出土卫五是惰性的[294]。1 月底和 2 月初，卡西尼号观测到了土星环和土星对南十字座 β 星（beta Crucis）、南十字座 γ 星、半人马座 β 星（beta Centauri）和三角座 α 星（alpha Trianguli）的掩星情况。

卡西尼号于 2 月 7 日返回土卫六，开展第 50 次交会（T50）。在两次交会之间，卡西尼号环绕土星运行了五圈，而土卫六仅绕土星运行了三圈。尽管如此，土卫六并未被卡西尼号忽视，因为卡西尼号一直使用相机沿着土卫六的运行轨道监视它的云层情况。在这次极低高度的交会过程中，飞掠高度下降到 967 km，最近点在南纬 33.7°，几乎是惠更斯号着陆点的反面对应点。优先使用质谱仪进行探测，同时雷达也获得了一条较短的推扫条幅，条幅位于尾随半球，梅佐拉米亚北部区域和中纬度的一个看起来像是一片湖或者一个低温火山口的深色斑点。梅佐拉米亚是南半球的一片半圆形深色区域，被怀疑是一片干涸的海。虽然范围可能超过 100 万千米，但是梅佐拉米亚仍将是下一圈轨道的非目标交会期间的光学观测目标。雷达推扫图继续穿过了仙京南部一些明亮的条纹，最终结束于一片丘陵区域。仙京被认为是一片多山的区域。在成像前后均获得了高度测量数据和较低分辨率的定点成像（spot - imaging）数据。不久后卡西尼号到达了远拱点。飞掠过程使其轨道周期又增加了 2 天多，并将近拱点移至土卫五和土卫六的轨道之间，距离所有的内侧卫星都比较远。

2009 年，另一个罕见的现象是土卫十六在到达它的微椭圆形轨道的远拱点时，接近了 F 环的近拱点，从而造成这颗卫星在靠近内边缘的位置上穿过了 F 环。虽然直到 12 月才会出现完全对齐的几何关系，但是卡西尼号在 2 月 9 日就拍摄了第一张图像，以对这一现象进行观测，并且捕捉到了这颗小卫星在土星环上的投影。一些主要卫星的投影也开始穿过土星环平面。在 3 月 20 日，卡西尼号观察到了土卫三的投影在 A 环上的移动情况。

第 51 次土卫六交会（T51）发生在 3 月 27 日，这是第 15 次，同时也是一系列向外飞行的飞掠中的最后一次。这次飞掠与半圈轨道之后的第 52 次交会（T52）一起，将完成第二次 pi 转移，将近拱点从背光面转至阳照面。在接近过程中优先使用光学仪器开展探测。相机拍到了前导半球的南部区域，特别是仙那度西南部、泽吉西部和布袋圆弧。在接近最近点的过程中，成像光谱仪对南极地区进行了观测。当卡西尼号在到达最近点前 12 min 直接飞掠安大略湖时，成像光谱仪进行了多光谱立体采集，并与 2007 年 12 月份采集的数据结果进行比对分析。与此同时，相机尝试拍摄安大略湖及其周边区域的高分辨率图像。本次飞掠高度为 963 km。在远离过程中，在晨昏线和阳照面的中高纬度区域主要使用质谱仪进行探测。飞掠后 15 min 进行了一项双站雷达试验。同时，在经过最近点后仅 8 min，卡西尼号到达了第 107 圈环绕轨道的远土点。卡西尼号过去运行在一条低偏心率、

土卫十六（底部中间偏左）穿过 F 环时产生的条带（图片来源：NASA/JPL/空间科学研究所）

高倾角的轨道上，轨道周期为 16.5 天，土心距在 $13.6R_S$ 到 $19.7R_S$ 之间变化，但第 51 次交会圆化了轨道，并交换了近拱点和远拱点的位置。第 51 次交会后的轨道的土心距在 $19.7R_S$ 到 $20.9R_S$ 范围内变化，轨道周期为 16.8 天，轨道倾角为 65°。

两天后，相机捕获了令人惊奇的一系列土星环对人马座 ω 星云（Omega Centauri）的掩星现象，这是一个几百万颗星组成的球状星团。此外，还观测到了其中一些星穿过基勒环缝的现象。随后，卡西尼号看到土卫一的阴影穿过了 A 环。

在到达其近圆轨道的对面时，卡西尼号在 8 天的时间内第二次接近了土卫六。发生在 4 月 4 日、最近距离 4 147 km 的第 52 次土卫六交会是卡西尼号最远距离的目标交会之一。光学遥感设备在抵近的过程中工作。此外，雷达对土卫六北极进行了远距离辐射测量。在到达最近点前约 3 h，紫外光谱仪对一个非常缓慢的波江座 α 星云（alpha Eridani）的掩星现象进行了监测，以对极地旋涡的结构和化学成分进行研究。在到达最近点时主要进行了无线电科学研究。卡西尼号滑到了土卫六星盘后面中北纬地区，并在 10 min 后重新出现在赤道附近。自 1980 年 11 月旅行者 1 号的飞掠后，这是第一次获取到了赤道大气层的垂直方向高分辨率图像。如果主任务早期的轨道没有被重新设计，本可以在 2005 年 2 月的交会期间观测到一次靠近赤道的掩星现象。卡西尼号在飞向和飞离土卫六的过程中分别对朝向土星的半球北部和尾随半球的南部进行了双站雷达试验。在与地球失联的时间里，卡西尼号通过了土卫六的阴影锥，并在黑暗中到达了最近点。在阳照面飞离土卫六使得相机能够拍摄到尾随半球南部一些之前不可见区域的高分辨率图像。卡西尼号拍摄到了梅佐拉米亚东部的一片深色区域，而梅佐拉米亚自身就位于土卫六星盘的边缘。在接下来的几天中，相机恢复了对土卫六云层的长期监测。

到目前为止，土星卫星在土星环上投影的移动情况越发常见。土星环的掠射光照甚至可以显现出一些之前看不到的几百米直径大小的团块或者小卫星。这些天体在周围更薄的土星环上形成了长长的投影。垂向的光照使得卡西尼号可以观测到偏离环平面的颗粒投影。例如，它观测到了由于土卫三十五的小倾角轨道导致粒子波沿着基勒环缝的边缘在环平面上下振荡，振幅达到 1 500 m。与此同时，卡西尼号也对恩克环缝和基勒环缝边缘处的锯齿阴影进行了观测，希望能够找到嵌入这两个环缝从而产生这两个环缝的那些尚未被发现的小卫星。

当卡西尼号运行在近圆、16 天周期的轨道上时，它与土卫六在相距 300 000 km 处发生了非目标交会，并对布袋圆弧、象头神暗斑和梅恩瓦撞击坑进行了拍照。4 月 20 日，共振轨道将卡西尼号送回了土卫六。第 53 次土卫六交会的几何关系和光照与之前的交会类似。鉴于飞掠距离为 3 599 km，相对较远，因此优先采用光学遥感，而雷达仅在飞离的时候进行辐射测量。到达最近点前 3 h，紫外光谱仪又一次对波江座 α 星云（alpha Eridani）的缓慢掩星现象进行了观测，据此对高层大气层进行研究。在到达最近点前 11 min，紫外光谱仪观测到了长达 9 min 的太阳掩星现象，获得了大气层中氮气的密度剖面数据。这些数据可以与姿态控制系统的数据进行比较分析，在非常近距离的飞掠过程中，姿态控制系统承受了比预期更大的力矩。另一次与土卫六的非目标交会发生在 4 月 27 日，交会距离为 700 000 km。5 月 5 日，在进入下一圈的环绕轨道时，卡西尼号进行了第 54 次土卫六交会（T54），此次交会距离为 3 242 km，最近点位于南纬 14.1°。在最近点附近主要使用复合光谱仪对土卫六的边缘进行观测，形成了低纬度区成分组成、温度和微粒的纵向剖面图。在飞离途中，大约与土卫六相距 9 000 km 的时候开始，卡西尼号使用相机对尾随半球南部高纬度的一片区域进行了高分辨率成像，之前曾在这片区域中看到过一些特性未知的深色点。通过成像光谱仪获得的数据，能够监测已知的湖泊并寻找新的湖泊。两天后，对日食期间的土卫六进行了长时间曝光的彩色图像拍摄，以研究被土星和其他卫星微微照亮的土卫六大气层。

5 月 13 日，卡西尼号第一次观察到了一颗卫星被另一颗卫星遮挡所发生的星食现象，当时土卫二的阴影穿过了土卫一的星盘。

5 月 21 日的第 55 次土卫六交会（T55）是一次非常近距离的交会，交会距离为 966 km。在抵近途中卡西尼号首先获取了散射测量和辐射测量的数据，并对仙那度以北的一些区域进行了低分辨率扫描，同时对高度进行了测量。随后，卡西尼号开始进行拍照，从仙那度北部开始，穿过香格里拉地区，最后到南纬 70°区域结束。图像中能够看到克里特光斑①（Crete Facula），这是四国光斑和霍巴尔条纹（Hobal Virga）南部的沙丘区域，

① 原书此处为 Crete Macula（克里特暗斑），勘误为克里特光斑。——译者注

图中显示为一个位于中南部纬度、自东向西的深色地貌特征。卡西尼号拍摄了由高地区域向南部高纬度地区的低洼地带流动的液态甲烷形成的峡谷和支流河道的图像。当雷达工作时，质谱仪对阴影区低纬度区域的大气层进行了采样。过程中曾出现了 18 min 的地球遮挡和稍短一些的太阳遮蔽，但是这两个现象都未被用于科学观测。在飞离土卫六的过程中，雷达对南部高纬度区域进行了高度测量，同时对安大略湖附近进行了低分辨率成像。之后光学仪器继续对云层进行了观测。

日食中的土卫六的长时间曝光图像，摄于 2009 年 5 月 7 日，此时卡西尼号距离土卫六约 667 000 km
（图片来源：NASA/JPL/空间科学研究所）

6 月 6 日的第 56 次土卫六交会（T56）是卡西尼号十次向内飞行过程中飞掠土卫六的第五次。这十次飞掠中，卡西尼号都会在土卫六运行轨道的同一位置与它交会。在卡西尼号的轨道周期维持在 16 天的同时，它的偏心率也开始逐渐增加。5 h 后，雷达开始对可见的土卫六星盘进行辐射测量，主要包括北部的湖区。之后，雷达进行了散射测量，并对仙那度北部和 2006 年 7 月已经完成测绘的部分区域进行低分辨率成像和高程测量。在探测器位于最近点周围的 19 min 内，卡西尼号进行了一次自东北向西南的推扫成像，开始于仙那度北边，穿过香格里拉地区，结束于南纬 66°附近。除了部分区域有所重叠外，这次的推扫图像基本上位于之前的推扫图的东南侧，几乎与之平行。雷达再次对香格里拉东北部的克里特光斑（Crete Facula）、凯尔盖朗光斑、巴卡贝（Bacab）条纹、佩尔库那斯条纹（Perkunas Virgae）以及南部中纬度地区的霍巴尔条纹进行了成像。卡西尼号以

968 km 的高度从南纬 32.1°上空飞过，这也是推扫图的中间点。和之前的交会过程一样，质谱仪在卡西尼号飞掠土卫六覆有尘埃的那一面的过程中对电离层进行了采样。飞掠后 1 h，紫外光谱仪观察到了大熊座 η 星（eta Ursae Majoris）的掩星现象。

6 月 22 日的第 57 次土卫六交会（T57）是一次飞掠高度仅有 955 km 的交会，对于南纬 42.2°的这片区域来说，这是最低的安全高度。在最近点附近主要使用的仪器是无线电科学载荷、质谱仪和雷达。无线电掩星从飞掠前 24 min 开始，在到达最近点时刻结束。然而，由于主要使用了其他探测设备，仅仅在抵近过程中对位于极地涡流边缘附近的北纬 79°区域的大气层进行了探测。这是整个任务中最高海拔的无线电掩星观测。一个稍短一些的太阳掩星发生在大约相同的时间，但是由于探测器此时位于背光面，使用质谱仪对背光面南部上空的电离层进行了采样，并没有观测到这次太阳掩星现象。与此同时，雷达沿着与之前两次交会过程平行的轨迹拍摄了一条幅图像，图像从仙那度的西南部开始，穿过香格里拉地区南部，抵达南纬 75°附近的安大略湖西北部。随后，它同时进行了高度测量并进行了低分辨率扫描。本次交会的雷达观测结束于在飞离土卫六的过程中对南半球进行的散射测量和辐射测量。光学遥感的优先级较低，但在飞离过程中对包括尾随半球中南部纬度在内的区域进行了观测。这一次的飞掠使卡西尼号轨道的偏心率进一步增加，使近拱点位于土卫四和土卫五的轨道之间。与此同时轨道倾角在缓慢减小。

7 月 7 日，卡西尼对整个内土星系统进行了模糊的广角成像，拍摄对象不仅包括了新月相位的土星，还有土星环的背光面、土卫一、土卫二和土卫三。

第二天的第 58 次土卫六交会（T58）的飞掠距离为 966 km，最近点位于南纬 52.2°。在接近过程中，卡西尼号拍摄到了新月般的土卫六，同时成像光谱仪在距离土卫六约 200 000 km 时进行了 2 h 的数据采集，目的是搜索云层、对黑暗中的图伊区进行观测以及寻找可能存在的冰火山的热信号。与此同时，随着土卫六北半球逐渐进入了春季，越来越多的极地湖泊开始受到太阳光直射。结果，成像光谱仪捕获到了液体反射的光线。尽管这一区域的雷达覆盖不全，但是这些光线的来源应该是克拉肯海的西南沿岸。后来，这片地区参考中国的镜泊湖（Jingpo Lacus）而得到了恰当的命名。要以这种方式反射阳光，镜泊湖的波浪必须比地球海洋的波浪平整一百倍。对于陆地也能检测到微弱的阳光反射，说明镜泊湖的滨岸应该是湿泥滩或者遍布水坑[295-296]。在到达最近点前，使用紫外光谱仪对一次 27 min 的太阳掩星现象进行了观测，以获得北极涡流密度的数据，并与姿态控制系统在通过高纬度地区时获得的测量数据进行比对分析。这些掩星现象揭示了雾层的结构以及它们在各次飞掠之间是如何变化的。当质谱仪在对电离层进行采样时，雷达拍摄了一条推扫图，始于仙那度的西部边缘，经过香格里拉南部，结束于安大略湖旁边。通过对 2005 年 7 月的红外图像和 2009 年 7 月的雷达数据进行对比可以看出，安大略湖的湖岸似乎已经后退了几千米，深度也减小了几米。这可能是一种季节性效应，但科学家非常谨慎地指出，这也可能仅仅是这种对不同测量设备的结果进行比较的方法的副作用。在飞掠后 47 min，紫外光谱仪观测到了大熊座 η 星的掩星现象。在飞离途中，卡西尼号对仙那度和慈济进行了高分辨率和中分辨率成像。

在第 58 次土卫六交会过程中，成像光谱仪的观测结果为土卫六极区的液态碳氢化合物的存在提供了最直观的证据，因为它拍到了阳光从镜泊湖表面反射的照片（图片来源：NASA/JPL/亚利桑那大学/DLR）

对于 7 月 24 日的第 59 次交会（T59），届时土卫六将位于土星磁层的下游，粒子和场设备将能够对一些相互作用区域进行采样分析。飞掠过程的几何位置关系不会提供太多可以观察到土卫六光照区的机会，因此仅安排了几次相机和测绘质谱仪的观测任务。但是，在接近过程中可能可以在克拉肯海西北部区域（即未被照亮的半球的边缘处）观察到太阳光反光现象。在最近点附近主要使用等离子体光谱仪进行探测，主要对土卫六的电离层和磁层之间的相互作用进行观测，同时在飞掠过程中寻找源自土卫六并被磁层电离和"拾起"的分子。在到达最近点前后 40 min 内，质谱仪利用处于南部高纬度地区的机会获取数据，以填补大气层和背光面电离层在纬度方向上覆盖区域的空白。同时，雷达又拍摄了一条尾随半球南部区域的推扫图。当卡西尼号在南纬 62°上空 955 km 处飞掠时，正好处于与地球通信中断时。此次交会使卡西尼号飞行轨道的近拱点降低到了土卫二公转轨道内部。

当卡西尼号在 7 月 26 日到达轨道近拱点时，通过使用相机和红外光谱仪以 100 000 km 的距离对土卫十尾随半球南部区域进行了观测，同时在土卫二被土卫五遮挡时对土卫二的喷流进行了研究。正是在进行这些观察期间，一颗新的卫星被发现了。

这颗被称为 S/2009 S1 的小卫星是一个只有 300 m 直径大小，在距离 B 环最外层边缘朝内 700 km 的轨道上运行。它被捕获到是因为它在近乎垂直的光照下留下了 40 km 长的影子。这个小卫星很有可能与在 A 环中形成螺旋结构的物体大小相近[297-298]。

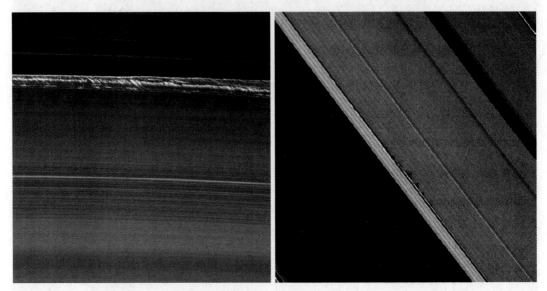

在这张拍摄于 2009 年 7 月 26 日的图像（左图）中，土星环内的平面外结构明显突出，边缘被几乎垂直的太阳光照亮。土卫三十五和基勒环缝边缘的波纹在附近的土星环上形成了投影（右图）

（图片来源：NASA/JPL/空间科学研究所）

卡西尼号还获得了与太阳系物理特性有关的成果。通过使用离子和中子相机在 2009 年 7 月之前获取的数据，科学家绘制了中性原子的"全天区"分布图，这些中子的较高能量可能是日球层边界与高能质子之间相互作用的结果。如果事实如此，那么这些数据就可以用于对太阳风和星际介质相互作用的区域的形状、压力、磁场以及其他特性进行描述。日球层顶在几乎同一时间被旅行者一号和旅行者二号的原位探测以及位于地球轨道的星际边界探测器（Interstellar Boundary Explorer，IBEX）的高能中性原子"相机"发现，两个旅行者号探测器分别在 2004 年和 2007 年在 94AU 和 84AU 距离处穿过了内层终止激波[299]。作为卡西尼号数据源的中性原子，其能量比星际边界探测器"拍摄"的中性原子的能量更高，并且呈现出了一条模型未能预测到的由高能质子组成的宽阔条带[300]。

8 月 9 日的第 60 次土卫六交会的飞掠高度为 971 km，最近点位于南部高纬度区域上空。然而，由于科学家们在卡西尼号到达春分点前几个小时优先安排了对土星环的观测，飞掠过程的观测序列相对缩短了。当卡西尼号接近土卫六背向土星半球的北部区域时，红外光谱仪开始寻找北极旋涡运行状态的变化情况。从飞掠前 5 h 开始，雷达进行了一系列观测，包括对香格里拉中部进行低分辨率推扫成像，以及自仙那度到安大略湖的高度测量。质谱仪获得了第一份南极上空的大气样品。在这次飞掠过程中，卡西尼号有 54 min 被土卫六遮挡，无法与地球通信。在飞离过程中进行了几次观测后，卡西尼号将注意力转向土星环，主要是寻找土星环辐以及小卫星和螺旋桨状特征的阴影。

嵌在 B 环中的小卫星 S/2009 S1。它被发现是因为在被几乎垂直的阳光照亮的土星环上投射出长长的阴影。左边的亮点是一次宇宙射线轰击（图片来源：NASA/JPL/空间科学研究所）

在 8 月 11 日 00 时 15 分（UTC 时间），太阳穿过了土星系的赤道平面，标志着北半球春天的开始。几天后拍摄的图片显示，环的北面被土星反射的阳光微微地照亮了。这幽灵般的场景是有可能出现的，因为此时太阳并没有完全照亮整个土星环。从侧面入射的太阳光展示出了覆盖整个 C 环的不易察觉的波纹，形态类似于池塘的波纹。波浪高达几十米，彼此相距几十千米。对波纹进行回溯显示出，波纹来自一个 1983 年从土星环平面偏出的倾斜环面。也许土星遇到了一团源自彗星或者小行星的碎片，这些碎片造成了最初的倾斜，随后逐步演化并在如此昏暗的光照情况下被观测到了[301]。

进入 8 月份，卡西尼号开始对土星南部温和的"风暴地带"的一个 3 000 km 的浅色风暴进行研究，这个风暴在这一年余下的大部分时间中都存在。在土星背光面对这个风暴拍摄的照片第一次捕捉到了一系列的闪电。时值春分，这为开展这些观测提供了可能，因为此时斜照的阳光无法从土星环上反射到土星上，所以土星背光面的半球完全是漆黑一片。闪电位于云顶下方 125～250 km 之间，这意味着风暴位于氢硫化铵层，或是大气中更深层的水蒸气层。另一个难以在土星上拍摄闪电的原因是，相比于木星，闪电出现的位置更低，从而被雾层所遮挡。

卡西尼号窄视场相机在 2009 年 11 月 30 日拍摄的土星背光面的闪电
（图片来源：NASA/JPL/空间科学研究所）

8 月 25 日的第 61 次土卫六交会（T61）是卡西尼号的十次（各次间隔 16 天）向内飞行过程中飞掠的最后一次。这一次的飞掠高度为 970 km，最近点位于南纬 19°上空。就像近期的大多数近距离飞掠一样，飞掠过程中优先使用雷达进行探测。首先获取了香格里拉西南部、四国光斑东部和前两次飞掠过程中拍摄过的沙丘区域的低分辨率图像。随后拍摄了一条高分辨率推扫图像，从东到西穿过迪尔蒙、阿迪立和贝莱特以及尾随半球的沙丘地带。这条成像带与 2005 年 10 月拍摄的成像带平行并且部分重叠。在多种光照角度下，科学家对贝莱特的"沙丘海"进行了反复观测，从而能够对这片地形进行三维重建。最近点位于晨昏线上方，并且正在由阴影区进入阳照区。经过最近点后 1 h 开始主要使用成像光谱仪。相机"沿着飞行轨迹"拍摄了仙京西部、仙京南部的黑暗条纹以及尾随半球的南部区域图像。飞掠过程使得卡西尼号的轨道周期增加至 24 天，意味着下一次交会将发生在土卫六公转三周，同时卡西尼号公转两周之后。

在 9 月的第二个星期，卡西尼号进行了一次土卫八非目标飞掠，飞掠距离在 1×10^6 km 左右，这是进一步收集数据的好机会。同时，对土卫六进行了远距离观测，对贝莱特西部区域进行了成像，4 月份观测到的风暴可能在这片区域的表面产生了降雨。9 月 15 日到 20 日出现了日凌。不久之后，在卡西尼号接近远拱点的过程中，它在 300 000 km 的距离对土卫六进行了非目标飞掠，对土卫八附近空间进行了探测，以搜寻微弱的土星环或者喷流。在卡西尼号回到第 119 圈环绕轨道的近拱点时，它使用了紫外光谱仪、红外成像光谱仪、相机和等离子体光谱仪来研究土星上的极光。10 月 5 日至 8 日期间拍摄了近 500 张照片，而春分点的光照为拍摄北部极光的第一张长曝光可见光图像创造了条件。在北纬 70°以上，发现了一个高出土星边缘 1 200 km 的极光。

10 月 12 日的第 62 次土卫六交会（T62）的距离为 1 300 km，最近点位于南纬 64°。这次飞掠使探测器进入一条低倾角轨道，使它具备了与土卫二和其他一些内环卫星交会的条件。卡西尼号向背光面和背向土星的半球靠近，在即将到达最近点时穿过了土卫六的阴影。在离开太阳掩星时，紫外光谱仪对南部高纬度地区的高层大气和分散的薄雾层进行了研究。成像光谱仪还对掩星进行了观测。卡西尼号在从阳照面离开时，利用所有可用的波长进行了光学遥感观测。

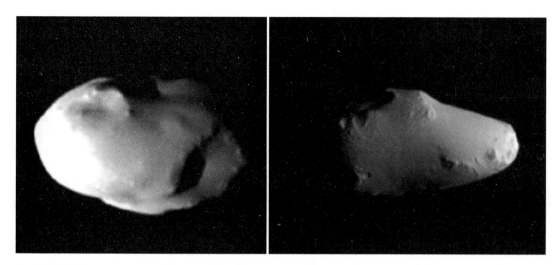

小卫星土卫十三（Telesto），摄于 2009 年 8 月 27 日（左图）。2010 年 2 月 13 日，卡西尼号获得了土卫三的特洛伊卫星（Trojan moon）土卫十四（Calypso）的一组最好图片，拍摄距离大约 21 000 km（右图）（图片来源：NASA/JPL/空间科学研究所）

　　在快速飞过轨道近拱点的过程中，卡西尼号对土卫五、土卫三和土卫一进行了非目标飞掠。它还对土卫二的喷流进行了监测，为接下来的两圈环绕中的飞掠探测做好了准备。第一次飞掠发生在 11 月 2 日，在到达近土星点后仅仅 3 h。这是既定的第 7 次土卫二飞掠，同时也是迄今为止最慢的一次，相对速度仅为 7.7 km/s，事实上，这比 2008 年的飞掠速度慢了大约 10 km/s。因此，质谱仪等原位分析设备能够以前所未有的高信噪比进行数据采集。在接近背光面的过程中，从卡西尼号的角度来看，土卫二距离太阳非常近，因此使用光学仪器太冒险了。卡西尼号改为使用雷达对背光面进行了散射测量和辐射测量，从而分别对土卫二表面粗糙度和能量平衡情况进行测量。卡西尼号在近拱点对土星中南纬度地区进行了类似的观测。紫外光谱仪获得了穿越土卫二星盘的喷流的光谱。在还剩不到 1 h 就要到达最近点时，卡西尼号调整了质谱仪入口的指向，以采集来自喷流和 E 环的颗粒。与此同时，尘埃探测设备也对撞击颗粒进行了分析。当土卫二在宽视场和窄视场相机的视场内快速穿过时，这两台相机都对中纬度地区和南极区域晨昏线附近拍摄了照片。卡西尼号以仅仅 99 km 的最近距离在南极上空穿过。这是迄今为止卡西尼号最深入喷流的一次，它穿过了亚历山大和巴格达区域的喷流。在如此低的高度上穿过极区喷流是为了让质谱仪能够在氨和复杂的碳氢化合物被太阳紫外线分解之前进行采集。此外，通过记录卡西尼号受到的力矩，科学家能够对喷流中气体的密度进行估算。当卡西尼号在太阳的照射下从土卫二背向土星的一侧飞离时，它开始使用光学仪器进行探测。值得一提的是，红外光谱仪绘制了南极的温度分布图。在离开土卫二后，卡西尼号的注意力转向了大约 300 000 km 以外的土卫三。

　　在接下来一圈的环绕过程中，卡西尼号在 11 月 21 日开展了第 8 次土卫二交会（E8）。与之前的交会一样，卡西尼号从背光面接近土卫二，最近点几乎位于南极正上方，并从阳照面离开。但是此次交会高度增加到了 1 603 km，最近点在南纬 82°。在接近过程中，相机获得了观测背光面和喷流的良好视角，并且对喷流的内部结构进行了高分辨率观测，对其源头进行了测绘，还搜寻新的喷流。在到达最近点前 7 min，卡西尼号调整了姿态，使得红外光谱仪能够测量土星表面上一些离散地点的热辐射，同时相机在光谱仪对每个目标点进行观测时拍摄了匹配图像。第一步是对巴格达沟进行了拍照，目的是寻找 11 个月之前对其观测以来的变化情况。这次飞掠过程中获得的图像最高分辨率约为每像素 15 m。在飞离过程中进行了一些其他的多谱段、彩色和高分辨率观测。值得一提的是，这是卡西尼号第一次对之前很少观测到的先导半球的年轻区域进行高分辨率成像。

在离开土卫二不久后，卡西尼号对土卫五进行了一次非目标交会，交会距离大约 24 000 km。它对赤道进行了观测，以确定一些微弱条纹是否是过去的一条环"落"在土卫五上留下的遗迹；这些条纹是一些排成一线的非常小的年轻的撞击坑。卡西尼号还对划过遍布撞击坑的平原上的一些有趣的隆起块状地形进行了成像。

卡西尼号在 12 月 11 日返回了土卫六。第 63 次土卫六交会（T63）是 16 天中连续四次飞出过程交会任务中的第一次，主要目的是在卡西尼号再次回到环平面之前将它的轨道倾角抬升至 20°。这次飞掠的距离相对较远，为 4 650 km，最近点位于北纬 33°。这次飞掠的几何位置与旅行者 1 号和 2005 年 12 月卡西尼号的飞掠过程可以互为补充，前两次飞掠的位置分别位于磁层的正午区域和午夜区域。等离子体光谱仪在卡西尼号穿越土卫六后方磁层尾部黄昏区的过程中工作了 5 h，以对土卫六与其电离层和磁层之间的相互作用进行研究。在飞离土卫六时，卡西尼号拍摄了位于阳照面半球的阿迪立北部、香格里拉和贝莱特区域的低分辨率图像，之后继续对云层进行了低分辨率监测。

在 12 月 25 日，即第 123 圈近拱点的前一天，卡西尼号穿过了土星阴影锥。利用此时没有太阳光照的有利条件，它在约 600 000 km 处对土卫二几乎完全黑暗的一侧半球进行了拍摄，以便监测极区的喷流。与此同时它还设法拍摄到了土卫二在疏松的 E 环上的投影。在第二天与 59 000 km 外的土卫十六的非目标交会中，探测器首次获得了土卫十六先导半球的高分辨率图像（每像素 350 m）。土卫十六呈细长形，长轴约 119 km。它的表面非常光滑，而且由于它是 F 环的牧羊卫星，其表面被"喷涂"了一层厚厚的灰尘，这使得它的撞击坑和其他表面特征看上去很不明显。

在 12 月 28 日的第 64 次土卫六（T64）交会中，卡西尼号基本上沿着土星的方向接近了土卫六的背光面。最近点位于北纬 82°，飞掠高度为 955 km。它离开时位于背向土星的阳照一侧半球上空。在接近过程中，雷达获取了散射测量数据，在厄尔庇斯暗斑中北部地区附近拍摄了一组较短的高程图，随后拍摄了从北极到阿迪立附近的图像。这是拓展任务中仅有的土卫六北极湖区上空的推扫图，同时对蓬加（Punga）海和丽姬亚海进行了观测，以寻找天气变化模式带来的季节性变化情况。和之前的低空飞掠一样，在最近点附近优先使用了质谱仪，这一次收集的数据是用来与卡西尼号在任务更早期的时候不断重复飞掠北极区时获得的测量数据进行比较分析。在飞离途中，成像光谱仪对阿迪立的光谱测绘中的一些缝隙进行了补充测绘。

2010 年 1 月 12 日的第 65 次土卫六交会（T65）是四次谐振交会系列中的第三次。在以 1 073 km 的距离飞掠前后的 4 h 时间里，主要使用了质谱仪对土卫六南极上空的大气进行采集分析。最近点位于南纬 82°，器上设备的观测结果对之前的结果进行了补充。在最近点附近，雷达先后对梅佐拉米亚和安大略湖采集了两条短幅推扫数据，同时还进行了高度测量以监测它们的液位变化。不幸的是，由于当时在马德里深空网地面站下了大雨，一些卡西尼号正在下传的数据丢失了。迄今为止，通过南极飞掠已经获得了重要的重叠雷达图像。卡西尼号在三个区域发现了一些变化。其中两个是短时间内存在的部分充满的湖泊，或者也许只是两个泥滩。第三个是安大略湖，它被确认存在湖岸线后退的现象。在2005—2010 年之间，由于蒸发或者陆地侵蚀等原因，它的湖岸线后退了多达 20 km。在附近区域发现了雾气表明第一个解释①应该是存在的，因为雾气只由蒸发产生。另一方面，在惠更斯号着陆点的潮湿土壤中直接观测到了侵蚀现象。而与这些观测结果相反，北极区域七个重叠的推扫图并未显示出明显的表面变化迹象[302]。等离子体光谱仪和磁力计在飞掠前后的几个小时内对土卫六的磁层尾流进行了探测。在飞离的过程中，成像光谱仪对惠更斯号的着陆区、香格里拉西部和阿迪立进行了多光谱成像，分辨率为 25 km。

1 月 16 日，卡西尼号观测到了土卫十和土卫十一近距离的星合现象，其间这两颗共轨卫星之间的距离不到 12 000 km。一系列类似的星合现象在 21 日时达到了顶峰，因为它们在 21 日发生了轨道交换。在接下来的 4 年时间里，土卫十将比土卫十一更接近土星。在 1月 26 日，即卡西尼号的第 125 圈环绕土星期间，卡西尼号开展了一次独特的长达 7 h 的土星环脊和土星造成的无线电掩星测量。第二天，卡西尼号在距离土卫十六约 30 500 km 处拍摄了图片，从 13 000 km 之外对土卫六十（Aegeon）进行了拍摄。尽管分辨率达到了100 m，但是土卫六十还是仅仅占据了很少的几个像素。虽然无法看到土卫六十的表面特征，但是可以估算它的形状。在另一方面，这是土卫十六迄今为止最好的图像，并且其中还包括了 F 环在土卫十六表面上的投影。卡西尼号的观测方向是沿着土卫十六最长轴的，使其看上去类似心形。尽管分辨率比 12 月份拍摄的图像更好些，但是拍摄到的明亮表面上的不规则区域却有所减少。在相距 45 000 km 处与土卫四的非目标交会获得了土卫四北极区域的最好图像。

1 月 28 日的第 66 次土卫六交会（T66）的飞掠距离相对较高，为 7 490 km。在接近的过程中，成像光谱仪观察到金牛座（alpha Tauri，Aldebaran）的掩星现象。飞掠过程中主要使用遥感设备。在最近点拍摄的图像覆盖了尾随半球南部高纬度地区和靠近赤道的阿迪立区域，还对南纬 40°附近一片被认为是干涸的湖泊的区域拍摄了低清晰度的图像。作为四次飞出交会中的最后一次，这次飞掠使卡西尼号的轨道发生了偏转，轨道周期变为18 天，并且在一段时间内不会穿过土卫六的运行轨迹。

2 月 13 日，在到达环土轨道的近拱点前，卡西尼号在土星的阴影下经历了 4 h。拍摄了土星被阳光照亮的边缘的图像，以对其霾层进行检测。随后以 21 000 km 的距离对土卫

---

① “第一个解释”为蒸发的原因。——译者注

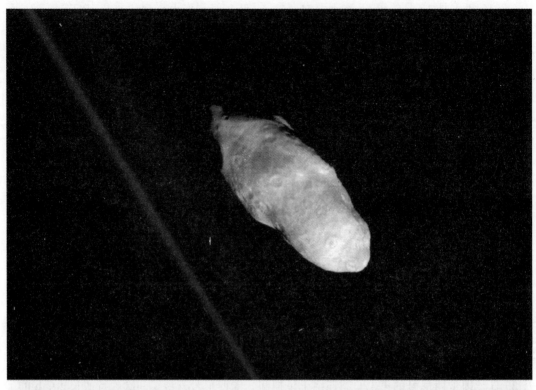

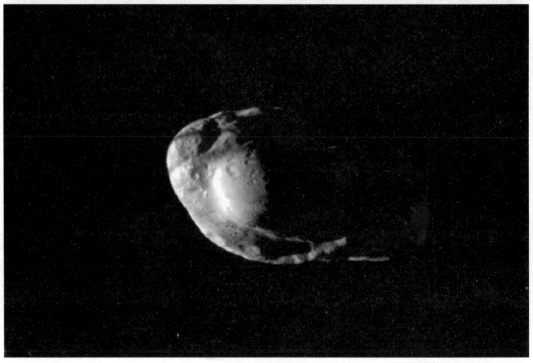

两张最好的土卫十六（F 环的牧羊卫星之一）的照片，分别是 2009 年 12 月 26 日的侧照（上图）和 2010 年 1 月 27 日的正照（下图）。可以在下图的左上方看到环的阴影（图片来源：NASA/JPL/空间科学研究所）

十四进行了一次非目标飞掠。连续拍摄的 25 张图像显示出了土卫十四上几条薄薄的平行的滑坡。这些滑坡在晨昏线附近尤其清晰，低角度的光照更突出了表面的地势起伏。在同一天，卡西尼号经历了一次最近距离的土卫一交会，飞掠高度为 9 520 km，对素有"死星卫星"之称的赫歇尔大撞击坑进行了高分辨率拼接成像[①]。山壁上附有深色的物质，山底仅有几个小坑。复合红外光谱仪对以赫歇尔撞击坑为中心的半球区域进行了温度扫描。这里的温度分布出乎意料，其中温暖的区域形成奇怪的"C"形，而这一半球的其他部分中除了赫歇尔撞击坑中的一个更温暖的点以外都要低 15 ℃。这可能意味着赫歇尔撞击坑的飞溅物或一些来自 E 环的物质造成了土卫一表面冰层的地质结构或者密度的变化。在土卫二上则没有类似的孤立的"热点"，为什么土卫一和土卫二尺寸相似、表面成分相似、轨道偏心率更大、内部活动不明显的前提下，却有这样的现象，这仍是未解之谜。在交会过程结束前，卡西尼号对正在飞过土星正前方的土卫一上被完全照亮的星盘进行了拍照。

　　3 月 2 日，卡西尼号以仅仅 101 km 的高度飞掠了土卫五的北极区域。粒子和磁场仪器试图寻找假想中的土星环的痕迹但一无所获。质谱仪证实了之前由等离子体光谱仪探测到的气态外大气层确实存在。与水星和月球相比，土卫五的大气层密度是它们的 100 倍，但仍然只是地球大气层密度的万亿分之一。土卫五的大气由氧气和二氧化碳组成，是太阳系中除了地球之外唯一有类似大气的星体。土卫五的氧可能来源于在土星磁场中循环的高能粒子撞击导致的地表水冰分解。由于卡西尼号仅仅在离开时阳照面检测到了二氧化碳，它的成因更难解释，除非土卫五的表面含有碳矿物或有机物[303]。相机拍摄了土卫五朝向土星的一侧半球的照片，上面包含大量的断层和一个撞击盆地。有些稍微更蓝一些的区域可能代表冰结构的变化或纹理的差异。大约在飞掠后 1.5 h，土卫五进入了土星的阴影区，红外光谱仪对土卫五的"热点"进行了搜索并测量了土卫五的热惯量。第二天，卡西尼号快速地通过了近土星点，以迄今为止最近的距离飞掠了土卫十二（Helene），它是土卫四的拉格朗日伴飞星。在抵近过程中卡西尼号首先对土卫十二的背光面进行了拍照，这时土卫十二正受到来自土星的微弱光线的照射。随后，在 1 820 km 的最近点周围，卡西尼号对土卫十二背向土星一侧半球的南部区域完成了一组 7 帧的快速成像。不幸的是，在最近点附近卡西尼号的指向出现了微小偏差，导致土卫十二只出现在了最高分辨率图像中的一角，而作为背景的土星则占据了图像的大部分。显然这个问题的根源在于对仅仅 30 h 之前交会的土卫五的质量和重力场的不确知，以及对土卫十二这样的特洛伊卫星的复杂轨道运动特性了解得不彻底。在飞离的过程中，卡西尼号同时使用相机和滤镜继续对部分明亮的土卫十二进行成像，试图确定其表面组成。在高分辨率的图像中可以看到土卫十二上的大量条纹、沟壑以及撞击坑壁上的滑坡区。

　　在经过这些近距离飞掠之后，3 月 12 日到 29 日之间的第 128 圈环绕相对轻松一些。当业余天文爱好者在土星的"暴风谷"中发现了一个明亮的特征后，卡西尼号使用复合红外光谱仪对其进行了探测，发现在大气层深处有磷化氢的痕迹。其中，明亮色调的云是因

---

　　① 土卫一因这个巨大的撞击坑——赫歇尔撞击坑而被称为死星（"Death Star"），说明很久以前曾经有过一个剧烈的撞击，险些彻底摧毁这颗卫星。

土卫一的巨型撞击坑赫歇尔的特写镜头（图片来源：NASA/JPL/空间科学研究所）

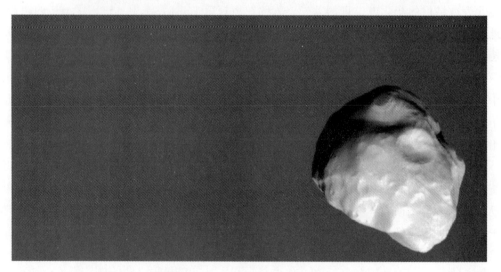

在 2010 年 3 月 3 日的近距离飞掠过程中，小卫星土卫十二在土星上空划过。不幸的是，指向问题造成更高分辨率的照片中没有成功地展示出整个小卫星（图片来源：NASA/JPL/空间科学研究所）

为氨的存在而形成的，而氨在遇到高层大气的低压环境时形成了冰晶。3 月 27 日，在远拱点附近，卡西尼号拍到了一张包含多颗卫星的窄视场图像，其中包括了土卫八、土卫十二、土卫十一、土卫十四、土卫六和土卫十三。

卡西尼号在 4 月 5 日再一次回到了土卫六。第 67 次土卫六交会（T67）是一次在两次向外交会之间的向内交会，将从赤道方向飞掠土卫六。这次飞掠的相对距离较远，为 7 462 km，因此主要进行遥感探测。卡西尼号从背光面接近土卫六，该过程中只能看到纤细的新月，最后从阳照面离开。复合红外光谱仪对北纬 70°上空一小片区域的大气温度进行了扫描，以寻找在初春可能存在的极地涡流耗散情况。地球科学家们对于土卫六的极地大气的研究兴趣浓厚，因为极地大气与其余部分的大气层之间被涡流隔离开，并且具有独特的化学特性和动力学特性，这一点与地球臭氧层空洞有一定的相似性。当卡西尼号越过晨昏线向阳照面移动时，使用相机对一条起始于贝莱特东部、跨过尾随半球、最终进入仙京西部的轨迹进行了高分辨率成像。

在飞掠土卫六之后一天半，即 4 月 7 日经过近土星点之前的几个小时，卡西尼号以 503 km 的高度飞掠了土卫四。4 h 后，相机开始进行拍照，主要是寻找微弱的喷流和其他活动的证据，然而却一无所获。在最近点附近主要使用了等离子体光谱仪，在卡西尼号飞过土卫四下游及其赤道附近的尾流区时对土卫四和磁层之间的相互作用情况进行了研究。器上设备探测到了离子化的氧分子，这是类似于土卫五的极其稀薄的含氧中性大气层存在的标志。在之前唯一的一次目标交会过程中（2005 年 10 月）没有对土卫四大气进行探测，主要因为卡西尼号并没有为了探测建立很好的指向姿态。自从哈勃望远镜在土卫四表面观测到了臭氧之后就已经推测出了含氧外层大气的存在[304]。相机对前导半球和晨昏线进行了高分辨率成像。在飞离过程中，相机对朝向土星的半球和前导半球拍摄了 20 帧图像，与此同时两台红外设备收集了土卫四表面的组成和温度数据。

当卡西尼号于 4 月 28 日到达它的 21 天周期的环绕轨道的近拱点时，出现了由土星引起的太阳掩星和无线电掩星现象，这为研究未被土星环遮挡的北纬低纬度区提供了宝贵契机。第 9 次土卫二交会（E9）在几个小时后开始，目标是通过收集无线电科学探测数据，对土卫二的南半球进行研究，并查明极区是否存在密度异常情况。值得一提的是，科学家们希望能够确定喷流是否与地下海洋或与温暖冰层的挤压效应相关。这项试验总共耗费了 26 h，在此期间高增益天线始终指向地球。试验中没有进行遥感探测，而是采用粒子和场探测设备进行了数据采集。在试验中途，卡西尼号以 100 km 的高度掠过土卫二的表面，与标称飞掠点高度相差不到 500 m，飞掠的相对速度为 6.5 km/s。

在重返远拱点的过程中，卡西尼号对土卫八进行了远距离成像。由于卡西尼号的轨道完全处于土卫八公转轨道内部，只能对土卫八朝向土星的一侧半球进行观测。

卡西尼号在 5 月 18 日于近拱点完成了第 10 次土卫二交会（E10）。这次的飞掠高度为 435 km，主要进行了光学遥感探测。卡西尼号从背光面接近土卫二，再从阳照面飞离。在抵近过程中，卡西尼号穿过了土卫二的阴影区，此时紫外光谱仪利用太阳掩星对喷流中可能是由氨分解产生的氮分子进行了分析。通过对喷流中氨含量进行精确测量，可以推导出土卫二次表层温度的范围。在飞向最近点的过程中，卡西尼号拍摄了六张高分辨率图像，非常详细地揭示了极区喷流的内部结构。这些图像中的最后一张精彩绝妙，图像以土卫二黑暗的边缘和微弱的喷流为前景，视线穿过土星环看向远处的土卫六。在飞离过程中对土卫二朝向土星一侧半球拍摄了分辨率逐渐降低的图像。

两天后的5月20日，卡西尼号在第68次土卫六交会（T68）过程中以5.9 km/s的相对速度飞掠了土卫六。几乎在卡西尼号到达最近点的同时出现了太阳掩星，此时卡西尼号正位于土卫六背光面南纬49°的中纬度区域上空1 400 km。飞掠过程中主要进行了无线电跟踪以获得重力数据，同时也获得了图像和光谱数据。在抵近过程中只能看到一牙新月，而遥感观测看到的大部分是云层和分离的霾层。复合红外光谱仪在最近点绘制了南极区附近大气层温度和成分组成的剖面图。在飞离过程中，相机对土卫六背向土星的一侧半球进行了几天的观测，但是没有观测到任何云层。

卡西尼号在2010年5月18日飞掠土卫二期间拍摄了这张照片。前景是土卫二黑暗的南极区，而远处的土卫六则被明亮的土星环切开（图片来源：NASA/JPL/空间科学研究所）

这次飞掠使卡西尼号重新运行在周期16天的倾斜轨道上，因此，卡西尼号在5个月以来第一次能够从环面外对土星环进行观测。从5月下旬的远土星点向内飞行的过程中对光照条件逐渐变好的土星环进行了多次观测。当卡西尼号于6月3日在到达近土星点前穿过土星环平面时，卡西尼号的轨迹产生了一次鲸鱼座o星（米拉星）掩星现象，相机拍摄了这颗从F环后面穿过的行星图像。此外，还对土星环的"螺旋桨"状特征和辐条结构进行了观测。在近拱点时完成了一次土卫十七的非目标飞掠，飞掠距离约为100 000 km，观测到了与2005年9月份看到的相对的那一侧半球。

6月5日，卡西尼号远离土星的过程中开展了第69次土卫六交会（T69）。这次飞掠位于北半球高纬度地区上空，飞掠高度为2 044 km。在接近背光面时，雷达获取了土卫六朝向土星一侧半球的辐射测量和散射测量数据。随后在较短的时间内对先导半球的赤道和北极区拍摄了低分辨率推扫条带图像。在到达最近点前 15 min，成像光谱仪对极区的光谱立方体进行了测量。科学家希望之前覆盖着极区的霾和云层已经大幅度消散，使成像光谱仪能够检测到克拉肯海和丽姬亚海以及汇入这些海洋的河流中碳氢化合物的光谱特征。在飞离过程中继续进行了遥感探测。特别是，相机对横跨贝莱特、香格里拉西部和阿迪立西北部的区域进行了一组 9 帧成像。这次高纬度交会使卡西尼号的轨道周期维持在 16 天，但轨道倾角从 12°降到了 2°。

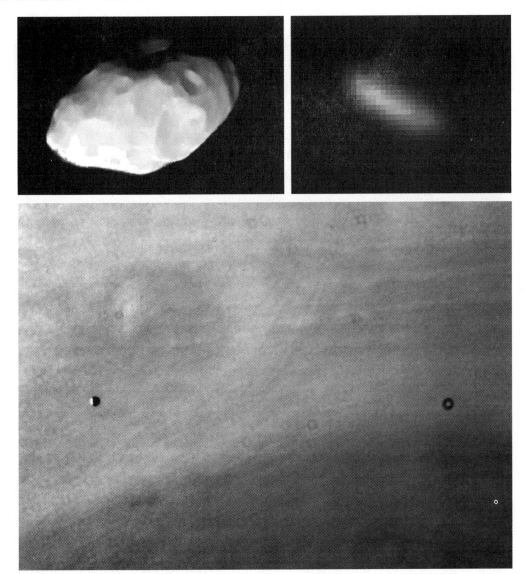

左上图为 2010 年 6 月 3 日观测到的土卫十七，它是两个 F 环牧羊人卫星中相对较小的一个。右上这张被特别放大的图片是微小卫星土卫五十三（Aegeon）最好的一张图像。下图是一张过曝图，图中左侧的土卫三十三（Pallene）正悬在土星云层上空；土卫三十三右侧的暗点是相机光学器件上一个灰尘斑点

（图片来源：NASA/JPL/空间科学研究所）

6 月 20 日的第 70 次土卫六交会（T70）是春分任务中的最后一次土卫六交会任务。从几何关系看来，这次交会与上一次交会类似，卡西尼号会从朝向土星一侧的背光面靠近，并从背向土星的阳照面离开。但是由于此次交会的最近点位于北纬 82°区域上空 880 km，这次交会成为有史以来最接近土卫六的一次交会任务。本次交会的重点是通过无线电跟踪确定土卫六是否存在次表层海洋。卡西尼号以一种空气动力学稳定的"风向标"姿态穿过了土卫六高空大气层，而且运气不错，在这样的姿态下高增益天线指向地球的矢量方向与理想指向仅仅偏差几度。此外，这次非常低的飞掠是一次寻找由次表层海洋引发的磁场的绝佳机遇。虽然推进剂消耗比预计的多了一倍，但是本次飞掠过程非常平稳，获得了极佳的测量数据。在射电科学试验后不久，使用紫外光谱仪沿着位于惠更斯着陆点东边的子午线对大气层进行了扫描。接下来，使用紫外光谱仪和红外成像光谱仪利用天门星（Spica）的掩星现象对高层大气的成分和化学性质进行了探测。借助在一定的纬度和经度范围内获得的掩星情况下的剖面图，科学家能够精细地重建多种分子聚合和解离的动态过程。在飞离过程中，成像光谱仪和相机对净土（Ching - Tu）、阿迪立和迪尔蒙区域进行了观测。这次飞掠使卡西尼号的轨道倾角抬升到了 19°。

在 6 月 26 日，卡西尼号开始了第 134 圈环绕运行。四天后，春分任务正式结束。

8.12　夏至任务和终结

卡西尼号的科学家、工程师和管理人员在第一次拓展任务开始以前就开始讨论第二次拓展任务。对很多结束任务的方案进行了研究，其中一条重要约束是卡西尼号不得穿过土星环，以免受到损伤，同时卡西尼号不得撞击土卫二或土卫六，以免地球生物物质对它们造成污染。伽利略号在任务结束时主动进入木星大气烧毁也是为了消除撞击木卫二的可能性。因此，卡西尼号在土卫六和太阳造成的轨道扰动作用下，同样也可以从一条 6～10 天周期的轨道或者一条更长周期的轨道进入土星大气烧毁。另一个选项是运行在一条比土卫六或者土卫九公转轨道稍远的稳定轨道上。另一方面，卡西尼号也可以飞离土星，进一步对外太阳系进行探测。其中一个可能的方案是对木星、天王星和海王星进行一次"大巡礼"（"Grand Tour"），但是对于卡西尼号在 2061 年到达海王星时是否还能够良好工作仍然有较多争议。对一颗半人马天体进行飞掠也有潜在的科学价值，但是也需要飞行 10 年甚至更久[305-307]。最终，科学家和工程师制定了一项将卡西尼号的工作寿命延长不少于 7 年的方案，即延长到 2017 年的土星北半球夏至。一次 2004—2017 年的环绕探测任务将足以覆盖半个土星年，并能够揭示季节对土卫六湖泊以及土卫六和土星大气的影响。然而，与伽利略任务情况一样，对它的支持将被缩减。一种缩减卡西尼号运营队伍的方法就是将交会任务限制在几天之内进行。

被称为"夏至任务"的第二项扩展任务，将会在额外的 160 圈环绕运行期间与土卫六进行 56 次目标交会，其中 38 次的交会距离不到 2 000 km；与土卫二交会 12 次，交会距离低于 5 000 km，其中一些将低至 50 km；与土卫四在 500 km 或更近的距离上交会 3 次；

与土卫五交会 2 次，其中一次的交会距离为 75 km。夏至任务也将对一些更小的卫星进行观测，包括一些观测甚少的小卫星。例如，在 2012 年 5 月将以 1 900 km 的距离飞掠之前由卡西尼号发现的土卫三十二。遗憾的是，剩余的推进剂无法支持探测器再次造访土卫八。2010—2012 年，以及之后的 2015—2016 年年初，将有两次赤道轨道运行阶段，期间将飞掠一些冰态卫星。两次大倾角轨道运行阶段中将重点关注磁场和土星环，尤其是螺旋桨状的湍流。不受卫星飞掠任务影响的四次在近拱点通过赤道平面的机会将用于测量引力场。除此之外当然还将对多次土星、土星环和土卫六造成的无线电、太阳和恒星掩星现象进行观测。在春分任务结束时，大约 80% 的剩余推进剂已经被消耗掉了。因此，夏至任务中能够用来建立目标交会状态的轨道机动次数相对更少。在轨运行方案将被简化，每次到达近拱点时将仅有一项科学目标：可能是土星、土星磁场、土星环或者土星的冰态卫星。当然，对于飞掠土卫六的任务仍将单独处理。

夏至任务将针对前半程环绕任务中发现的问题而寻找答案。对于土卫二，卡西尼号将继续研究间歇泉，在或长或短的时间尺度上寻找其可变性，以洞察其控制机理。在土卫二的交会任务中，将寻找次表层海洋的痕迹，更准确地评估喷流中的气体组成，并进一步研究其引力场。通过夏至任务，卡西尼号对土卫六的季节观测将覆盖至夏至点，希望能够观测到直接受太阳照射的北半球湖泊，获取光谱以研究极地冬季涡流在北部的耗散及在南部的发展情况。与此同时，大气模型预测中纬度云层将从南向北迁移。土星大气中的氢氦比对于理解土星的演化至关重要，将通过恒星掩星和红外光谱对其进行测量。观察"风暴峡谷"所处纬度是否不变，是否受到任何季节性的影响。夏至任务将结束于一系列"低空"轨道飞行，以前所未有的角度对土星及其现象进行观察。通过低空飞掠土星的云层顶部，探测器将穿过土星最深层的辐射带、极光区和磁层，从而进行粒子和场的研究，从显著的对称性中寻找可能存在的土星磁场偏离。这些低空飞掠的轨道也将详细地绘制土星的重力场，获取土星内部结构以及土星核的质量、旋转速度等信息。此外，它们还将会更准确地估计土星环的质量，同时将获得辐条结构等季节性现象以及位于空隙区域中的小卫星的相关信息[308]。

2010 年 2 月，尽管英国的科学技术委员会（Science and Technology Facilities Council）撤资，NASA 和 ESA 仍通过了一项 6 000 万美元的预算，将卡西尼号的任务延长至 2017 年。

当卡西尼号在 7 月 5 日抵达夏至任务的首个近拱点时，在 73 000 km 的距离上拍摄了几张土卫三十五的窄视角照片，这颗小卫星在图像中只占据了 20 个像素。

两天后，卡西尼号在远离土星的过程中与土卫六交会。第 71 次土卫六交会（T71）的几何和光照与近期的交会情况是一致的，飞掠高度为 1 005 km，最近点位于南纬 56°。卡西尼号飞过了土卫六大气层和电离层与磁场的阳照面相互作用的弓形区域。因此，质谱仪是近距离探测的主要设备，既能够研究这种相互作用，同时又能监视大气对季节变化的响应以及 11 年太阳周期内太阳风的变化。在飞掠过程中，磁强计和等离子分光计也开机工作。雷达在最近点前后工作，获得了梅佐拉米亚以及之前很少进行测绘的南半球西部的一条较短的推扫带。当卡西尼号从阳照面飞离时，光学成像仪对云层进行了监测，其他光谱仪测量了大气的化学成分和组成。此次飞掠使卡西尼号的轨道周期增加到了 18 天，结束了与土卫六的共振交会序列。

在下一圈中，卡西尼号利用此时土星环尚未被太阳照亮的条件对土星大气进行了观测。它对背光面再次进行了集中拍摄，以寻找"风暴峡谷"中的闪电。在 7 月 24 日，在近赤道纬度发生了一次无线电掩星，而这种现象通常会被出现在视线中的土星环所破坏。8 月 13 日，卡西尼号到达近拱点时，距离土卫四不到 100 000 km，距离土卫三不超过 37 000 km，同时观测到了参宿七（Rigel）被土星环所遮蔽的现象。然而，土卫二才是关注的焦点。

第 11 次土卫二交会（E11）的飞掠距离为 2 550 km，相对速度为 6.8 km/s。这次飞掠中可以使用遥感设备对南极进行观测，而下一次机会需要等到任务的后期才会出现，而且由于秋天的到来使得南极的更多区域笼罩在黑暗中，这次机会尤为难得。这次交会开始的时候，卡西尼号获得对背光面喷流远距离成像近乎理想的机会。由于交会距离相对较远，复合红外光谱仪能够长时间凝视土卫二并获取特别好的数据，其中包括一次沿着正处在黑暗中的大马士革虎斑（Damascus tiger stripe）的温度扫描。此次交会获得了迄今为止最高分辨率的温度图，结果显示出许多点的温度比之前测量的高出了几十度。800 m 的空间分辨率使得科学家能够识别出大马士革沟壑两侧的温暖区域。对亚历山大（Alexandria）和开罗（Cairo）末端的高分辨率扫描呈现出一些分支状的温暖地形以及孤立的温暖的点。与之同时拍摄的图像展现出虎斑地形的复杂地质结构。飞离时相机对朝向土星一侧的半球拍摄了分辨率逐渐降低的图像。在交会的过程中，工程师们进行了一项试验，目的是确定是否可能采用低增益天线而不是高增益天线进行多普勒无线电跟踪，若可行的话，那么在飞掠过程中进行引力场研究的同时，探测器将能够更灵活地调整姿态，使探测设备能够获得更好的探测效果。

探测器于 9 月 3 日到达下一次轨道近拱点位置，借此机会对土星环进行研究。届时卡西尼号将飞过土星的阴影锥，而观测土星环未被照亮的一面，其视角与 2006 年 9 月的那次观测视角一致。一次与土卫四在 39 000 km 距离上的非目标交会获得了对于土卫四北极区域的一些迄今为止最高分辨率的图像。

在第 138 圈中，卡西尼号返回土卫六。9 月 24 日的第 72 次土卫六交会（T72）是一系列在飞离土星过程中进行的远距离交会中的第一次，此次的飞掠距离为 8 175 km，最近点位于南纬 15°。这次飞掠中主要使用相机、2 台红外设备和紫外光谱仪对云层的形成进行研究，并研究包括一次可能出现的冬季北极旋涡中断现象在内的季节影响。在最近点，成像光谱仪瞄准贝莱特和仙京的边界以 5 km 的分辨率进行了拍摄。飞离的时候，卡西尼号改为进行云层监测，并在飞掠三天后拍摄到了目前在土卫六上观测到的最大事件：一片数百千米跨度的箭头状的白云。更有趣的是，这片云出现在之前极少有云出现的赤道区域，这可能是季节的变化造成的。遗憾的是，由于在地球上观测时土星过于接近太阳，不可能通过望远镜对这片云层进行跟踪观测。几天之后，土星进入日凌。

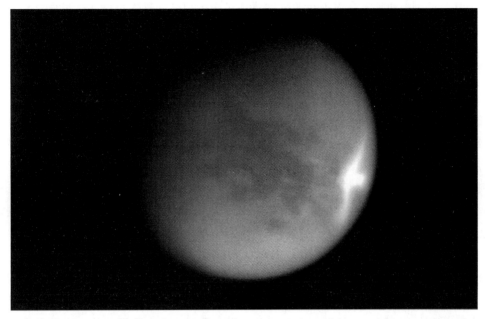

土卫六赤道附近的"箭形风暴"标志着春天雨季的开始（图片来源：NASA/JPL/空间科学研究所）

　　在飞向土星的过程中，卡西尼号于 10 月 14 日以 172 000 km 的距离掠过土卫六，拉开了接下来三天中一系列非目标交会的序幕。卡西尼号首先以 70 000 km 的距离掠过土卫一，然后以 36 000 km 的距离掠过土卫三十三，再之后以 31 000 km 的距离掠过土卫四，最后以 39 000 km 的距离掠过土卫五。一路上还有机会观测一些更小的卫星。除了对这些卫星拍照之外，还使用合成红外光谱仪对土卫一、土卫四和土卫五进行了热扫描。土卫六上明亮的"箭形风暴"仍然可见。对土卫一拍照时它刚好将要进入土星的阴影。在土星前方对土卫三十三进行了观测，它只在图像上占据了不到 30 个像素，照片过曝了，而且卡西尼号是沿着最长轴向下拍摄，因此几乎看不清表面的细节。但是，背景中明亮的土星使得相机能够拍摄出土卫三十三背光面的黑暗轮廓，并显示出它的完整形状。获取了迄今为止最好的土卫四先导半球南部的照片。该时间段内的其他任务还包括对昏暗的土星环进行红外扫描；两次土星掩星，一次是南纬的鲸鱼座 α 星（alpha Ceti），另一次是北纬的长蛇座 α 星（alpha Hydrae）；对土卫二的喷流成像；以及寻找土卫五的环。卡西尼号服务于 JPL 的"未来科学家"教育项目，应在校儿童的要求对一些卫星进行了观测。

　　从 2010 年 10 月开始，卡西尼号开始进行天文研究，尤其是利用它的遥感设备，通过监测行星穿越其母星星盘时光强发生的典型下降现象对太阳系外的行星进行了观测。在接下来的几个月内，对土卫六上的"箭形风暴"进行了远距离观测。早期的照片显示出贝莱特南部边界到云层的东部之间区域的明亮度发生了改变。然而在月底，大部分区域已经恢复原貌，只留下了少部分暗色区域。最有可能的解释是，这片区域可能被春分时在赤道区域引发的甲烷雨所浸湿甚至是淹没过。这些事件被认为是罕见却剧烈的，产生的雨水足以形成惠更斯号和卡西尼号观测到的小溪以及类似于江河一般的特征[309-310]。

11月2日，卡西尼号在发射后第六次进入了安全模式。这次事件几乎可以肯定是由散布的宇宙射线引发的指令和数据管理计算机的一次"位翻转"造成的。发生问题后它与地球失去了联系。虽然在计划中5天后将要进行的轨道修正机动之前及时恢复了控制，但操控者们仍没有信心能够在11日与土卫六交会之前及时将探测器完全恢复工作状态。这成为第一次因为探测器进入安全模式而放弃的交会任务。以7 921 km高度飞掠的第73次土卫六交会（T73）没有获取任何科学数据。原本可以利用这次被放弃的交会获得平流层的温度剖面以及对惠更斯号着陆点、阿迪立和香格里拉周围区域的多光谱测量。其他错过的观测还包括尝试探测土星投射到"菲比环"上的阴影、与土卫四和土卫二的非目标交会、土星掩星以及对土卫六的"箭形风暴"进行更多的远距离观测。探测器于11月26日在飞向第141圈环绕轨道近拱点时重新开始正常观测。两天后，它以72 000 km的距离进行了一次土卫七非目标飞掠。

在11月30日到达近拱点后2 h，卡西尼号在第12次土卫二交会（E12）中以48 km的高度飞掠了土卫二，最近点位于北纬61°。合成光谱仪在接近和飞离的过程中分别对背光面低纬度区和阳照面绘制了温度图，以寻找南极以外的热点。接近过程中相机拍摄到了背光的两极喷流。然而，飞掠的主要目标是采集北半球的引力数据并与南半球数据进行对比，以进一步研究这颗卫星的内部结构以及可能存在的地下海洋。实验包括最近点周围的3 h跟踪以及在接近和离开过程中分别进行的3 h跟踪。为此，探测器调整了姿态，使高增益天线在最近点时指向地球。在这种姿态指向下，相机视场短暂地略过了土卫二，对前导半球上的一小部分拍摄了十幅窄视场和宽视场图像。然后，对被照亮的、背向土星一侧半球进行了遥感观测，目标是平坦、年轻的平原以及更古老的陨石坑地形边界。

在爬升到远拱点的过程中，卡西尼号补全了之前一圈环绕运行中丢失的一项观测结果，通过观察土卫五的前导拉格朗日点，来检查土星系统里的第二大卫星是否像更小的土卫三和土卫四一样有特洛伊伴星。在接下来的几次环绕过程中，对土卫八、土卫六、土卫二、土卫一以及土卫五也进行了同样的搜索，还对土卫四更多的特洛伊伴星进行了搜索。

12月5日，等离子波实验从土星大气中正酝酿的一场新的风暴中检测到无线电辐射。同一天相机观测到北纬32°一个不显眼的1 300 km×2 500 km的白斑。卡西尼号观测到风暴后不到2 h，天文爱好者们也报告了这个很难看到的现象。在接下来的三天，一个由明亮物质组成的上升喷流形成了一串白色的云。在一星期之内，云向东延伸了8 000 km。在一个月内，它在该纬度上占据了超过90°的经度范围。这在过去的135年中仅仅是第6次观测到这种"大白斑"现象。之前的一次是在1990年，由当时刚发射的哈勃太空望远镜进行了观测。"大白斑"最后一次在北半球出现是在1903年，其他都发生在南半球。有趣的是这场风暴发生在土星年年初，而之前的风暴都出现在夏至左右。无论如何，这是第一次有机会在土星轨道上对"大白斑"进行研究。这种风暴的形成是因为太阳照射造成了水和氨的凝结，在大气内部形成了小水汽结构。随着时间的推移，小的水汽结构变成巨型的温暖"空气"上升喷流，将明亮的氨冰晶喷射到上层大气，这些冰晶被喷射的气流捕获并逐步在该纬度上遍布整个行星。太阳系的另一个巨型气态星球木星却没有与之相似的现象，可能是由于它的自转轴与公转轨道更加垂直，没有那么极端的季节性周期。

就在飞控人员和科学家们忙于设计让遥感设备在 2011 年年初都能够对这个风暴进行监控的任务序列时，等离子波实验则按照计划毫无困难地继续进行。自从卡西尼号 2004 年到达土星以来，这次风暴中观测到的闪电次数比任何风暴都要多数倍。在 12 月 12 日，闪电频率的峰值超过了每秒 10 次——因为接收机已经达到了饱和，所以无法计数了[311-314]。

12 月 21 日卡西尼号在完成了一圈环绕运行后再次回到近拱点。前一天，卡西尼号与土卫四在 100 000 km 的距离上进行了一次非目标交会，过程中拍摄了月牙状的土卫四的照片，以寻找喷流和间歇泉，但没任何发现。卡西尼号在近拱点飞掠了土卫二。

该第 13 次土卫二交会（E13）是前次的重演。接近过程中红外光谱仪对背光面进行了温度测绘，并用相机拍摄了背光面喷流，捕捉到了土卫一在喷流外面的惊人视角。在进入阶段中途，为了观测猎户座 α 星——参宿四（alpha Orionis，Betelgeuse）罕见的掩星，卡西尼号短暂地调整了姿态。然后，它在北纬 62° 以 48 km 的高度掠过土卫二。此次交会发生在穿过晨昏线的时候。在最近处，质谱仪和尘埃分析仪对探测器路径上的冰粒的组成进行了研究。飞离时相机获取了 10 帧阳照面的拼接图像。

在逐渐远离土星的过程中，卡西尼号终于获得了一个观测土星北半球风暴的良好视角。卡西尼号在 12 月 31 日到达远拱点，标志着第 143 圈的结束。2011 年 1 月 9 日，成像光谱仪获得了土星背光面的风暴数据，在温暖内层的反衬下，冰冷的云层展现为暗影轮廓。在近拱点的第二天，该设备观测到土星阴暗边缘对夜空中最亮的天狼星（Sirius）和较弱的狮子座（Leo）的掩星现象。两天后，探测器第四次近距离飞掠了土卫五，此次飞掠高度为 76 km，最近点位于南纬 76°。每台相机都在飞掠时拍摄了一些图像。此外还获得了背向土星一侧半球的拼接图像，拍摄目标是一排较小的陨石坑，这些陨石坑的形成被认为与一条赤道环的消失有关。等离子光谱仪再次尝试搜索微弱的环存在的证据，同时相机试图以黑暗边缘为背景拍照（在一些情况下捕捉到了土卫四和背景中的土星的透视环），然而仍未在土卫五周围找到环。

远拱点的前一天，复合红外光谱仪和欧洲在智利运营的超大望远镜一起对土星"大白斑"进行了扫描。那时风暴是拖着细长蜿蜒的尾部的白云，核心更弱了，环绕着土星。卡西尼号最后一次对这一纬度的特征进行观测是在 10 月底，那时风暴还未出现，因此很容易得出结论，它完全打乱了天气系统的缓慢季节性变化以及大气的正常结构和化学成分。之前可以看到北半球从冬季到春季稳步地变暖，但是风暴却逆转了这一趋势。风暴本身包括一个 5 000 km 跨度的冷涡旋，边缘比较温暖，尾部较冷。空气温度在随着扰动向上移动几十千米的过程中下降了 10 ℃。然而，被称为"平流层指向标"的条纹出现在冷涡旋的上方，比它周围的温度高出 20 ℃。尽管这是整个行星上最温暖的特征，"指向标"却没有相应的可见光特性。最终，风暴改变了上层大气的化学成分，使磷化氢和氨气从更温暖的大气层中升高，通常很丰富的乙炔被耗尽[315]。

2010 年 12 月 26 日卡西尼号的宽视场相机拍摄的土星北半球大风暴

（图片来源：NASA/JPL/空间科学研究所）

第 144 圈没有设定交会目标，但卡西尼号对土卫六、土卫四、土卫二、土卫一和土卫十二进行了远距离观测。在对土卫二观测时，它监视了土卫二的喷流，并拍摄了平原、山丘和沟壑的拼接图像。此外，对这颗卫星背光面拍摄的远距离图像捕捉到了间歇泉和喷流的一些激动人心的图像。1 月 27 日，卡西尼号以 15 000 km 掠过土卫六十，拍摄了 18 张优于 100 m 分辨率的窄视角图像。这颗小卫星是一颗细长的略带红色的物体，长度在1.2～1.6 km 之间，而宽度仅有 300～600 m[316]。

卡西尼号在经过了又一圈环绕轨道之后，于 2 月 18 日再次抵达近拱点时，开始了第74 次土卫六交会（T74）。在这次 3 650 km 的飞掠过程的最近点附近主要使用等离子光谱仪对土卫六和晨昏线附近磁层之间的相互作用进行了研究。在离开的时候,相机拍摄了面向土星的半球。交会 14 h 后,距离土卫六 240 000 km,卡西尼号终于能够观测到直接被 2010 年 9 月的严重风暴影响的区域。窄视场相机获得了分辨率大约 1.4 km 的图像,观测到了一些表面形貌可能发生的变化。

从 3 月 6 日到 4 月 3 日的第 146 圈环绕过程中,卡西尼号主要致力于观测土卫六上的"箭形风暴"以及土星"大白斑"的影响。探测器在 4 月 17 日到达近拱点,两天后进行了第 75 次土卫六交会(T75),交会距离为 10 053 km。此次土卫六飞掠与旅行者 1 号的飞掠类似,从磁层昏侧掠过了土卫六的尾部。此外,从旅行者号飞掠到第 75 次土卫六交会之间几乎历经整整一个土星年,大气季节性特性也十分类似。在最近点附近主要采用的观测设备是等离子体光谱仪和磁力计。特别是,探测器调整了姿态,将光谱仪的视场指向预计的等离子体流的方向。5 月 8 日,即到达近拱点前 2 天,卡西尼号在运行了不到一圈后重返土卫六。第 76 次土卫六交会从背光面接近,从阳照面离开,最低高度为 1 837 km。在抵近过程中,成像光谱仪以及相机对高空薄雾和南极盖的形成进行了研究,还获取了阿迪立北部和仙京北部沙丘的数据。在近拱点卡西尼号拍摄了南极极光以及土星夜晚的影像,远距离观测了土卫二的喷流,以及以土卫十二为背景的土卫二日食。6 月 7 日是卡西尼号在拓展任务中最接近土卫八的一次,但距离仍然超过 860 000 km。一星期后,等离子体光谱仪由于引发了一系列电压变化和短路而不得不关机,这个问题可能是仪器中的电容导致的;否则它一直是正常运行的。6 月 18 日,卡西尼号在到达近拱点前 4 h 以 7 000 km 的距离掠过了土卫十二。它从背光面接近,直接飞过极点,从几乎没怎么拍过的面向土星一侧的半球离开。这次的图像成功地将卫星放在中心,展示出了沟壑般的滑动和流动。背向土星的半球被证明有大量的撞击坑,但是除了老的侵蚀的陨石坑之外,在面向土星的一侧只有少数十几个小的陨石坑。

6 月 20 日,卡西尼号进行了第 77 次土卫六交会(T77),这次交会以 1 358 km 的高度掠过赤道。从背光面接近时,紫外光谱仪对大气进行了测量,相机对边缘处高空的薄雾和极盖进行了监测。在最近点附近的 2 h 主要使用雷达进行探测。第一步是横跨仙那度和香格里拉边界的长距离高度测量。第二步是对芬撒西北部的梅恩瓦撞击坑和科萨撞击坑进行了高空成像。最后对仙那度西南部和图伊区西部拍摄了一短幅高分辨率图像。这些测量结果与 2006 年 9 月的数据共同构成了科萨和仙那度北部的立体图像。此次交会另一个有意思的方面是从正午赤道方向穿越土卫六的微弱磁层,这时粒子和场设备能够对逃离卫星的粒子流进行测绘。

7 月的第 150 圈环绕过程中,卡西尼号主要研究土星,尤其是北半球的风暴,同样也对一些卫星进行了远距离成像。而此时,风暴的尾部演化成一个黑暗中心区域,接近并与头部相撞。头部分裂之后变得愈加难以观测和跟踪。

8 月 1 日到达下一圈的近拱点,卡西尼号与土卫五进行了一次不到 6 000 km 的非目标交会。紫外光谱仪对猎户座掩星进行了观测,以对阳照面和背光面的氧气外逸层进行监测,与此同时相机对掩星进程进行了成像。8 月 25 日探测器以 25 000 km 的距离与土卫七非目标交会，这是近年来最接近的一次。这颗卫星混乱的自转偶然地使邦德-拉塞尔（Bond - Lassell）陨石坑以及它中心的土堆一览无遗。在飞向第 153 圈近拱点的过程中，卡西尼号于 9 月 12 日进行了第 78 次土卫六交会（T78）。这次 5 821 km 的飞掠主要进行光学遥感探测。特别是观测到了水瓶座 χ 星（chi Aquarii）掩星和太阳掩星。紫外光谱仪对土卫六大气中氢氚比例进行了迄今以来的第二次测量。在通过近拱点时，卡西尼号对土卫二、土卫三十三和土卫三进行了远距离观测。对于土卫三，卡西尼号确认了长久以来怀疑存在的温度异常，与土卫一类似，在赤道上存在一个较冷的条带。卡西尼号之后以 58 000 km 的距离再次掠过土卫七。

10 月 1 日通过近拱点的 3 h 前，卡西尼号进行了第 14 次土卫二飞掠（E14），这是三次间隔紧密的交会中的首个，仅以 99 km 的高度掠过这颗活跃卫星的表面。粒子和场设备均在控制中。特别是，当探测器直接通过南极上方时，质谱仪和等离子波仪器测量了出口喷出物质的组成。交会后复合红外光谱仪和相机以土卫六为背景拍摄了阳照面的土卫二进入然后退出土星阴影的过程。本次交会以对前导半球的远距离彩色成像结束。

在 10 月中旬，卡西尼号经历了为期 5 天的凌日（solar conjunction），在此期间，无线电进行了一次三种波长日冕观测。10 月 19 日，卡西尼号在到达近拱点前 3 h 进行了第 15 次土卫二交会（E15），交会距离 1 231 km。同前一次飞掠一样，探测器从背光面接近。这一次，在最近点附近主要使用遥感设备进行探测，同时紫外光谱仪观测了喷流对猎户座腰带上的两颗恒星的掩星现象，目的是监测单次喷射的位置和密度。另一方面，在土卫二再次进入日食之前，相机对伊斯班尼凹槽区域进行了成像，该区域是旅行者 2 号发现的一个长型凹槽地形，合适的光照显示出它是一个明显的裂缝。在第 155 圈环绕过程中，卡西尼号还对土卫六十进行了远距离成像来记录 G 环弧的动态。

最终，11 月 6 日卡西尼号第 16 次飞掠土卫二（E16），这是连续 3 圈的 3 次交会中的最后一次，这一次的飞掠高度为 496 km。雷达不仅测量了辐射和散射数据，还进行了低分辨率和高分辨率成像；这是少有的几次对其他卫星而非土卫六进行成像，而且也是首次对土卫二成像。除了得到土卫二的科学数据以外，通过这次实验能够利用一个用相机拍照容易得多的目标对土卫六雷达图像进行标定。25 km 宽的条带覆盖了尾随半球的南部，直到南极区域弯折脊边界。在南纬 62°的位置获得了最佳分辨率，但是条带不够深入南部，因此没有包含任何虎纹地形。再一次，在最近点附近，土卫二溜进了土星阴影锥的日食中。

12 月 12 日，当第 158 圈环绕通过近拱点时，卡西尼号第三次飞掠土卫四。它从背光面接近，用仪器对尾随半球进行了扫描，以测量沟槽和裂缝地形的热惯量。但是由于飞掠距离只有 98.8 km，这已经是整个任务过程中探测器最接近该卫星的距离，这次交会的大部分时间都用来进行无线电跟踪，以确定它是否像土卫二一样具有岩石核心，或者类似于土卫三或多或少由岩石和冰混合构成。土卫四平均密度高于土卫三，由此可见两者之间应当有差异。与此同时，质谱仪试图采集土卫四的外逸层氧气。从阳照面离开的过程中，相机获取了背向土星的半球的拼接图像。将近 36 h 之后，探测器第 79 次与土卫六交会

（T79），这次交会相对距离是 3 585 km。在抵近过程中，红外光谱仪对背光面进行了温度扫描，并且扫描了北极和南半球大气。在最接近处，成像光谱仪获得了贝莱特沙丘区域和净土处沙粒贫瘠的沙丘区域的高分辨率数据。

无线电系统的一个超稳定振荡器在 12 月出现了故障。当工程师们致力于判断是否能够恢复时，探测器使用了通信的备份单元。在剩余的任务中采用备份将会导致掩星实验中的科学数据质量较低，但整体任务尤其是重力调查并未受到影响。

到 2011 年年末，卡西尼号不断接近土卫六，并在 2012 年 1 月 2 日进行第 80 次土卫六远距离飞掠（T80），飞掠高度为 29 416 km。由于距离遥远，在交会时主要使用了成像和遥感设备，特别地观测了狮子座 CW 星（CW Leonis）和狮子座 R 星（R Leonis）这两颗红外亮星的掩星现象。飞离时对迄今为止覆盖率很差的尾随半球南部进行了辐射扫描。经过近拱点 2 天后，卡西尼号观测到土星大气层造成的猎户座 θ 星云（猎户座星云中的四边形星团）的掩星现象，并监测了土卫二的喷流以确定它们的活动是否与每圈轨道的周期性潮汐效应同步变化。1 月 30 日探测器再次回到土卫六，以 31 131 km 的高度第 81 次飞掠了土卫六（T81）。同样的，由于交会距离较远，主要采用遥感设备进行观测，主要目标是对安大略湖的液位情况进行监测。2 月 19 日，卡西尼号在不到三星期的时间内再次回到土卫六，以 3 803 km 的距离第 82 次飞掠土卫六（T82），这次飞掠为接下来的三次近距离飞掠土卫二创造了条件。

3 月 9 日卡西尼号在超过 9 000 km 的距离上非目标飞掠土卫二，然后在第二天以大约 42 000 km 的距离飞掠土卫五，这时卡西尼号正在为 27 日的 74 km 高度的第 17 次土卫二飞掠（E17）做准备，这也是三次近距离飞掠中的首次。第二次在 4 月 14 日，第三次在 5 月 2 日。最后这次飞掠的几何关系与第 9 次土卫二飞掠类似。5 月 22 日的又一次土卫六飞掠使探测器进入 16°倾角的轨道，以便获得更好的光照条件来观测土星环。

这种倾斜轨道使探测器在 2013 年 3 月之前都不会再与冰卫星交会，届时探测器将以 1 000 km 的距离飞掠土卫五。2015 年 10 月中旬以前，卡西尼号将不会再与土卫二交会，到了那时土卫二南极将会完全位于冬季夜晚的阴影中。至于土卫六，预计将在 2013 年 10 月的第 95 次飞掠（T95）、2014 年 2 月的第 98 次飞掠（T98）以及 2016 年 7 月的第 120 次飞掠（T120）过程中对南极进行雷达成像，利用 2012 年 5 月和 9 月的第 83 次（T83）和第 86 次飞掠（T86），2013 年 5 月、7 月和 10 月的第 91 次（T91）、92 次（T92）和 95 次飞掠（T95），2014 年 8 月的第 104 次飞掠（T104）和 2015 年 2 月的第 109 次飞掠（T109）对北极进行雷达成像[317]。

到 2016 年 11 月，卡西尼号将进入大倾角轨道，其近拱点靠近土卫二的公转轨道。29 日飞掠土卫六使探测器抵近到距离 F 环仅有 10 000 km 的位置上，离主环边缘不是很远。探测器将在这样的轨道上运行二十圈，用于详细研究 F 环以及 A 环。探测器要越过环平面接近土卫十和土卫十一的轨道，需要将高增益天线冲向前方用作尘埃屏障，就如同卡西尼号当年土星轨道入射的时候一样。

在 2017 年 4 月 22 日，卡西尼号第 126 次，也是最后一次飞掠土卫六（T126）。借力飞行将大幅度缩减近拱点距离，使轨道处于 D 环和土星之间，仅比云层高 3 500 km。1979 年，在决定利用先驱者 11 号尝试在“经典”土星环旁边穿过环平面，为旅行者 2 号的飞行轨道做必要的验证之前，曾有过争议是否让先驱者 11 号飞过这个间隙[318]。

　　探测器总共将在“冻结”轨道上飞行 23 圈，在此期间，土星将在 2017 年 5 月 24 日到达北半球夏至。这些轨道的倾角约为 63.4°，轨道平面在空间基本固定，近拱点均将出现在当地中午，使得探测器能够对被照亮的环进行细致的成像，并能通过深空网进行连续跟踪。这种轨道还将经常产生环对地球和太阳的掩星现象。主要的科学关注点是测量土星的重力场以获得高精度惯性力矩、内部结构以及内核的大小和质量。从土星和环之间通过的优势就是，环的引力将与土星的引力分离，使得环能够首次被精确“称量”。磁场以及尘埃环境都将被详细测绘。事实上，环系统的颗粒应当向下延伸至云层顶端。来自高空大气层的分子甚至可能被拦截到并由质谱仪进行原位分析，对它们的成分首次进行直接测量。如果磁力计能够测量磁场的微小周期不对称部分，那么甚至有可能获得旋转周期的范围。有趣的是，大约在同一时间，朱诺号任务（将在这一系列的第四卷进行描述）将对木星进行类似的观测[319]。像朱诺号一样，卡西尼号将使用成像光谱仪和雷达探测大气成分随着深度的变化情况，如同使用微波辐射计一样。

　　2017 年 9 月 11 日，卡西尼号以 87 000 km 的高度最后一次飞掠土卫六，这次飞掠将会对卡西尼号的轨道造成影响，使得探测器在 4 天后，即第 293 圈的近拱点时，坠入云层。因此，就像探测木星的伽利略号一样，卡西尼号将冲入其毕生所研究的行星的大气之中自毁。作为产出最丰富、最成功的行星探测任务之一，卡西尼号最终谢幕。

参 考 文 献

1 Cruikshank - 1972

2 参见第一卷 260～262 页关于厄俄斯的介绍

3 Martin Marietta - 1976

4 参见第一卷第 233 页关于紫鸽的介绍

5 Fink - 1976

6 Lorenz - 2009

7 参见第二卷第 76～81 页关于太阳系探索委员会的介绍

8 JWG - 1986

9 参见第二卷第 78～81 页关于水手马克 II 级任务的探测器的介绍

10 参见第二卷第 82、95～96 页关于灶神星和恺撒号的介绍

11 Beckman - 1986

12 Owen - 1986

13 Withcomb - 1988

14 Lebreton - 1988

15 AWST - 1989

16 参见第二卷第 84～90 页关于彗星交会/小行星飞掠任务的介绍

17 ESF - 1998

18 Sanford - 1992

19 参见第一卷第 328 页关于土星的射电爆发的介绍

20 Jaffe - 1997

21 Murray - 1992

22 Southwood - 1992

23 Dornheim - 1996

24 Smith - 1997a

25 Smith - 1997b

26 Ratcliff - 1992

27 Calcutt - 1992

28 Coates - 1992

29 Flamini - 1998

30 Somma - 2008

31 参见第一卷第 163～208 页关于火星 6 号和火星的氩的介绍

32 Lorenz - 1997

33 McCarthy - 1996

34 参见第一卷第 247～249 页关于先驱者号金星探测器的下降的介绍

35 Jäkel - 1996

36 Lorenz - 1994

37 Owen - 1999

38 Tomasko - 1997

39 Zarnecki - 1992

40 Lebreton - 1997

41 Hassan - 1997

42 Jones - 1997

43 Sparaco - 1996

44 Schipper - 2006

45 Smith - 1998

46 Wolf - 1998

47 Kohlhase - 1997

48 Covault - 1997

49 Dornheim - 1998

50 Gurnett - 2001

51 Zarka - 2008

52 Clark - 2009

53 Dornheim - 2001a

54 Mitchell - 2000

55 Hsu - 2009

56 Dornheim - 2001b

57 Porco - 2003

58 Hill - 2002

59 Gurnett - 2002

60 Bolton - 2002

61 Kurth - 2002

62 Krimigis - 2002

63 Gladstone - 2002

64 Mauk - 2003

65 Nixon - 2010

66 Mitchell - 2002

67 Tortora - 2004

68	Bertotti – 2003	107	Baines – 2005
69	Deutsch – 2002	108	Dornheim – 2004b
70	Strange – 2002	109	Young – 2005
71	Schipper – 2006	110	Gombosi – 2005
72	Fischer – 2006	111	Dougherty – 2005
73	Pryor – 2008	112	Baines – 2005
74	Griffith – 2003	113	Baines – 2005
75	West – 2005	114	IAUC – 8432
76	Clarke – 2005	115	Spitale – 2006
77	Crary – 2005	116	Waite – 2005b
78	Kurth – 2005	117	Schaller – 2006
79	Bagenal – 2005	118	Porco – 2005c
80	Kempf – 2005a	119	Sotin – 2005
81	Kempf – 2005b	120	Barnes – 2009a
82	IAUC – 8389	121	Elachi – 2005
83	Jacobson – 2006	122	Covault – 2004a
84	Porco – 2005a	123	Beckes – 2005
85	Flasar – 2005a	124	Garnier – 2007
86	Jewitt – 2007	125	IAUC – 8432
87	Kelly Beatty – 2004	126	Showalter – 2005
88	Esposito – 2005	127	Spitale – 2006
89	Clark – 2005a	128	Mitchell – 2004
90	Johnson – 2005	129	Griffith – 2005
91	Brad Dalton – 2005	130	Porco – 2005c
92	Sanchez – Lavega – 2005	131	Barnes – 2005
93	IAUC – 8401	132	Rodriguez – 2009a
94	Dougherty – 2005	133	Flasar – 2005b
95	Gombosi – 2005	134	Shemansky – 2005
96	Gurnett – 2005	135	Dandouras – 2009
97	参见第一卷第 336～338 页关于旅行者 2 号环面穿越的介绍	136	Levison – 2011
98	Spahn – 2006a	137	Porco – 2005b
99	Tiscareno – 2006	138	Porco – 2005c
100	Tytell – 2004	139	Porco – 2005d
101	Tiscareno – 2007	140	Flasar – 2005a
102	Porco – 2005b	141	Esposito – 2005
103	Waite – 2005a	142	Ostro – 2006
104	Krimigis – 2005	143	Morring – 2005a
105	Mitchell – 2003	144	Hueso – 2006
106	Dornheim – 2004a	145	Tokano – 2006
		146	Griffith – 2006a

147　Lebreton – 2005

148　Tomasko – 2005

149　Niemann – 2005

150　Fulchignoni – 2005

151　Zarnecki – 2005

152　Bird – 2005

153　Karkoschka – 2007

154　Soderblom – 2007a

155　Kazeminejad – 2007

156　Owen – 2005

157　Morring – 2005b

158　Schipper – 2006

159　Morring – 2005a

160　Elachi – 2006

161　Murray – 2005a

162　Jacobson – 2006

163　IAUC – 8524

164　Cuzzi – 2010

165　Charnoz – 2005

166　Murray – 2008

167　Déau – 2009

168　Esposito – 2008

169　Postberg – 2008

170　Kargel – 2006

171　Kivelson – 2006

172　Porco – 2006

173　Spencer – 2006

174　Dougherty – 2006

175　Tokar – 2006

176　Jones – 2006

177　Spahn – 2006b

178　Waite – 2006

179　Hansen – 2006

180　Brown – 2006

181　Nimmo – 2006

182　Kieffer – 2006a

183　Nimmo – 2007

184　Hurford – 2007

185　Dombard – 2007

186　Porco – 2008

187　Kerr – 2006

188　Kieffer – 2008

189　Lakdawalla – 2009

190　Sremcevic – 2007

191　Esposito – 2008

192　参见第一卷第 328～329 页关于土星辐条结构的介绍

193　Mitchell – 2006

194　Mitchell – 2005

195　Lunine – 2008

196　Paganelli – 2007

197　Griffith – 2006b

198　参见第一卷第 335 页关于伊萨卡裂缝和奥德修斯撞击坑的介绍

199　参见第一卷第 333～334 页关于土卫七的自转的介绍

200　Jacobson – 2006

201　Thomas – 2007

202　Cruikshank – 2007

203　Ostro – 2006

204　Soderblom – 2007b

205　Lorenz – 2006

206　Lancaster – 2006

207　Lunine – 2008

208　Paganelli – 2007

209　Lorenz – 2010

210　Wald – 2009

211　Burch – 2007

212　Jones – 2008

213　Kerr – 2008

214　Porco – 2008

215　Lorenz – 2008a

216　Paganelli – 2007

217　Gurnett – 2007

218　Bagenal – 2007

219　Giampieri – 2006

220　Zarka – 2007

221　Kivelson – 2007

222　Read – 2009

223　Showman – 2009

224	Anderson – 2007	264	Barnes – 2009b
225	Podolak – 2007	265	Schneider – 2012
226	Iorio – 2008	266	Turtle – 2009
227	Stofan – 2007	267	Stofan – 2008
228	Sotin – 2007	268	Charnoz – 2007
229	Waite – 2007	269	Porco – 2007
230	Atreya – 2007	270	Charnoz – 2010
231	IAUC – 8773	271	Burns – 2010
232	IAUC – 8759	272	Canup – 2010
233	Tiscareno – 2007	273	Crida – 2010
234	Hedman – 2007	274	Morring – 2007
235	Dyudina – 2008	275	Hedman – 2009a
236	Charnoz – 2009	276	Tiscareno – 2010
237	Stallard – 2008	277	Schaller – 2009
238	Kurth – 2008	278	Zebker – 2009
239	Gurnett – 2009	279	Rodiguez – 2009b
240	Esposito – 2008	280	Iess – 2010
241	Mitchell – 2007	281	Sohl – 2010
242	Leyrat – 2008	282	Baland – 2011
243	Fletcher – 2008	283	Pryor – 2011
244	Morring – 2008	284	IAUC – 9023
245	Stiles – 2008	285	Hedman – 2009b
246	Lorenz – 2008b	286	Pryor – 2011
247	Sotin – 2008	287	Waite – 2009
248	Spitale – 2007	288	Postberg – 2009
249	Lopes – 2010	289	Postberg – 2011
250	Lorenz – 2008c	290	Hartogh – 2011
251	IAUC – 8857	291	Lamy – 2011a
252	Bertucci – 2008	292	Lamy – 2011b
253	Brown – 2008a	293	Soderblom – 2009
254	Fischer – 2007	294	Buratti – 2009
255	Denk – 2010	295	Stephan – 2010
256	Spencer – 2010	296	Barnes – 2011
257	Verbiscer – 2009	297	IAUC – 9091
258	Hansen – 2008	298	Spitale – 2009
259	Hedman – 2009a	299	参见第一卷第 379～385 页关于日球层、日球层顶、旅行者号、星际边界探测器的介绍
260	IAUC – 8970		
261	Fischer – 2008	300	Krimigis – 2009
262	Brown – 2008b	301	Hedman – 2011a
263	Barnes – 2008	302	Hayes – 2011

303　Teolis – 2010

304　Tokar – 2012

305　Yam – 2007

306　Davis – 2007

307　Kloster – 2009

308　Spilker – 2010

309　Turtle – 2011

310　Schneider – 2012

311　Sanchez – Lavega – 2011

312　Fischer – 2011

313　Read – 2011

314　Sanchez – Lavega – 1989

315　Fletcher – 2011

316　Hedman – 2011b

317　Hayes – 2011

318　参见第一卷第 147～148 页

319　Helled – 2011

第 9 章　更快、更省、更好的续章

9.1　标志性的一年

1996 年对于行星探测，尤其是对于美国而言是具有里程碑意义的一年。随着卡西尼号探测器的研制即将完成，NASA 发射了首批三个根据"更快、更省、更好"战略研制的探测器。这个为了开展更频繁、更聚焦、更便宜的深空任务而提出的概念催生出了两个不同的项目。JPL 的火星勘测者项目，将使用小型且廉价的探测器弥补 1993 年火星观测者的损失（火星观测者是一个轨道器，目标是研究火星的地质和气候）。从火星全球勘探者（Mars Global Surveyor）开始，这些新的任务都是为了寻找能够确定火星的气候是否曾经适合生命存在的证据。这些探测任务也为将来某个时间的载人任务从技术上和科学上铺平道路。从 1993 年开始，发现计划（Discovery Program）试图利用 NASA 长达十年之久的地球轨道科学卫星"小型探索者"系列来使得行星际任务更便宜和更频繁，它也将对 NASA 的各个研究中心、大学以及工业界的参与者开放。前两个任务是近地小行星交会任务（Near Earth Asteroid Rendezvous，NEAR）和火星探路者（Mars Pathfinder）任务。NEAR 由约翰斯·霍普金斯大学应用物理实验室（Applied Physics Laboratory，APL）设计，将进入环绕近地小行星（433）爱神星的轨道对其进行长达一年的观测。JPL 的火星探路者主要验证一个粗精度着陆系统，并测试行星巡视器的原理样机。这两个项目将在太阳系探测中开启一个新的"黄金时代"，正如在本章和下一章中所描述的，项目获得了极大的成功。

然而，1996 年也见证了深空探测领域最早的参与者之一就此销声匿迹。继承了苏联大多数的专家和基础设施的俄罗斯，在首个火星探测器中却遭遇了令人沮丧的失败。这次失败以及财政上的限制，意味着俄罗斯在下个十年仍将或多或少地处于阴影当中。

另一方面，当其他空间机构研发自己的"旗舰级"的任务（例如欧洲的罗塞塔彗星轨道器）时，它们也都在考虑更小、更灵活的任务。

9.2　星际旅行推进

当 NASA 将深空探测任务的偏好从曾经制造出伽利略号和卡西尼号这种庞然大物的旗舰级任务转向了发现计划，JPL 清楚地意识到必须做出一些其他的计划性改变。在过去，它曾经利用这些旗舰级项目来资助新技术的研发——例如为卡西尼号研发了固态数据记录仪，从而取代麻烦的磁带机。这种方法的一个缺点是：为了不危害整个任务，只有具有继承性更好、风险更低的备份的新技术才会被采用。这就意味着一些"为任务赋能"但未经验证并且不可替代的技术能够实际上天飞行并证明自己的可能性非常低。最重要的例子就是离子推进，也被称为太阳能电推进系统（Solar Electric Propulsion，SEP），这项技术在 20 世纪 70 年代就被提出用于彗星和小行星低速交会任务——例如哈雷/坦普尔 2 号国际彗星任务。虽然美国已经发射了 2 次空间电火箭测试（Space Electric Rocket Tests，SERT），其中第二个的推力器在短路故障之前总共运行了 3 781 h，并且还在实验卫星上采用了这项技术，但是离子推进仍然是"不成熟的"，主要是因为没有人知道它与科学仪器的相互作用和特性，而且对于离子推进任务如何设计和导航仍是不清楚的。这种技术的未来应用不仅涉及主要用于内太阳系的太阳能电推进，而且还与 RTG 和离子发动机的结合体（即放射性同位素电推进，Radioisotope Electric Propulsion，REP）、配备核反应堆的离子发动机（核电推进，Nuclear Electric Propulsion，NEP）等相关，目的是减少外太阳系探测任务的时间。以这些需求为基础，JPL 的太空和地球科学项目负责人查尔斯·埃拉奇（Charles Elachi）向 NASA 局长丹尼尔·戈尔丁（Daniel Goldin）提出了一项以"更快、更省、更好"为指导思想的、以技术为导向的新项目，将对"为任务赋能"的技术进行测试和验证以用于未来的任务，同时将科学探测成果作为额外收获。结果是，1995 年 7 月，美国国会批准 NASA 启动新千年计划的短期发展项目。深空 1 号（DS-1）将对在深空任务中离子推进使用效果进行评估，而深空 2 号将以火星为目标对小型化的行星穿透器进行评价。稍晚一些批准的深空 3 号将发射 3 个在不同的轨道上绕太阳飞行的探测器，以验证它们形成一个能够解析其他恒星系统中的行星的光学干涉的系统的能力。遗憾的是，这个雄心勃勃的想法要求对探测器的相对位置有非常精确的控制和测定，因此一直处于研究阶段。

在为深空 1 号所考虑的可选项中，"小天体"任务的一个可选项是采用传统的化学推进，创新性在于使用小型化技术实现了只有 100 kg 的发射质量。然而，事情很快就清楚了，小天体任务将采用太阳能电推进的使能技术，使得深空 1 号成为一项离子推进的彗星和小行星验证任务。另一项将被测试的技术是自主导航系统，通过拍摄天空，辨识星空背景下的目标，利用它们的相对位置和运动来计算它们在太阳系内的位置，规划路径，甚至决定必要的轨道修正。JPL 在任务的早期就决定将研制阶段缩短到仅有 36 个月，为了证明其管理快节奏任务的能力，发射日期定于 1998 年 7 月。1995 年，亚利桑那州的一家小公司——天体光谱公司（Spectrum Astro），被选为工业合作伙伴。同时还选择了其他实验验证技术，包括：为冥王星快速飞掠任务提出的基于微型设备研究的微型集成相机和光谱仪、"远程代理"软件将在与地球无法通信时有效地操纵航天器、装有小型透镜的先进太阳能电池板将太阳光聚集以提高每个单元的输出功率。选用这些技术的原因包括该技术能够在 2 年内得到应用，或者该技术属于某项新型的任务，或者该技术能够降低任务成本。这些被采纳的技术包括一些至关重要的任务组成，这意味着没有传统手段替代这些任务组成；也包括一些基本的任务部分，这些部分能够在研制中被传统手段所替代；还包含一些只是对任务起到增强作用的技术，这些技术即便被舍弃也不会影响任务。一个基本的任务组成的例子是先进的 3D 处理器，当它无法及时研发出来时，能够被标准处理器所替代[1]。本次任务含发射的总成本是 1.385 亿美元，但不包括飞行操作经费和已被独立项目或其他机构开发的技术经费——最显著的例子是离子推进系统和太阳能聚光器。算上运营和科学数据分析的总成本超过了 1.5 亿美元。

深空 1 号是一个 1.1 m×1.1 m×1.5 m 的盒状体，有一对固定的太阳能帆板，每个帆板由 4 块 113 cm×160 cm 的电池板组成，将总长度增加到 11.8 m。在此基础上，离子引擎与外部吊杆在探测器将要发射时，为探测器提供了电池和推进剂线路。包括天线在内的大多数设备安装在盒子的另一端。高增益天线明显继承了火星项目，形似"冰球"，是火星探路者的一个备份件。姿态确定由星敏感器、太阳传感器和激光陀螺仪的惯性平台完成。秉承低成本技术验证的原则，不再为大多数的现有技术提供备份。因此，尽管两轴控制仍可能通过离子发动机实现，但姿态控制完全通过肼推进器实现。探测器的发射重量只有486.3 kg，包含用于姿态控制和方向修正的 81.5 kg 氙和 31.1 kg 肼。据估计，如果只采用标准技术和组件来完成相同的任务，探测器所需的重量是 1 300 kg。

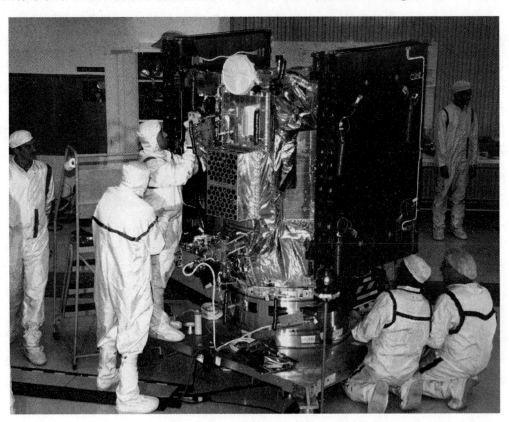

离子推进的深空 1 号探测器正在进行发射前最后的准备

深空 1 号采用的离子推进器已由 JPL 和面向推进技术的刘易斯研究中心（现格伦研究中心）联合研发，用于 NASA 太阳能电推进技术应用筹备（NASA Solar Electric Propulsion Technology Application Readiness，NSTAR）项目，该项目成立于 1993 年，专门使得这项技术为太空探索所用。相比于早期实验采用的汞或铯作为推进剂的离子推进器，NSTAR 项目使用氙，因为它在室温下呈气态而非液态或固态，其排气不会污染航天器。30 cm 发动机对氙加速，通过电子轰击，以 40 km/s 的出口速度通过负电荷钼网格，提供一个低速但持续的推力。92 mN 推力仅仅相当于地球上一张纸的重量。最弱的 112 推力级只有 19 mN。喷出后，离子束将通过注入一束电子流使其变成中性，以免航天器其余部分充电。尽管它的推力很弱，离子"羽流"速度却非常高，从一定质量的推进剂（例如比冲量）所获得的总推力是化学发动机的 10 倍。正是因为这个特点使得离子推进更高效，更适合应用于总速度变化较大的探测，诸如主小行星带的探测之旅。尽管推力微弱，地球上天线的多普勒跟踪对测量探测器的加速度是足够灵敏的。该发动机采用 5°锥角半径安装常平架，以控制推力矢量。事实上，当发动机开机时，肼推进器不再用于姿态控制。原理样机已经开展了广泛的实验，证明全功率下设计寿命超过了 8 000 h。1997 年，深空 1 号仍在研发过程中，俄罗斯商业质子号运载火箭将休斯公司的 PanAmSat 5 通信卫星发射升空，将在静止轨道上对氙离子发动机开展试验。

这次任务将要测试的第二项重要技术是采用 720 个菲涅耳透镜将太阳光汇聚在 3 600 片太阳能电池上，这将比传统电池阵列多提供 20% 的电能。深空 1 号需要 2 400 W，主要用于操作离子发动机。如果太阳能聚光可以通过稀疏覆盖的电池来提供一个给定的功率，这将降低防辐射的难度，而且无需庞大的太阳能面板。太阳能聚光是 BMDO（弹道导弹防御组织）正在研究的一项技术，将在 METEOR 卫星上进行测试，但是用于搭载该卫星的康耐斯托加（Conestoga）运载火箭却在 1995 年 10 月发射失败了（该火箭由私人机构开发）。因此，军方将它们免费提供给 JPL 以换取飞行工程数据。

有效载荷还包括一些实验性的科学仪器，目标是在太空真实环境下对这些仪器进行测试。多波段成像仪/光谱仪为自动导航软件提供图像，该软件集成了两台相机、一台红外成像光谱仪和一台紫外成像光谱仪。光学系统孔径为 100 mm，可见光谱段焦距为 677 mm。其中一台相机 CCD 传感器为 1 024×1 024 像素，视场角为 0.78×0.69°，另一台采用一种实验性的 256×256 像素的 CMOS（互补金属氧化物半导体）有源像素传感器。设备的整体机构由碳化硅制成，作为光学器件，没有移动的部分。碳化硅热膨胀系数低，使得仪器能够在室温下组装并聚焦，甚至在空间低温情况下保持焦距[2]。行星探测等离子实验仪（PEPE）静电集成离子和电子谱仪是为了测量太阳风并评估探测器周围由离子推进器产生的等离子体环境。在卡西尼上有一台类似的设备具有许多相同的功能，但只有 5.6 kg 的重量。这台设备交付得很晚，直到发射前六个星期仍未确定是否能够发射。虽然相机和等离子体设备被安装在探测器离子发动机的另一侧，诊断设备却在距离发动机不到 1 m 的位置以便监视它的运行。这套诊断设备包括一个减速电位分析仪和一对用于测量等离子环境的朗缪尔探针。两个石英微型天平组和两个热量计监测污染情况。一台 2 m 长的偶极天线和一个搜索线圈磁强计测量电磁噪声。磁场本身通过一对"超小型"德国磁通门磁强计测量，该磁强计是 ESA 罗塞塔彗星任务的一个设备的原理样机。它们被安装在靠近离子羽流的一个 50 cm 支架上以诊断离子羽流。

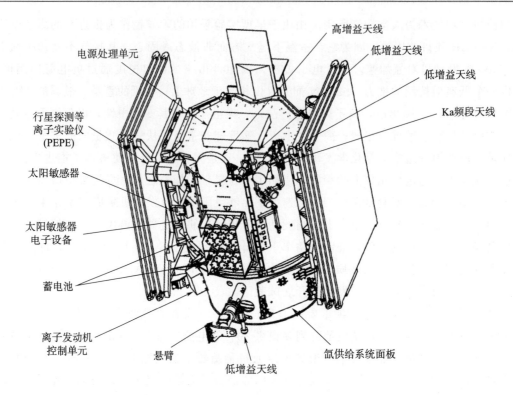

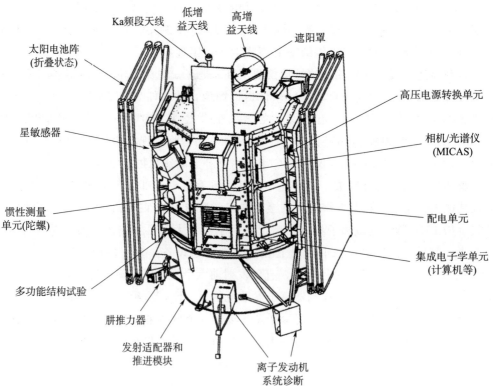

深空 1 号（太阳电池阵未展开）

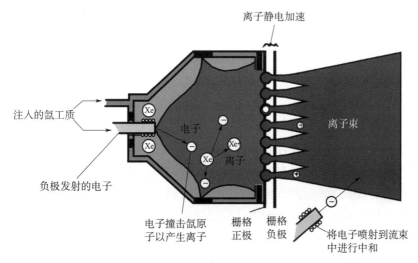

离子发动机的工作原理图

深空 1 号的 NSTAR 离子发动机

通过改变推力和/或离子发动机的方向，或者通过特定的点火，或者通过肼推力器，自主导航系统能够对深空 1 号实施控制。器上存储了 250 颗小行星的轨道数据、航天器的基线轨迹以及太阳系主要行星的星历，从而在任何时候都能够确认航天器的位置。"远程代理"软件将采用最少的地面干预进行航天器活动规划和管理，包括决定何时执行或是否执行某些操作以及监控其他系统的响应。导航系统和远程代理软件是由一台无备份的主计算机来实现的。一种新型的小型深空应答机将一个简单的"信标信号"发送到地球上，通知控制器航天器的健康情况或者是否需要支持。使用这样的"信标信号"可以在未来任务上节省大量的成本。此外，接收信号只需要地球上几米的碟形天线。其他技术包括一个用来评估 Ka 微波波段传输的小型固态放大器，低功率电子设备，一个智能开关以及结合了热控、热传输和电子电路的承重构件的结构[3-4]。

　　由于大量的硬件和软件开发问题导致发射推迟了几个月。其中一个相关的问题是远程代理软件，工程团队最终决定发射时不上传该软件，飞行时再上传。其他软件通过继承火星探路者极大地节省了开发时间。然而，最大的问题是硬件问题，尤其是将离子发动机的高压电源转换为低压系统的高压变频器。它秉承了主要设计者的"更快、更省、更好"的开发理念，书面文件很少，导致提交进度延后了一年。1998 年 3 月，项目组意识到系统测试未完成，无法按计划在 7 月进行发射，将时间推迟到 10 月。这虽然给了工程师一些喘息的空间，但也迫使探测器对飞掠目标进行了调整[5]。

　　由于深空 1 号任务的主要目的是对采用离子推进实现交会的能力进行工程验证，具体的探测目标是次要的关注点。最初的计划是探测器在 1998 年 7 月长达一个月的发射窗口内离开地球，在 8 月启动离子推进并一直持续到 10 月末。探测器将在 1999 年 1 月中旬与小行星麦考利夫（3352 McAuliffe）以 6.7 km/s 的相对速度交会，然后与周期性彗星76P/威斯特-科胡特克-池村（West - Kohoutek - Ikemura）在 2000 年 6 月以 15 km/s 的相对速度交会[6]。探测器将在 2000 年 4 月飞掠火星，并且可能与火卫一近距离交会。麦考利夫小行星是以在挑战者号事故中遇难的 7 名宇航员命名的小行星之一。它是一个尺寸大约 2.5 km 的近地天体。威斯特-科胡特克-池村彗星是一颗轨道周期为 6 年的木星系彗星，于 1974 年发现，其彗核尺寸大约为 3.8 km。计算结果表明 1972 年 3 月这颗彗星距木星仅有 0.01 AU，导致它的轨道从 30 年周期、近日点 5 AU 变成了现在的这样[7]。发射推迟了 3 个月导致需要选择新的目标。未命名的近地小行星 1992KD 从 100 多个候选目标中被选为主要目标，它在 1992 年 5 月由 JPL 天文学家和小行星观测者埃莉诺·海林（Eleanor Helin）和肯尼斯·劳伦斯（Kenneth Lawrence）发现。由于它以 28°倾角环绕太阳运行，探测器将以相对速度 15.5 km/s 飞掠。尽管它被归类为在火星和地球之间运行的阿莫尔天体（Amor object），远日点在小行星带，但是仿真结果表明它的轨道在快速地演化，并且将在几千年内穿过地球轨道。地球上最大口径的望远镜的观察结果表明它最长不超过 3 km，轴上拉伸比例至少为 2，旋转周期较长，为 9.4 天。早期的光谱数据表明它是一颗罕见的 V 类小行星，类似于灶神星（Vesta），因此可能是由于撞击而从灶神星上掉落的碎片。这种小行星也被认为是罕见的钙长辉长陨石和闪长玄武岩陨石的来源。但后续的光谱观测显示它与罕见的 Q 类小行星类似，并且与某些类型的球粒陨石几乎没有区别。值得注意的是，虽然 Q 类小行星在近地天体中很有代表性，但在主带中只识别出了很少的几个。鉴于 1992KD 可能是从一个较大的物体上被剥离出来的，而且它不稳定的轨道将很快使它与地球轨道交会，因此与它交会的科学价值很高，对于小行星和碎片从主带向内太阳系转移的动力学研究能够提供详细数据[8-9]。为了提升公众对任务的兴趣，行星协会举办了为 1992KD 命名的比赛，最后由发现者从中选择。1992KD 被命名为路易·布莱叶（Louis Braille），之后被命名为（9969）布莱叶（Braille），路易·布莱叶发明了点语言，使得盲人能够通过触摸阅读。

尽管小型的固体火箭雅典娜 2 号（Athena 2）可以用于发射轻型的深空 1 号，但当任务的焦点变成离子推进系统时运载火箭被更换为 Delta 7326。这款采用三个捆绑式固体助推器的火箭是 Delta Ⅱ 系列中最弱的。这次发射是 NASA 中轻型项目（Med－Lite program）的首次发射。发射窗口从 1998 年 10 月 15 日到 11 月 10 日。该窗口的结束并非是因为天体力学，而仅仅是由于预计在 12 月要发射两次火星勘测者号中的第一次，需要清理卡纳维拉尔角（Cape Canaveral）的发射台。深空 1 号于 10 月 24 日升空。在将第三级释放进入停泊轨道之后，运载火箭的第二级进行轨道机动，释放了一颗小型通信和遥感卫星 SEDSat1（Students for the Exploration and Development of Space Satellite，学生的太空探索和发展卫星）。同时，第三级在适当的时候点火，使深空 1 号进入距离 1.0～1.3 AU 之间的日心轨道[10]。一些关键技术的测试将在头两个月内进行，而有一些测试则在第一天就完成了。

发射后立刻就出现了硬件问题，接收到探测器的信号比预期晚了几分钟，原因是范艾伦辐射带使"现成的"用于确定探测器姿态的星敏感器出现了问题。最终，位于堪培拉的深空网与探测器取得了联系，在过程中对太阳能聚光器和深空应答机等两项技术工作的正确性进行了评估。当飞控人员在 11 月 10 日开启离子发动机进行原定 17 h 的测试时，离子发动机在运行了仅仅 4.5 min 之后就关闭了，此后一直处于待机状态。所有重新启动的努力均告失败。接下来，星敏感器也再次出现问题，使得探测器进入安全模式。重新获得控制后，决定通过将发动机循环暴露在阳光下和太空中，使其遭受热膨胀和热收缩的循环。人们曾认为，点火失效是钼栅格中的多余物造成电路短路导致的，这点在其他离子发动机上曾经出现过。人们希望热循环能够移除多余物。当团队忙于重启发动机时，不得不忽略了要在探测器飞离时通过观测地球和月球而对相机响应进行标定的计划，错过了这次机会使得这台用来观测布莱叶（Braille）的设备没有完全准备好[11]。同时，11 月 16 日帕洛玛天文台成功地拍摄了 370 万千米以外的探测器。在尝试恢复 2 星期之后，上传了新的软件并重启了发动机。此后探测器工作完美，因此团队能够在 12 月 2 日宣布任务的"最低成功标准"已经达到。前 10 天的推力方向沿着地球—探测器连线方向，使信号传输的多普勒频移达到最大，从而能够精确地测量发动机推力。然后，探测器通过姿态机动将推力方向调整到与布莱叶小行星交会的最佳推力方向。

校正图像摄于可见光和红外波段，相机的光学系统仍被不透紫外波长的镜头盖保护着，镜头盖将在任务后期打开。遗憾的是，当镜头盖被打开时，发现紫外通道的信号通道故障，呈现出无意义的数据。然而，最大的问题是可见光和红外通道特别容易受到探测器部分反射的杂散光的影响。由于它包含了导航系统所需的传感器，导致推迟了综合性测试。与此同时，在 1999 年 1 月，卡西尼号和深空 1 号相距 0.5 AU，这两个 JPL 成本相差最大的项目合作获取了 36 h 的太阳风数据。

在 1 月 22 日的 40 min 测试中，离子发动机调试了几个级别的推力，最终达到了迄今为止的最高级别，之后关闭。这次测试为等离子体与探测器的相互作用提供了最好的数据，探测器远端的等离子体设备只在最高推力下记录到了氙离子。在任何情况下，能够清楚地将太阳风质子从光谱中区分开，当离子发动机工作的时候，它们的分布几乎没有改变[12]。本次（及后续）测试表明离子发动机不会显著地损害粒子和场的观测。此外，返回到等离子体设备中的氙离子流使得探测器带电情况可以被测量。另一项测试是无线电信号穿过发动机"羽流"是否会对数据传输造成影响，结果表明没有影响。

2 月，深空 1 号接收到了 4.1 MB 的全新飞行软件，包括针对杂散光问题进行了修订的导航软件。5 月对整个飞行软件进行了替换，加入了远程代理软件。6 月再次更新以修复全部的导航系统功能，并提高它的图像处理能力。升级后的自主导航软件的测试非常成功，系统每星期获取一幅小行星图像，确定其位置，然后修正发动机推力大小和方向。器上自主计算的位置与地面跟踪计算的相比误差不超过 1 000 km，这一误差值对于这个阶段的任务而言已经很好了。交会之前剩余的时间都用于进一步的测试以及解决问题。每星期都会进行高速率通信以及推进暂停期间拍摄新的导航照片。长时间通信之间还经常进行短时通信。4 月 27 日离子推进结束时，深空 1 号正处于一条与布莱叶小行星交会的弹道轨迹上。离子推进总共工作了 1 800 h，点火 34 次，消耗了 11.4 kg 的氙气，总共产生速度增量为 699.9 m/s。发动机性能与预估值相比偏差不到 2%[13]。红外光谱仪在 5 月份 3 次对火星光谱进行拍摄，拍摄距离在 1.05 亿～1.10 亿千米之间。发现的光谱特征可能是由于之前未探测到的矿物质暴露在火星表面上造成的[14]。

除了使用多光谱相机，深空 1 号还采用等离子设备来研究布莱叶小行星，寻找任何能够证明小行星自身具有磁场的太阳风扰动。此外，太阳风撞击小行星表面时可能释放出带电粒子，从而揭示小行星的成分。该计划对探测器的导航系统提出了非常高的要求，因为要让探测器逼近到与小行星相距 10 km 以内，甚至可能近达 5 km，这是迄今为止行星际交会中最接近的一次。探测器在黄道平面内运行，交会将发生在小行星倾斜轨道的升交点处，距离太阳 1.3 AU。除了拍摄导航图像改进小行星定规精度之外，在接近过程中相机还拍摄了用于科学研究的光谱和图像。然而，最接近小行星时的角速率将会超过姿态控制系统的最大调姿速率，届时只有等离子体设备能够采集数据。最佳图像分辨率预计能达到 30～50 m。最近点后约 1 h，探测器将指向地球开始传输数据。

交会前 30 天，深空 1 号开始采集导航图像，同时自主系统采用离子推力器进行轨道修正。交会前 2 星期进行了一次完整的演练，探测器软件成功地跟踪到一个"虚拟"目标。早期发现的一个问题是布莱叶小行星比预想的昏暗得多，因此无法显示在导航图像上。尽管如此，人们认为相机能够在交会前 1 天发现目标，为最后的调整留出时间。然而，一些问题破坏了这次交会，结果令科学家们很失望。

当布莱叶小行星最终在交会前大约 40 h 被发现时，它仍然非常昏暗，需要通过地面进行图像增强处理后才能辨别。它被发现的位置与预测的位置偏差约 430 km。采用了

JPL 的一台导航软件模拟器计算轨道修正，因为器上软件没有识别目标小行星所需的额外的图像处理能力。这次轨道修正在几小时后进行。在交会前的最后 2 天，为了节省时间，轨道修正均采用肼推进器而非离子发动机执行。在距离交会还剩 17 h 的时候，器上软件利用自身的图像处理程序对小行星进行了定位。但是 1 h 后，导航系统使探测器进入了安全模式，导致计算机丢失了它正在处理的数据。预定在 5 h 后进行的轨道修正数据也丢失了。在研究团队尝试让深空 1 号退出安全模式期间，JPL 利用在故障前下传的 3 幅导航图像设计了一次轨道修正，在距离交会仅仅 6 h 的时候执行。因为原本打算采用 16 幅图像进行最后这次修正，仅采用 3 幅图像的定轨精度较差，导致交会时的距离大于期望值。相机在小行星出现后一直跟踪目标，并且在交会前 27 min 正确地由 CCD 敏感器切换至 CMOS 敏感器。由于在发射前几个月发现 CCD 跟踪一个被照亮的细长目标可能会有问题，决定在最终飞掠过程中采用 CMOS 传感器，这要求导航软件能够自主地快速切换。遗憾的是，由于小行星比预期的昏暗得多，系统无法从这 23 张图像中进行目标定位。此外，有明亮的东西（可能是宇宙射线击中了探头）干扰了导航处理过程，导致相机偏离了目标。结果，当科学成像序列开始时，深空 1 号并没有对准布莱叶。1999 年 7 月 29 日 04：46（UTC 时间），探测器以 26 km 的距离飞过布莱叶的背光面。此后不久，探测器利用最后一次定位的结果再次开始使用 CCD 跟踪布莱叶[15]。各种情况共同导致了深空 1 号未能获得这颗有史以来交会目标中最小的小行星表面的详细图像。接近段的最后一张照片拍摄于交会前约 70 min，此时布莱叶还在 40 000 km 以外，只占了图像的 4 个像素。然后，由于器上内存有限，为了给期望的高分辨率图像腾出空间，没有存储远距离图像。结果，几乎所有对这颗小行星的观测结果都丢失了。相机再次拍摄到布莱叶已经是交会后的 914 s，此时距离为 14 000 km，只能看出它的大致形状。最好的两张照片是间隔 18 s 拍摄的，照片中半照亮的小行星似乎相当细长，长轴 2.2 km，短轴 1 km。这说明它可能是由几个部分相接而成。CMOS 相机在同一时刻拍摄的图像中小行星仅仅就是一个模糊的痕迹，在太空背景下几乎无法分辨[16-18]。交会后 17 min 获取了十几张较好的红外光谱图像，图像表明布莱叶基本类似于 Q 类小行星，既存在辉石又存在橄榄石。由于这些矿物质的光谱特征似乎随着小行星表面暴露在太空中而逐渐消失，所以说明布莱叶的表面可能相对而言更年轻，未经风化。光度计表明布莱叶反射了超过三分之一的入射光，是一个相对较亮的天体，但是它复杂的形状使得它在交会阶段几乎不可见[19]。

尽管用于监视发动机离子羽流的磁力计数据受到姿态控制推力器中电磁阀频繁启动的严重影响，但是通过切换器上设备的开关，以及发动机的永磁铁制造的大面积剩磁场，进一步的详细分析显示出就在最近点的时刻，磁场中存在一个可疑的"凸点"。这可能因为小行星存在着小的但可测量的固有磁偶极矩[20]。

JPL 的一个审查委员会对这一次未到达既定目标的交会进行了调查，给出的结论是该问题可能无法避免，成为理论与"现实世界"不符的简单实例。然而，团队成员承认并没有将这次交会当作任务中必须完成的一部分来进行周到的准备，他们的注意力集中在如何满足一个技术验证任务的成功条件上。仅仅在交会前几星期才开始准备，开展演练的时间

这是小行星（9969）布莱叶最好的照片之一，由深空 1 号的 CCD 相机在近距离交会后 15 min 拍摄

也已经很晚了，而且获取科学数据一直都只是次要考虑的事情。事实上，这次布莱叶交会获取的科学数据甚至都没有像一次"科学"任务一样被记录或者存档，原因就是相应的经费一直都没有到位[21]。

深空 1 号任务原计划在 9 月中旬结束，但工程师和科学家希望 NASA 授权任务延长。一个可能的目标是 107P/威尔逊–哈灵顿（107P/Wilson - Harrington），它在 2001 年 1 月以 15.8 km/s 的相对速度与深空 1 号交会。这颗暗弱的彗星首次被观测到是在 1949 年，但在 1979 年回归时，它已经不再表现出彗星的特点，而被编号为小行星（4015）威尔逊–哈灵顿。它的内核直径约 4 km，可能是一个不知为何失去活性的正常的彗星，或者是一颗处于休眠状态偶尔爆发的彗星[22-23]。由于交会时深空 1 号将接近凌日（solar conjunction），与地球通信困难，需要采用大量的自主导航。

另一个可能的交会目标是 19P/伯莱尼（19P/Borrelly），它在 2001 年 9 月的近日点前后与探测器交会。它是木星家族一颗相当典型的彗星，轨道周期约 6.9 年。它在 1904 年 12 月由马赛的阿尔方斯·路易斯·尼古拉斯·伯莱尼（Alphonse Louis Nicolas Borrelly）发现，之后除了 1939 年和 1945 年之外，在每个回归周期均被观测到。它的轨道可以清楚地描述，在几个世纪以来"平稳地进化，没有明显的变化"，只与木星远距离交会。它是一颗适度活跃、碳相对贫乏的彗星。1994 年地面望远镜和哈勃太空望远镜的观察表明，它有清晰的彗发和短拖尾，内核细长，长约 8.8 km，宽 3.6 km，自转周期约 25 h。伯莱尼也因其彗发不对称而闻名，在指向太阳的方向上更长。它的轨道倾角较大，达到 30°，近日点在火星和地球轨道之间[24-25]。

离开布莱叶 36 h 后，深空 1 号再次开始推进，为两个交会目标均保留可行性。9 月 18 日主任务完成，所有技术验证目标均成功实现。NASA 资助了 2 年的扩展任务，最终成本约 960 万美元。扩展任务的重点从技术验证转移到科学研究上，并将与威尔逊-哈灵顿和伯莱尼两个目标均交会。10 月 20 日探测器停止推进，巡航了几个月的时间。截止到此时，离子发动机已经工作了 3 571 h，产生的总速度增量达到 1.32 km/s，消耗了 21.6 kg 的氙气。

10 月下旬和 11 月初，探测器在距离火星 5 500 万千米处进行了成像，红外光谱仪获取了覆盖火星自旋两圈的共计 48 个光谱图像。当等离子设备在 11 月 1 日启动时，它遭受了一次内部放电，限制了其性能。在能够传回数据之前，11 月 11 日灾难来袭，境况不佳的星敏感器失效了。由于没有备份系统，探测器无法保持三轴姿态控制，在 1.6 AU 处进入了安全模式，使其太阳帆面向太阳，开始绕对日轴以每小时一圈的速度自转，同时等待地面的指令。诊断软件自动关闭了等离子体设备，而且无法通过简单地重新加电使它恢复。尚未知道导致这台设备故障的短路和星敏感器失效之间是否有关，但是目前还没有证据表明它们之间存在关联。由于深空 1 号保持太阳定向姿态，高增益天线无法指向地球。在没有高速数据链路的情况下无法接收全部的遥测数据并确定星敏感器是否能恢复，也不清楚在不使用星敏感器的情况下能够做什么来恢复任务。因为主任务已经完成，所以已经在严肃地考虑关闭探测器了。但是在 2000 年 1 月中旬，探测器的旋转中增加了章动，这种锥形运动使得高增益天线波束间歇性地扫过地球，通过接收信号的强度可以推断出探测器的指向并让探测器停止旋转。然后，为了最大化高增益天线数据传输速率，地面付出了艰苦的努力对探测器的姿态进行控制。此时，从星敏感器失效开始储存在器上的所有遥测数据全部下传，包括拍摄的火星图像以及 11 月拍摄的其他数据——这些光谱数据是迄今为止对火星在红外谱段获得的最好的数据之一，并且看起来确认了以前未探测到的矿物质的存在[26]。

之后，工程师成功利用探测器独特的结构重新获得了控制权。不同于以往科学设备和姿态控制传感器之类的工程设备是分开的，深空 1 号能够将科学相机的图像传输至主计算机，由自主导航系统进行处理。精简后的工程团队由此决定尝试实施一项新的姿态控制方案，通过窄视场的科学相机而非广角的星敏感器来确定姿态指向。编写必要的软件花了 4 个多月的时间，在此期间地面通过每星期与探测器通信以及频繁的姿态机动控制探测器。然而，在将探测器从安全模式中恢复以及修改软件上花费了太多时间，剩下的时间不足以使探测器推进到与威尔逊-哈灵顿以及伯莱尼都交会，而后者被科学家们认为是一个更有价值的目标。在 5 月末到 6 月初期间的 10 天上传的软件采用了一个合适亮度的参考星确定发动机推进姿态（简称"推进星"）。它将控制探测器转向并利用科学相机拍摄该恒星的照片，通过移除背景以及散射光进行图像处理，然后将定位数据发送到姿态控制系统来确定指向。这个程序仍然需要大量的地面干预来确认跟踪的恒星的正确性。此外，新软件无法与自主导航系统整合，造成的结果是推进持续时间、挡位设置以及方位信息等均需要从地面上传序列来设定。到 6 月 8 日为止共上传了 267 份文件，之后主计算机重启以完成整个过程。为了与伯莱尼交会，而在探测器推进系统必须重新开始工作之前的剩余时间已不足一个月，因此测试不得不非常迅速地进行。深空 1 号在 6 月 12 日获得了首幅恒星图像，使得任务能够继续进行。这是空间无人探测任务中最复杂和最辉煌的修复之一。9 天后，发动机开机以确认闲置数月之后仍能运行，同时还检查了推力控制程序。测试执行结果非常好，因此探测器在 6 月 28 日恢复向伯莱尼推进，比预期提前了 1 星期。新软件的研发使得预算超出了 800 000 美元。考虑到参考星需要在任意时刻都处于科学相机的窄视场范围内，对推进姿态提出了约束，因此重新设计了到彗星的低推力轨道。

深空 1 号剩下的氙气足够到达伯莱尼，但星敏感器故障后重建高增益通信消耗了大量的肼。事实上，剩余的肼不足发射时的三分之一，预期将在与伯莱尼交会前使用。在探测器发射前发现存在一定的质量余量，因此在贮箱顶部增加了 4 kg 肼作为额外的余量，而这将变得至关重要。幸运的是，离子推力器工作时，发动机支架能够通过控制发动机指向对探测器进行两轴姿态控制，因此可以减少肼消耗。当深空 1 号使用离子推进时，将采用最大推力运行，而当它不需要使用离子推进时，它将以低推力（"脉冲功率"）在轨道法向及其反方向交替运行，在继续减少肼的使用的同时使合力为零。因此，发动机几乎全程都在工作，包括高增益天线通信期间。其结果是，在 2000 年夏天，深空 1 号打破 SERT 2 号的纪录，成为离子发动机运行时间最长的探测器[27]。

从 2000 年 10 月末到 11 月末，探测器经历了日凌（solar conjunction）。在此期间，探测器继续以低功率推进来进行姿态控制，并维持高增益天线或多或少地指向地球，以确认是否能够通信，并利用无线电信号探测日冕。探测器与地球之间成功地进行了 2 次通信，在 11 月 14 日的这一次中，从地球的角度看，探测器非常接近太阳，并证实了离子发动机大部分时间都运行在脉冲功率下。2001 年 1 月 2 日，发动机提升到最大功率。探测器在 5 月初进入了与伯莱尼交会的轨道，离子发动机再次回到脉冲功率模式，持续地在交替方向上工作以保持姿态控制。

不同于布莱叶交会，伯莱尼交会是经过充分准备的，3 月初上传了专门为此编写的软件。特别是，当相机识别出彗核后，会将其放置在每张图像的中心，交会时既快速地处理了内核外观的变化，同时又忽略了喷气活动、彗发散射以及宇宙射线撞击等因素的影响。内核跟踪程序采用木星作为目标进行了练习，并且在 5 月和 6 月进行了两次交会演练——尽管两次都出现了问题。由于深空 1 号不是为了飞掠彗星而设计的，并不防尘，它巨大的太阳能帆板存在被彗发颗粒损害的风险。为了既保证探测器的安全距离又获得较好的科学观测结果，折衷选择是以距离彗核向阳面 2 000 km 的距离飞掠。虽然预计可能会有 100 次 40 μm 以上尺寸的颗粒撞击探测器，但是通过飞行时将探测器太阳能帆板边缘侧立使得撞击以较大的入射角度发生，从而降低了灾难性撞击的概率[28]。发动机诊断包的等离子波天线部分将被用来检测在尘埃颗粒撞击探测器本体并气化的过程中释放的大量等离子体。一项类似的技术已经在国际彗星探测（International Cometary Explorer，ICE）上采用过，在旅行者 2 号穿越土星环时也意外地使用过，而在它穿越天王星和海王星的时候特意再次用过。等离子设备将对离子、电子和磁场开展监视，该设备已经打上软件补丁以最大化其返回的数据。集成相机将获取相对高分辨率的图像以及彗核和彗发的红外光谱。因为 CMOS 相机已经被证实对暗弱目标的敏感度太低，这次只使用 CCD 相机。

在深空 1 号与伯莱尼交会前以及交会期间，几个陆基望远镜将对伯莱尼进行观测，哈勃太空望远镜和瑞典奥丁（Odin）天文卫星也将对伯莱尼进行观测。设计一次与彗星的交会依赖于彗核位置的精准测定。彗星位置的初始估计是通过望远镜研究得到的。8 月 25 日，深空 1 号自己开始对彗星进行成像和搜索，尽管从 4 030 万千米的距离发现目标需要地面进行大量的图像处理。直到 9 月 22 日交会前 10 h，总共安排了 11 个成像环节，此时探测器距离彗核 600 000 km。在将探测器姿态由推进指向姿态调整为成像姿态以及之后调整为高增益天线指向地球姿态而进行的姿态调整中消耗了大量的肼，因此探测器只获取了少量的图像。轨道修正由离子发动机执行。一个典型的例子发生在 9 月 11 日，尽管恐怖分子袭击纽约和华盛顿造成 JPL 工作的中断，探测器仍成功实现了轨道修正。2 天后进行了第 5 次成像，离子发动机在第 6 次成像的 2 天后关闭。飞控团队现在面临的问题是确定深空 1 号的对准方向，因为近距离的彗星图像表明彗发中有 2 个明亮的核心，彼此相距 1 000 km。具体来说，如果以 2 000 km 的距离飞掠较亮的核心，较暗的核心被证明是彗核，则会使探测器有过于接近彗核的风险；反之如果将较暗的核心作为目标，又将导致探测器以过远的距离飞掠较亮的中心，而无法实现预定的科学观测。令人担忧的是，如果两个核是彗核刚分裂产生的，那么探测器很可能飞入分裂产生的碎片和灰尘云中。最后，探测器团队决定坚持原定计划。另一个问题是彗核亮度未知。交会前约 11 h 拍摄了照片，并以最快的速度传回地球以进行粗略的判断，据此对飞掠时成像曝光时间进行更好的设定。为了应对彗核亮度的未知性上传了三种交会序列，但发现默认的设置可能是最好的。尽管本次交会活动情况复杂而且存在诸多未知因素，但交会仍取得了圆满成功。

飞掠前的 12 h 开始采用等离子仪器和发动机诊断传感器进行科学观测。被太阳风"拾起"的彗星离子在距离彗星 588 000 km 的距离首次被观测到，此时深空 1 号采用了进行这项探测的完美姿态。在 152 000 km 处遇到了太阳风弓形激波，此时距离最近点还有大约 2.5 h。飞掠前 83 min 开始科学成像，这同时产生了彗核的图像以提高图像跟踪精度。接下来是对彗发进行红外光谱成像，但是杂散光污染导致这些图像无效。由于需要采用相机进行探测器姿态测量，导致科学观测时断时续，而最后一次姿态测量发生在最近点前 35 min。首张图像展现出一条长 100 km、宽数千米的窄条尘埃喷射流，喷射方向与太阳方向之间夹角为 30°。从最近点前 32 min 开始，探测器每分钟获取 2 张彗核图像用来进行跟踪和科学观测，但由于数据存储容量有限，只有一部分图像中靠近彗核（自动定位）的像素被保留下来。事实上，在 90 min 内总共收集了 52 张图像，详细拍摄了彗发、彗核喷射以及彗核本身。为了确保在自动跟踪丢失目标的情况下仍能捕捉到彗核，探测器拍摄了周围天区的两幅宽视场低分辨率图像。

最近点时刻发生在 2001 年 9 月 22 日 22：30（UTC 时间），探测器以 16.6 km/s 的相对速度飞掠彗核的向阳面。彗星刚刚在 8 天前经过近日点，此时位于日心轨道的升交点附近[29]。由于彗核星历的不确定性，实际飞掠距离为 2 171 km，稍稍超出预期，但对于科

学观测而言仍是非常合适的。在远离过程中探测器没有拍摄照片，主要原因在于如果深空
1 号要沿着速度反方向向后拍摄，则需要执行快速的姿态机动，这将消耗大量的肼。飞掠
后大约 30 min，探测器进行了一次效率很高的姿态调整，将高增益天线指向地球并重启离
子发动机，在传输交会过程数据时保持姿态稳定。飞离时在距离彗核 96 000 km 处穿过了
激波，但不如接近过程中的那么明显。

　　尽管距离哈雷飞掠已经过去了 15 年，但此次观测却只是第二次对一个彗核成像。需
要进行大量的图像处理以消除运动模糊。最好的一幅图像是在最接近前 170 s 拍摄到的，
距离为 3 556 km，分辨率只有 47 m。这促进了对彗星表面地质的首次评估。暗的彗核像
一个保龄球瓶形状，长约 8 km，宽 3.2 km，有许多不同的地形和特征。从距离 3 500～
4 400 km 之间获取的多对高分辨率图像可以推断彗星的三维形状，宽泛地划分光滑和斑
驳的地形。其上横跨了许多 200～300 m 的圆形暗的孔穴，其特性似乎与撞击并不一致，
可能是升华或塌陷的特征。乔托号（Giotto）提供的哈雷彗星的彗核照片由于密集的彗发
而显得较为模糊，但在那种情况下只有一个初步的撞击坑，并且看起来彗核撞击的影响正
被快速地腐蚀。伯莱尼的彗核中心区域的特征表现为亮而平滑的地形，暗而平坦的平顶可
能是喷气的来源，这种窄直喷射的尘埃似乎来源于该区域。散凹坑、丘陵、脊、条纹以及
隆起可能是由冰升华形成的，也许是曾经活跃的区域。彗星表面似乎只有 10% 目前仍是活
跃的，与通过望远镜观测而估计的指标相符。总而言之，彗核极暗，平均反射率只有（接
收的太阳光）3%，小斑块的反射率只有 1%——暗得就像打印机和复印机使用的墨粉，使
其成为迄今为止太阳系内观测到的最暗的物质。这样一个黑体很容易吸收热量并释放挥发
性分子，留下"拖尾"使其显得更暗。

　　伯莱尼的图像表明小行星表面形成过程主要因素是撞击，但彗星的核（或至少是木星
家族成员）是地质活跃的天体，其形状是由升华和频繁的近日点活动造成的。伯莱尼较小
的一端与探测器呈较小的倾斜角度，其颈部表现出平行的裂缝，这可能表明该彗核实际上
是一对以相对较小的速度碰撞并粘连在一起的物体。在形成彗星轨道之前，这可能发生在
柯伊伯带，由木星强大的引力场扰动形成。

　　通过长时间曝光揭示出喷射有两处。主要的一处出现在交会前的几天，另一处偏移了
（参照第一处）一定的角度，包含了一些小喷射，每一个小喷射长数千米、宽数百米。它
们的来源似乎是平坦地形的较暗区域。向阳的扇形物质似乎发端于保龄球瓶小的末端。主
喷射的方向看上去没有变化，事实上至少保持了 34 h，比彗核旋转周期要长得多，表明其
来源在极点附近。事实上，彗核沿其短轴旋转，差不多指向近日点方向。假如深空 1 号在
彗核的阳面轨道通过喷射，会发生什么容易令人揣测（有趣的是，通过地球望远镜观测表
明，在 2001 年年底日落后主射流关闭，另一股弱射流在另一半球开始活跃起来）。在交会
期间观测到一种神秘现象被命名为"循环"，没有明显的迹象表明它是彗核还是彗发的特
征。它最早出现在最接近前约 9 min，是靠近保龄球瓶颈部背光面的一个亮点，然后迅速
改变了形状，在恢复成一个点之前成为一个模糊的军刀形状，从迎面的角度来看它可能是
一个活跃的喷射。

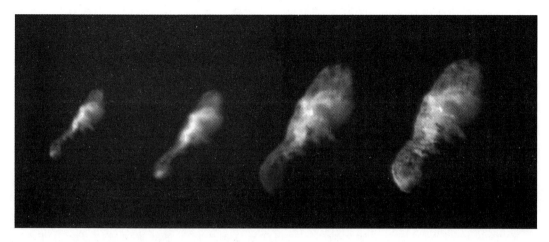

接近伯莱尼的序列图，彗核图像分别拍摄于（从左到右）：8 858 km、6 616 km、4 387 km、3 556 km，最后一张也是分辨率最高的伯莱尼图像

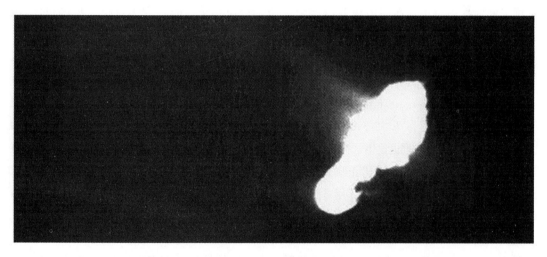

一张处理后的伯莱尼图像，显示从彗核喷射的尘埃，马蹄形的"环"
在彗核的两部分之间的"颈部"周围也可见

　　成像开始后，在最接近点前157 s距离2 910 km处，进行了两次长曝光，从红外光谱仪视场扫过预测的彗核位置开始，希望能够获取它的光谱。这次成像非常幸运，首次曝光沿着彗核的长度方向获取了不少于46个谱段165 m幅宽的图像。尽管没有检测到水冰存在的证据，但是吸收波段在所有谱段中显示出可能存在碳氢化合物混合——虽然并未确定精确的位置，而且这个特定的波段在太阳系其他天体光谱中并不显著。光谱结果与温度测量的结果一致，表明彗核表面在晨昏圈（terminator）附近的温度约为30 ℃，在日下点（subsolar point）附近的温度约为70 ℃。

　　在距离太阳—彗核轴5 000 km处，采用发动机诊断传感器检测磁场峰值。该峰值可能标志着太阳风离子在遇到彗星后速度减缓并在朝向太阳一侧的方向上堆积而形成暂停的边界。对等离子体观测的一个有趣的现象是，在探测器飞入以及飞离时，观测到的彗发等离子体特征以及边界，相对于朝向太阳以及最接近的距离都是不对称的，对应于彗核西北方向 1 500 km 的位移。这种不对称性尚未在其他彗星上观测到，也许是由从彗核喷出的大量、经常性的、向北倾斜的尘埃造成的。在喷射的尘埃中发现了丰富的与水相关的离子，在最接近前约 1 500 km 浓度达到峰值，此时它们的组成超过了所检测出的离子总量的 90%。事实上，估计喷射产生的气体率比乔托号访问的 Grigg - Skjellerup 彗星多了约 4 倍，与 ICE 航天器遇到的 Giacobini - Zinner 彗星测量到的量级相同。等离子体微波天线在 4 个独立的 0.5 s 采样周期中总共记录到 17 次碰撞。同时记录了由更大的颗粒，或者是在探测器另一端形成的撞击[30-37]。

10 月 8 日深空 1 号开始为期 2 个月的"超扩展任务"，为了评估探测器系统在太空中 3 年的退化情况，在此期间主任务中的一些测试被反复执行。通过测试氙流量和电功率水平来测试离子发动机性能，这些测试可能危及任务的早期阶段。由于 1999 年 11 月探测器发生短路，只在前几年断断续续地获取了一些等离子数据，现在连续进行了整整两个月的测试。同时，项目组正在考虑任务结束的选项，包括一年后额外的小行星飞掠的可能性，但决定性的因素包括剩余的肼是否能够支撑两个月的运营，以及剩余的氙是否能支持三个月的推进。另一种可能性是将探测器交回美国空军，协助训练学生对深空探测器的操作，但是，根据"更快、更省、更好"的风格，就算这可能的话，团队也无法提供能够达到这一目的的文件。最终，2001 年 12 月 18 日深空 1 号执行关闭发射机指令，从而有效地结束了任务，探测器停留在 1.22 AU×1.46 AU 的轨道上，与初始插入的轨道有着很大的改变，离子推进器工作超过 3 年，共 16 265 h（或 678 天）。总共消耗了 73.4 kg 的氙，提供速度增量达 4.3 km/s。发动机正确点燃 200 次中的 199 次，仅有的一次异常是初始点火试验。但这并非故事的结尾，2002 年 3 月 JPL 的工程师再次试图联系探测器，利用 Ka 波段发射机进行一些测试。反馈得到的结果表明探测器已经改变了姿态，位于地球背面高增益天线波束附近。3 月 2 日和 6 日分别进行了尝试，但探测器没有回应。可能的原因是当探测器休眠时，姿态控制系统耗尽了剩余的肼，之后开始漂移，直到太阳能电池板不再指向太阳[38]。

尽管存在一些技术问题和风险，深空 1 号作为一个技术验证任务取得了圆满成功。它开创了后续任务中多项可用的技术，尤其是星尘号彗发采样返回。对彗星彗发中的沙尘密度分布进行了更好的标定，测试了彗核跟踪软件并进行了实践和验证。通过深度撞击号，对自主导航和彗核识别及目标定位程序进行了开发，该任务将研究物体抛射到彗核产生的粉碎性效果。其他深空任务，从 2001 年火星奥德赛轨道器开始，采用深空 1 号测试的小型应答机。然后，当然，黎明号（Dawn）主带小行星轨道器将使用电推进，该任务首先与灶神星交会，然后与主带上的谷神星交会，通过上传一个配置文件使探测器不依赖于化学推进而运行[39]。

当然，NASA 并不是唯一一家为促进未来的行星和科研任务而制定技术验证任务的机构。在 JPL 准备发射深空 1 号的同时，欧洲空间局开展了小型高级技术研究任务

（SMART）项目，其研究目标是为机构的科学计划带来平衡和灵活性。作为欧洲空间局里程碑任务之一，该项目设想了一款离子推进水星轨道器，第一个 SMART 任务（如同 NASA 的新千年计划）将专门测试电推进。它将使用氙作为推进剂，但与 NSTAR 栅格离子推进发动机是不同类型的发动机。霍尔推进器采用径向磁场和圆电流对整个等离子加速，而不只是正离子，以达到更高的速度。原则上，这种技术可能会产生更大更强大的发动机。

　　从一开始，SMART 1 被设计为重约 350 kg 的小型飞行器，能够搭载在商用阿里安 5 运载火箭上，进入一条地球同步转移轨道，然后在 36 000 km 的远地点加速；或者采用一枚由苏联弹道导弹改制的运载火箭，直接达到逃逸速度。任务剖面包括将 SMART 1 放入一条月球极轨，飞掠或与近地小行星或彗星会合。但随后便认识到了不可能从静止轨道转移到与低速小行星交会的轨道上去。事实上，飞掠小行星需要在飞行至少 3 年后在较高的相对速度下使用高性能的发动机实现。不过，可能的目标包括三个小型近地小行星和坦普尔 2 号彗星（Tempel 2）或者 Haneda‐Campos 彗星。如果直接进入日心轨道还能够提供更有趣的选项，包括和俄耳甫斯（Orpheus）彗星以及"杀手小行星"（35396）1997XF11 进行交会。而后者在 1998 年引起轰动，因为经过计算，这个小天体将于 2028 年 10 月到达与地球只有 4.5 万千米的地方。考虑轨道计算偏差，小天体甚至可能与地球相撞。因为其直径有 1～2 km，所以将引发全球性的大灾难。但将地球于 2028 年的准确位置代入计算后，该小天体的运行通道与地球距离小于 3 万千米的可能性是非常小的。随后当使用 20 世纪 90 年代对该小天体预先观测的数据修正其轨道后，排除了撞击的可能性，计算出最接近位置距离地球有 100 万千米之遥[40-41]。最后，还是决定实施 SMART 1 任务进入月球轨道，之后再寻找将其靠近小行星的机会。这个探测器借助发射商用卫星的火箭搭载上天，于 2003 年 9 月被释放到一个大椭圆轨道上，并使用其离子发动机螺旋式到达月球轨道开展科学任务。

9.3　奔向维尔特

　　在 1995 年，甚至在 NEAR 和火星探路者发射之前，NASA 就已经选出了发现计划的第三个项目：月球勘探者号（Lunar Prospector）。起这个名字是因为它是 NASA 自 1973 年发射探索者 49 号之后第一个月球探测器，它将绘制详细的月球地形图及矿物分布图。预算不超过 6 千万美元，相当少。与此同时，发现计划的第四个任务也有了三个候选方案以作进一步研究。事实上，三个候选者中的两个项目在 1993 年就已经相当明确了。它们是金星多探测器任务（Venus Multi‐Probe Mission（VMPM））和休斯-尤里（Suess‐Urey）太阳风样品采集回收任务[42]。第三个候选方案是由 JPL 和位于西雅图的华盛顿大学以及马丁·玛丽埃塔公司（后来成为洛克希德·马丁航天公司）联合提出的一个新方案。JPL 在对哈雷采样返回（Halley Earth Return，HER）、星际观察式彗星拦截并采样返回（Planetary Observer‐style Comet Intercept and Sample Return，CISR）、乔托 2 号

（Giotto 2）、欧洲的恺撒计划（CAESAR）以及与日本联合彗星彗发采样返回任务（US‐Japanese Sample Of Comet Coma Earth Return，SOCCER）进行了十年的研究之后，提出星尘号任务计划将彗星的彗发物质采集回地球。华盛顿大学的唐纳德·布朗利（Donald Brownlee）担任首席研究员，他因发现"布朗利粒子"而闻名，布朗利粒子是飞机在平流层中采集到的细小、蓬松的灰尘斑点，被认为是地球扫过彗星尘埃时留下的痕迹[43]。

和它的前任们一样，星尘号在飞掠木星族彗星彗发的过程中展开其样品采集器。样品采集器采用低密度材料，即气凝胶制成。气凝胶是基于二氧化硅的固体泡沫，内部大多是真空的，是一种低密度的固体材料。气凝胶于 20 世纪 30 年代被发明，80～90 年代被应用于航天，特别是由于它有极低的热导率，常被用作绝热材料。尘埃颗粒、气体和其他挥发物从彗核挥发到彗发中，之后撞击到样品采集器上，其速度将瞬间从每秒数千米减小到零。但由于气凝胶良好的绝热性能，样品依然能保持完好。样品采集器储存在一个样品返回舱内，之后被带回地球实验室，对捕获的物质进行分析。该任务能够提供一次近距离查看彗星物质的机会，这些物质被认为是从太阳系形成之初就没有改变的，甚至包含一些在太阳和太阳系行星没有形成时的前太阳星云物质。1992 年，尤利西斯任务发现存在非常细小的星际尘埃进入内太阳系的事实，此后星尘号便有了新的任务目标，即获取这些细小的星际尘埃。为了区别彗星尘埃和星际尘埃，样品采集器设计有两个采集面，每一面针对一种尘埃。发现计划的项目总能够针对近年来认识到的现象开展研究，这便是快速响应的一个很好的例证。回收星际尘埃将能够在天文学领域提升研究星际尘埃的方法，将原仅能通过消光观测、散射观测、极化观测和红外发射观测的研究方法提升到在实验室里进行化学和矿物学分析的程度。尤其是科学家希望借此对天文学异常消光"驼峰"（bump）意味着星际尘埃中存在石墨的假说进行验证。

不像早期研究，仅着眼于发展采样返回技术，然后再寻找一个适合该采样技术的目标彗星。星尘号研究人员一开始就将目标锁定在维尔特 2 号彗星（81P/Wild 2）上，维尔特 2 号彗星是一个木星族彗星，其轨道周期为 6.4 年，彗核直径估计约为 4 km。维尔特 2 号彗星的历史特别有趣，这段历史解释了选择它作为探测目标的原因。1974 年 9 月 10 日，这颗彗星从木星旁 90 万千米处掠过，即从木星最大卫星木卫三的轨道内侧通过。在此之前，它的轨道周期是 42 年，轨道与黄道夹角为 19°，运行范围在 5～19 AU 之间，相当于穿行于木星轨道与天王星轨道之间①。根据近期的统计研究，尽管仿真表明它在几千年前还是一颗长周期彗星，现在的轨道至少在 8 000 年内能够保持基本稳定。和木星交会将彗星的轨道倾角减小到 3°左右，并将它的近日点拉到火星轨道附近。这颗彗星是由瑞士伯尔尼天文研究所（Astronomical Institute of Berne）的保罗·维尔特（Paul Wild，发音为"维尔特"）于 1978 年 1 月发现的。彗星不可预测的火箭效应带来了一些不确定性，正投影表明它会留在内太阳系持续几千年，在被木星扰乱回去之前的几百年间，有相对较高的

---

① 此处的远日点距离数值与通常被引用的数值是不同的，通常被引用的数值是从两次彗星出现的时间进行轨道推演而得到的数值，具有较大的随机误差。而此处给出的数值是基于彗星五次出现的时间进行轨道推演得到的。——译者注

可能性与地球相遇[44-45]。2003 年的回归是维尔特 2 号彗星变成短周期彗星后第五次到达近日点位置，星尘号将利用这次机会与其交会（这时由于它在天空中距离太阳非常近，地球观测人员只能得到一个相对模糊的影像）。星尘号项目组希望维尔特 2 号彗星经过了几次近日升华后的表面依然保存完好。这样对彗核表面的遥感数据以及对彗发的采样分析就能得到维尔特 2 号彗星在柯伊伯带形成和演化过程的数据。

在维尔特 2 号飞行过程中，其轨道参数，尤其是轨道倾角，非常适合安排交会任务。事实上，这也是先前考虑将该彗星作为探测目标的一个因素，包括 20 世纪 80 年代的彗星小行星近距探测器任务（Comet Rendezvous Asteroid Flyby，CRAF）。天体动力学研究人员为星尘号设计了一条绝佳的轨道来配合这次探测机会。星尘号将于 1999 年 2 月发射，在 2001 年 1 月从地球旁飞过以加速飞向远日点，然后将在 2004 年 1 月距离 150 km 处与维尔特 2 号彗星交会，此时维尔特 2 号飞过其近日点大约 99 天，维尔特 2 号是于 2003 年 9 月飞过其近日点的。此后，航天器轨道周期为 2.5 年，能够在 2006 年 1 月将样品送回地球。这条轨道是在发射能量尽量小和交会速度尽量低之间权衡妥协的结果。发射能量尽量小，这样可以使用德尔它 II 型运载火箭进行发射；交会速度尽量低，这样有利于捕获时的样品采集工作。事实上，使用与地球共振轨道（例如彗核探测器（COmet Nucleus TOUR，CONTOUR）任务使用的轨道，后面将详细叙述）能使发射能量进一步减小，但代价是交会速度较高。例如，SOCCER 项目就可以利用更小一些的火箭从维尔特 2 号彗星上取得样品并将任务周期从 7 年缩短到 5 年，但这样其交会速度就要增大 30%。星尘号方案的交会速度是迄今为止最慢的。轨道设计的另一个约束条件是要使交会时彗星处于近日点附近，以激发彗星活性。但也要与近日点保留一定距离，使得彗发物质不会过于密集以致损坏航天器或者遮挡探测器观测彗核的视场。另外，收集星际尘埃的时间要长很多，因为航天器距离太阳足够远并且在其轨道上任一点，航天器的运动方向与星际尘埃穿过太阳系的方向一致，那些速度在 26 km/s 的颗粒将以 10～20 km/s 的相对速度撞击收集器。总的来说，和早期因航天飞机任务取消而产生的彗星采样返回项目相比，那些任务设计得复杂而没有必要，星尘号任务从一开始就采用直接进入地球大气方式运送样品返回地球。

鉴于其科学意义，NASA 于 1995 年 11 月选中星尘号作为发现计划的第四个项目以验证彗星采样返回技术。该航天器基于洛克希德公司的"太空探测器"（Space Probe）平台，该平台是为支持多种深空探测任务而设计的。探测器主体形状像一个电话亭，1.7 m 长，横截面为 66 cm×66 cm。侧壁全采用碳纤维铝蜂窝结构板。两块 4.8 m 长的太阳翼总面积为 6.6 m²，根据到太阳距离不同，能够提供 170～800 W 电能。在交会时，到太阳距离为 1.86 AU，太阳翼能够提供至少 300 W 电能。太阳翼最初设计成能沿一个轴转动的机构形式，后来决定设计成固定式并使太阳翼结构板平行于主轴方向，使航天器构型看起来像一个字母"H"。15 W 发射机和 0.6 m 直径固定式抛物面天线将数据传输能力提升为 22 kbit/s，而交会时的数据传输率仅有大约 7.9 kbit/s。此外，还配置了一个中增益天线和三个低增益天线供近地飞行段使用。配置了 128 MB 内存用于平台数据管理或科学数据存储。事实上，交会时仪器获得的数据并不是实时回传的，因为那时高增益天线并不指向地球。配置冗余的星敏感器、太阳敏感器、惯性平台和加速度计用以确定姿态。两套共八台 4.4 N 高纯肼单组元推力器用以调整轨道，还有 4 个 0.9 N 推力器用以维持姿态稳定和指向控制。为避免污染，推力器安装在与太阳翼和样品舱门相反侧的四个支架上。尽管这种构型基本维持了航天器力矩平衡，但当推力器点火产生轻微干扰力时，这种力会扰动轨道，精确的导航需要计算干扰力对轨道产生的影响。

完成与星尘号探测器对接的德尔它 II 型运载火箭即将合整流罩。探测器最上部白色物体
就是样品返回舱的底部防热罩

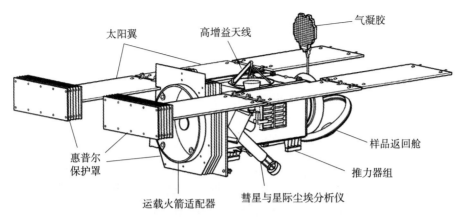

星尘号探测器进行样品收集时的示意图

在飞行过程中，星尘号需要维持其主轴与尘埃来流方向夹角在 2° 以内，以减小用以保护探测器的惠普尔保护罩的面积需求。惠普尔保护罩最前方是一个复合材料制成的"保险杠"，之后是三层陶瓷面板，每层间隔 5 cm，使用复合材料制成的加厚"截获防护罩"作为航天器主结构的最后面板，它能消耗并分散空间碎片。与运载火箭的圆环接口位于保险杠防护罩的中间部位。总体而言，防护罩能够防护 1 g 卵石状物体以 6 km/s 的速度撞击航天器。太阳翼也有一样的防护装置，但仅有两层防护板[46]。0.5 m 高的返回样品舱位于探测器后方，这样能够减少交会时可能损坏防热罩的尘埃撞击。样品返回舱前部是一个120° 锥角的球锥，后部是最大直径为 0.81 m 的截锥。主防热罩使用一种新型酚醛浸渍碳烧蚀技术（Phenolic Impregnated Carbon Ablator，PICA），后部是已经在海盗号、火星探路者号和航天飞机外部贮箱上使用过的轻质材料。计算流体动力学仿真和大量试验证明样品返回舱在再入过程中的高超声速、超声速、跨声速和亚声速等飞行状态下均能保持稳定[47]。

球拍形状的样品收集器装在一个悬臂梁上，收集器具有腕关节和肩关节两个自由度使其能够从样品舱的铝罐中伸展出来面对冲击流（采用这种方案替代了原有像抽屉一样滑动出来的方形收集器方案）。收集器的铝框架有两个面，被称为 A 面和 B 面。每一面由 130块气凝胶组成，每一块尺寸为 2 cm×4 cm，另外还有两个更小的梯形块，总接触面积为1 039 cm²。A 面的收集块为 3 cm 厚以收集彗星物质，B 面的为 1 cm 厚用以收集星际尘埃。铝箔周围缠绕着气凝胶单元，一方面能够减少气凝胶损失，另一方面能够充当小颗粒的二次收集材料。三片不同材质制成的芯片安装在展开臂上以防止收集器污染，同时也可以监测太空环境。最初，对在太空中捕获每秒几千米速度的彗星颗粒的方法知之甚少，部分原因是不清楚这种材料的性质，另外测试技术的局限性也占了一部分原因。但人们认为，颗粒应该在毫秒量级的时间里，穿透气凝胶几毫米后停止下来，其能量将熔化一部分气凝胶陷住自己。1992 年，航天飞机的 STS-47 任务成功验证了使用气凝胶在太空捕获高速粒子[48]。星尘号收集的样品量仅有 1 mg，包含大小从 1～100 μm 的颗粒。成功判据是获得 1 000 个以上 15 μm 或更大的彗星颗粒，以及 100 个以上星际颗粒。经过任务科学家初步分析之后，样品将提供给全球的科学界。一部分样品需要存储十年后再进行分析，以利用更为先进的技术进行分析。星尘号探测器装载了两张芯片，芯片上刻有支持该任务者的名字，其中一张有 136 000 个名字，被放在样品返回舱内，另一张有超过 1 000 000 个名字，安装在收集器的展开臂上。

　　在返回地球时，样品舱以极高的速度进入大气层，并最终落到美国空军犹他州试验与训练靶场（US Air Force Utah Test and Training Range，UTTR）沙漠中 10 km×33 km 椭圆区域内。与美国在上一次回收载人登月任务中海军为阿波罗飞船部署了大量的舰船相比，这次任务不仅目标小，而且搜寻团队更小。这样一方面说明回收的成本可以通过仅使用直升机和越野车被最小化，另一方面它也给返回导航和再入轨迹提出了更加严格的要求。降落伞系统的展开机构将由重力开关和一个计时器控制展开时机。在大约 30 km 的高度，空气阻力会使返回舱减速到 1.4 马赫，此时引导伞将打开。之后，在约 3 km 高度处，展开直径 8.2 m 的主伞以进行最终减速。另外，返回舱用一个无线电信标机以辅助定位，并配有充足电量的电池，以配合着陆后若干小时的搜寻工作。一般认为彗星物质返回对地球上的生命没有危险，毕竟彗星和陨石雨经常降下，所以没有特别对消毒或污染保护做出要求。

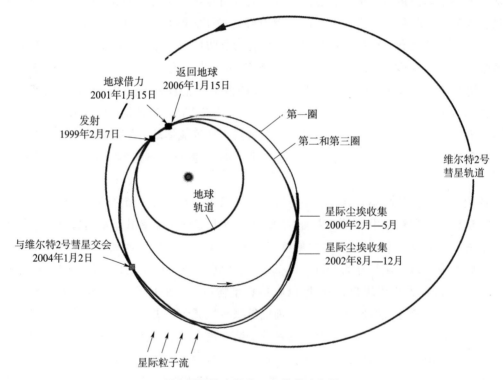

星尘号围绕太阳的三条轨道示意图

（中间的轨迹意为：在 2002 年 11 月第二次星际物质采样时，星尘号将飞过小行星安妮弗兰克）

　　相比于样品收集器，星尘号搭载的其他科学仪器都有双重功能。照相机既能够进行光学导航也能够对彗核进行科学成像。相机由旅行者号的 f/3.5 广角光学系统、伽利略号的传感器探头、卡西尼号的宇航级 1 024×1 024 像素 CCD、深空 1 号的电子学系统、旅行者号的 8 位彩色成像滤光轮组合而成。对彗星成像系统采用潜望镜设计方式以保护主要光学系统部件。在成像系统的前部安装平面镜使光能够偏转 90°进入光学器件。此外，在接近彗星目标的过程中，当与彗星目标的相对运动速度达到最大时，平面镜还可以沿着自身转轴旋转 220°，以便跟踪彗星目标。在接近段的最后几分钟里，也可以通过转动航天器来跟踪彗核[49]。德国提供的质谱尘埃分析仪能够测量尘埃的物质组成，尘埃分析仪在乔托号和维加号（Vegas）的设计基础上改造而成，这两个任务已于 1986 年成功飞行。尘埃分析仪进行了适应性修改，以能够检测并分析星际尘埃，并适应在飞掠彗星时能够比乔托号慢得多的情况下工作。星尘号与哈雷彗星交会时相对速度超过 70 km/s，尘埃分析仪只有对原子进行分析的机会，因为即使是复杂的分子也在与仪器接触瞬间被"原子化"了。但与维尔特 2 号的交会速度是与哈雷彗星交会速度的 1/11。事实上，这意味着它将能够对分子进行识别和分析。此外，由于使用了非常相近的仪器对哈雷彗星和维尔特 2 号进行了探测，所得到的数据可以更容易地进行比较。尘埃通量监测仪是维加号上唯一的美国设备，源自"卡西尼号"上使用的高速率尘埃探测仪。仪器使用两个极化的塑料膜传感器，当小到 10^{-11} g 的颗粒撞击到传感器时，就会发出一个脉冲电流。另外，在惠普尔防护罩上加装一对石英声传感器以检测尘埃的最大颗粒。颗粒要想触发第二个传感器，必须首先通过探测器的"保险杠"才行。这种监测仪将采集彗发中尘埃颗粒的数量、质量和频率信息。尘埃通量监测仪还能够在探测器穿越流星群的时候监测星际尘埃的撞击情况，包括探测器在发射 2 个月后就要穿过的分散于哈雷彗星轨道上的物质。实际上，尘埃通量监测仪不仅是一台载荷设备，它还可以提供一种评估航天器健康状态的方法。尽管质谱尘埃分析仪和尘埃通量监测仪可以一直工作以获取星际尘埃的数据，但在远日点时由于太阳翼提供的电能太少，不得不将这两台设备关闭。最后，由于航天器的轨道受彗核物质扰动，通过无线电跟踪测量航天器的轨道就可以估计出彗核质量。另外，测得航天器由于彗发撞击而减速的程度，可以得到彗发的密度。

　　星尘号探测器发射时总质量仅有 385 kg，包括 45.7 kg 重的样品返回舱和 85 kg 重的推进剂。任务的总花销为 1.684 亿美元，此外，还有运载火箭费用为 4 500 万美元[50-53]。

　　1998 年 11 月星尘号探测器被送到卡纳维拉尔角和德尔它 Ⅱ 型运载火箭进行对接，德尔它 Ⅱ 有三个固体助推器和一个逃生段。去往维尔特 2 号彗星的窗口将于 1999 年 2 月 6 日开启并持续 20 天，但如果这时不能发射，还可以选择 4 月到 6 月的第二窗口，这个窗口将在彗星近日点前与其交会，而不是近日点后了。星尘号实际上于 2 月 7 日发射，发射前 1 min 发生的航标遥测问题导致发射推迟一天进行。

　　值得注意的是，经过 30 多年的任务可行性研究后，这是 NASA 即将发射的第一个真正的彗星任务！星尘号是 1976 年以来的第一个深空采样返回任务（前一个是苏联的月球 24 号探测器），它也是首次超越月球的深空采样返回任务，它还是美国第一个无人采样返回任务。这是采样返回任务的一个伟大的时刻，因为当星尘号离开地球的时候，为实施彗核样品采样返回的深空 4 号项目正处于设计阶段，NASA 正在研究火星及其卫星采样返回任务，甚至采集太阳风返回任务；NASA 和 ESA 都正在研究采集水星和金星样本并返回的任务；日本正在为发射近地小行星采样返回任务做准备[54]。

星尘号与末级火箭的分离信号显示分离是按计划进行的。发射 51 min 后，星尘号消旋，展开太阳翼并对日定向。星尘号进入周期为 2 年、短轴为 0.99 AU、长轴为 2.20 AU 的轨道。发射一天后，于距离月球 53 100 km 处飞掠月球。火箭的入轨精度非常好，因此取消了原定消除轨道初始偏差的轨道控制，中途修正预定于 10 月进行。尘埃分析仪和尘埃通量监测仪在发射后不久就已经开机以采集一些早期数据。原计划在 2 月底进行相机对月成像以校准，但受一系列相机软件问题影响，推迟了成像计划，相机直到 3 月份才开机。在 5 月初，采样返回舱解锁并轻微打开放气开关以将气体释放到真空中。盖子将保持在这个位置，直到发动机点火前关闭，以避免增加姿态控制策略需要考虑柔性附件的难度。10 月对织女星成像以实现相机校准工作，分别使用每个滤镜对明亮的织女星进行成像并选取两组不同的曝光时间进行成像，11 月将图片传回地球。图像显示污染物（可能是发射后产生的气体）在相机光学系统冷凝附着导致光被散射开来，最终造成图像模糊。决定尝试使用 CCD 和反射镜电机上的加热器来清除镜头上的污染物。如果污染物仍然存在，这种模糊在接近目标前不会影响光学导航，但如果要想获取彗核清晰的图像就需要借助某种图像处理技术了，这种图像处理技术和近地小行星交会任务（NEAR）与爱神星交会时相机被严重污染所用的图像处理技术相同[55]①。另一个问题是任务开始几个月后，尘埃通量监测仪遭遇了热控问题。在确认尘埃通量监测仪能够至少正常工作 30 min 后，即可以在最接近交会过程使用，就将其关闭了。这样在巡航段唯一运行着的设备就是质谱尘埃分析仪了。

2000 年 1 月，星尘号在主小行星带中已临近远日点，星尘号在 18 日和 20 日之间分三次做了 159 m/s 的深空机动。这三次深空机动与 12 月末为验证发动机状态而进行的发动机首次点火一起使航天器进入一条能在 2001 年飞掠地球的轨道。这次轨道机动后不久，星尘号即进入合日位置。2 月 22 日，星尘号第一次展开了样品采集器，转动其腕关节使采样器的 B 面几乎与星际尘埃的来流方向垂直。飞行过程中，每过几星期会通过电机改变采样器的姿态角度，每次改变大约几度。采样器一直展开到 5 月 1 日才被收回样品舱，一共工作 69 天。与此同时，质谱尘埃分析仪在轨第一年对 5 颗星际尘埃的初步化学分析结果被公之于众。分析仪的视场角度非常狭窄，需要探测器的姿态角度恰到好处才能使星际尘埃进入分析仪内，这个过程较为漫长。探测到的星际尘埃几乎完全是由复杂的有机分子混合物组成的，还可能是高度聚合的，这些颗粒类似"焦油状物质"。没有检测到矿物质、石墨或任何其他形式的碳（金刚石状或无定形状）。亦没有检测到预期的小颗粒，那些非常小的颗粒被认为应该能够渗透到太阳系的任何角落里[56]。由于远日点太阳能限制，航程中能够进行的观测非常有限。到了 2000 年 11 月，临近太阳最大活动周期峰值，太阳在近期最大的一场风暴中抛射了大量高能粒子。高能质子撞击星敏感器的探头造成错误的星

---

① 近地小行星交会任务就是因为与爱神星交会时的大量推进剂泄出在相机上冷凝造成相机被严重污染。——译者注

敏感器报警。这使得星尘号进入安全模式，后来由地面进行干预才恢复正常。与此同时，清理相机镜头的工作也正在进行中，通过开启 CCD 和反射镜电机加热器以及调整探测器姿态使太阳能够照射散热器维持 0.5 h 等操作，使污染情况有较大改变。

星尘号第一圈环日轨道结束后再次飞掠地球并重新调整了它的轨道。此时针对返回舱最终返回地球进行了制导程序演练。星尘号在地球背光面以 6.5 km/s 的速度飞过，2001年 1 月 15 日，距离地球最近，离非洲东南部南海岸仅 6 008 km。加州、夏威夷、澳大利亚、匈牙利和墨西哥等多地的专业和业余天文学家都对其进行了成像观测。从理论上讲，这次飞掠的精确测轨数据可以用来分析伽利略号和近地小行星交会任务"飞掠异常"的问题，但是频繁使用推力器进行探测器的姿态指向控制给精确的轨道测量带来较多"干扰"以致无法进行[57]。飞掠后使星尘号的轨道短轴变为 0.99 AU、长轴变为 2.72 AU，轨道周期从 2 年增加至 2.5 年，这样能够在 5 年后将其宝贵的样品舱带回地球。飞掠后轨道倾角也增加到 3.6°，与它的目标基本匹配。

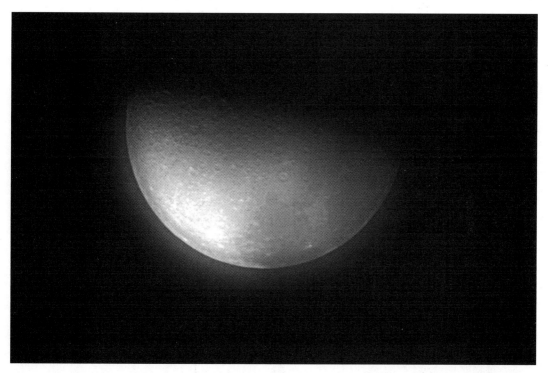

星尘号飞掠地球时对月球所成图像的处理后版本（注意，尽管进行了图像处理，但散射光光晕依然存在）

飞掠后大约 17 h，相机对月球北极进行成像，从距离月球 108 000 km 处成像得到 23张用于校准的图像。虽然这些低分辨率的图像显示有一个巨大的散射光光晕围绕在明亮目标周围，但它们表示在成像质量上有较大进步，也是证明通过加热来清除光学镜头污染物策略有效的有力证据。几个星期后，就在这个问题似乎解决了的时候，相机又有了另一个问题。滤光轮看起来被卡在它最后的位置上。幸运的是，正好卡在无色的过滤器上。如果滤光轮卡滞问题得不到修复，对彗星将无法进行彩色成像，但对于彗核来说并没有太大损失，因为原本预期对彗核成像就是黑白图像。6 月进行了针对交会过程的光学制导演练，探测器运行一圈后将会和维尔特 2 号彗星在此位置交会。

随着星尘号奔向远日点，巡航段的活动也接近尾声，唯一工作的质谱尘埃分析仪也被关闭了。这一阶段的主要事件是 2001 年 12 月末进入合日位置以及 2002 年 1 月 18 日进行一次 2.65 m/s 的深空机动。4 月 18 日，星尘号以 2.72 AU 的远日点位置创造了以太阳能为动力的航天器与日心距离的新纪录。在此距离，太阳能仅是地球轨道的 14%。8 月初，星尘号再一次处于适合采集星际尘埃的位置上，并于 5 日再次将展开臂的 B 面暴露出来。

任务初期，对 5 万多颗小行星进行的轨道分析表明有 1 300 颗小行星将在距离航天器 0.1 AU 范围内接连出现。NASA 决定在星尘号去往维尔特 2 号彗星的路上，利用近距离飞掠小行星 5535 安妮弗兰克（Annefrank）的时机开展工程测试，决定仅比飞掠早一个月做出。这颗小行星于 1942 年 3 月 23 日被海森堡的卡尔·雷睦斯发现，并于 1995 年命名为安妮·弗兰克。安妮·弗兰克（Anne Frank）曾经在第二次世界大战中将自己在阿姆斯特丹躲藏 2 年的经历写成凄惨的日记[①]并在 1945 年死于纳粹集中营，时年 15 岁。小行星安妮弗兰克是一颗相当普通的主带小行星，轨道周期 3.3 年。最适合它的"光变曲线"表明它的自转周期为 16 h。为支持交会而获得的光谱表明它在分类类型里属于最常见的 S 型物体，类似于石陨石。以 7.4 km/s 的速度飞掠可以验证与维尔特 2 号彗星交会时的飞行程序。事实上，姿态控制系统和相机的同步性与交会彗星时的条件颇为相似，但还没有被验证过，因为轨道不确定性相当大，同时因为在近距离成功成像并不容易保证，此外也为了避免灰尘撞击损害。最终选定于 3 100 km 处飞掠，这是与彗星交会距离的 10 倍。

星尘号从夜晚的一面接近安妮弗兰克的情况使得任务情况与跟踪软件都变得更加复杂了。事实上在接近飞行段，导航相机在到达交会点前的 38 h、32 h、26 h 和 18 h 都进行了成像，但所成图像在经过地面处理后发现都没有成功显示目标！因为从未获得小行星夜晚一面的亮度数据，所以科学家们只能靠猜测。两台探测尘埃相关的仪器尽管都处于开机状态，但与预计的相同，由于距离远，没有探测到任何数据。成像的时间窗口被严格限定在 30 min 内，因为如果时间再长，太阳翼就无法对准太阳，而需要使用蓄电池供电了。尽管这次飞掠严格意义上说仅是一次工程测试，但也希望获得一些有用的科学数据。

星尘号于 2002 年 11 月 2 日到达距离小行星安妮弗兰克 3 078 km 的位置。15 min 内，星尘号从不同角度拍摄了 72 张图像。还有 34 张图像是为确定相机指向而拍摄的，但没有被传回地球。在缺少这些光学导航图像的情况下，指向的确定只能依靠星尘号和小行星安妮弗兰克的最佳星历。首批下传的 4 张图像显示小行星位于图像边缘处，于是指向控制软件将目标调整回视场中心区域。由于需要给跟踪软件一个明亮的目标，很多图像都是过曝光的。尽管镜头污染造成了实质性的模糊，但小行星表面图像仍有 40% 区域获得最好的分

———————————

① 这就是著名的《安妮日记》。——译者注

辨率，即每像素 185 m。小行星安妮弗兰克尺寸为 6.6 km×5.0 km×3.4 km，比预想的要大一些。它的不规则的、棱角分明的轮廓酷似一个三角棱镜。平坦的表面可能在其从母体分离时就已经形成，而另一个理论认为它们是由更小的物体"研磨"而成的[58]。尖端代表了其最长的轴。几个圆形的鼓包可能是更小的天体被吸积而合成的，周围的暗色线条能证明与小天体的接触。用现有的数据重构小行星的形状是困难的，同样也不能够确定其旋转轴和旋转周期。有许多 0.5 km 大小的陨石坑。小行星表面亮度比预期要暗许多，这也解释了为什么星尘号不能在交会之前对它进行定位[59-60]。

在这次短暂中断之后，星际粒子的采集工作继续并一直持续到 12 月 9 日。在两次采集结束后，球拍的 B 面暴露在星际空间的总时间达到了 195 天。

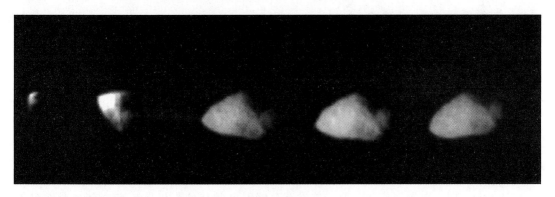

与主带小行星安妮弗兰克距离分别在 6 168 km、3 848 km、3 087 km、3 079 km、3 143 km 时拍摄的一系列图像

2003 年 6 月 17 日和 18 日分别进行两次轨道机动，总的速度增量为 71m/s，这是根据维尔特 2 号彗星最新的星历数据对星尘号进行的调整。在这之后还会有一系列交会之前的轨道修正。然而，任务早期就已经认识到推力器的性能表现很难预测，导致的结果是每一次轨道修正都有较大的不确定性。虽然对于与彗星交会来说是可以承受的，但据此很难使星尘号踏上带着样品返回舱返回地球的行程。为更好地标定推力器性能以及姿态控制系统带来的扰动，星尘号在 6 月底和 7 月初为样品舱进入进行了三次机动演习。此时，星尘号刚好处于距离太阳 1 AU 的位置上，满足实际事件的几何指向关系，假想地球在特定位置上即可满足演习要求[61]。紧接着，7 月 16 日进行了一次轨道机动，尘埃分析仪再次开机，它将在接下来的 6 个月里保持开机状态一直到与彗星交会。与此同时，通过望远镜观测彗星 1997 年近日点数据研究得到的维尔特 2 号彗发尘埃密度有了结果，并且被"彗星专家"国际团队证实。由于担心彗发内部尘埃密度较大而影响飞行安全性，星尘号任务导航与科学团队决定将飞掠距离从 150 km 增加到 300 km。

交会阶段从飞掠前 88 天开始，到飞掠后 31 天结束。在第一阶段中，每星期将拍摄两次导航图像以尽早探测到彗星并修正彗星历。2003 年 11 月 13 日拍摄了第一组这样的图像，这是在启动加热器清理镜头上又一次粘上的污染物之后不久。值得注意的是，尽管目标彗星仍在 2 500 万千米以外，但是在第一次拍照时就发现了它，它在图像上是一个暗淡的斑点。目标彗星是由几天后的第二批照片识别的。但是，由于镜片污染的问题反复出现，导致光学导航图像数据的"噪声"很大。从交会前 2 星期开始，导航成像就成了日常项目。12 月 24 日，收集器 A 面展开并开始收集彗星颗粒。对相机又启动了一轮加热以最大程度提高观测清晰度。彗星在交会前 3 星期时离开了日凌状态，世界上某些大型望远镜对彗星进行了观测。除了对彗星精确定位外，这些观测还提供了彗星的热数据和测光数据，并更准确地估算彗星中尘埃和水的产生速率。星尘号项目团队决定将交会距离减小到250 km。通过 12 月 31 日的第 12 次中途修正完成了交会轨道设置。飞行计划本来还包含两次交会前的修正，但出色的导航过程使这两次修正得以取消。就在同一天，星尘号探测器在即将穿过彗发区域时将惠普尔保护罩朝向前方。项目经理开玩笑道："就像星际迷航一样，我们举起了防护盾牌。"

　　近距离交会过程于交会前 5 h 开始，此时星尘号距离维尔特 2 号彗星还有 10 万千米。在交会前 30 min，相机开始以每 30 s 一张的周期成像，一共 72 张图像在接下来的 38 min内被存储下来以备后续传回地球。这些图像中包括长时间曝光和短时间曝光的图像，用于研究彗核、彗发以及喷射出的尘埃和气体。尘埃监测仪在最近点前 15 min 被打开。大约6 min 后，探测器进行姿态机动以确保彗核始终在相机视场中，同时使惠普尔保护罩和样品收集器保持暴露在彗星尘埃中。这个阶段大约持续了 12 min，探测器仅用中增益天线发出载波信号。5 min 后，导航相机开始精确追踪彗核并每 10 s 成一次像。尽管这些动作持续了 10 min，但这些图像中的大部分并没有存储到内存中。星尘号在 2004 年 1 月 2 日 19时 22 分（UTC 时间）以 6.12 km/s 的相对速度飞掠了彗核。它的交会位置比彗星轨道平面略高，并处于彗核朝向太阳的一侧。在星尘号远离彗星时，由于处于彗核的背光面，不能够再对其成像。大约在飞掠 5 h 后，星尘号开始收回收集器，并完成返回舱盖密封工作，耗时 30 min。考虑避免让彗星样品受损，原本计划在第三圈轨道上进行的最后一次星际尘埃收集工作被取消。

　　从维尔特 2 号彗星飞掠过程取得的数据于几天后通过高增益天线传回地球。相机获得了一些非常好的彗核图像，分辨率比乔托号取得的哈雷彗星图像和深空 1 号取得的包瑞利彗星（Borrelly）图像的分辨率都要高。维尔特 2 号彗核的尺寸为 3.3 km×4.0 km×5.5 km，可能绕其短轴旋转。事实上，维尔特 2 号彗星或多或少还是个圆形，因此应该不像包瑞利彗星是由小碎片拼起来的。然而，和包瑞利彗星类似的是维尔特 2 号彗星的反照率仅有大约 3%。维尔特 2 号彗星最显著的特征是存在一些直径 2 km 的圆形凹陷区域，这些区域的边缘部分是较为平缓的，而另一部分是几乎垂直的几百米高的悬崖峭壁。另外还有两个椭圆形的凹陷区域被称为"左脚"和"右脚"。平缓的地势可能是物体撞击在松散且粘合力较差的土壤上，随着撞击的能量释放掉挥发性物质而形成的撞击坑。而平整的地势则是撞击在松散但粘合力较强的硅酸盐土壤上形成的。缺少 500 m 直径以下的撞击坑的事实证明小型撞击坑非常容易因为气体排出、升华或者其他彗星活动而被抹去。事实上，由一次较大撞击产生的松散的、富含可挥发物的抛出物质很可能在能够形成二次撞击坑之前就碎裂成粉末了。那些结构特征平整而形状又非圆形的小凹陷区域可能是由于物质升华形成的。为纪念在 1997 年死于意外的著名行星地质学家尤金·舒梅克（Gene Shoemaker），将一个大盆地非正式地以他的名字命名，大盆地著名的标志是它的顶峰、尖顶、台地和其他精细结构。事实上，最意想不到的特征是高达 100 m 的顶峰和尖顶，其中有一些特别尖锐。在晨昏线和边缘处对它们的观测效果较好。它们古时很可能位于通风口上，富含挥发物的水蒸气从地表挥发，并在此处凝结成坚冰。它们也可能只是四面八方被侵蚀掉的小台面的残余部分。不管怎样，这些结构没有垮塌说明地表有较高的支撑强度。绵延 2 km 的曲折的悬崖峭壁暗示了彗核亦有一定刚度。所成图像暗示的一个有趣的可能是彗核有分层结构。陨石坑地表的那些尖锐特征和碎片的缺失表明没有通常会在小行星上观测到的细小的土壤覆盖。

尽管出于跟踪的需求，对彗核的成像经常由于长时间曝光而饱和，但这些图像用于测绘尘埃和气体喷流是很合适的。彗星上有不少于 20 个主动喷射源，其中两个和哈雷彗星上的喷射源相似，似乎起源于背光一侧。事实上，在探测器迄今为止探测过的所有彗星中，维尔特 2 号彗星有着最高的活跃地表比例。值得注意的是，那些可追溯的喷射源，大部分出现在阳面的斜坡上。在一个直径为 1.2 km 的被命名为梅奥的撞击坑中，包含了一片由黑色线条组成的区域，五个能够被追踪到的喷射源中的一个可能就起源于这片区域。包瑞利彗星上的主要活动源是高地，但是维尔特 2 号彗星上的这些结构小很多。有趣的是，有一些几百米直径的亮点在立体图像上看不出来表面起伏。

与维尔特 2 号的交会序列。注意看它的彗核多么崎岖不平，特别是和包瑞利彗星相比。序列中最后两张图像清晰地显示出被称为"左脚"和"右脚"的两块大的沉陷区

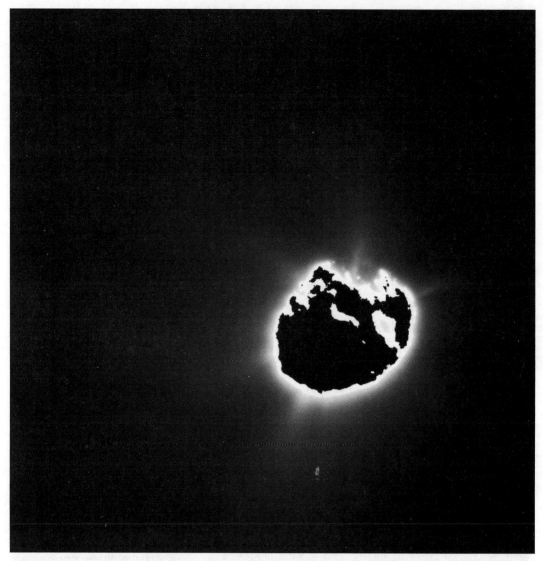

这是一张在最接近维尔特 2 号彗星时对彗核拍摄的长时间曝光照片，照片显示出气体从过曝的彗核中喷出。探测器将飞过其中一些喷射源并利用设备进行记录

质谱尘埃分析仪在超过 18 min 的时间里只记录下 29 张光谱。事实上，尽管这台仪器在设计上可以记录下每秒数百次撞击，但它记录到的撞击频率从未超过 1 次/s。探测的结果显示维尔特 2 号彗星的物质组成与哈雷彗星非常相似，尽管两者的年龄与活跃程度（从它们接近太阳的时间长度来说）完全不同。尘埃似乎主要由简单的有机化合物组成。只有一个光谱显示出了一些矿物的特征。没有检测到水和一氧化碳等挥发物，但这可能是因为在尘埃颗粒从彗核运动到探测器的几十分钟过程中丢失了。光谱也没有显示出存在任何复杂有机分子的证据，如氨基酸等，尽管有些人认为彗星中存在这样的有机物。然而，确实有太阳辐射驱动的硫化学和富集氮化学的痕迹。尘埃监测仪在最接近彗星的一段时间工作了超过 33 min，令人吃惊的是，它得到的结果与尘埃分析仪不同。它得到的结果显示撞击

是非均匀分布的。在接近段记录到的撞击次数快速增加，之后在远离彗星的过程中，撞击次数下降。有趣的是，撞击曲线中有很多毛刺和尖峰，每次最多仅持续数秒钟，也就是说粒子集中到达时几乎有 1 200 次/s 撞击，而在峰值之间则几乎没有撞击发生。这刚好证明了彗发中的尘埃是"扎堆"出现的。事实上，部分撞击峰值可能是由于宽度为几百米的彗核刚刚喷射出来的物质造成的。值得注意的是，发生尘埃撞击峰值的时间刚好和根据图像预计的探测器将会遇到喷射源的时间相同。有 7 个尘埃颗粒甚至刺穿了惠普尔防护罩的前部。其中最大的约有 4 mm，小卵石般大小。基于这些数据计算，采样器 A 面应该捕获了大约 3 000 个 15 μm 或者更大的颗粒。

出人意料的是，尘埃监测仪在交会完成之后再次记录到撞击频率上升到 700 次/s。这次极短时间的爆发不可能是在 4 000 km 以外的彗核喷射的作用结果，因为在这段时间里喷射源喷射出的细小尘埃已经分散到广阔的空间里了。相反，科学家假定彗星释放了大量的物质，这些物质中最大的约有 1 m 左右，在升华作用下创造出了自己的喷射源，而探测器刚好飞过这些物质的喷射源。已观测到的彗核分裂、雷达在彗发中发现的大块物质以及其他现象都使这个假设愈加可信。这个假设在 2010 年深度撞击任务飞掠哈特雷 2 号彗星的时候得到了很好的验证。就彗发本身而言，两台尘埃仪得到的数据很难统一起来。这种差异有可能仅仅是它们的灵敏度不同所致，因为两台仪器记录的撞击频率都大体上是一个常数。

后来，探测器研制团队反思后认为如果他们早知道彗发的密度，他们会选择更远的交会路径。尽管探测器的结构和太阳电池阵在防护罩的保护下都没有受到损坏，但相机的潜望镜系统可能因为长时间的"喷砂"，其性能已经显著下降。

在星尘号飞掠期间进行的多普勒跟踪不仅能够给出彗核质量的上限值，还能够估算出扰乱探测器姿态稳定的粒子的质量，在这些粒子撞击探测器后，探测器的姿态控制系统需要工作以保持姿态稳定。举个例子，有一个粒子在接近段开始之前的 15.5 s 击中了探测器，它的质量估计为 20～80 mg[62-67]。

星尘号于 2 月初实施了一次较小的深空机动使其进入返回地球的轨道。为期 2 年的回归飞行平淡无奇，直到离地球很近了才又开始采取一系列动作。在再入前 60 天和 10 天进行了中途修正，精准了地球交会的瞄准点。最后一次修正是在再入前 29 h、距离地球还有 70 万千米远处进行的，瞄准在犹他州测试和训练场（Utah Test and Training Range）着陆。这次修正的位置精度为几千米，速度精度为每秒几毫米。星尘号在进入之前 16 h 穿过了月球轨道。12 h 后，样品返回舱脐带电缆断开，主探测器上的起旋机构使样品返回舱旋转至 13.5 r/min，以在自由飞行过程中保持稳定性。三个弹簧螺栓在 2006 年 1 月 15 日 5 点 57 分（UTC 时间）将样品返回舱释放。没有按计划拍摄样品返回舱分离时的图像。数分钟后，星尘号进行了一次规避机动以离开这条让样品返回舱进入大气层的轨道。星尘号 258 km 的地球飞掠后再次进入日心轨道。

9 时 57 分，返回舱以 12.9 km/s 的速度在加州北部海岸东边 20 km 上方进入大气层。

这是有史以来再入地球大气层速度最快的航天器。这条非常浅①的再入弹道的峰值过载为 33 g。在内华达州上空飞行的科学家团队对这颗人造流星体的热总量、热通量和亮度进行了测量，用以校准自然流星体和其他空间碎片再入大气层的模型。再入时遭遇了一场冬季的暴风雪，强风将样品返回舱推向北边。当过载在预定的 32 km 高度处减小到 $3g$ 时，重力开关触发展开了引导伞，以使样品返回舱在经历空气动力学的不稳定阶段过程中能够维持稳定。摄像机记录了从 35 km 到着陆的过程。下降过程进行得与预想一样，除了引导伞好像打开得比预计的晚了一些，而主伞于高度 3.4 km 处被备份的压力传感器打开以外。此时的犹他州还在夜里，但降落伞上的金属箔片使雷达能够追踪到样品返回舱的着陆地点。10 点 10 分，样品返回舱着陆于预定着陆点西北偏北方向 8.1 km 处的潮湿土壤里并翻滚了数次，最终停在了它的侧面[68]。15 min 后，直升机依靠样品返回舱的无线电信标机降落在样品返回舱附近，回收团队发现样品返回舱几乎处于完美的状态。进入过程一定非常接近标称工况，前端防热结构的烧蚀状态非常对称，和预计的一样，而后端基本没有被烧黑[69]。在 2004 年 9 月起源号因降落伞没有打开而使返回舱摔在地面损坏之后，星尘号样品返回舱的安全回收极大地鼓舞了未来行星际自动采样返回任务。在现场对样品返回舱的状态进行整体评估后，样品返回舱被放入有环境控制的包装箱并空运到位于休斯敦的约翰逊航天中心，在这里 NASA 存放着大部分阿波罗任务带回的月球岩石以及收集的陨石样品。当样品罐于 1 月 17 日在洁净间被打开时，发现气凝胶上原本预计尺寸会很微小的撞击坑实际上很多用肉眼就可以轻易地观察到，它们看起来像一些小雾点[70]。

它从外太空来！星尘号样品返回舱在成功再入后安全降落在犹他州地面上

---

① "轨道浅"即轨道与再入点当地水平面的夹角小。——译者注

瞧！气凝胶格子捕获到三个像雾点一样的粒子在这张图像里清晰可见

　　星尘号任务搜集了超过 10 000 个大于 1 μm 的颗粒，这些颗粒被认为是维尔特 2 号彗星非挥发性物质的典型代表。回收几天后，取出第一个样品颗粒的照片被公布出来，这块样品被命名为"quickstone"，这个颗粒沿着分叉的轨迹嵌入气凝胶。这是成功采集到样品的最直观证据。然而，当使用超声刀片从气凝胶格中取出来以后，可以看到这个颗粒将气凝胶"分成五份"了，即产生了 5 条尖刺一样的轨迹，就好像是颗粒在穿入采样器时爆炸了一样。人们发现撞击在气凝胶内形成了较深的根状空腔。每当一个粒子没有分裂时，它的轨迹是胡萝卜状的，长度方向比宽度方向大数倍。当一个粒子发生爆炸时，它会产生出球茎一样的轨迹，其中包括更细的多个喷雾状尖刺。球茎轨迹很可能是被"旅行中的沙堆"刻画出来的，这些颗粒由镶嵌在聚合力较差的低密度有机基体中的小巧紧凑的矿物质混合物组成，这种基体在撞击气凝胶时较易爆炸性蒸发。只有矿物颗粒能够勉强完好无损地保存下来并形成尖刺。此外，轨迹的内壁经常布满含有彗星物质和耐烧蚀矿物质的混合物的融化了的气凝胶。第三种无根球茎形态的内腔更加少见。最深的痕迹穿入气凝胶 2.19 cm，已经超过彗星样品采集板的三分之二厚了。采集器上装载气凝胶的铝箔上面也被撞击出许多小坑，最大的一个有 0.68 mm，这些像融化的子弹一样的痕迹保留了颗粒撞击的轨迹。所有的颗粒都因撞击过载而发生了变化，大都比较严重，而且部分融化后和气凝胶混合在一起。但尺寸大于 1 μm 的颗粒通常能够很好地保存下来。

　　以下是对星尘号采集到的颗粒的成分进行初步评估的大致程序。在将含有粒子撞击痕迹的气凝胶块切割成楔形（被称为"关键石块"（keystones））分离出来之后，用能够引

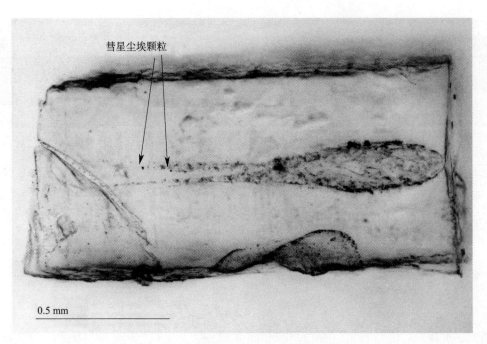

彗星尘埃颗粒

0.5 mm

气凝胶切开后能够看到的典型的彗星颗粒分叉轨迹

发某些元素荧光反应的 X 光聚焦光束对其进行检测。然后再沿着痕迹切开，利用离子质谱
仪对切面进行分析。用扫描型电子显微镜对残留在铝箔中的粒子进行识别，之后再使用 X
光设备和质谱仪对其进行分析。维尔特 2 号彗星回收物质的组成成分证实了乔托号和维加
号上的撞击离子质谱仪的探测结果。然而，相比于哈雷彗星的相关成果只是基于不到 1 ng
的尘埃得到的，星尘号取得了更大的样品，并且能够在最先进的地面实验室采用更先进和
限制更少的技术进行分析。单个轨迹壁面上不同的点通常物质组成也不同，说明颗粒是由
许多不同成分聚合而成的。事实上，这已经由矿物分析证实。在初步科学评估中就已发现
没有任何粒子是由单一矿物质组成的。它们是次毫米级颗粒的聚合物。这些颗粒中含量最
丰富的矿物质是橄榄石和辉石等结晶硅酸盐，以及像陨硫铁一样的铁与硫的化合物。这是
令人惊奇的，因为人们预计星际颗粒中的硅酸盐大多是非结晶且无定相的。然而，也有可
能是无定相物质混入了高速撞击热在气凝胶中产生的石英玻璃中，导致无定相物质遭到破
坏，或者至少是发生了相变。值得注意的是，对铝箔上的微型撞击坑的分析结果表明，即
便是最小的、直径只有几十纳米的撞击坑，矿物成分也是相同的。没有找到任何碳酸盐或
者水合硅酸盐的痕迹。这些物质不太可能在采集过程中被破坏。更可能的是，维尔特 2 号
彗星上没有创造这些矿物质的涉及水的作用过程。这与另一项同属于发现计划的深度撞击
号在星尘号样品返回舱回收数月前所得到的结论不同，深度撞击号在坦普尔 1 号彗核内部
探测到了硅酸盐和碳酸盐。

　　同位素分析表明，虽然星尘号样品颗粒之间氢、碳、氮、氧的比例差异较大，但是几
乎没有能够表明它起源于太阳系之外的异常现象。从这个角度上说，维尔特 2 号彗星没有
原始的、太阳系诞生之前的物质，因此也就不包含未经处理的"星尘"。就氧同位素异常

而言，仅有三个颗粒能够确定是在太阳系形成之前形成的，它们都是撞击铝箔后的残留物。研究人员原以为维尔特 2 号彗星颗粒应该像布朗利粒子一样。这些行星际颗粒由异常的有机和无机材料组成，这些显然都来源于太阳形成前的尘埃和气体云中的星际介质。出乎意料的是，两者间尤其是在碳和同位素异常的丰度方面存在如此大的差异，以至于关于维尔特 2 号彗星和布朗利颗粒之间有"亲属关系"的说法充其量只是一个假说。实际上，星尘号采集的粒子的组成与主带小行星更为相像。这可能是由于形成于温暖的内太阳系的物体在某个时间由于某种原因来到了柯伊伯带，而维尔特 2 号正是其中一个。总体来说，任务发现的结论就像一篇科学论文说的那样："在很多情况下，彗星和小行星之间的区别仅仅是年龄（挥发物损失）和轨道参数。"在对大量颗粒进行鉴定后得到了类似的结论，这些颗粒中包括那些难溶于水的富含钙、铝、钛等矿物质的颗粒，这些矿物质只能够在超过 1 000 ℃ 的环境中（即在太阳系的核心地带）熔化形成，而它们的物质成分却与在陨石中发现的陨石球粒极为相似，这些陨石被认为来自中远距离的小行星带。维尔特 2 号彗星是内太阳系形成的难溶物和太阳系最为寒冷的外层边缘形成的易挥发物质混合的产物，这一事实表明，年轻的恒星一定通过磁场和其他剧烈活动运输、混合太阳系形成前的星云中的物质。对维尔特 2 号彗星一个很小的难溶颗粒进行同位素分析得到了相似的起源时间。这个颗粒看起来是在距离太阳较近的地方形成，形成时间在陨石中发现的太阳系内已知的最古老的固体形成后至少 170 万年。然而，必须小心的是，对于发现难溶的含钒氮化钛的证据是有争议的，因为这些颗粒可能是与探测器推进剂贮箱所含的钛元素进行了反应而生成的，贮箱材料中添加钒元素是为了增加强度和防止肼的腐蚀，事实上，肼通常用于在实验室中制备氮化钛[71]。

科学家们发现了维尔特 2 号彗星上曾经存在液态水的第一个证据，液态水是以方黄铜矿（铁和硫化铜）的形式存在的，这种方黄铜矿只有在有水时才能够形成。彗星上的液态水可能是短时存在的，这些液态水通常是因为撞击释放出的热量将冰融化形成的；也有可能会长时间存在，这些通常是因为核元素放射性衰变所释放出的热量将冰融化形成的。有趣的是，由于方黄铜矿在加热到 210 ℃ 以上时会分解，这也是彗星在方黄铜矿存在期间可能经历的最高温度。

正如预期的，样品中没有发现强挥发性的物质，因为从彗核出发到撞击气凝胶的飞行过程中，阳光会使强挥发性的物质蒸发掉，剩下的可挥发物也会因为撞击气凝胶时产生的热量而释放掉。在寻找有机物的过程中采用了多种分析技术，但由于气凝胶中也含有氧、氮以及碳氢化合物，所以对有机物的确认是相当困难的。不管怎样，一个令人费解的结果是维尔特 2 号彗星的有机物质比星际布朗利粒子还要更加贫乏。这可能是因为彗星的确缺少有机物（就位观测的结果也表明是这样的）或者有机物在样品采集过程中没有保留下来。然而，却发现了多环芳香烃。有些无疑是在粒子撞击时加热形成的，但另一些，即与行星际尘埃和陨石中发现的多环芳香烃相似的那些，可能是维尔特 2 号彗星自产的。气凝胶内部也发现了简单的氨基酸，可能由彗星气体沉积而成，也可能是微小的粒子带来的。事实上，熔化了的气凝胶甚至将彗星惰性气体的痕迹也保存了下来。从这个角度来看，最重要的结果（在开发分析技术 2 年多以后）是 NASA 戈达德航天飞行中心的科学家们在气凝胶和铝箔中发现了甘氨酸———一种简单的氨基酸，这是第一次在彗星上发现这样的分子。之后数十年人们都在猜测是彗星将生物学的基本组成部分带到了地球。起初，研究人员怀疑这个彗星起源假说，认为它是污染处理不当的结果，但同位素分析否定了这种可能性。

综上所述，非常成功的星尘号任务显示出我们对彗星（它们每个可能都有自己不同的"个性"）以及伴随太阳系和太阳形成的那些现象实在了解甚少[72-83]。

在写这本书的时候，正在从采集器里提取星际颗粒，而之前的精力都放在研究彗星样品上了。由于星际颗粒的撞击速度基本上是彗星颗粒撞击速度的三倍，它们应该在撞击过程中发生了更严重的变化。它们留下的轨迹比彗星颗粒小得多。为了定位它们，JPL 建立了一项"民众科学项目"，将采集块的显微镜照片分发给志愿者，至今已经选出了大约五十名候选人。

该项目在星际颗粒采集面上定位了 28 条轨迹。然而，在大多数情况下，它们的角度与从探测器太阳帆板上剥落的碎片的角度一致。只有 7 条被叫作"午夜"的轨迹的方向与星际尘埃流起源的方向一致。最有可能的颗粒位于 I1043,1,30 轨迹的尽头。这颗粒子被称为"第 30 号粒子"，它在被气凝胶减速的过程中分裂成两个，两个碎片的独特化学特性证明了它们的异质性。它们以富含钙、硅、镁的物质为基体，其中富含铁与镍元素以及一些其他重原子，如铝、铬、锰、铜、镓等[84]。

当样品返回舱将宝贵的样品送给科学家的时候，探测器本身还健康地工作着。2006年 1 月 30 日，探测器根据指令关闭了大部分系统。之后，就像之前的彗星探测器所做的一样，星尘号进入了休眠期。由于探测器的轨道为 0.92 AU×1.70 AU，轨道周期为1.5 年，它将在 2009 年 1 月中旬于 100 万千米处再次飞掠地球。届时，如果必要的资金支持已经到位，那么可以唤醒它并重新瞄准其他可能的探测目标。唯一受到关注的扩展任务是对 9P/坦普尔 1 号彗星的飞掠探测。这次交会的主要目标将是查看在深度撞击号于 2005 年 7 月 4 日释放一枚导弹击中了坦普尔 1 号彗星的彗核（将在本系列丛书的第四卷详细介绍）之后彗星的彗核是否有变化。科学家们对导弹造成的弹坑图像非常感兴趣。本该由深度撞击号探测器平台自己对弹坑进行成像的，但撞击激起的灰尘使图像模糊不清。需要更精细地了解彗核的旋转状态以安排星尘号飞掠的时机并对特定位置进行观测。飞掠还能够测量物质成分、尺寸分布以及彗发的尘埃颗粒通量等数据，深度撞击号未能装备相关设备进行相应的测量。为了对可能的扩展任务进行准备，2007 年 2月 5 日从休眠状态中唤醒了星尘号，对其健康状态以及设备的健康状态进行了评估。2006 年，星尘号经历了迄今为止最近的近日点并且承受了两次太阳耀斑的冲击，但是状态还是保持得非常好。从科学价值的角度出发，2007 年 7 月，NASA 将 NExT 提案（坦普尔 1 号彗星新探索，New Exploration of Tempel 1）选定为发现计划中的"机会任务"，提供了 2 500 万美元的资金。

探测器苏醒数月后，一些软件问题得到了解决，相机镜头上新的污染物被标记出来，为了调整于 2009 年飞掠地球的轨道，实施了一次 5m/s 的中途修正（这是在释放样品返回舱并经过地球借力后第一次实施较大的轨道机动）。同时，姿态控制系统进行了重新编程以确保剩余推进剂能够满足整个任务的需求。在重新校准仪器设备的同时，又进行了三次轨道修正，最后一次轨道修正在 2009 年 1 月 5 日完成。对相机镜头进行烘烤以蒸发掉镜头上的污染物。由于怀疑相机潜望镜系统在与维尔特 2 号彗星交会过程中已经受损，为决定是否在飞掠坦普尔 1 号彗星时使用潜望镜系统，在地球飞掠前 55 h 就对它进行了测试，在距离月球约 110 万千米距离进行成像。获取其他图像时没有使用潜望镜系统。结果显示潜望镜系统尚可使用。探测器于 1 月 14 日在下加利福尼亚州西侧太平洋上空 9 157 km 高度处飞掠地球。轨道非常精确，因此在离开地球后不需要进行轨道修正。一年多以后，于 2010 年 2 月 17 日实施了一次速度增量为 24 m/s 的轨道修正，将近日点降低 7.5 万千米并将交会时间推后 8 h 21 min，以更接近深度撞击号的撞击坑可见的时间。星尘号于 11 月 20 日以 0.33 m/s 的速度增量再次精细地调整了它的目标轨道。

对坦普尔 1 彗星的飞掠将是第一次对同一颗彗星连续两次在近日点抵近观测。成像观测有望展示彗星的特征在这段时间内的变化。已经知道的是彗星会损失表面土层数厘米至数米厚度的等效质量。但还不知道这究竟会对彗核的外表造成什么样的影响和改变。

为了能够确保从与深度撞击号相同的一侧飞掠，天文学家们非常努力地确定了彗核的旋转周期并理解了物质喷射及放气对旋转周期的影响。彗核每 41.9 h 旋转一周，但依然有可能把相位搞错以致飞掠时看到的将是彗星上相反的表面。目标是对深度撞击号已成像区域的至少 25% 进行成像。深度撞击号成像过的层状地形理所当然地被列为观测目标，因为这能够提供彗核形成并积累的相关信息。科学家们还希望仔细查看深度撞击号撞击位置附近横跨高原的明显的平缓流动现象。当然，图像将用来确定深度撞击号形成的撞击坑的尺寸和形状，以及其喷流模式和可能的分层形式。飞掠将会在 2011 年 2 月 15 日进行，届时彗星刚刚过其近日点 39 天。从样品返回舱返回地球开始算起，星尘号已经绕太阳运行了 4 圈。而且，这次飞掠将发生在深度撞击号自己飞掠第二颗彗星 103P/哈特雷 2 号（103P/Hartley 2）仅仅 3 个月后[85]。

2010 年 12 月 16 日对彗星进行了第一次光学导航成像，随后每星期进行 2 次直到 2011 年 1 月 4 日，届时成像速率有所提高。然而，这些图像没有探测到彗星，彗核还是太暗了，图像上无法显示出来。这使得中途修正的设计更加困难，因为目标的准确位置尚未可知，而捉襟见肘的推进剂剩余量又是一项苛刻的约束。同时，探测器在 1 月初遭受了一系列电子系统锁死并启动安全模式从而需要重新启动的情况。最终于 1 月 18 日在距离坦普尔 1 号彗星 2 630 万千米处探测到了彗星。在之后的接近段规划了三次轨道机动。1 月 31 日实施了第一次轨道机动，速度增量为 2.6 m/s，点火时间 130 s，消耗了大约 300 g 推进剂，使交会时刻的预计位置移动了将近 3 000 km。2 月 7 日实施了第二次修正，仅仅将速度调整了 56 cm/s，瞄准了距离坦普尔 1 号彗星 200 km 的位置。这之后，星尘号开始每 2 h 对彗星成像 8 次。飞掠前 7 天开始了科学观测成像。3 天后，最后一次对相机镜头进行"烘烤"以清除近期形成的污染物。第三次修正在飞掠前 2 天进行，点火时间 50 s，瞄准了距离彗核大约 170 km 的位置。最终，在交会前 42 h，星尘号进行了最后一次导航成像。按计划，如果图像显示出飞掠距离过近，那么将会实施最后一次轨道机动，但实际情况表明不需要实施。

　　交会序列在最近点前 24 h 开始。尘埃分析仪在飞掠前 3 h 被激活。1 h 后，星尘号调整姿态，使防护罩朝向前方。对彗核的自动跟踪从飞掠前 30 min 开始。在飞掠前 20 min，尘埃通量监测仪启动。飞掠前 5 min，探测器开始进行长时间的滚转机动以保持彗星始终在相机视场中。成像于 1 min 后开始。观测过程中探测器与地球的通信暂时中断。对坦普尔 1 号彗星的飞掠发生在 2 月 15 日 4 时 40 分（UTC 时间），飞掠距离 178 km。在 10 min 时间里相机获取了 72 张图像，图像数量受到了星载计算机内存容量的大小的限制。起初的 12 张图像是每 8 s 一张，接下来的 48 张是每 6 s 一张，最后 12 张又是每 8 s 一张。飞掠后 1 h，尘埃监测仪停止数据采集，探测器调整姿态将高增益天线指向地球以便下传数据。

这是星尘号拍摄的坦普尔 1 号彗核的最高分辨率图像中的一张。

右半球曾于 2004 年由深度撞击号探测器拍摄过

　　星尘号再一次毫发无损地从彗星的彗发区域飞出，总共存储了 78 MB 数据。交会过程中唯一的失误是直接传输最近点附近的图像的指令失效，图像实际是按照拍照的顺序下传的，也就是最远的一张图像最先传下来。每张图像传输需要花费约 15 min。当接收到高分辨率图像时之前的精心准备都有了回报，接近段可见的半球与深度撞击号一致，并且还能够看到部分以前没有看到的半球。实际上，彗核转动相位的模型和实际仅差了几度。分辨率最高达到了每像素 12 m。和深度撞击号的图像相比，沿着"舌头形状"的平缓流体边缘的峭壁，有着明显的绵延数千米的侵蚀痕迹。悬崖似乎后退了几十米，而且轮廓也发生了变化。值得注意的是，尽管图像中的撞击地点一览无遗，但也没有发现明显的撞击坑。然而，这后来被确定为一个平缓的、直径 150 m 大小的、跨越两个大型撞击坑之一边缘的凹陷区域。喷射物质落回彗星并在这个凹陷区域的中心形成一个小土堆。这提供了一些关于彗核强度的信息，这意味着彗核表层有类似于干燥松散的雪的物质。星尘号随后飞过了完全没有测绘过的区域。在没有观测过的这一侧，看到了不同海拔的三个梯田，被宽约 2 km 的带状峭壁分割开来。最下面的梯田上有两个 150 m 的圆形特征。还看到了分层厚度达到数米的分层地形，以及严重沉降的区域和其他一些看起来经历了严重升华过程的区域。有一些凹坑可能是由于爆炸而产生的。虽然彗核边缘的喷射物质还隐约能够看见，但总体来说彗星的活跃程度似乎比 2005 年要弱不少[86]。

其他仪器测得了彗发的物质组成、大小以及尘埃颗粒的通量。通量监测仪记录了超过 5 000 次撞击，颗粒来流较为突跳，而不是连续、均匀的流场。这种现象在以前的彗星飞掠中已经观测到了。大部分撞击记录发生在最近点以后，此时星尘号正在飞向彗尾。有十几个颗粒突破了惠普尔防护罩的前端。有几十个颗粒击中了尘埃分析仪，使尘埃分析仪探测到了有机物，包括基本的碳和氰。

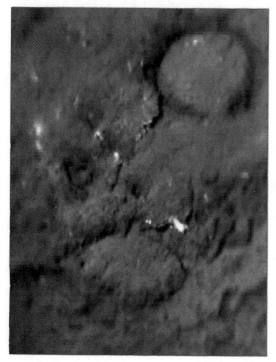

200m

星尘号拍到的图像使科学家们能够确认深度撞击号的撞击器击中坦普尔 1 号彗星彗核造成的凹坑

交会后将近 24 h，所有图像都安全传回了地球，星尘号开始对离开过程进行成像。星尘号继续对逐渐远离的彗星进行成像，最开始每 5 min 一次，之后每 12 min 一次，直到交会后 10 天。导航相机成像于 2 月 24 日结束。此时，根据估算推进剂剩余量不到初始推进剂重量的 3%，无法进行第二次拓展任务。JPL 工程师提议任务结束时将剩余推进剂通过发动机耗尽，以获得一次宝贵机会来验证用于计算推进剂剩余量的模型的正确性。由于没有在失重环境中可用的燃油表，只能使用实质上并不准确的数学方法来对推进剂消耗进行建模。耗尽推进剂的点火最初安排在 4 月进行，但有迹象表明由于剩余推进剂太少，增压气体正在进入推进剂贮箱。因此，点火提前 2 星期于 3 月 24 日进行。地面发送指令使星尘号的中增益天线指向地球，这样能够实时监视遥测参数，之后就启动了让发动机持续工作 45 min 的程序。当然，考虑到推进剂剩余情况，估计点火时长不会超过 10 min，速度增量最多变化 35 m/s。而实际情况是点火仅维持了 146 s，这非常接近预估持续时间的下限。随着推进剂完全耗尽，发动机开始喷出增压氦气。在预定点火时间结束 20 min 后，探测器已经不能控制自身指向，太阳帆板也就无法对日了，因此探测器于 23 时 33 分（UTC 时间）执行了事先编排好的指令序列关闭了接收机，永远地结束了整个任务。

一些方案中曾提出使用星尘号探测器平台来研制其他探测器。发现计划的候选项目冰帆船（Ice Clipper）设想将一个 10 kg 重的球形炮弹打入木卫二，同时主探测器从上方飞过并采集撞击造成的碎片云中的物质。尽管一些科学仪器已经能够进行实时分析，但这个任务的真正目的在于将样品带回地球。伽利略任务的遥感探测显示出木卫二表面有多种化学物质，而一份样品将有助于对木卫二薄薄的冰层下方的海洋中存在生命的可能性进行评估[87]。

9.4　更快、更省、更糟

在 1993 年最初选择用于研究的 11 个发现计划任务中，有一项是 JPL 与洛克希德·马丁公司合作提交的太阳风样品采集返回任务。这个任务将花费数年的时间，在地球磁层之外收集太阳风样本并将其送回地球。如果该航天器设计的尺寸足够小，它将可以与其他卫星共同使用一枚运载火箭[88]。在 1995 年，共有 3 个项目从 28 个候选项目中脱颖而出，开展进一步的研究，这个任务位列其中。那时它被改名为休斯-尤里号，以加州大学圣迭戈分校的化学教授汉斯·伊·休斯和 1934 年诺贝尔化学奖得主哈罗德·尤里的名字命名。1956 年，他们以地球化学和天文学数据为基础联合发布了关于元素丰度的开创性论文[89]。但是在最后的竞争中，它输给了星尘号任务[90]。该任务被重新命名为起源号，并在下一轮竞争中重新提交，总共 34 个候选项目中的 5 个进入了最后环节：起源号、彗核旅行号、水星表面/空间环境/地球化学与测距任务（信使号）、金星环境卫星、阿拉丁任务。

应用物理实验室、布朗大学、约翰逊航天中心和洛克希德公司提议，将阿拉丁任务用于研究火星系统特别是两个较小卫星的演变，两个较小卫星被认为可能是被火星捕获到的小天体。进入火星环绕轨道后，航天器将会缓慢地飞掠火卫一和火卫二，进行初步的遥感观测，然后在再次经过时从特定地质单元中收集样本。采样过程包括发射一颗小型射弹，以至少 1 km/s 的速度撞击选定区域。当航天器穿过射弹撞击形成的碎片云时，将利用一个能够从返回舱中伸出、缠绕并收回的灵活的纤维罗网收集至少 3 mg（可能会更多）来自表层的尘埃或小卵石，这个罗网就像地毯一样，因此该任务被命名为阿拉丁。航天器与这两颗卫星的多次交会，提供了充足的采样机会。航天器将携带 5 颗射弹：每个火卫 2 个，以及 1 个备用射弹。每次采样都将使用地毯的不同部分，因此能够对每一次获得的样品在已知采样环境的基础上进行独立分析。另外，航天器还会携带一个用于确认样品捕获的尘埃探测器，三台用于导航和科学探测的多光谱相机，以及一个用于火卫表面和火星预选区域地质学研究的可见光/近红外光谱仪，以获得可能与现有轨道器探测结果相吻合的探测数据[91-93]。这些样品将会揭示这些卫星与火星是否有一个共同的起源，抑或者它们均有独立起源；如果是后者，还会揭示它们是否是给内太阳系带来了挥发物和有机物的、来自外太阳系的原始物质。

信使号水星轨道器将会在本系列的第四卷详述，因为它在之后被选出来并且作为一个"发现计划"任务成功飞行。

金星环境卫星是由 JPL、波尔航天公司、威斯康星大学和牛津大学联合提出的，目的是进行一项简单而廉价的任务，该任务将进入金星的高圆轨道，使用三种波长范围从紫外到中红外的设备，解决几个长期存在的谜题。它将在至少一个行星旋转周期内，在全球范围内绘制出从大气层到金星表面不同水平高度的云顶压力、云颗粒大小、风场和温度场，以及各种重要化学物质的丰富程度。研究人员希望据此解释大气的全球环流及其气象状态和化学过程，其中包括它们与岩石表面的相互作用[94]。

1997 年 10 月，NASA 批准了两个发现任务：起源号是该系列的第 5 个，彗核旅行号是第 6 个。

起源号最初的计划是将一个简单的自旋探测器放置在环绕地日拉格朗日 L1 点运行的 Halo 轨道上，在朝向太阳的方向距离地球大约 150 万千米，在那里，它将在 2 年的时间里使一系列收集器暴露在太阳风中[95]。在完成采样后，它将返回地球并释放采样返回舱[96]。探测器平台是一个 2 m×2.3 m 的长方形平台，上面安装运载火箭的接口、主电池、星敏感器、推力器和一对直径 55 cm 的球形贮箱，贮箱内存储用于姿态控制的 142 kg 肼推进剂。此外，在航天器朝向地面的一侧安装了一个单独的中增益天线，用于遥测传输。两个径向太阳能电池板的总跨度达到 6.5 m，最少可以产生 281 W 电量。在太阳能电池板上安装了 4 个低增益天线和用于确定姿态的太阳敏感器。在面向太阳一侧的中央，设置了一个由三个双脚架、一个中心六腿和弹簧支撑的圆形支架组成的桁架，支撑着 1.31 m 高、1.62 m 宽的样品返回舱。返回舱的空气动力学外形基于星尘号设计，主要的不同集中在后部，并且尺寸几乎是星尘号返回舱的两倍。它将使用一个巨大的、附着在主舱板上的铰链在空间打开和关闭，就像蛤壳一般。返回舱里有收集罐、各种电子设备和电池、GPS 接收器和无线电信标，无线电信标用于回收小组对再入后返回舱的定位。返回舱后部装有用于主下降过程的直径 1.6 m 的超声速减速伞和 4 m×10 m 的翼伞[97]。

　　主平台上携带了两台科学仪器：一台是太阳风离子监测仪，另一台是电子监测仪，用来提供探测器周围太阳风环境的数据（这两台设备实际上是尤利西斯号黄道面外飞行任务使用设备的备份）。它们的数据将被输入飞行软件，利用算法识别和描述正在撞击的太阳风[98-99]。其余的科学载荷完全封闭在一个圆柱形铝罐中，该铝罐直径为 78 cm，高度为 35 cm，安装在返回舱内。在这个铝罐里面有一个旋转执行机构，上面安装了四个圆形金属托盘。每个托盘面积约为 0.3 m²，被一组 54 个或 55 个 10 cm 大小的全六角形贴片以及由高纯度金属（包括各种形式的金刚石、碳化硅、蓝宝石和黄金）制成的 6 个半六角形贴片所覆盖，这些高纯度金属是根据希望收集到的粒子的类型相应选择的。除了洁净、"可分析性"和热要求外，每个阵列的材料都必须是唯一可识别的，以防贴片在回收过程中损坏。堆栈顶部的阵列将持续暴露在太阳风中，因此被称为"大块样本"阵列。根据实时监视器测量到的太阳风特性，三个较低的阵列将被暴露出来：一个用于收集日冕洞太阳风，另一个用于收集日冕抛射物质，最后一个用于收集正常的"间流"风。此外，在罐盖的内部安装了第二个大块样本。最后，罐子的其他暴露部分和样品返回舱（如舱盖内部）上暴露了金属玻璃和金箔之类的收集器[100-101]。由于收集器阵列体尺寸小，无法以这种方式测量氧和氮的同位素比率，在铝罐底部设置了一个 46 cm 圆柱形静电集中器，它将利用电场来偏转太阳风粒子。轻元素（如氢）会被排斥，更重的元素会被收集并植入由金刚石和硅碳化物组成的 6.2 cm 的靶[102-105]。

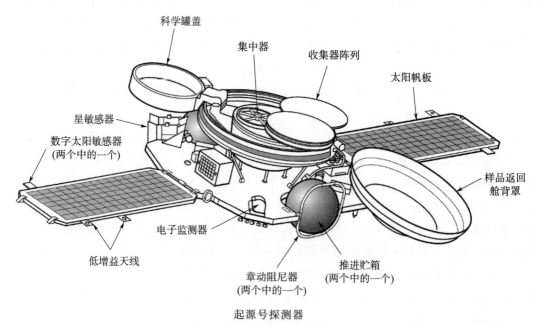

起源号探测器

　　起源号的轨道设计特别有意思。一旦进入环绕 L1 点的 Halo 轨道，它将花费至少 22 个月的时间收集太阳风样本，并确定样本的来源。探测器将以 1.6 r/min 的速度旋转以保持稳定，旋转轴指向太阳方向前方 4.5°，朝向太阳风到达的视向方向。为了保持探测器指向，它必须每天修正姿态。姿态测定使用了不同的太阳敏感器和两个星敏感器。姿态修正将使用两组四个 0.88 N 的推力器，但更大的轨道修正将使用四个 22 N 的推力器。所有的推力器都使用高纯度肼，并安装在探测器背向太阳一侧。然而，只有当舱盖关闭时才会执行轨道修正，以防止污染样品收集阵列。在这一阶段任务结束后，起源号将关闭样品舱并射入一条将地球上游 L1 点与地球下游 L2 点连接起来的所谓的"异宿连接轨迹"。在此过程中，探测器将穿过月球轨道，当从 L2 点返回时，它将处于一个与地球相交的轨道上。采用这个复杂的轨道是因为需要在再入返回过程处于白昼，如果直接从 L1 点返回将导致再入返回过程处于黑夜[106]。如果回收区域的天气不适宜进行回收，可以在最后时刻进行一次修正，使探测器进入一条周期为 24 天的轨道，从而在之后的任何一个近地点都有机会进行样品返回。

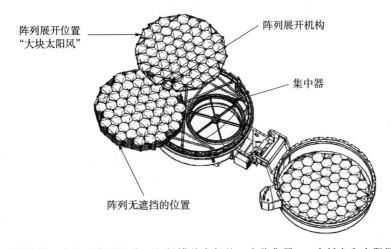

阵列展开位置"大块太阳风"

阵列展开机构

集中器

阵列无遮挡的位置

起源号的样品罐由大块收集器组成，包括罐盖内部的一个收集器、4 个托盘和太阳风集中器

分离后，样品返回舱以 11.04 km/s 的速度在位于美国海岸旁的太平洋上空进入大气层，向东朝着犹他州测试和训练场飞行。在那里将对它进行回收。最初的设计是探测器平台在太平洋上空烧尽。在大约 33 km 的高度，样品返回舱展开超声速减速伞，之后在 6.7 km 的高度展开翼伞，将下降速度减慢到 5 m/s。由于收集器阵列极其脆弱，硬着陆被认为是不切实际的，所以计划是准备两架直升机，其中一架作为主份，另一架作为备份，在空中使用一个钩子抓住翼伞，在半空中抓取样品返回舱。空军已经使用固定翼飞机在 20 世纪 60～80 年代之间进行了上百次这样的回收，取回了来自多种类型美国间谍卫星的胶片舱。在那些案例中，回收带来的载荷已经达到了 4g。这个载荷对于起源号样品返回舱上脆弱的有效载荷而言还是过高了。因此决定使用在越南战争期间发明的用直升机来回收无人侦察机的方法，这种方法的载荷不超过 2g。在演练过程中，用于测试的样品返回舱在第一次经过时就被成功抓住[107]。在回收之后，直升机会很快着陆，以将减速伞从样品返回舱上切掉，然后它会再次起飞并让样品返回舱飞到一个临时的洁净房间，在那里样品返回舱可以被检查、打开并使用高纯度的氮来净化。如果一切按照计划进行，样品罐会在着陆大约 11 h 以后到达休斯敦的约翰逊航天中心。在那里，样品将被登记、归档和研究。预期能够回收的太阳风质量在 10～20 mg 之间。这个任务的预算为 2.64 亿美元[108-111]。

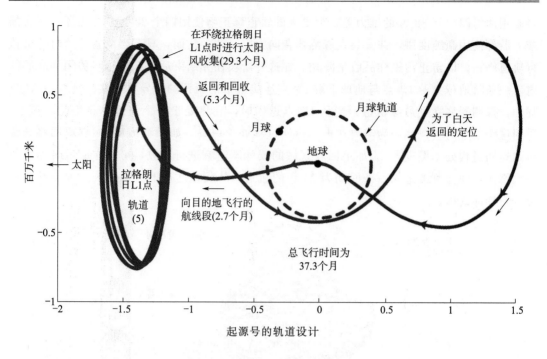

起源号的轨道设计

　　起源号原定于 2000 年 12 月或 2001 年 1 月发射，但为了确保它不会干扰火星奥德赛任务的准备工作而被推迟到了 7～8 月。在环绕 L1 点的过程中增加了第五圈，以便安排在夏末再入地球，那时犹他州的天气最有利。从积极的方面来看，这将使收集太阳风的总时间增加到 29 个月。新的发射窗口于 7 月 30 日开始，持续到 8 月 14 日。雷暴和另一个发射任务导致发射任务三次被迫取消，但最终在 2001 年 8 月 8 日发射。德尔它 II 型运载火箭有三个固体助推器和一个携带固体推进剂的上面级。在停泊轨道上运行 48 min 后，第二和第三级接连点火，将起源号送入了一个远地点为 120 万千米、朝 L1 点飞行的轨道。探测器两天后进行了一次轨道修正。

　　8 月 17 日，样品舱在 30 min 内慢慢打开，然后离子和电子监测器的门也打开了。当舱盖打开后，几个部件出现了异常的温升，包括电子设备、收集器、罐体的一些机械部件以及用于再入返回的锂电池。原因很可能是包裹在这些部件上的白色防热保护层不知何故受到了污染，而且当太阳紫外线照射污染物时，其热特性发生了变化。由于电池失效可能导致降落伞无法展开，这个问题引起了特别的关注，两星期后它的温度上升了 10 ℃，达到 23 ℃。在 9 月 15 日，舱盖几乎完全被关闭，以等待热问题的解决。数以百计的与起源号上类似的电池进行了高达 60 ℃ 的高温试验，结果显示它们应当能够满足任务要求。与此同时，舱盖在 11 月 13 日完全关闭，为将在 16 日进行的 268 s 的轨道机动做准备。这次轨道机动将起源号送入一个半径为 80 万千米、周期为 6 个月的环绕 L1 点的 Halo 轨道。返回舱和样品罐的盖子在 11 月 30 日打开，首次将大块样品收集器暴露出来。阵列的展开机构于 12 月 3 日成功测试，然后由实时监测太阳风的软件控制。第二天对集中器进行了测试[112-113]。在起源号的 5 圈 Halo 轨道飞行中，它总共执行了 15 次位置保持机动。

　　虽然任务的主要科学研究要到样品回收后才开始，但从太阳风监测器也获得了一些结果。在任务早期（仅相当于总收集时间的 5%），日冕物质抛射产生的太阳风的比例相对较高，而日冕洞产生的太阳风几乎不存在。这并不出人意料，因为起源号是在 2000 年 6 月太阳活动周期的最高点附近发射的。从 2002 年 10 月开始，日冕洞流成为最频繁的状态，甚至超过了间流。来自日冕洞的粒子是最理想的，因为它们应该能代表光球层的组成[114]。大块阵列暴露了 887 天，间流收集器暴露了 334 天，日冕洞收集器暴露了 313 天，日冕物质抛射收集器暴露了 193 天。相较而言，太阳风收集器在月球上曝光时间最长的一次是在 1972 年的阿波罗 16 号任务，时间只有 45 h[115]。这些托盘在 2004 年 4 月 1 日完成收回，返回舱和样品罐在第二天被密封。虽然在 4 月 22 日推力器点火仅改变了不到 1.5 m/s 的速度，但足够探测器开始执行回程任务。4 月 29 日，起源号从超过 25 万千米的高度飞掠月球。5 月 1 日，探测器在 392 300 km 处经过近地点，开始向 L2 点爬升，并于 7 月到达了 L2 点。在 8 月 9 日、29 日以及 9 月 6 日，推力器点火，建立了 9 月 8 日再入大气层的轨道。

再入前 5.5 h，返回舱按照指令分离，之后探测器平台改变了原计划，进行了一次偏转点火，以进入一个远地点 128 万千米的停泊轨道，防止返回舱无法分离。事实上，返回舱确实分离了。由于探测器平台的质量刚刚下降了近三分之一，还保留了大量的推进剂，并携带了电子和离子监测器，研究了取代进入大气层烧毁的替代方案。例如，它可以返回 L1 点，或者进入一个异位连接轨道，往返于 L1 点和 L2 点之间。一个有趣的选择是将它放入一个 1 年周期的小椭圆日心轨道，这样它就可以有效地在一个大约 5×10^7 km 的遥远逆行轨道上与地球保持联系。如果是这样的话，那么它将是第一个进入这种轨道的探测器。由于扩展任务在起源号之后执行，它被命名为出埃及记号（Exodus），探测器平台将使用离子和电子监测器来研究太阳风。这一数据与其他近地和 L1 轨道任务的数据相互配合，将首次描绘出在 0.01～0.1 AU 距离的星际环境时空结构[116-117]。在一系列机动后，探测器将于 2005 年 9 月 21 日到达遥远的逆行轨道。但出埃及记号面临两个问题。首先，该探测器不是为这样的轨道设计的，通信受到严重限制。第二，需要一台磁强计来正确地描述行星际介质，但探测器并没有携带磁强计。经过深思熟虑后，NASA 拒绝了这个提议，部分原因是重新定向到日心轨道耗费的成本较高，为 250 万美元，并且此后每年还需要 150 万美元[118]。在环绕地球的轨道上进行了一整圈遥远飞行之后，2004 年 11 月 6 日，探测器平台的推力器点火，返回 L1 点，并被抛弃在 0.896 AU×0.990 AU 的太阳轨道上。最后一次与探测器的联系是在 2004 年 12 月 16 日。

与此同时，在 9 月 8 日 15 时 52 分（UTC 时间），返回舱进入地球大气层。飞机对其进行了跟踪，与跟踪星尘号时一样，记录了它的紫外、红外和可见光光谱，来校准如流星一般再入大气层过程中的物理特性。在过载达到了 27g 峰值 1 min 后，防热罩的温度达到了 2 500 ℃。与此同时，两架由电影特技飞行员驾驶的欧洲直升机公司的 Astar 350 直升机在回收区域上空等待。当返回舱被远距离摄像机捕捉到后，可以很明显地看到减速伞没有打开。在亚声速飞行时，返回舱开始来回翻滚，并于 15 时 58 分，以 311 km/h 的速度撞到地面。它的着陆点位于目标点以南 8.3 km 处，但仍在标准着陆椭圆内[119]。回收小组快速赶到撞击地点，拆除并处置了剩余的火工装置，然后取回科学载荷。他们的工作很复杂，因为大约 50% 的返回舱被埋在这片犹他州的土壤中，而土壤在上星期刚被雨水浸湿过。取出返回舱并提取样品罐耗费了 8 h。周围的土壤经过 2 天的精心筛选，用镊子和铲子把成千上万的碎片捡了起来。与此同时，打碎的样品罐被带到洁净室，花费了一个月时间进行仔细的拆解[120]。据透露，样品罐底板与侧壁的连接已经松动，金属箔片完全褶皱，收集器阵列被粉碎成了许多尺寸不足 5 mm 的碎片。只有 1 个完整的六边形和 3 个半六边形被完整恢复。4 个集中器靶标中有 3 个完好无损，这主要是由于它们被悬挂在吸收了大部分冲击载荷的仪器臂上。在犹他州，1.5 万个大于 3 mm 的碎片被单独记录并包装起来，许多碎片装在小瓶或组织培养皿中，有些甚至是贴在便签上。这些样品于 10 月 4 日被送往约翰逊航天中心，并被送往一个"空间暴露硬件"设施，而价值最高的样品则存放在干燥的氮气环境中。

返回舱硬件遭受了不同类型、不同程度的污染。在太空中的 3 年时间里，样品罐受到了一次微流星撞击，造成了 0.4 mm 的漆面脱落。样品罐和收集器上的污染物被太阳紫外线照射，形成了"棕色污渍"。犹他州的尘土和防热结构燃烧后的碳纤维是明显由硬着陆带来的污染源。使用惰性气体、貂毛刷、低温气体和几种溶剂对碎片进行了清洁。研究结果非常鼓舞人心，促使人们宣布，尽管发生了坠毁，但科学目标很可能会实现，而对于实现目标"唯一（可能）的影响就是延迟"。与此同时，在美国、瑞士、法国、英国、日本和加拿大，全世界有 30 多个实验室开始使用一些最先进的分析仪器对样品进行研究[121-126]。

起源号事故调查委员会在事故发生两天后成立，该委员会于 2006 年 6 月提交了报告——在事故发生后 20 多个月才发布报告是因为该委员会决定等待星尘号任务的结果。失败的根本原因是一个继承自星尘号、用于感知气动过载、启动一系列程序并最终展开减速伞的重力开关被安装反了，安装状态与错误的图样分毫不差！因为人们认为继承星尘号的组件是可靠的，所以这项绘图错误通过了三个层级的审查而始终未被发现。事实上，一项旨在验证重力开关运行状态的测试被取消了。虽然事故的原因很简单，而且在调查过程中很早就被发现并公布了，但这份报告还是批评了美国国家航空航天局在系统工程方面的做法，因为除了起源号之外，这还导致了其他一些"更快、更省、更好"任务的失败[127-128]。

尽管 NASA 发出了积极的呼吁，但在撰写本卷的时候，只有少数几项来自起源号的科学成果被发表，而这些成果主要来源于那些被基本上完整回收的少数收集器。当然，由于分析工作的性质和复杂性，一般不太可能出现行星任务经常产出的"即时科学"（instant science）。尽管如此，对一大块基本上完整回收的金属玻璃目标的研究解决了一个几十年前的月球之谜。阿波罗任务回收的尘埃中似乎含有两种不同来源和不同同位素比率的氖和其他稀有气体。其中一种来源是太阳风，第二种则是一个谜题，第二种似乎需要过去很长一段时间的高能太阳粒子通量才能产生。起源号样品的同位素比值随进入深度的变化而变化，说明分化受深度影响。因此，太阳活动的剧烈变化不能用来解释阿波罗数据[129]。一些来自阵列的惰性气体的研究结果发表出来，表明不同类型太阳风的同位素组

在无降落伞的情况下着陆后，起源号的样品返回舱处于半损毁状态

成在氖方面极为相似，在慢太阳风中轻同位素的富集表现为氖。这些数据还提供了对不同状态太阳风同位素和元素组成的测定[130-132]。另一个谜题是在太阳系形成时的氧、氮和稀有气体同位素比例。相对于地球、月球和火星岩石来说，一些富含更轻同位素的陨石被认为携带了"外星"物质，很可能来自附近的超新星爆炸。然而，对集中器样本的研究显示了太阳风的同位素比例（并可据此推测形成太阳系的最初星云的同位素比例）与陨石的同位素比例相似。因此得出的结论是地球接受这些同位素的剂量不正常，或某些过程耗尽了星云，而由星云产生的比地球、月球和火星形成更早的内层行星是由较轻同位素构成的[133-137]。

在 1997 年 10 月被选定的第二个发现任务是彗核旅行号，这是 1993 年发现任务的另一项最初提案。曾经提交了"近地小行星交会"任务的 APL 设想它的目标是飞掠至少两个彗星核，通过提供全球地形图和组成图、选定区域的详细图像以及彗发的结构和组成来描述它们。为了在没有强大推进能力的情况下实现这一目标，它将被送入日心轨道，使得探测器可以定期飞掠地球，借此调整其轨道以适应一系列目标。主任务将探测恩克彗星、施瓦斯曼-瓦赫曼 3 号彗星和达雷斯特彗星。有可能进行一项扩展任务，至少再多进行一次飞掠。探测器将于 2003 年 8 月的一个狭窄窗口发射，并于 11 月 12 日飞掠恩克彗星，相对距离约 100 km，相对速度为 28.2 km/s，距地球约 0.27 AU。之后，探测器将于 2004 年 8 月 14 日和 2006 年 2 月 10 日与地球交会。在此期间，它将在一个相对黄道面 12°

倾角的轨道上运行，这是探测器达到的第二高的倾角轨道（当然，最高纪录是黄道外的尤利西斯任务）。除了每次与地球交会的 50 天时间和用于恩克彗星探测的 75 天活动时间外，探测器将只运行热控制和最低水平的星务活动，同时通过低增益天线接收指令；大部分子系统和所有仪器都将关闭，包括推进和姿态控制[138]。探测器将与施瓦斯曼-瓦赫曼 3 号彗星在 2006 年 6 月 19 日低速交会，相对速度为 14.0 km/s，距离地球 0.33 AU。这将是另外 75 天的活动时间。之后，探测器将继续在轨飞行，并于 2007 年 2 月 9 日和 2008 年 2 月 10 日飞掠地球。与达雷斯特彗星的交会将发生在 2008 年 8 月 16 日，相对速度为 11.8 km/s，距离地球 0.36 AU。所有的交会都将发生在距地球 0.4 AU 的范围内，以确保地基望远镜可以进行同步研究。在飞掠达雷斯特彗星之后，探测器可以选择返回地球，并于 2013 年 10 月 8 日与恩克彗星在大致相同的位置再次交会。其他可选择的扩展任务包括：在 2013 年飞掠拉曼从彗星之后于 2018 年飞掠彗星詹姆斯-津纳，或者在 2015 年飞掠坦普尔 2 号彗星之后于 2023 年飞掠恩克彗星。又或者，拓展任务也可以访问一个新发现的彗星。事实上，由于探测器与地球多次交会，轨道设计非常灵活，可以在 0.8～1.4 AU 的日心距离与彗星相遇。例如，如果彗核旅行号在 1995 年进入太空，它可能已经为了在 1997 年 5 月 6 日与 C/1995O1 海尔-波普彗星交会而改道了，这是迄今为止发现的自身亮度最高和最活跃的彗星之一[139]。

人们开始寻找可能会穿过彗核旅行号的飞行路径并且可以与之交会的新的长周期彗星。一颗这样的彗星（C/2001Q4 NEAT）被近地小行星跟踪计划发现，理论上讲，如果取消与恩克彗星的交会任务的话，那么探测器就可以在这颗彗星于 2004 年 5 月经过地球 0.32 AU 处时与之交会。然而科学管理部门决定坚持原来的计划。

不幸的是，到 1999 年年底，任务成本已经超出了预期，管理部门决定取消与达雷斯特彗星的交会任务，这项任务可以在另一个单独资助的拓展任务中进行。同时，管理部门还购买了一台用于飞离地球的固体火箭发动机，之前的发动机已经超过了 5 年的"有效期"[140]。

在进一步考虑了任务初始阶段的限制后，决定将发射时间提前 1 年至 2002 年 7 月。探测器将首先被发射进入一个偏心的地心轨道，其远地点为 11.5 万千米，周期为 1.75 天。在 45 天后，探测器将启动固体火箭发动机并进入日心轨道，轨道周期为 1 年，并将在 2003 年 8 月 15 日，也就是原定的发射日期，进行一次地球飞掠。这条任务初期的轨道具有一定的灵活性，确保了开始复杂旅行的所需条件[141-142]。

作为彗核旅行号的第一个目标，恩克彗星是最重要和最著名的周期彗星之一。1786 年 1 月 17 日，巴黎皇家天文台的皮埃尔·梅香发现了这颗彗星，但直到 1822 年，约翰·弗兰兹·恩克才将其与 1795 年、1805 年和 1819 年发现的彗星联系起来，从而确定它的周期仅为 3.3 年[143]。此外，恩克还发现，彗星每公转一圈，其公转周期就要缩短 2.5 h。这一直是一个谜，直到 1950 年弗雷德·L. 惠普尔在分析了近两个世纪的恩克彗星观测结果之后，介绍了他关于彗核的"脏雪球"模型。他还认识到，在每次通过近日点时由于彗星活动会造成物质损耗，形成了所谓"火箭效应"，从而不断修改着彗核的轨迹。惠普尔计算出恩克彗星在每个近日点约损失总质量的 0.2%[144]。尽管如此，这颗直径估计为 2.4 km 的彗核仍然是彗核旅行号任务所有目标中最大的。

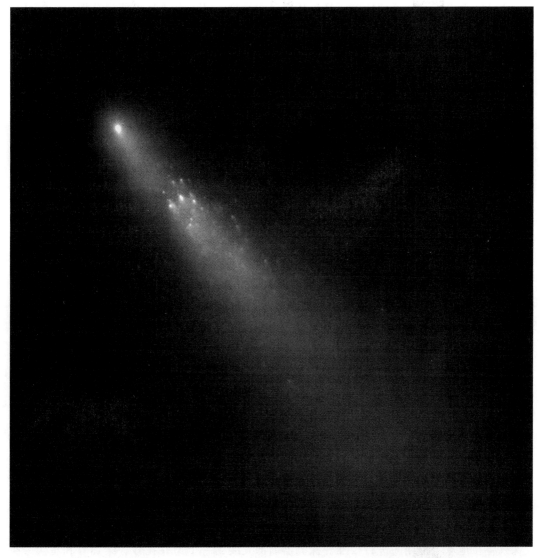

哈勃太空望远镜在 2006 年拍摄到的施瓦斯曼-瓦赫曼 3 号彗星碎片的奇妙照片

（图片来源：NASA，ESA，H. 韦弗（约翰斯·霍普金斯大学/APL），M. 穆契勒和 Z. 列维（STScl））

　　73P/施瓦斯曼-瓦赫曼 3 号彗星的近期历史也很有趣。1930 年 5 月 2 日，汉堡天文台的阿诺德·施瓦斯曼和阿瑟·阿诺·瓦赫曼发现了这颗彗星，之后不久，这颗彗星与地球擦肩而过，距离仅有 0.061 7 AU。由于这颗彗星的特征非常微弱，直到 1979 年才再次被发现。它在 1984 年经过近日点时没有被观测到，但从那以后，在每次出现时都被观测到了。在 1994 年 12 月被观测到时，该彗星已经有了出现尾巴的迹象，尽管距离太阳还有 3 AU。天文学家依据此次观测拍摄的图像和测量到的数据，计算出彗核最大不超过 1.1 km[145]。1995 年 9 月，该彗星突然亮了 100 倍，拍摄的光谱显示它正在喷发大量的水。当大型望远镜在 12 月瞄准它时，可以在彗发中看到至少 3 处甚至可能 4 处出现凝结，表明彗核在 10 月底到 12 月中旬期间已经碎裂[146-147]。当它在 2001 年再次出现时，其中一个碎片已经消失了。到了彗核旅行号与其交会的时候，另一个碎片可能也会消失，但是最大的碎片几乎肯定还是存在的，而科学家们非常渴望观测到新暴露的表面。

第三个候选是达雷斯特彗星，与前两颗彗星相比，其历史相当平淡。1851 年 6 月，海因里希·路德维希·达雷斯特发现了这颗彗星，但最近的研究证实了它与 1678 年发现的一颗彗星有关[148]。据估计，其彗核直径略大于 1.5 km[149]。

彗核旅行号是一个八面圆柱体，高 1.8 m，直径为 2.1 m。探测器正面是一个 25 cm 厚的惠普尔防护罩，由四层陶瓷纤维和七层凯夫拉纤维构成，外缘高出星体 12.5 cm。侧面和背面安装了太阳能电池，以确保最高可达 670 W 的电力。位于后方的低增益天线将为任务中的地球轨道级和巡航级提供通信，位于后方边缘的固定支架上是一个直径 18 cm 的碟形天线，为彗星交会时提供高增益链路。就像乔托号一样，彗核旅行号的主结构中有一个"补充加速级"。这台 503 kg 重的 STAR 30BP 固体火箭为探测器提供 1 922 m/s 的速度增量，以脱离最初的地球轨道并进入太阳轨道。探测器携带了 80 kg 推进剂肼，以供 2 个 22 N 推力器用于航向修正以及 14 个 0.9 N 推力器用于姿态控制。探测器有三种姿态模式：休眠期间转速为 15～25 r/min 的快速旋转模式，提供精确姿态指向和被动热控制的慢旋转模式或"旋转"模式，以及用于彗星交会的三轴稳定模式。它携带了 4 台科学设备。其中最重要的是一台由直径为 100 mm、焦距为 680 mm 的里奇-克里斯蒂安望远镜和一个 10 槽彩色滤光片转盘组成的成像仪/光谱仪组合体。它被安装在一个侧板上，朝向后方，通过一个双面旋转的镜子来瞄准彗核，以防止它被喷砂一般的彗星尘埃直接击中。成像仪的最大分辨率为每像素 4 m（比乔托号的分辨率高出约 25 倍）。探测器、光学组件和反射镜的几何构型使得成像仪/光谱仪能够在接近目标段跟踪目标，直到实际飞掠前几秒钟。一台透过惠普尔防护罩进行观测的成像仪被用于光学导航和拍摄宽视场彩色图像，以研究气体和尘埃喷流的演化。这台设备使用了直径 60 mm、焦距 300 mm 的折射光学仪器，在目标很遥远、很昏暗的情况下即可非常敏锐地识别目标。它有一个可互换的四位反射镜，如果一个反射镜被尘埃毁坏，可以使用另一个反射镜来替代，以备下次交会。这些成像仪将在地球飞掠期间进行校准。探测器前部安装了一个与乔托号、维加号和星尘号类似的撞击尘埃分析仪，用于研究彗星尘埃，而一种基于卡西尼号的质谱仪则用来测量彗发中的气体成分和氢、氘比例。每次交会的数据都将存储在两个 5 Gbit 的固态存储器上，然后再传回地球。包括运载火箭发射在内，此次任务的费用为 1.59 亿美元[150-151]。

探测器的总质量为 970 kg。它被送到卡纳维拉尔角，由德尔它 7425 型运载发射，它是一种德尔它 II 型火箭，配备四个固体助推器。24 天的发射窗口在 2002 年 7 月 1 日开启，但发射不得不推迟，以清除航天器上的轻微尘埃污染。它最终在 7 月 3 日06：47（UTC 时间）起飞，并在大约 50 min 后在澳大利亚上空进入预定的高远地点轨道，便携式跟踪站已经在那里建立[152]。德尔它火箭发射精度略差，但偏差很容易处理。在 43 天和 25 个轨道周期内执行了至少 23 次轨道修正，以确保在 8 月 15 日，探测器在预定高度、最佳时间

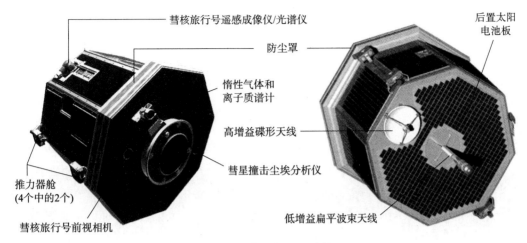

不幸的彗核旅行号探测器

前后几分钟内通过近地点，并点火射入日心轨道。当天 8 点 49 分，当彗核旅行号正在接近印度洋上空 224 km 处的近地点时，它与地面站的链路中断。此时，彗核旅行号点燃了固体火箭，进行 50 s 的轨道机动。深空网本应在 45 min 后与彗核旅行号重新建立链路，但并没有收到探测器的信号。根据器上程序，在与地球失去联系 4 天后，它应该更换天线，以便重新建立链路。然而并没有收到任何信号。直到 12 月初也没有收到任何信号，而当时探测器的姿态本应对高增益天线特别有利。NASA 不情愿地宣布彗核旅行号任务完全失败。关于发生了什么事情，第一个线索来自一台位于亚利桑那州基特峰、通常被用来观测近地小行星的 1.8 m 直径的太空观察望远镜，在轨道机动 20 h 后，它被用来观测探测器的预测位置。望远镜在预测位置后方 1 000 km 处发现了两个物体。据估计，它们距离地球约 48 万千米，相距约 460 km。假设这些都是探测器的大块碎片，那么可以计算出火箭产生的冲量比预期小了 3%，表明探测器在点火即将结束的时候解体了，并且这些碎片以至少 6 m/s 的相对速度分离。进一步观察发现，在这两个大块碎片后方 6 000 km 远的地方有一个更暗的碎片。这三个碎片被跟踪了四个晚上。对它们轨道扰动的建模显示，最亮的碎片占探测器最初质量的三分之一，而第二个碎片的质量不超过 4 kg。"国防部资产"（即早期预警卫星）提供的数据证实，探测器在执行逃逸机动任务时确实解体了[153-154]。

　　和往常一样，美国成立了一个事故调查委员会。委员会于 2003 年 5 月提交了最终报告。首先，虽然有火星观察者号和火星极地着陆器号在与地球失去联系时失败的前车之鉴，但是彗核旅行号任务在设计时，在日心轨道入射机动这样的关键事件中没有要求进行遥测传输，这使得失败的原因很难确定。然而，调查委员会发现，嵌入式发动机部位的热分析使用了非常乐观的数据，而独立分析表明发动机周围结构承受的热应力要远远高于预期。特别是，没有充分考虑到发动机排气污染导致的材料性能退化。因此，结论是，造成任务失败最有可能的原因是探测器在发动机点火期间出现了结构失效。不太可能的解释包括电机结构故障、微流星体撞击和完全失去控制[155]。然而，APL 项目经理

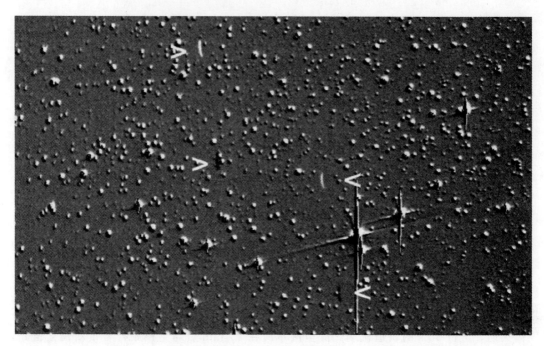

2002 年 8 月 16 日，太空观察望远镜拍摄的两个彗核旅行号的碎片。望远镜早期进行主动跟踪，而后期进行被动跟踪（图片来源：2002 太空观察计划/月球和行星实验室/亚利桑那大学）

坚持认为，任务失败来源于"老式"固体推进剂发动机的灾难性故障。鉴于这种结论，若想实现科学目标，立即进行一次彗核旅行 2 号任务，或新彗核旅行号任务的希望破灭了。类似任务可以在 2006 年发射，交会的目标大体与最初任务相同，或者在 2007 年或 2008 年发射，并与格里格-斯卡杰勒普彗星、本田-马尔科斯-帕杜萨科娃彗星、哈特利 2 彗星、贾阿科比尼-泽内彗星或塔特尔-贾阿科比尼-克瑞萨彗星等目标交会。这一次，它会被一种更强大的德尔它 II 型火箭直接发射到太阳轨道上，并配备一个更大的、用于轨道修正的肼发动机[156-157]。修改后的提案被提交以供后续的发现计划选择，但从未进入最终选择清单[158]。

9.5　从火到冰……到无处可去

1997 年，NASA 在受到了发现计划及火星勘测者成功的鼓舞后，开始了外行星/太阳探测器的低成本探测任务，去探索一些优先级高但是难度较大的太阳系内的目的地。3 个 JPL 的任务将组建成一个昵称为"火与冰"的项目。这个项目包括一个木卫二轨道器，一次冥王星-柯伊伯带飞掠任务以及一个太阳探测器。这个计划鼓励探测器、核心系统、发射和飞控进行通用性设计，从而使每个任务的成本可以控制在 1.9 亿美元。具体来说，这三项任务将会使用相同的航电设备、软件、通信以及推进装置，并且由一个独立的小型飞控团队管理。第一个任务是在 2003 年发射木卫二轨道器，随后将在 2004 年发射冥王星-柯伊伯带快车任务以及在 2007 年发射太阳探测器，几乎与此同时木卫二轨道器将到达木星。

　　在伽利略号任务指出木卫二的冰面下可能存在着液态水的海洋并且理论上可能存在某些生命之后，行星科学团体都在忙着规划新的任务提案，以对此做进一步的研究。木卫二轨道器将会是这个研究方向合乎常理的第一步。它将对木卫二表面进行研究以解释其演变过程，寻找近期地质活动的迹象，并且彻底地确定地表下是否存在海洋，如果有的话绘制出其分布范围。激光高度计和深空测控网的无线电跟踪将会一起描绘木卫二的形状，并测量出表面周期性收缩和舒展的形变幅值，从而确定地壳是直接锚固在下方的岩石上还是中间有液态水来进行缓冲。如果液态海洋上有一层薄冰，三频雷达会尝试通过对表面和外壳底层的回声进行探测，以测量外壳的厚度。轨道器还携带了分辨率分别为 300 m 和 20 m 的宽视场和窄视场相机。其他的目标还包括重点绘制分子分布图来探测木卫二表面的组成成分，希望能够发现生命起源前的化学反应，以及为后续任务提供木卫二的环境特征。

　　在行星际巡航的大部分时间中，探测器仅能传输信标信号，并通过一些直径 5~10 m 的天线进行接收，天线的操作由相对缺乏培训的大学教职员完成。这是 JPL 寄希望于减少本项任务开支的许多方式之一。在射入环绕木星的轨道之后，探测器将花费数年时间对三个离中心最远的伽利略卫星开展类似伽利略号的迷你旅行，并通过 12 次飞掠来卸除大部分的轨道能量。该阶段之后是一个为期五个月的“终章”，其中包括最后六次木卫二飞掠以及经过既定轨道机动使探测器滑入木卫二环绕轨道。这次任务的一大特点就是它的推进剂贮箱，可以提供木星轨道入射以及为进入木卫二环绕轨道而执行的一系列机动所需的高达 2 500 m/s 的总速度增量[159]。探测器在木星系内的飞行过程对导航精度提出了比伽利略号更高的要求，因为伽利略号的飞行计划并不像此次任务这样繁忙[160]。由于木星磁层在木卫二的位置处辐射很强烈，环绕木卫二运行的这部分任务将仅能持续 30 天。然而，在这段时间内完成 300 圈环绕对于既定观测计划来说已经足够了。事实上，探测活动的第一步是小椭圆轨道上的重力测量，然后是在大倾角 200 km 圆轨道上的全球测绘。虽然曾经对木卫二表面进行过地基雷达探测，但是由于使用的波长较短，只能够探测几米的深度。为了提高探测深度，木卫二轨道器为 100 W 的雷达配置了一个大型三元八木天线，传输波长为几米。即使在低速率模式下工作，这台雷达产生的数据也将是探测器实时传输能力的 100 倍。因此在轨数据处理和压缩是必要的。如果为了这个任务而正在开展研究的技术之一可以得到应用，那么这个问题可以部分解决，该方案采用光通信终端，包括一个 30 cm 直径的望远镜“接收机”和一个木星回传数据速度比传统无线电系统快几十倍的激光下行链路。这样可以确保在环绕木卫二的 30 天里，能够传回足量的数据[161]。否则，探测器将只能使用一个 2 m 直径的高增益射频天线。木卫二轨道器平台的机械设计与深空 1 号类似，在承重板上安装电子器件和可堆叠的电子设备，而不使用螺栓和紧固件等。电设计采用“火线”结构，使多个计算机可以连接起来用于开发、测试、仿真等。为了应对木星辐射，电子设备均覆盖了 25 mm 厚的铝壳来进行防护[162]。

　　计划在 2003 年 11 月发射窗口期间，使用航天飞机、一个惯性上面级和一个额外的

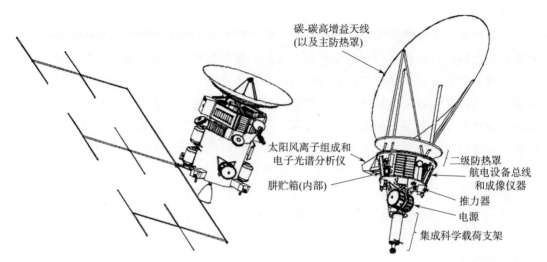

"冰与火"木卫二轨道器，包括雷达的三元八木天线（左图），以及由 RTG 供电的太阳探测器（右图）

"补充加速级"，将木卫二轨道器直接射入地木转移轨道，到达木星需要 3～4 年的时间。恢复使用航天飞机的原因尚不清楚，但这次任务本来会因哥伦比亚号失事而推迟，就像伽利略号因为 1986 年挑战者号失事而推迟一样。然而，任务改为使用为美国军方和 NASA 开发的改进型一次性运载火箭（EELV）进行发射。

对于 JPL 来说，木卫二轨道器是探索木卫二及其海洋并评估其支持生命能力的第一步。工程师们已经在研究一系列技术，使着陆器能够穿透冰壳进入液态水海洋。这些技术中最重要的一项是"穿冰机器人"，它能够通过融化冰层进入，并能够穿透数千米的冰层，其早在 20 世纪 60 年代初就已经在探测格陵兰冰盖的过程中被测试过。也有可能在火星的极地冰冠上使用这项技术。对于木卫二，矛形穿冰机器人将由 RTG 提供 1 kW 的功率，通过被动加热或喷射热水的方式穿过冰层，并使用嵌在冰层表面的微型无线电收发机与着陆器，进而与地球进行通信（系绳被认为不适合用于通信，因为它们可能会在穿冰机器人后面的冰重新形成时被切断）。当接近冰/水界面时，穿冰机器人就会分裂。包括控制和通信系统的上半部分将锚定在再次冻住的冰层中。下半部分将通过融化冰进入液态水中，在那里它可以释放传感器来分析生物化学，或者释放一个小型的"水下机器人"潜艇来对海洋甚至可能是岩石海底进行探测。这种探测器可以在南极沃斯托克湖进行测试。沃斯托克湖是一片液态水，面积为 1 万平方千米。1974 年，苏联科学家在一个 4 km 厚的冰壳下发现了它。这个环境显然已经被隔离了数百万年，并且可能拥有一个独特的生态系统[163-164]（2012 年 2 月，俄罗斯科学家使用相对常规的钻头进行了穿透）。

第二个火与冰任务是使用 RTG 供电的冥王星-柯伊伯带快车号，本系列丛书的第二卷已经对其进行了详细描述[165]。

最后一个任务是太阳探测器。它将利用 20 多年的研究成果，这些研究始于 20 世纪 70 年代的太阳之箭，并在 20 世纪 80 年代完成了耗资数十亿美元使用航天飞机发射的"星探（Starprobe）"计划[166]。任务的目标是原位确定太阳风加速的机制，并跟踪将日冕加热到超过光球层温度的能量来源，从而绘制日冕的结构和宽纬度范围内的磁场分布，并确定快速太阳风和慢速太阳风的起源。事实上，太阳风的结构和相应的磁场是如此难以研究，以至于在距日心超过 1 AU 的地方追踪某一结构直到太阳表面几乎是不可能的。除了对太阳赤道周围的低速太阳风进行采样外，在接近太阳活跃高峰期的时候，通过在极区上方低空飞掠将能够对产生高速太阳风的进化良好的日冕洞进行研究。此外，还可以在日冕结构内部进行测量，例如位于极区的日冕流和"开放"磁场区域。通过在短短 13 h 内就可以从一极飞到另一极的轨道上飞行，太阳探测器将使用遥感仪器来研究太阳及其附近的小型结构，并进行原位采样以描述日冕的特征。三种遥感探测仪器分别是可见光磁强记录仪和日震仪、极紫外相机（也可能是 X 射线望远镜）和全天区日冕成像仪。五种原位探测仪器分别是离子和电子光谱仪、适用于快速太阳风的探测仪、等离子体波传感器、磁强计和高能粒子光谱仪。可见光和极紫外图像将是我们第一次洞察极区，在黄道面上难以对极区进行观测，可以在迅速变化的纬度上获得日冕全图，并以史无前例的分辨率对光球层的结构成像——地球上可解析的光球层上的最小特征约为 100 km 大小，然而太阳探测器至少可以将分辨率提高一个数量级。

在木卫二海底探索海底热液喷口的"水下机器人"潜水艇（图片来源：JPL/加州理工学院/NASA）

与 20 世纪 80 年代的"星探"探测器不同，"火与冰"太阳探测器不太适合探测太阳引力场，甚至在次要目标中也没有提到。事实上，轨道设计是这样的：第一个近日点将处于正交位置（此时地球-太阳-探测器连线的夹角接近 90°），以确保通信不会受到太阳无线电噪声的干扰。因为在这个位置上，太阳的引力场仅会在垂直于地球的运动方向上对探测器施加干扰，所以探测器的信号传输几乎没有可测量的多普勒频移。计划在 2007 年发射太阳探测器并直接进入地木转移轨道，飞掠木星的过程将降低大部分探测器相对于太阳的速度，并朝太阳飞去。运载火箭将选用德尔它Ⅲ型，是德尔它Ⅱ的一种重型模式的运载火箭，不过德尔它Ⅱ获得了所有发射均失败的尴尬记录，后来遭到放弃。与 20 世纪 80 年代的项目一样，木星飞掠将建立一条近日点大约 280 万千米（仅 4 个太阳半径）的最终极轨轨道。在 2010 年 10 月到达近日点的时候，太阳探测器的速度将超过 300 km/s，预计此时太阳活动将上升到极大期，如果探测器能够存活一整个轨道周期的话，它将可以在 4.5 年后第二次经过，此时将稍微早于太阳活动的极小期。

考虑到它将在极端环境下工作，需要特别注意太阳探测器的机械设计。为了承受非常高的温度，决定用碳材料制作高增益天线，这个天线也是主要的遮阳板，在天线和八面平台之间增加了二级隔热板。这种设计可以大大减轻质量。探测器必须为在近日点需要指向太阳的仪器提供一系列的端口（或称"汽水吸管"）；例如离子探测器，它用来对来自太阳方向的粒子进行采样。然而，由于天线的前端将达到 2 000 ℃，可能导致大量的升华进而干扰测量。其他的仪器将被安装在一个支架上，支架会快速地沿径向伸展，将这些仪器放置在天线锥形阴影的边缘。尽管在通过近日点期间，探测器平台会有很长的时间需要躲在天线的阴影下，进而妨碍探测器与地球的实时通信，但是该天线仍会提供高达 88 kbit/s 的数据速率。探测器将由两组太阳帆板提供电力，一组用于低温环境，另一组用于巡航时的高温环境，在近日点时两组太阳帆板都将被收回，在此期间，它将依靠蓄电池运行数天。作为一种替代方案，类似木卫二轨道器的先进 RTG 可能被用来代替太阳帆板。虽然这三次火与冰任务之间有一些共同点，但对于太阳探测器来说，一个小型单组元发动机就足够了，因为轨道机动主要是为了精确瞄准木星的引力弹弓作用区域[167-168]。

随着任务设计方案差不多确定，并且资金在 1998 年到位，火与冰计划看来即将成为现实。但计划很快就受到了影响。其中一个问题是能源部为木卫二轨道器和冥王星-柯伊伯带快车号开发的先进 RTG 出现了延误。另一个问题是改进型一次性运载火箭进展缓慢——事实上，进展如此之慢，以至于到了 2000 年，木卫二轨道器看起来将作为火箭的一个测试载荷发射！因此 JPL 建议将这次发射从 2003 年推迟到 2006 年[169]。不幸的是，在 2000 年之后，整个计划很快就失败了，因为成本远远超过了每项任务 1.9 亿美元的上限，事后看来，该预算对于这些复杂任务来说是完全不切实际的。此外，"更快、更省、更好"的概念本身也因 1998 年和 1999 年火星勘测者任务失败而招致了越来越强烈的批评。为了优先考虑木卫二轨道器，冥王星-柯伊伯带快车号第一个被取消，但当木卫二轨道器任务的成本在 2002 年上升到 14 亿美元时，它也被放弃了[170]。太阳探测器的研发一直没有长足的进展，它也很快就被搁置了。

9.6　受伤的猎鹰

作为一个与 NASA 合作开展、类似于星尘号的彗星彗发采样返回任务的替代项目，日本的空间和宇宙科学研究所的工程师和科学家研究了一项低成本的近地小行星采样返回任务，并将验证几项新技术，包括行星际离子推进发动机、自主位置保持控制系统、低重力采样和高速再入返回，以期获得重要的科学成果。特别是，他们有望首次造访穿过地球公转轨道的亚千米级目标，而此类目标数量众多，关注度最高。项目于 1996 年 4 月获得批准，预算为 1.7 亿美元。由于它将是试验性质的缪斯-A（飞天号）月球轨道器和缪斯-B（遥远时空号）无线电望远镜之后，缪斯系列探测器的第三个技术验证器，所以它被命名为缪斯-C。1999 年，探测器开始进行研制。

工程师们在项目初期就面临了一个问题，如何在小行星表面非常低重力的环境中收集少量物质。工程师们对几种方案进行了评估，包括使用旋转刷子收集风化层的碎片，以及将取芯圆筒按压在小行星表面采样。然而，如果这颗小行星缺乏风化层，这些方案几乎都是无用的。另一方面，除非探测器能以某种方式与小行星锚定，否则传统的钻探方案也不切实际[171]。工程师们另辟蹊径，设计了一种叫作"即触即走"的采样系统。首先，探测器将使用激光高度计，将其轴线与当地法向重合，当探测器下降时，通过检测 1 m 长的、可伸缩的喇叭状采样器的形变来判断采样器是否与表面接触，此时探测器射出几颗 5 g 重的小型钽子弹，以 300 m/s 的速度撞击表面。即使在低重力的情况下，从小行星上剥离的一些物质也会通过圆锥形采样器进入安装在探测器同一侧的样品收集器。样品收集器是一个直径 5 cm、高度 6 cm 的圆柱体，有两个独立的腔室，可以存储两次采样动作获得的样品，并有一个可以放置在两个腔室上方的移动孔。由于激光测距仪无法测量其相对于小行星的水平位移，在着陆之前，探测器将释放一个 10 cm 的光学标记球，该光学标记球是一个软袋，为防止反弹，里面装满了聚合物颗粒，表面反光度很高。相机很容易在闪光灯照亮时捕捉到它，为消除探测器的水平位移提供参考。为了能够在不同的位置多次采样，探测器携带了三个标记球。由于无法提前确知目标小行星的表面特征，在全地球重力和落塔的极低重力环境下均进行了采样测试，采样对象涵盖多种材料，从砖头到含有粗粒、细粒的砾石，再到模拟月球风化层的粉末。

缪斯-C 探测器由 NEC-东芝空间公司制造，该公司也负责研制离子推力器。探测器的主体是一个 1.0 m×1.6 m×1.1 m 的盒子。一个直径 1.5 m 的网状抛物面天线布置在安装科学仪器和喇叭状采样器平台的对面。一对总面积为 12 m² 的太阳帆板可以在 1 AU 的位置产生 2.6 kW 的电能。一个相对较短的侧面安装推进系统，包括四个配备万向节的氙离子微波驱动推力器，每个推力器可在 4.2～7.6 mN 的范围内调节推力。离子发动机取消了电极，引入了碳部件来代替金属部件，以减少点火过程中的腐蚀，从而最大限度地延长使用寿命。探测器平台另一端安装一个样品返回舱，其直径 40 cm，重量只有 18 kg。为了在真实的飞行条件下测试返回舱，空间和宇宙科学研究所制造了一个小型技术验证器，并于 2002 年使用日本的另一家航天机构国家空间发展局提供的 H-ⅡA 火箭发射升空。双曲线速度大气再入系统验证器（Demonstrator of Atmospheric re‑entry System with Hyperbolic velocity，DASH）本来计划在绕地球轨道运行 3 圈后回收，以略低于行星际返回的速度再入，但它在发射后不久便完全失去了联系[172]。

科学相机使用了一个直径为 15 mm 的五透镜 f/8 折射光学相机，配以 1 024×1 024 像素的 CCD，其分辨率在 10 km 的范围内可达 1 m。它有 7 个科学滤镜可供选择，滤镜的通带接近标准的小行星光度测定结果，此外还有一个用于拍摄着陆细节的放大镜，以及一个用于光学导航的滤镜。它还携带了用于测量小行星组成的红外光谱仪和 X 射线光谱仪，以及两个宽视场导航相机[173]。除了 380 kg 的干重以外，还为离子发动机携带了 60 kg 氙，为 23 N 双组元姿控推力器携带了 70 kg 液体推进剂。自主导航和采样机动将利用一系列传感器，包括宽视场导航相机、科学相机、激光测距仪、激光高度计和扇形波束传感器，以探测地面障碍物和喇叭状采样器的偏转。一旦探测器到达小行星近旁的一个"边界框"内，激光测高仪和导航相机就会确保它不会偏离位置[174-178]。

必须指出的是，与此同时，阿肯色大学正在力推发现计划的赫拉任务。它将使用离子推进技术造访三颗近地小行星，在将采样长臂降低到小行星表面后，通过一对相对旋转的切割器从小行星上采集样本，并将材料推入长臂末端的容器中。除此之外还考虑了其他的采样方法，包括粘性收集器[179]。小行星采样返回任务的竞争相当激烈！

缪斯-C 任务得到了 NASA 的支持，由 JPL 研制的微纳巡视器将被送到小行星上，并使用相机、红外光谱仪和继承火星探路者号硬件的阿尔法粒子和 X 射线光谱仪来探测小行星表面。这台名为缪斯-CN 的巡视器只有 1.3 kg 重，可以在侧面着陆时自行校正姿态。一旦开始运作，它就会通过四个小轮子滚动前进，或者在非常低的重力下跳跃[180]。但在 2000 年 11 月，不断上升的成本迫使 NASA 取消了这个耗资 2 100 万美元的巡视器[181]。勇敢的日本人设计了密涅瓦号（MINERVA，微纳小行星实验机器人车）作为替代。这个十六面体的"跳虫"直径 12 cm，高 10 cm，表面覆盖着太阳能电池片，600 g 的设计质量不到 JPL 巡视器设计质量的一半。它配备了一套共 6 个温度计，安装在突出本体的针脚上，以进行小行星表面的热测量，另外还配备了一对立体相机和一台表面分辨率能够达到 1 mm 的短焦距相机。密涅瓦号将自主进行探测，并使用两个环状天线中的一个将数据传回 20 km 外的主探测器。它的移动系统使用一个转盘和一个飞轮来让它跳跃——转盘用于设定方向，飞轮用于提供能量，可以让巡视器在低重力下行驶长达 15 min[182]。

选用的运载火箭是全固态火箭 M-Ⅴ，它曾经被用来发射希望号火星任务（见下一章）。最初计划在 2002 年 1 月发射缪斯-C 并与近地小行星（4660）涅柔斯交会，它曾经是 NEAR 的初始探测目标。如果发射推迟，备选目标是未命名的小行星（10302），也被称为 1989ML。据估计，备选目标直径只有 600 m，表面类似于典型的黑色球粒陨石。事实上，随着发射日期被推迟到 2002 年 7 月，1989ML 很快被提升为首要目标，探测器计划在 2003 年与小行星交会，于 2006 年完成采样返回。然而，2000 年，M-Ⅴ运载火箭在其携带一颗天文卫星的第三次发射任务中失败了。M-Ⅴ运载火箭的技术难题意味着瞄准

尚未安装太阳帆板的缪斯-C 探测器正在进行地面准备。其中，圆形的物体是样品返回舱

（图片来源：空间和宇宙科学研究所/日本宇宙航空研究开发机构）

1989ML 的 2002 年发射窗口将无法实现。通过研究，1998SF36 被确定为新目标，它是在 1998 年 9 月被用于 LINEAR 任务（林肯近地小行星研究任务）的自动望远镜发现的一个小天体。它的轨道从地球公转轨道内侧延伸到 1.7 AU 处，与黄道面的倾角很小，因此它能够接近地球和火星。事实上，这颗小行星与地球和火星的交会太频繁了，以致它的轨道比较混乱——这意味着，它在当前位置上的微小不确定性在短短几个世纪里就会变成重大差异。从统计学和动力学的角度来看，1998SF36 起源于主带的内部，在未来 1 亿年的某个时间里，它处于撞上一颗内行星或坠入太阳的风险之中[183]。在当时，它是太阳系内除月球外所有星体中交会任务所需能量最低的一个。

在选择 1998SF36 作为缪斯-C 的目标后，世界范围内开展了一项确定其旋转周期、形状、分类类型等的活动。最重要的成果来自两次近地飞掠进行的雷达观测，第一次是在 2001 年 3～4 月，第二次是在 2004 年。1998SF36 被证明是一个略不对称且扁平的椭球体，0.55 km×0.3 km×0.28 km，是 NEAR 任务实际目标厄洛斯（Eros）的1/60。雷达回波显示，与雷达或航天器所见的其他目标相比，1998SF36 的地形是相当平坦的。它似乎以大于 12 h 的周期旋转，分类学类型被确定为 S，因此与石质陨石有关[184]。如果任务顺利，那么它将成为第一个被雷达技术"成像"并将被一个航天器访问的小行星，同时雷达天文

JPL 的缪斯-CN 巡视器（图片来源：JPL/加州理工学院/NASA）

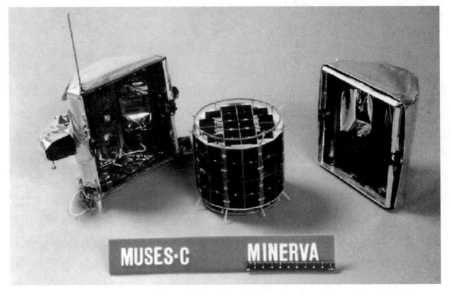

缪斯-C 的密涅瓦号弹跳巡视器。两端的环是天线，突出的尖刺是温度传感器

（图片来源：空间和宇宙科学研究所/日本宇宙航空研究开发机构）

安装在缪斯-C上的三个目标标识
（图片来源：空间和宇宙科学研究所/日本宇宙航空研究开发机构）

学家渴望通过可视观测来评估这项 20 世纪 80 年代末发明的技术的可靠度，并用于研究许多近地小行星。此外，1998SF36 尺寸的观测结果介于石陨石和已经被观测到的 S 类小行星之间，这可能有助于解释"石陨石悖论"，目前已知的 S 类小行星没有一颗与石陨石的光谱精确匹配。提出的解释方案是小行星的光谱特征被"空间风化"掩盖了。值得注意的是，档案调查确认了 5 颗在 1953—2000 年之间拍摄的流星，它们的轨道似乎与 1998SF36 有关，然后得出的结论是，3 月底到 7 月初的弱流星雨源自这颗小行星[185]。

由于航天器及其推进系统已经按照 1989ML 的标准建造和更改，在探测目标改为 1998SF36 后，从设计上做出了一些妥协，特别是增加了一个初步的太阳轨道，以便在 1 年后进行一次地球飞掠，采样被推迟到 2007 年。虽然运载火箭的 O 形环缺陷导致发射任务从 2002 年 12 月推迟到 2003 年春天，但电推进所提供的灵活性仍然使航天器能够按计划到达 1998SF36。缪斯-C 于 2003 年 5 月 9 日从鹿儿岛直接升空，进入 0.860 AU×1.138 AU 的太阳轨道。随后探测器打开太阳帆板，并将取样角伸长到工作位置。按照日本任务的习惯，一旦探测器成功升空，它就会被分配一个名字：这一次它被命名为"隼鸟"，因为它要收集样本就像一只贪婪的鸟要捕获猎物一样。与此同时，小行星 1998SF36 的名字献给了创建空间和宇宙科学研究所的航空工程师糸川英夫。巧合的是，他从 1939—1945 年一直在中岛航空公司工作，并在那里设计出了二战期间最成功的战斗机之一，Ki-43，名字也叫隼鸟[186-187]。

由于发射时间较晚，这意味着航天器不能按照初始设计轨道返回地球，无法在既定时刻和位置启动与小行星交会的轨道，它必须通过推进来恢复这次弹弓。隼鸟号在 5 月底开始测试离子发动机。首先，所有推力器被单独打开，随后推进持续大约 1 h。然后，它们被成对点火，但这个操作遇到了一些污染问题，就像深空 1 号发射后不久遇到的一样。在成功经历加温和热辐射之后，这些测试证明推力器具备长时间单独工作或成对工作的能力，后来从 7 月的测试证明了三个推力器同时工作的能力。在任何时间，探测器可以由三个推力器提供推力，第四个推力器处于待命模式，以防其中一个推力器由于故障关机。而事实上，其中一个推力器在发射后不久就失效了。在此期间，空间和宇宙科学研究所、日本宇宙开发事业团和日本国家航空航天实验室合并成立了日本宇宙航空研究开发机构。在太空平稳工作一年之后，航天器于 2004 年 5 月 19 日开始返回地球。在入轨时，它拍摄了一系列地球和月球的彩色图像来标定相机。隼鸟号飞越日本上空，飞向东太平洋上 3 725 km 处的最近的进近点，然后以 1.01 AU×1.73 AU 的日心轨道离开糸川小行星。在这次飞越中，隼鸟号遭遇了创纪录的太阳爆发，太阳能电池的性能严重退化，从而降低了离子推力器的功率。结果，隼鸟号抵达糸川小行星的时间从 2005 年 6 月推迟到 9 月，并且为了将大部分时间分配给科学观测和采样，采样返回的时间从 11 月推迟到 12 月[188-189]。在经历 2005 年夏天的日凌之后，隼鸟号在 7 月下旬再次启动了离子推力器，以恢复到达糸川的推力。7 月 31 日，姿态控制系统中一台美国制造的反作用轮失效了。

7 月下旬，隼鸟号的星敏感器首次发现糸川小行星在以 7 级左右的亮度闪闪发光，并在接下来的几星期内对它的位置进行了 24 次测量，以完善星历。一旦相对距离减小到几十万千米，隼鸟号就开始每 20～30 min 拍摄一次照片，以测量小行星的旋转周期和轴线。搜索小行星周围的空间，确定没有大于 1 m 的卫星。8 月 28 日，在距离目标 5 000 km 的位置，隼鸟号关闭离子推力器。此时探测器位于与糸川小行星相匹配的 0.95 AU×1.70 AU 的轨道。离子推力器在太空中一共工作了 25 800 h，探测器速度增量为 1.4 km/s，但只消耗了 22 kg 的氙。在这四个推力器中，有一个推力器单独工作了 10 400 h。在 2005 年 9 月 12 日凌晨 1 点 17 分（UTC 时间），隼鸟号点燃双组元推力器，消除了其与糸川小行星有关的所有相对运动，并在"门位置"结束了本次接近过程，"门位置"是沿着地球朝向太阳的连线的距离小行星 20 km 的位置。处于这样的位置一方面具备工程优势，不需要为高增益天线或太阳能电池板建立平衡环，但另一方面当糸川小行星在从地球到太阳的远端时，通信会受到太阳的干扰。探测器不太可能进入围绕糸川小行星的轨道，因为它的重力非常弱且不规则，会使最接近的轨道也不稳定。计划采用一种主动控制技术，使航天器保持在太阳轨道上，不受小行星的影响，使用推力器使位置保持在理想的中心"盒子"中。然而，因为相对速度只有 1 cm/s，很快会导致探测器偏离位置，所以需要进行频繁的修正。在停留在糸川小行星"门位置"的过程中，首次估计出了糸川小行星质量，但事实证明，它的重力很容易被太阳辐射压力的微小扰动所超越，从而可以忽略不计。9 月 30 日，隼鸟号移到了原位置，这是一个名义上的位置，距离小行星表面约 7 km。

在早期勘察阶段，大约拍摄了 1 400 幅图像。糸川小行星似乎是一颗"碎石堆"小行星，也是第一个被探测器造访的小行星。它分为光滑部分和散布着大卵石的粗糙部分。高分辨率图片显示，小行星有超过 500 块大于 5 m 的巨石，范围达数十米。巨石数量如此之多，以及它们可能来自的陨石坑数量如此之少，可能暗示着这些巨石与很快就被发现的造出糸川小行星的主带碰撞有关。所有这些细节都暗示地表的年龄还不到 1 亿年。就像许多已知形状的小行星一样，糸川小行星似乎是由两个稳定接触的物体组成的，在这个例子中，它就像一只海獭，有一个小的圆形块，形成了"头"，还有一个细长的"体"，在连接处有一片光滑的区域。这两个物体是如何在不分解的情况下连接的，目前还不清楚。在地表坡度最大的"头部"底部发现了山体滑坡的迹象。

糸川小行星地物的非正式名称取自日本太空历史，但直径为 150 m 的最大陨石坑，被命名为"小乌美拉"，这个名字源自澳大利亚内陆回收样品返回舱的地方。即使包括不明显的圆形洼地，也只有不足 100 个环形山，而且它们大多被随后撞击所产生的粗粒风化层所掩埋，这就是厄洛斯特征。星体表面有三个光滑的风化层覆盖区域。60 m×100 m 的缪斯海在"头部"和"身体"之间，并延伸到南极。相模原地区位于北极。事实上，由于细长星体的两极拥有最弱的重力，所以风化层聚集在那里也就不足为奇了。第三个区域被称作内之浦，很可能由三四个埋藏的环形山组成。除了纹理和粗糙度的差异之外，颜色和亮度的不寻常变化可能表征风化层中颗粒大小的差异或矿物组成的差异。红外光谱仪在不同的地面分辨率下获得了超过 80 000 个光谱，这表明糸川小行星与某些类型的球粒状陨石是相似的。这似乎证实了糸川小行星（或者至少是它的母体）是在火星轨道外的主带最温暖的地方形成的。

在 7 km 高度的高度计读数和 70 cm 分辨率的图像被用来建立一个糸川的三维模型，以细化它的大小、形状和体积。不规则的形状、复杂的地形，使得选择着陆点和采样点的任务十分复杂。不仅要求太阳能电池板能得到适当的光照，还需要排除大圆石和陡峭斜坡的区域。大部分的缪斯海看起来都很平滑，但是与赤道附近的几个小块安全区域相比，它还是太陡了。最终被选中的着陆地点是缪斯海和小乌美拉陨石坑。

10 月 3 日，当隼鸟号正在绘制糸川地图时，姿态控制系统损失了第二个反作用轮，从而就只剩下一个反作用轮进行工作。推力器按照程序控制，不过科学操作受到了影响，因为它不再能精确地瞄准仪器了。此外，对于推力器的依赖引发人们的怀疑，推进剂能否用到 2007 年返回地球。在 10 月期间，它多次离开原位置，在不同的高度和太阳角度进行一系列的机动，以获得极地区域的高分辨率垂直透视图。10 月 21～22 日在 3 km 高空进行的一次飞行中，为了收集"干净"的跟踪数据以改进对小行星质量的估计，隼鸟号关闭了姿态控制系统。

11 月 4 日，隼鸟号进行了首次着陆预演。目标是测试激光测距系统，释放第一个标识以确认相机能够探测到表面，释放了密涅瓦号跳跃器，并检查剩下的一个反作用轮能否和推力器相互配合进行精确的姿态控制。探测器在 3.5 km 的高度开始下降，但由于反作用轮的失灵，它无法将激光测高仪对准糸川小行星，也收不到任何的距离读数。到了大概 700 m 的高度，仍然无法"感受"到地表，预演不得不取消了，隼鸟号撤回。标记和跳跃器都没有被释放。在研究这个过程中获得的高分辨率图片时，人们发现小乌美拉的目标太过坚硬，难以安全着陆。于是决定在缪斯海进行第二次预演和取样，并将计划开始于 11 月 12 日的预演推迟一个星期。11 月 9 日进行了一次即兴测试，用摄像机控制降落，这次完全成功，接近小行星到 70 m 以内，随后后撤，然后再次到达 500 m 高度。在第二次下降时，它释放了一个标记物，但因为它的高度比最初的预期要高得多，标记物根本没有击中小行星。然而，图像显示标记物在背景中随糸川漂流而去，并且可以测量标记物的位置，这一事实验证了方法的正确性。11 月 12 日，在海拔 1 400～100 m 之间，进行了第二次的质量测量穿越。结合对小行星体积的估计，质量测量显示，小行星至少有 40％是真空空间，这说明它比厄洛斯和其他小行星拥有更加多孔的碎石，也可能类似于地球上的沙砾海滩。

沿着糸川小行星最长轴线拍摄的图片。请注意"碎石堆"小行星上的大圆石数量以及陨石坑的缺乏。底部平坦的地形是相模原海（图片来源：空间和宇宙科学研究所/日本宇宙航空研究开发机构）

11 月 14 日，隼鸟号在距离糸川 55 m 以内的地方，再次进行了着陆演练，并通过不时地启动推力器来保持距离。小行星的倾斜度和控制方向的困难使得隼鸟号比计划接近得更近。意识到隼鸟号离地表如此之近，地面控制人员命令它释放了小型探测机器人密涅瓦号。不幸的是，在从日本的跟踪天线转移到 NASA 的跟踪天线的过程中，且在没有可用的垂直速度信息的情况下，命令到达了探测器，此时推力器刚完成点火以保持高度和大概

15 cm/s 移动速度，此速度超过了逃逸速度。因此，密涅瓦号没有向小行星降落，而是在太阳轨道上自由飞行。当隼鸟号拍摄的照片显示这只倒霉的小机器人和其覆盖物渐渐远去时，它传回了唯一一张照片，显示了它的一部分。密涅瓦号被严密监控，直到它在 18 h 后超过了通信范围，永久消失[190]。

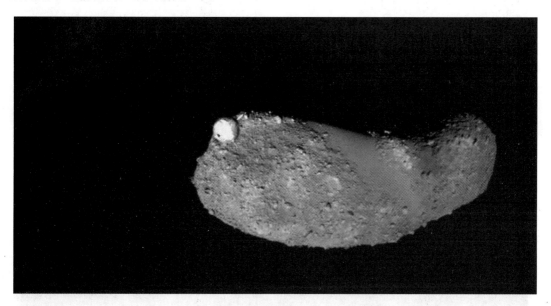

糸川的影像。这颗小行星沿着一条几乎垂直于图片的轴旋转，顶端是南极，底端是北极。平坦的地形是缪斯海，隼鸟号的第一次取样（和计划外的着陆）是在海的右边缘附近进行的。可以看到第一个目标标记物正朝着小行星漂移（图片来源：空间和宇宙科学研究所/日本宇宙航空研究开发机构）

　　尽管隼鸟号在低海拔的控制问题还没有得到完全解决，它还是决定在 11 月 19 日继续尝试首次着陆和取样。随着高度的降低，越来越好的 X 射线光谱被整合，显示出硅、镁和铝的存在。在 100 m 以下，这些图像的分辨率最高达到了 6 mm，能够看到一个碎石状的地形，里面的小碎石平均要比厄洛斯小行星的大，而且越靠近中心越光滑。在 54 m 高度时，连接目标标记物的电缆分离，随后隼鸟号降低了它的垂直速度，以便让标记物落在地面并稳定下来。在一项公众活动中，行星学会日本分会组织了将来自全球 149 个国家的 88 万人的名字刻在这个标记物上。在 17 m 时，隼鸟号重新定位到当地的水平位置，切断了与地球的高增益天线连接，并切换到仅返回载波信号的信标模式。当其中一个扇形光束传感器报告了一个障碍物时，隼鸟号移动并避开它。它本应执行自动紧急升空，但被控制软件取消了，它继续以 6.9 cm/s 的速度接近。21：09：32，采样器的喇叭接触到了缪斯海的中央位置，即 6°S，39°E（本初子午线被定义为在"头"的末端经过一个突出的黑色大圆石）。它回弹并保持在"空中" 20 min，然后再次回弹，最终在晚上 21 点 41 分，在缪斯海西南部靠近"头部"的地方，舱体的某一部分或者是太阳能电池板的尖端与地面接触了。采样机构识别到异常情况，没有点火发出弹射。然而，比预定速度快的着陆已经将通过喇叭进入样品罐的物质移除了。由于距离地球较远，约为 1.93 AU，所以手动紧急上升指令传输需要 16 min，直到 22：15 才到达隼鸟号，此时探测器已在糸川表面停留了

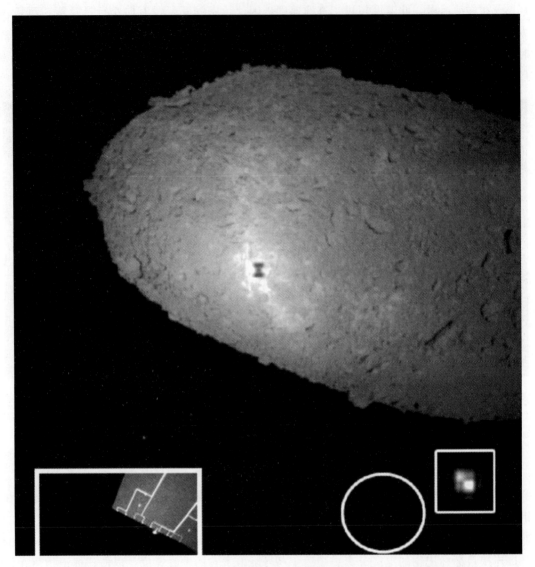

密涅瓦离开隼鸟号同糸川一起消失的影像。注意在小行星表面上的航天器的阴影。

左下角的插图是在密涅瓦刚刚释放的时候，看到的隼鸟号太阳能电池板的尖端

（图片来源：空间和宇宙科学研究所／日本宇宙航空研究开发机构）

34 min。这是在太阳系中，在地球和月球之外的天体上的第一次起飞。它以全速上升到 100 km 的高度，由于巨大的姿态干扰，探测器将自己置于安全模式。在尝试进行新的取样工作之前，工程师们必须重新获得对探测器的完全控制，并且探测器必须以正确的姿态回到保持点。有必要诊断它的每个部组件是否被糸川表面的高温环境损坏。事实上，科学家们能够利用 X 射线光谱仪散热器上记录的温度（在紧急发射前已经达到了热平衡）来评估表面温度（约 40 ℃）和热惯量。对下降、着陆和反弹的重建给出了粗糙表面承载强度的测量结果。第一个样品室在发射前就被打开了，现在关闭，第二个样品室被打开。

11 月 25 日 13 时左右，隼鸟号在海拔 1 km 的高空开启第二次采样之旅。因为它成功

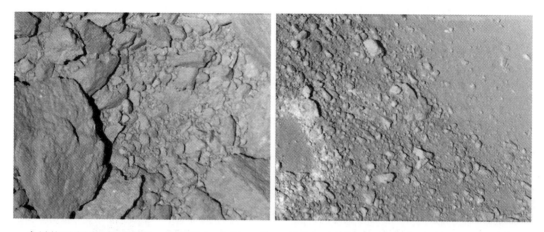

糸川的两张近距离的照片，分别于 2005 年 11 月 12 日和 9 日拍摄，显示出在平滑的"海"边缘的岩石区域和过渡区域

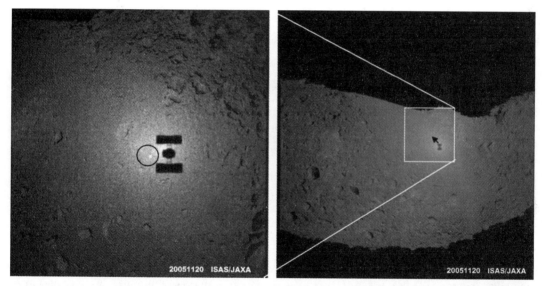

2005 年 11 月 19 日采样时拍摄的两张照片（日本时间 11 月 20 日）。图像中的箭头指向采样点。左边图像的亮点是留在小行星表面的目标标记（图片来源：空间和宇宙科学研究所/日本宇宙航空研究开发机构）

地找到了先前部署在小行星上的目标标记，最后的一个标记物得以保留。航天器消除了相对于标记物的水平速度，在大约 35 m 的高度开始接收和处理来自激光测距仪的数据。在 15 m 的时候，它再一次沿当地的垂线方向进行导向，并切断了高增益的连接。在 22：07，当下降速度降至 10 cm/s 的时候，监控采样口的激光传感器监测到了它接触地面时发生的变形。

为了获得样本，软件程序本应该在间隔 0.2 s 的时间内释放两个抛射物，然后迅速升空。当地面在 30 min 后重新建立联系时，工程师推断采样器的喇叭似乎在接触小行星表面时发生了稍许变形，然后计算机很有把握地发出了点火命令。看上去隼鸟号已经完成了

它任务目标中最困难的部分，并安全采到了样本。然而在这次同地面接触时它并不是完好无损。在升空后的几个小时内，工程师们在姿控推进剂管路上发现了一个严重的泄漏，并试图通过关闭自锁阀和阀门来隔离这个泄漏。冗长的管路无法产生足够的推力，可能是因为推进剂已经冻结。泄漏仍在继续。这个问题使得航天器无法将高增益的天线对准地球，如果着陆过程中没有完整的遥测数据，就很难诊断出姿态控制问题。更糟糕的是，航天器无法再让它的太阳能电池板对准太阳，造成了电力不足，电池电量的枯竭对计算机和数据管理系统造成了严重破坏。

经过几天断断续续的联系后，恢复工作于 11 月 30 日开始。但目前还不清楚隼鸟号是否能在 12 月中旬重新启动离子推力器返回地球。与此同时，工程师正在开展测试，以评估使用氙气作为故障姿态控制系统备份的可能性，此时氙的供应充足。12 月 1 日，航天器再次失去了姿态控制，当它漂移时，能量下降，计算机关闭了部分系统。通过利用一些重新建立的控制，和使用每 6 min 扫过一次地球的中增益天线，隼鸟号在 12 月 6 日能够传回它在采样过程中记录的遥测数据。由于记录过程在供配电系统重启的时候遭到中断，目前还无法确定抛射物是否已经被发射出去。唯一令人鼓舞的是，射击装置的温度读数比平时高，这表明命令已经执行。然而，后来发现，在发射前发送给航天器的错误指令序列激活了一种自我保护模式，阻止了抛射物发射。这个问题是由于采样过程演练不充分且缺少监管造成的。再一次尝试着陆是不可能了。其他丢失的数据还包括可以帮助确定着陆姿态和采样点精确位置的图像[191-197]。

随着恢复工作的进展，12 月 8 日跟踪站注意到隼鸟号姿态突然出现扰动，信号强度突然下降。姿态控制系统受到持续的推进系统推进剂泄漏的影响。随着隼鸟号的翻滚，地面再次与探测器失去联系。尽管如此，工程师们仍然相信，一旦所有泄漏的推进剂或者被排放到外面，或者被冻结在管道中，疯狂的旋转将会慢慢稳定下来，他们预测，在 2006 年或 2007 年初的某个时候，很有可能与探测器重新建立联系。如果这一切能够实现，并且探测器在其他方面功能正常，那么将有可能在 2007 年上半年离开糸川附近，并在 2010 年6 月到达地球，比原计划晚了大约 3 年。事实上，信标信号在 2006 年 1 月 23 日恢复，2月 6 日，探测器开始能够响应指令。在它与地球失去联系的这段时间里，它的自旋轴倾斜了近 90°，方向发生了逆转，并且它已经旋转起来。隼鸟号一度完全失去电力，严重损坏了电池。加热器已经关闭，由于无线电振荡器的频率是通过温度控制的，这些频率也发生了改变。终于，泄漏贮箱的压力降到了零。当时隼鸟号正处在糸川小行星前面 13 000 km围绕太阳的相似轨道上，每过一秒就增加 3 m。2 月进行姿态机动和软件升级，成功地恢复了指向控制，在接下来的几个月里重新建立了通信系统，并对航天器进行了"烘烤"，以确保任何可能覆盖在舱体上的冻结推进剂都被蒸发掉。尽管向地球推进的工作还需要一年，在 4 月下旬，离子推力器进行了检查和测试。其中两个推力器是功能正常的，一个失效，和以前一样，第四个推力器是备用的。2007 年 1 月 17 日和 18 日对电池的健康情况进行评估之后，对幸存的一个电池进行了充电，将采样器的盖子关闭，然后将其装入返回舱，以保护在第一次"硬着陆"或第二次运行时可能收集到的任何材料。温度计记录了返回舱里采样器的温度，还把返回舱的温度降低了几摄氏度，从而间接地证实了采样器确实是安全的。

经过进一步测试，2007 年 4 月 25 日隼鸟号开始了推迟已久的重返地球之旅。它通过离子推力器、太阳辐射压力以及唯一能用的反作用飞轮产生的力矩来保持姿态。难点在于，必须避免让冰冻的推进剂管道暴露在太阳下，特别是在 6 月的近日点，以免发生推进剂再次泄漏和干扰姿态控制。10 月 24 日，在第一阶段的推力器工作结束后，探测器再次开始进入自旋稳定模式。截止到这时，推力器已经累积运转了 31 000 h。在飞行过程中，为了防止过度磨损，尽可能减少故障问题出现，每次都限制只使用一个推力器工作。此时，另一个推力器已经无法正常使用。2008 年 2 月，隼鸟号到达远日点。5 月，隼鸟号距离太阳 2.5 光年。2009 年 2 月 4 日，它开始了为期 13 个月的推进阶段，将为其于 2010 年 6 月到达地球提供所需的 400 m/s 速度增量。在持续点火九个月之后，11 月 4 日，唯一可用的推力器的电压信号出现浪涌现象，无法正常工作。该问题导致后面四个月探测器不能可靠地返回地球。在这种情况下，日本工程师找到了一个巧妙的解决方案：通过将一个推力器的离子源与另一个推力器的中和器结合，推力器可以恢复工作。为了防止唯一的反作用轮失效，也采取了相应措施。2010 年 5 月 5 日，隼鸟号轨道已经非常接近地球，推力器进入为期一星期的停机期。此前，工程人员对飞行轨迹进行了精确计算，3 月 27 日主推力阶段结束时，隼鸟号位于 0.983 AU×1.654 AU 的轨道上。后面几星期的推进，已经把最接近地球的点从光面移到了阴面，这样它就能沿着地球自转的方向运动，并将重返地球所需相对速度降到最低。

在探测器返回地球前两个月开始进行了再入操作。在此期间，通过离子推力器进行了四次轨道修正。第一次是 42 天，距地球 1 700 万千米，第二次是 21 天，距地球 900 万千米，最后一次的目标是实现进入距离地球 630 km 的轨道。这相比于最初为防止再入过程发生故障而设计的安全返回距离已经增加了 200 km。5 月 12 日，它传回了远在 1300 万千米外时由星敏感器拍摄的非常模糊的地球和月球的照片。科学相机早在最后一次自动采样的时候就失效了。6 月 3 日，探测器轨道经过修正，将着陆点调整至澳大利亚内陆。在返回前 3 天，隼鸟号进行了第四次也是最后一次轨道机动，调整了飞行轨道和着陆地点。着陆点最终选择在乌默拉试验场的沙漠部分，20 世纪 60 年代时欧洲曾试图从那里发射一颗卫星。探测器在最后一次接近地球时，被一些世界上最大的望远镜拍摄下来。

在飞行的最后一天，姿态控制系统出现故障，但在返回时又被成功地重置。6 月 13 日，返回舱在进入地球大气层前 3 h 被释放。此时，隼鸟号处于离地面 40 000 km 的印度上空。大约 2 h 后，隼鸟号采取措施将姿态翻转，用它所携带的星敏感器拍下了此行的最后一张地球照片，在大约 75% 的照片被传送回地面后，探测器失去了联系。返回舱在格林尼治时间 13 点 51 分进入大气层。返回舱的再入速度达到 12.2 km/s，是有史以来第二快的再入速度。在距地面大约 75 km 的高度，返回舱开始减速，部分碎片开始脱落，直到 47 km 的高度完全燃烧起来。地面上的摄像机和摄谱仪对火球进行了监控，同时还有一个国际团队驾驶 NASA 配备仪器的 DC-8 飞机在空中进行跟踪拍摄。因此，返回舱的再入

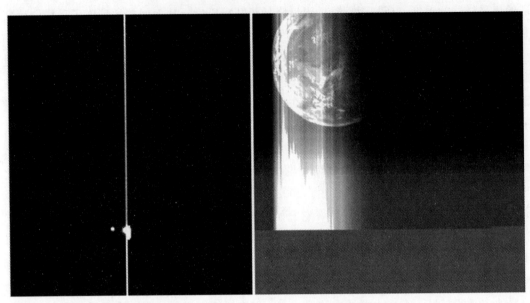

隼鸟号的相机在接近地球的过程中拍摄的两张地球的照片。第一张（左）摄于 2010 年 5 月 12 日，拍出的地球和月球均曝光过度。当时的隼鸟号距离地球 1 350 万千米。第二张摄于再次进入地球的前 1 h，而且它在失去联系前没有能够完全传送回地球（图片来源：空间和宇宙科学研究所/日本宇宙航空研究开发机构）

和破坏得到了极为详细的监测。例如，在 55 km 高度时光谱分析中出现的强锂线可以追溯到锂电池的爆炸[198-199]。返回舱经历了 25g 的减速，但没有受到损害。在进行亚声速飞行时，太空舱释放了它的尾部隔热板，并打开了一个降落伞。同时，再入过程使用过的碳酚醛前挡板被释放分离。在格林尼治时间 14 点 12 分，隼鸟号在距离目标点 500 m 的地方着陆。一架直升机始终跟踪返回舱轨迹，用 GPS 对其进行定位。黎明后，直升机找到了闪亮的样品返回舱和完好无损的降落伞。防护罩等散落在 5 km 范围内。虽然烧蚀体材料受到广泛的烧蚀，热防护结构仍保持良好。舱体在运往位于伍默拉城控制中心的洁净实验室之前，其未使用的火工装置仍是安全的。在进入洁净实验室后，立即取下了返回舱的电池，并对舱体进行了清理。

6 月 18 日，返回舱运抵位于东京郊外神奈川的日本宇宙航空研究开发机构专门建立的实验室[200]。通过 CT 扫描证实，返回舱密封良好，但同时令人失望的是返回舱内也没有任何超过 1 mm 大小的尘埃粒子。随后，取出了舱内样品容器，并使用二氧化碳和等离子体喷射装置进行了仔细清理。其中一个样品室门已经敞开，主要是由于在其抵近糸川小行星观测时采取了避免机械系统无法打开的故障预案。在返回地球时，确实存在了引入地球尘埃的污染风险，研究人员对发射台附近区域的灰尘进行了取样，以便于对返回后的舱内污染物进行识别。另一方面，第二个样品室仍然保持密封，完全干净。6 月 24 日，作为预演，首先在接近真空环境下打开了样品室内的样品罐 A。而更有可能搜集到了糸川小行星上尘埃粒子的样品罐 B 稍后才被打开。刚开始发现了一些气体。这是不应该出现的，它可能来自糸川小行星，但同样可能由于返回舱漏气或返回地球时受到了污染。后来确定该气

隼鸟号正在地球的大气层中解体。右下的亮点是样品返回舱

（图片来源：NASA/ARC‑SST/搜寻地外文明研究所）

体是开盖前进入双重 O 形密封圈里的空气。在罐内，发现了极少量的灰尘，科学家们认为这些灰尘来自糸川小行星的表面，显然只有经过仔细的化学成分分析才能得出进一步的结论。

　　科学家们首先尝试用石英玻璃探针提取罐子里的微小灰尘，但是并不成功。为了把污染降到最低，科学家们使用聚四氟乙烯材料制成的抹刀刮取的办法提取罐体上的微小灰尘。采用这种方法成功地提取了 1 534 块大小超过 10 μm 的样品。最后，使用了"粗暴"的方法，把容器倒扣在石英圆盘上，用螺丝刀敲击罐底部，又额外提取了 40 块样品，最大尺寸达到了 180 μm。在罐体本身，也发现了很多铝片。2010 年 11 月，科学家们将他们通过扫描电子显微镜分析得到的初步结果发表了出来，测试发现存在四种主要物质，主要由富含铁元素的橄榄石和辉石组成，其矿相特征与掉落在地球上的球粒状陨石非常匹配。此外，可以确认的是返回舱着陆时以及在洁净实验室开盖时均未产生污染情况。尽管发现的样品极端微小，但日本宇宙航空研究开发机构仍确认这些样本是首次从月球以外的另一个天体上带回来的样品。虽然微观粒子的详细分析非常困难，但根据以往星尘号的经验分析，也并非是不可能的。

　　12 月 7 日，科学家们打开了样品罐 B，但目视检查并没有发现较大的粒子。2011 年 1 月下旬，日本实验室人员进行了初步调查分析，包括元素组成、含碳有机分子存在与否、样品的形态和岩相学、同位素比例和微量元素组成、晶体结构和矿物学特征、受太阳风影响的内部结构和同位素比率以及惰性气体存在与否。如果这些微小颗粒确实来自糸川小行星，这些大小仅为毫米级十分之一甚至百分之一的微小粒子中可以发现最基本的有机物和氨基酸。众所周知，陨石形成的早期形态中存在氨基酸。

　　样品颗粒中混合了多种矿物质，具有复杂的三维纹理。经过分析发现，小行星因为处于太阳风作用环境里，而导致其红色的表面存在只有纳米宽的不透明的硫化铁"气泡"。地表层以下则是几十纳米厚的硫化铁层。而表层这些物质起到了屏蔽作用，难以探测出小

早上着陆后，一名爆炸专家在澳大利亚内陆保护着小小的隼鸟号样品返回舱

（图片来源：空间和宇宙科学研究所/日本宇宙航空研究开发机构）

行星内部构成的真正频谱，这使它看起来不同于任何已知的陨石。这一发现表明，空间环
境风化作用可以为解释"石化陨石悖论"提供一个方案。通过惰性气体同位素分析，获得
了一个意想不到的结果，微小尘埃粒子仅在这颗小行星的表面存在了几百万年。显然，这
颗小行星每 100 万年都要向空间释放几十厘米厚的表层物质，这或许可以解释为什么这么
小的样品表面布满了风化层。如果其他近地小行星也符合这一特点，它们的寿命会更为短
暂，持续不超过 10 亿年便会彻底地"挥发"[201-210]。

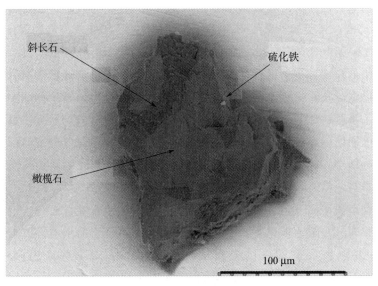

来自糸川小行星的一个较大的样本的扫描显微镜视图

（图片来源：空间和宇宙科学研究所/日本宇宙航空研究开发机构）

9.7　太空望远镜

在太阳轨道上，行星探测器和太阳探测器并不是唯一的航天器。1983 年，NASA 发射了首颗红外天文卫星，主要用于观测宇宙中低温物体（如行星、尘埃和分子云、冷尘埃包络的热天体、位置极其遥远的可见光被"红移"到红外的天体）。这颗卫星由 JPL 与荷兰、英国合作研制，提供第一次全天候红外勘测。它获得了许多发现，包括环绕着明亮的恒星——织女星的尘埃环（或一个小行星带）、两个彗星和一个明显的近地小行星（3200）——可能是一个休眠的彗星。为了避免探测器焦平面受到红外辐射的影响，望远镜本身结构采用液态氦冷却到绝对零度以上几度。10 个月后当氦气全部泄漏，任务结束。在此经验基础上，1986 年荷兰推动欧洲空间局资助的红外线太空天文台（ISO）获批，并于 1995 年发射。

美国天文学家也计划推动红外天文卫星后续任务，进一步观察宇宙目标。事实上，这样的任务在 1974 年即被推荐给了国家科学院。航天飞机红外望远镜设施（SIRTF）主要基于航天飞机的载荷舱，在轨观测后重返地球，并可多次重复飞行。这个想法基于 NASA 早期的信条，认为航天飞机非常廉价，可以重复频繁使用，宇航员可以在轨进行复杂设备的操作。在这种情况下，技术基础难以支持上述想法。特别是，航天飞机飞行轨道较低，严重限制观测时间，最佳状态仅能维持数十分钟。航天飞机姿态控制系统工作时排出的气体也会影响红外望远镜正常工作，在任何情况下，各种各样的排气和碎片都会严重影响光学镜头等精密器件的工作性能。实际上，挑战者号航天飞机在 1985 年 7 月为天空实验室运送过一台红外望远镜，结果表明性能较差[211]。尽管空间红外望远镜项目获得了科学界团体的支持，但它的优先级排在了大型 X 射线望远镜后面。和哈勃太空望远镜一起，先进的 X 射线天体物理设施、伽马射线观测器和重新命名的空间红外望远镜等项目形成了一个基于航天飞机发射和服务的"大天文台"系统，覆盖了大部分的电磁波谱。到 1985 年年底，空间红外望远镜项目重新设计修改为自由飞行模式，可以选择使用航天飞机运送至低轨道，也可以再次采用一种名为轨道机动飞行器（Orbital Maneuvering Vehicle，OMV）的"太空拖车"将其运送到更合适的轨道位置。交付有效载荷后，轨道机动飞行器返回航天飞机并随其返回地球，经过维修后将再次使用。当望远镜的氦气耗尽时，另一个航天飞机将派出拖车取回望远镜，通过宇航员对其在轨补充冷却剂，之后再由拖车重新部署望远镜并返回航天飞机。然而，1986 年 1 月挑战者号航天飞机的发射失败和 1987 年轨道机动飞行器因预算严重超支而取消，这种不切实际的方案最终被否定。

为了拯救空间红外望远镜项目，科学家们提出了一种基于低成本的红外天文卫星平台方案，利用大力神 Ⅳ 火箭就可以将其发射到欧洲 ISO 卫星曾采用的、远地点可达 10 万千米 的高椭圆轨道。高轨道将允许任何指定对象更长的观测时间，将范艾伦辐射带的干扰降到最低，在大部分的在轨时间中远离地球可以减少热负荷并减少热控损耗从而提升在轨寿命。该方案中望远镜质量达 5 700 kg，其研制、发射和在轨运行需要花费超过 20 亿美元。

1991 年，鉴于科学预算的缩减以及哈勃太空望远镜和伽利略号两项主要任务的技术性能不佳，美国国家航空航天局取消了空间红外望远镜项目。当年，在天体物理学家和行星科学家等不同团体的支持下，该项目又恢复继续进行。然而，NASA 试图降低项目的复杂性（也考虑到成本），要求应用"更快、更省、更好"的方法。该航天器被重新设计，功能不变，将质量调整至 2 500 kg，以便于可以使用成本更低的宇宙神运载火箭。要将空间红外望远镜送入太阳轨道，最重要的影响因素在于航天器的质量。特别是，要降低地球辐射热量对望远镜的影响，需要使用限量的氦或尽可能少的冷却操作。也就是说，要携带尽可能少的冷却剂来降低航天器质量。而在太阳轨道上，航天器需要减少轨道调整，如此才会减少推进剂的携带量，从而控制质量。最后，如果望远镜所处运行轨道以每年约 0.1 AU 的速度消退，与地面的通信在整个任务周期内仍可以保持。不幸的是，正如科学家们相信的他们已经达成了一个可行的设计而且成本不到 10 亿美元，该项目再次被取消了！但一切都不会白做，重新完善的设计被批准，1996 年项目开工建设。航天器的质量通过"常温发射"方式进一步削减。红外天文卫星和 ISO 卫星发射时所携带的望远镜和探测器已提前被低温冷却，而空间红外望远镜采取的方案是在发射时不进行提前冷却，待入轨后在阴影区放置一个月，再使用氦将其温度调整至工作温度。这种方式极大地减少了氦的使用量，实际上，探测器可以设计得更小、更轻，能够采用价格相对低廉的大力神-Ⅱ火箭作为运载火箭发射。空间红外望远镜仅需携带 ISO 卫星所携带氦的六分之一，就可以实现在轨 5 年的寿命，而 ISO 所携带的氦仅维持了 28 个月。而且，由于望远镜设计位于太阳阴影区，即使当氦耗尽时，其部分仪器仍可以坚持工作。届时，航天器将离地球超过 0.6 AU，其任务也将会因太遥远无法传输科学数据而终止。采取相关合理方案后，实现整个任务目标所需预算减少到大约 7.2 亿美元。

　　根据任务分工，SIRTF 的平台和低温望远镜系统分别由在宇航领域具有丰富经验的洛克希德·马丁公司和波尔航天公司负责。航天器外形为圆柱体，高 4.55 m，直径 2.11 m。采用传统的平台提供电力、通信以及姿态控制等。姿态控制系统采用反作用轮系统，推进剂贮箱位于主体结构中心承力筒内。包括 50 kg（360 L）的液态氦和 16 kg 氮两种贮箱在内，整个探测器发射质量为 923 kg，是大力神 IV 火箭运载能力的六分之一。望远镜直径为

斯皮策红外太空望远镜

0.85 m，由低密度的铍材料制成。原计划设计 1.2 焦比，而实际上采用里奇-克雷蒂安系统后焦比达到 12。太阳能电池板的山脊阴影包络住了整个望远镜筒体长度，提供 427 W 功率。通过对日定向，持续对准太阳。太阳能电池板可以起到隔离太阳光的作用，避免液氮及管路受到热量辐射影响。航天器的另一面对准深空，表面进行了黑色热控涂层处理，以便于散出多余热量。在这些辐射冷却和液氮的热控措施下，光学仪器和设备温度能够确保冷却到 5.5 K。此外，为了尽可能减少热量传导到望远镜，主体结构和太阳能电池板通过特殊桁架与望远镜体进行了安装固定。相机、光度计和分光计三个科学仪器均安装在焦平面附近。

2003 年 3 月，航天器运抵卡纳维拉尔角，采用 7925-重型德尔它 II 运载火箭发射，该型运载火箭采用了 9 个已被取消的德尔它 III 型火箭的捆绑式助推器，推力高出 40%。原计划在 4 月中旬的发射任务因故推迟，一方面是因为火箭助推器复合材料外壳存在一定的质量疑点，另外是因为发射时间与一颗军用 GPS 卫星及两个火星车任务冲突。发射时间被推迟到 8 月以后，原计划使用的运载火箭也被转用于已具备发射条件的火星探测器。在其他任务均成功发射后，空间红外望远镜于 8 月 25 日发射。在进入高度 0.996 AU × 1.019 AU，周期 369 天的太阳同步轨道后，望远镜展开，打开遮光罩，并开始开展入轨后的第一阶段热控测试。当温度达到 40 K 时，采取氦气制冷的热控措施降低望远镜温度。作为 NASA 的空间天文台，空间红外望远镜被命名为斯皮策空间天文台，以纪念 20 世纪 40 年代首次提出将天文望远镜放置到太空中来避免不稳定大气层影响的天文学家莱曼·斯皮策。其在轨工作 5 年来对天文学的研究贡献已经非常明显和广泛，已超出了本卷的范围。本书仅在此指出，斯皮策空间天文台帮助研究了坦普尔 1 号彗星和楚留莫夫-格拉希门克彗星、斯特恩斯小行星等小型天体的基本特征，而这些彗星、小行星也是其他深空探测任务的探测目标[212-213]。

参 考 文 献

1   Conway – 2007

2   Soderblom – 2000a

3   NASA – 1998a

4   Rayman – 1999

5   Conway – 2007

6   Casani – 1996

7   Kronk – 1984a

8   Buratti – 2004a

9   Lazzarin – 2001

10 NASA – 1998a

11 Soderblom – 2000a

12 Wang – 2000

13 Rayman – 1999

14 Soderblom – 2000b

15 Desai – 2000

16 ST – 1999

17 Kerr – 1999

18 Riedel – 2000

19 Buratti – 2004a

20 Richter – 2001

21 Conway – 2007

22 Kronk – 1984b

23 Spaceflight – 1992

24 Kronk – 1984c

25 Lamy – 1998

26 Soderblom – 2001

27 Rayman – 2000

28 Rayman – 2002a

29 Rayman – 2002b

30 Soderblom – 2002

31 Soderblom – 2004a

32 Buratti – 2004b

33 Britt – 2004

34 Young – 2004

35 Tsurutani – 2004

36 Soderblom – 2004b

37 Farnham – 2002

38 Conway – 2007

39 Rayman – 2002b

40 Racca – 1998

41 Scotti – 1998

42 参见第二卷第 272～275 页关于发现计划和 1993 研究的介绍

43 参见第二卷第 37、81～84 页关于 HER、CISR、乔托 2 号、CAESAR 和 SOCCER 的介绍

44 Królikowska – 2006

45 Carusi – 1985

46 参见第二卷第 25 页关于惠普尔防护罩的介绍

47 Mitcheltree – 1999

48 Tsou – 1993

49 Schwochert – 1997

50 Hirst – 1999

51 Brownlee – 2003

52 Brownlee – 1996

53 NASA – 1999a

54 Taverna – 1999a

55 参见第二卷第 285 页关于 NEAR 镜头污染的介绍

56 Krüger – 2000

57 Lämmerzahl – 2006

58 Domokos – 2009

59 Duxbury – 2004

60 Newburn – 2003

61 Kennedy – 2004

62 Brownlee – 2004

63 Tsou – 2004

64 Sekanina – 2004

65 Kissel – 2004

66 Tuzzolino – 2004

67 Covault – 2004b

68 Desai – 2008a

69 Desai – 2008b

70 Mecham – 2006

71　Martínex – Fríaz – 2007

72　Brownlee – 2006

73　Hörz – 2006

74　Sandford – 2006

75　McKeegan – 2006

76　Keller – 2006

77　Flynn – 2006

78　Zolensky – 2006

79　Burnett – 2006a

80　Stephan – 2008

81　Nakamura – 2008

82　Ishii – 2008

83　Matzel – 2010

84　Westphal – 2010

85　Wolf – 2007

86　Veverka – 2011

87　Carroll – 1997

88　Carroll – 1993

89　Suess – 1956

90　Carroll – 1995

91　Cheng – 2000

92　Pieters – 2000

93　Mustard – 1999

94　Baines – 1995

95　参见第一卷第 24、25、335 页关于拉格朗日
　　点和 Halo 轨道的介绍

96　Rapp – 1996

97　McNeil Cheatwood – 2000

98　Barraclough – 2003

99　Neugebauer – 2003

100　Stansbery – 2001

101　Jurewicz – 2003

102　Nordholt – 2003

103　Hong – 2002

104　Jurewicz – 2003

105　NASA – 2001

106　Koon – 1999

107　Veazey – 2004

108　Hong – 2002

109　Burnett – 2003

110　NASA – 2001

111　NASA – 2004

112　Smith – 2003

113　Wilson – 2002

114　Barraclough – 2004

115　Reisenfeld – 2005

116　Wilson – 2002

117　Wilson – 2004

118　Steinberg – 2003

119　Desai – 2008c

120　McNamara – 2005

121　Burnett – 2005

122　Burnett – 2006b

123　Stansbery – 2005

124　Allton – 2005

125　Lauer – 2005

126　Hittle – 2006

127　NASA – 2005

128　Morring – 2006

129　Grimberg – 2006

130　Hohenberg – 2006

131　Heber – 2007

132　Heber – 2009

133　Science – 2008

134　Burnett – 2011

135　Marty – 2011

136　McKeegan – 2011

137　Clayton – 2011

138　Reynolds – 2001

139　Farquhar – 1999

140　Farquhar – 2011

141　Farquhar – 1999

142　Veverka – 1999

143　Kronk – 1999a

144　Whipple – 1950

145　Boehnardt – 1999

146　Crovisier – 1996

147　ST – 1996

148　Kronk – 1999b

149　Meech – 2004

150　NASA – 2002

151　Cochran – 2002

152　Covault – 2002

153　Dunham – 2004

154　Morring – 2002a

155　NASA – 2003

156　Dunham – 2004

157　Morring – 2002b

158　Farquhar – 2011

159　NASA – 1999b

160　Staehle – 1999

161　Woerner – 1998

162　Woerner – 1998

163　Zimmerman – 2001

164　Carroll – 1997

165　参见第二卷第 291～295 页关于冥王星-柯伊伯快车的介绍

166　参见第二卷第 98～102 页关于早期太阳探测器任务的介绍

167　NASA – 1999c

168　Staehle – 1999

169　Reichhardt – 2000

170　McFarling – 2002

171　Kawaguchi – 1995

172　Morita – 2003

173　Nakamura – 2001

174　Kawaguchi – 1996

175　Kawaguchi – 1999

176　Kawaguchi – 2003a

177　Kubota – 2003

178　Sekigawa – 2003

179　Sears – 2004

180　Wilcox – 2000a

181　Flight – 2000

182　Kubota – 2005

183　Michel – 2006

184　Ostro – 2004

185　Ohtsuka – 2007

186　Harvey – 2000

187　Francillon – 1970

188　Kawaguchi – 2004

189　Clark – 2005b

190　Yoshimitsu – 2006

191　Yano – 2006

192　Saito – 2006

193　Fujiwara – 2006

194　Demura – 2006

195　Abe – 2006a

196　Abe – 2006b

197　Okada – 2006

198　Abe – 2011

199　Borovicka – 2011

200　Ishii – 2003

201　Nakamura – 2011

202　Ebihara – 2011

203　Noguchi – 2011

204　Tsuchiyama – 2011

205　Nagao – 2011

206　Shiibashi – 2010

207　Cyranoski – 2010

208　Kerr – 2011a

209　Kerr – 2011b

210　Krot – 2011

211　Davies – 1988

212　Rieke – 2006a

213　Waller – 2003

第 10 章　入侵火星

10.1　失去的希望

在 20 世纪 80 年代中期，由于受到哈雷彗星探测成功的激励，日本空间和宇宙科学研究所（Institute of Space and Aeronautical Science，ISAS）的科学家开始策划开展下一步的太阳系探测任务。除了开展以工程技术为导向的隼鸟号（Hayabusa）小行星采样返回任务，科学家们也渴望开展以科学目标为导向的探测任务，比如制造一个研究金星或火星大气的轨道器。虽然金星更容易到达，并且已经在哈雷探测器的基础上完成了金星轨道器的设计，不过科学家们最终还是决定先期开展火星探测任务，因为他们认为火星是一个更有价值的科学探测目标。20 世纪 90 年代早期，日本政府批准了行星-B 探测任务，并于1992 年开始进行详细的设计工作。金星探测器被列入了行星-C 探测任务，计划于 2010年发射。行星-A 探测任务是已经造访哈雷彗星的彗星号（Suisei）探测器。

行星-B 任务以火星大气为研究目标，这也是命运多舛的苏联福布斯号（Fobos）轨道器的探测目标。它们的探测目标比较特殊，即深入研究大量火星大气向太空散逸的过程，当然也包括大气中可能存在的水蒸气。福布斯 2 号探测器（Fobos 2）的探测过程并不顺利，因为它一直没有到达距离火星 850 km 范围内。行星-B 任务将把探测器送入更适于进行此类研究的轨道。它的轨道将几乎处于赤道上方，不过运行方向与火星自转方向相反，近火点高度很低，为 150 km，这是无线电掩星研究显示出的电离层电子密度最大的高度。探测器轨道的远火点为 15 倍火星半径，远远高出外层卫星火卫二（Deimos）的运行轨道，探测器可以对从火星逃逸的离子进行研究。由于行星-B 的近火点高度较低，探测器可以探测火星表面的磁场模式，不过该模式将很快被 NASA 的火星全球勘探者号（Mars Global Surveyor）发现[1]。除此以外，行星-B 任务将完成火星及其 2 个卫星的低分辨率成像，并寻找纤细卫星环由尘埃组成的证据，这些尘埃源自火星的卫星，但未能逃脱卫星引力。名义上的任务周期是一个火星年，即 687 个地球日，但也可以根据情况延长至第二个火星年。

运载火箭采用日本空间和宇宙科学研究所的新型 M-V（有时也被称为 Mu-5）火箭，其取代了运送彗星号（Suisei）和先驱号（Sakigake）至哈雷彗星的 Mu-3SⅡ运载火箭。三级 M-V 火箭是世界上最大的全固体运载火箭，发射能力是 Mu-3 火箭的两倍，若再配备第四级，可以将几百千克的物体送入地球逃逸轨道[2]。行星-B 任务开始于 1996年，将采用与火星 96 号（Mars 96）、火星探路者号（Mars Pathfinder）和火星全球勘探者号（Mars Global Surveyor）相同的发射窗口，并于 1997 年 9 月到达火星。不过 M-V

火箭的研发进展耽搁了，导致探测器的发射日期只能延迟至下一个火星发射窗口，并计划于 1999 年 10 月 11 日到达火星。不过从能量消耗的角度来看，1998 年发射窗口没有 1996 年窗口的效率高，以至于在工程师完成探测器的大幅度减重之后，M－V 火箭依然不能直接将探测器送至火星，所以日本空间和宇宙科学研究所开发了一个借助月球引力进行加速的轨道方案，以克服运载能量不足的短板。然而，月球借力也不足以将探测器送至火星，不过工程师发现地球引力影响球和太阳引力占主导作用的空间之间的边界附近存在着太阳引力扰动，即弱稳定性边界（WSB），可以为探测器提供解决方案。第一次月球飞掠可以将行星－B 探测器送入地球大椭圆轨道，在返回近地点过程中，探测器的轨道将受到太阳引力摄动的影响，使轨道运行方向变为逆行。这将导致探测器在第 2 次月球飞掠时获得更高的相对速度。虽然通过这次飞掠，探测器已经刚好拥有了足够的动力逃出地球引力场，不过在飞离月球之后探测器的运行方向还是指向地球。探测器的能量还不足以使它到达火星。行星－B 探测器还必须进行 2 个动作。第一个动作是在与月球交会几天后的地球飞掠。除了给探测器加速以外，还会将飞行方向调整为朝向火星。第二个动作是在行星－B 到达距离地球的最近点时，探测器主发动机点火，在获得 420 m/s 的速度增量后，探测器将可以到达火星。诸如此类的利用天体飞掠来进行加速的方法，最初由旅行者 2 号探测器用于木星借力。通过引力加速获得的能量相当于 24 kg 推进剂，从而节省了探测器的质量，并将发射质量控制在 M－V 运载火箭的能力范围之内。幸运的是，类似于本次或者日本空间和宇宙科学研究所其他任务所需的大部分复杂轨道机动，已经在 1990 年通过飞天号（Hiten）小型技术验证器完成了测试，其在进入绕月轨道之前进行了一系列的月球飞掠，同时还验证了地磁尾号（Geotail）地球卫星和月球 A（Lunar－A）探测器的轨道机动方案。

继承了 EXOS－C 科学卫星的一些系统和结构的行星－B 探测器从外观看起来较为传统。行星－B 探测器包括一个长短边交替变化、1.6 m 长、58 cm 高的八边形平台，顶部安装一个 1.6 m 的金属网丝高增益天线，具备在 S/X 波段以 4 kbit/s 速度进行数据传输的能力。探测器还配备 2 个低增益天线，其中一个安装在抛物线主天线的馈源处，另一个安装在探测器上与之相对的另一侧，低增益天线可以用于接收指令和发送低速率的工程数据。为了可以通过多普勒频移调制确定探测器的自转速率，第二个天线的布局位置偏离探测器的自转轴 1 m。推进模块安装在探测器的底面，模块共配置 2 个贮箱，分别装载肼和四氧化二氮，另外还有一个双组元主发动机，可以产生 500 N 的推力。从抛物线天线馈源处低增益天线的顶端到底面天线的远端大约 2.5 m。2 个太阳能帆板用于提供电能，展开后跨度为 6.22 m，能够用于太阳能采集的区域为 4.6 m²。镍氢电池可以在发射段和火星、地球或月球遮挡太阳翼帆板的时候提供能量。探测器通常以 7.5 r/min 的自转速率来保持自旋稳定，不过在进行地球逃逸机动和火星轨道入射机动时将会采用更高的自转速率。探测器通过一组包括小型星敏感器在内的敏感器来完成姿态测定。2.3 N 推力的肼推力器成组地布置于平台的侧面，用于控制探测器姿态，使高增益天线的波束能够覆盖地球，以及进行速度增量较小的轨道修正。另外，探测器上的一根小型铝管上刻着 270 000 个项目支持者的名字。行星-B 探测器发射质量为 540 kg，其中推进剂 282 kg，科学载荷约为 33 kg。此次任务的研制经费为 186 亿日元，即 1.66 亿美元，比 NASA 的低成本任务还要低廉。

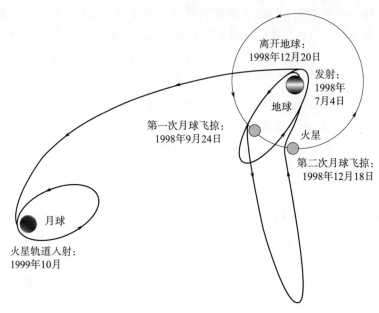

最初计划的从地球经过月球前往火星的行星-B 探测器希望号飞行轨道

（图片来源：ISAS/JAXA）

　　探测器的 15 个载荷中，有 6 个由其他国家提供或通过国际合作获得的。其中，来自美国的中性质谱仪、加拿大和瑞典提供的离子光谱分析仪将用于检测从火星大气逃逸的离子，这些离子也可以通过紫外成像光度计进行远程监测，紫外成像光度计还可以测量由氢转化为氘的比例。这些测量的价值在于可以获取火星大气的历史以及演化方面的信息。电离层的情况通过等离子波传感器进行检测，该传感器有两对展开长度达 52 m 的线型天线，它们从平台的角落伸出，另外还有一个电子温度探测仪也是这样的状态。等离子波传感器还可以作为无线电测高仪使用，用于测量近火点附近的高度信息；它也可以作为雷达使用，测量星体表面的粗糙度、构造以及地下结构，包括 100 m 内水冰存在的可能性[3-4]。一个甚低频和极低频（VLF and ELF）无线电接收器用来探测等离子体波。5 m 高的桅杆远端安装了一个三轴的磁强计，为了保持平衡，在自转平台另一面上 1 m 长的悬臂上安装了一个由加拿大提供的光谱仪。另外，还有一台来自德国的尘埃计数器，是飞天号（Hiten）月球轨道器仪器的轻量化版本，也可以用于测量尘埃的质量和速度。大气中的离子被太阳风吸收并加速后，将被仪器用来测量高能粒子，瑞典的光谱仪也具有这样的功能。一台内置小型"推扫式"CCD 望远镜的相机能够在近火点拍到火星上大约 60 m 的细节。在与火卫一和火卫二相遇的时候，它还将在远火点附近进行低像素全磁盘成像来进行气象研究，并通过散射的阳光来寻找微弱的尘埃环。相机内含图像压缩硬件，由法国国家空间研究中心（CNES）提供，使得探测器能够在每一圈运行轨道上压缩并传回 10 张照片[5]。太阳观测将在飞向火星的巡航过程中进行，使用远紫外光谱仪测量日球层中的氢，这台设备主要的作用是在火星大气中寻找氢离子。最后，还有一个美国提供的超稳定振荡器，用于精确地追踪探测器以及在无线电掩星时监听火星的大气状态。所有的科学数据将记录在一个16 MB 的存储器内，数据采集的速度与探测器轨道高度相关，并随后通过高增益天线回传给地球[6]。

行星-B 探测器最终状态的模型（图片来源：Courtesy Brian Harvey）

就在行星-B 探测器和其仪器设备研制过程中，M-V 火箭在 1997 年成功完成了第一次发射任务，并将缪斯 B 号（MUSES-B）太空无线电望远镜送入轨道。本来行星-B 探测器是 M-V 火箭计划发射的第 3 个探测器，排在第 2 位的月球 A 任务（Lunar-A）因为进度延迟而被取消，行星-B 探测器的发射任务转而成为第二位。探测器于 1998 年 7 月 3 日在 ISAS 位于九州岛南端的鹿儿岛（Kagoshima）发射场发射。几分钟后，探测器进入地球停泊轨道，随后第四级（末级）火箭点火，探测器进入 703 km×489 382 km 的轨道，周期为 15 天，远地点的高度达到地月距离。在成功展开太阳翼之后，行星-B 探测器被重新命名为希望号（Nozomi），命名的时机源于日本探测器在正式入轨后才进行命名的传统（该探测器也被称为 SS-18，因为它是日本的第 18 颗科学卫星）。它的历史意义在于，这是美俄之外的国家发射的首颗火星探测器。

在旅程的前几星期里，器上仪器逐台开机并完成自检和标定。尘埃计数器于 7 月 10 日开机，并在几天之后记录到了第一次撞击。在第一次接近远地点时，相机在 300 000 km 之外拍摄到了半明亮状态下的地球，对遥远的月球也进行了拍照。在绕地球 6.5 圈后，希望号于 9 月 24 日以不到 5 000 km 的距离飞掠月球，利用月球引力将远地点提升至 170 万千米。相机完成了地球和月球的观测，并对紫外成像光谱仪进行了标定[7]。特别惊喜的是，相机拍到了一些月球表面的细节，其中包括首张由日本拍摄的月球背面照片。在 11 月 18 日到达远地点后，在狮子座流星雨向地面观测者完美亮相的第二天，探测器也遭遇到了这场流星雨，工程师们决定将探测器上的科学仪器关机，以避免它们遭受相对速度 70 km/s 的尘埃的撞击。然而，在德国的尘埃计数器关机之前，仍然记录到了狮子座尘埃的 2 次撞击[8]。12 月 18 日，希望号在飞向地球的过程中在 3 个月前的月球飞掠位置附近再次与月球相遇，本次距离月球 2 809 km。12 月 20 日最后一次地球飞掠时的最近点位于太平洋上空 1 003 km。希望号原计划首先加速自旋提高稳定性，然后发动机点火，结束后再降低自旋速度。探测器在轨道机动的时候将远离陆地，而 ISAS 犯了一个幼稚的错误，没有使用移动地面站对探测器进行实时的追踪。考虑到其他国家在执行相似轨道机动时曾经出现过的故障，ISAS 理应做得更好。在本次希望号事故中，氧化剂增压系统的自锁阀发生了故障，导致发动机工作的氧燃比未处于最优状态，燃烧剂过多而氧化剂不足，导致发动机的推力低于设计值。出于安全考虑，发动机在 397.5 s 之后自动终止点火。结果导致希望号的速度比要求值小了 100 m/s。如果 ISAS 能够与探测器保持通信，可以发送指令使探测器进行补偿性点火，不幸的是，地面与探测器的通信直到 12 h 后才建立，此时发动机已经无力修复轨道以及按照原计划执行任务。尽管会使既定的轨道入射机动进入两难境地，工程师们最后还是决定进行一次 340 m/s 的轨道机动，以使希望号能够按计划到达火星附近区域。

日本工程师们迎难而上，开始进行任务再设计，这些工作必须在 1 月初以前完成。他们共设计了 5 种方案。尽管剩余推进剂肯定不足以支持探测器在 1999 年 10 月进入火星轨道，不过那时希望号可以在飞掠时进行发动机点火，以修正探测器的日心轨道，使其能够与火星再次交会，机会有 2 个，一个是在 2000 年 8 月完成半圈轨道飞行后在太阳的另一侧交会，另一个是在 2002 年 7 月完成一整圈轨道飞行后交会，这两次交会时探测器均有机会进入火星轨道，不过在这两种情况下，探测器的推进剂剩余量也基本处于临界状态。不进行轨道修正的飞掠也可以创造一次交会机会，只是时间需要延迟到 2016 年 7 月；这样探测器将有更多的推进剂来进行火星轨道入射，不过由于时间拖得太久，探测器系统已经超出了名义上的工作寿命。不过，希望号碰巧处在周期为 16 个月、轨道半径为 1～1.5 AU 的轨道上，并将在 2002 年 12 月到达地球附近。这条轨道以及 6 个月后与地球的再次交会可以使探测器能在 2003 年年末或者 2004 年年初到达火星，并且有足够的推进剂进行一次有意义的探测任务。由于这是挽救探测器的最符合情理的选择，在 1999 年 6 月 15 日进行了一次轨道机动，为地球飞掠做准备。漫长的行星际航行引起了关于悬臂和天线的担忧。尽管地面试验显示它们应该可以在长期处于压紧状态后完成展开，不过似乎悬臂和天线从来没有展开过[9]。

在项目开始后较短的一段时间内，研究人员对使用大气捕获使探测器进入火星轨道的可能性进行了研究[10-11]。在重新设计任务的过程中，日本工程师研究了利用空气制动来调节发动机点火形成的轨道的参数，使探测器进入最终的工作轨道的可能性，但这一研究没有继续下去[12-14]。

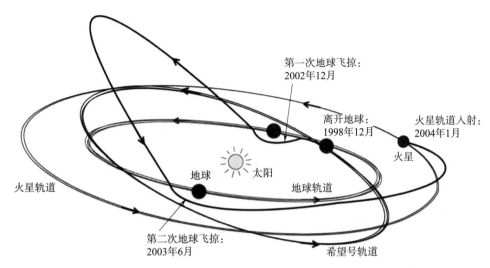

为了弥补发动机故障所造成的后果，希望号经过 2 次地球飞掠从地球到达火星的曲折旅程
（图片来源：ISAS/JAXA）

在 1999 年 7 月，希望号遭遇到了另一个挫折——无法使用 S 波段发射机的放大器。探测器在轨道上运行时，该故障不仅将会妨碍大气无线电掩星实验，也使到达目标变得更加困难，因为更窄的 X 波段波束需要经常调整探测器在运行轨道上飞行的姿态。此外，在两次地球飞掠之间的一些位置，为了使太阳帆板产生足够的能源，只得使高增益天线的指向远离地球，这使得在 2 个月的时间里，无法进行探测器的导航和定位。因此，也为了在其他时间段获取更好的位置信息，日本工程师决定采用维加号任务中将气球放飞到金星大气层的技术，通过参考遥远的类星体将希望号准确定位。同时，在 1999 年 9 月 7 日的远日点附近，希望号飞入了距离目标 400 万千米的区域[15]。在 2000 年年末和 2001 年年初探测器经历了日凌，但是由于没有足够的内存来存储数据，将其他所有的仪器关机，仅保留尘埃记录仪。同时由于探测器失联了整整 3 个星期，只可能在相对角度较大的时候进行日冕的无线电探测。

1999 年、2000 年、2001 年和 2002 年的前四个月，探测器收集了一些有趣的科学数据。特别是，紫外和极紫外仪器获得了穿透太阳系的行星际氢和氦的全天空分布图[16]。在这 3 年的巡航期间，尘埃计数器检测到了超过 100 个粒子，包括一些可能的星际尘埃斑点，与尤里西斯号和星尘号收集到的尘埃类似[17]。希望号的太阳探测与先进成分探测器（Advanced Composition Explorer，ACE）相呼应，后者位于拉格朗日 L1 点的晕轨道（halo orbit）上，主要任务是描绘行星际磁场、太阳风结构和日冕物质抛射冲击的范围。在希望号接近日凌、不得不关闭器上设备之前，探测器在与地球相对的一侧观测到了太阳的"背面"。此外，希望号和先进成分探测器为 2002 年 4 月 21 日的太阳耀斑提供了相关性证据，这将对日本此次火星探测任务的后续部分产生重大影响[18]。

2002 年 4 月末，希望号的遥测信号在一次明显的能源故障之后中断了。故障的具体原因并未确定，但是可能与导致太阳质子检测仪完全饱和的强烈太阳耀斑有一定关系。工程师很快发现探测器无法进行姿态校正或者轨道修正，推测能源供给故障导致肼贮箱的加热器关闭，进而造成推进剂冻结。在一段时间内，地面只能接收到无线电信标信号，不过从 5 月 15 日开始连信标信号也消失了。在那一刻，任务似乎已经注定失败。然而在 2 个月后，工程师发现恢复信标信号还是有希望的。日本的飞行控制人员采用了一种巧妙的方法，对信标的开启/关闭状态进行重新设定，并定义为所需的遥测信号，以获得一些探测器健康状态的信息。终于，在 9 月初到达近日点时，管路中的肼融化，探测器可以重新进行姿态控制和轨道控制，不过主发动机的能力没有恢复。这是几个月来第一次可以在太空中测定探测器的位置。为了避免在这段时间内重新调整探测器的指向，工程师们使用与高增益天线波束夹角 90°的"旁瓣"（side lobe）信号来进行通信、遥测和轨道测定[19]。在 9 月到 11 月期间，为了精确地瞄准地球，探测器进行了 3 次小的发动机点火。2002 年 12 月 21 日，希望号在 29 510 km 的高度、以 13.8 km/s 的速度飞掠了地球。糟糕的天气使得日本的观测者没能拍到这一幕。此次飞掠使探测器的轨道倾角降低，并使公转周期降为 1 年，在这个轨道上探测器可以在 6 个月后再次经过地球轨道。在此期间，希望号与地球的距离可以保持在 1 500 万千米之内，并且处于地球的北半球上空。第二次飞掠在 2003 年 6 月 19 日完成，距离地球 11 023 km，相对速度仅为 3 km/s。根据设计，此时正好处于火星发射窗口的中间时段。日本工程师使用分布在日本和加拿大的 9 个天线设法获取超过 30 天的精确位置数据。在这一时刻，日本 Kuma Kogen 天文台的天文学家们拍下了两张探测器在星场中的照片，证实了通过无线电方法进行位置修正的正确性。此次飞掠不仅使希望号的远日点重回火星轨道，还将远日点相对于 1999 年的交会位置旋转了 90°左右，以便探测器于 2003 年年末到达。然而工程师仍然需要确定如何重新启用能源供给系统，这对于轨道入射和科学探测都非常重要。事实上，管路中残留的冻结推进剂使得利用主发动机进行轨道入射尽管并非不可能，但也非常困难。在希望号最终飞往目标之时，灾难再一次降临，2003 年 7 月 8 日探测器与地面联系中断，再也没有恢复，问题的原因也一直没有找到。

就在新的空间机构 JAXA 准备在 10 月开始运营的时候，任务失败了。在 2013 年 12 月 13 日，希望号默默地到达距离火星 1 000 km 之内的位置，JAXA 给出的高度是 894 km。一份日本报纸在 11 月"披露"了一个消息，地球飞掠可能已经将探测器送上与火星相撞的旅程，同时由于探测器上的微生物在多年的太空飞行过程中被未经过消毒处理的硬件保护着，可能会污染火星的环境。为了避免这种可能性，在 12 月 10 日，飞行控制人员"盲发"指令，目的是将轨道修正 100 km，以降低撞击的风险，撞击的可能性约在百分之一量级。无论探测器是否收到指令且寂静地执行了，最后的结果都无人知晓。如果探测器没有撞毁，那么它将在与火星相似的轨道上绕太阳运动。12 月 19 日，任务的所有支持工作均告终止[20-22]。

尽管希望号提供了一些太阳和行星际空间有用的科学数据，但是它实际上并没有传回原定目标的任何数据，意味着这是一次失败的任务。虽然日本科学家也表达了进行一次太空任务来挽回部分丢失科学成果的兴趣，不过这在 21 世纪 10 年代之前不太可能实现。

10.2 "宇宙食尸鬼"的晚餐

当火星全球勘探者（Mars Global Surveyor）轨道器被提出时，它是火星勘探者（Mars Surveyor）计划的第一个任务。这些任务预计至少可以持续到 21 世纪 10 年代，每次任务均由 JPL 设计、管理和"飞行"。然而，在经过竞争选择后，JPL 和科罗拉多州丹佛市的洛克希德•马丁航天公司在 1995 年 2 月达成了一项为期 10 年的协议。洛克希德•马丁公司将提供探测器硬件，并在丹佛建立运营中心。只有火星探路者（Mars Pathfinder）和可能的"微型任务"被排除在协议之外。这个想法为航天任务提供了一个自然的进化途径，并最大限度地提高硬件的通用性，以降低研制成本。项目设想在 1998 年发射不少于 4 个探测器，包括一个利用为火星观察者（Mars Observer）研发而没有分配给火星全球勘探者的设备再次飞行的轨道器，一个"传统的"着陆器，以及两个穿透器。所有探测器的设计和研制需要在 37 个月内完成。事实上，火星观察者（Mars Observer）的设备只剩下了 2 台。在项目启动后，1998 年的轨道器选用了压力调制红外辐射计，而 2001 年的轨道器选择了伽马射线光谱仪。

火星气候轨道器（Mars Climate Orbiter，MCO）任务预计于 1998 年发射，其目标是成为一颗火星气象卫星，定期观测气候，测量大气、尘埃和水成分，以及从火星表面到 80 km 高度的云层。此外，2 台彩色相机可以提供全视场的全球天气图像和中分辨率的季节性表面特征监测结果。轨道器还装有一个 42kg 的辐射计，由 JPL 负责建造，英国牛津大学和俄罗斯航天研究院（Institute for Cosmic Research）协助完成，使用了在地球轨道上经过验证并应用于先驱者号金星轨道器（Pioneer Venus Orbiter）的方法。具体地说，它主要用于绘制火星大气的热结构、全球大气尘埃数量以及低层大气中水蒸气的分布；探测水汽和二氧化碳的区别；监测火星表面压力随季节的变化情况；研究极地区域的能量平衡，并探测大气与火星表面的相互作用。该仪器通过特殊的滤光器和密封的充气单元，可以在 9 个频段中进行观测，涵盖了从可见光到红外线的范围[23]。1.1 kg 的成像仪由一个提供千米级分辨率的可见光及紫外线广角相机和一个 40 km 范围最高分辨率为 40 m 的中等视角相机组成。两款相机都使用了 1 000×1 000 像素的 CCD 相机，它们的电子器件和电源都是相同的，唯一不同的就是光学部件[24]。

探测器的本体结构是一个由碳复合材料和铝蜂窝组成的 2.1 m×1.6 m×2 m 的平台。平台内装有一个仪器舱板和几个一共装有 291 kg 肼和四氧化二氮的贮箱。和火星全球勘探者号相似，火星气候轨道器将不使用扫描平台，而是将所有的仪器安装在朝向火星的科学仪器舱板上。在科学仪器舱板相反的一侧安装 640N 轨道入射发动机。火星气候轨道器为三轴稳定探测器。星敏感器、太阳敏感器和陀螺用于姿态确定，推力器和动量轮用于姿态控制。4 个 22 N 脉冲推力器和 4 个 0.9 N 单组元推力器分为两组，用于姿态控制和轨道修正。1 个安装在铰接悬臂机构上的 1.3 m 高增益天线和 1 个中增益天线负责提供通信。就像它的前任一样，火星气候轨道器具有无线电中继功能，用于与火星极地着陆器和后续任务的通信。在平台的一侧安装一个 5.5 m 长的太阳翼，由 3 个可展开的帆板组成，可以在火星附近提供 500 W 的能源。

火星气候轨道器进入了周期为 12～17 h 的火星高轨轨道。在进行一系列的推力器点火和大气制动之后，探测器的轨道降低并圆化。在太阳能电池板上装有小型空气阻力襟翼，以协助进行大气制动。由于入射轨道的近火点比火星全球勘探者号更低，轨道的圆化过程耗时更短。事实上，在到达火星后的 2 个月内，探测器就到达了一个 373 km ×437 km 的太阳同步极地轨道，并在当地傍晚时分和黎明前 0.5 h 穿越赤道。在这个轨道上的前 3 个月（至 2000 年 2 月底），探测器主要作为火星极地着陆器（Mars Polar Lander，MPL）与地球的无线电中继系统，为任务提供支持。在此之后，轨道器才会开始它自己的科学任务，并将持续一个完整的火星年[25]。

1994 年中期，NASA 曾一度考虑与俄罗斯航天局（Russian Space Agency）合作，共同执行 1998 年的火星任务。除了将 Mars 96 的硬件集成到美国的轨道器上，这个火星计划还包括一个俄罗斯的巡视器，一个法国的气球，一个类似于旅居者号（Sojourner）的美国火星巡视器，一个弗雷盖特（Fregat）上面级，可能还有一对 Mars 96 穿透器。包括德国和意大利在内的其他国家也考虑加入，并提出搭载一种"旋转钻"。这些载荷将由质子火箭发射。然后，弗雷盖特（Fregat）上面级执行地球逃逸机动、轨道修正和火星轨道入射，并在与轨道器分离后使进入舱脱离轨道。虽然没有对火星探测器组合体进行正式的评估，联合任务的成本应该低于美国火星勘探者 98（Mars Surveyor 98）与俄罗斯 Mars 96的总和。探测器的发射质量将近 8 000 kg，其中大约 700 kg 分配给了进入舱，给轨道器分配了不到 1 300 kg[26-28]。这是当时正在考虑的美俄联合行星任务中的一个，另外还有一个由质子火箭发射的美国冥王星–柯伊伯带快车任务（Pluto - Kuiper Express），配备了俄罗斯的"水滴探测器"（Drop Zonds）（俄罗斯人称之为 Lyod，也就是冰），以及一个联合太阳探测器（Plamya；火焰）[29]。最后，NASA 决定使用自己的德尔它 Ⅱ 型火箭发射这个629 kg 的火星气候轨道器。

火星极地着陆器是 1998 年火星勘探者计划中的火星表面探测部分。它将成为第一个探索火星高纬度区域的着陆器。其主要任务是在土壤中寻找冰，并研究水和二氧化碳在极地的循环过程。尽管当时人们对于使用安全气囊进行火星着陆的兴趣较大，JPL 还是决定使用海盗号着陆器的三足着陆腿方案，并使用降落伞和反推发动机减速。着陆器以一个中心铝制结构为核心进行建造，结构内装有主计算机、电池、无线电设备和其他硬件。一个独立的小舱安装其他电子设备和雷达高度计，用于动力下降过程的控制。雷达高度控制器在 F - 16 战斗机高度表的基础上改进而成，具有感知垂直速度和水平速度的能力。平台顶部的石墨环氧材料的科学仪器舱板布置于着陆垫上方 1.06 m 处。着陆器两侧安装 4 块太阳能电池板，宽度为 3.6 m，落地后可立即提供 200 W 的能源。两个较小的辅助太阳能帆板安装在探测器两侧的本体上。在本体的下面有三条铝制的着陆腿，每条着陆腿都由一对辅助腿进行支撑，并通过弹簧由收拢位置伸展至打开状态，内部设置可压缩的蜂窝，可以缓冲其与地面撞击时的冲击。本体下面安装 12 组 266 N 下降发动机，其推进剂肼由太阳翼下面的一对球形贮箱携带。火星极地着陆器通过低增益天线以最高 5 700 bit/s 的速率与地球直接通信，也可以通过通信中继火星全球勘探者号或火星气候轨道器独立的无线电系统进行通信，速率可达 128 kbit/s。着陆器所有的部件都使用乙醇进行了彻底的清洁，器上还有一些大型部件，比如用于被动热控的多层聚酯薄膜毯或 11.8 m 的降落伞伞盖，都在 110 ℃的温度下进行了 50 h 的消毒。据计算，着陆器每平方米最多含有 300 个微生物孢子。

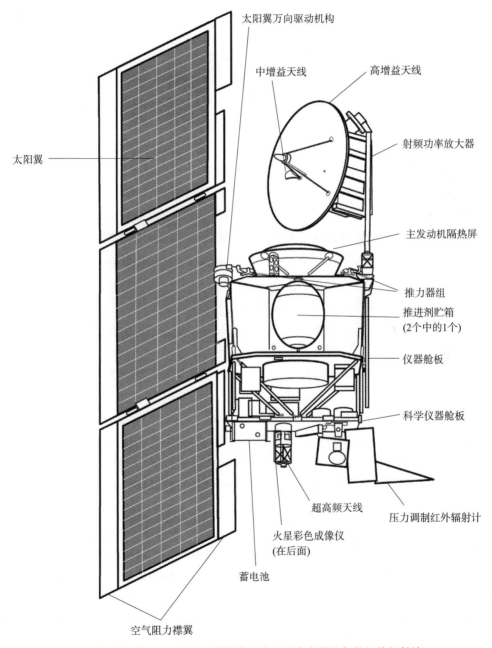

火星气候轨道器的组成图，其携带了火星观察者号的备份红外辐射计

科学载荷包括一个立体相机、一个机械臂、一个气候测量站和一个气体分析仪。

作为火星探路者成像仪的克隆产品，螺旋弹簧承载的桅杆可以将立体相机抬升至距离地面 1.8 m 以上，在机械臂的帮助下，成像仪可以提供距离着陆器 3 m 左右的立体图像；通过海盗号轨道器和火星全球勘探者号提供的照片，可以获取着陆地点的全景照片。此外，成像仪将尽全力进行大气的拍摄，以测量大气中尘埃的含量和太阳光在某一特定波段的亮度，进而可以获得水蒸气吸收太阳光的情况。一个有趣的想法是捕捉拍摄火星上的假日、幻日以及固体二氧化碳形成的光环，观测结果将为证实二氧化碳云团的形成提供"真实图片"。固体二氧化碳光环相对于太阳的形状和位置将约束火星云的物理学和热力学特性[30]。相机的分辨率为 256×256 像素，可以根据地质和大气研究的需要切换 12 个不同的滤光器。像往常一样，在科学板上安装了磁铁，可以在相机的视线范围内研究磁化的尘埃颗粒[31]。5 kg 重的环氧石墨材料的机械臂有 4 个自由度（方位角、肩关节、肘关节和腕关节），可以到达距离着陆器 2.2 m 的位置。机械臂配置了一个反向铲，在挖掘 50 cm 深的坑沟时的功率大约 10 W。机械臂还配置一个小铲子用来获取土壤样品，小铲子安装在方便立体相机进行观察的位置；前臂上相机安装在靠近地面的位置，可以观察小至0.025 mm 的细节；机械臂还可以将 175 mm 的钉形温度探测器插入地面。在机械臂的设计方案里，相机可以观测着陆器的底部区域，以及被反推发动机吹动的土壤。由于机械臂通过铰接连接，肘关节的温度计可以在一个比较宽的高度范围内测量温度。机械臂本身也是一个科学仪器，通过读取驱动器的电流、扭矩和力，可以确定星体表面的力学和物理性质[32-33]。气象站使用一根 1.2 m 长的指向上方的桅杆和一根 0.9 m 长的指向下方的桅杆，桅杆上安装了传感器，用来检测风速和风向。

最重要的仪器是由机械臂承载的热演化气体分析仪（Thermal and Evolved Gas Analyzer，TEGA）。它由 8 个单独使用的加热箱组成，每一个都有一个石英小瓶，可以加热 0.038 mL 的土壤样品，加热温度高达 950 ℃，以测量水、过氧化物、二氧化碳和碳同位素的含量，精度可达百万分之八。此外，与加热温度对应的样品吸收热量记录可以提供成分相变的信息。每个加热箱都有一个 35 mm×100 mm 的装运窗口，窗口装有弹簧门，可以防止一个加热箱中的样品进入相邻的加热箱中[34]。

有效载荷由下降成像仪和激光雷达组成。下降成像仪拥有 1 000×1 000 像素，在反推发动机工作到探测器触地期间拍摄 30 张照片，为火星表面拍摄的图像提供背景信息。IKI研制的激光雷达将勘测低空大气中的霾、冰和尘埃。这是第一个在美国行星探测器上携带的俄罗斯仪器。在激光雷达电控箱里装有一个行星协会赞助的 50 g 的麦克风，用于捕捉火星的声音。虽然声称这是第一次在行星探测器上安装此类设备，但其实在苏联的金星号（Venera）着陆器和 ESA 的惠更斯号探测器上都有声波传感器，而卡西尼号探测器当时正在飞往土卫六的路上[35]。

火星极地着陆器在星际巡航期间将通过直径 2.4 m 的外壳和防热罩提供保护，其几何特征与更大的火星探路者外壳接近。与此同时，在 11 个月的飞行过程中，一个简单的太阳能动力巡航级安装在外壳的顶部，用于轨道控制、发电和姿态控制[36]。然而，这一次

火星极地着陆器是第一个在火星极地区域尝试进行软着陆的探测器

巡航级还搭载了两个由新千年计划资助的探测器。这两台深空 2 号穿透器是 NASA 发射的第一批此类设备。它们的加入使得在 1998 年的火星窗口发射的美国探测器数量达到了 4 个。这些微探针非常小，每只的质量只有 2.4 kg，通过一些设计可以使其在穿过大气层并在与地面高速撞击后存活下来。算上外壳、巡航级和微探针，火星极地着陆器的有效载荷质量为 576 kg。

穿透器安装在一个直径 35 cm、高度 27.5 cm、前方位角 90° 的封闭外壳里。这样设计的目的是提供足够的空气阻力，使下降速度降低到低于 1 马赫的水平，并在 10° 范围内保持运动的稳定性。探针没有配置降落伞、反推发动机或安全气囊进行缓冲，其与地面撞击的速度在 180~200 m/s 之间。气动外壳的气动验证试验在 JPL 进行，3 马赫的试验在超声速风洞完成，5 马赫试验在高超声速风洞完成。在美国空军研究所和俄罗斯中央科学研究所位于加里宁格勒的风洞中进行了跨声速气动试验，目的是模拟稀薄的火星大气的独特特征[37]。气动外壳的设计是在经历 30 000 g 的冲击载荷的撞击瞬间粉碎。与此同时，穿透器将被分解成一个留在火星表面的后体和一个子弹形状的前体，后者可以在未固结的土壤中钻入 0.6 m。后体的直径为 14 cm，高 12 cm，并且有一个通信系统，可以通过安装在短臂上的"晶须"天线，以 7 kbit/s 的速度将数据传输到轨道器上。前体是一个圆头钢筒，长度为 10 cm，直径为 39 mm。在轨飞行时，它被安置在后体的一个凹槽里。这两个部分将通过一个 1 m 长的脐带连接。穿透器的头部使用重金属钨，可以使穿透器的重心尽可能地向前，在撞击时获得最大的稳定性。每个穿透器都有 4 种小型化的仪器。加速度计记录大气进入时的减速过程，用于两极大气剖面的重建。另一种完全不同的加速度计，用

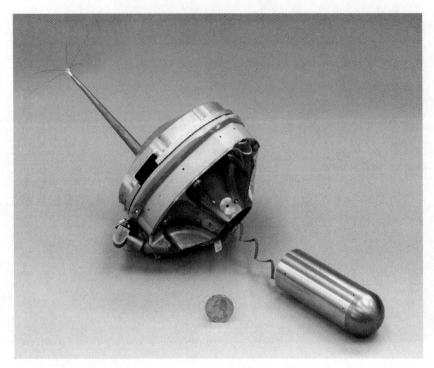

深空 2 号穿透器微探针包括一个后体（左）和一个使用绳系的前体（右），质量为 2.4 kg

来记录 30 ms 的火星表面撞击数据，以测量土壤的硬度和可能的分层情况。前体安装了两个温度传感器，用于测量土壤的导热系数。前体的侧面安装一个由弹簧推动的 0.9 W 的电钻，可以在 5 min 内将体积相当于软饮罐一半的土壤收集起来。这些土壤将被加热到 10 ℃，并通过激光光谱仪扫描挥发气体来检测水的痕迹。利用空气枪进行了三组研制试验。第一组的 61 次射击通过以超过 600 km/h 的速度向干沙、黏土和液态氮冷却的沙子等不同类型的目标发射微探针，验证了微探针的机械设计。第二组试验表明，冲击加速度计可以了解目标的分层情况，第三组试验针对干沙、黏土和湿砂获取了校准数据[38]。样品采集也进行了验证。

深空 2 号任务的主要目的是验证一些航天技术，包括利用一台主探测器在火星上播撒几十个这样的探针的技术[39]。任务发射之后，为了纪念第一次到达地球南极的两支探险队的队长，微探针分别被命名为罗尔德·阿蒙森和罗伯特·法尔肯·斯科特，前者来自挪威，后者是英格兰人。

1998 年的两个火星勘探者任务的总费用估计为 3.276 亿美元，其中包括两枚德尔它火箭。微探测器没有得到火星勘探者项目的拨款，除此之外还增加了 2 820 万美元。除去运载火箭，本次任务的总成本仅为 1.93 亿美元，略高于一个火星探路者号（Mars Pathfinder）的成本，如果考虑到美元的贬值，其费用比火星探路者号还要少一些。这显示出了一种可能性，即 NASA 将"更快、更省、更好"的管理风格已经延伸得太远，一项 JPL 内部的警告称，"一些任务可能正朝着这个悬崖前进"[40]。

火星气候轨道器本将于 1998 年 12 月 10 日发射，但由于控制探测器电气系统的软件问题，不得不推迟一天。探测器在两星期发射窗口的第二天下午 6 时 45 分（UTC 时间）发射，进入了 II 型转移轨道，将在 9.5 个月内到达火星。在 12 月 21 日进行的 19.1m/s 的轨道修正消除了运载火箭发射的轨道偏差，并调整了飞往火星的轨道参数。几天后，辐射计的辐射门第一次打开。1999 年 3 月 4 日，进行了 0.86 m/s 的轨道修正，并在一个月后进行了为期一星期的仪器校准工作。在这段时间里，相机对选定的明亮恒星进行了扫描。在 7 月 25 日进行第三次轨道修正前，即在火星轨道入射之前的 60 天，飞控小组开始怀疑轨道修正的设计和执行出现了问题。轨道数据显示，探测器在标称椭圆轨道之外，且更接近火星。然而，由于太阳能阵列铰链的问题，探测器进入了安全模式，这分散了飞控团队的注意力。他们用了整整 6 个星期的时间来解决这个异常问题，并准备了一个应急计划，以防在大气制动和环火飞行过程中重新出现。与此同时，在 9 月 7 日，相机在 450 万千米的高度拍摄了火星的标定图像，此时火星尺寸仅为几像素。在 2000 年 2 月开始主任务之前，探测器没有进一步拍摄图像。1999 年 9 月 15 日探测器进行了第四次轨道机动。跟踪数据显示，近火点的高度为 173 km，而不是计划的 210 km。由于低高度飞行是可以接受的，决定不在 9 月 20 日进行第五次轨道机动。在 9 月 23 日上午，探测器将太阳翼收拢，并重新设置了通信系统，以通过中增益天线传送微波信号。与此同时，JPL 的导航人员开始报告，近火点的高度已降低至 110 km。这个高度探测器仍然可以存活，但是在第一次经过远火点时需要进行一次主发动机点火，以提高之后的飞行高度。推进剂管路的增压按计划进行，在 09：49（UTC 时间），发动机进行了 16 min 23 s 的点火，完成了火星轨道入射。

在点火后大约 5 min，探测器消失在了火星的边缘，比预期的时间提前了 39 s，因为此时出现了大约 20 min 的掩星现象；从此，探测器再也没有出现过。对轨道数据进行的分析表明，探测器与火星之间的最近距离仅为 57 km，已经处在大气层深处。在 98 km 高度上，某些部件的温度会超过设计极限。在 85 km 高度上，空气动力的扰动力矩将超出姿态控制系统的控制能力。太阳能帆板可能早就与探测器分离了。如果探测器舱体没有破裂，它可能会被捕获到一个偏心轨道上，但也会在下一次经过大气层时烧毁。9 月 25 日，试图建立通信的尝试没有成功，很明显，探测器一定已经被烧毁了[41]。由于轨道器不像着陆器那样对于行星污染和灭菌要求那么严格，火星气候轨道器（Mars Climate Orbiter）可能是地球微生物对另一颗行星造成污染的一个最严重的案例。小碎片有可能会到达火星表面，但愿它们在短时间暴露在 500 ℃ 以上温度的过程中被消毒了。

JPL 和 NASA 都成立了调查小组，以寻找此次失败的原因。主要调查结果在 1999 年 11 月 10 日公布，竟是一个令人惊讶并且尴尬的"大学水平"的原因。用于对星际巡航过程中作用在探测器上的"小作用力"进行建模的文档的使用方法上存在一个错误。小作用力是一些类似于太阳辐射压力、姿态控制推力器不平衡等的外部作用力，它们会对轨道造成轻微的扰动。当然，这些次要的作用力都非常微小，但它们在长时间内的影响可能是相当可观的。小作用力文档由洛克希德·马丁公司编制，JPL 在进行轨道修正设计时使用。问题在于，按照美国技术人员的习惯，洛克希德·马丁公司的工程师在编制文件时对这些力使用了英制单位磅，而 JPL 使用 NASA 的标准，假定这些单位是公制单位牛顿。在探测器丢失的一星期内，人们意识到小作用力一直以 4.45 的系数被低估了，这也正是两个单位之间的换算比例。事故的原因是，在构型设计时太阳能电池板的布置严重不对称，导致太阳辐射压力已产生了较大的干扰扭矩，需要频繁地进行姿态调整。这些动作平均每 17 h 进行一次，比基于过去经验的预期频率要高 10～14 倍。由于这些扰动模型以英制单位建立，但以公制单位使用，小的轨道误差不断被引入，以至于在探测器到达火星时已经产生了很大的导航误差[42]。不幸的是，轨道误差与行星的方向是一致的（也是唯一可能造成灾难的方向），并将初始的近火点拉低到大气层之中。组织管理问题也得到了确认，工程研制人员没有咨询 JPL 的探测器设计专家；设立两个独立的导航团队，分别用于发射前的研制阶段和实际飞行阶段；还有一个在地理上分散的组织，使沟通变得困难。此外，这些交流均是通过非正式的联系方式，如个人电子邮件，而不是通过正式的报告。在模拟行星际飞行中，有充分的迹象表明，小作用力的错误是一致的，而非随机的差异，但是缺少人手的导航团队从来没有提出过进行同行评审。因此归根结底，这项任务的失败是由于项目管理不善造成的。这个问题本身已经有些尴尬，对于 JPL 来说更是如此，因为 JPL 一直特别为它的深空导航而自豪[43-44]。

　　与此同时，1999 年 1 月 3 日，另一枚德尔它 Ⅱ 型火箭在发射窗口的第一天发射了火星极地着陆器，并将其送入了 Ⅱ 型轨道，将在整整 11 个月后到达火星。探测器在巡航阶段没有进行任何观测活动，唯一的活动是轨道修正和对产品的常规监视。1 月 21 日进行了第一次轨道修正，速度增量为 16 m/s。第二次轨道修正是在 3 月 15 日。第三次轨道修正于 9 月 1 日完成，瞄准点距离南极点 800 km。据估计，南纬 76°、西经 195° 的这片区域在过去的几千万年间都是由灰尘和冰堆积形成的层状地面，预计石头仅覆盖不超过 10% 的地面。着陆时机在火星南部的夏季，这样太阳就会在着陆器运行的几个月里保持在地平线之上。与此同时，微探针群将会在距着陆器约 60 km 的地方着陆，彼此间距约为 10 km，分布在以南纬 75.3°、西经 195.9° 为中心，200 km×20 km 的椭圆中，在那里，冬季的二氧化碳冰应该已经在 1 个月前消失。微探针的电池可以支持地面任务长达一星期[45]。

　　在火星气候轨道器丢失之后，NASA 对火星极地着陆器的设计和运行进行了评审，与此同时，探测器在 10 月 30 日进行了第四次轨道修正。研究发现了一个潜在的问题：在下降的过程中，火星上的低温会影响到反推发动机的性能。因此，团队决定打开推进贮箱的加热器，希望能够温暖邻近的推力器，然后才要求开展轨道下降工作。然而，由于贮箱和发动机之间装有大量的热保护装置，这项工作几乎不会有效。第五次机动于 11 月 20 日进行，仅将探测器的速度调整了 0.06 m/s。在 1999 年 12 月 3 日进入火星大气之前的 6.5 h 内，着陆器进行了最后一次轨道修正。在 7 时 49 分（UTC 时间），火星极地着陆器切换至大气进入姿态，并切断了与地球的联系。在进入之前的 5 min，将着陆器紧紧包裹的气动外壳与巡航级分离。巡航级在等待 8 s 后释放了两个微探针，这个时间差可以确保四个单独的探测器不会碰撞。由于巡航级此时已不稳定，2 个微探针可能以任意姿态释放，不过它们的空气动力特性能够确保它们以正确的姿态进入。

火星极地着陆器连接在德尔它运载火箭的第三级上。在巡航级的一个折叠的太阳帆板旁边
可以见到一个微探针的外壳

　　火星极地着陆器以 6.9 km/s 的速度沿一条 10 km×40 km 的狭窄走廊飞入大气，在几十秒钟内经历了最大 12g 的过载，并将速度减至 430 m/s。在大约 7.3 km 的高空，打开降落伞，抛开隔热罩，同时下降相机将开始拍摄照片。随后，着陆腿展开。高度计将在 2.5 km 的高度激活。在垂直速度达到 75 m/s 并将被罩和降落伞抛除后，反推发动机将被激活，并进入最关键的阶段——将着陆器减速到 2.4 m/s 的着陆速度。在大约 40 m 的高度，高度计将关闭，探测器将继续进行发动机点火，等待传感器传回着陆腿在接触地面时产生的变形[46]。在尘埃落定 5 min 后，太阳能电池板打开，抛物面天线在 3 min 后开始搜寻地球以恢复联系。相机在随着桅杆升起前将首先进行初步的五色扫描[47]。在着陆 20 min 内预计会与着陆器取得联系，但是飞控团队却徒劳无获。令人惊讶的是，也没有收到微探针的任何信息。

通信窗口连续几天打开和关闭，但是始终没有得到响应。到 2000 年 1 月 17 日，工程师们研究了所有可能的故障模式。45 m 的斯坦福大学射电望远镜对搜寻工作进行了协助，并报告于 12 月 18 日和 1 月 4 日发现了微弱信号，随后又征募了荷兰的韦斯特博克（Westerbork）、英格兰的乔德雷尔班克（Jodrell Bank）和意大利的梅迪奇纳（Medicina）等大型射电望远镜。不幸的是，它们都没有发现明显的信号传输迹象。进一步分析表明，斯坦福大学所报告的信号是无线电望远镜接收机所产生的噪声信号。此外，火星全球勘探者号在 1999 年 12 月 16 日开始对以目标为中心的超过 300 km² 的区域进行扫描，其分辨率为每像素 1.5 m，没有发现着陆器（2 像素）或者降落伞（展开后 4 像素）。

随后进行了一项调查，希望可以找出 3 个探测器失败的原因。不幸的是，在设计阶段早期，为了节约费用，工程师决定在下降的过程中停止通信，结果导致没有可用的遥测数据来协助"尸检"调查。此次调查的一个核心建议就是，在未来任务所有关键事件中均需要传送遥测信号。在 1993 年火星观察者号丢失后，这个需求本应该是显而易见的，但事实显然不是这样。由于缺乏遥测数据，调查无法确定失败的确切原因，只能按照最可能的情况制定假设。看似合理的原因包括着陆点刚好位于一块过于粗糙的表面上；由于制造缺陷导致的防热结构失效；用于下降控制系统的过于简化的模型；由推进剂晃动引起的重心过度偏移；还有着陆器和后壳之间的一次灾难性的碰撞。一个貌似可信的罪魁祸首就是从洲际弹道导弹的弹头运载系统中继承下来的着陆发动机。根据（幸运的）有限的飞行经验，这个新的探测器没有进行有效的测试。但是，最重要的原因是下降发动机的软件出现了一个很小的逻辑错误，导致了发动机提前关闭。着陆器的每条着陆腿都装有弯曲传感器，以探测其与地面的接触，并关闭发动机，但发现传感器也可能被着陆腿展开和锁定引发的振动触发。在此次事件中，当软件在 40 m 高度开始读取传感器的数据时，可能认为着陆器已经着陆，并关闭了发动机，只留下探测器进行自由落体运动，80 km/h 的着陆速度足以摧毁探测器或者使其失效。这种传感器的行为在发射前就通过测试被认知到，尽管要求该软件屏蔽这些事件，但这些事件并没有在需求中具体描述，因此也没有得到适当的解决。一个简单的解决方案将是执行一条简单的软件命令，在第一次对传感器进行读取之前，将"着陆腿弯曲"信号重新设置为"失效"。

至于深空 2 号微探针，调查确定了四种可能的失效模式。探针在设计时没有要求能够穿入表面几厘米的冰层，所以在探针撞击冰层时会出现反弹，因为这个温度下的冰像岩石一样坚硬。那些电子设备，特别是没有经过合理测试的无线电系统和电池，可能在撞击中失效，或者"胡须"天线在稀薄空气中发生放电现象，就像大约 30 年前的火星 3 号一样。其他看似合理的推测包括，探测器没有在垂直的方向着陆，或者被破碎的隔热罩损坏，或者天线损坏[48]。作为一个整体，微探针被明确地认为"没有经过充分的测试，而且不具备飞行状态"。此外，从一开始，整个火星探测计划没有到位的资金比例就达到了 30%[49-50]。

在对这些灾难性失败进行回顾之后，NASA 局长戈尔丁亲自前往 JPL，为压缩任务成本过于苛刻而道歉。幸运的是，NASA 没有放弃"更快、更省、更好"的做法，而是决定从现在开始，这样的项目将得到足够的资金和人员支持。但是，正如戈尔丁所强调的那样，"大型、昂贵探测器的时代已经过去了"。虽然从长远来看这可能不是真的，但这个决定在挽救火星和发现计划方面起了重要作用。尽管有一些明显的缺点和偶尔的任务失败，这些项目以合理的价格在太阳系科学探索价值和公众关注方面取得了宝贵的成果。提高管理能力以继续这些"低成本"项目是很重要的，因为太阳系探测的总体预算不会增加[51]。当时很少有人意识到，从广域红外探测器（Wide - field Infrared Explorer，WIRE）望远镜发射后冷却液泄漏并在轨"瞎眼"到 1999 年火星任务失败之间，JPL 的这场噩梦显示出 NASA 主导的开放的、民用的科学空间项目和更加庞大但是层级分明的军方项目之间的差别。就在 NASA 和 JPL 因失败而受到嘲笑的时候，美国军方也遭受了几次发射失败，卫星被困在了错误的轨道上，尽管他们损失了几十亿美元，但没有人公开对此负责。

　　2004 年的火星探测巡视器（Mars Exploration Rovers）着陆后，火星极地着陆器再次成为新闻焦点。这是第一次有可能确定巡视器的着陆地点，并让火星全球勘探者号对它们进行成像，最后发现了一个从表面看类似于着陆器的物体。对 1999 年 12 月火星极地着陆器的着陆区域进行重新检查，发现了一个降落伞，在作为一个亮点的着陆器 200 m 之外有一个黑暗的斑点，可能是由于发动机工作产生的。然而，2005 年 9 月，当人们以高分辨率的视角重新审视这片区域时，"降落伞"被证明是一座小山丘上被照亮的斜坡，而亮点实际上是电子噪声[52-53]。所以火星极地着陆器的结局仍然是个谜。

10.3　取消的勘探者任务

　　1998 年火星勘探者任务的灾难性损失导致美国重新设计了火星探测方法。与此同时，所有正在研究和开发中的火星勘探者任务都被暂停并且最终取消，只有一个例外。只有 2001 年的轨道器被允许以修改后的构型继续进行研制。2001 年的着陆器在 2000 年 2 月被取消，距离进入最后的总装阶段仅有 4 个月，距离发射窗口也只有一年多一点的时间。火星极地着陆器丢失的原因无法准确地确定，这一事实削弱了 2003 年发射改进后的探测器飞往火星的希望。

　　原本计划在 2001 年 4 月发射着陆器，并在 2002 年年初到达。以火星极地着陆器为基础的着陆器在下降初期使用推力器进行减速，同时以高超声速飞行，将着陆区域缩小到大约 10 km，这对火星来说是定点着陆了。这样的精度对于后续的采样返回任务也至关重要。着陆后，探测器将展开两扇像圆帆一样的太阳翼，能够为 100 火星日的标称任务提供电能。2001 年的火星勘探者任务将携带一些与未来载人探测火星有关的仪器，它们由 NASA 的一个名为"人类科学探索与发展"（Human Exploration and Development of Science）的项目提供，该项目由约翰逊航天中心资助。这些仪器包括着陆器和轨道器上用于评估行星际航行和火星环境中的射线辐照的辐射监测器、一套用于评估火星土壤对人类健康的危害和毒性的实验设备以及一台使用火星大气制造推进剂的实验设备。一些人认为，这项研究对促进载人探测火星任务至关重要。着陆器将配备与火星极地着陆器一样的机械臂，但这一次，它还有一个任务，就是将一个最初安装在着陆器顶板上的巡视器转移到火星表面。

2001 年和 2003 年的火星勘探者任务中的巡视器将使用"现场集成、设计和操作"（Field Integrated，Design and Operations，FIDO）原型评估过的技术。这款 6 轮火星车长 1 m、高 0.5 m，尺寸是火星探路者号（Mars Pathfinder）的几倍大，也采用同样的"摇臂转向"（rocker - bogie）设计，并可以越过 30 cm 高的障碍物。火星车携带了一个可展开的、角度可调整的桅杆，这个桅杆上安装科学和导航摄像机，就像成年人的眼睛一样[54]。FIDO 还携带了自己的机械臂，用于将仪器放置在岩石和其他目标上。在小车的腹部下面有一个微型的钻孔系统，用于获取火星样本，并通过一个微型摄像机进行监控。该原型机于 1999 年在莫哈韦沙漠进行了大量的试验，并于 2000 年在内华达州的月球陨石坑火山口试验场成功进行了 600 m 的穿越[55-56]。火星版巡视器将携带一个名为雅典娜（Athena）的综合载荷（产生于另一个发现项目的提案），其中包括 14 个科学及导航相机、一个阿尔法质子 X 射线光谱仪、一个穆斯堡尔（Mossbauer）光谱仪和一个红外热发射光谱仪。由于本计划是为了演练采样返回任务的收集技术，它配备了一个可以装载 92 个样本的容器，用于选择、收集和贮藏岩石[57]。但预算不足的现实导致第一个大型巡视器任务延期至 2003 年。2001 年的着陆器被重新设计，以部署重新改造的居里夫人巡视器——旅居者试验项目。这严重削弱了人们对这个项目的科学兴趣，因为居里夫人巡视器是否能够完成一项有用的任务尚不清楚。巡视器将被机械臂举起，然后轻轻放至火星表面的合适位置。这支机械臂随后用来收集样品供探测器上的仪器分析，挖掘坑沟并进行土壤力学实验。就像雅典娜综合载荷设想的那样，穆斯堡尔光谱仪将被放置在与土壤接触的位置。在取消大型巡视器之后，巡视器的两个设备——全景相机和热发射光谱仪——将被安装在着陆器的舱板上[58]。有效载荷将由一个向下看的下降相机完成。当任务取消时，着陆地点还没有确定，但应该在北纬 3°至南纬 12°之间，以满足能源约束[59-60]。

2001 年轨道器和着陆器任务的总成本预计约为 3.11 亿美元。

火星勘探者在 2003 年发射窗口的最初设想是使用火星车为返回任务收集多种岩石。轨道器将作为一颗小型中继卫星，可以与着陆器一起发射，也可以由一枚小火箭发射。意大利航天局（Italian Space Agency，ASI）将提供通信载荷。中继卫星还有一个选择，就是正在由 ESA 开发的火星快车号（Mars Express）轨道器。一个低成本的火星采样返回任务将在 2005 年发射，任务包括发射一个携带巡视器和火星表面起飞上升器（Mars Ascent Vehicle，MAV）的着陆器，以及一个携带返回器的轨道器，返回器将携带样本进入地球大气层。轨道器将在 2006 年 8 月率先发射，并进入一个围绕火星的大椭圆轨道，然后在 2006 年 11 月着陆器到达火星时，通过大气制动将轨道调整为圆形。着陆器将通过追踪 2001 年或 2003 年巡视器上的信标完成精确降落。然后，一个"取货"巡视器将去收集其前任的存货。更多的样本可以通过这个巡视器或者着陆器进行收集。样本采集工作将持续 30～180 个火星日，然后上升器将带着它的有效载荷升空，并进入一个 300 km 的驻留轨道。上升器是一个 270 kg 的两级探测器，采用可以较长时间安全贮存的自燃推进剂。上升器好似一枚缩短版的火箭，直径为 1.7 m，总高度仅为 1.33 m。密封样品容器安装在

被取消的火星勘探者 2001 着陆器和居里夫人号巡视器

第一级内部一个洞里的"针"上。在完成交会之后,轨道器将把这个密封样品容器转移到返回器中,抛掉上升器并离开火星轨道,进入一条将在 2008 年 4 月到达地球的轨道。由于在设计上不使用降落伞,1m 大小的返回器将穿过大气层并自由降落到澳大利亚沙漠的一个回收区内。样品容器使用一层厚厚的防震材料,目的是保护其不受冲击损害。金属刀口密封设计可以确保火星样品之外的物质不会泄漏到这个容器中。因此,在发射大约 3 年后,科学家们将可以获得 1 kg 的火星岩石、尘埃和大气以供实验室研究[61-62]。

然而,采用液体推进剂的上升器的设计很快遇到了严峻的考验,因为探测器变得比预期更复杂,并且需要开发更多的新技术。最后,单是上升器的成本就已经飙升到了不少于1.2 亿美元,这对于一个总成本不超过 2 亿美元的任务来说显然是不切实际的。

在其他方面,火星计划似乎进展得很好,以至于 NASA 决定更新计划,并让 JPL 修改架构。在这样做的过程中,JPL 不仅引入了科学界的参与,而且还将载人航天飞行的代表以及欧洲、法国和意大利的航天机构囊括进来。此外,在一颗陨石中发现火星化石引发了热议之后,NASA 决定将第一个火星样本返回任务提前至 2003 年。

重新设计的任务将使用一种完全不同的小型火星表面起飞上升器,基于 20 世纪 50 年代末保密的海军军械测试站(Naval Ordnance Test Station,NOTSNIK,其中的"nik"是为了与 Sputnik 押韵)项目使用的空中发射非制导火箭,可以将极小的卫星送入轨道[63]。这款固体推进剂的小型火星表面起飞上升器在发射时将通过自旋来保持稳定,并使用海军军械测试站时代的轨道入射技术。第三级发动机喷口朝向前方,在前两级将它送至一个亚轨道并绕火星运行半圈后，发动机喷口方向将变为朝向尾部，此时发动机点火，将探测器送入圆形轨道[64]。这种方法极大地简化了火箭设计，理论上不需要主动稳定系统或制导系统。经计算，一个 45 kg 的小型火星表面起飞上升器可以将 200 g 的样品送入火星轨道。然而，由于非制导火箭不能保证进入轨道后可以接近轨道器，设计了一种更复杂的两级制导固体推进剂火箭。这个重达 150 kg 的火箭有 1.75 m 高，顶面设置一个用于热防护的圆顶。它能够将 0.5 kg 的样品运送至轨道[65]。

采用更窄直径（仅为 45 cm）的火箭可以为着陆器节省更多的空间，以容纳新的仪器和一个自主控制的取样机械臂。机械臂由意大利航天局开发，拥有 4 个自由度，可以在几米的范围内进行取样。它顶部安装有一个大盒子，里面装着一个取样钻（名为"深度钻取器"，Deep Driller，DeeDri）和一个样品管理系统。根据土壤的硬度，这种钻头仅需要 20~35 W 的功率就能钻到 50 cm 的深度。后续版本在配备额外的钻杆后可以穿透数米。空心螺旋钻基于罗塞塔彗星探测器开发的技术，采用了一种多晶金刚石钻头，可以钻进坚硬如玄武岩的岩石。深钻将向安装在着陆器上的若干仪器提供土壤样本，以便进行就位分析，也可以向上升器提供样本。其中一个仪器可以用来压碎样品，并在岩石内部寻找诸如氨基酸、胺和碳氢化合物等关键的有机分子[66]。深钻拥有自己的微型相机和热电偶，可以作为一个独立的科学仪器，测量土壤硬度和其他参数。钻箱内的仪器可以收集火星土壤的电特性等数据[67-68]。在着陆器上还有一个 12 kg 的独立实验室，拥有自己的热控制和电子仪器，同样由意大利制造，用来执行各种表面的化学分析，研究火星尘埃的属性，并监测星际辐射以及为载人任务提供数据[69-72]。除了深钻采集到的样本外，还有一个大型巡视器将在着陆点附近探测并采集地表样本。

火星采样返回任务的着陆器重达 1 700 kg，将成为迄今发送到这颗红色星球表面最重的探测器。它将于 2003 年 6 月由德尔它 Ⅲ 型或宇宙神 Ⅲ 型火箭发射，并将在当年 12 月到达火星。出于太阳能发电的需要，着陆地点必须在以南纬 5°为中心的 20°范围内，此外还要求大于 35 cm 的石块对探测器造成危害的可能性很小[73]。在火星表面工作 90 天后，上升器将起飞至 600 km 的高度并进入圆形轨道，其不确定度相当大，约为 ±100 km。上升器的载荷是一个直径只有 16 cm 的球形容器，质量为 3.6 kg，内部除了样品外，还有一个无线电信标[74]。

2005 年，一个由法国轨道器、4 个法国的小型组网着陆器（NetLander）和 NASA 的轨道样品捕获与返回（Orbiting Sample Capture and Return，OSCAR）的载荷组成的 2 700 kg 的探测器将由阿里安 5 火箭连同另一个采样返回着陆器一起发射。在释放组网着陆器后，在一个用于提供升力和轨道控制的巨大防热罩的保护下，探测器通过深入火星大气层进行大气捕获机动。在完成这个危险的机动并抛掉用过的防热罩之后，轨道器将会开始寻找样本容器中的无线电信标，并花费 6 个月的时间完成交会。当轨道器在距离目标 2 km 以内时，通过激光雷达系统捕获样品容器，并引导它进入返回舱。与此同时，第二辆火星车将在火星表面上降落，并使用先进的深钻从几米深的地方获取土壤样本。它的上升器将起飞并到达轨道器附近，之后重复捕获过程，通过锥形引导将第二个容器送入一个

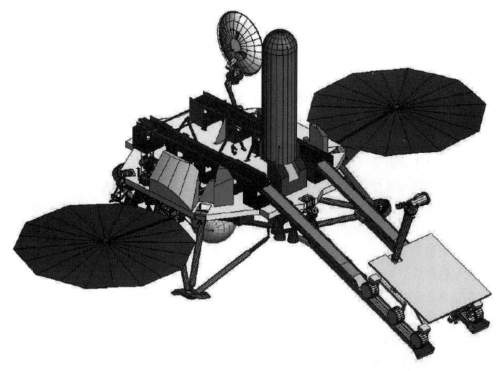

2003 年火星采样返回探测器模型。固体推进剂上升器展示为发射状态，大型火星车在坡道上。
意大利的机械臂和取样钻机没有在图中显示出来

单独的返回舱。轨道器将进入大椭圆轨道，为 2007 年 7 月进行逃逸机动做好准备，并在 2008 年 4 月到达地球。由于天体力学的限制，在这一天只能到达南半球的着陆点，所以计划设想在 6 个月后进行一次地球飞掠，以便在美国大陆着陆[75-76]。

在这两个采样返回任务之后，火星勘探者项目可以在 2007 年和 2009 年的发射窗口中使用相同的架构，并在 2012 年将样本返回地球，并将采样的总样本数量增加到 4 个，但没有确定的计划。

NASA 希望以 5 亿美元的相对紧张的预算发射这些采样返回任务。相比之下，之前所有的采样返回任务研究的花费都是数十亿美元。法国的参与将使研制经费增加 4 亿～5 亿美元。但是，1998 年任务失败后的重新评估表明，至少有五项关键技术需要进行大量的研发工作，在此之前没有可能有效地估计任务的费用。起初，项目的启动看来只会后移到后面的发射窗口，延迟会受到一些人的欢迎，因为这样就有时间研制一种更强大的阿里安 5 火箭，但是第一个任务只能被推迟至不早于 21 世纪 10 年代初。从历史的角度来看，这是第一个也是唯一一个在预定发射日期的几年内完成的火星采样返回任务。

在这些"旗舰"概念进行研究的同时，JPL、NASA 和法国航天局研究了成本 2 000 万～3 000 万美元的火星微型任务，其有效载荷可达 20 kg，这些任务可通过阿里安 5 火箭的搭载进行商业发射或专用低成本火箭进行大量发射。当探测器在 36 000 km 的地球同步转移轨道上释放时，它将利用发动机和月球飞掠、地球飞掠的配合，以希望号的方式飞向火星。该计划设想了 2003 年 12 月的前两次到达火星的任务，包括一架飞机和一个通信中继卫星。这架飞机被命名为"小鹰号"，名字取自北卡罗来纳的一个小镇，1903 年 12 月 17 日莱特兄弟在那里第一次驾驶了"比空气重"的飞机。20 世纪 70 年代，海盗号后续任务对火星飞机进行了研究，并开发了低"雷诺数"（即惯性力与粘性力之比，飞机在低雷诺数的情况下可以在非常稀薄的空气中或以非常低的速度飞行）垂直高空取样无人机[77]。理论研究工作在 20 世纪 80 年代和 90 年代初继续进行。特别是，NASA 的格伦中心建造了一架能够长时间飞行的太阳能飞机的原理样机。在 1993 年实际上开启了发现计划的里程碑式的研讨会上，火星飞机也被提议。例如，NASA 的艾姆斯中心建议，在古谢夫陨石坑上空部署一架低空飞行的飞机，因为在轨道图像中，古谢夫陨石坑似乎是古湖床。在这几年里，人们继续研究低雷诺数的人类推进和太阳能飞行。1988 年，麻省理工学院代达罗斯（Daedalus）的飞机从克里特岛飞往爱琴海的圣托里尼岛（Santorini），动力完全来自一名奥运会自行车选手。20 世纪 90 年代，美国国家航空航天局艾姆斯和兰利中心继续进行火星飞机的研究。前者在 1996 年试验了一种滑翔机，这种滑翔机可以通过使用最少铰链的折叠机翼在隔热罩中携带。其他的概念包括展翅、蝙蝠翼和翼伞。从防热罩中释放出来后，飞机将展开机翼和机身，然后俯冲，在低空开始直线和水平飞行。退出俯冲将是一个特别关键的操作，因为它必须在坠落的飞机接近声速之前完成，而在这种稀薄的空气中，可能会引发各种空气动力学问题。1996 年，艾姆斯滑翔机（Ames glider）的螺旋桨驱动版本被提议作为火星探索飞行器，开展发现任务。小鹰号飞机在 1998 年被提议进入发现计划，这是埃姆斯、兰利、海军研究实验室、马林空间科学系统公司和轨道科学公司的共同努力。这架火星机载物理探测者（Mars Airborne Geophysical Explorer，MAGE）质量为 135 kg，翼展略小于 10 m，造价 2.46 亿美元。

MAGE 任务最具吸引力的部分是低空飞行，它将沿着瓦勒斯的峡谷，以最高的分辨率将其绘制成地图。除了摄像机外，有效载荷还包括装有重力、磁场和电场传感器的闪电探测器，红外光谱仪和激光测高仪。巡航级会在进入大气层之前的几个小时释放小鹰号的隔热罩，然后执行一个偏转机动以进行飞掠。相机将记录机翼在大约 2 000 m 高空的部署情况。在接下来的 3 h 里，这架飞机将沿着其中一个峡谷飞行 1 800 km。由于飞机的设计不是直接与地球通信，也不是为了在着陆后存活下来，它将把数据传输到巡航级，巡航级此时正好从飞机头顶飞过。离开的巡航级将向地球回传数据。

作为替代方案，AeroVironment 公司（负责为 NASA 建造太阳能飞机）提出了发射一群小型滑翔机的方案。它与 JPL 一起试飞了一个只有 1.5 m 的全尺寸原型机。这架飞机被称为奥托，以德国航空先驱奥托·李林塔尔的名字命名。

NASA 在 1998 年晚些时候拒绝了 MAGE 参加发现计划的提议，但在 1999 年 2 月，将其作为一项微型任务重启，并获得了丹尼尔·戈尔丁的支持，因为他觉得在莱特兄弟试飞飞机成功百年之际，能够在火星上驾驶一架飞机是个难以让人拒绝的方案①。

---

① 然而，需要注意的是，火星飞机不是第一个在火星表面飞行的物体。由于海盗号在下降过程中飞出了一小段"上升"的轨迹，这项荣誉应当归于海盗号。

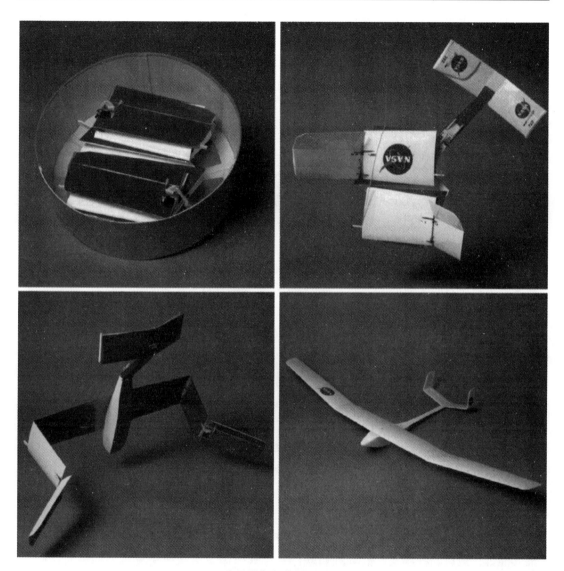

火星滑翔机的展开过程

　　这架火星微型任务飞机的跨度不到 2 m，质量只有 20 kg，进入大气层时隔热罩的直径只有 75 cm，其费用约为 4 000 万美元。作为另一种选择，任务将携带三个更小的滑翔机。能源将支持飞机持续飞行 20 min，航程可达 200 km 左右。和 MAGE 一样，微型任务将要求巡航级在释放载荷后进行规避机动，在这种情况下，在飞机进入大气层后将进行 15 min 的飞掠。和 MAGE 不同的是，任务将是技术验证而不是科学探测。这架飞机的研发工作最初由 NASA 的兰利、德莱顿和艾姆斯中心负责，最后的集成由兰利中心负责。兰利在 1999 年 9 月提出了一项建议书，明确了一些要求，但没有说明任何有关配置、形状、推进等方面的内容。一些构型被研究过，包括直翼和掠翼、飞行翼、螺旋桨驱动和火箭驱动等。但是由于项目的复杂性，飞机很快变得越来越大，发射日期推迟到最早 2005 年，失去了在 2003 年 12 月驾驶火星飞机的吸引力。1999 年 11 月，就在失去火星极地着陆器之前，它被悄悄取消了[78-82]。

另一种替代飞机的方法是火星航空机器人任务，它将发射一个长时间的气球。科学家设想这样的气球在火星大气中漫游，回传数以万计厘米级分辨率的图像以及气象测量数据。事实上，由于气球的持久性强，在探索火星时气球比飞机要好——当然，后者更有可能引起公众的注意[83]。

火星探测项目的一个关键问题是与各种各样的静态着陆器、巡视器、气球、穿透器、飞机、上升器以及它们的样本容器之间的通信。JPL 因此设计了一个由两部分组成的火星通信和导航基础设施，用于传送高分辨率的图像和来自远程巡视器、航空机器人等的流媒体视频。第一部分是低海拔的中继卫星，可以搭载进行商业发射的阿里安 5 火箭。这些微型卫星的质量将达到 220 kg，其中包括 140 kg 的推进剂和 6 kg 的有效载荷，并能通过大气制动进入低轨运行。此外，科学家们还研究了一种可充气的"气球降落伞"，它安装在小型探测器的尾部，在小探测器到达时，可以被大气俘获。波尔航天公司和 Aerojet 公司设计了一个低成本的 3 轴稳定平台，可以作为轨道器进行科学探测和中继通信。它有一个独特的弯曲形状，可以适应阿里安 5 的整流罩。或者，这个平台可以用来向火星表面发射小型探测器，比如 4 对类似于深空 2 号的微型穿透器。事实上，有一个计划是把中继卫星应用到一个火星飞机项目中。第一颗价值 5 000 万美元的微型验证卫星将于 2003 年发射，随后在连续的发射窗口再发射两颗。在近赤道和高倾角轨道上运行的六颗卫星将为所有纬度提供通信中继服务和类似 GPS 的导航服务，可以将地面上的有效载荷定位在 5 m 以内。这一基础设施的第二个部分将包括赤道上方轨道少量的静止轨道卫星，以每天 100 GB 的速度将数据传输到地球。与低轨轨道器不同的是，静止轨道探测器将是带有一对高增益天线的大型探测器，一个用于接收来自火星表面的数据，另一个用于向地球传输数据。因为这些探测器会消耗大量的推进剂进行轨道修正，所以它们不能像搭载的卫星那样随时发射。第一颗静止轨道中继卫星最早将于 2007 年发射。

在围绕火星建造这一架构的同时，JPL 将升级深空网，通过追踪其他国家的探测器来扩展其能力。最后，将建立新的系统和软件，将这个体系结构转换成一个真正的星际互联网[84-86]。

其他可能的微型任务包括：用于描绘火星全球勘探者号发现的磁场的小型发电机轨道器、深空 2 号穿透器网络、土卫一 9.7 kg 微波探测轨道器、美法联合研制的由 24 个气象站组成的帕斯卡网络、一对利用相互掩星在宽纬度范围和白天时间获取大气剖面数据的卫星以及其他各种飞机、气球等[87-88]。

大多数科学家支持这个项目，但也有一些重要的批评者。例如，加州理工学院的地球化学家杰拉尔德（Gerald Wasserburg）说，它缺乏重点。他坚持认为，十年后，"我们可能会取得许多微小的成功，但仍有许多重大科学问题悬而未决"。他坚持认为，这么早就将人类起源探测的实验纳入其中是"荒谬的"[89]。

尽管如此，2003 年的发射窗口是一个繁忙的窗口，在最好的情况下将有以下探测器发射：美国的火星采样返回着陆器和巡视器、第一个通信微型卫星、火星飞机以及 ESA

2003 年的火星微型任务的中继卫星

的火星快车轨道器和它的猎兔犬 2 号（Beagle 2）着陆器。但是火星气候轨道器和火星极地着陆器的消失彻底改变了这一切。

10.4　水，无处不在！

经过全面研究后，美国火星探测的技术途径进行了调整和优化。与火星勘测者相似，新的火星探测计划（Mars Exploration program）有四个与共同战略相关联的主要目的：探索过去和现在的生命；了解火星气候历史，尤其是大气挥发物；掌握火星表面及表面下岩石的地质情况；研究可以应用于载人探测任务的资源情况。所有这些目标的关键在于寻找水和被水改变的地质特征。新计划在最初几年中提出了几个明确的任务，但在随后几年中则更具灵活性。该计划的前五年，每年预算约为 4.5 亿美元，另外还有国际合作伙伴的巨额捐款。

由于轨道器和着陆器在不同窗口发射，所以如果其中一个失败，可以用几年时间找到问题的原因，并在发射替代或后续探测器之前进行必要的修正。计划将从火星勘测者 2001

（Mars Surveyor 2001）轨道器开始。接下来是 2003 年发射的长寿命巡视器，以及 2005 年发射的"侦查类卫星"火星勘测轨道飞行器（Mars Reconnaissance Orbiter），该探测器在火星全球勘探者的经验基础上以更高的分辨率对火星表面成像。与此同时，NASA 从 2007 年开始计划开展一类新任务，称为火星侦察兵（Mars Scout），该任务与发现计划类似，由一些竞争选优、成本在 3 亿美元左右相对不太昂贵的任务组成，这些任务将涉及诸如飞行器、气球等新技术。将具备调查新发现的特征和现象所需的灵活性。2009 年主任务将是由火星智能着陆器（Mars Smart Lander）携带一种载荷，极有可能是一个大型巡视器，进行精确定点着陆。采样返回任务从 2003 年推迟到了 2011 年，也有可能是 2014 年，相关的详细研究也相应延后。法国航天局将进行一次大气捕获任务，以验证采样返回任务中的这项技术，并且轨道器将与着陆器建立通信网络。意大利航天局将提供通信轨道器。NASA 空间科学负责人爱德华·魏莱尔（Edward Weiler）强调他所在的机构"没有放弃'更快、更省、更好'的原则"。然而未来的经历，特别是 2009 年的任务将展示出相反的情况[90]。

　　火星勘测者 2001 轨道器最初任务是完成火星观察者载荷设备伽马射线光谱仪的再次飞行。它在发射时将位于类似海盗号和火星探路者的防热罩中，完成第一次气动捕获试验，试验中在气动减速进入使命轨道前，利用大气使探测器到达捕获轨道。虽然使用气动捕获技术可以减少推进剂的携带量，但该技术依赖于精确导航和轨道控制，其有效性将在很大程度上取决于对大气参数的了解，而这些参数又是多种多样的。太浅的轨迹导致减速效果差而进入太高的轨道，甚至可能导致捕获失败。太深的轨迹将使探测器暴露在未知的动压下，该压力可能引起探测器的损坏（如火星气候轨道器偶然进行的气动捕获），甚至撞击到火星表面。这是在轨道入射所需推进剂质量与气动捕获隔热罩能力之间的权衡，以便给科学载荷贡献更多的质量。此外，该任务还有其他的创新方法。由于 2001 年的发射窗口地球停泊轨道的倾角相对较大，JPL 计划从位于加利福尼亚海岸的范登堡空军基地发射该轨道器，与佛罗里达州卡纳拉维尔角发射相比，可以获得更高的轨道倾角。这将是该基地第二次发射深空探测任务，第一次任务是发射由国防部研制的克莱门汀（Clementine）月球轨道器。当火星气候轨道器与地面失去联络时，火星勘测者 2001 轨道器正要进入总装阶段。幸运的是，导致 1998 年任务失败的错误较为简单，对修订后的火星探测计划没有影响，2001 年的任务可以在该窗口发射。

　　JPL 成立了由前卡西尼计划经理领导的"红色小组（Red Team）"，彻底检查了计划并监督洛克希德·马丁公司的探测器研制进展。"主要行动"清单包括旨在确保成功的近 200 项调整，需要近 2 000 万美元的额外预算。具有一定风险的气动捕获机动在早期就被放弃了，探测器回到了更常规的设计。调整包括所有文档注明英制单位和公制单位以排除误解，通过测量类星体的背景改进火星初始逼近的导航。导航设计团队也增加到六个全职人员（火星气候轨道器仅有一人）。作为附加的安全因素，设计的到达高度提高了 50 km。主要的硬件更改是在氧路和燃路之间安装了止回阀，使推进系统可以较早增压。探测器仍旧在卡纳拉维尔角发射，由于停泊轨道倾角的设计使探测器首次经过西欧上空，决定寻求欧洲跟踪测轨机构的帮助，包括位于英国的军事空间通信中心和位于法国的福奇诺（Fucino）地面站。美国海军遥测飞机从位于克里特（Crete）岛的基地起飞在地中海上空待命。美国空军位于阿曼的机动跟踪站接收运载火箭末级点火后的遥测数据。与众不同的发射轨道也意味着在行星际巡航的第一个月中，探测器距离天球赤道南部很远以至于仅有位于澳大利亚堪培拉的深空网地面站可以对其进行跟踪。因此，为了在飞行初期获得更多的观测弧段，使用了智利大学射电望远镜进行辅助观测[91-92]。最终，该任务被重命名为火星奥德赛，向亚瑟·C. 克拉克（Arthur C.Clarke）的小说和斯坦利·库布里克（Stanley Kubrick）的电影致敬，小说和电影中的探测器都是 2001 年发射的。

火星奥德赛的任务剖面与火星全球勘探者类似，在 6 个月的行星际巡航后，通过推进点火完成轨道入射，进入长周期捕获轨道。火星全球勘探者由于太阳翼故障未能进行快速气动减速，导致该阶段任务延长了几乎 12 个月。此问题得到了纠正。因此火星奥德赛将其近火点降低到约 100 km，以便产生气动阻力，在 2.5 个月的时间内将远火点高度降低到约 400 km，并最终将探测器轨道调整为 400 km 环火圆轨道。

火星奥德赛的平台基于火星气候轨道器结构，该结构对于火星气候轨道器的失效没有任何影响。探测器长 2.2 m、高 1.7 m、宽 2.6 m，分为推进舱和安装电子设备、科学载荷设备等的仪器舱。有一个太阳翼，安装在具有两自由度的万向节上。当三级砷化镓阵列展开时，太阳翼跨度为 5.7 m，在火星附近可提供 750 W 功率。当轨道器处在火影期或有其他需要时，镍氢蓄电池组可以提供能量。两自由度的 1.3 m 高增益天线安装在短悬臂梁的末端。与火星全球勘探者相同，该天线在气动减速完成前保持压紧状态。探测器配备了备份的 15 W 放大器和 X 波段发射机，最大数据率为 124.4 kbit/s。此外还有用于接收地面指令的低增益天线。与火星全球勘探者相似，火星奥德赛能够对火星表面的任务进行中继，此外它还能发送指令。探测器配备了一个用于发射的中增益天线和一个 UHF 天线，能够支持与火星表面 256 kbit/s 的数据传输。推进舱包括两个肼贮箱、一个四氧化二氮贮箱和一个氦气增压系统。这些贮箱为舱体中心位置的 640 N 双组元主发动机提供推进剂。主发动机仅在火星轨道入射时使用一次。四个 22 N 推力器用于行星际巡航和后续轨道调整的小推力修正。为简化设计，在火星轨道入射点火时没有使用加速度计确定点火时长，而是主发动机一直点火到推进剂耗尽。因此捕获轨道的远火点不能精确预测。探测器使用星敏感器、太阳敏感器和惯性平台进行姿态确定，采用 4 个动量轮和 4 个 0.9 N 单组元推力器进行姿态修正。

火星奥德赛的绝大多数科学仪器安装在仪器舱的底面上，此面一直朝向火星表面。探测器的任务是获得火星表面元素和矿物组成分布图，确定火星地下浅层中氢的丰度，以作为水存在的可能预示，以及提供火星表面结构信息。此外还将记录火星可能危害硬件和人类的相关辐射数据。热放射成像系统（THEMIS）使用了为军用卫星研制的不冷却"多谱段"红外技术。通过将 10 个光谱波段上的空间分辨率提高 30 倍，能够区分碳酸盐、硅酸盐、硫酸盐等，提高了火星全球勘探者热辐射光谱仪的效果。探测结果将火星矿物学与表面特征联系起来。作为热成像仪，热放射成像系统可以识别热泉等"热点"，帮助寻找火星生命。火星奥德赛的相机除了生成 18 m 分辨率的图像，填补海盗号轨道器中等精度火星图像与火星全球勘探者高分辨率图像之间的空白外，还将对火星全球进行分辨率为 100 m 的多光谱测绘，完成与地球资源卫星覆盖范围相当的勘测。任务初期将采集 15 000 幅图像。继承于火星观察者的伽马射线光谱仪将以 300 km 的分辨率采集几乎不为人所知的火星岩石组成图。由于目前仅有的火星伽马射线数据是由 20 世纪 70 年代苏联轨道器和着陆器获得的，所以来自这台新仪器的数据十分令人期待。光谱仪也用于探测太阳耀斑，并参与了天体伽马暴的三角测量。为将探测器自身产生的伽马射线的干扰最小化，伽马光谱仪安装在一个 6.2 m 长的悬臂末端，悬臂将在气动减速后展开。作为对火星观察者的部分改进，该仪器目前与俄罗斯 IKI 提供的高能中子探测器、中子光谱仪集成在一起。这些设备从科学的角度探测氢在火星表层的存在，作为水冰的证据。火星奥德赛将对火星全球勘探者地形和地质数据预示可能存在水冰的地区开展重点调查。长期研究可以确认水冰的分布是否为季节性的。中子和伽马射线光谱仪也可以共同使用，测量火星极地大气中二氧化碳的质量，评估在大气和表面沉积物之间转换的气体数量。

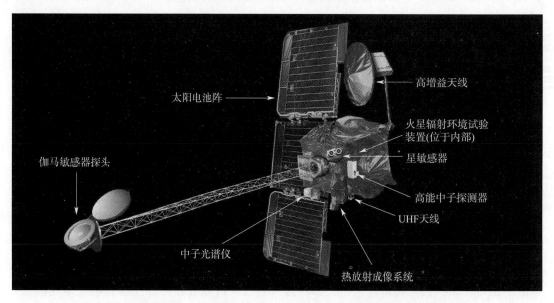

火星奥德赛轨道器携带了伽马射线光谱仪，实现了火星观察者科学仪器的再次飞行

火星辐射环境试验装置通过光谱仪完成行星际巡航和环绕火星轨道运行期间的辐射水平以及来自太阳、宇宙射线的高能粒子监测。空间辐射是载人火星任务面临的主要问题，因为在任务过程中，航天员所承受的累积辐射剂量将百倍于地球的平均水平。之前，虽然类似的科学仪器也进行了在轨飞行，但均在地球磁层内。

火星奥德赛配备了一个非冗余的 1 GB 存储器，用于存储科学仪器产生的等待传输到地球的数据。与大多数行星飞掠或环绕任务不同，火星奥德赛没有从无线电跟踪中提取科学测量数据。

2001 年 1 月初，火星奥德赛被空运至佛罗里达进行最后的测试，安装科学仪器和太阳翼，并与德尔它 II 型 7925 火箭三级对接。发射窗口从 2001 年 4 月 7 日开始共 20 天，每天两次发射机会。当然，在经历了两次发射失败后，美国火星探测的未来更多地取决于能否成功发射。探测器将在 10 月到达火星。经过气动减速后，主要任务将从 2002 年 2 月到 2004 年 8 月持续 917 天，在此过程中将为 2003 年到达火星的美国和欧洲着陆器提供中继服务。火星奥德赛的发射质量约 730 kg，包括 225 kg 肼、122 kg 四氧化二氮（用于火星轨道入射的单次点火）和 44.2 kg 科学载荷。包括发射和主任务期间的在轨运行，总成本估计为 2.97 亿美元。运载火箭在发射窗口的第一天点火，沿海岸飞行，由位于新汉普郡（New Hampshire）的地面站跟踪，然后进入新斯科舍（Nova Scotia）海岸上空 52°倾角的停泊轨道。经过短暂的滑行，火箭二级在欧洲上空点火。火箭二级上的摄像机拍摄到了非常清晰的上升阶段。火箭三级在中东上空进行了逃逸点火，并将探测器释放到 0.982 AU × 1.384 AU 的 1 型轨道上，探测器将在围绕太阳运行接近 180°后到达火星[93]。运载火箭程序设定将探测器释放在约 450 000 km 飞掠火星的轨道上，避免未经消毒的火箭三级污染火星，但该轨道距离"脱靶"（探测器无法进入环绕火星轨道）仅 70 000 km。对于任务来说这是一个意外收获，因为行星际巡航机动期间节省的推进剂可用于探测器轨道活动主要阶段以外的扩展活动。发射后 12 天，探测器相机开机，拍摄了 350 万千米外模糊新月状的地球和月球的可见光和红外图像，用于标定并验证姿态控制系统的精度。由于拍摄时火星奥德赛位于地球和月亮连线的正交位置附近，照片显示了两个天体之间最真实的距离。红外扫描测量了南极洲到澳大利亚的地球背光面温度。

　　按计划四次轨道修正中的第一次将在任务开始的 1 星期进行，但此次修正到任务第 23 天才执行。得益于发射轨迹较小的误差，在行星际巡航中将节省 18 kg 推进剂。辐射监测仪收集了 4 个多月的数据。当 8 月 13 日发指令下载这些数据时，没有应答，甚至也没有收到仪器的"心跳"信号，可能是由于仪器的电子系统被高能粒子击中。自动复位和应急指令没有解决这个问题，所以关闭了该仪器，择机查明原因。幸运的是，此仪器可以在关键的火星轨道入射和气动减速机动后再次开机[94]。仪器关机前获得的数据中包括两次太阳高能粒子簇射。另外一个仅有的硬件问题为用于姿态确定的太阳敏感器的问题，是由于太阳光过多入射造成的。伽马射线和中子光谱仪在巡航过程中工作了 1 000 h，从 5 月初到 9 月之间传回了包括 25 次伽马射线暴的探测数据。

　　火星奥德赛为火星轨道入射进行了 10 天的准备。最后一次中途修正被取消了。点火前的 9 min，推进管路增压。开始增压 2 min 后，探测器调整到点火姿态，仅通过中增益天线发送未调制载波与地面保持联系。发动机在 2001 年 10 月 24 日 02：18（UTC 时间）点火。点火的 10 min 内，从太阳和地球的角度看，探测器均被火星遮挡。探测器到达了高度为 300 km 的近火点。点火 1 219 s 后，发动机停止工作，贮箱中的氧化剂仅剩余 0.5 kg，获得了 1 433 m/s 的速度增量。在约 19 min 的遮挡后，探测器重新出现并恢复了与地面的通信。此时它运行在 272 km × 26 818 km、周期为 18.6 h 的轨道上，在设计误差范围内，与火星赤道倾角为 93°。如果轨道周期超过 20 h，则需要在第三个近火点进行机动。第二天，中子探测器和光谱仪重新开机，并将在气动减速的绝大多数阶段工作，通过记录探测器本体的背景辐射进行标定。第四个近火点经过了火星北极，确定了中子探测器探测和分辨火星产生的粒子的能力。虽然此次观测是粗略的，但确定了极区富含氢，也就是说可能富含水。轨道入射四天后，气动减速降轨阶段开始，通过 8 圈运行将近火点降低到 111 km。气动减速阶段的限制因素是太阳翼上的热应力。在任务的气动减速阶段没有使用相机，但在 10 月 30 日拍摄了火星的第一幅红外图像。拍摄时探测器位于第 9 圈轨道的远火点，距火星高度约 22 000 km。图像是寒冷的晚春南极冰盖和阿尔及尔（Argyre）盆地。两天后，相机记录了南极冰盖的温度变化。共获得了海拔 95～170 km 范围内 600 条大气分布曲线。与火星全球勘探者受到太阳翼破损的影响不同，火星奥德赛在此阶段未出现特别的异常问题，使其能够大致完整地进行大气空间覆盖。火星高层大气密度是变化的。由于认为空气密度在探测器通过时的变化可能翻倍，所以最初阶段较为保守。随着信心的不断增长，允许任务的近火点高度降低，最终下降到 95 km。

　　整个气动减速过程中，火星全球勘探者的热辐射光谱仪对火星大气进行了监测，并发出了火星尘暴的警告，尘暴可能导致吸收了热量的灰尘进入火星最上层大气并增加其温度和密度。火星奥德赛飞过了北极上方"未知"的大气，并对其动力学和结构进行了测量。结果表明高层大气的温度是大气模型预测数值的两倍。通过精确的轨道跟踪对大气阻力进行了独立测量，并间接测量了大气的平均密度。此外，还探测到了 200 m/s 的乱流，并对极地涡旋中的风速进行了详细测量[95-97]。

　　经过两个多月的气动减速，探测器处于非常低的轨道上，如果不采取措施，将在 24 h 内坠毁，因此，需要将近火点抬高到大气上方。1 月 11 日，进行了速度增量为 20 m/s 的点火，完成了抬轨阶段，将近火点抬高到 201 km。探测器 332 次通过火星高层大气，获得了超过 1 km/s 的速度增量。如果仅依靠发动机点火减速，那么推进剂的需求将增加大约 200 kg[98]。接下来的时间进行了轨道调整，以获得科学探测任务所需的正确的轨道倾角、方位和周期，1 月 30 日，建立了 400 km 的圆轨道，比火星全球勘探者的轨道高 18 km，轨道周期为 2 h。在第一个火星年的大部分时间中，火星奥德赛穿越赤道的时间点逐渐从当地时间下午 3：45 过渡到下午 5 点，为高质量成像提供适当的光照条件，在 2003 年年底，进行了一次点火，将穿越赤道的时间"锁定"在下午 5 点。这是在红外相机和伽马射线光谱仪使用需求之间的妥协，前者需要探测器在下午 3 点左右（或更早）穿越赤道，但后者要求探测器在黄昏时穿越赤道。由于该轨道只能在清晨和深夜提供与着陆器通信的机会，而此时着陆器需要依靠电池工作，在下午晚些时候穿越赤道将使探测器成为一颗相对较差的中继卫星[99]。2 月 4 日，高增益天线展开，两星期后，相机开始常规成像。

　　2 月 20 日，伽马射线光谱仪重新开始工作。在一个冷暖周期之后，3 月底开始采集数据。3 月 6 日，排除了故障的辐射监测仪恢复运行[100]。推迟了安装伽马射线光谱仪的悬臂时间，以便让工程师有时间开发软件补丁，应对悬臂展开的同时姿态控制系统发生硬件故障，使太阳翼不能提供充足能源为电池充电的小概率事件，确保探测器的安全。管理层不想冒这种风险，因为这将是灾难性的[101]。不过，悬臂展开之前（尽管探测器本身存在

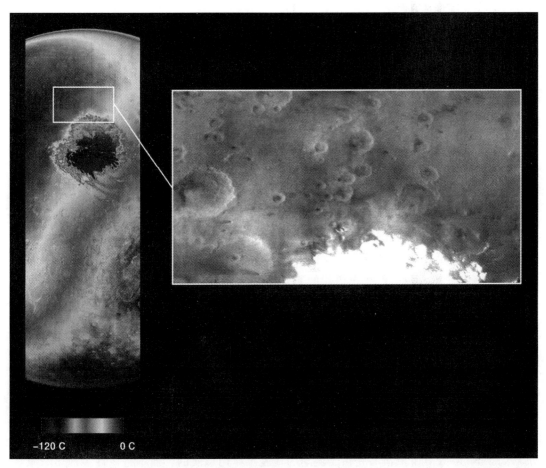

2001 年 11 月 2 日，火星奥德赛的相机在第 13 圈轨道近火点拍摄的第一张火星图像。左侧的热图像
显示了火星南半球的温度场，火星南极上方温度最低，可见光图像显示了南极冰盖边缘的细节
（图片来源：NASA/JPL/亚利桑那州立大学）

"噪声"），3 月和 4 月的观测结果成为任务最重要的发现。氢的丰度似乎在很大范围内变
化，在南纬 60°高度集中，说明地表附近存在大量水冰，可能是一层冰和泥土的混合物。
在极地区域，最上层十几厘米的水冰浓度似乎仅占重量的百分之几，但在下方，仪器探测
的极限约 1 m 处，水冰浓度占了较大百分比（按重量计算超过 30%，按体积计算相当于
超过 50%）；但无法确认向下延伸了多远。在火星极地着陆器类型的任务中可以获取此处
的冰，因为冰可以产生空气、水，甚至通过电解产生氧和氢来制备火箭推进剂，所以这项
发现对于载人探测具有重要意义。由于北极处于冬季且表面覆盖着一薄层二氧化碳冰盖，
此时的观测无法确认北极水冰的存在。令人惊讶的是，火星赤道附近有许多富含氢的地
形。这些地区温度较高，使得水冰无法在地表附近保持稳定，因此，从理论上说，这种信
号要么表示存在埋在地下的冰，要么是存在如黏土等矿物质中的化学束缚水。值得一提的
是，化学束缚水总量的测量结果与海盗 1 号着陆器就位测量结果一致。尽管只是初步测
量，但观测结果使绝大多数行星科学家相信火星拥有巨大水储量[102-105]。6 月 4 日，伽马

射线光谱仪的悬臂成功展开。

10 月中旬，北极的二氧化碳冰盖升华，使得中子光谱仪能够观察到火星裸露表面。结果表明，北极水冰的百分比甚至高于南极。北部地区的"永久冻土带"沉积物似乎比南部地区的沉积物更加接近地表。火星奥德赛中子通量测量和火星全球勘探者高度计对极地冰盖厚度变化的测量结果显示了北部高纬度地区冰分布的密集程度。冰的密度与新铺的松软的雪密度相似[106-107]。低纬度和中纬度地区的沉积物也引起了人们的兴趣。研究发现，那里的水冰数量太大了，以至于无法与大气保持平衡。这表明火星曾经经历过较冷的时期，即 40 万年前结束的"冰河期"，冰沉积物仍在适应新的气候[108-109]。仿真结果表明火星的自转轴是不稳定的，在自转轴急剧倾斜的周期中，极地冰盖升华，冰迁移并在最高山峰的斜坡上形成几千米厚的冰川；也就是奥林匹斯山（Olympus Mons）和塔西斯（Tharsis）火山的突出部分[110]。对极地的长期观测揭示了二氧化碳升华和水冰暴露造成的冰盖的季节性变化。观测发现春季中子通量增加，在二氧化碳升华而只剩下水冰后稳定下来。伽马射线光谱仪的测量结果为北部低地可能存在古代海洋提供了迄今为止最好的证据，海底的钾、铁和其他元素沉积物可能来自南部高地，经过运输和沉淀形成。

探测器运行在较低的科学探测圆轨道上时，相机传回了第一张轨道夜间的火星图像，通过不同的温度和热惯性，可以从图像上分辨出沙子和尘埃中较为温暖的岩石。在水手号峡谷（Valles Marineris）部分区域的高地图像中发现了埋在一层松散沙状物质下的山谷，具有陆地雨水排放的所有特征。由于山谷看上去有约 30 亿年的历史，这可能表明至少当时很长一段时间，气候仍然是"温暖"的，足以支持液态水存在。此外，这一发现可能表明，水手号峡谷及其支流溪谷是由于流动的地表水作用形成的，而不是像许多地质学家认为的那样，是地壳构造运动的结果。

探测发现了大面积裸露的基岩。这个意想不到的结果表明，一定有某种过程在发生作用，清除那些无处不在的尘埃。山坡上堆积如山的裸露岩石也表明，它们一定是最近才形成的。采用同样的探测技术能够揭示火山喷出物的堵塞情况和峡谷侧壁的雪崩。相反地，塔西斯、奥林匹斯山的侧翼和古代坑坑洼洼的地形，被发现覆盖着厚厚的细细的尘土，几乎没有露出任何岩石脊。利用热惯性来区分岩石和沙质地形的能力被用于两个火星探测巡视器任务的着陆点评估。事实上，对可能着陆点的侦查在主任务期间的观测中占了相当大的比例[111]。尼里·帕特拉（Nili Patera）火山口被证明是坚固的岩石，但在一些地方有粗糙的沙丘。此外，发现了其他一些露出地面的岩层，包括火星探路者附近的一处。但绝对没有内生热源的迹象，比如热泉或新鲜的熔岩流；即使是看上去很年轻的火山沉积物也没有释放出任何余热。

火星奥德赛的相机在南部高纬度地区发现了比邻近地区更冷的区域。与火星全球勘探者热辐射光谱仪的 2 个火星年的观测结果一致，可以将热惯性解释为水冰颗粒与尘埃混合之后外露的沉积物。对超过 25 年的火星图像的搜索显示，这些区域对应的是海盗号图片中更明亮的区域。火星奥德赛在高纬度地区发现外露的水冰区域，在二氧化碳冰盖消退后

火星全球勘探者在 90 km 外对火星奥德赛拍摄的图像（图片来源：NASA/JPL/MSSS）

非常普遍。这种情况使得以小于 1 km 的比例测绘表面水冰沉积物成为可能；伽马射线光谱仪的使用使测量结果的空间分辨率精细很多[112-113]。其他的地貌，包括光滑的沉积物，类似于地球极地特征的多边形地形，"沟壑"，灰尘覆盖的冰川等，表明在水冰（可能是雪）与泥土和灰尘混合的混合物在火星表面的直接侵位[114]。温带地区在最近的"冰河期"积累的少量沉积物中，水冰的突然融化貌似提供了一种合理的机制来解释火星全球勘探者发现的有趣的"流动"现象。这些沟壑是火星奥德赛相机优先拍摄的目标之一，中分辨率图像显示了沟壑与充满雪并被灰尘保护的"膏状"地形之间的关系。正如火星全球勘探者所发现的那样，这种雪的沉积物仅存在于背阴的斜坡上，因为它们在阳光下会迅速融化[115]。在极地地区，火星奥德赛相机能够区分二氧化碳和水霜，并描述大气的温度场和对流单体，冰在秋季和冬季的沉积以及春季的解冻。白天的观测显示，火星全球勘探者在几年前发现的米级地层在某些情况下具有不同的物理和成分特征，表明随着时间的推移，沉积过程发生了变化[116]。

这两幅图像显示了火星奥德赛热成像相机的能力，对诺克提斯迷宫（Noctis Labyrinthus）部分区域在白天（顶部）进行了可见光成像，在夜间（底部）进行了红外成像。夜间图像使科学家能够识别地形的不同热惯性特征，并分辨岩石、灰尘和沙子。右边表示北方（图片来源：NASA/JPL/亚利桑那州立大学）

水手号峡谷部分区域的 19 m 分辨率图像，显示了峡谷侧壁崩塌的泥石和集水沟。右边表示北方
（图片来源：NASA/JPL/亚利桑那州立大学）

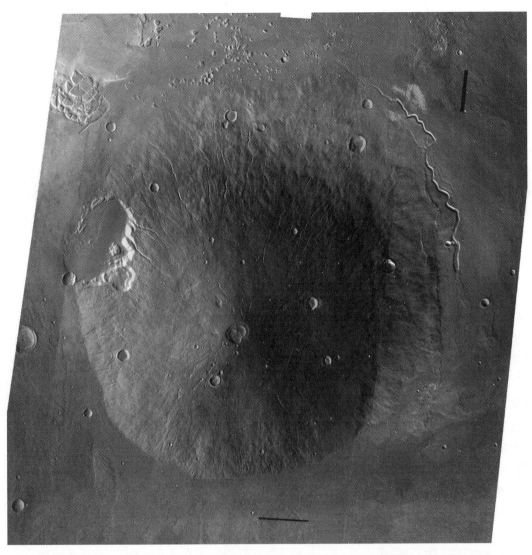

海卡特斯（Hecates Tholus）火山的红外图像拼接图（图片来源：NASA/JPL/亚利桑那州立大学）

火星奥德赛拍摄的古谢夫（Gusev）撞击坑内部勇气号火星巡视器的部分着陆区域。深色条纹代表被风或尘暴清理干净的区域。右边表示北方（图片来源：NASA/JPL/亚利桑那州立大学）

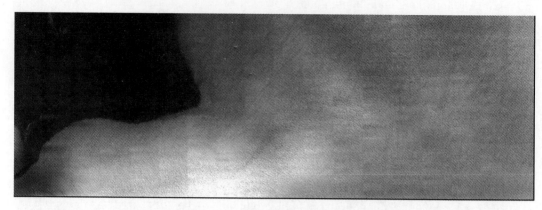

包含火星极地着陆器部分着陆区域的平坦地形。右边表示北方

（图片来源：NASA/JPL/亚利桑那州立大学）

相机运行在多光谱模式下，与火星全球勘探者的热辐射光谱仪测量结果共同确定了火星熔岩与地球类似，随着时间的推移，在行星内部分化和冷却。例如，位于大流沙地带（Syrtis Major）的尼里·帕特拉（Nili Patera）熔岩流似乎有数十亿年的历史，它最初是硅质贫瘠的玄武岩，后来成为玻璃状的富硅熔岩。与此相反，4.5 km 深的恒河峡谷的山壁则在地表几千米以下穿过了富含橄榄石的玄武岩。橄榄石是一种铁硅碳酸盐，很容易被水"风化"，通常作为干燥环境的指示剂。第一次在火星大流沙地带（Syrtis Major）火山结构的侧翼中发现含石英的岩石，表明存在高度演化的岩浆[117]。火星全球勘探者探测结果已经表明，火星大部分区域覆盖着橄榄玄武岩。在南部高地发现了数百个暴露在地下水中的小区域，这些小区域由几千米大小分布广泛的不规则斑块组成，它们的光谱特征与氯化物和含氯的矿物一致，这些矿物通常意味着静水水体的蒸发。这些沉积物的不规则外形被证明可以描绘出蜿蜒的河道和小陨石坑底部的轮廓。在其他轨道器获得的高分辨率图像中，这些区域比周围环境更明亮，在某些情况下，显示了（地球上）典型的干泥多边形图案[118]。

火星奥德赛相机最惊人的发现之一是在塔西斯火山最南端的阿尔西亚火山口（Arsia Mons）的侧翼存在黑色的圆形斑点。对多光谱图像的分析表明，这些斑点不是更暗的表面，也不是撞击坑，很可能是洞穴的"天窗"。它们通常有几百米宽，而洞穴至少也有几百米深。这一发现之所以有趣不仅是因为地质学，同时也因为如果在火星历史的早期就有了生命，那么洞穴可能是微生物存活至今的环境。此外，洞穴可以为人类探险者提供避难所。不幸的是，洞穴将很难被无人着陆器探索，不仅是因为天窗大小比常规的无人着陆器的着陆区域小很多，也因为山脊上的火山侧翼的空气非常稀薄，不能在大气进入最初阶段使用常规的减速方法[119]。

2003 年 10 月 28 日，发生了火星奥德赛主任务期间唯一一次严重的仪器故障。在太阳活动增加的一段时间内，辐射监测仪停止了正常运转，尽管采取了恢复措施，但仪器依然没有反应。在 18 个月的火星轨道工作期间，辐射监测仪测量到的辐射总剂量平均是地球低轨道上的两倍，但在太阳活动剧烈时，短期辐照水平远高于平均值。

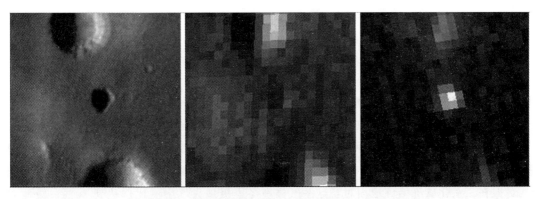

火星奥德赛在可见光和两个红外波段下发现的一个洞穴天窗

（图片来源：NASA/JPL/亚利桑那州立大学）

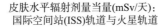

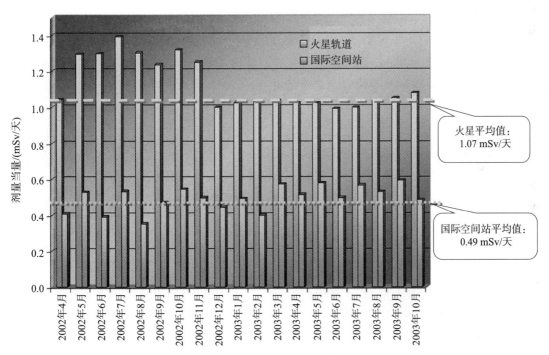

火星轨道和位于地球轨道的 ISS 测量的辐射剂量（mSv/天）对比图表。

火星的累积剂量平均为地球轨道的两倍（图片来源：NASA/JPL/约翰逊航天中心）

当 2003 年 8 月火星冲日时（火星在 6 万年中最接近地球的时刻），火星奥德赛的着陆器中继设备发送未调制载波信号，进行"镜面反射"收发分置雷达试验，同时，地面天线搜寻反射信号。在接下来 2005 年的火星冲日时，射电望远镜"照亮"火星，探测器搜寻反射信号[120-121]。

在得到 3 500 万美元的追加预算后，2004 年 8 月下旬火星奥德赛开始了第一阶段的拓展任务；该任务持续了一个火星年。除了监测季节性气候变化，极地冰盖循环等，火星奥德赛成为火星探测巡视器主要轨道中继。该阶段拓展任务还将为 2008 年的凤凰号任务对北极地形进行评估，凤凰号任务将完成失败的火星极地着陆器和被取消的 2001 火星勘测者着陆器的科学探测任务。伽马射线光谱仪的长期观测提供了大气成分和循环数据，揭示了在大气和极地冰盖共同作用下，复杂的二氧化碳循环的细节，观测结果表明火星极地气候模型被过度简化了。另外，观测结果给出了火星两极凝结的二氧化碳总量估计，并显示出氩含量在高纬度地区秋季大气中增加，但在冬季和春季消散的现象。火星奥德赛的观测表明，火星大气组成的确随季节发生变化。平时氩、氮和氧等在大气中的含量平均不到 5%，但在二氧化碳冻结到地面时，这些气体在冬季极地大气中的比例达到 30%，极地大气的分层与陆地海洋中不同盐度的水类似。此外，有趣的是这种分层和火星极地气象状态类似于地球两极上方演化的"臭氧空洞"。尽管根据 20 世纪 60 年代中期开始流行的模型预测，二氧化碳在深秋和冬天在两极凝结，随后在春天升华，但红外和中子探测数据显示二氧化碳在夏末就已经开始凝结成霜[122-125]。

行星际巡航过程中，伽马射线光谱仪在环火轨道上的有利位置不断产生天体物理学数据，值得一提的是，2004 年 12 月 27 日与第三国际网络其他探测器的伽马射线脉冲探测器共同观测了"软伽马射线再现源"耀斑[126]。

拓展任务期间，火星奥德赛有机会对黑斑进行研究，黑斑通常几十米大小，这是春季南部极地地形的特征，通常与"蜘蛛状"放射型通道的小网络相连。相机在不同的季节拍摄了数百张照片，发现这些斑点的温度与周围二氧化碳干冰温度相同，因此说明它们是一层薄薄的灰尘，而不是一些科学家认为的温度较高的一片片裸露土壤。当太阳升起在极地冰盖上方时，融化的二氧化碳混合在更暗但更温暖的尘埃中，容易产生携带灰尘和沙子的气体喷射，形成一些深色物质斑块。日出之后，气体喷射现象最多将持续几个月，然后停止，直到下一个春天再次出现[127]。

2006 年，火星奥德赛开展了第二阶段拓展任务，2008 年 9 月 30 日，该阶段任务末期，探测器推力器点火离开已经飞行了 5 年的太阳同步轨道，开始按照计算好的方式飘移，使下午的赤道穿越时间从下午 5 点调整为下午 3：45，以改进红外测绘并获得整个火星更多高质量数据。为此付出的代价是，伽马射线光谱仪很快就会在这个轨道上过热，并不得不停用。伽马射线光谱仪最终获得了十几个不同火山区域的伽马射线光谱，揭示了古代熔岩流的组成的变化趋势与火星地幔的演化、冷却以及岩石圈的增厚是一致的。老的火山似乎比年轻的火山喷发出更热的熔岩[128]。

2009 年开始，相机开始以侧面成像的方式工作。这种方式允许对一些选定区域进行立体成像，同时测绘一些永远不会直接飞跃的极地纬度。2009 年 6 月 9 日，火星奥德赛再次进行发动机点火，使其轨道平面在预定方向上与太阳保持同步。与此同时，对探测器进行了一些维护。早在 2007 年，一个配电装置出现故障，计算机将其切换到备份单元。如果备份也出现问题，将导致任务结束。该问题的研究结果表明，重新启动计算机可能使主份恢复。在地面指令下，探测器计算机在飞行过程中进行了第一次重启，恢复了曾经失去的冗余。但是，当太阳电池板万向节主编码器错误地检测到执行器中的机械问题时，探测器进入了安全模式，显示出老化的迹象。

到 2010 年中期，火星奥德赛的红外相机以中低分辨率完成了整个火星的测绘，拍摄了超过 21 000 幅图像，使科学家能够建立最完整的 100 m 分辨率的整个火星地图。12 月 15 日，火星奥德赛超过火星全球勘探者，成为寿命最长的火星轨道器，在火星度过了 3 340 天。据估计，探测器有足够的推进剂进行姿态控制和轨道修正，至少可以维持到 2015 年，除非发生严重的机械故障，探测器可能运行到 21 世纪 20 年代。2012 年，火星奥德赛将用来支持火星科学实验室"好奇号"着陆，并将于 2012 年 9 月执行第五阶段拓展任务。到那时，11 年任务的总花费将达到 5.08 亿美元[129]。在任务结束时，将进行轨道机动来抬升轨道，确保探测器在至少 50 年内不会撞击火星，最大限度地降低微生物污染的风险。

10.5　欧洲的低成本路线

欧洲科学家已经为俄罗斯火星 96（Mars 96）任务研发了一套科学仪器，但探测器发射失败令人沮丧。俄罗斯经济现状意味着无法在短期内增加另一个探测任务。同时美国也几乎不可能在任务中增加如此多的其他国家的科学仪器[130]。因此，在 1996 年年底，法国国家空间研究中心（CNES）开始研究对可重构的观测、通信与科学平台（Proteus）进行适应性修改，携带 100 kg 科学载荷执行火星环绕探测任务的可行性，科学载荷包括法国研制的可见光和红外成像光谱仪、掩星设备、德国研制的高分辨率相机、瑞典研制的离子和中性粒子光谱仪、意大利研制的傅里叶光谱仪。研究的结论是这种适应性修改是可行的。

火星 2001（Mars 2001）任务最初作为法-德两国合作项目，但很快被整合到 ESA 的科学探测项目中[131]。在美国发现计划和火星勘测者任务"更快、更省、更好"的方法取得显著成功的推动下，ESA 决定建立自己的"柔性"系列（即灵活）任务，利用相似的管理原则使任务成本严格低于上限。这种方式至关重要的方面是"精益"（精细化）管理，提前选择并"冻结"载荷设备，使用为其他任务开发的技术，以及更多的行业责任和监督。一个柔性任务的成本上限为 1.75 亿欧元。不过，当选择火星作为第一次任务目标时，由于科学仪器已经完成研制，所以任务成本仅有 1.5 亿欧元。火星快车将在开普勒等早期研究的 20 年后，成为欧洲开始火星探测的标志[132]。正如最初所设想的，该任务将携带 5 台来自火星 96 的科学仪器和两个重达 150kg 的着陆器，但后来取消了其中一个着陆器，以安装一个意大利-美国联合研制的寻找冰的次表层雷达。当时俄罗斯科学院正在审查恢复预期从火星 96 获得的一些数据的小型任务规划。但闪电号运载火箭发射任务的资金困难使俄罗斯对火星快车出资成为一种更为明智的选择[133]。

1997 年早期，ESA 空间科学咨询委员会（Space Science Advisory Committee）为这样的火星轨道器研制提供了支持。在任务定义研究后，火星快车进展较为顺利，科学项目委员会在 1998 年 11 月确认只要资金需求与已经批准的计划相匹配，他们就将支持该任务。在竞争性的工业研究阶段后，与马可尼宇航公司（Matra Marconi Space）（现为阿斯特里姆（Astrium））签署了价值 6 000 万欧元的探测器研制合同。新年伊始，各项工作继续进行。1997 年 12 月，ESA 邀请对着陆器进行了投标。收到了三项火星着陆器样机投标：一项来自英国，一项来自俄罗斯和德国，一项来自法国和芬兰。1998 年夏天，英国提出的猎兔犬 2 号计划中标，该计划取自查尔斯·达尔文周游世界乘坐的帆船名称，向达尔文对生物学知识的贡献致敬。火星快车任务于 1999 年 5 月 19 日获得正式批准。因为将于 2003 年"大冲日"的窗口发射，该窗口使探测器逃逸地球的能量需求最少，所以研制工作必须快速开展。实际上，2003 年是地球和火星两颗行星数千年来最接近的年份！由于当时欧洲没有廉价的中型运载火箭，将使用俄罗斯的运载火箭。ESA 已经选择联盟-FG（Soyuz-Fregat）运载火箭重新发射四个卫星集群任务，该任务在 1996 年 6 月阿里安5 火箭第一次飞行时发射失败。但为了提高任务灵活性，火星快车的结构设计和接口也与美国的德尔它Ⅱ型火箭兼容。也曾经考虑了日本的 H-Ⅱ 火箭。跟踪测轨将由欧洲地面站完成，特别值得一提的是使用了为罗塞塔任务在澳大利亚新诺舍（New Norcia）建造的深空天线。

2003 年 6 月发射后，探测器将在年底到达火星。探测器在进入近火点 250 km、远火点 11 000 km 的极地轨道之前释放英国的着陆器，在该轨道上，探测器科学仪器将在为期 1 个火星年的标称主任务期间对整个火星进行探测。包括高分辨率火星全球地形测绘，高分辨率矿物学调查，永久冻土次表层研究，地表、地下和大气的相互作用研究，大气的环流和组成研究，上层大气与火星环境的相互作用研究。

ESA 的目标是将火星快车纳入更大规模的国际火星探测活动中。任务被批准时，包含了对美国火星勘测者取样返回任务样品容器的跟踪；与日本将运行在火星偏心赤道轨道上的希望号开展联合研究；为将在 2005 年或 2007 年发射的法国主导的小型组网着陆器（NetLander）提供支持等内容。

研制过程中，采取了各种管理技术确保不超出成本上限。其中包括组建一个约 10 人的小型 ESA 项目团队。在灵活性设计中，有效载荷规范在研制初期冻结（载荷设备来自火星 96 的事实，使这项规则的实现相对简单），在 ESA 保持对有效载荷性能完全控制的前提下，载荷科学家与探测器硬件制造商之间建立了直接接口。此外，火星快车约 80% 的系统和硬件与罗塞塔相同，两个项目并行开展，因此关键人员可以复用[134]。几个非 ESA国家在某种程度上参加了火星快车和猎兔犬 2 号的研制，包括美国、俄罗斯、波兰、日本和中国。

轨道器具有低成本的模块化本体，由一个 1.7 m×1.7 m×1.4 m 的铝蜂窝箱体组成，连接到火箭圆柱形适配器和内部框架上。探测器本体上安装了一对太阳能电池板、一个固定的高增益天线、科学仪器、猎兔犬 2 号着陆器及其中继天线、空间辐射仪、主发动机和运载接口。双组元推进系统继承了欧洲星（Eurostar）通信卫星的设计。由一个 416 N 的轨控主发动机和两个四件一套的 10 N 姿控推力器组成，均安装于与科学仪器相反的表面，发动机和推力器从两个单甲基肼和混合氮氧化物贮箱中获取推进剂。如果在轨道入射机动中主发动机不能工作，10 N 推力器可以完成高偏心率捕获轨道机动，该轨道的远火点可以通过轻微的气动减速降低。太阳翼来自全球星（Globalstar）低轨地球通信卫星。太阳翼总面积为 11.2 m^2，可以在火星轨道上提供超过 660 W 的能量，具有一个自由度，展开后探测器的总跨度达 12 m。由于轨道器需要在主任务期间多次经过远火点附近的火星锥形阴影区，经历 1 400 次阴影，每次阴影可能持续 95 min，配备了三个蓄电池在阴影区使用。通信系统包括一个 65W 的 X/S 频段发射机和一个 1.65 m 的高增益天线，峰值传输速率能够达到 230 kbit/s。姿态确定通过敏感器完成，包括激光陀螺仪、太阳敏感器和两个安装在高增益天线对面的宽视场星敏感器。姿态控制通过动量轮和推力器实现。

火星快车从设计之初就具有高自主性，可以进行自主健康管理，因为欧洲唯一的深空天线（第二个在规划中，但在下一个十年中期前不会服役）只能提供每天几个小时的通信支持。探测器配置了 12 Gbit 的存储器存储星务和科学探测数据。NASA 的深空网将在任务早期阶段提供支持，之后根据请求提供服务。ESA 从猎兔犬 2 号接收数据，然后将数据传递给位于英格兰莱斯特（Leicester）的英国国家空间中心（British National Space Centre）的在轨运行中心。ESA 于 1997 年 11 月发出了科学载荷的投标书。除了猎兔犬 2 号，还选择了 7 台仪器，载荷总质量为 113 kg。最令人惊叹的仪器，至少从公众意识的角度看，是升级为超高分辨率的德国为火星 96 研制的高分辨率立体相机。这是一个 9 - CCD 的推扫式相机，可以实现 10 m 的表面分辨率。虽然它的分辨率不如火星全球勘探者，但它可以扫描更宽更长的条带，随着时间的推移，将建立火星全球立体彩色图像，描述火星的地理、气候、表面形态和地质演变。通过运动补偿技术，可以在包括猎兔犬 2 号着陆点在内的几个特定区域以每像素 2 m 的分辨率成像[135]。

矿物学、水、冰和活动观测台（OMEGA）是法国主导的可见光与红外矿物成像光谱仪，由福布斯和火星 96 上的仪器衍生而来。分辨率将根据高度不同在 0.3～5 km 之间变化，每个像素包含 352 个相邻光谱波段。提供火星表面成分和矿物学分布的全球地图，并描述霜冻、冰、大气尘埃、OH 自由基水合物和碳酸盐特性。

红外傅里叶和紫外及近红外光谱仪对大气进行研究，提供大气温度、压力、一氧化碳和二氧化碳、臭氧、氢、水蒸气等的垂直分布曲线。红外光谱仪也对甲烷等微量气体进行探测。仪器还对大气悬浮物的光学特性和沙尘轮廓进行监测，对大气环流模式进行研究。虽然紫外光谱仪与其他仪器的视轴均在天底方向，但它配置了一个小镜面，使其能够在太阳和恒星掩星期间扫描火星，在 150 km 高度上探测火星大气的化学成分[136]。

低频雷达能够获得火星地壳下数千米深度范围的反射特性，垂直分辨率约为 150 m。除了探测水冰和可能存在的液态水外，还可以测量表面粗糙度以及高度和电离层数据。仪器使用了一对 20 m 长的偶极天线和一个 4 m 长的单极天线。单极天线将进行垂直校准，偶极天线与单极天线和飞行方向正交。天线将在探测器到达火星几个月后展开。仅在探测器距火星表面 850 km 范围内的阴影区，其他设备不工作时采集雷达数据。雷达每次工作中将进行 5 min 的电离层探测、26 min 的地下探测，之后再进行 5 min 的电离层探测。该

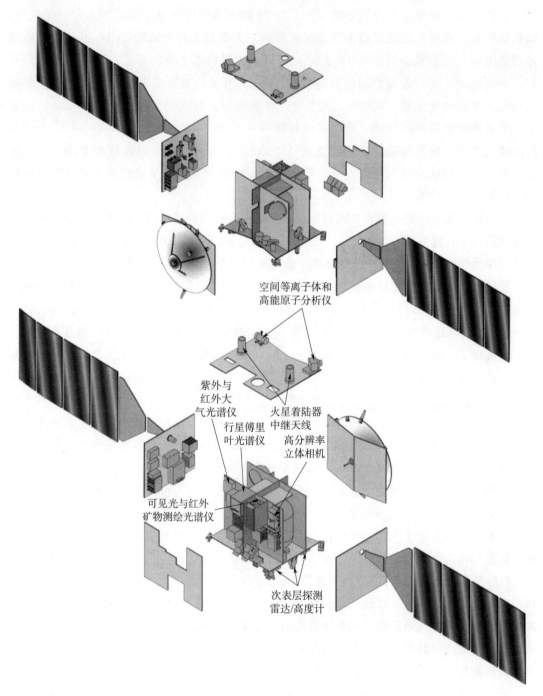

空间等离子体和
高能原子分析仪

紫外与
红外大
气光谱仪

行星傅里
叶光谱仪

可见光与红外
矿物测绘光谱仪

火星着陆器
中继天线

高分辨率
立体相机

次表层探测
雷达/高度计

火星快车，欧洲的第一个火星轨道器（图片来源：ESA）

仪器由罗马大学与美国 JPL 合作研制，是自 1972 年 12 月阿波罗 17 号以来的第一个深空
次表层雷达探测仪。

空间等离子体和高能原子分析仪（ASPERA）是瑞典为福布斯和火星 96 任务研制的
仪器的再次飞行，探测逃离大气层的原子和离子，未来将与希望号的类似设备联合调查太

火星快车上的德国高分辨率立体相机是俄罗斯火星 96 任务失败后的再次飞行（图片来源：ESA）

阳风与火星电离层的交互情况。作为火星快车上唯一的"粒子和场"探测包，该仪器由一对高能中性原子敏感器、一台电子光谱仪和一台粒子光谱仪组成[137]。

轨道器的最后一项试验是无线电系统在无线电掩星过程中探测大气和电离层，进行收发分置雷达观测，并绘制火星及其卫星的重力场。无线电系统也将用于太阳系的日冕研究。其他硬件包括猎兔犬 2 号的数据中继系统和一个小型 640×480 像素的广角网络型相机，该相机用于确认着陆器释放并监视分离过程[138-139]。

在标志着美国返回这颗红色星球的火星探路者任务，以及英国开放大学的科学家们参与陨石 ALH84001 的分析导致"火星化石"的争论后，产生了采用气囊缓冲着陆的英国小型着陆器的设想。猎兔犬 2 号将对着陆点的地形、地质、化学物质和矿物进行特性分析，以确定这些条件是否曾经有利于生命的发展。具体来说，它将研究岩石、土壤和泥土的氧化状态，寻找水合碳酸盐等水改性物质，寻找有机物并辨别其同位素比例，分析"空气"中是否存在可以显示目前存在生命的微量气体。简而言之，这将是自海盗号以来对火星生命最全面的探索，并将受益于微生物如何在极端环境中生存的最新发现。最初 100 kg 的着陆器是金字塔型的，四片覆盖太阳能电池板的叶片从侧面展开，另外还有一个用于采样的微型巡视器。当这个设计被证明质量过大时，巡视器被一个机械臂和一个能完成大部分相同功能的精巧"钻孔机"取代。该机构是一个 28 cm 长，2 cm 宽，两端呈圆筒形的锚定采样器，被称为行星地下工具（Planetary Underground Tool，PLUTO），质量仅 0.5 kg，放置在着陆器的"发射管道"中。可以直接潜入地下，也可以爬过地表到岩石对其下方的土壤采样。设备内置的磁驱动锤每 5 s 发出一个冲击，使机构可以钻进 1.5 m 深的沙子中，并测量沿途的温度。机构前面的两爪张开采集并存储 0.2 cm³ 的土壤。只要采集到样品，锚定装置就将样品卷回管道进行分析。这种"小狗"版的猎兔犬 2 号正好满足标称质量约束。但是后来提供给着陆器的质量缩减到了 60 kg。为了满足这个约束条件，着陆器重新设计为一个直径为 66 cm 的扁平圆盘，通过分段气囊缓冲着陆冲击，可以在火星表面上工作 180 个火星日。

英国猎兔犬 2 号着陆器的全尺寸模型。安装在机械臂"末端执行器"上的仪器和工具包括（从左边逆时针方向）：钻孔机漏斗、风敏感器/广角镜/采样"勺"、左相机、岩心提取和研磨机、穆斯堡尔光谱仪、显微镜、右相机、X 射线光谱仪

着陆器主结构是由碳纤维和铝蜂窝组成的外壳，外层有凯夫拉纤维保护层，内部的泡沫层可以吸收冲击。除了核心系统外，本体还安装了拟人机械操作手（Anthropomorphic Robotic Manipulator，ARM），其末端是集成了钻孔机和全套科学仪器的可调节式有效载荷工作台（Position Adjustable Workbench，PAW）。翻盖式外壳的内侧装有太阳能电池，四块圆形面板连接到邻近的表面上。太阳电池板总面积约 1 m²，能够产生 650 W 功率。电源系统包括可充电锂离子电池。着陆器有一个非冗余的 UHF 链路，通过顶盖上的天线以 128kbit/s 的速率与火星快车或火星奥德赛通信。着陆器没有直接与地球通信的设备。多层隔热层的金箔白天吸收太阳能量，保持电子设备的温度，提供热控保证。

虽然猎兔犬 2 号的科学载荷只有 10 kg，但它携带了一套令人惊叹的小型化系统。5.74 kg 的气体分析包是最重的载荷。它的质谱仪测量二氧化碳、氢、氧、氖、氩、氙以及甲烷等微量气体的丰度和比值。仪器转盘上 12 个微型烤箱将土壤样本加热到 1 000 ℃，研究岩石的滞留气体、火星地质化学、与水相关的过程、复合有机盐和酸的形成过程和有机化学。值得一提的是，仪器会寻找碳同位素的相对丰度，因为地球生物更喜欢以碳-12

而不是碳-13 为食；通过比较碳同位素在土壤和大气中的比例，可以确定类地有机过程是否活跃。质谱仪能够在 50～100 mg 样品中监测出微毫克的碳，其灵敏度远高于海盗号着陆器上的质谱仪。

ARM 伸直时长度为 109 cm，但其在火星表面的最大跨度为 70 cm。ARM 具有 5 自由度，比人的手臂更灵活。其末端执行器，PAW，配备了各种各样的工具。X 射线荧光分光仪基于索杰纳号（Sojourner）的仪器设计而成，通过四种放射性同位素源的 X 射线辐照，确定岩石和土壤的元素组成。与安装在基座上的质谱仪配合，该仪器可以完成岩石年龄的粗略测定，这种类型的分析之前从未在其他天体上使用过。穆斯堡尔光谱仪通过测量含铁矿物的氧化态和性质，研究火星上水的历史。一对 1 024×1 024 像素的相机相距 19.5 cm 安装，拍摄立体图片。其中一台相机安装了广角镜，使其可以在 ARM 静止时拍摄 360°全景。每台相机都有一个 12 片滤光轮以及 64 倍放大镜头。相机的组件还包括用于清除光学镜头灰尘的刮片，用于夜晚拍照的 LED 白光"手电筒"，夜晚拍照在没有白天大气尘埃散射阳光产生的红光的条件下进行，可以显示火星物质的真实颜色[140]。图像标定靶标由铝制平板上 16 个色彩鲜艳的点组成；这幅"斑点画"是外太空艺术的第一个范例，由画家达米恩·赫斯特（Damien Hirst）创作。此外，为了进一步提高公众对此次任务的认识，猎兔犬 2 号将从火星传输由英国流行乐队模糊（Blur）作曲的一个 9 音符的曲调。第三台相机是显微镜的一部分，具有 4 μm 的分辨率，用于寻找生物起源的微化石和纹理。色彩信息通过安装在相机周围的四个 LED 对目标照明获得。小型岩心提取/研磨机由一位香港牙医提供。质量 370 g，功耗仅为 2 W，能够进入岩石 1 cm，为质谱仪取得粉末状样品，并为显微镜和光谱仪准备无尘平面。更大型的样机在俄罗斯和平号空间站进行了测试[141]。作为钻孔机和岩心提取/研磨机均不能传递样品的备份措施，PAW 安装了一个小"勺"。着陆器和机械臂上安装了一套环境敏感器。海盗号生物试验得出的共识是火星表面包含不利于生命的氧化剂。一个敏感器通过寻找过氧化氢和臭氧验证这个假设。环境敏感器包括六个监测宇宙射线和紫外线通量的探测器以便了解火星表面的杀菌机制，一个灰尘冲击敏感器用于测量灰尘静止角度、气压和温度、风速和方向。环境敏感器总质量仅为 156 g（轨道器上的傅里叶光谱仪扫描着陆点上方的大气，标定环境敏感器）。此外，在大气进入和下降过程中三轴加速度计测量较低高度处的密度、压力分布和风速。

与美国的着陆器相同，降落伞/气囊系统的研制较为困难。2001 年中期，曾经为惠更斯号探测器提供降落系统的马丁贝克飞机公司（Martin Baker Aircraft）退出了猎兔犬 2 号进入、下降和着陆系统的研制；系统研制由主承包商阿斯特里姆（Astrium）公司接手。2002 年 5 月，在着陆器的配置被"冻结"后，距离发射时间仅有 13 个月。测试表明气囊不能通过预测速度的冲击。必须完全重新设计气囊或降落伞。一个更大的降落伞在短短 3 个月内完成，并在 8 月和 9 月通过了测试验证。猎兔犬 2 号在大气进入过程中由碳纤维大底保护，防热大底跨度为 92.4 cm，具有 120°前角，表面覆盖由软木粉和酚醛树脂混合而成的 Norcoat Liège 烧蚀防热材料。碳纤维和钛材料的背罩采用了较温和的热防护。两部分气动组件在发射准备期间将着陆器与生物污染隔离开来。探测器将在 120 km 高度以

5.5 km/s 的速度、约 16.5°的进入角穿透大气层。过载峰值为 14g 。在高度为 7 km 时，速度降低到 1.5 马赫，加速度计将触发发射器，打开引导伞使速度降低到大约 0.5 马赫，然后气动组件打开，引导伞将保证背罩继续下落。抛掉防热大底后，10 m 的主降落伞将使猎兔犬 2 号减速到最终的垂直速度。雷达高度计在 200 m 高度处检测火星表面，并命令气囊充气。气囊由为火星探路者和火星探测巡视器提供气囊的同一家美国公司制造，由三段组成，像蒜瓣一样被系在一起，形成一个直径 1.9 m 近似球形的包裹。由于质量限制，设计中用于防止撕裂的织物层数比美国着陆器少。猎兔犬 2 号预计以约 17 m/s 的速度着陆。降落伞一直保留到加速度计检测到触地振动，以确保着陆器在第一次反弹时"方向正确"。与其他气囊缓冲着陆器相似，猎兔犬 2 号将弹跳多次才会停下来。一旦着陆到表面，气囊的系带就会松开，猎兔犬 2 号将自由下落到火星表面。就像火星探路者，不管遇到何种着陆情况，它都能自己进行纠正。最后，着陆器将打开自己的盖子，展开太阳能电池板，并等待轨道中继的第一次接触。

所有着陆和气动组件在进入为本项目事先建造的无菌仓进行装配前均使用过氧化氢、等离子和高温处理进行消毒和清洁。猎兔犬 2 号发射总质量为 68.8 kg，其中着陆器固有质量为 33 kg，其余为防热层、降落伞、气囊和其他着陆设备的质量[142-146]。

从火星全球勘探者的图像中选择了三个备选着陆点：克里斯平原（Chryse Planitia）的麦亚谷（Maja Vallis）泄水渠，净土平原（Elysium Planitia）边缘的妥里通湖（Tritonis Lacus），以及伊西底斯平原（Isidis Planitia）。这三处都是沉积矿床，猎兔犬 2 号可在此寻找过去生命的迹象。最终选定的着陆点为伊西底斯平原，这是一个古老的撞击盆地，充满了据信是从南部高地冲下来的碎片。为了通过降落伞获得最大程度的减速，着陆的具体地点在火星平均"海平面"以下 3 km 处。（虽然火星没有任何海洋，但行星基准被设定在大气压力为 6.2 hPa 的高度，即水的"三相点"的气压，通常被称为"海平面"）。此处有坑坑洼洼的山脊、大量小陨石坑以及浅色的波纹和沙丘，看上去存在足够的科学上很有趣但并不威胁着陆安全的岩石。

项目初期，预计猎兔犬 2 号的资金来源为学术经费和企业资金，以及外部赞助和合作，英国政府只是略微参与。这次任务的费用估计为 2 500 万英镑，其中三分之一为赞助，由总部设在伦敦的著名宣传机构管理。赞助期望建立在 1997 年火星探路者网站的 50万次"点击量"之上。当赞助停滞不前时，开放大学（Open University）向几个政府项目寻求资金。当 ESA 接受着陆器作为项目的一部分时，英国贸易和工业部提供了 500 万英镑，负责资助天文学和行星探索的粒子物理和天文学研究委员会拨款 277 万英镑[147]。2000 年，由前 JPL 项目经理领导的专家组对着陆器进行了独立评审。评审认为虽然任务具有挑战性，但"完全可行"。不过项目管理结构复杂且"脆弱"，几乎没有风险管理，其他方面也需要特别注意。因此，猎兔犬 2 号团队向 ESA 寻求帮助，以最大限度降低技术风险并重新获得项目的财务控制权。项目经费中的 1 700 万英镑用于协助开发和测试，以及加强与该计划有"君子协定"的出资者的联系。不过其中的三分之二必须由英国偿还给ESA。猎兔犬 2 号的最终成本超过 4 250 万英镑。除 ESA 外，还包括英国政府提供的约

2 500 万英镑，以及由阿斯特里姆公司、开放大学和国家空间中心提供的资金[148]。尽管存在财务和技术方面问题，阿斯特里姆公司的工程师和开放大学的科学家们仍设法在 2003 年 1 月完成了着陆器的研制，并在次月将其运送至阿斯特里姆公司位于法国图卢兹的工厂，与轨道器进行集成。

　　阿斯特里姆公司提出了将该项技术在未来任务中重复使用的思路。最令人惊叹的提议是猎兔犬级（Beagle - class）取样返回任务。气囊缓冲小型着陆器携带质量仅 90 kg 的两级上升火箭着陆后，利用钻孔机采集地下样品。随后，上升火箭与释放着陆器的轨道器对接，使用离子推进器和隼鸟式（Hayabusa - style）返回舱将样品送回地球。据估计，使用这种发射质量仅为 1 200 kg 的航天器，可带回 200 g 的星表及地下微粒[149]。

　　与此同时，火星快车轨道器在图卢兹研制完成。作为宣传噱头，轨道器上安装了一个装有意大利汽车制造商法拉利（Ferrari）几滴"法拉利红（Rosso Corsa）"（赛车红）涂料的小玻璃球[150]。科学家们认为这样的噱头说明 ESA 无法向公众（纳税人）恰当地表达开展空间飞行任务的原因[151]。

　　3 月，火星快车和猎兔犬 2 号及其配套装置分别搭乘俄罗斯重型运输机飞往哈萨克斯坦的拜科努尔发射场。在 12 星期的"发射准备"过程中，只遇到了几个小问题。其中一个电子模块的故障修复花费了一段时间，导致发射推迟至 6 月初。火星快车与其运载火箭的最后准备和总装是在特殊环境中进行的。该环境是采用西方标准的清洁室，为准备在联盟号运载火箭上发射卫星的操作人员而建，位于 20 世纪 60 年代建造的组装 N - 1 的巨型水平总装大厅的"安全"角落，N - 1 是苏联的重型运载火箭，相当于美国的土星 5 号。主建筑的屋顶在 2002 年坍塌，造成 8 名工人死亡，并毁坏了暴风雪号航天飞机的原型机，以及唯一一枚可飞行的能源号重型运载火箭。4 月底火星快车完成了总装，热包覆到位，并准备在与弗雷盖特上面级及联盟号助推器集成之前进行推进剂加注。火星快车的设备，猎兔犬 2 号着陆器和满载的推进剂使航天器发射质量达到 1 223 kg。

　　发射窗口为 5 月 23 日至 6 月 21 日，在对任务剖面进行微调的前提下，可以扩展到 6 月 28 日。"大冲"的事实意味着探测器将在 12 月底到达火星。探测器于 6 月 2 日 17 点 45 分（UTC 时间）发射，开启了一个繁忙的窗口，如果一切顺利的话，到 2004 年年初，将有三个着陆器同时运行在这颗红色星球上：猎兔犬 2 号及一对美国火星探测巡视器。

　　经过 2 级助推上升后，弗雷盖特上面级释放了火星快车。然后探测器太阳翼展开对日定向，并与新诺舍站建立了无线电联系。3 天后进行了第一次中途修正。接着，释放了在发射期间牢牢固定猎兔犬 2 号的锁紧装置。这是一个特别关键的操作，因为如果锁紧装置失灵，将无法释放着陆器并将危及火星轨道入射机动[152]。6 月 6 日，为使"摄像头"能够拍摄一幅以猎兔犬 2 号作为前景的地球照片，探测器进行了姿态调整。进入行星际巡航的前一星期进行了设备自检测试。7 月 3 日，科学相机在 800 万千米的距离瞄准了地球家园，并拍摄了月亮和半影地球的校准图像，图像覆盖了 180 个像素，显示出太平洋和赤道地区的云层。几天后猎兔犬 2 号加电，开始进行第一次飞行测试。火星快车在最初几个月出现了小故障，包括固态存储器错误以及太阳翼和探测器本体之间的一个连接故障。虽然

猎兔犬 2 号在拜科努尔发射场的洁净室内与火星快车轨道器组装，可以看到在探测器对火面上的各种设备。左上角的方形设备为空间离子和高能原子分析仪（ASPERA），猎兔犬 2 号下的圆形开口为法国红外矿物学光谱仪（OMEGA），右边的两个分别为矩形和圆形的开口属于高分辨率相机

（图片来源：ESA）

后者导致能源输出减少了 28%，但仍有至少 85% 的主任务飞行过程可按预定的航天器操作进行，此后调整了设备的工作时机以适应可用的能源；开发了软件补丁以确保在日常操作和可能的紧急情况下有足够的能源。11 月的高能太阳耀斑是巡航过程中遇到的最严重的问题，星敏感器饱和导致一整天时间无法确定航天器方位。但各种处置到位，航天器姿态仍然非常稳定，计算机也没有进入安全模式。猎兔犬 2 号的下一次自检表明它并没有受到耀斑的影响。这个月末主发动机点火 2 s 以进行性能标定，并测量点火产生的姿态失衡。

12 月 1 日，随着释放猎兔犬 2 号的准备活动全面展开，航天器上的摄像机在 550 万千米距离处拍摄了火星图像。计划在轨道入射之前 6 天释放着陆器；为了获得最精确的轨迹，着陆器的释放越晚越好。在这个关键阶段，深空网必须确保导航的准确性。事实上，猎兔

火星快车发射一个月后在 800 万千米距离处拍摄的地球和月球（图片来源：ESA）

犬 2 号接近轨迹的定义非常明确，其着陆椭圆预计可以缩减至 6 km×30 km。12 月 19 日，着陆器以 14.2 r/min 的速度旋转，火星快车采用了所需的分离姿态，该姿态切断了与地球的实时通信，08：31（UTC 时间）轻型分离机构的弹簧将两个航天器以 0.3m/s 的速度分开。对地通信重新建立后，轨道器产生的速度变化明显反映在多普勒跟踪中，有助于确认着陆器的释放。此外，"摄像头"以 50 s 间隔拍摄的图像显示了黑暗天空背景下猎兔犬 2 号的气动外壳。在分离后 67 s 最清晰的图像中，二者之间的距离为 20.5 m，在此 150 s 后超过 65 m。猎兔犬 2 号被释放在距离火星 500 万千米的地方。它是第一个在完全没有推进力的情况下接近火星的着陆器。除了一个计时器在到达之前 60 min 到期并启动下降和着陆序列外，猎兔犬 2 号其他动作都是被动的。如果一切都按计划进行，那么着陆器着陆前不会发出任何信号。其轨迹将于 12 月 25 日 02：47（UTC 时间）进入大气层，并计划于 7 min 后在伊西底斯平原 11°N，269.7°W 附近着陆。由于天体力学的原因，着陆任务的前 10 天火星快车无法看到猎兔犬 2 号，火星奥德赛将转发着陆器信号。应该在着陆后 2.5 h 收到信号，但没有收到。当天晚些时候，英国乔德雷尔班克站的射电望远镜试图获得着陆器的信号，但没有成功。请求美国斯坦福大学和荷兰韦斯特博克的射电望远镜提供援助，但徒劳无功。"盲发"重置着陆器时间指令以防星时卡滞，但还是没有结果。

　　为了找到适合轨道入射点火的轨迹，释放猎兔犬 2 号后，火星快车进行了一次偏置机动，偏离与火星的碰撞轨道。在圣诞节的 01：31（UTC 时间），航天器调整到理想的点火姿态。发动机在 02：47 点火，32 min 后关闭，将速度降低了 800 m/s。随后的遥测证实，航天器进入了 260 km×187 500 km 的捕获轨道，轨道周期为 10 天，使欧洲成为第三个成功地将航天器送入环绕火星轨道的"太空力量"。5 天后在远火点，火星快车进行了 4 min 点火，将其轨道平面精调至 86°的近极方向。2004 年 1 月，为了获得每个火星日 3.6 圈的轨道，开始了一系列降低远火点机动，首先使用主发动机，然后使用 10N 推力器。此外，在 1 月 4 日至 6 日之间进行的轨道机动将近火点调整到猎兔犬 2 号预定着陆点上方。1 月 7 日首次尝试与着陆器通信。由于这是主中继链路，猎兔犬 2 号团队较为乐观，但仍然没有收到信号。直至 3 月 12 日，仍在继续各种尝试，但与着陆器建立联系的希望越来越渺茫。

这是记录猎兔犬 2 号着陆器部署序列的最清晰的图像。在原始图像中可以看到几个明亮的物体（一个位于左下方），据信是航天器上的小碎片。猎兔犬 2 号外壳后端的 2：00 到 3：00 之间有一个神秘的亮点，一些人认为是热防护罩的受损区域（图片来源：ESA）

　　与此同时，2 月 6 日 ESA 正式宣布猎兔犬 2 号失踪。ESA 和英国国家航天中心的联合调查在 5 月下旬提交了报告，但由于需要保护商业利益，最初只发表了一份摘要。调查受到了阻碍，因为事实上设计师与许多美国和俄罗斯同行都成为天真的受害者，在关键的进入和下降阶段，他们没有为自己的飞行器配备任何实时返回遥测数据的系统。

　　在缺乏数据的情况下，该报告只能提出假设并根据可能性排序，同时提出技术和管理方面的建议。事实上，这些机构将大部分责任归咎于管理缺陷和缺乏行业监督。在 ESA 的管理方面，猎兔犬 2 号只是被视为有效载荷，给它的管理者和科学家相当大的自主权。当然，这也意味着着陆器资金的处理方式与其他科学仪器相同，由国家机构而不是由 ESA 直接支付。着陆器应该被视为一个完全独立的航天器并集中管理。ESA 的科学主任甚至

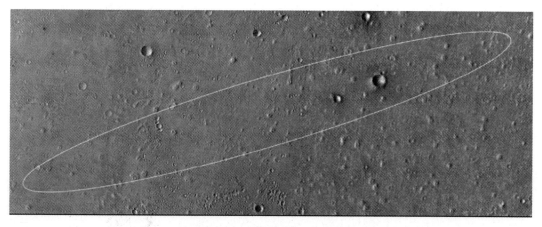

火星奥德赛相机拍摄的猎兔犬 2 号着陆椭圆

（图片来源：NASA/JPL/亚利桑那州立大学）

宣称"猎兔犬 2 号使用的创造性方法可能有点过了"，并且该着陆器不应该被允许飞行。另一方面，在其研制过程中，学者们承担着陆器全部责任这一事实被誉为"令人难以置信的成就"[153]。从技术角度来看，由于时间和资金不足，着陆器测试可能不充分，甚至一些"强制性"测试也被省略了。其中一项未进行的较为昂贵的关键测试是通过高空气球释放着陆器进行降落伞展开试验。另一个被省略的试验是气动外壳火工分离的冲击试验。重新设计的降落伞非常关键，但在猎兔犬 2 号与轨道器总装前仅进行了几个月的验证。某些形式的降落伞或安全气囊失效被认为是猎兔犬 2 号失事最可能的原因。特别是，调查推断隔热罩分离系统的设计可能导致丢弃的隔热罩在降落伞完全展开并拉起着陆器之前重新碰到了着陆器。识别了其他几种可能的失效模式，包括气囊第一次反弹后被裹在降落伞中。固定安全气囊的绑带在初次撞击后 130 s 切断，如果此时猎兔犬 2 号仍然可以移动，那么在撞击地面时受到的损伤可能导致盖子无法打开。对"摄像头"拍摄的猎兔犬 2 号远离火星快车的照片分析显示，一张照片中几厘米的不明斑点横跨背罩，但其他照片中，这种物体显然正在远去。它们可能是气动外壳绝缘层的碎片，也可能是在着陆器阴影中形成的冰屑。但是这些物体无法与任何故障情形联系起来[154-155]。

　　8 月，开放大学猎兔犬 2 号联盟协会发布了自己的报告，将管理松散归咎于 ESA，技术失误归咎于"运气不好"。报告中指出，设计不得不适应研制阶段不断缩减的大量预算。针对着陆器下降过程中无法提供遥测的批评，联盟协会指出，已经设计了遥测系统，但由于 ESA 通知没有相应的接收机而无法安装该系统。该报告注意到，在猎兔犬 2 号到达火星几天后着陆的两个美国火星探测巡视器发现由于近来的区域性沙尘暴，火星大气比预期稀薄得多。火星快车早期掩星试验对大气的扫描证实了这一点。大气密度降低 15% 可能导致猎兔犬 2 号的降落伞或气囊展开过晚，或者未展开。即使展开，气囊也有可能在撞击地面时以高于预期的垂直速度爆裂或撕裂。开放大学的报告重新分析了猎兔犬 2 号的分离图片，发现了一种可能的失效情况：可能是背罩上一个连接隔热罩分离机构的碳复合材料舱门脱落；如果是这样，那么在进入大气层时高温气体将穿透外壳[156-158]。

在 ESA 报告发布后不久，英国下议院也开始了自己的调查。11 月发布的报告指出了在资金获得方面面临的问题，并批评了英国和 ESA 双方对该项目的管理。它指出 ESA 本可以中止猎兔犬 2 号，或者至少表明它的反对意见，但它采取的态度是，只要着陆器不干扰轨道器的任务，就应该允许它继续行进。取消着陆器的政治影响也是这种态度的动机，特别是在花费了这么多资金之后。英国下议院的报告称英国政府的贡献太小也太迟了。短暂的开发时间以及不确定的资金只会使高风险活动的风险更大。更糟糕的是，该项目"只面向英国"的特点使其他 ESA 国家不愿加入。而且考虑到设计的性质，该任务像法国的 NetLander，没有太多的硬件可以继承[159]。

几年后，澳大利亚研究人员研究了猎兔犬 2 号在进入最初几秒的空气动力学，并公布了其失败的可能原因。他们证明对于实际的攻角范围，通过大气最上层边缘时探测器的飞行是不稳定的；如果其姿态受到某种方式的干扰，那么探测器将无法恢复其攻角[160]。

猎兔犬 2 号研制团队并未就此罢休，而是寻求其他方式恢复一些想要进行的科学研究。一种可能性是发射早在 2007 年研发的复制品，但前提是要有平台运送它。随后，研制团队设计了一种改进方案，由计算机控制可排放环形气囊吸收所有的冲击动能并避免反弹。通过这种方式，着陆器能够在没有机械装置的情况下实现着陆后姿态建立，从而为其他系统提供更多的质量。另一个提议是猎兔犬网（BeagleNET）。被视为 ESA 火星生物学（ExoMars）巡视器的前身，将携带生命探测设备，并释放一个配置地震仪的微型巡视器。研制团队设想由俄罗斯的福布斯－土壤（Fobos - Grunt）样本返回任务携带着陆器至火星[161-162]。其他（可能更现实一些的）提议包括在欧洲任务，甚至可能在火星生物学巡视器中使用猎兔犬的仪器。

猎兔犬 2 号偶尔会被美国的轨道器发现。火星全球勘探者在预定着陆时间仅 18 min 后拍摄的低分辨率图像显示，尽管风暴在火星大部分地区掀起了尘埃，但着陆地点的天气是晴朗的。这张图片还显示了着陆椭圆内一个 1 km 的陨石坑和跨度几千米的岩石喷出物。着陆器降落到那里的可能性很小，但如果降落到那里就很容易损坏——回想一下，气囊系统的设计标准之一是着陆点没有大石块。应 ESA 的要求，火星全球勘探者从 1 月到 4 月拍摄了着陆区椭圆东部的高分辨率图像。仅发现了一处可能有猎兔犬 2 号的痕迹。在 1 km 陨石坑边缘 0.5 m 分辨率的图像中，识别出了一个直径 20 m 的年轻陨石坑。这个较小的陨石坑北侧壁上有一块较暗的碎片，坑底部有三个明亮的斑点。凭借一些想象力，这些如果不是着陆器本身与其展开的太阳能电池板，也可以被视为猎兔犬 2 号的气囊。然而，当几年后火星勘测轨道器（Reconnaissance）以更高的分辨率成像时，并没有什么异常，也没有发现着陆器的踪迹。

直至 2004 年 1 月中旬，媒体的注意力都集中在了猎兔犬 2 号的命运上，那时火星快车传回了大量数据，其中一些是前所未有的，1 月 23 日，科学家们在位于达姆施塔特（Darmstadt）的 ESA 的欧洲空间运营中心（European Space Operation）展示了首个科学成果。虽然从任务整体目标的角度，轨道器的表现远远弥补了猎兔犬 2 号的损失，但在很大程度上没有得到公众的认可[163-164]。在轨道调整后，高分辨率照相机显示了其价值，1

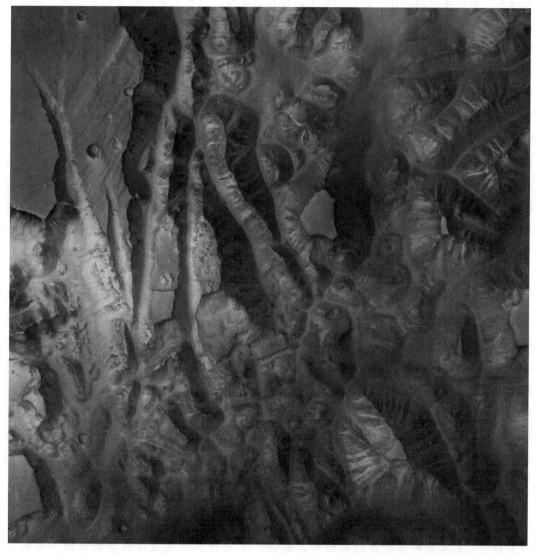

照片是水手谷的一部分，拍摄于 2004 年 1 月 14 日，是火星快车首批传回的照片之一

（图片来源：ESA）

月 14 日在 275 km 高度，以 1 700 km 的刈幅宽度拍摄的水手谷图像，以每像素 12 m 的分辨率显示了峡谷的位置、颜色和三维空间。其他早期的照片包括鲁尔谷（Reull Vallis），阿克戎槽沟（Acheron Fossae）和 4.5 km 高的欧伯山（Albor Tholus）山顶火山口。轨道器在轨运行的第一个月观测到太阳掩星现象，恒星的掩星表明高层大气中存在臭氧。在轨道器机动期间无法将其他仪器瞄准火星时，利用无线电载波信号开展了双基地雷达和其他试验。但矿物学光谱仪提供了最令人着迷的结果。从 1 月下旬开始，科学家们用它在火星秋分前测量了南极大部分地区。尽管没有观测结果，但南极冰盖曾被认为是由二氧化碳冰组成的。火星快车在此期间获得的数以万计的光谱证实了某些区域存在二氧化碳冰，但显示其厚度不超过 10 m，位于几千米厚的水冰基础之上。发现了水冰集中的三个不同区域：

水冰和二氧化碳冰混合在一起的明亮的极地冰盖本身；灰尘和水冰聚集的残余冰盖周围的陡坡；距离永久冰盖数十千米的分层地形向下延伸的无二氧化碳区域。火星全球勘探者观察到的"瑞士奶酪"地形被发现主要是二氧化碳冰[165]。这些观测证实，南极冰盖的主要部分是水冰，而这可能是这个星球上最大的水库[166]。

2 月和 3 月只能进行少数观测，因为轨道器经历了一个包括 3 月 3 日 95 min 掩星的日食"季节"。傅里叶光谱仪和矿物学仪器观测了南极极冠。5 月初航天器到达运行轨道，轨道高度在 300～10 110 km 之间，轨道平面与火星赤道倾角为 86.3°，周期 6 h 43 min，该轨道使航天器每 11 轨重访同一地点[167]。轨道方向使得在 2004 年夏季的部分时间近火点为火星夜侧，所以光谱仪器具有优先权。仪器的调试工作已于 6 月 3 日完成。唯一剩下的动作是释放雷达悬臂。该动作原计划 5 月进行，但 4 月份提供悬臂的 JPL 要求推迟。直径 3.8 cm 的管状悬臂由玻璃纤维和凯夫拉纤维制成，沿着 13 个铰链点像手风琴一样折叠。有限元仿真引起了对悬臂释放后可能剧烈摆动并损坏太阳能电池板的担忧。需要进一步分析，预计雷达无法在 2005 年 3 月之前展开[168-169]。

第一次火星合日发生在 8 月和 9 月的大部分时间。同样在 8 月，航天器在其轨道上第一次对火卫一进行了一系列相对近距离的飞掠。8 月 22 日以最近的相对距离 149 km 飞掠。虽然二者轨道周期相似，但两个轨道几乎是垂直的，它们在相邻轨道上多次近距离通过后会有一段时间不再交会。通过测量这段时间和随后的"交会季节"中火卫一对背景恒星的位置，可以精确地测定这颗卫星的轨道，发现它在预测位置之前几千米。美国火星探测巡视器在火星表面观测的火卫一日食证实了这一结论。火星快车分辨率为几十米的图像覆盖了火卫一的一些区域，这些区域之前曾以更低分辨率记录。虽然火星快车的轨道与火卫一轨道相交，但火卫二的轨道距离火星更远，不可能与火星快车近距离交会。尽管如此，2004 年 10 月 22 日一次 10 931 km 的火卫二飞掠提供了一些观测结果[170]。

在美国，人们对火星快车的期望很低，他们认为欧洲的轨道器只是重复了美国任务所做的观测。由于这是 ESA 的第一个行星轨道器，欧洲行星科学家相对缺乏经验，但结果表明，航天器和管理者以及科学家能够产生完善美国轨道器科学观测的一流科学成果。

红外傅里叶光谱仪收集的多轨平均数据显示了五种未确认的光谱特征，其中一种只能是甲烷。值得注意的是，早在 1969 年水手 7 号（Mariner 7）飞掠火星两天后就已经公布在火星上发现了甲烷（和氨），这一发现来自南极极冠的红外光谱。不过后来当发现光谱中显示出二氧化碳谱线时，这一声明被收回。最近，美国研究小组在 2003 年利用地基近红外高分辨率光谱分析发现了甲烷。看起来甲烷在稀薄的火星大气中所占的比例平均约为十亿分之十，但其中一个地基研究小组报告称，在水手谷和希腊平原（Hellas）北部高地上探测到的浓度高出几十倍（相比之下，甲烷约占地球大气的百万分之二，占土卫六大气的 5%）。不同轨道甲烷丰度差别很大，而且分布不均匀，有集中在阿拉伯地（Arabia Terra）、净土平原（Elysium Planum）和阿卡迪亚-门农（Arcadia - Memnonia）的倾向。有趣的是，这也是火星奥德赛探测到浅层水冰的三个赤道地区。长期观测显示甲烷混合比

火星快车矿物学光谱仪于 2004 年 1 月 18 日拍摄的南极极冠的早期多光谱图像。右图为可见光通道，中图为二氧化碳信号，左图为水冰信号［图片来源：ESA/红外矿物学光谱仪（OMEGA）］

从北方春季到南方夏季缓慢下降的季节性变化。甲烷在这种高氧化性大气中不能长期存在（分子寿命为几百年），因此甲烷的持续存在一定是得到了补充。地球大气中 90% 以上的甲烷由微生物产生；其余来自地球化学和火山活动。因此火星大气中甲烷的存在可能有两个原因：要么存在某种形式的生命，要么当前火山活动活跃。海盗号的观测结果似乎排除了火星表面存在生物，所以如果存在微生物，一定在火星表面下的"隐蔽"环境中。它们可能存在于热泉中，但火星奥德赛对这些地点进行红外探测后没有有用的发现。其他可能产生甲烷的方法包括水改变玄武岩，就像在地球洋底发生的那样，但没有这种活动的证据。或者，甲烷可能只是火星大气的临时组成部分；它出现在彗星光谱中，可能是由 100 m 大小的彗星核撞击而被引入火星[171-172]。傅里叶光谱仪还检测到浓度是甲烷 10 倍的甲醛，这是一种更复杂的碳氢化合物。这种寿命较短的分子可能来自火星上大量存在的氧化铁对甲烷的氧化，但在这种情况下，它的浓度应该小于甲烷。此外，还探测到氟化氢和溴化物等其他稀有气体。

傅里叶光谱仪还与火星表面的火星探测巡视器的热辐射光谱仪进行了同步观测[173]，提供了火星大气最低处几千米的叠加剖面。从 2005 年 4 月开始，傅里叶光谱仪发生了硬件故障，意味着它无法产生可用的数据，但在 11 月，通过将其切换到功率更大的备份电机，设备恢复正常。

当火星全球勘探者的磁强计在火星上发现"局部"化石磁场时，人们推测这个微型磁层可以通过与太阳风中带电粒子相互作用，形成火星极光。为了研究这个问题，将火星快车的紫外光谱仪视场漂移到火星夜侧边缘。2004 年 8 月 11 日，探测到一个由局部磁场聚集的太阳风电子通量激发的气体分子产生的发射峰值。这是高层大气中极光发射的首个证据。观测的视线经过了最强烈的地壳磁场[174]。探测器上唯一的粒子仪器也检测到了小磁层的信号[175]。还检测到了氮和氧重组引起火星夜侧一氧化氮的紫外辐射。这些离子是由火星日侧的氮、氧和二氧化碳分子被太阳照射分解而形成的，并由大气环流传播到夜侧。利用这种"夜空辉光"可以测量两个半球之间大气环流的差异并监测它们的季节性变化[176]。臭氧是用该仪器在包括恒星和太阳掩星等几种模式下探测到的。在地球和火星轨道对臭氧进行了同步观测。由于臭氧分子很容易被水破坏，它是光化学反应和云活动的重要示踪剂。对大气臭氧的协同研究至少持续到 2009 年，加上地基观测结果，建立了一个跨越 20 多年的数据库[177-178]。在 2004 年中期的火卫一交会季节，使用紫外线通道获得火卫一散射的太阳光光谱。检测到一个可能是有机材料覆盖表面的异常吸收特征[179]。仪器工作在掩星模式下，通过提供完整的二氧化碳密度和温度剖面，以及测量在 60～120 km 高度分子氧的丰度，完善了海盗号对火星大气的测量。

第一个火星年期间，高分辨率相机以分辨率为每像素 20 m（或更高）的彩色立体图像覆盖了火星表面的四分之一，分辨率为每像素 50 m 的图像覆盖了火星表面一半以上区域。图像集中在火山特征、冰沉积和冰川以及水的活动上。对火山和冰相关特征的观测在美国和欧洲行星科学家之间引发了一些争议。火星全球勘探者在 1998 年拍摄到的净土平原东北部地区，被美国科学家解释为玄武岩板块，该板块曾漂浮在五百万年前从刻耳柏洛斯槽沟（Cerberus Fossae）裂缝中喷发的主熔岩流上。但火星快车的图像挑战了这种解释：地形基底看起来比玄武岩板块年轻，表面比凝固的熔岩平坦。对欧洲科学家来说，这个 800 km×900 km 的区域类似于陆地浮冰，在冰压缩的地方形成了山脊，有迹象表明冰

欧洲科学家认为净土平原东北部的平坦地形是被一层厚厚的火山灰覆盖的一大块浮冰。
这种解释有争议，美国轨道器的高分辨率图像证明了这种地形是凝固的平滑熔岩流
（图片来源：ESA/DLR/FU – G. 诺伊库姆（G. Neukum））

块已经解体，碎片之间发生了相对旋转。从那时起，冰块就被层层火山灰覆盖并被保护起来，使其无法升华。冰块如果依然存在，可能有 45 m 厚[180]。当然，美国科学家对欧洲的"发现"非常怀疑，并反驳说该地区实际上显示了熔岩流冷却的迹象，并指出撞击坑的特征表明它们是在坚硬的岩石而不是冰中形成的。更多高分辨率的图像将证明他们是正确的。

　　火星快车的高分辨率图像能够实现火山喷口和侧壁的陨石坑计数。使用普遍接受的陨石坑比率，表明奥林匹斯山和海卡特斯山（Hecates Tholus）斜坡的岩浆沉积发生在 38 亿～1 亿年前。如此长间隔内的火山体堆积说明火星地壳是稳定的。以地球为例，板块构造的过程导致地幔"热点"产生火山链，夏威夷群岛就是一个很好的例子——地幔中上升的地幔柱保持固定，岩石圈经过其中。在火星上，这个过程产生了地幔柱上方的巨大火山。在这方面，也许值得注意的是奥林匹斯山和塔西斯（Tharsis）山脊顶部三座大型火山都具有同一高度，就像地幔压力无法使岩浆喷发得更高一样。目前奥林匹斯山、艾斯克雷尔斯山（Ascraeus Mons）、阿尔西亚山（Arsia Mons）、欧伯山和海卡特斯山的火山喷口似乎都是在大约 1.5 亿年前的一段相当短的时间内形成的。有趣的是，这与大多数已知

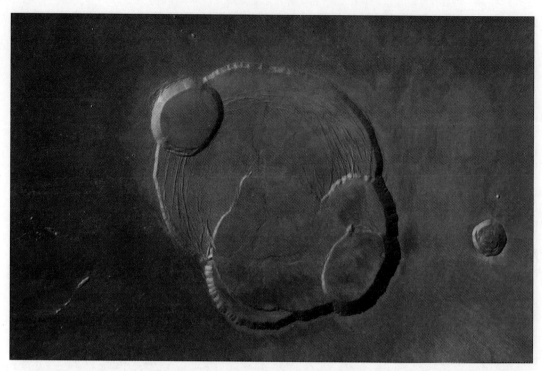

火星快车拍摄的奥林匹斯山火山喷口顶部的高分辨率图像。陨石坑的相对缺乏说明火山在相对
较近的时间内曾经活跃过。右侧为北（图片来源：ESA/DLR/FU - G. 诺伊库姆）

的火星陨石（ALH84001 除外）形成的时间一致。此外，火星快车和火星全球勘探者共同
确认了奥林匹斯山较低侧翼的三个熔岩流的年代可以追溯到 1.15 亿～240 万年前之间，从
地质学的角度来说，这已经是"昨天"了。如果用来计算这些年龄的陨石坑比率是正确
的，那么没有理由相信火星上已经停止了火山活动。

　　然而，尘封在距离（当前）赤道 20°的奥林匹斯山侧翼上的冰川沉积物和泥流，在某
些地方似乎只有 400 万年的历史。其他小型舌状沉积物无法通过陨石坑计数可靠地确定年
代的事实表明它们非常年轻[181]。2004 年 1 月 19 日，火星快车拍摄的盾状火山海卡特斯山
西北侧翼的 10 km 火山喷口显然形成于 3.5 亿年前，显示了火山爆炸性喷发的证据。火星
上的火山活动大多数是流淌性喷发的。爆炸性的火山活动被认为只在非常古老的火山爆发
中发生过，但这一发现证明并非如此。此外，火山喷口附近和内部的冰川沉积都极为年
轻，最多有 2 400 万年的历史[182]。其他"近来"的冰川或积雪起源特征在希腊东部中纬
度地区也很明显。包括奇特的"沙漏状"气流和火山口中周边的碎片。所有这些观测结果
都证实最近发生了"冰河时期"，在此期间火星最高山脉的侧翼上形成了厚度为几千米的
冰河[183-184]。

　　最大泄水渠卡塞谷（Kasei Valles）的源头艾彻斯深谷（Echus Chasma）清晰地显示，
数十亿年前液态水就存在于地表，巨大的瀑布从 4 km 高的悬崖上倾泻而下，在其底部形
成了一个湖泊，当气候变冷时形成了冰川并开辟了卡塞谷。

相机还进行了大量其他观测。例如，在 2005 年 2 月 2 日，火星快车拍摄了最具标志性的照片之一，发现瓦斯蒂塔斯-伯里利斯（Vastitas Borealis）北部一个 35 km 的陨石坑底部存在覆盖沙丘的一块明亮的白色水冰。北极极冠边缘的图像显示了一侧有堆积物质的小而年轻的火山锥。这种地形导致了一个深沟，然后形成了一圈平坦的山脊。这似乎是最近约 20 000 年前由于火山爆发融化极地冰触发的灾难性洪水的证据，火山爆发时熔岩喷发到冰中形成了平顶火山的岩石特征[185-186]。

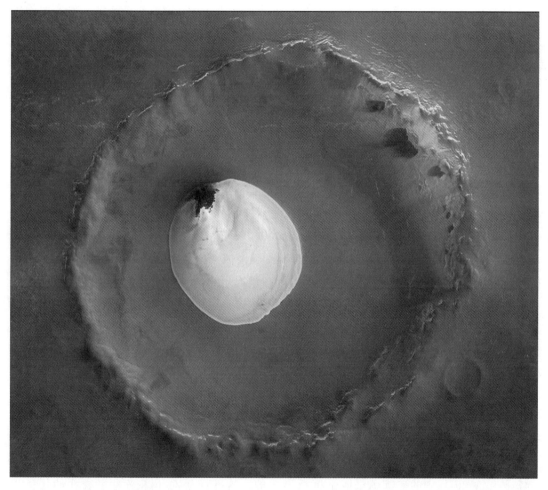

2005 年 2 月拍摄的瓦斯蒂塔斯-伯里利斯北部 35 km 的小陨石坑内正在融化的冰，是欧洲火星快车任务最具标志性的照片之一（图片来源：ESA /DLR/FU ＿ G. 诺伊库姆）

红外矿物学光谱仪（OMEGA）运行的第一个火星年以 1 km 的分辨率对火星 90% 以上区域进行了测绘。最有趣的结果与水蚀变矿物有关，即可能在地表或其附近有水存在时形成层状硅酸盐（主要是黏土）和硫酸盐。这些矿物包括主要成分为硫酸钙的石膏；主要成分为硫酸镁的硅石；只有在酸性水存在时才能形成的硫酸铁水合物黄钾铁矾；赤铁矿。硫酸盐主要集中在水手谷，珍珠湾区（Margaritifer Sinus）和子午湾地（Meridiani Terra）（其中"地表实况"由机遇号（Opportunity）巡视器提供）。子午湾的硫酸盐层被赤铁矿层覆盖。火星快车的光谱测量和火星全球勘探者的图像互相关联，证实硫酸盐在水手谷（Valles Marineris）的台地和山丘侧壁上形成了浅色的层。这些层可能是通过地下水对火山灰的改变形成的，也可能是风成的沉积物。在珍珠地（Margaritifer Terra）的混沌地形中也发现了浅色的硫酸盐斑块。这些沉积物的存在范围表明火星历史的某个时刻地表存在大量的酸性很强的水。不过，当硅石在有水的情况下形成时，它也很容易因长时间暴露而改变。因此，这似乎表明过去曾有短暂的、零星的、可能不稳定的水存在。此外，盐沉积不严格意味着地表存在液态水，因为它们也可能是由地下水、雪或霜造成的。易在温暖潮湿环境中"风化"的硅酸盐矿物橄榄石的普遍存在，意味着表面已经干燥了很长一段时间。

　　一个令人惊讶的发现是硫酸盐的存在，以及当二氧化碳冰盖在春季和夏季消退后，在北极周围 60 km×200 km 区域内的石膏。这一特征与火星最大的"沙海"奥林匹亚平原（Olympia Planitia）的暗色沙丘相匹配。极地石膏的起源是有争议的，但一些科学家认为它表明了最近的地质活动。石膏可能是火星内部泄漏的富含硫的气体对基底的改变而形成的。

　　对海盗号样品和火星陨石的分析表明了黏土的存在。它们通常看起来与暗沉积物有关，这些暗沉积物存在于阿拉伯地、大流沙地带（Syrtis Major）北部、子午湾地、赞茜地（Xante Terra）和月神高原（Lunae Planum）；大流沙地带、尼利槽沟（Nili Fossae）、马沃斯山谷（Mawrth Vallis）古老多坑地区由于侵蚀而露出地面的岩层；以及伊西底斯（Isidis）、希腊平原和子午湾的几个地点。某些情况下，成像光谱仪发现了被富含橄榄石的熔岩掩埋，后来又因撞击出土的古代黏土沉积物，说明黏土形成时存在的水在熔岩喷发时已经消失。在一些地点，黏土被河道侵蚀并集中在河流三角洲。北半球杰泽罗（Jezero）陨石坑的一个古老的湖床上尤为明显。为了推断黏土沉积物的形成条件，确定不同矿床之间黏土沉积物成分的变化至关重要。在地球上，当岩石长时间暴露在温暖的水里，比如温泉，就会形成黏土。暴露在水中的时间不同，会产生不同类型的黏土，不溶性元素含量增多直至形成高铝黏土，通过识别黏土中的元素可以确定表面与水接触的时间。火星黏土主要含镁和铁，但在某些情况下，可以检测到不同浓度的铝。光谱分析表明，尼利槽沟的沉积物可能来自热液源，而拥有火星上最丰富水化矿物的马沃斯山谷（Mawrth Vallis）中的矿床则可能是沉积形式的。这些结果对于未来行星表面的任务规划尤为重要，因为黏土沉积物可能是寻找过去生命迹象的最佳地点之一。此外，与在高酸性水中形成的硫酸盐不同，黏土是在有利于（陆地）生命存在的水环境中形成的[187]。

　　由于形成所需要的环境条件不同，火星上的硫酸盐和黏土可能代表不同时间发生的两种不同的水相关事件。或许也可以证明火星水的化学性质发生了变化，从黏土形成时的中性或碱性转变为硫酸盐形成时的酸性。这一变化可能与塔西斯（Tharsis）火山活动向大气中注入大量的硫有关[188-189]。因为所有与水有关的沉积物似乎都有数十亿年的历史，所以火星历史上大部分时间表面一定是干燥的。此外，在较年轻的北部平原上没有发现水蚀变矿物。相反，光谱数据表明它们被闪亮的火山物质覆盖。如果曾经有海洋充满了这些低洼地区，那么它所形成的任何沉积物一定都被火山沉积物所掩盖。

虽然在观察到沟壑的地点没有探测到水合矿物的特征，但这可能是仪器的空间分辨率相对较低造成的结果。尽管能够检测浓度大于 1% 的碳酸盐，但仪器没有发现任何应该在大气中二氧化碳与水反应时形成的沉积物，所以不能确认火星全球勘探者热辐射光谱仪推断空气尘埃中存在碳酸盐的发现。

火星快车特别关注极地地区，以监测季节效应并调查不同地形的性质和分布。从春季到夏初对北极冰盖进行了监测，观察二氧化碳冰霜的升华和水冰残余冰盖的消退。2004 年年底到 2005 年的观测致力于"神秘"区域的秘密，火星全球勘探者在春季早期到中期观测到的低温深色冰块表明存在几乎纯净的二氧化碳冰。虽然这些区域每年都被受到灰尘严重污染的二氧化碳覆盖，但只发现了非常微弱的二氧化碳信号，可能是因为大气环流的某些影响造成的。遗憾的是，这种污染与深色斑块、扇形区域、"蛛网地形"和火山口之间的联系并不容易建立[190]。几个火星年收集的数据有助于详细重建南极极冠春季和夏季发生的升华过程[191]。

重新访问了火星探路者在阿瑞斯谷（Ares Vallis）的着陆点，证实那里的岩石正如索杰纳号分析所表明的那样，大部分是未被水改变的玄武岩。当然，这很难与该地区古老冲积平原的外观相协调[192-201]。

矿物学仪器也进行了大气观测。例如，与傅里叶光谱仪一起研究了希腊平原上空的水蒸气浓度在整个火星年的变化。但仅 3 天的浓度突然增加还有待解释[202]。

等离子仪器在调试阶段开始获取数据。对被其加速的来自太阳风和电离子层离子的等离子体在 270 km 的近火点进行了观测，证实了太阳风直接影响上层大气[203]。该仪器的低能中性粒子成像仪也用于绘制行星际粒子群，观测到来自各种源的粒子流，其中一些来源尚未完全了解[204]。

火星快车进行了大量的无线电掩星实验"探测"火星大气。与低太阳同步轨道的美国轨道器不同，火星快车的椭圆轨道在不同的火星时和纬度提供了不同的掩星。它揭示了一个先前未被探测到的由流星携带的离子形成的高 80～90 km 零星电离层。

当轨道器常规运行时，ESA 和 JPL 的团队分别开展了雷达悬臂展开的动力学研究并进行了独立复核。对悬臂管材进行了测试，在真空容器内展开了天线的全尺寸模型。最终结论为，虽然悬臂有一定的可能性重新接触航天器，但不太可能产生任何损害，而且悬臂展开后的残留振动可以被姿态控制系统抑制。在航天器进入火星环绕轨道的第 2000 圈前不久，2005 年 5 月 4 日展开了第一个悬臂。但很快发现悬臂并不像预期的那样笔直。显然，距离顶端三分之二处的第十个铰链以 40° 的角度卡住了。将铰链的一边暴露在阳光下使其变软，然后慢慢变直并锁定在适当的位置。经过进一步分析，第二个偶极天线于 6 月 14 日释放，这次没有发生任何事故。三天后，展开了单极天线[205-206]，并立即开始了调试和校准，并于 6 月 19 日收到了第一个雷达回波。该仪器直到 2006 年年初才宣布全面投入调试、校准和运行，为了能立即开始初步的科学观测，必须在近火点为火星夜侧时展开天线。6 月 26 日开始采集数据，探测北半球特别是极地的层状地形。探测持续到 8 月中旬，此时近火点转入火星日侧，优先进行成像探测。在此之后，在 20% 的轨道上收集电离层数据，直到近火点回到夜侧并转向南极。

在两次早期的轨道运行中，雷达接收到来自中纬度北部克里斯（Chryse）低地的巨大抛物线形地下回波，它被解释为一个直径约 250 km，深 2.5 km 的深埋的撞击盆地，显然完全充满了厚厚的一层可能富含水分的物质。雷达的第一次测量过程中，在平坦的北部平原下共发现了 11 个直径从 130~470 km 不等的埋在地下的圆形洼地。这些特征的迹象在火星全球勘探者的激光测高仪上以神秘的圆形凹陷的形式显现出来。有趣的是，这些充填盆地的大小和分布使得北半球埋藏的地壳的年代超过 40 亿年，与古代南半球相似[207-208]。在极冠上方时，雷达回波分成两部分，一部分是地表沉积物的上层扫迹，另一部分是冰层和底层地形分界线的下层扫迹。北极冰盖本身似乎由雷达回波中暗色的较为纯净的水冰沉积物构成，厚达 1.8 km。

在完成北半球测量后进行的电离层研究清楚地探测到与化石磁场区域对应的回波。这证明了雷达的电离层探测模式测量火星弱磁场的能力。从 2005 年 11 月到 2006 年 4 月期间，雷达在当地冬季对南极地区进行了 300 多轨的探测。通过对这些数据的分析，发现了非常精细的分层，确认了矿物学仪器探测到的纯水冰。发现南极冰盖的分层深度很大，并且包含具有不同灰尘混合比的沉积物。可能存在二氧化碳冰，但雷达无法明确区分。南极极冠看上去比地壳上厚度达 3.7 km 的北极极冠更厚。在南极附近面积达 300 万平方千米的多尔萨阿根塔（Dorsa Argentea）平原下发现了大量的冰。尽管之前认为该平原是由火山形成的，但现在认为它更可能是一块厚达 1 km 的被尘埃覆盖的冰。根据雷达数据得出了南极地区水冰体积的估计值：足以覆盖深度达 10 m 的光滑球体。不过这仍然比解释观测到的表面侵蚀所需的水少一到两个数量级[209]。瑞典的等离子仪收集了整个火星年从大气中逃逸的离子的数据。与 15 年前福布斯 2 号上类似但性能较差的仪器测量的结果相比，损失率少了整整两个数量级，表明在过去的 35 亿年中，仅太阳风的相互作用就去除了大气中几百帕斯卡的二氧化碳和几厘米的水。如果在火星历史早期大气层更厚的话，那么一定有其他侵蚀过程造成了这种损失[210]。

在南部进行雷达探测的同时，2005 年 11 月和 12 月火星快车与火卫一到达了第二个交会季节。在标称任务结束时，火星快车进入拓展运行阶段，监测火星以获得长期趋势的证据。2006 年夏季的大部分时间里，由于火星处于远日点，太阳能电池板产生的能量更少，而且航天器轨道的平面导致了长时间的日食，航天器处于"生存模式"。一次，航天器在火星阴影下运行了 75 min，电池无法完全充满。必要时，航天器很多系统被关闭，为了更好地将太阳能电池板对准太阳，高增益天线转向远离地球方向。让事情变得更为复杂的是，在此期间，火星及其周围或表面的航天器处于火星合日时期，并到达了与地球的最大距离。除了对日冕的无线电探测和与美国巡视器和火星勘测轨道器（Mars Reconnaissance Orbiter）的一些协调研究外，科学观测基本上暂停了近 10 周。不过在 7 月 22 日，火星快车在赛东尼亚（Cydonia）地区拍摄了 14 m 分辨率的声名狼藉的"火星之脸（Face on Mars）"图像。火星合日之后，由于风暴引起的大气中的微尘影响了成像和表面矿物学

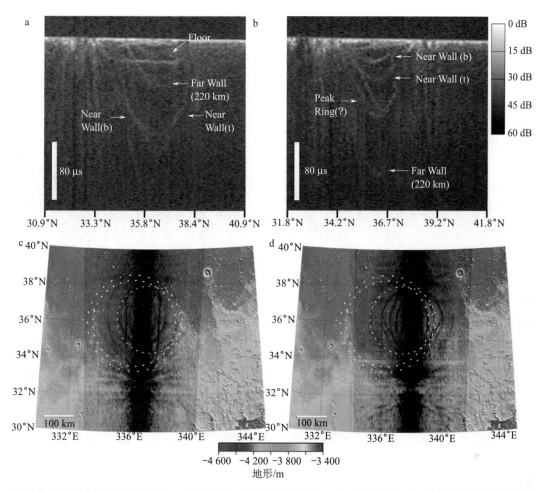

2005 年 7 月在克里斯平原（Chryse Planitia）收集的雷达回波发现了可能存在属于古代撞击盆地的地下结构。地形图上的虚线白色圆圈与雷达回波弧大致吻合（图片来源：ESA/ASI/NASA/罗马大学/JPL/史密森尼学会）

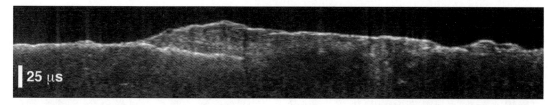

穿过南极极冠的"雷达图"。注意，图像的左侧扫迹分成两条。上面的扫迹表示极区层状沉积物的表面，下面的扫迹为极冠下表面与底层物质间分界线的回波。从回波的特征来看，两条扫迹之间的物质被解释为主要由水冰构成（图片来源：ESA/ASI/NASA/罗马大学/JPL/史密森尼学会）

观测。同样在此期间，在水手谷内检测到了 2 km 厚的烟雾层。与此同时，掩星光谱仪发现了在所有行星表面上最高的云团：在 80～100 km 高度徘徊的稍纵即逝的二氧化碳冰晶云。

2007 年 11 月 9 日，猎兔犬 2 号监控"摄像头"拍摄的半明半暗火星和奥林匹斯山的图像
（图片来源：ESA）

　　2006 年年底，ESA 评估了恢复监视猎兔犬 2 号部署的小摄像机的可能性，这次是为了提供广角"类似摄像头"的图像，接收到这些图像后的几小时内将在互联网上向公众发布。在关闭了 3 年之后，相机在今年晚些时候进行了大范围曝光试验测试。虽然只能用最快的曝光避免传感器饱和，但结果仍令人鼓舞。相机的使用面临很多挑战：尽管仅使用了可忽略的一小部分可用功率并且产生的数据相对较少，但它与其他仪器视线不同轴，且其数据总线阻止了其他有效载荷的使用。由于这些原因，相机只能在轨道器处于远火点时旋转并关闭所有其他设备时运行 1 h。尽管这些约束限制了相机只能拍摄遥远的火星全景图像，但它成功地提升了任务的公众形象。最终，该相机的网站成为 ESA互联网页面中访问量最大的网站之一。此外，这些图像被证明具有科学价值，科学家利用它们来确定大规模的大气现象，然后由其他仪器进行详细调查。在 2010 年 5 月期间，为了创作航天器首次环绕火星飞行的影片，该相机运行了一整圈轨道。从长远来看，还计划在火星经过流星雨时，偶尔使用"摄像头"拍摄的火星夜侧图像检测大气现象[211]。

　　第二次拓展飞行任务时，工程师和科学家商定了一个略有调整的轨道，增加近火点经过火星日侧的次数，改善成像仪器的观测条件。当然，也没有忽视非成像仪器的观测。

在 2006 年和 2007 年期间，雷达被用来协助解决一个长期的谜团，即赤道地区厚沉积层的性质。20 世纪 70 年代水手 9 号（Mariner 9）在美杜莎槽沟（Medusa Fossae）发现了类似的特征。根据叠加陨石坑的退化外观判断，推测由易被侵蚀的物质构成。但它是什么？一些科学家认为是一层火山灰。然而，陨石坑周围厚圆形"基座"表明了水冰的存在，与极地层状地形富含冰的沉积物相似。它的年代是有争议的。虽然陨石坑的稀少表明它是年轻的，但如果地形容易被侵蚀，它们的消失也是可以解释的。火星快车的雷达显示美杜莎槽沟由低密度物质组成。可能是水冰，但证据不是决定性的。回波与极地地形相似，但含有更丰富的沙尘层。有趣的是，火星化石磁场的构造暗示了磁极（也可能是轴极）在遥远的过去位于美杜莎槽沟附近[212-213]。

2007 年 6 月至 8 月火星快车经历了另一个日食季节，不得不减少除成像仪外所有仪器的操作。在 11 月 23 日第 5 000 圈轨道飞行时，与火卫一进行了另一系列的交会。在几个交会季节中，轨道器在距离这个天体 3 000 km 的范围内飞行了 46 次，拍摄了 230 多幅图像[214]。

2008 年 1 月，火星处于有利位置，可以同时研究太阳风对地球和火星高层大气的影响。利用 ESA 四颗相同的集群（Cluster）磁层卫星和火星快车开展了一项联合活动，比较了在类似太阳风条件下氧离子的通量。由此发现离开火星的通量比离开地球的通量高出一个数量级。研究了不同太阳距离对大气侵蚀速率的影响。科学家们的目的是将火星快车的孪生兄弟金星快车（Venus Express）的观测结果整合在一起，以便更全面地了解不同大气的行星，以及具有磁层的地球对"太空天气"的反应。5 月，火星快车协助 NASA 的凤凰号（Phoenix）着陆器（第四卷有详细介绍）抵达火星。它调整了轨道，能够在北部高纬度着陆地点提供 13 min 的备份中继能力。它是精确确定接近轨道的额外轨道参考，并报告预定进入点的大气状态。在帮助凤凰号之后，火星快车相当一部分观测以火卫一为目标，以支持俄罗斯的福布斯—土壤（Fobos - Grunt）取样返回任务。7 月和 8 月，火星快车与火卫一进行了一系列的近距离交会，在 7 月 23 日以 97 km 的飞掠达到了顶峰，获得了火卫一沟槽表面 3.7 m 分辨率的图像。但不幸的是，当时俄罗斯任务的两个主要候选着陆点均处于黑暗中[215]。交会期间通过监测轨道器无线电信号的多普勒频移，可以精确测量这颗卫星的质量和（给定其体积）密度。雷达也被用来"探测"火卫一的内部结构。当年晚些时候发现火星快车将危险地近距离飞掠火卫一，探测器不得不进行了机动来增大这个距离。在火星上，图像证实了拉尼混沌（Iani Chaos）和其他"浅色地形"是由地表的地下水喷发形成的。另一个日食季节发生在 2009 年年初，最长的一次是 3 月 9 日通过约 49 min 的火星阴影。随后为了防止近火点漂移到夜侧，对航天器的轨道进行了调整。2009 年 11 月 5 日，火星快车获得了一个难得的机会，通过其相机的视野拍摄火卫一和火卫二的合影。

2010 年 2 月和 3 月的 6 星期时间里，12 次飞掠了火卫一。3 月 3 日的最近距离可达 50 km，但航天器进行了一次机动，将距离扩大到 67 km，防止火卫一的掩星中断测轨数据。不过这仍然是航天器最接近火卫一的飞掠，打破了 30 年前海盗 1 号轨道器创造

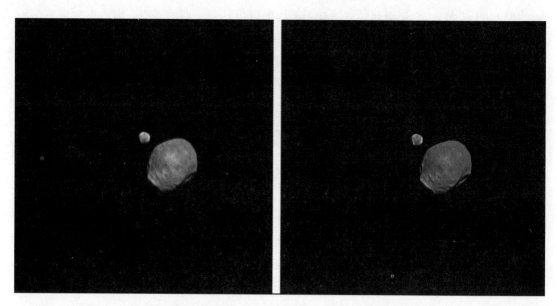

2009 年，火星快车是首个捕捉到火卫一和火卫二合影的轨道器
（图片来源：ESA /DLR/FU ＿ G. 诺伊库姆）

的 80 km 飞掠的纪录。这是洞察火卫一内部的绝佳机会。这次飞掠由 NASA 的深空网和一些欧洲的射电望远镜跟踪。轨道器的载波信号很强，可以被业余无线电爱好者接收。最近的交会发生在卫星的夜侧，阻碍了高分辨率成像。不过后来的交会序列有良好的光照，获得了福布斯—土壤着陆点的详细照片。3 月 7 日序列中的第七次飞掠时，在 175 km 以下的距离收到了数以千计的雷达回波，随后当轨道器以距离卫星表面 107 km 的高度经过时相机开始工作，获得了分辨率优于 5 m 的图像。跟踪证实卫星内部孔非常多，多达四分之一的空间是空的。此外，通过傅里叶光谱仪观察，表面物质似乎是由富含铁和镁的矿物以及令人惊讶的黏土组成的。特别是在斯蒂克尼（Stickney）陨石坑周围发现了黏土。由于成分与火星非常相似，表明火卫一是由火星表面撞击产生的碎片堆积而成的[216]。

与此同时，在 2 月和 3 月进行了一系列轨道调整，将航天器的轨道周期延长至 7 h，以改善近火点火星的光照。在 2010 年 8 月，以及 2010 年 12 月和 2011 年 1 月之间，又经历了几次火卫一飞掠季节。后者在 1 月 9 日达到高潮，欧洲轨道器在与火卫一中心 111 km 的距离进行了飞掠，是第三接近距离的飞掠。这次交会在白天进行，相机可以拍摄到未充分覆盖南半球和福布斯—土壤预定着陆点的 3 m 分辨率的立体图像。其他仪器也收集了数据。雷达在小于 230 km 的距离内收集了 50 s 的数据。6 月 1 日，轨道器拍摄了一系列以遥远的木星为背景的火卫一通过相机视野的图像。

通过掩星光谱仪的长期的观测，获得了火星气象学和水的历史的重要成果。提供了火星多年的水蒸气垂直浓度剖面图。当火星处于远日点并且大气中没有尘埃时，在北方春季和夏季收集的数据提供了"超饱和"状态的第一个证据，当水蒸气无法找到足够的尘埃颗

2010 年 2 月的一次飞掠中拍摄到的 4 m 分辨率的火卫一图像的一部分
（图片来源：ESA /DLR/FU ＿ G. 诺伊库姆）

粒凝结成液滴时，就作为气体保留在大气中，导致相对湿度超过 100％，并且使大气模型预测的水量增加数十倍。这一发现可以解释预测火星天气的差异，因为模型假定，一旦达到饱和，蒸汽就会变成冰。超饱和发生在高度超过 50 km 中层大气中，那里水分子很容易被太阳辐射分解。这反过来又意味着，多年来从火星大气中逃逸的水量肯定比预期的要大得多[217-218]。

2011 年 8 月中旬，在用于存储数据的固态存储器出现读写问题后，火星快车进入安全模式，不得不停止所有观测。使用了备份存储器。但在 9 月和 10 月再次进入安全模式。虽然研究了应急措施，但这些问题不仅表明硬件老化，而且探测器在每次安全事件结束重新对日定向时浪费了大量推进剂。11 月，在环绕火星第 10 000 圈飞行时，火星快车缓慢恢复了科学观测。开发了新程序，包括在不使用固态存储器情况下轨道器控制方式的重新设计，使得火星快车完成了为期 5 个月的 600 圈轨道活动，绘制了从极点到 45°纬度的整个北半球的近地表图。对这一结果，以及几年来雷达在北部低地收集的其他数据的分析表明平原被低密度多孔物质覆盖，这种物质是具有低介电常数的典型沉积物，可能混合了冰。但是这些物质覆盖的区域延伸到低纬度地区，那里的近地表冰不会稳定，而且它们与地形低点非常匹配。除了地形，这是第一个表明北半球以前可能被海洋覆盖的证据。但整个北部海洋的问题仍有争议。

目前火星快车的拓展任务已经资助到 2014 年，尽管存在一些轻微的仪器和硬件故障，但航天器处于非常好的状态。每年仅消耗约 250 g 推进剂，因此推进剂供应可持续 14 年。在 2012 年期间，它将进行为期 2 个月的甲烷监测活动，以支持世界最大望远镜的观测，同时在 2 月和 3 月地球和火星冲日时对火星高层大气及其对太阳风的反应进行新的观测。然后它将用于支持 NASA 大型火星科学实验室（Mars Science Laboratory）巡视器的到达和早期运行。在接下来的几年中，期望它可以支持各种美国探测器，并为未来的欧洲任务铺平道路[219]。

10.6　着陆器网络

继火星快车后，欧洲的下一个逻辑步骤将是基于 20 世纪 90 年代火星组网计划（MARSNET）和火星网际计划（INTERMARSNET）研究的任务。该任务尝试将一组相同的着陆器释放到火星表面[220]。在 20 世纪 90 年代末 ESA 一直考虑于 2005 年实施第二次火星快车任务，然而这次任务能提供多少有价值的科学贡献存在疑问。此外，这次任务需要欧洲为俄罗斯研制大推力联盟-FG 运载火箭提供资金[221]。

1998 年，法国科学家建议国家空间研究中心 CNES 承担雄心勃勃的火星探索计划。这是对 1997 年小型科学任务的首次回应，不仅包括与 ESA 火星快车和与 NASA 采样返回任务的合作，还包括一个法国 PREMIER 任务（Programme de Retour d'Echantillons Martiens et Installation d'Expériences en Reseau，即火星采样返回和网络实验建立计划）。PREMIER 计划于 2005 年或 2007 年发射，除了携带 NASA 的轨道采样捕获和返回（Orbiting Sample Capture and Return，OSCAR）载荷外，还携带小型着陆器。网络着陆器（为着陆器组网）将是一个由 CNES、芬兰气象研究所（Finnish Meteorological Institute）、德国行星研究所（German Institute for Planetology）以及欧洲和美国的其他一些机构联合开展的合作项目，将充分继承惠更斯号、俄罗斯火星 96 小型地面站和罗塞塔号着陆器的硬件设计。在接近火星时，将释放四个使用降落伞和气囊着陆的半硬着陆器。这个想法深受

一个网络着陆器在着陆火星后展开太阳能电池板（图片来源：CNES）

CNES 科学计划委员会和法国政府的好评。向 ESA 提出了由火星快车携带着陆器进行网络演示的提议，但由于载荷质量分配的减少，排除了网络着陆器。当 1998 年火星勘测者任务的失败导致了火星采样返回任务推迟到 2011 年时，最初 PREMIER 的作用从取样返回轨道器变为气动捕获、样品交会和对接演示。它将于 2007 年发射，并且（按照采样返回轨道器的设想）将由在奔火星飞行期间提供动力的巡航段、网络着陆器附件，以及能够适应阿里安 5 运载火箭和轨道器的带隔热罩的气动捕获段组成。承担 4 亿美元开销的法国将负责提供和控制轨道器。

　　释放着陆器后，轨道器将利用气动捕获进入 50 km×1 400 km 的轨道，然后使用推力器在较低的高度将轨道圆化。它将释放一颗柚子大小的子卫星在自主交会对接测试中模拟样品容器，该测试使用 NASA 提供的硬件完成。这些测试完成后，子卫星将被丢弃，轨道器机动到 250 km 的圆轨道上执行主要的科学任务并演示对子卫星的远程跟踪。轨道器的标称任务将持续 3 年[222-223]。网络着陆器将开展一个火星年的火星表面、地下和内部结构探测，以及火星大气环境和气候探测。最初的 20 天，分别部署四个着陆器。其中，三个着陆点位于塔西斯（Tharsis）火山区域周围彼此之间约 30°的吕科斯沟（Lycus Sulci）、门农（Memnonia）和坦佩高地（Tempe Terra），第四个着陆器将在与这三个点形成的三角形相对的希腊平原着陆，探测穿过火星核心的地震波。网络着陆器的进入总质量约为 66 kg，着陆后将降至 22 kg，其中仅 5 kg 为有效载荷。在进入期间，着陆器被 900 mm 宽由碳复合材料和铝结构组成的隔热罩保护，能够适应多条进入轨迹。通过基于惠更斯号的降落伞系统减速，火星 96 着陆器的两级气囊实现着陆缓冲。进入和下降期间将使用三轴加速度计测量大气参数。着陆器的所有系统均位于具有热控的直径 58 cm 的半圆柱体内。将展开多达五个圆形"花瓣"的太阳能电池板，以及仪器的悬臂和桅杆。有效载荷包括部署在悬臂上的与火星探路者类似的大气传感器，测量大气传导率和电活动的电场传感器，相关天线可分析 2.5 km 深度结构的低频探地雷达，磁力计，可采集火卫一经过时地壳潮汐的地震仪，以及一对位于可展开交叉悬臂上用于立体全景成像 1 024×1 024 像素的 CCD相机。后来还增加了测量土壤温度和机械强度的硬度测量计。无线电系统用于测量火星的章动运动（希望能证实液态核的存在）和电离层的电子密度。四台网络着陆器并不直接与地球进行通信，而是通过轨道器中继[224-226]。

当 CNES 取消气动捕获试验时，整个任务计划发生了第一次主要调整。结果是，为了携带轨道变化所需的全部推进剂，PREMIER 轨道器的发射质量增加到 3 000 kg[227]。最后，CNES 在 2002 年取消了整个轨道器。试图通过将着陆器作为 NASA 火星通信轨道器（Mars Telecommunications Orbiter）搭载载荷保留下来，由俄罗斯提供联盟号火箭。2003 年 4 月 NASA 由于财政紧缩撤销了该项目，CNES 向 ESA 提议通过与 ExoMars 任务整合最后一次努力保留着陆器。但不久后 CNES 决定不提供 8 800 万美元资金完成项目的研制，并宣布从今以后只在 ESA 的倡议范围内开展火星无人探测[228]。

10.7　火星上的蓝莓

当火星探索（Mars Exploration）计划于 2000 年启动时，曾考虑过几种方案恢复 1998年失败的火星气候轨道器和火星极地着陆器任务以及取消的 2001 着陆器的科学研究。一种可能性是将火星极地着陆器的设备改装到 2001 着陆器上，并在可能的最早时机发射，也就是 2002 年发射并通过金星借力于 2003 年到达火星。另一个建议是建立由十几个小型着陆器组成的网络[229]。但出现了两个更有吸引力的选择，并开展了进一步研究。一个想法是发射最初为 2001 着陆器设想的大范围巡视器，携带雅典娜（Athena）的一套仪器。它至少要运行 30 天，每天行驶 100 m，将探测比索杰纳号更大的范围。但问题是巡视器如何着陆。改进的火星勘测者 2001 着陆器是显而易见的选择，但不清楚该任务是否可行。相反，JPL 选择了已被火星探路者验证的四面体气囊，并试图挤占雅典娜巡视器的有限空间。另一种可能性是通过火星科学轨道器（Mars Science Orbiter）（MSO）恢复火星气候轨道器的部分科学研究并寻找水的迹象。除了火星气候轨道器的红外探测器，它还将携带火星全球勘探者仪器的升级版以及紫外光谱仪。这样一颗轨道器的成本估计为 2.2 亿美元，不包括发射成本，而巡视器的成本为 2.6 亿美元。按照项目实施计划的角度，会略微偏向后者，在火星探路者之后，NASA 还没有成功着陆火星的经历，而成功的火星全球勘探者之后很有希望发射火星奥德赛[230-231]。

2000 年 7 月，NASA 宣布放弃科学轨道器，选择巡视器。此外，在局长本人的建议下，该机构将回到水手号、海盗号和旅行者号的战略，发射两个相同的巡视器互为备份。

唯一的阻碍是国会拒绝额外增加 2.6 亿美元建造第二个巡视器，导致 NASA 不得不从其他项目重新分配资金[232]。命名为火星探测巡视器（Mars Exploration Rover，MER）的任务瞄准 2003 年 5 月和 6 月发射，标志着一段艰辛研制时期的开始。这个窗口必须实现，因为正如上面所提到的，该窗口恰巧是火星"大冲"，可以最大限度地减少能量需求，使运载火箭能够发射更大的载荷到火星。整体而言，任务是成功的，至少将有一个巡视器安全着陆并在火星表面运行至少 90 天，在此期间它将至少行驶 600 m。

火星探测巡视器着陆后的早期场景（图片来源：NASA/JPL/加州理工学院）

火星探测巡视器的尺寸近似高尔夫球车，重量比火星探路者携带的索杰纳号巡视器重约七倍。整个轴距长 1.4 m，宽 1.2 m。太阳能电池板展开后长 2.25 m，宽 1.7 m。离地净高约 30cm，全景相机的桅杆在地面上方 1.5 m。巡视器围绕一个矩形的"暖电子盒"构建。它是一个复合蜂窝结构，由气凝胶窗格和金箔隔热，保存设备的大部分热量并尽可能对外部环境不敏感。只要内部温度高于- 40 ℃，设备就可以工作。设备组件本身可以在- 55 ℃的寒冷环境中生存。同时，内部放置了八个含几克氧化钚的放射性同位素丸提供余热。盒状车体中配置了使用抗辐射加固 PowerPC 芯片运行 VxWorks 实时操作系统的主计算机，通信系统，设备接口以及用于巡视器火面行驶时确定车体航向和方位的惯性平台和三个相同的光纤陀螺仪。能源由六块太阳能电池板提供。尽管在着陆时总面积 1.3 m² 的太阳能电池板能够提供 140 W 的功率，但随着电池板上灰尘的堆积，功率输出会下降。在火夜或其他需要的时间，可使用两个可充电的锂离子电池。中央的三角形太阳能电池板固定在车体主体上，位于暖电子盒顶部。与其连接的是一个后向折叠的电池板和两个额外的双折电池板，使巡视器形成六边形结构，同时两个"翼梢小翼"延伸到后部。全向天线和

"曲棍球状"高增益天线可实现高达 28.4 kbit/s 的 X 频段对地通信。但首选的通信方式是通过传输速率在 128～256 kbit/s 的 UHF 近距离天线与火星全球勘探者或火星奥德赛进行中继。火星奥德赛能够以 124.4 kbit/s 传输数据，比直接将数据传回地球快得多。如有必要，欧洲火星快车也可以作为中继使用[233]。

巡视器使用与索杰纳号相同的六轮"摇臂转向架"结构，该结构为主转向架末端的小型转向架，其内部差速器连接到悬架的两侧。所有连杆都是由钛焊接而成的箱梁。这样，所有六个轮子上的负载分布得相当均匀，确保一个轮子的滑移被其余五个轮子克服。也使车辆能够通过比轮子大的岩石。摇臂转向架的一个优点是可以很容易地按比例增大，以便在更大的车辆上提供良好的减震器，这在小型的索杰纳号上并不特别明显。四个具有独立转向功能的角轮在必要时可以让车体原地转弯。每个轮毂上都安装了一个驱动电机以及 1 500：1 的变速箱和电磁制动器，以便在相当陡峭的斜坡上也能稳住车轮。虽然巡视器在 45°的斜坡上不会翻车，但自我保护软件会在车身倾斜 30°时进行干预。每个车轮的直径为 26 cm，宽度为 16 cm，车轮外部采用黑色阳极氧化涂层处理，防止金属毛刺粘附到着陆器的气囊织物上。每个车轮都由一块铝加工而成，采用螺旋图案作为首个接触点的减震器减轻摇臂转向架悬架系统的负荷。在坚硬平坦的地面上，巡视器的最高速度为 4.6 cm/s，但其计算机每隔几秒钟就会停下来评估位置，使典型平均速度低于 1 cm/s[234]。

一个 5 自由度的小型机器臂安装在巡视器前部，它是迄今为止月球或行星任务中使用过的最灵活的机械手，具有铰接的方位和俯仰肩关节，肘关节，腕关节和转台，最大可触及 0.75 m 范围。机械臂大部分采用金属钛材质，但每个巡视器上的小电缆盖板由纽约世界贸易中心（World Trade Center）回收的废铝制成。当巡视器行驶时，通过座孔机构以及控制肘部关节的吊钩将机械臂松散固定在前面。

雅典娜（Athena）科学载荷由位于纽约伊萨卡的康奈尔大学（Cornell University）提供。设计目的是让每个巡视器充当一个机器人野外地质学家。臂上可旋转的"末端执行器"携带了 2 kg 的微型仪器。火星探路者的科学家们一直对附着在岩石上的灰尘数量感到沮丧，这些灰尘导致无法确定分析针对的是岩石还是附着在岩石上的灰尘。新巡视器的岩石磨蚀工具（Rock Abrasion Tool，RAT）将使用两个钻石磨头在岩石上刷洗或刮出直径约 45 mm，深约几毫米的圆点，保证机械臂将仪器直接放置在未风化的材料上。机械臂的前臂上配置了刷子，能够清除残留在研磨工具齿上的岩石碎片。虽然该工具能够磨蚀坚硬的火山岩，但其本身的磨损程度取决于所清洁岩石的易碎性。显微成像仪是 1 024×1 024 像素的相机。依靠机械臂定位完成聚焦。相机在 31 mm×31 mm，景深 3 mm 的视野内分辨率为 30 μm。它对岩石纹理的精细成像将为其他仪器提供参考。成像仪采用一个可伸缩的透明塑料盖防尘。

德国研究人员提供了化学和矿物分析仪器。阿尔法粒子和 X 射线光谱仪在索杰纳号岩石和土壤分析仪的设计基础上进行了升级换代。采用 6 个锔-244 源辐射目标区域，反向散射光谱由仪器本身的传感器记录。虽然不具备索杰纳号仪器的质子探测能力，但改进的 X 射线传感器和对造成先前分析复杂化的大气中二氧化碳的更好校正弥补了这一

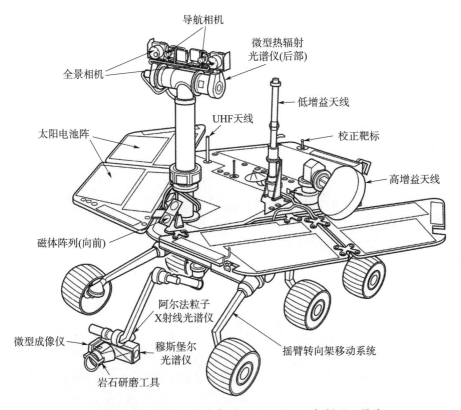

火星探测巡视器简图（图片来源：NASA/JPL/加州理工学院）

缺陷。穆斯堡尔光谱分析仪采用了两种放射性钴-57 源（半衰期仅 270 天）测量和区分含铁矿物的各种氧化态的丰度，将它们与水的存在、地层温度等联系起来。原来的雅典娜（Athena）仪器组件中唯一无法保留的是拉曼（Raman）光谱仪，它不仅用于评估岩石的矿物学，而且最重要的是用来寻找有机分子[235]。机械臂上的每个仪器都有一个传感器，当仪器与目标物接触时，传感器使机械臂停止运动[236]。

　　全景相机将提供高分辨率彩色图像。通过采用两台在桅杆上相距 30 cm 的独立成像仪提供类似人眼距离的成像基线。每个相机使用 1 024×1 024 像素的 CCD 和 8 位滤光轮，用于彩色成像，测量灰尘含量和大气不透明度的直接太阳成像，以及多光谱矿物成像。CCD 具有焦距为 42 mm 的光学系统，可以在 3 m 范围内聚焦，能够以与人眼相似的分辨率延伸至无限远。一幅全色全分辨率全景图像将产生 100M～500 Mbit 的数据量[237]。巡视器还配置了小型化的火星全球勘探者热辐射光谱仪，它是用于识别在水的作用下产生或改变的碳酸盐、硅酸盐和矿物质的红外探测仪器。如果将其指向天空，可以测量大气中水蒸气的丰度并获得温度分布图。它安装在桅杆底部，通过桅杆内的观测镜观测，观测镜使用与两个全景相机反向的反射镜。一旦着陆桅杆从收拢的水平位置完成纵向锁定，它的 3 个自由度可实现全方位旋转，相机由上至下地抬高，以及光谱仪反射镜抬高。

　　四台黑白广角避障相机安装在靠近地面的位置，两台在车体前方，两台在车体后方。根据每一对相机重叠成像区域，能够对车体 3 m 内的地形进行立体重建。前方的相机辅助

地面移动性测试期间的一个火星探测巡视器（图片来源：NASA/JPL/加州理工学院）

机械臂操作。安装在全景相机旁的另一对黑白相机用于提供导航图像。

　　与海盗号和火星探路者着陆器相同，巡视器的有效载荷包括三套用于研究细粒度含铁颗粒的磁体。一个安装在研磨工具上，第二个安装在巡视器前方机械臂可触及的范围内，第三个安装在太阳翼电池板上全景相机视野范围内。这些磁体的另一个作用是辅助评估有多少微红的粉尘落在了全景相机的色彩校准靶标上。与火星探路者相同，这些磁体由丹麦科学家提供。

　　与之前的着陆器相比，巡视器没有专门用于大气分析的仪器。但相机将定期测量天空中的灰尘和水冰云，并监测当地的天气。热辐射光谱仪也可以测量灰尘、冰粒和水蒸气，并提供从 20～2 000 m 高度的大气温度剖面，在此范围内，大气直接与地表相互作用。无线电掩星之类的环绕观测无法测量大气最低几千米的剖面[238-239]。

　　为实现着陆功能，巡视器安装在由四个三角形石墨纤维树脂花瓣组成的基座上，通过钛配件连接叠放形成金字塔状。巡航飞行和着陆时，基座将完全包住巡视器，随后为最初的月表活动提供稳定平台。与火星探路者相同，每个花瓣配件都配置了一台马力十足的展开电机，在停止移动后，将基座恢复正常状态。每对花瓣之间配置了维克特纶（Vectran）

布柔性坡道（称为"蝙蝠翼"），并且在花瓣打开后显露出来。为巡视器驶离着陆平台提供通道。每个巡视器都有三个坡道可以选择，而不是像索杰纳号那样只有两个坡道。着陆基座还携带了巡视器本身不需要的设备，如雷达高度计，进入、下降和着陆期间用于通信的 UHF 天线，安全气囊及其充气和收缩系统。一个 25 cm 的提升装置配置在基座的主花瓣上，在巡视器转向架展开锁定到位以及前轮"反向折叠"进入行进位置时抬升巡视器。

在行星际巡航期间，折叠基座被封闭在直径 2.65 m 的气动外壳内，气动外壳继承火星探路者和火星极地着陆器，具有 140° 前方位角。外壳顶部圆形巡航段的太阳电池片在地球附近输出功率 600 W，在火星附近输出功率 300 W。由两组各四个 4.5 N 推力器组成的推进系统将提供轨道修正以及姿态和自旋控制。标称情况下，航天器将以 2 r/min 的自旋速度巡航，使用太阳敏感器和星敏感器确定姿态。巡视器计算机负责整个飞行阶段的指令控制。为了保证计算机温度不至于过高，在巡航段中增加了使用管路和边缘安装散热器的氟利昂冷却系统。巡视器的通信系统直接与巡航段的低增益天线和中增益天线连接。

火星探测巡视器巡航段正在进行热试验（图片来源：NASA/JPL/加州理工学院）

着陆系统与火星探路者相似，具有由两部分组成的气动外壳和一个 15 m 直径的降落伞。气动外壳由前部隔热罩和背罩组成，背罩由夹在两个石墨纤维树脂面板之间的铝蜂窝制成。两个外壳随后被酚醛树脂和粉状软木材料包覆，自海盗号以来美国所有着陆器均使用这两种材料。抛掉防热罩后释放一根 20 m 长的塑料系绳将着陆平台从背罩内拉下，金字塔结构各边的六瓣安全气囊将充气，在距离地面约 15 m 的高度，固体推进剂制动火箭使垂直速度降为零。为了在类似古谢夫撞击坑这样预期有较强低空风的具有科学意义的地点安全着陆，安装了三个间隔 120° 的侧向固体推进剂火箭组成的系统降低水平速度。为了

一个火星探测巡视器折叠起来，即将被封闭在着陆基座内（图片来源：NASA/JPL/加州理工学院）

测量水平速度，工程师们提出了在下降过程中使用相机拍摄三幅图像序列，使星载软件能够测量特征点位移的想法。该系统通过直升机空投试验进行了验证。除横向控制外，为了适应着陆器质量将比火星探路者大 50％的事实，对着陆系统进行了其他修改，增加的质量主要是：降落伞尺寸增加 40％以及安全气囊的加强。为了提供磨损保护和气体密封，直径 5 m 的安全气囊有六层，使其增重 24 kg。早期火星探路者的安全气囊携带新巡视器模型在第一次冲击时被撕开的试验表明，这些修改是必要的。最大安全着陆速度必须从 30 m/s 降至 25 m/s。也有人认为，新巡视器的质量大约是安全气囊能在火星上安全着陆的最大质量，因此，携带更重的有效载荷的任务需要开发其他着陆方式[240]。降落伞也是一个值得关注的问题。它显然要比火星探路者大得多，而之前设计的降落伞由于撕裂或未成功开伞等原因多次未通过测试。直到发射前 8 个月才演示了可行的修改[241]。幸运的是，由于"大冲"窗口 5.7 km/s 的进入速度比火星探路者低约三分之一，同时飞行航迹较浅，降低了气动热和减速水平，允许降落伞在比火星探路者更高的高度打开。汲取火星极地着陆器失败的教训，整个进入过程保证无线链路。通过巡视器的低增益天线以 1 bit/s 的信标直接向地球发送健康状况信息，直到从背罩中展开有效载荷并以 8 kbit/s 的 UHF 链路与火星全球勘探者通信。

　　每个基座平台都固定了一张小型 DVD，其中有 400 多万名支持者的名字。磁盘由丹麦乐高（Lego）玩具制造商赞助，由模拟"乐高积木"支撑，并包括颜色校准芯片和吸引灰尘颗粒的磁体。巡视器本身有微芯片，上面蚀刻着参观过 JPL 巡视器组装厂房的 30 000

多名游客的扫描签名。顶板上的象征性日晷是相机主颜色校准器。这块刻有"两个世界，一个太阳"字样以及这颗行星 24 种语言名称的 7.6 cm² 的日晷，将被 2001 火星勘测者着陆器携带[242]。像往常一样，对着陆火星表面的硬件进行了灭菌消毒。所有部件装配时均使用酒精清洗，对电子仪器舱进行了密封以便隔离所有微生物，像降落伞这样不会因高温损坏的物品则进行了加热消毒。

研制完成后，每个 MER 的发射质量约为 1 062 kg，两者之间仅有几千克的差别。着陆器及其机构（包括安全气囊）365 kg，背罩和降落伞 198 kg，前隔热罩 90 kg，巡航段干重 183 kg，携带了约 52 kg 肼推进剂，巡视器本身只有 174 kg。

两个巡视器早期的成本估算为 6.88 亿美元，但为了努力实现从批准到发射不到 36 个月的紧凑时间安排，这一数字被允许增加到 8.04 亿美元。正如 1998 年经验表明的那样，如果能够提供合理的预算，就有可能完成一项雄心勃勃的计划。但独立分析提出了质疑：这项被认为几乎与伽利略号或卡西尼号同样复杂的任务能否在如此短的时间内完成研制，该任务研制时间比两个"旗舰任务"研制时间短一半；许多人担心 JPL 会经历另一次尴尬的失败[243-244]。

2003 年 6 月的发射窗口可以保证在 2004 年 1 月火星南半球的夏末将两台巡视器送到火星。为了获得足够的太阳能，着陆点必须在 15°S 和 10°N 之间。同时，着陆点必须处于低洼处，为降落伞提供足够的大气以减缓下降速度。此外，当时的地面风必须是温和的。岩石的丰度必须很低，但尘埃必须足够粗糙，以便在下降的最后阶段提供可靠的雷达回波。当然，表面必须有利于巡视器行驶。共有 155 个候选着陆区满足所有工程限制。在这些候选着陆区中，科学家们选择了 7 个高优先级地区由火星全球勘探者和火星奥德赛勘察。盖尔（Gale）陨石坑由于不满足着陆椭圆，从候选着陆区中剔除，剩余的候选着陆区被分为四个主着陆区（子午线高原（Meridiani Planum），梅拉斯峡谷（Melas Chasma），古谢夫撞击坑和阿萨巴斯卡（Athabasca）谷地）以及两个备选着陆区（伊希地平原（Isidis Planitia）和厄俄斯峡谷（Eos Chasma））。不过，在风模型显示某些地区下午初期着陆可能不安全，或者雷达观测对某些地区的平整度提出了质疑后，又剔除了一些着陆区。梅拉斯峡谷就是一个被剔除的着陆区，它作为水手谷的一部分，环境最为引人注目。2003 年 1 月最终确定了着陆区。古谢夫和子午线高原由于显示出水的证据而全面胜出。在等待更多的测试确认使用安全气囊可以在古谢夫着陆期间，团队选择净土平原作为"最后的避难所"；该地区唯一的优点是地势低平，但由于缺乏水作用的迹象，几乎没有科学价值。与海盗号着陆器相同，着陆区域位于火星的两侧，在任一时刻地球只能与两个巡视器中的一个直接通信。

子午线高原所在的地区位于乔凡尼·斯基亚帕雷利（Giovanni Schiaparelli）在 19 世纪末"大冲"期间观测火星时确定的"本初子午线"，命名为"子午湾（Meridiani Sinus）"。这是第一次选择对斯基亚帕雷利（Schiaparelli）的黑色"海洋"进行就位探测。过去水活动的证据是矿物：火星全球勘探者的热辐射光谱仪发现火星至少十分之一的表面是灰色粗粒结晶赤铁矿（Fe₂O₃）的沉积物，这种氧化物或者形成于高温火山活动，或者形成于浸入水中的岩石，通常是湖泊和热泉。虽然低于"海平面"1.3 km，但这里仍然是目前选择的最高着陆点，就其本身而论，85 km×11 km 的着陆椭圆具有挑战性。

直径 160 km 的古谢夫撞击坑是以 19 世纪俄罗斯天文学家马特维·古谢夫（Matvei Gusev）的名字命名的。有趣的是，在阿列克谢·托尔斯泰（Alexei Tolstoy）著名的科幻小说《阿爱里塔（Aelita）》中也有一个名为古谢夫的人物。它位于 15°S 与地势较低的北部平原交界附近的高地，低于"海平面"约 1.6 km。需要对遥远的类星体进行精确的行星际导航，以确保巡视器能够降落在 78 km×10 km 的着陆椭圆内。在这种情况下，过去水活动的证据是形态学上的：长达 900 km 的马迪姆山谷（Ma'adim Vallis）是火星上最大的分支水道之一，似乎已经打破了陨石坑的东南壁，并在陨石坑底部形成了一个湖泊。不过水道和湖泊显然在 30 多亿年前就干涸了。因此，与水有关的特征可能被几米厚的火山岩和/或风积物掩埋。然而，湖床可能已经被小陨石坑撞击，从沉积物中突出的山丘可能保留着过去水的痕迹[245]。

第一次 MER 任务将在 5 月 30 日至 6 月 16 日的主窗口期间由 7925 型德尔它 Ⅱ 型运载火箭发射，每天有两次间隔不到 1 h 的发射机会。第二次任务中，NASA 将使用持续到 7 月 15 日的窗口，但因为所需运载的发射能量几乎是第一次任务的两倍，所以将使用更强大的德尔它 Ⅱ 型重型火箭；该火箭也是斯皮策太空望远镜和水星信使号（MESSENGER）轨道器的运载火箭。无论如何，连续发射会给卡纳维拉尔角的运行带来压力。自 1975 年海盗号发射活动以来，该发射场发射的航天器数量及其系统复杂性都是前所未闻的，需要两个团队全天候并行工作。无论实际发射日期如何，必须设计好轨道，让航天器分别在 2004 年 1 月 4 日和 1 月 25 日到达火星。选择相隔二星期的到达日期是为了在把注意力转移到第二个巡视器进行相同工作之前，给第一个巡视器的工程测试和一些早期科学观测提供时间。分阶段工作还将提供一些时间来解决损伤或导致第一个巡视器失败的问题。

与它的孪生兄弟相比，MER-1 巡视器经历了更长的装配和集成测试。当决定哪个巡视器先发射的时候，由于 MER-2 的硬件更具备状态而被选择。MER-2 成为 MER-A，以勇气号（Spirit）命名并成为第一次发射的巡视器。而 MER-1 则成为 MER-B，称为机遇号（Opportunity）。开展了为两个巡视器命名的比赛，获胜者是来自亚利桑那州的 9 岁女孩。

2003 年 2 月底，一辆货车将勇气号运送至佛罗里达州开展最后的总装。由于需要进行进一步的测试和评估，以及电子设备和硬件的问题，勇气号的发射时间不会早于 6 月 8 日。通过去除运载火箭的一些压载物，工程师们确信发射窗口可以延长几天。在 8 日和 9 日经过航路附近的雷雨后，勇气号终于在 2003 年 6 月 10 日发射升空。这是该窗口的第二次使用，ESA 的火星快车已于 6 月 2 日发射。美国军事系统利用非洲西南海岸外和博茨瓦纳的两艘商用船收集遥测信号。超过 30 min 后，航天器与运载火箭三级分离。深空网的堪培拉站收到了分离成功确认。勇气号随后将其自旋角速度降低到巡航常态的 2 r/min，使用星敏感器捕获目标并完成姿态测量[246]。10 天后，进行了速度增量为 14.3 m/s 的中途修正，消除为了防止未灭菌的第三级火箭撞击火星而故意设计的入轨偏差。古谢夫和净土两个目标着陆区究竟选择哪个仍未确定，但勇气号可以根据安全气囊进一步的测试结果和机遇号的成功发射机动到其中任一个。

火星奥德赛拍摄的古谢夫撞击坑拼接图像，是勇气号的目标着陆区域。注意下方似乎排放到陨石坑内的马迪姆山谷凹陷。它的存在使科学家们相信他们会在陨石坑内发现古老的湖泊环境（图片来源：USGS）

　　机遇号的发射则是一件不同的和更为复杂的事情。首先，在发射台的运载火箭组装过程中发现一个固体推进剂助推器存在缺陷；受损的助推器必须更换。在准备过程中液氧加注到主火箭贮箱之后，6 月 21 日例行检查时发现一级的一些隔热层已经剥落。火箭助推器的前端附近粘有 7 mm 厚的软木覆盖层，确保在超声速飞行时燃烧室前部附近的气动热不会降低贮箱壁的机械性能。可能是由于火箭在发射台四个月期间浸入了水导致隔热层脱落。为了在进入发射窗口后两天进行首次发射尝试，去除松散的隔热层后及时涂覆了一层新的软木。但就在 6 月 28 日这天，一艘船误入了一级运载的坠落区域，而且高空风超出预期。将火箭氧气排出后，发现一块 50 cm×50 cm 的软木层又剥落了，可能是因为胶水没有完全凝固或因为排气使隔热材料附着的金属外壳变形导致隔热层剥落。如果发射，这块松散的隔热层可能导致任务失败。火箭的供应方 NASA 和波音公司调查了这个问题，再一次更换了隔热材料并预留了几天以确保胶粘剂凝固。因此 7 月 5 日前无法发射，而这时几乎已经是最后的发射窗口了。当发现火箭自毁系统的一个电池已经放电时，一个新的不幸事故发生了。随着时间的流逝，NASA 和波音公司研究了德尔它 II 型重型火箭的性能是否能够将发射窗口推迟几天，也许到 7 月 18 日，但正如 NASA 局长肖恩·奥基夫（Sean O'Keefe）所说，"这将是个冒失的活动"。

　　7 月 7 日一切准备就绪。由于氧箱增压阀出现故障，第一次发射在点火起飞之前 8 s 被叫停；43 min 后当天的第二次发射机会取得了成功。火箭飞行轨迹略微调整，进入了停泊轨道。1 h 后接近加利福尼亚的海岸时，二级和三级火箭完成了逃逸点火。接下来在起飞 83 min 后，机遇号与运载火箭分离[247-248]。7 月 18 日，机遇号进行了速度增量为 16.2 m/s 的中途修正，预计 1 月 25 日到达火星，目标着陆区为子午线高原，直到此时才确定了勇气号的目标着陆区为古谢夫[249]。如果一切顺利的话，2004 年将有至少 17 个国家参与的七个航天器在火星上或火星周围运行。

　　勇气号进行了四次中途修正，但机遇号只进行了三次。在行星际巡航期间，被包裹的巡视器除了校准仪器外几乎无事可做。勇气号的穆斯堡尔光谱仪发现一个异常，但其团队有信心能够及时调整仪器以确保其在火星上工作。从 7 月开始，开展了到达火星的演练以确保整个任务准备就绪。11 月出现了两次由于超强太阳耀斑引起的等离子体扫过探测器导致星敏感器暂时失效的现象。12 月 26 日勇气号完成了最后一次轨迹修正，到达火星时间推迟了 2 s，同时着陆点向东北方向偏移了 54 km。取消了两次修正机动。在第一个巡视器预计到达火星前不到一个月，阿瑞斯谷爆发了大尘暴并对火星整体大气环境产生了影响。尤其是尘埃导致大气从太阳吸收了更多的热量，改变了大气密度。JPL 和戈达德航天飞行中心使用火星全球勘探者采集的数据监视着陆点附近的大气状态，在到达前一天，为了适应环境变化，勇气号计算机接收到了比预设时间提前几秒展开降落伞的指令。实际上，直到 2004 年 1 月 4 日到达火星前 5 h 才完成软件更新。

　　由于勇气号在当地时间下午 2 点左右着陆，在关机过夜之前，只有几个小时进行初步活动。在此期间，它有 1 h 对地球可见，并由经过的火星奥德赛（Mars Odyssey）提供一路中继。第一个和第二个火星日将用于展开一些设备和工程工作。第三个火星日勇气号将展开车轮从基座底板上站立起来。包括全景相机和热成像光谱仪扫描的初步观测将在第四个火星日开始。着陆器和巡视器之间的脐带在第 7 个火星日左右切断，为巡视器行驶到火星表面做准备[250]。平日的早晨有对地球直接上行和下行的机会，上午或下午有两个与火星奥德赛或火星全球勘探者的通信窗口。对于表面巡视操作，为每个巡视器安排了五组科学家和工程师，他们将建议在任意给定的火星日使用哪些仪器，进行哪些观测，实现地质学、矿物学和大气的科学目标。

　　携带勇气号的巡航段设定了 1 h 25 min 后的正确进入姿态，然后排放出氟利昂冷却液。分离之前 15 min 有 2 s 的无线通信中断，但气动外壳仍继续稳定飞行。勇气号在约 125 km 高度处开始感受到大气，2 min 后，经历了 5.6g 的峰值过载，隔热罩温度升至 1 600 ℃。在进入火星大气的几分钟内，相对速度从 5.63 km/s 降至仅 400 m/s。进入和下降的减速过程首次提供了充满尘埃的火星大气温度、密度和压力的原位探测剖面。在 30 km 以下温度几乎不变[251]。当外部压力显示高度在 6～7.5 km 之间时，弹射器展开降落伞。30 s 后引爆爆炸螺栓，弹簧推开了隔热罩。此后 10 s，有效载荷在其系绳上展开。由于大气密度比预计低了约 8%，降落伞的开伞时间比预期稍晚，也离火星表面更近[252]。雷达高度计以 70 m/s 的下降速度在 2.5 km 处锁定地面。隔热罩脱落后，勇气号除了继续向地球发送非常低码速率的信标外，还以 8 kbit/s 的速率向火星全球勘探者发送遥测数据（后者将其记录下来供以后回传至地球）。降落成像仪在高度 1 983 m、1 706 m 和 1 433 m 处成像，软件计算了水平速度。根据水平速度和着陆器方位确定是否、何时以及哪些水平方向火箭点火。随后安全气囊充气。着陆器在距火星表面约 300 m 处遭到了侧向阵风的冲击。主制动火箭和一个水平方向火箭直到着陆器距离地面约 8.5 m 处才关机，此时系绳被切断，制动火箭剩余的推力器将背罩推离。

　　由安全气囊包裹的勇气号以 14 m/s 的速度撞击火星表面，其中包括 11.5 m/s 的水平分量，随后回弹至约 8.5 m 的高度。虽然着陆中途由于多次反弹丢失了与地球的通信，但火星全球勘探者持续接收数据并向地球报告勇气号保持健康状态这一事实的可喜证据。实际上，勇气号在从第一个撞击点滚动到 250～300 m 处停下来之前，在火星表面弹跳了约 28 次。无线电跟踪精确确定了着陆点位于 14.569 2°S、175.472 9°E，距离着陆椭圆中心约 8 km，距离预定着陆点 13.4 km。这是仅有的第四次完全成功着陆火星，而且（据统计）是五次尝试中第一次成功着陆到南半球。在直接通信连接丢失 15 min 后，堪培拉深空网的天线接收到一个强信号：与火星探路者一样，勇气号已经停在其基座花瓣上，其中一个花瓣上的"贴片天线"恰好面向地球方向。完成着陆后重要的操作花费了超过 1.5 h，包括收回已放气的安全气囊，打开基座花瓣并展开太阳电池板。火星奥德赛在 1 月 4 日早些时候（着陆后约 3 h）经过着陆点，从着陆器收集了 24 Mbit 的数据，并将其传递给地球。尽管勇气号有预先设定的任务清单，但进展程度取决于其健康状况。团队特别急切地想知道第一次的数据中是否包含一些图像。工程数据表明勇气号仅倾斜了约 2°，表现非常出色。由于 12 月下旬风暴过后尘埃依旧滞留在大气中，太阳能电池板的发电量为预期功率的 83%。

　　有图像！导航摄像机在压紧状态下拍摄的黑白图像戏剧性地揭示了着陆点是散落着零星小石块的平坦平原。距着陆器 20 m 范围内的所有岩石尺寸均小于 50 cm。最大岩石的下风向可以看到碎石的痕迹。勇气号前面的一对小卵石被命名为寿司（Sushi）和生鱼片（Sashimi）。值得注意的是，这些岩石似乎基本上没有在火星探路者着陆点附近发现的那些无处不在的"外壳"灰尘。作为迄今为止着陆器访问的四个地点中最平坦、岩石最少的地点，显然巡视器在附近行驶没有任何问题。收到彩色图像时发现地面的色调只比其他地方稍微暗一些。靠近着陆器的区域看起来类似碗的形状，可能是一个充满灰尘的二级陨石坑，也可能是一个被风侵蚀的地貌特征，被称为"沉睡谷（Sleepy Hollow）"。着陆器附近的暗色特征看起来像是标记了安全气囊在弹跳过程中接触的位置。再靠近是气囊收回时在土壤中形成的痕迹。一个称为魔毯（Magic Carpet）的地点将在随后的火星日由相机进行详细勘测。

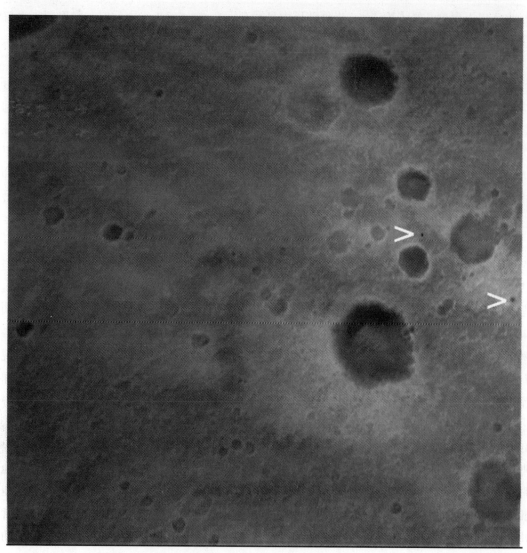

下降过程中勇气号拍摄的三幅照片中最后一幅，高度为 1 433 m。最大的陨石坑后来被命名为博纳维尔（Bonneville）。图像中还有脱落的隔热罩（箭头位置）以及降落伞的影子（图片右侧边缘箭头位置）

（图片来源：NASA/JPL/加州理工学院）

巡视器或多或少地指向南方，几千米外的地平线上可以看到一群小山。它们位于嵌套在古谢夫内 20 km 的锡拉（Thira）陨石坑（火星勘测者 2001 着陆器的候选着陆点之一）

勇气号在古谢夫着陆点的早期全景图，来自第五个火星日的采集图像。图中左侧平坦区域称为沉睡谷
（图片来源：NASA/JPL/加州理工学院）

附近，可以认为这些山丘是那次撞击的一个副作用。在环火轨道上拍摄的图像中有分层的迹象，可能是水侵蚀的特征。远处可以看到西南方向约 7.5 km 处的一座山峰，以及在马迪姆山谷口大约 26 km 处的孤立的台地和凸岩。向北约 300 m 是陨石坑稍微明亮的边缘。这里后来被命名为博纳维尔。它可能会揭示该平原地层的结构。陨石坑应该就在附近，山丘虽然很诱人但却远超出了预期的行动半径。对下降过程的重建显示，如果勇气号的横向火箭没有点火，它的第一次撞击将以几乎不可能生存的超过 20 m/s 的水平速度发生在博纳维尔南部侧壁。

将来自火星全球勘探者和降落相机的俯拍图像，以及火星地表全景图像相结合，确定了勇气号的着陆位置。在偶然的机会下，轨道图像显示了黑暗的条纹，那里尘暴移走了一层较亮的尘埃，暴露了下面较暗的岩石。着陆地点是一条红色的"路面"，由鹅卵石、小石块、粗尘和沙子组成，灰尘量明显少于预期。

NASA 将着陆点命名为"哥伦比亚号纪念站"，以纪念 2003 年 2 月 1 日，在勇气号被送往佛罗里达之前几星期，在哥伦比亚号航天飞机飞行任务中牺牲的七名宇航员。据透露，两个巡视器的高增益天线后面都有一枚圆形纪念牌。不过，只要火星车停下来，这种天线就无法使用，因为大部分时间地球被相机的桅杆挡住了。这些小山以牺牲的宇航员命名。这群小山被命名为哥伦比亚山（Columbia Hills）。其中最高的超过 100 m，离着陆点约 3.1 km，以任务指令长瑞克·赫斯本德（Rick Husband）之名命名为赫斯本德山（Husband Hill）。距离最近的布朗山（Brown Hill）位于 2.9 km 之外，最远的拉蒙山（Ramon Hill）距离为 4.4 km。孤立的山丘为纪念在 1967 年 1 月 27 日地面试验火灾中牺牲的阿波罗 1 号机组成员命名。格里索姆山（Grissom Hill）位于 7.5 km 外，怀特山（White）位于 11.2 km 外，查菲山（Chaffee）位于 14.3 km 外。

第一幅彩色全景图没有显示任何类似于细粒沉积物古湖床的东西。特别是没有明显的沉积岩。附近所有的岩石似乎都是由火山形成的，棱角分明，有小坑和小泡。第 5 个火星日第一张热辐射光谱表明该地点具有普通火星土壤的特征："不完全是一个激动人心的地

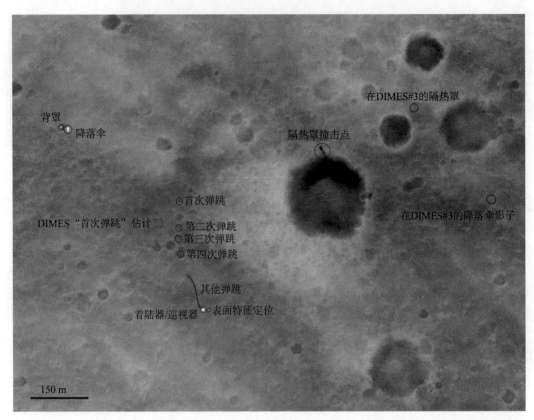

火星全球勘探者拍摄的勇气号着陆点的高分辨率图像，不仅显示了着陆器，
还显示了散碎的零部件以及弹跳痕迹（图片来源：MSSS）

质场所"。红外光谱显示了碳酸盐的迹象，但可能是由空气中的尘埃沉积的。如果着陆点曾经被水改变过，那么现在就要靠勇气号来证明了。

巡视器前后的避障相机从距离地面上方仅几厘米处传回了第一批图像。没有岩石挡住勇气号的去路，但是与索杰纳号的情况一样，问题是规划的远离着陆器的路线（即向前行驶）的一部分被漏气的安全气囊材料堵塞了，这些材料可能钩挂太阳能电池阵列。几次试图通过稍微抬高侧瓣和重新启动回缩系统收回安全气囊的尝试都无果而终，因此研究了其他远离路线[253]。第 6 个火星日展开了前轮，降低了巡视器车体以确认悬架正确锁定到位。随着下一个火星日后轮的展开，勇气号可以滚动并切断了脐带电缆。决定将巡视器掉头并从另一个方向驶离。这一过程分为两个步骤，第 10 个火星日勇气号首先倒转 25 cm，再顺时针旋转 45°，然后在第 11 个火星日完成 115°的旋转，朝向选定的方向。在第 12 个火星日前进 3 m 后，巡视器停在离开坡道约 80 cm 处。车轮痕迹表明土壤是一种黏性细粒砂。几小时后，勇气号将红外仪器瞄准天空，观测到火星表面形成的暖空气"气泡"升高了几百米。

接下来，携带着质谱仪、显微镜和研磨机的机械臂展开。它的第一项任务是使用显微镜检查一小块细颗粒土壤。随后几个工作日研磨机开始工作，穆斯堡尔光谱仪获得了它的第一张土壤光谱，随后相机检查了仪器压在地面上产生的痕迹——事实上，几乎看不见的"足迹"暗示着一种黏性"地壳"的存在。穆斯堡尔的分析结果表明，土壤中含有橄榄石，一种容易被水风化的矿物，当然，它也可作为空气浮尘被传播。完成了这些初期活动之后，勇气号开始了它的旅程。计划从检查着陆器附近的岩石开始。早期行驶到沉睡谷寻找基岩的想法在意识到洼地太浅，不能挖穿似乎是覆盖推定湖床的熔岩层时被否决了。相反，勇气号将行驶到博纳维尔陨石坑，那里有更好的机会找到冲出熔岩的基岩。如果一切进展顺利并且任务获得延期，勇气号将向哥伦比亚山方向前进；即使没有到达这些山丘，越靠近就越能看到山体两翼的任何分层。

哥伦比亚山组成

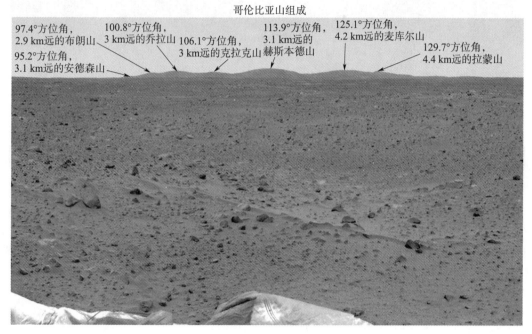

位于勇气号着陆点东南的一群山丘，以哥伦比亚号航天飞机机组人员名字命名。巡视器在其拓展任务期间将首先行驶到这些山上，然后进行探测（图片来源：NASA/JPL/加州理工学院）

第 15 个火星日机械臂收拢，勇气号行驶了 2.85 m。尽管车轮仅滚动了 2 min，剩下的 30 min 间隔用于导航成像和路径计算。巡视器行驶到了一块叫阿迪朗达克（Adirondack）的岩石上，该岩石被选中是由于其表面平整且明显无尘。接下来的计划是花费几个火星日检查这块岩石。当科学家们正在讨论如何对阿迪朗达克进行最好的分析时，巡视器拍下了现在已经无用的着陆平台照片。与此同时，1 月 19 日，火星全球勘探者飞经古谢夫并拍摄了一张 0.7 m 分辨率的图像，图像不仅显示了着陆器，还显示了背罩和降落伞，以及博纳维尔边缘被确认为隔热罩的黑色特征。许多圆形斑块被解释为安全气囊的弹跳痕迹。勇气号首先用显微镜检查了阿迪朗达克。在阿尔法粒子光谱仪检查岩石后，穆斯堡尔光谱仪被安置在适当的位置记录其风化表面的光谱。随后，控制人员计划让勇气号进入待机状态几个火星日，准备迎接机遇号的到来。

驶离着陆平台几天后，勇气号拍摄到的平台拼接图（图片来源：NASA /JPL/加州理工学院）

　　然而，第 18 个火星日出现的故障意味着勇气号仍在舞台中央。在进入通信窗口 11 min 后，下行链路出现了问题，变得不稳定，5 min 后信号消失。这发生在堪培拉直接对地下行弧段末期，当时正在下雨。在确认勇气号接收到后续命令，短暂地松了一口气后，地球和火星奥德赛都未收到遥测信号，表明问题并非特定于某个天线或通信系统。显然，勇气号出现了"非常严重的异常"[254]。在下一个火星日，非相干数据以比预定中继窗口更短的时间被传送到火星全球勘探者。表明尽管巡视器已经苏醒，但无法将有效数据发送到其无线电发射机。很明显，这是一个软件问题。由于没有发送记录的数据，主要怀疑的是访问闪存的问题。这使得勇气号恢复前景一片渺茫。最后在第 20 个火星日收到了遥测，显示巡视器已连续两晚使用电池供电，每隔 15～20 min 重启一次计算机，电池放电严重；似乎无法自行关闭以节约电能。勇气号在整整三个火星日中一直无法控制，直到它响应了一条指令，该指令使用了一个软件补丁，在不尝试使用闪存的情况下重启了计算机。这样，形成了一个降级但稳定的配置，对问题进行诊断。在专家们继续调查的同时，其他所有人都把注意力转向了星际巡航飞行速度稍快的第二个航天器[255-256]。

　　1 月 16 日机遇号完成了最后一次中途修正，使用了 120 g 肼使其速度仅改变 0.1 m/s。这次点火使着陆点移动了约 380 km，在目标椭圆约三分之一处，位于中心线以北。同时微调了到达时间。与勇气号相同，根据火星全球勘探者对大气中尘埃的测量结果，JPL 命令降落伞比计划提前 2 s 打开，以便为制动火箭和安全气囊争取一点额外的余量。在以 5.7 km/s 的速度冲入大气层之前，它直接飞过奥林匹斯山的侧翼和水手谷。进入过程比

阿迪朗达克岩石前勇气号的研磨机。在分析阿迪朗达克的时候，巡视器计算机出现了花费数天时间
才诊断和解决的重大异常（图片来源：NASA/JPL/加州理工学院）

勇气号更严酷，最大过载高达 6.3g 。那时证实实际密度低于预测值 12%，导致即使考虑
计划的提前量，下降过程中降落伞开伞仍较晚，因此开伞高度为更接近火星表面的
7 520 m，速度为 434 m/s[257] 。雷达高度计在距离地面 5.4 km 的高度锁定，降落相机拍
摄了三幅图像。第一幅图像拍摄于 1 986 m 处，其中包括抛掉的隔热罩，即约 700 m 下方
的黑点。另外两幅图像分别在 1 690 m 和 1 404 m 处拍摄。结果证实了该区域只有微风的
预测。机遇号缓缓飘向北方略偏西方向，没有使用侧向推力器。图像显示出一个大小约
150 m 的陨石坑和没有特色的平原上的几个小陨石坑。在 121 m 处主制动火箭点火停止下
降并随后切断系绳，机遇号以包含约 9 m/s 水平速度分量的近 14 m/s 的速度撞击火星表
面。经过了 26 次弹跳，运行了大约 300 m 的距离。然而，在最初的几次弹跳之后，进入

了一个浅陨石坑，随后在停在坑底中心附近之前在坑壁上上下滚动。无线电跟踪精确确定着陆点位于 1.948 3°S，354.474 17°E，距离预定着陆点约 14.9 km。着陆点被命名为"挑战者号纪念站（Challenger Memorial Station）"，纪念 1986 年 1 月 28 日在航天飞机任务中牺牲的 7 名宇航员。

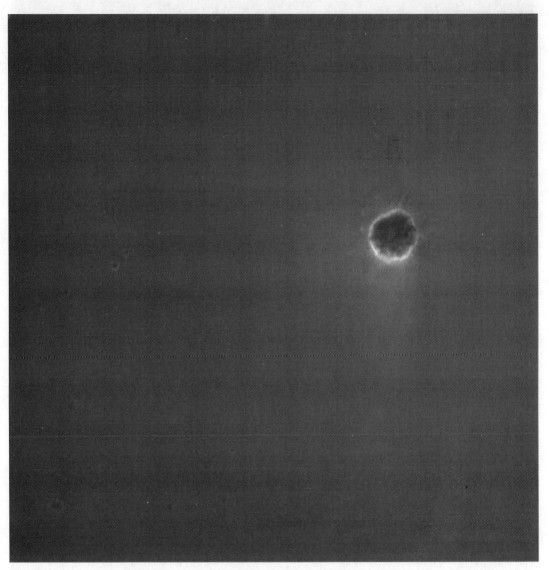

来自机遇号的第一幅下降图像。除了几个陨石坑外，子午湾着陆点几乎没有什么特色。最大的陨石坑后来被命名为坚忍，并将成为 2004 年下半年机遇号的主要探测目标（图片来源：NASA/JPL/加州理工学院）

　　不像它的前辈，机遇号停在它的一个侧瓣上，因此不得不自行校正。着陆几小时后，通过火星奥德赛收到了第一批来自子午线高原的照片，从避障相机的图像开始。着陆点与之前访问过的地方大不相同。这里异常光滑，表面没有石块，物质颜色很深，显然是玄武岩细砂。接下来是桅杆收拢状态的导航相机图像。图像显示了巡视器前方不到 10 m 远处

机遇号传回的首批照片之一，相机桅杆仍然为着陆时的折叠状态。令科学家惊讶的是，图像中显示出基岩仅在几米远处（图片来源：NASA/JPL/加州理工学院）

一块明亮的露出地面岩层，可能是基岩。暴露的岩石厚度小于 50 cm，但向西和向北延伸约 180°的弧度。值得注意的是，它看起来是层状的，每层只有几厘米厚。漫长岁月沉积物的暴露为科学家们提供了梦寐以求的特征，因为这将使他们够直接"阅读"这些过程发生的历史，而不必从零散的线索中推断事件。尽管从图像中初步看出暴露在机遇号面前的是沉积岩，但是对于一连串熔岩流来说，分层似乎太细了；这会使火山灰堆积并在积水中沉积。机遇号的配置将精确完成详细分析来解决这个问题。

随着后续火星日接收到越来越多的图像，很明显机遇号在一个小陨石坑内，且基岩暴露在坑壁内侧，地平线在各个方向上只有几米远。这个陨石坑后来以阿波罗 11 号登月舱的名字命名为老鹰（Eagle），同时，考虑到巡视器停留的位置，也暗含着高尔夫术语中的"一杆进洞"。根据巡视器的图像制作的三维地图显示老鹰的跨度为 22 m，深度为 3 m。下降过程中拍摄的图像中，很容易识别它的明亮边缘。不过位于陨石坑中的缺点是几乎看

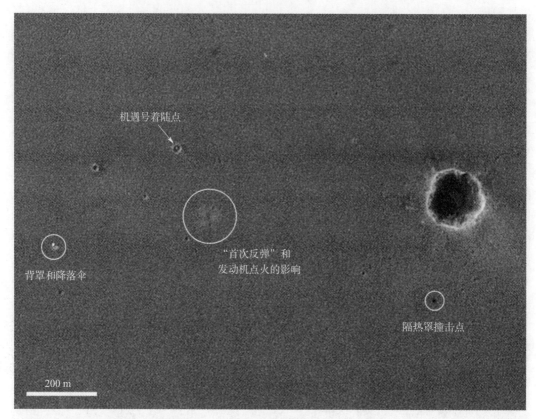

火星全球勘探者拍摄的机遇号着陆点。巡视器着陆在一个小陨石坑内，以阿波罗 11 号登月舱的
名字老鹰（Eagle）命名（图片来源：MSSS）

不到周围平原上的任何东西。着陆点附近是一小片有明暗物质波纹特征的非常细密的沙。安全气囊的小块织物在风中摇摆。粉末状的土壤受到安全气囊的影响产生了明显的压合痕迹。大量的划痕表明气囊在收回的过程中曾在火星表面被拖动过。此外，这是迄今为止尘埃最少的着陆点；也正因如此，安全气囊几乎一尘不染。巡视器的热辐射光谱仪测绘了横跨陨石坑的赤铁矿浓度。在西北部浓度最高并向边缘增加。有趣的是在安全气囊的拖痕中几乎没有赤铁矿。出现的唯一一个技术问题是机械臂关节防止润滑剂在火夜期间凝固的加热器。该加热器无法通过遥控指令关闭，只能通过安装的自动调温器关闭来防止过热。令人欣慰的是，安全气囊没有对机遇号从着陆平台驶离并直接驶向露出表面岩层造成阻碍。准备工作进展顺利，着陆后仅 7 个火星日，巡视器出发并探索老鹰撞击坑。

　　第 9 个火星日，机遇号展开了机械臂并使用其全套设备对一小片土壤进行了检查。科学家们对散落在着陆点附近直径约 1 cm 的圆形鹅卵石特别感兴趣。一种假设是，就像海滩上的砾石，鹅卵石是由于在水中翻滚而变圆的。或者，它们可能是火山喷发出的熔岩液滴，流星撞击的熔融物，球形玻璃珠，或如公元 79 年埋在地下的庞贝城（Pompeii）一样，是火山灰的小型聚合物。用火山解释的一个问题在于周边没有明显的火山口。分析的首个土壤样本被称为柏油碎石（Tarmac），由富含橄榄石的细粒黑玄武岩和赤铁矿混合而成，与古谢夫以及阿瑞斯谷底部的土壤成分一致。人们希望穆斯堡尔光谱仪的"视场"中会出现一些小球体，但事实并非如此；显微镜图像显示设备放在地表时小球被压入沙中，使其消失！这意味着它们与赤铁矿有关，因为没有小球的安全气囊弹跳标记处的热辐射光谱，没有赤铁矿特征。小球易被掩埋的事实意味着土壤是松散堆积而成的[258-259]。由此，决定放弃挖掘实验，而是让机遇号前进 3.5 m 检查陨石坑中赤铁矿浓度最高的侧壁。计划是沿着暴露的岩石从右向左行进。在 13° 以内的斜坡行驶时，车轮的滑移能够适应覆盖着干燥松散沙子的表面。

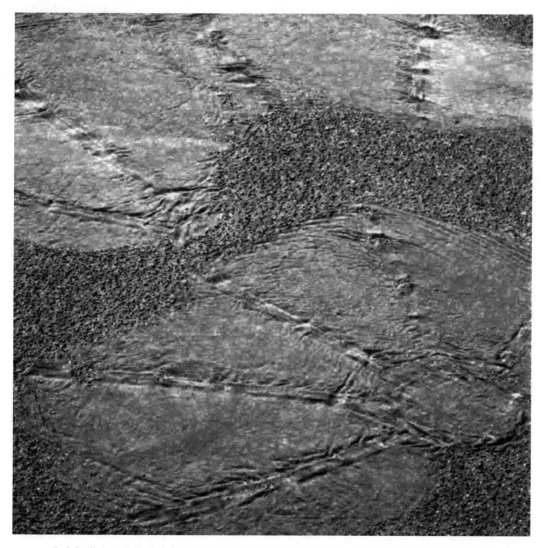

安全气囊在机遇号着陆点地面上留下明显痕迹（图片来源：NASA/JPL/加州理工学院）

目前，机遇号的准确位置是通过将下降图像中几个明显特征点与火星全球勘探者扫描图关联确定的。着陆器是一个小陨石坑中心的亮点，巡视器是靠近坑边缘的一个黑点。背罩和降落伞位于陨石坑西侧。安全气囊弹跳在地表形成的痕迹清晰可见。距离老鹰撞击坑750 m 远的一个更大的陨石坑以南的黑点是隔热罩撞击的痕迹。当巡视器爬上陨石坑的内壁时，安装在桅杆上的相机能够观测到陨石坑边缘外黑色、平坦、少砾石的平原的一部分。450 m 以外的降落伞和背罩清晰可见。

在第 14 个火星日，机遇号到达陨石坑壁上凸出的 16 cm 高、35 cm 宽的石头山（Stone Mountain）。为了确定露出地面岩层的组成，巡视器利用设备套装对石头山（Stone Mountain）上名为罗伯特 E（Robert E）的部位进行了探测。阿尔法粒子光谱仪的第一批数据显示硫含量相对较高。像溴和氯这样的高可溶性元素的存在是水作用的有力证据。分析足以表明，这种特定的岩石至少有 30% 是静水蒸发时形成的盐。穆斯堡尔光谱仪的简单整合表明硫以黄钾铁矾的形式存在，而这种矿物质通常存在于酸性水中。在光谱中还有一些赤铁矿的特征，但到那时为止该鉴定结果不是最终的。值得注意的是，露出地面岩层没有发现橄榄石。第 15 个火星日拍摄的显微图像显示陨石坑底部散落的浅灰色小球体就像"松饼里的蓝莓"一样嵌在露出地面的岩层中，随着周围岩石的侵蚀而显露出来。尽管认为对这些蓝莓的分析是必要的（正如他们接下来了解到的那样），但由于它们太小导致分析起来非常困难。

石头山附近"蓝莓"的显微拼接图（图片来源：NASA/JPL/加州理工学院）

尽管最好的方法是获取更长时间的岩石积分光谱，但还是决定继续前行，因为没人知道巡视器能够坚持多久[260]。在接下来的几个火星日中，机遇号沿着逆时针方向绕着陨石坑行驶，获得了露出地面岩层的全景图像，使团队能够制订采样计划。从第 16 个火星日到第 21 个火星日，到达了沿着露出地面岩层的三个路径点。然后完成了第一次 U 形转弯，向赤铁矿斜坡（Hematite Slope）进发，该斜坡因热辐射光谱仪探测到高浓度结晶赤铁矿而得名。在第 23 个火星日（2 月 17 日）巡视器用右前轮在地表刨出一个 50 cm 长，16 cm

显微镜视图，3 cm 宽，机遇号在第 15 个火星日拍摄的仍嵌在罗伯特 E 岩石目标中的蓝莓
（图片来源：NASA/JPL/加州理工学院）

宽，9 cm 高的沟槽，命名为大挖掘（Big Dig）。这是两个巡视器首次挖掘出的沟槽，露出了更明亮的土壤。虽然显微镜无法分析出颗粒的成分，但由于某种不明原因使颗粒形成了土块。当使用光谱仪头部对沟槽底部进行按压时，该物质的反应显示存在非常细的类似黏土的微粒。穆斯堡尔光谱仪探测沟槽底部时，只记录到了非常微弱的铁元素信号。

　　科学家们的共识是应该让机遇号对凸出岩层中部的矿层进行探测。这条 20～25 cm 厚被命名为酋长岩（El Capitan）的岩石带似乎由两种截然不同的地质特征组成。在第 26 个火星日，巡视器开始向酋长岩行进了 15 m[261]。显微镜观测矿层显示出交错纹理，当单颗粒物沉积的流体（通常是水或者空气）非静止而流动时产生一种分层的形式。这块火星岩石产生的结果是某些岩层相对于其他岩层存在倾斜。岩层的厚度表明它们形成

导航相机拍摄的酋长岩图像，展示了瓜达卢佩（Guadalupe）（上层）和麦基特里克（McKittrick）
（下层）的圆形侵蚀痕迹（图片来源：NASA/JPL/加州理工学院）

的时间尚短。第 36 个火星日明确了酋长岩的两个探测目标。上层的瓜达卢佩和下层的
麦基特里克。对这两处探测目标都使用 RAT（岩石研磨工具）研磨，以便更好地分析
未风化的岩石内部。岩石材质被证明非常软。通过显微镜的观测又有另一个惊人的发
现：暴露的表面纵横交错着细微的"鸡爪痕"，被解释为盐晶体溶解在水中产生的晶簇，
并形成了不规则的孔。在研磨麦基特里克时，钻头由于遇到两个蓝莓而不得不停止工
作。表明小球相对周围岩层有多坚硬。瓜达卢佩含有高浓度的硫，以硫酸镁或者硫酸铁
盐的形式存在。事实上，它似乎包含了多达四分之一的硫氧化物。为了检验盐和晶簇的
存在对过去水的作用的猜测，将穆斯堡尔光谱仪检测光谱范围调窄到黄钾铁矾信号，并
放在对瓜达卢佩上进行了 24 h 的探测以获得高信噪比光谱。光谱明确了黄钾铁矾的存

在，毫无疑问地证实了子午湾曾经浸泡在水中。溴盐含量变化很大，不仅在露出地面岩层的其他位置上，甚至在距离不足 1 m 的瓜达卢佩和麦基特里克之间都不同。因为在地球上溴盐是水分蒸发而形成的，所以可能意味着该岩石是火星上的"蒸发岩"。然而，目前还无法确定这些岩石曾经位于海底还是湖底，或者是被地下水浸泡过。当巡视器离开后，在酉长岩上钻出的两个孔的彩色高分辨率图像显示出一个可能是由精细研磨的氧化铁造成的红色的晕。

机遇号的下一个任务是对附近名为最后机会（Last Chance）和戴尔（The Dells）的岩石进行探测，这两处岩石均通过显微镜图像进行了"地毯式"记录，用以研究它们的分层并确认交错层理过程。第 37 和 38 个火星日用于驶向最后机会。显微镜对足球大小的最后机会拍摄了 120 幅图像。第 41 个火星日向戴尔进发并对它进行拍摄。成像结果展示出大量小尺度的交错层理，使科学家们坚信作用在松散沉积物上的流动液体一定是水。巡视器随后分析并研磨了平岩（Flat Rock）[262-264]。

下一个目标是对露出地面岩层进行初步勘察时发现的，科学家们注意到一个小凹坑内似乎聚集了散落的蓝莓。第 46 个火星日机遇号向这个蓝莓碗（Berry Bowl）进发。利用安装在机械臂上的设备与这些神秘小球直接接触以确定它们的组成。由于蓝莓小于显微镜的标称定位精度，所以拍摄时对机械臂有特殊要求。尽管如此，仍对蓝莓进行了放大两倍甚至是三倍的成像。虽然一些破碎的小球为其观察内部提供了"窗口"，但在显微镜下它们却似乎毫无特色。一半特征被命名为空浆果碗（Berry Bowl Empty），是与小球无关的平面，因此在分析中作为"对照"。通过显微镜图像的引导，控制机械臂使穆斯堡尔光谱仪直接接触部分小球体。记录到的一个强信号为粗晶灰色赤铁矿。小球至少 50% 以上的成分是赤铁矿。结果表明，这些蓝莓是富含矿物质的水从沉积岩渗出形成的球状物质。在犹他州（Utah）南部沙漠的侏罗纪纳瓦霍砂岩（Jurassic Navajo Sandstone）中，类似的"魔奇玛瑙"以这种方式形成，但不同于火星蓝莓，它们最多只含有 30% 的赤铁矿[265]。

显然，如果基岩是在环境温度、酸性条件和有水存在的情况下形成的——酸性条件最有可能是由于水中存在火山硫酸，那么露出地面岩层所有的特性均可合理解释。这些岩石看起来像是在浅层泥浆中形成的"肮脏的"蒸发岩。因此子午湾可能是一个偶尔潮湿但大部分时间处于干燥状态的盐湖。在以后的某个时间，当富含矿物质的水流经沉淀物时，蓝莓在原地"生长"出来。虽然无法判断这些过程是什么时候发生的，但没有任何迹象表明是近期发生的。机遇号的地表测量数据和火星全球勘探者的红外光谱仪数据比较表明，这个曾经湿润的环境已经覆盖了数千平方千米。值得注意的是，ESA 火星快车的矿物学仪器显示，硫酸盐和氧化铁的空间密切关联性并非子午线高原特有的，在水手谷和珍珠湾高地也存在[266]。

虽然很难说这种曾经湿润的环境对生命而言是友好的，但只有最"极端"的陆生微生物才能在高酸度和高盐度的水中生存。尽管如此，古代潮湿环境的确认使得子午湾成为未来寻找生命或取样返回任务的首选地点[267-268]。

含硫酸性条件下形成岩石的发现还可能解开火星地质学上长期存在的谜题之一：碳酸

盐岩的缺乏。因为在酸性条件下碳酸盐会溶解，在大气中几乎不含硫之前，它们无法形成。但那时大气本身可能太稀薄和干燥，无法与二氧化碳反应生成碳酸盐[269]。

在探索陨石坑的同时，机遇号还进行了其他观测。特别是在第 39 个火星日（3 月 4 日），它首次观测到火卫二以一个宽度小于 2 像素的暗特征从太阳圆盘上经过。6 个火星日之后观测到火卫一经过。由于火卫一体积略大，轨道高度较低，看起来像一个黑色椭圆，直径约为太阳的一半，只用 0.5 min 就完成了凌日。其他凌日现象，包括机遇号和勇气号均观测到小卫星几乎擦边而没有"咬"到太阳圆盘的凌日现象，有助于获得这些卫星更精确的星历。值得一提的是发现火卫一距离其预测位置几千米[270]。经常使用为评估火星大气透明度以及空气中尘埃数量专门设计的滤光片对太阳本身成像。另一种测量大气尘埃的有效（视觉上非常壮观）的方法是进行延时日落观测。直接对太阳成像也提供了一种巡视器定位方法。

在第 48 个火星日完成了对蓝莓碗的研究后，机遇号驶向露出地面岩层西南尽头的鞋匠庭院（Shoemaker Patio）。那里的交错纹理（cross-bedding）似乎是气载尘埃而非水性灰尘。随后它行驶到名为鲨鱼牙齿（Shark's Tooth）的岩石处。在第 51 个火星日停下来，旋转左前轮对叫作旋转木马（Carousel）的岩石进行研磨。然后检查了从老鹰陨石坑出来的五条可能路线。下一个火星日它勘察了一块名为汤匙（Scoop）的小石块，其上有细小的交错纹理。在第 56 个火星日，它将沿着计算的直线向东行驶 12 m，爬上 17° 的陨石坑壁并越过坑边，然后转向并绕着陨石坑行驶一小段后结束行程。不过由于斜坡非常滑，当巡视器转向开始进行第二段规划旅程时，它仍在陨石坑内，最后在陨石坑边缘斜着爬了上去。它在下一个火星日继续这样行驶，最终出现在周边的平原地带。然后，为了调查陨石坑边缘的明亮物质，巡视器向老鹰驶回了 6 m。在该位置机遇号通过遥控指令拍摄了一幅 600 Mbit 的多火星日、高分辨率、绰号为狮子王（Lion King）的全色全景图。拍摄到的地物特征不仅包括老鹰和它露出地面的岩层，还包括废弃的着陆器以及巡视器探测时留下的车辙。这片平原是无特征的沙漠，令人联想到一片平坦的鹅卵石海滩，其上有大量基本朝向西北—东南方向的只有几厘米高的被风吹起的红色涟漪。几乎没有明显的起伏，地平线也很平坦[271]。这幅场景图像如此壮观，以至于科学家们感觉机遇号在首次着陆 2 个月后又经历了第二次着陆。

机遇号让科学家们首次看到了轨道器图像中一个延伸到陨石坑或其他障碍物下风处的"尾巴"。下降过程中拍摄的图像清晰地显示了老鹰陨石坑东南数十米的一条明亮尾巴。对巡视器相机来说，似乎是由排列整齐的明亮沙子波纹组成的，阿尔法粒子光谱仪分析时证明与陨石坑内的物质无关，表明尾巴是风吹来的尘埃[272]。在第 62 个火星日，显微镜对穆斯堡尔光谱仪分析一处名为芒特（Munter）的土壤时留下的印记进行了勘察。结果发现最上层 1 mm 左右的土壤已经出现了裂纹，表明土壤中存在一层薄的混合了盐的尘埃外壳。与此同时，巡视器出现了一些小故障，包括一个容易修复的内存问题；阿尔法粒子光谱仪的通道无法打开；以及穆斯堡尔光谱仪接触传感器在机械臂收回时无法报告的故障——后者导致巡视器认为它撞上了什么东西。

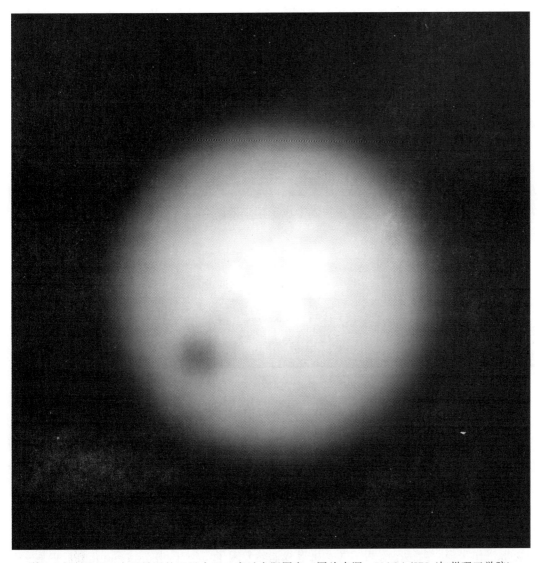

第 39 个火星日，火星最远的卫星火卫二穿过太阳圆盘（图片来源：NASA/JPL/加州理工学院）

第 45 个火星日，火卫一日食（图片来源：NASA/JPL/加州理工学院）

机遇号的第一站是距离老鹰几十米远的一块 30cm 的岩石。由于它正好位于安全气囊印记的中间位置，因而被命名为弹跳（Bounce）。值得注意的是，它是可见的最大岩石之一。从第 64 个火星日到第 69 个火星日，巡视器停留在弹跳（Bounce）。经过钻探和分析，证明这块岩石含有玄武岩成分。它不仅不同于子午线撞击坑的其他岩石，也不同于深色的沙子。事实上，它不同于古谢夫的火山岩。被证明含有一种类似于在地球上发现的火星陨石的成分。这块岩石看上去与 1865 年坠落在印度的陨石辉玻岩一样不含赤铁矿，辉玻岩的镁、铁、钙和铝的比例与南极采集到的第一块被发现的火星陨石 EETA 79001 基本一致。特别有趣的是，轨道上分辨率为千米级别的仪器和光谱仪从未能够找到与似乎来自火星的陨石相匹配的光谱。这一发现证实了它们来源于火星。弹跳可能代表由于冲击造成的几千米深处挖掘的火山物质，这些物质形成了位于西南 75 km 处宽 25 km 的陨石坑，其喷射物贯穿了子午线撞击坑。

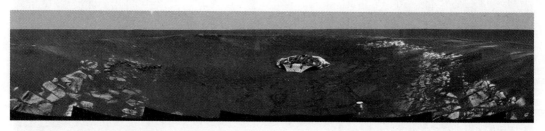

机遇号在老鹰陨石坑边缘拍摄了这幅拼接图像，图像展示了废弃的着陆平台以及它在坑内探测暴露的基岩时留下的痕迹（图片来源：NASA/JPL/加州理工学院）

探测完弹跳后，机遇号向老鹰东南方向约 740 m 处的陨石坑进发，预计于 5 月初到达。从轨道图像上看，这个宽 150 m、深 20 m 的陨石坑呈现出明亮的边缘，看起来可能是基岩。它被命名为坚忍（Endurance），以欧内斯特·沙克尔顿（Ernest Shackleton）南极考察船中的一艘命名。在南部几千米处有一块奇特的风化地形，看起来多丘并粗糙。科学家们怀疑是风化而成的沉积岩。他们非常喜欢研究这种地形，但是它远远超出了巡视器的标称工作半径。到达坚忍后不久，机遇号偶然发现了安纳托利亚（Anatolia），它是一个浅层裂缝，具有与老鹰陨石坑基岩极为相似的露出地面岩层。暗示这片平原可能是覆盖着一层几十厘米厚的松散灰尘和泥土的水平基岩。考虑到安全因素以及工作效率，并未对安纳托利亚露出地面岩层进行详细研究。向前行驶了一小段后，机遇号暂时停下来并用它的车轮在细小的沙子波纹上刮开了另一条沟槽。平坦的地形使巡视器能够沿直线行驶。在第 82 个火星日，它创造了在火星上行驶距离 140.9 m 的记录，同时里程表超过了 600 m 的标记。第 84 个火星日到第 87 个火星日，它对一个直径约 8 m 命名为弗拉姆（Fram）的浅陨石坑进行了探测，该坑以弗里德约夫·南森（Fridtjof Nansen）的北极科考船命名。在弗拉姆中发现了浅色的露出地面岩层，类似于老鹰撞击坑中存在的浅色的露出地面岩层，但它被侵蚀得更严重，可能是因为这个更小的陨石坑内部更容易暴露在风中。在一些地方，侵蚀留下的"固体"蓝莓突出在明亮的岩石的长"枝"上。对陨石坑边缘一块名为皮尔巴拉（Pilbara）的小岩石进行了研磨，分析并证实其成分与老鹰撞击坑中的岩石几乎相同。斜坡内部的一块名为哈默斯利（Hamersley）的岩石是目前发现的硅酸盐含量最高的岩石。

　　第 90 个火星日（4 月 25 日），标称主任务结束，机遇号距离坚忍陨石坑边缘 200 m。它行驶了 811.57 m，比任务成功距离远了百分之三十以上。仅全景相机在这段时间内就拍摄了 8 900 多张照片，包括两张完整的全彩色全景照片，一张拍摄于老鹰撞击坑内，另一张狮子王（Lion King）拍摄于离开陨石坑后，另外还有四张老鹰坑内露出地面岩层的高分辨率彩色拼接照片。尽管进行了特定的搜索，但在大空中没有发现冰晶云，平原上也没有发现任何尘暴。大气最下层 2 km 处的许多温度剖面由热辐射光谱仪绘制。一天中不同时间获得的数据有助于详细分析地表和大气之间的热量交换，以及在白天和更长的时间内是如何变化的。特别是仪器对某一特定方向的持续观测显示其视场范围内出现了"大量"冷热空气的移动。除了机械臂加热器和偶尔的小故障外，巡视器状态非常好。尽管在前 25 天由于灰尘积累导致太阳能电池板产生的电流迅速下降，但随后积累的速度减缓，电池板仍然能够产生足够的电力继续运行[273-285]。

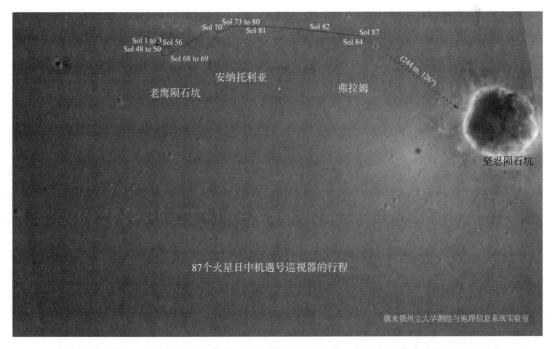

从着陆到第 87 个火星日主任务结束前机遇号的行程图，此时它正前往小陨石坑坚忍

　　与此同时，火星的另一边，勇气号已经完全恢复了控制。高增益天线在第 25 个火星日成功对准，来自避障相机的图像显示机械臂仍靠在阿迪朗达克上。电池重新充电，计算机恢复正常。故障定位在闪存文件系统数据结构表示和管理已删除文件的方式导致内存溢出错误。通过修改飞行软件进行了修复。每台巡视器都有一个电源关闭时数据仍能保留的 256 MB 的闪存，以及两个更小的存储器：一个在断电时数据丢失，另一个是断电时数据保留的可编程只读存储器。删除了闪存的内容并对硬件进行了检查以确保间

题与硬件无关。然后对闪存进行了格式化。删除闪存内容之前，恢复了第 13 个火星日与火星快车的联合观测数据，以及阿迪朗达克的显微镜图像和穆斯堡尔光谱仪数据。机遇号在着陆之后的几个火星日也进行了同样的修复，以确保它不会出现相同的问题。在第 30 个火星日，经过了 11 个火星日的诊断后，判断勇气号可以恢复科学探测行动[286-287]。

显微镜图像（第一次拍摄地球外的岩石）显示阿迪朗达克是一种结晶岩。命令勇气号研磨其表面，并放置显微镜检查其内部。值得注意的是，团队选择阿迪朗达克进行研究的原因是它的表面看起来没有灰尘，但研磨表明那里有很多灰尘。清洁过的区域明显更暗。虽然岩石是玄武岩，但它比地球上的同类岩石软，因此很容易被工具磨到几毫米的深度。研磨前后经穆斯堡尔分析，表明矿物成分包含橄榄石、辉石和磁铁矿[288]。

直接驶过阿迪朗达克后，勇气号在第 36 个火星日开始了前往博纳维尔的长途跋涉。进行了行驶 6.4 m 的自主导航能力测试，准确抵达一块名为白船（White Boat）的岩石。下一个火星日行驶了 21.2 m，打破了索杰纳号 7 m 的纪录。又行驶了 24.4 m 后，在第 39 个火星日它接近了一簇名为石头议会（Stone Council）的岩石群。第 41 个火星日检查了偏移情况。然后在下一个火星日，对一块名为米米（Mimi）的"片状"岩石进行了分析，发现其为另一块玄武岩。米米（Mimi）有明显的分层外观，科学家们对它充满了好奇。勇气号在第 43 个火星日行驶了 27.5 m，在第 44 个火星日行驶了 21.6 m。这使得其总行驶距离达到了 108 m，超过了索杰纳号。在对光晕（Halo）进行短暂观察之后，勇气号在第 45 个火星日到达了名为拉古纳山谷（Laguna Hollow）的圆形洼地，这是另一处没有岩石的区域。那里距离博纳维尔边缘约 200 m，它用左前轮刨出一个深 6 cm 的沟槽，然后花了几个火星日勘察暴露出的物质成分。结果表明，浅凹中充满了风沙带来的大小介于沙粒和灰尘之间的玄武岩颗粒，其上覆盖着无处不在的红色灰尘。行驶一段路程后，从第 54 个火星日开始，对壮观的岩石汉弗莱（Humphrey）进行了深入的分析。尽管它明显是玄武岩，但异常的溴浓度表明该岩石在其历史上的某个时期曾经与水有过接触。勇气号研磨其表面超过 2 mm，暴露出的气泡使人联想到水沉积的矿物。

天文观测正在黑暗之中进行着，包括对猎户座（Orion）的成像。第 63 个火星日黎明之前 1 h，勇气号从另一颗行星表面拍摄到首张地球图像。作为相同成像序列的一部分，捕捉到了一束光穿过天空。尽管可能是轨道 4 天后经过火星的彗星怀斯曼-斯基夫（Wiseman - Skiff）的一颗流星，但其速度和方向与沉寂已久的海盗 2 号轨道器相当[289]。勇气号还在一次工程测试中通过发送数据和接收指令首次与火星快车进行了通信。

第 64 个火星日（3 月 8 日），勇气号超过了最低任务成功要求设定的 300 m 总旅行距离。在接下来的火星日中，它已经足够接近博纳维尔的边缘以获取全景图像。当它进入陨石坑的喷出物层时，地面变得更加崎岖不平。岩石的尺寸也增大了，最大的一块岩石使巡视器相形见绌。在驶往博纳维尔的途中，车载导航软件多次不堪重负。勇气号偶尔不得不尝试在陡坡上行驶，并忍受严重的车轮打滑。在第 64 个火星日爬上陨石坑凸起的边缘发生滑移时刮出了一条小沟，科学家们将其命名为意外发现（Serendipity），并控制巡视器对暴露出的物质成分进行检查。第 66 个火星日勇气号到达陨石坑边缘最高处，比周围平原高几米。博纳维尔被证明相对较浅：它的平均深度只有 10 m，已经填满了沙子。内壁暴露出与平原相同的玄武岩。似乎是陨石击中由松散的碎石构成的目标时形成的。轨道图像远处边缘上的一个亮点被确认为丢弃的隔热罩，勇气号的高分辨率图像也证实了这一点[290]。边缘附近存在浅色沙子流动的痕迹，巡视器花费了第 72 个火星日的部分时间用轮子挖出一条绰号为毒蛇（Serpent）的沟槽，并发现在更细的沙子上是豌豆大小的玄武岩卵石。沿着边缘探测到的所有土壤都显而易见起源于火山。如果这些岩石是从上游的马迪姆山谷被带到目前位置，它们应当会发生些改变，但事实并非如此。古谢夫底层并没有明显的火山或裂缝，因而这些玄武岩的来源是一个谜。由于博纳维尔并没有显示出足够的需要检查其内部的在科学上令人关注的地方，决定让巡视器从其西南边缘所在地点开始沿着坑边逆时针方向行驶，然后穿过一片吹积物地带从南部离开。

科学家们急于分析散落在平原上的浅色"白色岩石"中的一颗，希望能发现长期寻找的火星碳酸盐的实例。从第 77 个火星日到主任务几乎结束，勇气号一直忙于分析博纳维尔边缘的"白色岩石"马扎察尔（Mazatzal），它是一块具有风化切口的风棱石。对马扎察尔的检查分为四个阶段：岩石未破坏的状态，以及其后进行三次逐渐加深研磨的状态。它似乎与之前遇到的岩石完全不同，被证明非常软；岩石很软以至于工具磨进了 8 mm。刷出了六个斑点的"雏菊"图案为热辐射光谱仪提供大的观察区域。当使用显微镜检查刷印和研磨区域时，显示出小空腔和充满明亮物质的岩脉。但光谱仪分析表明，这（以及其他浅色岩石）是被沙尘照亮的玄武岩；不是碳酸盐。尽管如此，马扎察

距离勇气号着陆点最近的博纳维尔陨石坑的部分拼接图。科学家们希望撞击会使古谢夫的古老地层显露出来，但结果证明它太浅了（图片来源：NASA/JPL/加州理工学院）

尔仍表现出富含硫、氯、溴和铁的氧化物，可能来自被水改变后的橄榄石。而且，有趣的是，岩石的外观至少包含了三个水改性层。这同时表明在火星自旋轴倾斜期间，该地点处于高纬度位置，马扎察尔曾几次暴露于地下水或冰中，但应该只涉及了非常少量的水[291]。勇气号停留在马扎察尔时，火星全球勘探者拍摄了一幅 50 cm 分辨率的图像，不仅以一个黑点的形式显示了巡视器本身，还展示了其从着陆器驶向博纳维尔，然后绕陨石坑边缘行驶的痕迹。

马扎察尔岩石上的雏菊状刷印和钻孔印。通过分析这块岩石，勇气号首次发现了古代水存在的迹象，尽管数量很少（图片来源：NASA/JPL/加州理工学院）

离开马扎察尔后，勇气号向东南方向 2.5 km 远的哥伦比亚山进发。高地势看起来像是更古老的物质运动的结果，也有分层的迹象。这些山丘可能是假定湖泊中的一个岛屿。如果一切顺利，勇气号每个火星日能够行驶 60 m，偶尔停下来进行科学观测，将在 6 月中旬第 160 个火星日到达山脚。这次跋涉从第 87 个火星日 36.5 m 车程开始。4 月 5 日，勇气号到达了第 90 个火星日的里程碑，标志着标称主任务的结束。到那时为止，车轮总共旋转了 637 m，远超任务成功要求。全景相机拍摄了 9 300 幅图像，总输出超过 750 MB，显微镜对 7 块岩石、土壤、沟渠等共拍摄了 537 幅图像[292-300]。

10.8　不想逝去的机器人

在拓展任务中，火星探测巡视器的工作人员被缩减到主任务时期的 60%，控制人员也采用了更宽松的"地球时间"，而非前 90 个火星日所执行的两班倒连续循环的"火星时间"。为了解决通信时间在地球夜间的问题，采用最新数据提前规划了这些"受限火星日"巡视器的活动。这就意味着不知道巡视器在哪里，或者它的机械臂在最近的一次活动中的位置。不过希望新的车载导航软件能够使驾驶更轻松，甚至在这些"受限火星日"中也是如此。活动以 3~4 个火星日为周期进行管理。巡视器在第一个火星日移动到指定点，使用安装在桅杆上的相机获取图像以及热辐射光谱，然后或者展开机械臂检测选定目标，或者观测大气状况。第二个火星日将用于分析第一个火星日收集的数据，并制订第三个火星日的计划。通过这种方式，定义一个特定的循环意味着明确行驶的目的地以及要研究的目标。与之前的专用流程相比，这种方式不那么忙碌而且更加灵活。通过工程分析估计巡视器还能运行 90 天设计寿命的三倍时间，意味着能够一直工作到 2004 年 9 月。最大的问题在于太阳能电池板上的灰尘积聚导致功率输出降低。但每天降低 0.2% 功率的速度仍低于预期。当电源功率下降到标称值的 20% 时，预计情况会趋于稳定。而且，光照随着季节的变化而减少，正午的气温将保持寒冷[301]。

4 月 8 日，命令勇气号在火星跟踪地球 6 h 并接收新的软件以增强其拓展任务能力。计算机在第 98 个火星日重新启动。机遇号在 4 月 11 日至 14 日，即任务的第 75~78 个火星日期间也进行了相同的操作。修改后的软件使任务和电源管理不那么保守，还包含了新的自主导航和自诊断功能。新的导航程序可以加速在诸如博纳维尔喷出物的粗糙地形的行驶速度。对于机遇号，软件还包括一个"深度睡眠（Deep Sleep）"选项，以弥补机械臂上有缺陷的加热器的功率损耗。该选项在夜间断开电池，防止加热器在开启的状态下消耗功率。当黎明时分的光线照射在太阳能电池板上时，它将启动开关重新连接电池。但是深度睡眠也有明显的负面影响。它阻止了夜间的设备操作，而此时本应是安装在机械臂上的光谱仪进行长时间数据采集的时候。此外，不再可能进行夜间中继通信，从而减少了返回的总数据。最后，如果热辐射光谱仪的一个关键光学元件由于寒冷而损坏，将会让仪器失效[302]。

勇气号行驶不到 2 m 才能到达它的第一个拓展任务目标，一块名为 66 号公路（Route 66）的"白色岩石"。对其进行了大范围刷擦，结果证实了从马扎察尔得到的结论。在第 100 个火星日，巡视器开始向南部跋涉，此时其行驶里程为 64 m。新软件使巡视器越过障碍时更加自主，更少地依赖地球的干预。随着空气中尘埃的沉降，大气透明度得到改善。这使得勇气号能够看到遥远的目标，如马迪姆山谷的细节。这条蜿蜒的河道曾以某种方式冲破古谢夫的边缘，似乎表明这个陨石坑曾经拥有一个湖泊。此外，全景相机"硬"处理的图像显示它距离古谢夫边缘大约 80 km。4 月 28 日，勇气号在比机遇号当时行驶路线更崎岖的地形上行驶了创纪录的 88.5 m。随后经过了比博纳维尔更古老更退化直径为 120 m 的米苏拉（Missoula）陨石坑边缘。在第 113 个火星日，勇气号挖出一条深度 9 cm 名为大洞（Big Hole）的沟槽，这条沟槽位于地势较低、热惯量较低的地区，距离博纳维尔超过 500 m，被认为是陨石坑平原的典型代表。然后到达了 75 m 的拉霍坦（Lahontan）陨石坑边缘，但是，像在米苏拉一样，只是在其边缘处比较安全的区域进行研究。导航软件停止了最后一段旅程，并记录下了巡视器经过边缘时的陡坡[303]。在第 125 个火星日，勇气号单日行驶了 123.7 m，创造了新的行驶纪录。但是专注于长时间行驶是以牺牲就位探测的时间为代价的，在这些火星日科学研究通常包括拍摄全景图像和监视大气状态。巡视器不时停下足够长的时间，让安装在机械臂上的仪器对土壤和岩石进行调查，以便了解它们在整个平原是如何变化的。距离山脚不到 700 m 处，勇气号火星车挖出一条名为伯勒（Borough）的深达 11 cm 的沟槽，并花费了接下来的几个火星日对其进行彻底分析。该处土壤富含容易改变的矿物橄榄石。与大洞（Big Hole）类似，显示在地表下方存在意味着水改性的硫、镁和溴。这两种情况都推断出极低的水-岩的混合比率。但是，当勇气号接近哥伦比亚山时，其沟槽样品开始表现出水存在下所形成的盐的痕迹。此外，穆斯堡尔光谱仪发现了比目前的地表含量更多的氧化铁（即"锈"）。大约有 1% 的土壤显示含有可能来源于陨石的镍[304]。随着勇气号更接近观测目标，开始出现了富含气孔的岩石。但由于图像传回地球时巡视器距离它们比较远，没有对这些岩石进行详细的检查。

第 153 个火星日，哥伦比亚山脚附近勇气号的影子（图片来源：NASA/JPL/加州理工学院）

全景图像证实古基岩暴露在哥伦比亚山的斜坡上，仅高出平原几十米。即使证明基岩是像平原一样的玄武岩，这也提供了一个极好的机会在岩石形成的地方对其进行研究。在第 150 个火星日勇气号在平原上完成了最后一次采样，并分析了一块名为约书亚（Joshua）的岩石。令团队高兴的是，它在第 156 个火星日到达了山脚下，比预期提前了数个火星日。不过，在开始攀爬并驶向西刺（West Spur）之前，它将花费数星期时间对被称为彩虹尽头（End-of-the-Rainbow）的斜坡区域上的一些岩石进行详细研究。感兴趣的目标包括类似一堆烂面包片的小岩石——腐岩（Rotting Rocks），以及一块不到 10 cm 有几十个小瘤和类似"触手"向各方向凸出的附体的尖细岩石——金罐石（Pot of Gold）。这种奇怪的形状可以解释为较软部分已经被侵蚀掉的岩石最坚硬的部分，是勇气号下一个目标点。将显微镜聚焦在如此不规则的表面上很难，但是当获得这些图像时，发现这些块状物牢固地嵌在岩石中，并且在某种程度上类似于机遇号在子午线高原发现的蓝莓。由于地面松软，勇气号花费数个火星日到达了能够钻入"金罐石"的位置，在此过程中，车轮带起了一些可能是那块岩石侵蚀后产生的碎片的有趣物质。第 169 个火星日，RAT 最终就位。当它放置在目标物上时，那块只比钻头大一点的岩石产生了移动，表明它并没有牢固地嵌入地下。不过至少研磨了一些表面，因此获得了整夜的阿尔法粒子和 X 射线光谱。表明这块岩石不像其他的古谢夫岩石，富含硫、氯和磷。穆斯堡尔光谱仪显示金罐石是古谢夫第一块不含橄榄石的岩石。有趣的是，它含有丰富的赤铁矿。尽管没有直接证据表明水的作用，但这些分析却很好地暗示了它的存在。而且这些作用并不需要大量的水。少量瞬态的水就足够了；或许是地面冰或者湿润的大气。更重要的一点是，即使是如此少量的水也意味着曾经的气候比现在更加温暖和潮湿。

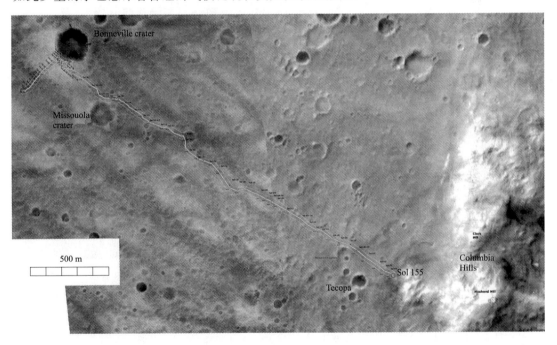

勇气号从着陆点到哥伦比亚山脚所走过的轨迹（图片来源：NASA/JPL/加州理工学院）

　　由于勇气号的运行时间已经达到了其设计寿命的两倍，在上山探险之前，它进行了一次"3 000 m 调校"。右前轮的电机是最关键的硬件问题。近来由于经历了巨大的摩擦，它开始耗费过量的电流。控制人员发现在平地上可以采用五个轮子反向驱动行驶，而第六个轮子拖着即可。而要爬上山不同于行驶在平地上，电机加热器运行在最高的温度上，车轮需要向两个方向上旋转，以便将润滑剂均匀地涂抹在齿轮箱上。虽然没有从根本上解决问题，但显然也阻止了问题继续恶化。

勇气号对奇怪的、尖细的金罐石（右侧）进行检查后发现它含有赤铁矿

（图片来源：NASA/JPL/加州理工学院）

9 月 21 日的冬至日标志着火星冬天的来临。由于这颗行星的轨道相当古怪，南半球的冬季出现在远日点，所以只有相当于夏季 70% 的阳光能够照射到勇气号的太阳能电池板上。火星车将停放在斜坡上来充分采集太阳光，并且尽量减少白天的活动，相当于实施"深度睡眠"。通过这些策略，火星车可能在冬季生存下来，并且能够在 2005 年年初的春天攀登西刺之前恢复运行[305]。机遇号由于更靠近赤道，因而受到冬季的影响较小。

从第 188 个火星日开始，勇气号开始采用反向行驶作为主要的行驶方式。在勘察了羊毛补丁（Wooly Patch）露层的几块岩石后，在第 200 个火星日勇气号向平原上方约 10 m

的克洛维斯（Clovis）露层进发。此处斜坡相对陡峭，但它使得火星车向北倾斜，有利于太阳能电池板更好地吸收太阳能。这次攀登带来了一些问题和挑战，火星车一直处于滑移状态，难以沿着既定路线行驶。火星车花费了数个火星日将左后轮的一块岩石弄出去，在某个时刻车辆倾斜了 34°，而在另一个场景下，车轮打滑导致火星车在试图爬坡时滑下坡去。最终，在第 207 个火星日找到了一条可以避开陡峭斜坡的路线。勇气号到达克洛维斯后利用地势的优势拍摄了下面的古谢夫的全景图像，以及火山口边缘。克洛维斯是首个可以直接对岩石进行研究的露层，这些岩石就在此处形成。它们不同于平原上的那些岩石，一些出现了分层，显微镜下的图像表明颗粒有数毫米，大多数是灰色而纯净的；可能是未改变的基岩。其他的颜色较浅且易碎。事实上，克洛维斯要比古谢夫岩石更柔软，研磨机在其上钻孔达到将近 9 mm，阿尔法光谱显示溴、氯、硫、磷及其盐类浓度如此之高，表明这里曾经长时间暴露在大量的水中。此外，穆斯堡尔光谱仪发现了针铁矿，这是一种含铁的矿物，只能通过水中的初级矿物质粒子改变而形成[306]。

在克洛维斯勘察了 20 个火星日后，为了寻找一个冬季停车的有利地形位置，勇气号爬上了更高的坡，在埃比尼泽（Ebenezer）和蒂卡尔（Tikal）之间停留了十几个火星日。从第 244 个火星日到第 255 个火星日，日凌导致了通信中断。在无法与地球通信期间，火星车在蒂卡尔附近执行预先加载的观测程序，主要针对大气进行观测，此外每日还利用穆斯堡尔分析仪对磁铁上的灰尘进行分析。重新建立通信连接后，勇气号对之前拍摄到的数个土壤目标上的火星风的作用进行了观测。利用斜坡的地形优势保持其太阳能电池板面向太阳，然后火星车前往一处名为泰特尔（Tetl）的岩石，此处的岩石被证明是古谢夫的第一个真正的分层岩石。机械臂上的设备展示出它是由火山物质的多个窄分层组成的，可能存在与水相互作用而改变的证据。在泰特尔度过一星期后，勇气号驱车前往咖啡岩（Coffee），然后向另一处名为尤本（Uchben）的分层岩石进发。期间一些转向执行机构上的制动装置报告了间歇性的故障时，这些故障被诊断为传感器的问题，火星车被告知对故障进行忽略。电源总线和机箱之间出现的短路问题更为严重，此处的熔断器在地球上测试时已经熔断了，而且没有更换。勇气号没有立即面临危险，但它已经失去了与底盘绝缘或短路的电路保护。在第 281 个火星日，勇气号终于能够开始对尤本进行为期 11 个火星日的勘察[307-308]。尤本岩被证明是相对较软的，显微镜显示出各种形状的小沙粒；有些有棱角的可能起源于火山，而圆形的似乎是受到了水的打磨作用。此时，勇气号已经生存了三倍于设计寿命的时间。穆斯堡尔光谱仪中的放射源的短半衰期需要越来越长的积分时间，以产生可接受的信噪比。

第 300 个火星日，勇气号前往平原上方 40 m 的马丘比丘（Machu Picchu），除此之外，它还进入了通往赫斯本德山的 200 m 长的马鞍形状的平原。11 月下半月的科学研究仅限于对通往拉里瞭望台（Larry's Lookout）山脊沿途的岩石进行遥测，这些岩石位于群山中最高山丘的侧翼。火星车暂停了数个火星日对许愿石（Wishstone）岩石进行探测，先用刷子刷，然后再通过显微镜进行了研究。此处岩石似乎是一个不同大小粒子的集合，这表明它形成的原因可能是某个高能量的灾难性的事件，比如撞击、爆炸或者火山喷发。

第 205 个火星日，在对克洛维斯岩石进行洗刷、钻孔和分析之前，勇气号的导航相机观测到的克洛维斯岩石的露层（图片来源：NASA/JPL/加州理工学院）

机械臂上安装的光谱仪发现磷的丰度比之前任何地方都更高。显而易见，许愿石起源于某种水相磷酸盐沉积物。令人费解的是这些磷酸盐在水系环境中形成，而这种环境下其实更容易形成硫酸盐。也许是随着时间的推移，水产生了化学变化，或者在该星球上产生了不同于地球的水系环境。

在经历了右后轮卡入的一块马铃薯形状的石块造成的几次运动困难之后，勇气号从第354 个火星日开始执行 2004 年最后的目标，该目标命名为香槟（Champagne），这样命名是因为任务起始于新年前夕。从离开着陆器开始，勇气号行驶的总距离还差几米就将达到4 km[309]。

完成了 90 天的主任务之后，机遇号火星车继续在梅里迪亚尼进行探测。在第 95 个火星日（2004 年 4 月 30 日），它按照命令行驶了 20 m 到达坚忍坑（Endurance）的边缘，然而，行驶了 17 m 之后，由于感知到危险，火星车停止前进。当团队看见火星车传送回来的图像时，大家震惊地发现火星车停在 5°角的斜坡上，距离顶部边缘只有不到 1 m 的距离。坚忍坑不仅是一个深坑，它的内壁还非常陡峭，某些地方的坡度甚至几乎垂直。尽管对火星车来说是危险的，但这个火山坑正是科学家们一直以来希望发现的地方：显露出的基岩层，比老鹰坑更深的“地层柱状图”。人们对它最初的感觉是其顶部岩层可能与那些更小一些的火山坑一样存在蓝莓石，但是其下方还有一层其他岩层，这是老鹰坑没有的。在北部和南部的内壁上，分层表现在一个更缓一些的斜坡上，火星车可能能够沿斜坡向下行驶进入坑内。坚忍坑中最大的悬崖被命名为伯恩斯崖（Burns Cliff），以麻省理工学院（MIT）的一位科学家罗杰·伯恩斯（Roger Burns）的名字命名，他预测了火星上主要的硫化物。除了大面积分层之外，在它的底部还有大面积的交叉层理，让人联想到地球上“石化”的沙丘。如果这种解释是正确的，那么浸润老鹰坑中裸露的基岩的浅水在很久以前就存在了，那时梅里迪亚尼还是一片沙丘地区。遥感探测表明悬崖的上方由硫化物和赤铁矿构成，玄武岩位于其底部。还有其他层也含有玄武岩特征，但这些层很薄，因此不可能是熔岩流；它们更可能是空气中火山灰和灰尘的沉积物。

从东南边缘处拍摄的坚忍坑全景（图片来源：NASA/JPL/加州理工学院）

科学家们对于火星车是否能够进入，更重要的是之后能否离开坚忍坑产生了争论。机遇号到达一处名为拉里的飞跃（Larry's Leap）的边缘，该处坡度约 20°，这意味着一旦地表像老鹰坑一样，火星车都会出现明显的滑移。尽管地形条件如此恶劣，但要进入坑内也并非不可行。在 5 月初已经获得了火山坑内部数百兆比特的高分辨率全景图像，然后使用立体成像技术测量出火山坑实际的深度及其内部的坡度，以此通过研究、模拟和测试来确认机遇号火星车进入坚忍坑是否安全可行。在东南部边缘处发现了第二个有望驶入火山坑的入口，此处名为黑山（Karatepe），以土耳其考古遗址命名。与拉里的飞跃不同，即使冬天来临，该处入口也能使机遇号火星车的太阳能帆板在向下行驶过程中面向太阳。尽管黑山坡的前几米处都是岩石、鹅卵石和蓝莓石的混合物，它仍是一个有序的岩层，可能与伯恩斯悬崖直接相关。行驶的目标是至少进入坑内四分之一的路程，到达的岩层似乎是玄武岩而非水沉积岩。除此之外，沙地表面对于火星车而言太软，斜坡倾角大约从 17°开始，陡峭处达到 23°甚至 25°。机遇号火星车不会冒险驶入最陡峭的地形处，除非该路径看上去非常安全。如果火星车无法从坑里出来，这将阻碍它进行下一步有趣的活动，诸如研究 250 m 之外的隔热罩的残骸。通过这样的研究不仅可以让工程师们评估热防护罩的设计裕度，而且如果隔热罩撞击在地面形成的深度比火星车车轮刨出的坑更深的话，那么这个因撞击而形成的坑就是额外的奖励品。此外，火星车在前往坚忍坑的途中已经经过了几个有趣的目标。即使机遇号被困在坚忍坑中，本身也不会造成灾难性的后果，正如本项目的首席研究员史蒂芬·斯奎尔斯（Steven Squyres）说的那样"我们被困在糖果店里"。在准备的过程中，机遇号在一个多月的时间内沿着边缘弧线逆时针行驶，在此期间它停下来拍摄了至少两张完整的全景图[310]。

在第 101 个火星日和第 102 个火星日之间的晚上，机遇号首次测试了深度睡眠。它没有遇到特别的问题，但热辐射光谱仪几乎达到了最低生存温度。为了避免设备出现问题，在接下来的几个火星日，火星车对火山坑内部进行了全面的扫描探测。从第 107 个火星日开始，火星车对边缘的一块约 30 cm 大小的岩石进行研磨和检查，这块岩石可能是从火山坑中溅射出来的。微量的矿物质差异表明，不同于老鹰坑内部的那些岩石，这块名为狮子（Lion Stone）的岩石可能是在不同的时间以及不同的环境中形成的。与此同时，在 JPL 的火星庭院（Mars Yard）中，通过一个倾斜台、一些岩石、沙子和金属颗粒来模拟蓝莓石，并利用一辆模拟火星重力的火星车（火星重量仅为地球重量的 40%），对进入坚忍坑的下坡路径进行了模拟。通过这些模拟试验证明了火星车的设计能够适应 30° 的斜坡，并且可以在 45° 坡上保持稳定。最终，通过为期一个月的火面勘探和地球上的模拟试验，工程师们和科学家们共同决定将机遇号送入坚忍坑的黑山（Karatepe）处。在继续行进前，火星车将下坡行进一小段距离，然后倒车行驶以确认其爬坡能力。通过对下坡路段和短暂的倒车过程中车轮轨迹的成像，火星车可以提供实际路段土壤的特性数据，并完善对下坡工况的预测。在准备进入坚忍坑时，控制器驱动机遇号后退，使其车轮在岩石表面上打磨，去除光滑的阳极化氧化涂层以提高其抓地能力。在第 133 个火星日（6 月 7 日），机遇号驱动两个前轮使其刚好越过坑的边缘，在下一个火星日驱动所有六个车轮进入坚忍坑。然后立即驶出坚忍坑。通过这样的测试表明火星车可以安全进出坚忍坑，车轮滑移可以忽略不计，车辆的倾斜角度与预测的一样。这次测试发生在勇气号到达哥伦比亚山脚的几个火星日之内[311]。

在坑内的首个目标点是田纳西（Tennessee），这是一处宽 36 cm 的露层，在此处磨损记录达到了 8 mm。通过机械臂上的设备分析显示，有一系列的平行层由蒸发岩组成，其中混合了由风蚀而沉积的薄的深色层。通过对层间连接处近距离观测发现它们非常复杂[312-313]。火星车在斜坡上的工作效率令人瞩目，在第 138 个火星日到 161 个火星日之间，火星车打磨并分析了不少于 7 个目标。它使用研磨设备在岩石上钻孔，每米的深度钻数次。在一处名为磨盘（Millstone）的露层，它钻到了保留了不同的水波纹的露层。被勘察的一些岩石厚片上有几行微小的高几厘米的"背脊"山脊，这些山脊可能是坚硬的矿物的岩脉，这些岩脉可以阻止风对周边岩石的侵蚀作用。机遇号利用其新地形优势，给出了坚忍坑内细粒沙丘的令人惊叹的图像。不幸的是，火星车无法在这种软地上行驶。然而，科学家们考虑直接开向沙丘的边缘以使用机械臂上的设备进行探测，此时火星车仍处于较为坚硬的地面上[314]。尽管如此，在火山坑内对火星车进行机动操控并非一件容易的事情。

例如，在第 150 个火星日，在一处 28°的坡道上向后行驶时，火星车的一个车轮悬在了空中；为避免危险，火星车一直进行移动直到所有的车轮都牢牢地接触到地面上。

坚忍坑内神秘的尖状"剃刀背"（图片来源：NASA/JPL/加州理工学院）

与老鹰坑一样，黑山岩石露层表现出富含水合硫酸盐和黄钾铁钒。然而，在坚忍坑中硫酸镁和赤铁矿的丰度随着深度减少，同时氯和氯化物却增加了几倍，就好像水作用产生的更深处的沉积物的酸度不及浅层的沉积物。这样的数据暗示了此处曾经连续出现了不同的水环境，其中包括长期潮湿的时期，以及随后出现的短暂的干燥时期，并在此时期内受到风的作用而产生了深色层。此外，在黑山坡下方的赤铁矿粒变得更大、更红、更有棱角，并且拥有看起来坚硬的外壳。在给电池充电后，在第 169 个火星日机遇号火星车恢复向下继续行驶。在克服了滑移问题之后，在第 180 个火星日火星车能够花费一些时间对一处名为戴蒙德·杰纳斯（Diamond Jeness）的露层进行勘察，在此处火星车磨出了更多的小孔。尽管出现了大量的滑移，火星车仍继续向坑内行驶，大致朝向伯恩斯悬崖的方向向东行驶。在第 192 个火星日到达一处名为阿克塞尔·黑贝（Axel Heiberg）的露层时，它开始机械臂常规操作，但是由于磨损工具的机构卡住了，研磨工具在随后的几个火星日内暂时停止了工作。到第 210 个火星日，研磨工具可以再次使用了，显然卡住机构的小石块已经脱落。在研磨工具无法使用时，火星车行驶了一些短而迂回的路线，到第 206 个火日，它正好停靠在一块名为埃舍尔（Escher）的有趣的岩石前面，科学家们决定花费几个火星日对其进行勘察。这块不寻常且发人深省的岩石表面有一块类似于"泥浆裂缝"的多边形图案。如果这些确实是泥浆裂缝，那么这表明坚忍坑中可能曾经有积水存在。

由于火星合日现象[①]，当勇气号在火星的另一面工作时，机遇号则从第 222 至第 238 个火星日的大部分时间里处于休眠状态。随后它继续工作，对埃尔斯米尔（Ellesmere）岩石进行了检查。此时，机遇号到达了它冒险行程中最深的位置，位于撞击坑边缘下面约 10 m。随后，它前往勘察一块名为沃普梅（Wopmay）的岩石，这是以一位首次飞行进入加拿大北极圈无人区的飞行员名字命名的。这块岩石大小约 1 m，具有浅色光滑的凸起表面，外形很像脑珊瑚或是躺倒的"米其林人"[②]。为接近它，机遇号移动了将近 20 m，这是在撞击坑中移动的最长距离之一。由于有滑动，它停在了距目标不足 2 m 远的地方，比预定位置近了些。滑动导致火星车很难到达机械臂可操作距离，尤其是工程师在操纵火星车下坡时，还担心过大的滑动会撞上岩石。为了使火星车到达满意的位置，竟花费了 8 个火星日的时间移动 20 m。从第 258 至第 264 个火星日，机遇号对这块外形奇怪的岩石进行了详细的检查[315]。此时，火星车已经使用机械臂上设备研磨了撞击坑内的 21 个目标，获得了 95 条光谱数据。机遇号接下来的计划原本是从沃普梅岩石向上坡方向移动，然后向着燃烧崖（Burns Cliff）前进，但因滑动过大而停了下来，预计 21 m 的移动距离实际仅移动了 3.5 m，并且车轮深陷在土壤内。在第 268 个火星日，火星车能前进的距离不超过 40 cm，只能简单地向坡下滑动。但接下来的一天发生了转变，车轮能够抓住较为坚固的地面，并最终在 10 月底成功脱困。随后，工程师们计划使机遇号驶向 25°的斜坡，到达燃烧崖的底部，但当他们发现了一块沙地时，取消了这次移动计划，修正了移动路线[316-317]。第 285 个火星日，机遇号回到了它在撞击坑内的最初位置，但由于滑动过多只能再次停下。11 月火星车终于到达了燃烧崖附近（西边）的位置，停留了数日，拍摄了总数据量达 985 Mbit 的悬崖壁面拼接图像，展现出悬崖是由至少 3 块总厚度为 7 m 的岩石单元构成，记录了子午线高原的水历史。由于火星车沿着悬崖底部移动更远将需要穿越细沙地或越过超过 30°的斜坡，再往远处走是不安全的，火星车只能使用桅杆相机勘察悬崖。机遇号花费了 10 个火星日对悬崖壁面开展了全景拍摄和红外扫描，但不幸的是它无法对悬崖东面边缘断层分割点的细节进行仔细勘察。

第 295 个火星日，机遇号开始驶离坚忍撞击坑，此时有两条路可选。一条路是捷径，但途中会遇到 30°的斜坡。另一条路是卡拉提佩坡（Karatepe slope），距离机遇号 6 个月前进入撞击坑的位置很近。火星车团队决定选择后者，因为它坡度小、障碍物少。在离开前，机遇号对亮暗过渡岩石层上的最后两个目标进行了采集和分析。在坚忍撞击坑度过了 181 个火星日后，机遇号于第 315 个火星日（12 月 12 日）重新驶入了平原。之后的数个火星日，它都在开展遥感测量和行驶移动，主要是检查先前进入撞击坑的车轮行驶轨迹。火星车到达防热罩需要沿水平方向向南行驶。第 324 个火星日，火星车距离防热罩仅

---

① 火星合日现象：太阳处于火星与地球之间。——译者注
② 米其林人：米其林轮胎广告的动画形象。——译者注

30 m 远。防热罩是以超过 150 km/h 的超高速度撞击到火星表面，里面已经朝外翻转并且碎裂成了两部分。防热罩撞击形成了直径 2.8 m 的撞击坑，坑中填有一部分烧黑的材料。为排除自身污染的可能，机遇号在距撞击坑一定距离的位置开展了勘察。在 12 月 30 日本年的最后一次移动中，停在了防热罩残骸的旁边。

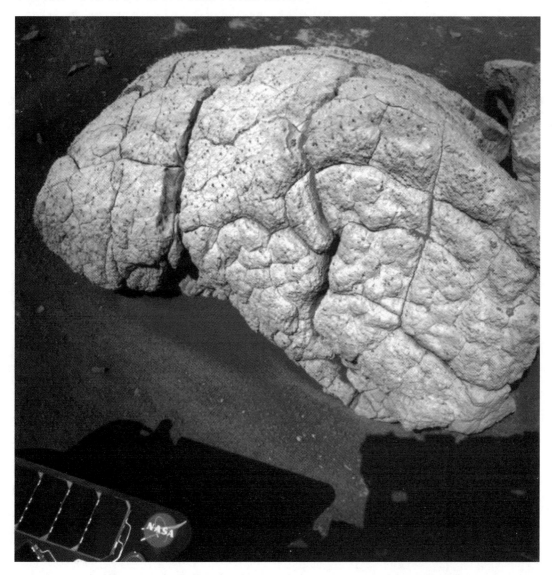

奇异的"人脑形状"的沃普梅岩石（图片来源：NASA/JPL/加州理工学院）

　　机遇号于 2004 年结束了总距离长达 2 051 m 的旅程。勇气号和机遇号在火星上的第一个地球年，也就是它们各自的着陆一年时间里传回了 62 000 多张图像，及 86 Gbit 的其他数据。

　　2005 年，勇气号开始重新驶向拉里瞭望台（Larry's Lookout）。拉里瞭望台是哥伦比亚山的观景点，火星全球勘探者的图像表明那里有暴露在外的岩床。由于需要确保太阳帆

由 46 张图像拼接而成的燃烧崖的拼图，展现了大量的岩石层理。拼图是在第 287 至第 294 个火星日拍摄的

（图片来源：NASA/JPL/加州理工学院）

机遇号防热罩的撞击地点。图中左侧是由于撞击已发生内部向外翻转的防热罩

（图片来源：NASA/JPL/加州理工学院）

板在如此崎岖的地形上能够朝向太阳，火星车团队必须极为小心地规划移动路径。此外，太阳帆板上已经积累了大量灰尘，发电功率已严重下降[318-319]。勇气号在上坡时经历了非常大的滑动，中途花费了 10 个火星日检查了一块名为"和平"（Peace）的岩石，因为它似乎是原始岩床的一部分，其周围环境已知。尽管分层为厘米级，显微镜分析表明它有毫米大小非常粗糙的颗粒。光谱仪分析表明颗粒为火山玄武岩，呈非球形，凝结在由钙、镁硫酸盐形成的基质中。火星车的下一个目标是一块与"和平"石类似的岩石——"短吻鳄"石（Alligator），两块岩石的位置仅相距几米。这两块岩石中的玄武岩均富含橄榄石、磁铁矿和镁盐。以上测量结果都暗示着玄武岩颗粒的蚀变是由于酸性硫酸盐或水分蒸发导致。在第 388 个火星日，勇气号继续朝拉里瞭望台前进。途中科学家注意到车轮在行进过程中掘出了颜色鲜亮的物质，因此在第 400 个火星日勇气号停了下来，对这个名为帕索罗布斯（Paso Robles）的区域开展分析。结果发现该地区物质所含硫酸盐的百分比甚至高于子午线高原，同时含有少量的磷酸盐和溴盐。最终在第 407 个火星日，勇气号到达了拉里瞭望台，并在此处拍摄了下方山谷的全景图像。接着它使用光谱仪和显微镜对一块名为"瞭望塔"（Watchtower）的呈精细分层的岩石进行探测，与"许愿石"（Wishstone）类似，"瞭望塔"石富含磷酸盐但风化得更严重。3 月初，勇气号的发电能力翻了一番，达到了 800 W，显然是在风或尘旋的帮助下太阳帆板得到了清洁。车顶部甲板上的目标校准

图像证实了这一点。此外在这段时间里，勇气号的相机记录下了尘旋扫过古谢夫撞击坑底下方影像。电力的增加使得勇气号不用那么保守地移动了，正如首席官所说的"我们不再是太阳的奴隶"。在完成对"瞭望塔"的探测后，勇气号回到了任务之初首次勘察的地点；进一步对帕索罗布斯区域进行探测以更好地确定其盐类的类型（第一次的测量的数据在分析时仅刚刚够用）。热发射光谱仪甚至发现了水的迹象，可能是冰晶晶格中的水合盐。这种物质似乎是一种蒸发盐，含有相对较高浓度的硫黄、磷和溴，与机遇号在老鹰撞击坑发现的物质类似，是水携带化学物质通过蒸发浓缩生成的[320]。

一张 40 cm 宽的帕索罗布斯照片，可以看到被勇气号车轮搅出的颜色明亮的物质的细节，拍摄于第 400 个火星日（2005 年 2 月 16 日）。α 粒子光谱仪分析表明此处地形中含有高百分比的硫酸盐

（图片来源：NASA/JPL/加州理工学院）

团队下一个目标是尝试将勇气号送至赫斯本德山的山顶，但路径坡度太大了。也尝试了曲折前进，但 15° 的斜坡上满是夹杂着沙土的大块岩石，难以逾越。最后终于找到了容

勇气号从拉里瞭望台拍摄的赫斯本德山（图中间）和古谢夫撞击坑底部的全景图像，拍摄于第 410 至 413 个火星日。火星车从图中右侧到达了拍摄位置，然后向 45 m 远，海拔 200 m 高的赫斯本德山顶前进，最靠近相机的锯齿形车轮轨迹所在的区域就是帕索罗布斯（图片来源：NASA/JPL/加州理工学院）

易一些但距离更长的路线。勇气号尝试移动了很多天，在此期间的科学活动仅仅是成像和挖沟，花费了些许时间对裸露岩层"寿星石"（Methuselah）进行探测。接着探测了薄层结构的拱顶石（Keystone），花费数日探测了"调帆索"（Jibsheet）露头，其中包括耗时 21 h 的穆斯堡尔谱积分①。接下来火星车到达了拉里（Larry）露头，对派洛斯（Paros）开展了细致研究，包括耗时 46 h 的穆斯堡尔谱积分。一些岩石中发现了钛铁矿，其是一种由熔岩凝固形成的含钛的氧化铁，与古谢夫撞击坑其他区域的成分不同。第 500 个火星日，勇气号对拉里露头的裸露岩层和土壤进行了检查。3 个火星日之后，它继续向赫斯本德山的山顶前进，并不断环视周边，寻找可行的斜坡，此时距目的地只有不到 200 m。在寻路过程中，勇气号对"桅杆石"（Backstay）岩石进行了分析，它是一块未变质的玄武岩，与古谢夫撞击坑的玄武岩类似。由于与预计的情况有显著差异，勇气号停下并拍摄了全景图像，帮助控制人员完成路线规划[321]。在两个火星日成功行驶了近 50 m 之后，在 2005 年 7 月 4 日的美国假期和接下来的一星期时间勇气号检查了层状岩石"独立石"（Independence）②。由于磨研工具的锯齿有磨损，火星车使用左前轮刮擦岩石的表面以获得更深的物质。第 532 个火星日，正当勇气号对"独立石"进行检查时，它记录到了尘旋穿过古谢夫撞击坑底部的过程，时间长达 9 min。由于夏季到来，该地区的尘旋风现象变得越来越普遍，它们的移动方向随着季节的改变而变化。其中最大一次尘旋估计有 100 m 宽、300 m 高，每秒能扬起 1 kg 的沙子。基于勇气号的观测，科学家们估计在古谢夫撞击坑内每日产生的尘旋数量可高达 90 000 个[322]！

　　到了 2005 年 7 月，两辆火星车传回的数据已超过 135 Gbit，绝大多数（97%）由轨道器传回，其中的 92% 通过火星奥德赛探测器传回，其他通过火星全球勘探者传回。使用火星快车进行中继传输的备用链路也进行了测试。与地球直接通信的链路通常只在每日火星车接收开始工作指令时使用。直接向地球传输数据会消耗大量电能，将导致火星车过

---

　　① 穆斯堡尔谱积分：1957 年 R. 穆斯堡尔在实验中发现固体中的某些放射性原子核有一定的概率能够无反冲地发射 γ 射线，γ 光子携带了全部的核跃迁能量。而处于基态的固体中的同种核对前者发射的 γ 射线也有一定的概率能够无反冲地共振吸收。这种原子核无反冲地发射或共振吸收 γ 射线的现象后来就称之为穆斯堡尔效应。——译者注

　　② 7 月 4 日是美国的独立日，岩石因此得名。——译者注

勇气号于第 532 个火星日拍摄的图像，显示出一个尘旋正在冲刷古谢夫撞击坑底部。尘旋是一个明亮圆柱，处于图中的地平线稍下位置中心处（图片来源：NASA/JPL/加州理工学院）

热。而且随着任务的进行，太阳帆板上积累了越来越多的灰尘，火星车可用功率也不足以支持直接向地球传回数据。然而随着尘旋清洁了太阳帆板，功耗也不是所预料的关键问题了。对火星车真正的威胁是热应力和机械磨损。不管怎么样，除了勇气号右前轮和几个微小的异常，两辆火星车是非常健康的[323]。

在花费两星期多的时间完成了对"独立石"的检查之后，勇气号继续向赫斯本德山的山顶进发。从第 551 个火星日开始，它依次检查了"笛卡儿"（Descartes）、"布尔乔亚"（Burgeoisie）、"豪斯曼"（Hausmann）和"议会"（Assemblée）区域。豪斯曼区域包含嵌入精细矩阵的厘米大小圆形卵石，显示出复杂的演化迹象。由于火星奥德赛只在晚间能与火星车通信，在大部分时间为了防止电量耗尽，勇气号只能隔天开展移动，尽管如此，它仍取得了很好的进展。在第 581 个火星日（2005 年 8 月 23 日）勇气号终于到达了山顶。这时它总的行驶里程已达到 4 810 m。100 m 高的赫斯本德山顶部是一块高原，偶尔有少数的露头，有一些岩石，还有一个小土墩。在随后日子里，勇气号完成了一幅 360°全景全色彩拼接图像，还将相机向下瞄准其顶部甲板拍摄了自拍照。透过雾霾可看见远处 80 km 处的古谢夫撞击坑的坑壁，还可以看见 15 km 之外的锡拉撞击坑（Thira）退化的边缘。近处，全景图像展示出许多位于赫斯本德山远侧南部盆地（South Basin）山谷中的未来可探测的科学目标。除了一些裸露岩床之外，还有一片神秘的又亮又圆的平坦区域，名为"本垒"（Home Plate）。第一次是在火星全球勘探者的图像中发现了这块区域，在图中是一个斑点，约 90 m 宽，凸出几米高。从赫斯本德山上看去，它呈现出广泛分层的迹象，可能是目前两辆火星车所遇到最大的层状裸露岩床，它因此成为一个高优先级的探测目标。"本垒"区域的周围较典型撞击坑古谢夫的坑深更浅，似乎经历了严重的侵蚀。经图像检查，该区域的坡面朝北且坡度合适，勇气号可以在冬季到来时在此处停留，如果它能在火星表面存活那么长的话[324]。以上这些探测活动都是在火星车静止时进行的，与此同时火星车还使用穆斯堡尔光谱仪分析了一块未受干扰的土壤斑块。

在之后的几个火星日，勇气号分析了位于欧文（Irvine，被认为是火山岩堤）和"绝岭"（Cliffhanger）的目标。在第 620 个火星日，勇气号抵达了赫斯本德山真正的顶点，距离古谢夫撞击坑底部 106 m。随后勇气号回到先前的位置并下山向南部盆地前进，途中在第 625 至 634 个火星日停下检查裸露岩层"希拉里石"（Hillary），它以首次登顶珠穆朗玛峰的埃德蒙·希拉里（Edmund Hillary）的名字命名。全景图像中的裸露岩层呈现出大量清晰的分层结构，但实际上机械臂上的仪器难以靠近岩层，因为火星车不得不停在一个尴尬的位置[325]。通过分析全景图像，团队确定了通过穿越脊线能够到达南部盆地的安全路线，不会使火星车倾斜超过 20°。这些脊线的非官方称谓为哈斯金上山脊（Haskin Upper Ridge）和哈斯金东山脊（Haskin East Ridge）。第 635 个火星日勇气号离开了"希拉里石"，行驶里程达到了 5 000 m，它向山谷前进，在裸露岩层"堪萨斯石"（Kansas）旁停下并检查了一块名为"红隼石"（Kestrel）的岩石。接下来它仍需进行相当长的穿越。比如，在第 655 个火星日它行驶了 94.5 m，既有上坡路也有下坡路，但只在斜坡上有轻微的滑动。几天后它在拉里台（Larry's Bench）停了下来，做了一些夜间观测。从 2005 年 8 月下旬开始，非常干净的太阳能电池板能够在白天产生足够多的电能，支持计算机、相机和加热器在晚上的工作。

事实上勇气号团队的许多成员都是职业或业余天文学家，因此勇气号决定尝试开展夜间天文观测。特别是，通过记录凌日①和日食的时间，获取火卫一和火卫二进入或离开行星阴影时刻，将有可能提升它们轨道参数精度。同时，通过观测一些周期已知的彗星轨道，可预计行星飞过的大致时间，如此时观察天空能够观测到陨石运动的轨迹，就能获得流星通量等新信息。在 8 月 30 日，团队对火卫一和火卫二的凌日现象进行了研究，后者

---

①　凌日即指太阳被一个小的暗星体遮挡。这种小的暗星体经常是太阳系行星。——译者注

赫斯本德山南部山谷的景象。在图中间可见平坦、圆形的"本垒"区域，勇气号将在那里度过余下的
大部分时光。在图右侧的山被命名为"冯·布劳恩山"（von Braun），山谷被命名为"戈达德谷"
（Goddard）。图左侧中部可见拉蒙山（Ramon Hill）的山顶（图片来源：NASA/JPL/加州理工学院）

比移动的恒星多一点。11 月和 12 月，火星车记录了两颗卫星的日食现象。当火星与哈雷
彗星和罗尼斯彗星（Comet LONEOS）交会时勇气号进行了夜间成像，获得了深空大流
星的通量数据，之前可用的数据仅是很小粒子的通量数据（由尤利西斯、伽利略和卡西尼
探测器的尘埃侦测仪获得）。总共拍摄了 353 张图像，涵盖了超过 2.5 h 的观测总时长，但
是没有看到流星。勇气号的相机记录了几个流星状条纹，但更可能是宇宙射线轰击勇气号
的 CCD 而产生的。现在回想起来，2004 年将当时的观测结果解释为流星或海盗 2 号轨道
器，其实更可能是宇宙射线轰击导致的[326]。12 月 16 日，相机对准了大麦哲伦星云，首
次在地球以外的星球表面拍摄了银河系以外的星系图像。在 12 月 29 日早晨，相机拍摄了
地球和木星从东地平线升起的照片[327]。

　　与此同时，2005 年 11 月 21 日，勇气号抵达火星表面满一火星年。接下来，它忙于检
查裸露岩层"塞米诺尔石"（Seminole），随后行驶到裸露岩层"阿尔贡金石"（Algonquin）
和"科曼切石"（Comanche）。通过显微镜观察，"科曼切石"有着粒状的表面结构。几年
后（团队终于有时间能分析穆斯堡尔光谱仪收集的科学数据）发现"科曼切石"含有的碳
酸镁铁浓度与火星陨石 ALH84001 中的碳酸盐颗粒成分非常吻合。碳酸盐占岩石体积的
25% 左右。这是对火星碳酸盐迟来的鉴定。此外，虽然不能排除火山成因，但在非酸性水

热环境中生成的碳酸盐光谱与探测数据能很好地吻合，这可能有利于诞生生命[328]。2005年年底，勇气号正在穿越"黄金国"（El Dorado）沙丘，它的车轮在沙子上压得足够深，可便于设备对车辙进行检测。沙子看起来是由圆形颗粒组成，与古谢夫撞击坑的土壤成分类似，镁含量稍高，硅、氯含量低，此时，勇气号行驶的距离已达到 5 829 m[329]。

"黄金国"沙丘的全景相机图片的拼接图（图片来源：NASA/JPL/加州理工学院）

　　2005 年的第一天，机遇号使用显微镜检查了防热罩的碎片。JPL 的工程师希望能近距离观察烧蚀材料究竟烧掉了多少，将有助于设计更轻的防热罩。最开始的计划是对防热罩材料进行刮擦，但意识到刮擦动作会产生非常细的粉末后便取消了这一计划。从显微镜图像可以看出烧焦的烧蚀材料以及破碎的支撑蜂窝。令工程师惊讶的是，一些用于在星际空间保护防热罩的塑料隔热毯仍然存在，原本这些隔热毯早在进入火星大气之初就应该烧蚀殆尽的。这些隔热毯碎片所产生的气动力矩可以解释下降过程中的姿态扰动记录[330]。火星车从不同的角度共检查了防热罩三次。当显微镜对防热罩进行检查的时候，α粒子光谱仪多次开展磁性物质的辨认，通过积分获取典型风尘的光谱，建立尘埃与行星明亮反照率特征之间的联系。发现的橄榄石意味着水没有参与空气尘埃的形成过程[331]。

　　对火星表面的探测器残骸开展的检查持续了两星期多，之后机遇号向北行驶了 10 m，朝一块 25 cm 大小、表面布满小坑的岩石前进，它与金属陨石惊人相似。通过桅杆上的热发射光谱仪和机械臂上的光谱仪确认这块岩石"热盾石"（Heat Shield）确实是一块陨石，还是一块铁镍合金的铁纹石。它非常古老，它在火星表面上留下的任何印记都已被风化了。这块陨石（与火星车后来找到的其他陨石一样）间接表明过去火星的大气稠密得多，原因是现在火星的大气稀薄，几乎不能使陨石减速，只会让其在撞击中破碎；或是陨石在几十亿年前坠落，然后被埋葬，再然后被挖掘出来。另外，陨石"热盾石"上的小坑与坠

一张显微镜近距离拍摄的机遇号防热罩图像，展示了烧焦的烧蚀材料（顶部）以及粉碎的铝蜂窝腔体
（图片来源：NASA/JPL/加州理工学院）

落在地球上的铁陨石状态相似，也是一个佐证。这些小坑的成因是陨石中含有的铁硫化物与水接触生成了硫酸，带走了一部分铁。这个过程在火星上发生，它就必须要有水的存在。

　　在"热盾石"旁短暂停留之后，机遇号于 1 月下旬向南部行驶，探查 1.5 km 之外的沃斯托克（Vostok），这是一块直径 60 m 的圆形地貌。火星全球勘探者的图像中，沃斯托克可能是撞击坑或某种下陷坑。途中火星车从 300 m 远的"阿尔戈"（Argo）开始，检查了一些小撞击坑。之后，它继续向南调查一片被侵蚀的地形。如果一切顺利，接下来机遇号将尝试穿越这片侵蚀地形并到达 800 m 远处的维多利亚撞击坑（Victoria crater），那里

"热盾石"是机遇号在子午线高原发现的众多金属陨石之一（图片来源：NASA/JPL/加州理工学院）

有多达 50 m 的暴露地层。这个 10 亿年前的撞击坑矗立在一块比坚忍撞击坑高 30 m 的高原上，它以费迪南·麦哲伦舰队唯一一艘完成环球航行的维多利亚号命名。然而，维多利亚在老鹰撞击坑和坚忍撞击坑的南部 6 km 远，即使地形平坦，火星车也需要走很久。好像是为了证明它的勇气，机遇号在前往阿尔戈的路上两次打破了单日行驶距离纪录；在第 360 个和第 362 个火星日分别行驶了 154.65 m 和 156.55 m。在第 365 个火星日它观察了岩石"奇异石"（Strange），接着去"波峰"（Ripple Crest）挖了一条沟，对一块铺满"浆果"一样物质的区域进行了详细研究。与此同时，软件升级使火星车具备了更强的移动能力，使得在接下来的几个火星日，它的移动距离突破了 3 000 m 大关。然后，火星车停下检查了一块名为"黄褐石"（Russet）的岩石和几个包括奈绰雷斯特（Naturaliste）在内的小撞击坑。第 399 个火星日，机遇号到达了沃斯托克的边缘，发现它是一个被尘土填满的撞击坑。机遇号分别对一块名为莱伊卡（Laika）的土壤和一块名为"加加林石"（Gagarin）的岩石进行了研究。在沃斯托克度过 6 个火星日之后，火星车继续向南前往 1 km 之外的两个撞击坑海盗撞击坑（Viking）和旅行者撞击坑（Voyager）。途中不断发布新的行驶记录，最终是第 410 天行驶的 220 m，目前也仍然是火星车的单日最长行驶记录。火星车于第 422 个和第 424 个火星日分别到达了两个撞击坑海盗撞击坑和旅行者撞击坑。每次在抵达目标之后它只是停下获取了全景图像，而后继续向南前往厄瑞玻斯撞击坑（the crater Erebus），位于着陆点南部约 4 km。

在 4 月上旬，机遇号进入了轨道探测器发现的被蚀刻的地形，那里沙的涟漪和间隔变得更大。沙的涟漪中存在的小撞击坑表明碎石粘在一起形成了硬壳，否则撞击坑早就由于风的作用而被沙子填满了。通过推测可知子午线高原的沙丘比其他地方更加静止是由于"蓝莓外壳"阻止了风对更细粉尘的移动。第 433 个火星日，机遇号在行驶 151 m 后进行转弯时，右前轮的转向器卡住了，这可能是由于它的齿轮卡住了。幸运的是，这个轮子仅略微向内倾斜，通过另外三个转向轮可以轻松完成补偿，只是降低了火星车的定位精度。这不是机遇号上唯一的硬件问题，此时热发射光谱仪已经常只能传回数据的片段[332]。而另一起即将发生的事故使向南行驶的进程中断了一个月。第 446 个火星日（4 月 25 日），机遇号距离厄瑞玻斯撞击坑约 400 m，位于蚀刻地形的边界，将要行驶 90 m，斜着跨过数十个里面高、间隔更宽的沙丘。火星车采用了向后行驶的策略，这是一种技术方式，能够保持车轮齿轮的良好润滑。火星车在一个高 30 cm，宽仅 2.5 m 的尘土飞扬的沙丘上行驶时，被困在了薄地壳下面像面粉一样细的物质中。按预定要求，车轮旋转了 40 m 的距离，之后机遇号调转车体改为向前行驶，但当它在完成剩余动作时，车轮仅能无效地转动，并下沉了 3/4 车轮，比之前陷得更深。当通过导航图像验证火星车前进方向时，机遇号才"得知"了这一问题。然后它停止了任何额外的动作，等待地球传来的指示。图像中显示了车轮的轨迹，车轮不断搅动越来越细的材料直到旋入了沙地中。避障相机的图像表明所有六个轮子都挖掘进入了被迅速命名为炼狱沙丘（Purgatory Dune）的沙堆里[333]。在采取任何行动之前，火星车团队在 JPL 的火星内场（Mars Yard）中进行了大量的测试，内场中铺满了 2 t 重的沙子。然而，最终可选的技术只是旋转车轮并试图退出沙地。第 463 个火星日，在对这项技术的早期测试中车轮旋转了 2 圈半，但火星车只移动了几厘米。不幸的是，地球不能完全模拟炼狱沙丘的特征，地球只需要一半的旋转就可以完成火星上同样的移动。最终在第 484 个火星日（6 月 4 日），在受困的第 38 天，机遇号重新恢复了良好的牵引力，终于成功脱困。车轮总共旋转了 177 m，但车只移动了 90 cm，在距离受困处 2 m 远的地方恢复了自由。

此时，机遇号再次面向前方，小心地进入炼狱沙丘，将它作为科学目标开展更详细的研究，同时确保将来可以识别和避免被这样的沙坑陷住。当时还不清楚究竟是什么阻止了机遇号前行，是细沙，还是沙丘的斜坡、高度？火星车团队创建了一个简单的算法并在下一个火星日上传到火星车上，使火星车能够判断它是否真的在前进。它比较两个前方相机拍摄到的车轮转动图像，图像内容如果发生了变化，表明火星车移动了；如果没有变化，

机遇号前部的避障相机拍摄的在炼狱沙丘的火星车车轮轨迹，此时车已被困，正在往回倒车
（图片来源：NASA/JPL/加州理工学院）

表明火星车没有任何移动进展。还有一些规则对火星车的倾斜、滚动和俯仰限制进行监视[334-335]。值得注意的是这段时间，热发射光谱仪似乎又能工作了。在炼狱沙丘花费了整个 6 月，机遇号通过拍摄周围的全景图像确定了一条往东的路，机遇号通过这条路将穿过非常小的沙丘涟漪之后到达广阔的低谷，于 7 月初恢复向南行驶前往厄瑞玻斯。途中它会沿着波纹槽行驶，通过图像确定从一个波谷跨过波峰到另一个波谷的行驶安全性。火星车花费了多天穿越在裸露岩床上的沙丘和涟漪，在那之后它如同上了高速公路一样沿着厄瑞玻斯公路快速行驶，路上仅有小的岩石和卵石。2005 年 8 月初，火星车在距撞击坑几十米处的一片卵石区域停下，对其中一些卵石进行了研磨和检查。它靠近裸露岩床"水果篮"（Fruit Basket）并对它进行检查，但仅工作几天，第 563 个火星日，火星车遭遇了软件重

启。重启后机遇号立即自动唤醒，但是由于飞控团队需要进行排故，火星车基本闲置了好几天。尤其是没有使用热发射光谱仪，因为怀疑它就是导致软件故障并重启的原因。

　　终于，在第 576 个火星日机遇号继续沿着厄瑞玻斯公路向下前进。第 590 个火星日的图像展示了厄瑞玻斯的内部。原计划是如果识别出撞击坑中存在有价值的目标，火星车就进入撞击坑。然而在第 596 个火星日，当火星车对沿途一些岩石进行研究时，计算机突然重启并进入了安全模式，错过了与火星奥德赛的通信窗口。它在两个火星日之内恢复，并沿着曲折的路线从西边逆时针在厄瑞玻斯的边缘行进。到 2005 年 10 月初，火星车已行驶超过了 6 000 m。在第 610 个火星日软件又遭遇了一次重启，但很快就恢复了。此时的软件是在炼狱沙丘之后更新的，当车轮滑动超过 40% 时就会选择另一条路。火星车继续沿着厄瑞玻斯边缘的沙漠地区行驶，直到第 628 个火星日，一场大尘旋风到达了子午线高原，大气透明度降低，导致火星车获得的太阳能功率下降，从而触发了自我保护机制，被迫进入了安全模式。机遇号花费了多日对厄瑞玻斯西北部边缘的裸露岩石进行了检查。然而在第 654 个火星日，在机械臂展开时肩关节电机无法转动了。火星车团队花费了两星期时间才诊断出是电机绕组断线导致的故障，并设计了一种故障解决方案。为了防止故障再次发生，团队决定在这之后将机遇号机械臂的肘关节向前方伸出而不是完全收起。在排故的这段时间，机遇号拍摄了彩色全景图并进行了大气观测。12 月 12 日，它在火星上度过了一整个火星年。到 2005 年年底机遇号总行驶里程超过了 6.5 km[336-337]。

　　2006 年新年伊始，勇气号结束了对"黄金国"沙丘的研究，缓慢向"本垒"地区移动，尽管此时车轮在沙土上的滑动过多，两个转向执行器的制动异常。路途中，它停下对阿拉德（Arad）进行了检查，在那里发现了粉状白色土壤，含有含铁硫酸盐和其他盐类。它的成分与帕索罗布斯的类似，为火星上远古水的存在又提供了一个线索。第 735 个火星日，诊断测试表明制动问题可以安全地被忽略。随后，勇气号遇到了一块奇怪的锯齿状岩石，用显微镜对它进行了详细的研究。尽管这块名为"共工石"（Gong Gong）的岩石看起来非常像子午线高原的"热盾石"，但它可能是一种富含气泡孔的熔岩被风尘侵蚀后形成的。在第 744 个火星日（2 月 5 日），在离开赫斯本德山 94 天后，勇气号到达了"本垒"地区的西北边缘。"本垒"地区是一叠厚厚的岩层，底部的单元名为巴西尔（Barnhill），由粗糙和精细的岩层交替组成，内部嵌入了毫米大小的鹅卵石；顶部的单元名为罗根（Rogan），它的粒度更细，在最顶层的 10cm 处分层变得模糊而无法辨识。"本垒"地区的上层表现出典型风沉积的复杂特性。尽管只有 3m 高，但"本垒"地区展示了迄今为止勇气号所见到的最广泛、最复杂和最壮观的岩层，致使科学家将其称为"古谢夫的燃烧崖（Burns Cliff）"。显微图像无法对颗粒的性质进行判断。下层圆形的颗粒可能是火山砾，并且其红外光谱数据暗示了火山玻璃的存在。

　　随后，勇气号在前往麦库尔山（McCool Hill）的路上匆匆分析了许多岩石，麦库尔山是一个面朝北的斜坡，勇气号可以在那里度过冬天。火星车在往这个小高原上爬的时候，利用 α 粒子光谱仪分析了岩层上部的 Posey 和 Cool Papa Bell。然后它沿着"本垒"地区的边缘以顺时针方向行驶，在一块名为 Fuzzy Smith 的小型不规则岩石旁停了下来，由于它太过松散而无法对它进行研磨。通过穆斯堡尔光谱仪分析发现，这块岩石具有独特的矿物学特征，可以表明原始的玄武岩卵石是从火山酸中浸出的。"本垒"地区似乎都是含碱量较高的玄武岩，与在古谢夫撞击坑其他地方发现的岩石区别不大，除了如氯和溴等微量元素更丰富些。除此之外，安装在桅杆上的热发射光谱仪还发现了硫酸盐的痕迹。它和穆斯堡尔光谱仪都检测到了橄榄石、辉石和磁铁矿。所有这些都暗示着"本垒"地区起源于火山。此外，化学分析结果表明可能存在一种热液爆炸机制。也许，"本垒"地区是富含碱的玄武岩岩浆与水、冰或潮湿沉积物接触而形成的。高地的较低层图像显示至少存在一处 4 cm 的玄武岩"凹陷"，形成时在那里应该有一个"炸弹"坠落并挤压了下面的熔岩灰烬。"本垒"地区本身是否是火山口已不得而知，但它一定非常接近一个火山口。附近的一个层状山丘有可能就是实际的火山口[338]。

勇气号在 2006 年 2 月拍摄到的"本垒"地区的拼接图像。仅有 2 m 高的墙壁呈现非常明显的层状结构，顶部的细颗粒和底部的粗颗粒的纹理存在明显不同（图片来源：NASA/JPL/加州理工学院）

到达"本垒"地区 30 天之后，勇气号开始离开这里了，它不得不等到春天才能开展详细的研究。它向东南方向移动，前往几百米远的麦库尔山。自 2004 年年中开始，它的右前轮执行器就一直间歇性地发生问题，到了第 779 个火星日（2006 年 3 月 13 日），右前轮彻底无法工作了。工程师对其进行了检查，发现火星车仍可以用五个轮子驱动。然而，这限制了勇气号每天的移动距离一般不能超过 10 m。接下来，它遇到了一片无法通行的沙地，挡在了通往麦库尔山的路上。火星车团队只得让勇气号掉头回"本垒"地区，寻找向北倾斜至少 16°的坡面，以便在整个冬季最大限度地晒到太阳能电池板。2006 年 4 月至11 月，勇气号停在了一座小山的旁边，它位于一片名为 McMurdo 的复杂地形内，因为此处与南极洲的景观很像，所以岩石、土壤等分析目标都以南极的科考站和探险家的名字命名。勇气号自着陆火星以来已经行驶了 6 876 m。在 McMurdo 它拍摄了最高分辨率的火星全景图像，由在 88 个火星日期间拍摄的大约 1 449 张图像组成。它还拍摄了土壤分析目标 Progress 和 Halley 的图像和光谱，这两处土壤都位于机械臂的范围内，一个被车轮干扰而另一个没有，同时还观察了大气层。这段时间它更像个着陆器。它描绘了位于"本垒"地区以东的狭窄地形密切尔垂岭，作为春季到来时可能的探测目标。密切尔垂岭和它附近的 Low Ridge 都是火山沉积物，其中包含被玄武岩覆盖的火山砾。在第 784 个火星日，火星车失效的车轮在一块被命名为 Tyrone 的地区刮擦出一片黄白色的材料，火星车获取了它的图像和光谱，科学家对这些数据特别感兴趣，因为它看起来像是一种水合盐。从停下的位置，勇气号还发现了两块看起来非常类似于机遇号所发现的 Heat Shield Rock 的巨石，被命名为 Zhang Shan 和 Alan Hills，很有可能也是陨石。

一个嵌入"本垒"地区下层的火山"炸弹"（图片来源：NASA/JPL/加州理工学院）

2006 年 8 月 8 日是南半球的冬至，勇气号在不到夏天 1/3 电能的支持下存活了下来。它每隔一天就要专门进行一次电池充电。电池加热器自动开启就意味着火星车内部的温度已降至−20 ℃以下。当勇气号静止等待冬天过去时，两辆火星车都收到了一个新版本的软件。软件更新一方面是为了开展 2009 年火星科学实验室的计划所准备的一些功能，包括图像识别、基于地图的风险识别系统、在没有地球指示情况下为仪器选择探测目标等。此外，它还会通过筛选天空图像以确定哪些图像显示的是云或尘暴，并给它们做上标记再传回地球。从 10 月 16 日到 11 月 10 日，火星发生合日现象时，地面与两辆火星车的通信都是间歇性的。尽管火星车没有收到命令，但它们也执行了一些预先编好的任务，平均每天收集了 15 Mbit 的数据。在 10 月 26 日，勇气号创造了 1 000 个火星日的工作记录[339]。

第 779 个火星日，勇气号右前轮的执行器不能工作了，火星车不得不拖着轮子行驶。这张图像拍摄于两天之后，图的右侧有轮子被拖拽的轨迹（图片来源：NASA/JPL/加州理工学院）

勇气号于第 1 010 个火星日（11 月 5 日）重新开始移动，进行了 33°的转弯并行驶了 0.71 m，以接近 200 多天前被车轮刮擦后露出的令人感兴趣的物质。12 月初，它再次开始了长距离的移动，前往附近一块名为 King George Island 的岩石。这块岩石有一些目前在火星上能见到的最圆的颗粒，其可能是由风或水的研磨生成的。这次探查为测试新软件提供了机会。之后，勇气号继续移动，前往一块名为 Esperanza 的裸露岩床，由于有失效的车轮它移动得非常缓慢。第 1 061 个火星日（12 月 27 日），古谢夫撞击坑突然被一场沙尘暴所吞没。为了能更好地将电池板朝向昏暗的太阳，勇气号暂停了科学活动并前往一处浅坡。在这场沙尘暴开始时，太阳能电池板的发电功率仅有 267 W，达到全周期低值。

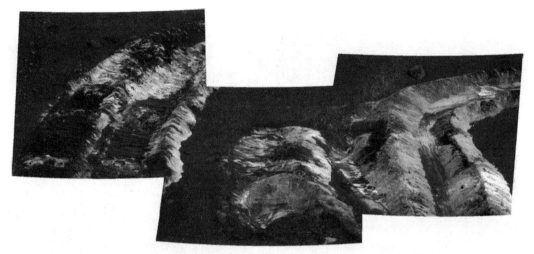

勇气号车轮在 Tyrone 所翻出的明亮物质（图片来源：NASA/JPL/加州理工学院）

2006 年年初，机遇号的机械臂恢复了工作，并对目标 Hunt 和 Ted 进行检查。然后，前往 Overgaard 岩石。这块岩石位于 Erebus 撞击坑边缘附近的 Olympia 岩层，是目前最好的厘米大小花彩样本，像是波浪拍在海滩上形成的岩石沉积涟漪。由于机械臂执行器出现了一系列故障，只能使用显微镜和其他仪器开展进一步研究，花费的时间比预期长[340]。

在离开奥林匹亚 30 多天后，机遇号绕着 Erebus 的西部边缘行驶到距离不到 100 m 的 Payson 岩床。与 Overgaard 类似，Payson 有一些保存完好的涟漪。最终在第 760 个火星日离开 Erebus，试图避开位于南方的大沙丘，朝东南方向前往维多利亚撞击坑。沿途对一段岩层和岩石进行了检查，包括 Brookville，Pecos River，Cheyenne 和 Pueblo。第 833 个火星日，在距离维多利亚不到 1 km 远的两个波峰之间的一安全的波谷处，机遇号受命进行 24 m 的移动，但在行驶了仅 1.5 m 后它滚进了另一块软沙丘。这一次，新的算法精确检测到了这种情况并在车轮完全埋入沙子之前使火星车及时停下。这次火星车的脱困相对容易，在第 841 个火星日它就重获了自由。这块沙丘以丹麦海湾 Jammerbugt 而命名，原因其一是这个海湾以有许多沉船而闻名，其二是为了纪念丹麦对 MER 项目的贡献。当火星车在 Vostok 南面行驶时，发现"蓝莓"的尺寸变小但数量增加了，同时形状也变得不规则。然而在接近维多利亚时，大的小球再次出现。蓝莓可能是从撞击坑中喷出的，但没有其他的喷射物，因为松软的材料会被风侵蚀，不可能留下。在缺少蓝莓的地方，沙子的涟漪变得明显，反之亦然。机遇号在到达喷射覆盖物的边缘后，绕过了 35 m 宽的 Beagle

撞击坑去检查了一些岩床。在完成对几块岩石的检查后，它于 2006 年 8 月初到达了 Beagle 撞击坑，使用了曾在第 200 个火星日首次使用的研磨工具，花费了几天时间停在撞击坑边缘，拍摄了全彩色全景图，图像中展现出撞击坑内部广泛的分层景象。两星期后，机遇号离开 Beagle 继续前往维多利亚。由于机械臂再次失效，它不得不停下来几天。之后它检查了距维多利亚边缘 50 m 的小撞击坑 Emma Dean。在 10 月到来的火星合日前不久，机遇号于第 951 个火星日（2006 年 9 月 27 日）到达了维多利亚撞击坑的边缘。自着陆火星以来，机遇号总行驶里程已达到 9 279 m。

Payson 的化石状浅水波纹和泥浆裂缝。这些特征表明岩石是由海滩的沉积物一层层形成的
（图片来源：NASA/JPL/加州理工学院）

与火星上空轨道器所拍摄的图像一样，维多利亚撞击坑有着复杂的锯齿状边缘，由交替的"海角"和"海湾"组成，这些边缘以费迪南·麦哲伦在第一次环球航行时发现的海

角和海湾名字命名。距离机遇号最近的海角被命名为佛得角，它为拍摄维多利亚的全景提
供了一个非常好的观景点。这个撞击坑宽约 750 m，深约 75 m，沿着边缘有着陡峭、近乎
垂直的海角，将圆滑和轻微倾斜的海湾分隔开来。海角处暴露出数十米的地层记录。靠近
暴露出的底部位置有完整的岩床，岩床上面有受冲击振动而被破坏的岩石。在撞击坑最底
部是一片沙丘。坑壁似乎由于风的侵蚀而变宽。事实上，原始撞击坑宽度估计不超过
600 m[341]。在火星车南边清晰可见 15 m 高的 Cabo Frio 海角，以及一个靠近坑边缘的小
撞击坑，它被命名为 Sputnik（苏联发射的人类第一颗人造卫星）。

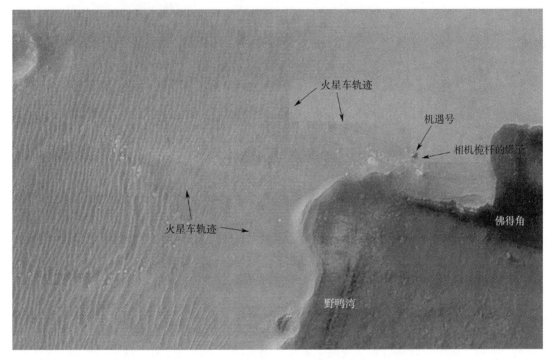

2006 年 10 月 3 日由火星勘测轨道器拍摄到的高分辨率图像，图中能看到 5 天前到达维多利亚
撞击坑边缘的机遇号（图片来源：NASA/JPL/亚利桑那大学）

10 月 3 日，当机遇号开展处理撞击坑的全景拍摄工作时，火星勘测轨道器刚好以距地
面 297 km 的轨道高度飞过撞击坑上方，对火星车及其车轮轨迹进行了成像，相片的清晰
度令人惊叹。通过火星车拍摄的全景图、遥感图像和由它们衍生的三维模型的结合，控制
人员能够更好地操作火星车。科学家们希望机遇号能进入维多利亚撞击坑，就像在坚忍撞
击坑时一样。火星车团队决定让机遇号去调查撞击坑北部边缘外貌特征有特点的地方，同
时寻找合适的进入路线。即使找不到离开撞击坑的路线，火星车团队仍希望机遇号能进入
撞击坑，因为这样大规模的暴露岩体能为燃烧崖提供很多背景信息，这是一次不容错失的
好机会[342-343]。但首先机遇号不得不停下以等待火星合日。因此它在佛得角停止移动，使
用穆斯堡尔光谱仪收集目标的数据。

在第 992 个火星日重新建立通信联系后，机遇号开始沿撞击坑北部边缘顺时针方向移
动，前往圣玛丽角（Cape St. Mary），在那里可以拍摄到佛得角东北面的悬崖。在途中，

机遇号从野鸭湾拍摄的佛得角的拼接图像。这个分层状的海角是 2007 年机遇号进入维多利亚
撞击坑分析的目标（图片来源：NASA/JPL/加州理工学院）

火星车每 10 m 左右对目的地拍摄一次立体图像，以完成该部分撞击坑的三维重建。佛得
角的图像清晰地显示出岩床和岩石之间的界限被撞击所破坏。相比之下，圣玛丽角显示出
"石化"沙丘的分层。11 月 16 日，机遇号迎来了在火星表面的第 1 000 天。在圣玛丽角完
成拍摄后，火星车驶向下一处名为"无底湾"（Bottomless Bay）的海湾，这里被认为是一
个很好的进入撞击坑的地方。在节假日期间，火星车检查了"里约热内卢岩石"（the
Rock Rio de Janeiro），然后到年底时它正在穿过名为"阿诺尼莫角"（Cabo Anonimo）的
海角，前往名为"圣卡塔琳娜"（Santa Catarina）的岩石。

　　2007 年年初，勇气号一直因沙尘暴而电力短缺，但它始终都在通过测量大气透明度
来检测风暴。在度过登陆火星三周年（地球年）的纪念日后，它终于能够驶向名为"巨怪
石"（Troll）的层状裸露岩床。所有可用的仪器都用来分析"巨怪石"的三层状结构，分
别是靠近底部的"蒙塔尔瓦"（Montalva）、中间的"里克尔梅"（Riquelme）和最上面的
祖克海尔（Zucchelli）。火星车停在此处期间多次记录了火卫一的日食，还试图在黎明前
的阳光下拍摄明亮的麦克诺特彗星（comet McNaught），然而事实证明这不可能。接下来
勇气号在蒂隆（Tyrone）分析了因车轮刮擦而露出的明亮地形。热发射光谱仪发现此处似
乎含有水合硫酸铁的沉积物。然而，为了避免发生陷入软土的风险，团队并没有让只有五
轮可驱动的勇气号直接前往目标。随着 2 月初当地春季的到来，勇气号得以继续探测约
50m 远的"本垒"地区。计划从远处对"本垒"地区进行初步评估，然后沿着狭窄的"山
谷"向东行驶，研究"本垒"地区与密切尔垂岭（Mitcheltree Ridge）的关系，特别是确
定它们是否属同一特征物质。山谷的底部有几个与周围环境颜色不同的平坦裸露岩床，其

可能是灰烬沉积物。由于这种特征很快就得到了解释，这个地方获得了"硅谷"（Silicon Valley）的绰号。途中，火星车在裸露岩床"别林斯高晋"（Bellingshausen）停下。3 月期间，勇气号对密切尔垂岭的一些岩石开展了研究，这些样品目标以美国作家埃德加·赖斯·巴勒斯所著的纸浆小说（Barsoom）[①] 中的地名命名。勇气号用机械臂上的光谱仪对目标"塔古斯石"（Torquas）进行了研磨和分析，用 α 粒子光谱仪对目标约翰撞击坑（John Carter）进行了分析。它对"乔治国王石"（King George）、"巨怪石"和"塔古斯石"的分析表明有高比例的钾元素，并且它用显微镜发现了玄武岩小球。当科学家们正忙于对密切尔垂岭进行探测时，火星车的控制人员找到了从东南方向进入"本垒"地区的路。然而勇气号首先在密切尔垂岭南部边缘坑洼不平的裸露岩床"玛德琳·英格利希"（Madeline English）停了下来。

从佛得角看到的圣玛丽角墙壁的惊人细节。圣玛丽角展示了一个古老的化石沙丘层理结构
（图片来源：NASA/JPL/加州理工学院）

由于右前轮失效，勇气号每次最多只能行驶几米。但也是因祸得福，火星车拖着卡住的轮子正好刮出了几厘米深的沟槽，翻出了浅层灰尘下面的物质。在第 1 148 个火星日（3 月 27 日）车轮翻出了浅色的土壤。勇气号将热发射光谱仪直接对准沟槽，测出了非常明显的二氧化硅光谱，因此科学家们要求火星车驶回沟槽并使用安装在机械臂上的光谱仪再次进行分析。在能够开始详细调查这片称为"格特鲁德·韦斯"（Gertrude Weise）的土

---

① "纸浆小说"如今几乎成了一个专业术语，常常被误用来指那些质量粗劣的文学作品。在多数情况下，这种用法或许是准确的，但"纸浆小说"并非是用于形容文学作品的质量高低，而是源自"纸浆用木材"这个词。这些木材制造出的纸浆，变成印刷大众杂志的廉价用纸。而这类大众杂志，主要刊登推理、西部和冒险题材的小说，针对的是年轻或者阅历浅薄的读者。Barsoom，小说《火星公主》中虚构的有人居住的火星。——译者注

壤之前，勇气号驶向了由浅色岩石碎片组成的裸露岩床"伊丽莎白·马洪"（Elizabeth Mahon）和裸露岩床"玛德琳·英格利希"。这片区域的分析目标都是以全美女子职业棒球联盟的球员和球队命名的。对这两处岩床分析的有趣之处在于，热发射光谱仪发现灰尘和污垢下可能存在二氧化硅。因为卡住的车轮增加了许多机动操作，所以花费了许多天，最终在第 1 166 个火星日火星车才到达"玛德琳·英格利希"。事实上，这两处岩床都富含二氧化硅，其中"伊丽莎白·马洪"中的含量高达 72％。在前往"格特鲁德·韦斯"的途中，勇气号停下来并检查了名为"好题石"（Good Question）的多节岩石。到第 1 187 个火星日，它终于到达"格特鲁德·韦斯"开展分析，先是将穆斯堡尔光谱仪，而后是 α 粒子光谱仪放置在"格特鲁德·韦斯"中的基诺沙彗星（Kenosha Comets）上。数据积累花费了数天许多个小时，结果表明这种明亮的材料由几乎纯的细粒水合二氧化硅组成。

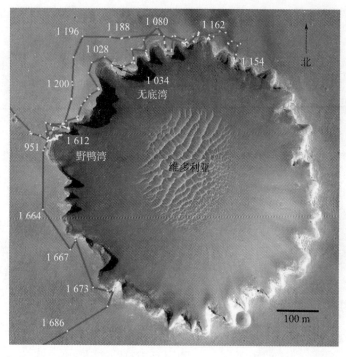

机遇号 2006 年和 2007 年在维多利亚撞击坑探测的行驶轨迹，由火星轨道勘测者的高分辨率撞击坑图像叠加获得（图片来源：NASA/JPL/亚利桑那大学）

科学家随后决定调查位于"本垒"地区与密切尔垂岭之间的"硅谷"中的一些目标。尘旋风再次帮助清除了太阳能电池板上的灰尘，电能得到了恢复。勇气号在继续对几米外"本垒"地区的地层开展研究的同时，还研究了裸露岩床"贝蒂·瓦格纳"（Betty Wagoner）、"伊丽莎白·埃莫里"（Elizabeth Emery）和"南希·沃伦"（Nancy Warren）。为了打碎松散的碎片，它甚至还去试图"踩"岩床，但事实上没有完成。一块被无意中压碎的小石头被命名为"无辜的旁观者"（Innocent Bystander）。火星车对新暴露的碎片表面进行了分析，发现其富含二氧化硅，证明二氧化硅在岩石内至少有几厘米的深度。广泛的二氧化硅沉积物的存在与火山活动密切相关，表明"本垒"地区很可能是在水热条件下通过酸浸

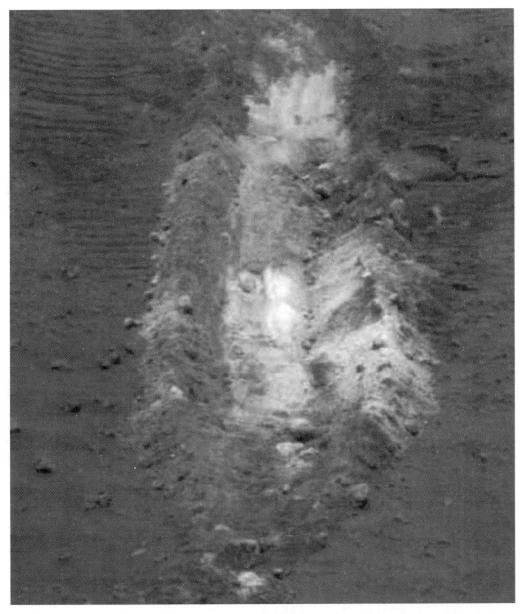

勇气号卡住的车轮在格特鲁德·韦斯翻出的明亮的、富含水合二氧化硅的地面
（图片来源：NASA/JPL/加州理工学院）

出的玄武岩材料形成的。钛的存在间接表明了由二氧化硅形成的水的酸性：它必须具有相对低的 pH 值。当然，这一发现令人特别感兴趣的是，地球上可在诸如喷气孔和温泉中的水热条件下形成有利于微生物生存的环境。事实上在地球上，二氧化硅的存在意味着生命宜居的环境，它甚至可以保留化石和生物化学的痕迹[344]。

6 月底，爆发了一场大规模的沙尘暴，并形成了几个局部汹涌的环流，有的极其强劲。结果，大气的不透明度增加，导致机遇号太阳能发电的可用功率下降，随后勇气号的也下降了。沙尘暴一直持续到 8 月底。在最糟糕的时候只有 1% 的阳光照射到地面。不仅光线减少了，两个火星车的太阳能电池板上也积聚了灰尘。白天温度骤降了 20 ℃，夜间温度下降得更多[345]。要想存活下来，火星车至少需要太阳能电池板提供 60 W 和 128 W 的可用功率。这场沙尘暴也影响了一个欧洲轨道器和两个美国轨道器的科学产出。第 1 294 个火星日（8 月 24 日），勇气号在火星表面的工作寿命超过了海盗 2 号。8 月底，沙尘暴终于开始消散。对于勇气号来说，沙尘暴之后遇到的唯一问题是相机镜头上的灰尘。由于灰尘已经清除了火星车的大部分轨迹，沙尘暴减退后的首批任务之一"格特鲁德·韦斯"重新挖沟。通过刮掉最近沉积的灰尘，露出之前热辐射光谱仪曾检测到的纯二氧化硅，这样就可以判断光学器件被沙尘暴灰尘的覆盖程度，以便在未来的测量值中将该信号扣除。

在离开"本垒"高原整整 18 个月后，勇气号再次驶向这里。第 1 306 个火星日时，它正向上驶往一个位于圆形高原基本正东的斜坡。人们计划在接下来的几个月里，让火星车沿着高原的边缘近似顺时针的方向行驶，同时进行原位勘察，并寻找适合在第 3 个火星冬季期间停泊的位置。在第 1 321 个火星日，勇气号前往"本垒"高原南端的板状岩石表面，用 5 个轮子实现了最长距离的疾驰。该岩石被命名为"得州辣椒石"（Texas Chili），勇气号停在这里几个火星日，开展了深入的分析。接下来，它驶向不远处的一片巨石区域，其岩石与赫斯本德山上发现的岩石的光谱具有一定的相似性。在勘测这些分别以科罗拉多州的山峰命名的岩石时，火星车实现了在火星表面工作两个火星年的里程碑。在打磨"洪堡峰"（Humboldt Peak）岩石时，研磨工具出现了一些故障，反过来又降低了机械臂上安装仪器的有效性。在第 1 363 个火星日，当勇气号到达"本垒"高原 9 点钟方位时，它创造了 5 轮行驶的新纪录，并且在那里勘察了目标岩石"胡桃派"（Pecan Pie）。然后，当勇气号驶向高原北侧时，它的拖曳轮挂到了一块岩石，导致火星车发生转向并进入一个名为塔尔塔洛斯（Tartarus，意为地狱）的小撞击坑，由于坑内布满了细细的尘埃，是"危险地带"。从第 1 380 到第 1 387 火星日，勇气号试图挣脱这里，然而讽刺的是它竟然是利用拖曳轮的拖拽得以脱身。到 12 月中旬，它安全地停在"本垒"高原北侧 20°的斜坡上，准备过冬。

2007 年年初，机遇号仍停留在维多利亚撞击坑边缘的一处"阿诺尼莫角"。在这年的第一天，机遇号对"圣卡塔琳娜"岩石进行了分析，它宽约 14 cm，是十几颗具有相似光谱特性的明亮的岩石中最大的一块。对于子午线高原来说，富含陨硫铁（一种硫化铁）的岩石是非常不常见的，但这种岩石与铁镍陨石是一致的。该类型的陨石相对较少，事实上维多利亚撞击坑的圣卡塔琳娜岩石和坚忍撞击坑的"热盾石"在相距几千米的范围内被发现，表明它们都是同一次"陨落"的一部分。然后，机遇号前往辛劳湾（Bay of Toil）和愿望角（Cape Desire），这是维多利亚撞击坑北部边缘下一个湾/岬。它在 2 月初到达了愿望角，然后移动到了东部的布兰卡港（Bahia Blanca）和科林特斯角（Cabo Corrientes）。在第 1 080 个火星日，在愿望角、布兰卡港和科林特斯角之间行驶了 50 m，总里程表突破了 10 km。接下来，在前往无隘谷（Valley Without Peril）之前，机遇号花了一星期的时间在好望角（Cape of Good Hope）的边缘。在途中，它拍摄了详细的三维全景图以评估撞击坑的入口点。像圣玛丽角一样，圣文森特角（Cape St. Vincent）也包含了广阔的古代沙丘分层。除了使用热辐射光谱仪从远距离研究目标，并使用显微镜观察一些岩石之外，火星车在无隙谷附近对在轨图像中能看到的显著暗线进行了一系列光谱分析，这些暗线似乎源于撞击坑边缘。然后，机遇号移动到维多利亚撞击坑边缘的下一个岬——火地岛（Tierra del Fuego），并采用了立体图像回望了圣文森特角。此时，火星车已在维多利亚撞击坑沿顺时针方向行驶约 90°，很明显只有几个坡度小于 25°的进入撞击坑的点。最有希望的是野鸭湾（Duck Bay），它靠近机遇号最初接近撞击坑的地方，即佛得角（Cape Verde）和弗里奥角（Cabo Frio）之间。因此人们决定让机遇号重返野鸭湾。与此同时，在第 1 157 个火星日（2007 年 4 月 26 日），机遇号超过了月球车 1 号（Lunokhod 1）在月球上行驶的距离。第 1 160 个火星日，机遇号开始驱车返回野鸭湾，并且采取了一条保持远离撞击坑边缘的路线，绕行好望角除外。它在好望角对一个名为"万岁鼠石"（Viva La Rata）的目标岩石启用了长期未使用的研磨机，准备用 α 粒子光谱仪进行分析。火星车还勘察了"塞尔塞迪利亚石"（Cercedilla），这块岩石大小有数十厘米，位于好望角附近，那里有大片的"蓝莓"。研磨后，利用显微镜和 α 粒子光谱仪进行了检查。人们发现它与坚忍撞击坑最深部分的岩石具有相似的化学性质，这意味着它是维多利亚撞击坑的被撞击出的物质。在驱车返回野鸭湾期间，科研人员也利用这次机会测试了一些新的行驶算法和技术。拍摄了研磨机钻头的图像以估计其剩余的切割能力。

第 1 215 个火星日，机遇号回到野鸭湾，并计划于 7 月 9 日进入撞击坑。首个目标是一个厚度为 1 m 的发白岩石层，它横穿"像浴缸圈"的撞击坑壁。岩石层距离撞击坑边缘 12 m，似乎代表了撞击时的表面。对这种物质的分析将有望揭示撞击时的火星表面和大气状况。除非有不可抗拒的原因，否则人们的想法是尽可能驱车直行前往那里，而不要绕路或停下来开展其他勘察。然而，就像位于火星另一边的勇气号一样，机遇号也遭受了那个夏天沙尘暴的袭击。在沙尘暴过后的 7 月中下旬，火星车最开始似乎能尝试下坡。虽然每个火星日灰尘量的变化很大且不可预测，但太阳电池的功率输出慢慢趋于稳定。尽管沙尘暴偶尔有减弱的迹象，但还是遮挡着太阳。7 月下旬，供电余量开始增加，到了 7 月 23 日，电池的充电量几乎达到了最大容量[346-348]。直到 9 月，再次恢复了有利于行驶的条件。但科研人员首先检查仪器是否可能被灰尘污染，并对其重新校准。通过摇动机械臂，显微镜的盖子可以被开合，以清除其光学器件上的灰尘。显微镜随后拍摄了热辐射光谱仪镜头的图像，显示光谱仪已经被灰尘严重污染。

在第 1 291 个火星日（9 月 11 日）机遇号终于完成了准备，进行了一次"浸脚趾"测试，用于评估在野鸭湾斜坡上车轮的滑移。两个火星日以后，火星车驶向撞击坑的斯坦诺（Steno）区域，斯坦诺是坑壁上可见的 3 个"浴缸圈"层的最上层。下两层分别是史密斯（Smith）区域和莱尔（Lyell）区域。机遇号在陡峭的斜坡上慢慢行驶，在第 1 305 个火星日到达斯坦诺，小心地放下了它的机械臂，打磨岩石获得光谱，并在接下来的几个火星日采集了其他数据。在移动机械臂及其携带的设备时，研制团队竭尽所能使倾斜的火星车保

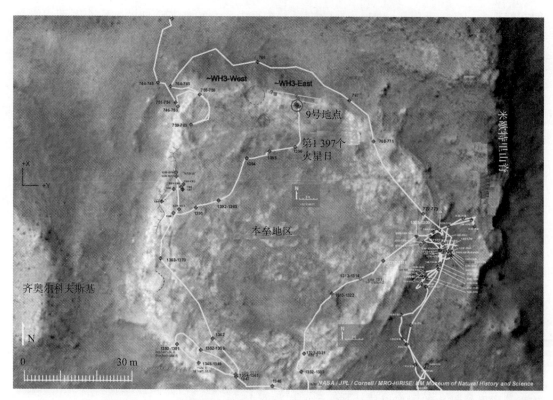

截至 2007 年年底，叠加在火星勘测轨道器高分辨率图像上的勇气号探索"本垒"地区的迂回路线图
（图片来源：NASA/JPL/亚利桑那大学）

持平衡。他们还必须应对一个出现故障的机械臂肩关节电机。花费两个多星期的时间在斯坦诺的第一个位置完成考察后，火星车移动到第二个位置。进入维多利亚坑满一个月后，机遇号到达史密斯。但在研究史密斯之前，工程师们必须解决损失了两个控制马达的编码器后如何操作刷子和岩石研磨器的问题。人们发现，只要监测电机消耗的电流就可以判断出钻头是否与岩石接触。在这次探访维多利亚坑期间，进行的另一项工程活动是为将于 2008 年 5 月抵达火星的凤凰号着陆器所设计的多个中继"星座"的测试。为了进行这项测试，主中继星（火星奥德赛）和二级中继星（火星快车和火星勘测轨道器）的轨道已经同步通过维多利亚坑的上方。在研究有故障的钻头和机械臂方位关节时，火星车抬头观察佛得角的岬，拍摄了全景图，并对卡波弗里奥和其他岬成像。在 12 月中旬，机遇号全力对史密斯中的目标进行了分析，并且行驶了 7 m 左右，到达最底层的莱尔。到年底，火星车仍然在那里收集光谱[349]。

对于勇气号来说，度过 2008 年的秋天和冬天非常艰难：太阳能电池板的发电量只有 225 W，仅为任务开始时的 1/3；发生了一系列轻微的事故；需要保存可用的热量。为了节省电能，数据先存储在火星车上，直到内存几乎装满，才一次上传到火星奥德赛。在这期间，火星车只移动了几米，朝北倾斜 30°，到达一个更好的冬季停泊位置。但它拍摄了几张全景照片，特别是塔斯基吉坑（Tuskegee）和博尼斯迪尔坑

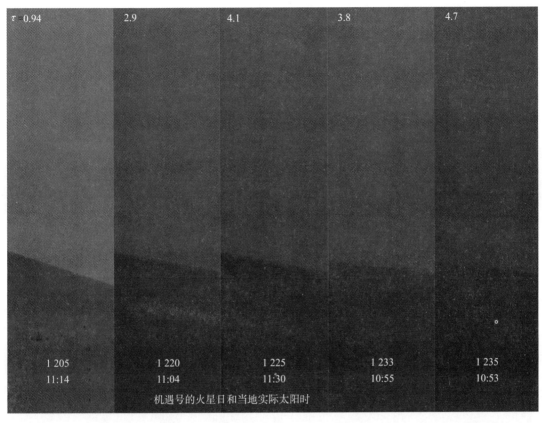

在 2007 年中期的沙尘暴期间，机遇号拍摄的一系列图像。系数 "τ" 是大气不透明度的度量

（图片来源：NASA/JPL/加州理工学院）

（Bonestell），其中塔斯基吉坑以塔斯基吉的飞行员们（Tuskegee airmen）命名，他们是第二次世界大战期间完全由黑人组成的空军中队；博尼斯迪尔坑以 20 世纪 50 年代创作了诸多经典的 "太空绘画作品" 的切斯利·博尼斯迪尔（Chesley Bonestell）命名。火星车获得了 "沙努特"（Chanute）和 "温德尔·普瑞特"（Wendell Pruitt）岩石的长积分时间光谱，以及 "亚瑟·C. 哈蒙"（Arthur C. Harmon）土壤的斑块。随后，机械臂被置于冬眠位置。如果机械臂关节运动机构在冬季失效，那么它在这个位置上也不会阻碍火星车的后续运动。3 月 22 日是火星车工作达到 1 500 个火星日的里程碑。在 6 月 25 日冬至之前，它发生了一次奇怪的事故，使其进入了几天的安全模式。在第 1 547 个火星日，因为月球穿过地球和火星之间的视线阻挡了数据传输，它没有接收到从地球发送的指令。直到 10 月份飞行控制操作慢慢增加，情况才开始好转。特别是，α 粒子光谱仪监测到大气中氩气的季节性变化。在驶向 "本垒" 高原以南一个小而陡峭的 "冯·布劳恩"（von Braun）平顶山之前，以及驶向麦库尔山侧翼命名为 "罗伯特·戈达德"（Robert Goddard）的 "碗" 之前，火星车将不得不在 12 月经过另一个合日。科学家希望在 "冯·布劳恩" 和 "罗伯特·戈达德" 附近发现更多的水和火山活动的证据，后者类似于一个火山爆发的凹坑。

"本垒"高原以南的"冯·布劳恩"平顶山原本是勇气号的下一个目标，但其未能设法抵达
（图片来源：NASA/JPL/加州理工学院）

  国会预算的削减以及 NASA 的任务优先级向载人飞行转移，使得火星车的额外经费遭到质疑。NASA 局长决定，尽管许多项目超支，但科学规划的预算必须维持平稳，以支付为开发航天飞机继任者投入的先期工作。为了弥补火星科学实验室 2009 年的火星车超支 2 亿美元的一小部分，削减了火星探测巡视器预算 400 万美元时，JPL 表示这意味着勇气号或机遇号任务的终止。此事引起了公众和国会的愤怒，导致 NASA 的科学任务局局长艾伦·斯特恩（Alan Stern）在职仅一年后辞职[350-351]。

  在第 1 709 个火星日（10 月 23 日），勇气号恢复行驶，缓慢上坡回到"本垒"高原。然后，就在研制团队为合日做准备的时候，另一个局部沙尘暴席卷了整个区域，大气层变得很不透明以至于第 1 725 个火星日的发电量降至 89 W 的新低。勇气号的所有活动都已暂停。为了增加存活的机会，一些加热器被关闭，包括热辐射光谱仪的加热器。在沙尘暴和合日过去之后，火星车恢复同地面的通信，人们发现尽管其太阳能电池板上积聚了更多的灰尘，但勇气号的状态非常好。科学家们曾希望继续探索"本垒"南部边缘的巨石场，但由于驶上"本垒"高原存在困难，决定行驶下山并绕过"本垒"东侧，以抵达"戈达德"和"冯·布劳恩"，这就是勇气号在这一年的结局[352]。

  在 2008 年年初，机遇号仍在勘察维多利亚撞击坑壁上三个"浴缸环"中最低的一层——莱尔。三层的组成被证明相似，但是具有不同的纹理和粒度。顶层是斯坦诺，为细小至中等大小粒度，并且细微地覆盖着丰富的"蓝莓"。中间层是史密斯，更加平滑，层次更分明，轻微褪色。底层是莱尔，颜色较深，很可能是因为它含有几乎全黑的玄武岩沙[353]。三层中的硫化物意味着水必定具有非常高的盐度；高于任何已知的陆地微生物能够承受的水平。在火星着陆四周年完成对莱尔的研究之后，火星车继续向维多利亚坑深处行驶。首先进入"巴克兰"（Buckland）岩石露头，然后在 2 月下旬到达名为"吉尔伯特"（Gilbert）的另一层，这是野鸭湾最低的可见位置。在显微镜中，吉尔伯特类似于莱尔，但没有分层。然而，穆斯堡尔分析表明，赤铁矿的铁含量比任何已测量的火星岩石都要丰富。维多利亚坑最底层的矿物因此似乎在酸性较低的条件下形成。火星快车轨道器的探测数据显示，由于火山喷发将硫带入大气层，水可能变得酸性更强。如果这个星球上曾有生命存在，那么水的酸度越来越高，很可能会把它杀死。

　　3 月下旬，机遇号开始向佛得角的岬驶去，它位于大约 30 m 外的沙地区域上。在刚刚经过 1 500 个火星日的里程碑之后，机遇号机械臂的肩关节执行机构发生故障。为了减小这个关节的应力，同时也为相机提供一个清晰的视场和足够的离地间隙，科研人员为机械臂设计了一个新的"收拢"位置，而其大部分时间都处于展开位置。在解决这个问题的同时，火星车花费了一些时间拍摄全景图，并研究了它刮擦过的鹅卵石和壕沟。经过 45 个火星日的排除故障之后，第 1 547 个火星日恢复行驶。但是，去佛得角的路线需要火星车驶过易于使轮子下陷的软地面。最后，在第 1 557 个火星日，它再次使所有轮子位于一个岩架上。人们寻找能够到达佛得角的其他路线，这条路线的选择必须要小心谨慎，不仅要避开软土地面，也要避免太阳能电池板在相当长的时间里处于岬的阴影。在 7 月初，火星车开始上坡，驶向名为"内华达石"（Nevada）的平坦岩石，它将使用之字形路线穿过沙地到达那里。但它没能实现这个目标，因为左前轮的电机在第 1 600 个火星日发生了故障，工程师推断，如果机遇号的轮子如同勇气号那样卡住了，那么它可能会困在维多利亚坑内。人们决定退出撞击坑。在第 1 634 个火星日（8 月 28 日），经过对沙地和陡峭地形的权衡之后，火星车从维多利亚坑爬出，结束了在里面度过的 340 个火星日。

　　研制团队决定尝试一次了不起的远足，在整个火星年期间行驶 12 km，这个过程将使机遇号的里程计增加一倍以上。它的目标是位于东南方向、直径 22 km 的奋进撞击坑（Endeavour），其深度达 300 m，有很多的分层结构，将会使梅里迪亚尼平原的历史更加丰富。正如火星勘测轨道器的高分辨率相机所拍到的那样，机遇号将到达奋进撞击坑的西北边缘，那里的断层有几米厚的分层。这片地区的红外光谱表明，火星车可能会发现由橄榄石与水相互作用产生的含铁和镁的蒙脱石黏土块。与硫酸盐不同，黏土在较弱的酸性条件下形成，可能更有利于生命的发展[354]。可能热辐射光谱仪特别适用于识别黏土，但在 2007 年沙尘暴期间它被粘附在镜头上的灰尘遮住了，一直无法使用。第 1 659 个火星日，机遇号开始出发，行驶了 10 m。在途中，它观察了维多利亚坑西侧的胜利角（Cape Victory）、支柱角（Cape Pillar）和阿古拉斯角（Cape Agulhas）以及其边缘的小撞击坑"史波尼克"（Sputnik）。丰富的太阳能和平坦的地形使它从维多利亚坑迅速离开。在第

1 691 个火星日，它单日行驶了 216 m，这是其第二长的远距离行驶[355]。在由于合日导致退出行驶之前，它只停下来一次，勘察了一个名叫"圣托里尼"（Santorini）的鹅卵石。从 11 月 30 日到 12 月 13 日期间，通信中断了一次，然后火星车完成了对圣托里尼的勘察后，前往克里特（Crete）岩石露头。

2009 年，勇气号终于从第 1 782 个火星日（1 月 6 日）开始向下行驶，永远地离开"本垒"高原。在向南前往"本垒"高原东侧的"戈达德"和"冯·布劳恩"之前，用了几个火星日结束其科学观测。然而，在第 1 800 个火星日，就在勇气号工作时间超出任务计划的 20 倍时，它无法移动了，不能将火星日的活动记录在非易失性存储器中，并且难以定位太阳。尽管随后勇气号恢复了行驶，但是几个火星日的诊断未能揭示故障的根源。此后不久，规划的道路被松散的土壤阻挡，研制人员指引勇气号采用了向东绕过"本垒"的另一条路线。勇气号试图在高原东北角上坡以避开障碍物，而在两星期时间内仅前进了 15 m。研制团队无奈地决定将路线从顺时针转换为更长的逆时针，沿着未勘察过的西侧行驶。在第 1 861 个和 1 866 个火星日之间，勇气号停下来了，分析新近发现的二氧化硅沉积物。同时，在第 1 856 个火星日，它行驶了 25.82 m，超过了用五个轮行进的纪录。3 月份的一次区域性沙尘暴使得天空更加昏暗，但火星勘测轨道器的彩色相机的天气报告使火星车的规划者能够更好地预测大气不透明度，并更好地规划每日的路线。2009 年 4 月，勇气号又发生了 1 月份遇到过的故障，导致计算机重启几次，原因不明。故障排除之后，研制团队命令火星车继续行驶。

勇气号到达一个名为特洛伊（Troy）的地区时，车轮压破了被一层细滑沙子掩盖的薄壳，导致它每个火星日只能运行几厘米。幸亏有沙尘暴将太阳能电池板进行了清洁，勇气号多年来第一次获得了比机遇号更多的电量。在第 1 899 个火星日（5 月 6 日），左中轮发动机停止运转，轮子被细沙埋至轮毂，勇气号停了下来。在研制团队研究逃离这个区域的方法期间，火星车从特洛伊地区拍摄了"本垒"高原的全景图。在移动勇气号之前，JPL通过在"沙箱"中重现场景对脱离计划进行了试验，就像 2005 年机遇号陷入"炼狱沙丘"时那样。但是勇气号只能依靠仅有的五个可工作的车轮。为了进一步评估周围环境，机械臂调整显微镜的位置使其直接观测车体腹部的正下方，模糊和不聚焦的图像表明勇气号几乎停留在一块尖锐的岩石上。在工程师开展评估工作期间，火星车继续开展科学观测。对机械臂可及的岩石进行打磨和分析，并利用充裕的电量规划夜间观测。车轮打滑卷起来的沙子蕴藏着更多的惊喜。勇气号被证实位于一个直径 8 m 的古老撞击坑（称为斯卡曼德，Scamander）的边缘，撞击坑被一层厚厚的细尘掩盖。这种尘土至少由三层不同颜色的土壤组成，最上面覆盖一层深色的沙子。轮子陷入土壤的显微镜图像显示它具有很强的粘性，能够保持陡峭的坡度而不会塌陷。这几层看起来是由玄武岩、富含硫和富含硅的沙子组成。实际上，特洛伊富含硫的沙子是火星上硫含量最高的。这种分层暗示了这样一个过程：可能是地表水以雪的形式溶解了硫酸铁，留下一层硫酸钙。令人感兴趣的是，这一过程似乎就发生在地质学意义上的近代。

8 月 18 日，勇气号突破第 2 000 个火星日大关。但是，一个小范围沙尘暴大大减少了可用供电输出。高增益天线驱动机构的一系列故障需要将近一个月的时间才能解决。终于,在 11 月中旬第 2 088 个火星日,勇气号开始移动,尝试从特洛伊脱身。第一个序列是使 5 个可工作的车轮向前旋转 6 圈,希望它能相对于斯卡曼德撞击坑向上行驶,然后暂停以评估结果。可在第一天甚至是在可以开始移动之前,这个动作就被倾斜限制算法中断了。NASA 承认,如果逃离失败,勇气号可能会被永远困在这里。虽然科学探测允许车辆保持不动,但它的朝向对于即将要到来的冬季可不怎么好。第 2 092 个火星日,在移动了几厘米后,右后轮突然停止。人们给出了许多解释,但没有一个能让尝试驶出所付出的努力感到鼓舞的。这些解释包括齿轮卡滞、电机失效,以及一小块岩石嵌在车轮中。为了改善这种状况,研制团队试图使用长时间失效的右前轮,它可以间歇地运动。然而,车轮却陷入沙子中更深了。工作的优先级不得不一度从解救火星车调整为改善其倾斜角度,以产生冬季所需的电能,因为如果它无法实现更好的停泊位置,2010 年 5 月以后就不可能再工作了[356]。

地球上的工程师试图使用全尺寸火星车模型和“火星沙箱”,来评估勇气号从斯卡曼德撞击坑边沿上的尘埃陷阱中脱离的方法,但仍无济于事（图片来源：NASA/JPL/加州理工学院）

2009 年年初,机遇号考察了克里特岩石露头的几个目标。随后当控制岩石研磨器运动的编码器失效时,它发生了新的机械故障,需要修改其使用方式。火星车继续顽强地向南驶去,只在徘徊者（Ranger）这样的小撞击坑处停下来进行勘察。在这些长距离行驶过程中,2005 年转向电机失效的右前轮的电机吸收了过量电流。机遇号执行诊断机动来调查故障,然后为了缓解这种情况,利用几个火星日的时间向后驱动,以便均匀地将润滑剂分配到车轮电机的变速箱中。虽然正在调查故障,但科学家们利用所有可用仪器对一个有 50 个左右撞击坑的群进行了探测,它被命名为“决心撞击坑群”(Resolution),分布在维多利亚坑南部约 2.5 km 处 100 m×140 m 的一个区域内,其中只有 4 个直径超过 5 m。它们似乎是机遇号遇到的最年轻的撞击坑（当然,除了防热罩挖出来的那个）。根据其尘埃涟漪外形,科学家估计这个坑群的年龄不超过 10 万年[357]。对“决心撞击坑群”拍摄的图

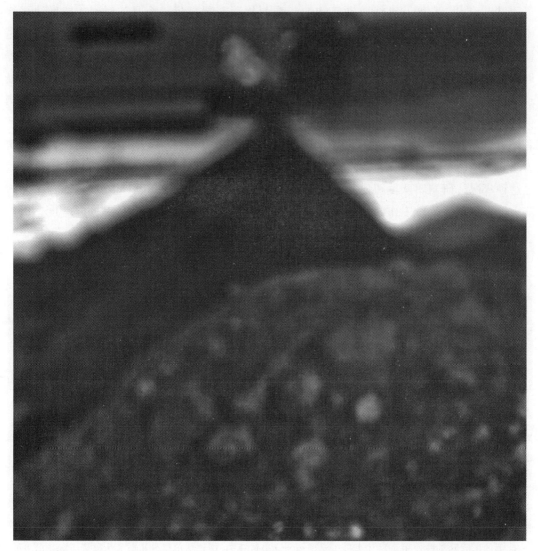

困在特洛伊的勇气号下方的严重对不上焦的显微镜视图（图片来源：NASA/JPL/加州理工学院）

像第一次展示了 10 km 以外的奋进撞击坑边缘。第 1 870 个火星日，在维多利亚以南 3 km
处，火星车恢复行驶。不幸的是，车轮的电机需要车更频繁地停下来休息。尽管如此，5
月份它竟然设法行驶了 16 km。一路上，它检测土壤和岩石，研究与地形有关的成分组成
趋势。在第 1 915 个火星日，在车轮发动机停下来的时候，火星车使用加速度计进行了一
次测震实验。

在 6 月底，机遇号停下来了，用几个火星日对"阿布西肯石"（Absecon）露头进行探
测。在第 1 950 个火星日，当它沿着沙丘地带行驶时，研制团队发现其右边有一块可疑的
黑色岩石，便令其掉头进行检查。机遇号花了 9 个火星日才能抵达这座名为"布洛克岛
石"（Block Island）的岩石。其直径约 70cm 大小与习惯差不多，估计质量在 240 kg 左
右。8 月份，安装在机械臂的光谱仪进行了数据融合，证实了人们的怀疑，这是一个类似

当勇气号被困在特洛伊时，科学家用机械臂上的仪器来勘察它最后的安息之地
（图片来源：NASA/JPL/加州理工学院）

于热盾石的铁镍陨石。研制人员已决定不再研磨这类陨石，避免过度使用早已超过预期使用次数的工具。岩石下方的基座以及空腔中的"浆果"表明，布洛克岛岩石是数十亿年前坠入火星的。与防热罩岩石一样，其完整状况力证了大气是更浓密的。它原始的表面表明自那时以来气候一直是干燥的。同时通信减少了，因为 NASA 剩余的两个轨道中继星中最有能力的火星勘测轨道器进入了安全模式，需要几个月才能排除故障恢复正常运行。在完成对布洛克岛岩石的探测后，机遇号恢复行驶，以平均每个火星日 50 m 的速度向南前往坚忍撞击坑，但它得绕道以避开沙丘。距布洛克岛岩石数百米的地方，它遇到了两个稍微小一些的陨石，被称为"牛尾洲"（Shelter Island）和"麦基诺"（Mackinac）。由于它们的外观很相似，所以被推测是同一次落入火星的。

　　在 11 月份的第 2 058 个火星日，机遇号绕道对一个 30 cm 大，名为"马凯特岛石"（Marquette Island）的孤立岩石进行探测，它相对于周围环境比较突出。由于机遇号的太阳能电池板相对干净，有足够的电能来打磨这块岩石。它是这个特殊工具的第 38 个目标，也是最难的一个。岩石被打磨的部分拥有明亮的闪烁晶体表面，以及黑暗和明亮的斑块。正如最初认为的那样，低百分比的镍表明它不是另一种陨石。然而，它表明除了老鹰撞击坑的"弹跳石"（Bounce）以外，子午线高原几乎所有的岩石都没有出现硫或一般沉积过程的痕迹。穆斯堡尔光谱仪的探测结果证实马凯特岛岩石为与水不相容的橄榄石和辉石。马凯特岛石可能是喷射物，甚至可能与弹跳石来自相同的撞击，尽管两种岩石之间存在显著差异。研制团队无法就"马凯特岛石"是何种岩石达成一致意见，意见分成了两派，一部分人认为，它是一种玄武质的粗粒岩石，富含大量形成后缓慢冷却的晶体；其他人认为，它似乎是嵌入基质中的晶体的集合，其中可能包括碳酸盐和黏土[358-359]。

在第 2 029 个火星日，机遇号拍摄了一系列机械臂阴影的有趣图片，机械臂如恐龙头的投影映在
牛尾洲陨石上（图片来源：NASA/JPL/加州理工学院）

　　随着 2010 年的到来，勇气号几乎还是不能从特洛伊的细沙中脱身。尽管采用了很多方法，包括在行驶前将转向轮侧向转动，以便让物质落入它们正在挖掘的沟槽中，但仅能移动几厘米。自 11 月份以来，移动距离大约只有 39 cm，工程师估计还需要几个星期才能使它离开沙坑。然而在 1 月底，由于 5 月份的至日，NASA 转而优先考虑让火星车太阳能电池板在冬季向北倾斜。如果它能幸存，以后将作为固定的着陆器继续工作，因为 NASA 指示研制团队不再开展进一步的脱身尝试。勇气号看上去位于一座小山上，稍微后退可能使太阳能电池板足以朝向太阳。或是使用一侧的轮子将自己深陷沙中，并以此方式实现所需的倾斜。如果情况无法改善，那么火星车耗电会越来越多，当电池电量低于一定值时，车上的计算机将进入预编程的"低功耗故障"休眠模式，在该模式下，它将关闭除了时钟

之外的所有系统，中断与地球的通信，需要几个月的时间才能恢复[360]。在第 2 169 个火星日（2 月 8 日）勇气号最后一次"行驶"，试图使其太阳能电池板向北倾斜，但没有成功，不得不留下一个明显不利的向南 9°倾斜。

马凯特岛岩石上的研磨印记（图片来源：NASA/JPL/加州理工学院）

与此同时，作为一个静止着陆器的勇气号被安排了工作计划。它可以有效执行的一项任务是精确确定火星自转轴的方向，海盗号着陆器和火星探路者曾进行过相同的实验。实际上，勇气号的 X 频段无线电系统比海盗号的 S 频段系统更适合这样的实验。尽管火星探路者只短暂地进行了这个实验，但三个月的跟踪得到了和海盗号两年跟踪一样准确的自转轴测量值。跟踪勇气号六个月可精确定位火星车，"减去"地球和火星相对运动的影响将揭示出微小的信息。精确确定火星轴线的进动将对其内部的质量分布和其核心的尺寸施加约束，得到其是否具有液体核心的认识[361]。

准备工作包括为大气测量配置机械臂，布置高增益天线和相机桅杆以尽量减少太阳能电池板上的阴影，通知勇气号在 2010 年年末至 2011 年年初与火星奥德赛和地球的可通信窗口。乐观的是，获得了一幅全景图以便与冬季后的图像进行比较。准备工作完成后，研制团队仅在火星车功率够用时进行观测，因为火星车的可用功率逐日下降。最后，在第 2 218 个火星日（3 月 30 日），火星奥德赛飞掠古谢夫陨石坑时没有收到遥测。从 7 月 26 日开始，重新尝试建立通信，从地球上发送要求勇气号"发哔哔声"的命令。虽然预估那时火星车已获得足够的电能从冬眠中唤醒，但没有任何回应。

2010 年伊始，在第 2 122 个火星日，机遇号离开马凯特岛岩石，继续前往奋进坑的马拉松行程。在第 2 138 个火星日时，它停下来对一个直径大约 10 m、看起来较年轻的康塞普西翁撞击坑（Concepción）进行探测。与此同时，火星勘测轨道器拍摄了一张机遇号的图片，沙土上面的块状喷射物使得康塞普西翁撞击坑的边缘很明显，这是它极其年轻的证据，可能只有 1 000 年。撞击坑内部充满了尘土，一种不寻常的灰色物质覆盖了岩石并填满了它们的裂缝。科学家分析了方形岩石"巧克力山"上方的物质，发现它们与"蓝莓"一样是赤铁矿，因此呈现出"蓝莓三明治"的外观。这可能是撞击形成康塞普西翁坑时"浆果"被融化的结果，但也可能早于撞击坑形成，如果是这种情况，该物质可能是被水释放出的"浆果"在岩石中裂缝中堆积而成。在离开康塞普西翁之前，机遇号做了一个完整的环游撞击坑行驶。从这个位置可以看到特别明显的奋进坑的边缘。此外，图片显示的是对应于亚祖（Iazu）边缘以远的山丘，甚至是位于西南地平线 65 km 外的撞击坑博波卢（Bopolu）抬升的边缘。

3 月初通过软件升级上传了新的功能。其中包括了对符合特定形状或颜色等条件的岩石的识别能力。在第 2 191 个火星日（3 月 24 日），机遇号通过了 20 km 的大关。在 3 月下旬，它对一对相距几米的撞击坑——圣安东尼奥（San Antonio）进行了勘察，这对撞击坑似乎是近期、由一块陨石在到达火星表面之前破裂成两块陨石撞击产生。机遇号为获得更好的视角，移动到其中的一个撞击坑内部，但除了成像之外没有开展其他观测，几个火星日后，它向东南方向的奋进坑行驶。5 月份，它到达了一个南向的缓坡，可以以相距 13 km 的好视角观测奋进坑的边缘。坑边的地形以詹姆斯·库克（James Cook）史诗级远航的地点和人物命名。机遇号计划到达约克角（Cape York）附近的坑边，它是奋进坑边沿的一个"小岛"。这个月底发生的问题表明全景相机桅杆的方位执行机构发生了故障。如果情况真是这样，那么将给任务带来极为不利的影响。但是，测试显示执行机构功能正常。虽然 2007 年的沙尘暴导致热辐射光谱仪无法使用后，它应该保持关闭状态，但似乎是它出了差错。机遇号终于离开了看起来最危险的沙丘地带，转向东方直接进入奋进坑。在 5 月份的冬至前后，每次行驶都规划成火星车调整太阳能电池板倾斜朝向太阳而结束，以便电池充电。在第 2 253 个火星日（5 月 20 日）机遇号击败了海盗 1 号着陆器，成为火星表面工作时间最长的航天器。在接下来的几个月里，它通过选择几个学习目标来测试自主能力。它在 8 月下旬停顿在剑桥湾（Cambridge Bay）岩石露头，这里似乎是两个不同地质单元之间的"相连接"的标志。

巧克力山（Chocolate Hill）岩石特殊覆盖层的特写镜头。覆盖层似乎是熔化的"蓝莓"

（图片来源：NASA/JPL/加州理工学院）

　　9 月，机遇号停下来对名为奥里亚恩鲁伊（Oileán Ruaidh）的陨石进行勘察。那时火星车已经到达了岩石露头的多岩石小片区域，并加速向东跋涉。与此同时，探测铁的穆斯堡尔光谱仪第一个显示出故障迹象。在 11 月初，机遇号经过了不少小的、浅的撞击坑，包括双撞击坑帕拉莫尔（Paramore），并前往坑群中最大的"无畏坑"（Intrepid）。直径约 17 m 的"无畏"的坑壁上露着基岩。它和附近的"扬基快船"（Yankee Clipper）分别以阿波罗 12 号登月舱和指挥舱命名。11 月 14 日（第 2 420 个火星日），在前往看起来较为年轻的、似乎穿透基岩的圣玛丽亚（Santa Maria）撞击坑的途中，机遇号突破了 25 km 的大关。圣玛利亚可能是一个宽为 80～90 m 的多边形的撞击坑，带有多边形不对称溅射纹，距离约克角约 6 km，估计有含水的岩石。

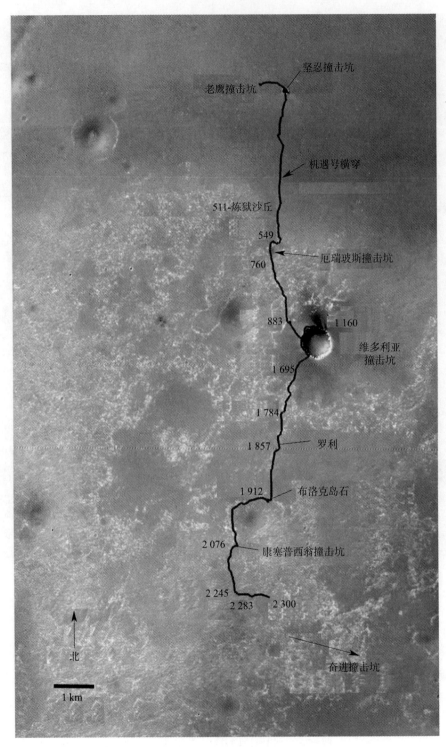

坚忍撞击坑
老鹰撞击坑

机遇号横穿

511-炼狱沙丘
549
760
厄瑞玻斯撞击坑

883　　1 160

维多利亚
撞击坑

1 695

1 784

1 857　　罗利

1 912　　布洛克岛石

2 076　　康塞普西翁撞击坑

2 245
2 283　2 300

奋进撞击坑

北

1 km

火星勘测轨道器拍摄的该地区图像上叠加的机遇号从着陆到第 2 300 个火星日的路线
（图片来源：马林空间科学系统公司）

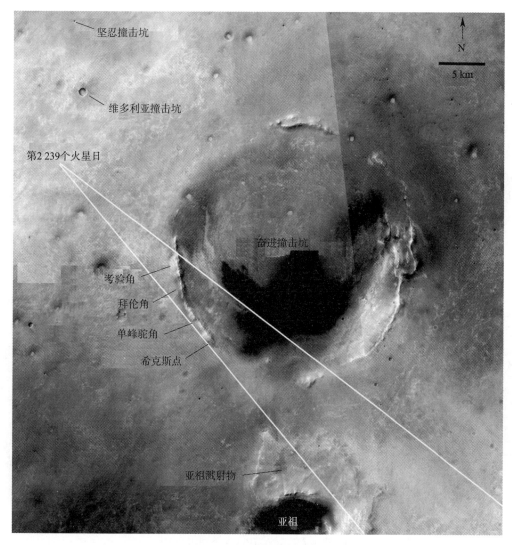

火星勘测轨道器相机拍摄的奋进坑视图。白线表明机遇号全景相机能覆盖的范围，详见下一张图片（图片来源：马林空间科学系统公司）

第 2 239 个火星日，机遇号拍摄的奋进坑边沿的视图（图片来源：NASA/JPL/加州理工学院）

机遇号观测圣玛丽亚撞击坑底部的沙丘，这是在前往奋进坑路上遇到的最后一个大型撞击坑
（图片来源：NASA/JPL/加州理工学院）

　　第 2 451 个火星日（2010 年 12 月 16 日）机遇号抵达圣玛丽亚撞击坑，到达了以西班牙港口命名的帕洛斯（Palos）岬（哥伦布的三艘船——圣玛丽亚号（Santa Maria）、尼娜号（Nina）与平塔号（Pinta）从这里起航前往印度）。圣玛丽亚撞击坑的边缘散落有巨石，底部被一片辽阔的沙丘覆盖。有一片被命名为尤马（Yuma）的区域颜色较浅，可能是东南边缘的一个次级撞击坑，火星勘测轨道器在那里探测到了含水硫酸盐。工程师和科学家计划在 2011 年 2 月的合日期间对该地区进行勘察，但不打算进入撞击坑，除非能找到一个很好的理由。机遇号以逆时针沿着瓦那马尼（Wanamani）撞击坑南端边缘行驶结束了 2010 年。

　　2011 年 1 月春分，地面进一步尝试与在古谢夫撞击坑的勇气号重新建立通信，此时恰逢着陆 7 周年。有人认为，在火星车低功率时期，火星车的时钟会有明显的漂移，很可能在不可预知的时间产生通信，因此，飞控人员增加了通信窗口。然而，冬天的寒意也可能使得勇气号无线电接收或发送频率发生了改变。但随着沉默的继续，越来越有可能是严寒造成了任务的终结。在勇气号所在的赤道以南的位置，根据它的太阳能电池板倾斜情况，在 4 月 9 日之前 30 天左右期间，光照将达到最大值。然而，各种通信策略都没能得到结果，即使是那些不可能的多重故障也没有。5 月 25 日进行了最后一次通信尝试，经过 14 个月的静默之后，接收到勇气号响应的可能性基本为零。虽然深空网在其时间安排允许的情况下仍会继续接收信号，但实际上任务已经结束。

勇气号一共拍摄了 12.4 万张照片，接触了 15 个目标，研磨了 92 个目标。它从着陆点到终点共行驶了 7 730 m。

2011 年开始，机遇号在圣玛丽亚坑边缘对那些以克里斯托弗·哥伦布（Christopher Columbus）船员们的名字命名的岩石开展分析。它朝东向驶向一块明亮的、有类似陨石空腔、位于尤马撞击坑边缘的岩石，被命名为"路易斯·德·托雷斯"（Luis de Torres）。在对未受干扰的岩石表面进行了初步分析之后，使用了几个月来都没用过的工具对其进行打磨，并进行穆斯堡尔谱积分。放射性钴源已经衰减，以至于在 1 月下旬的合日期间需要数天才能获得高质量的光谱。在合日期间也进行了大气观测。在这段时间机遇号很可能遭遇尘卷风而无法通信，并增加太阳能电池板的功率输出。随后，它向东北方向逆时针移动到被命名为"鲁伊斯·加西亚"（Ruiz Garcia）的蓝色岩石。在 3 月 1 日，当它正在为这块岩石拍摄显微镜图像时，火星勘查轨道器在头顶上拍摄了圣玛丽亚坑边缘的照片。机遇号最终行驶了几十米，获得了圣玛丽亚坑内部的三维图像，并向约克角前进。在最后的疾驰路线上不再有太多的停顿。4 月 19 日，在散落着基岩裂隙的地形上行驶的过程中突破了 28 km 大关，一星期之后，它进行了有史以来最长的一次向后行驶，达 152.18 m。这样就超过了阿波罗 15 号宇航员在月球上行走的距离。机遇号驶向一群以美国水星飞船命名的小型撞击坑，以纪念艾伦·谢泼德（Alan Shepard）亚轨道飞行 50 周年。"自由 7 号"（谢泼德乘坐的航天器）是这个坑群中最大的一个，直径约 25m，估计有 20 万年的历史。同时，热辐射光谱仪的诊断测试表现出"更多的异常行为"，它没有任何的功率消耗，甚至像未打开一样。5 月，机遇号行驶到其他以历史悠久的载人飞船命名的小型撞击坑，其中包括天空实验室（Skylab）和软糖（Gumdrop）——阿波罗 9 号的指令舱。6 月 1 日，机遇号行驶 147 m 后通过了 30 km 大关，7 月底它到达约克角几百米范围内。

第 2 681 个火星日（8 月 9 日）机遇号在约克角南端的勇气点（Spirit Point）"登陆"，靠近小型撞击坑奥德赛（Odyssey）。自离开维多利亚撞击坑以来行驶约 21 km，总里程达 33.49 km。约克角的边缘是一条"长凳"，看起来是带有明亮纹理物质含水的沉积岩。可以看见远处的奋进坑边缘及其底部。接下来，机遇号通过窥视散落在奥德赛坑边缘的一些岩石开始探索该地区。第一个要详查的目标是被称为"蒂斯代尔石"（Tisdale）的扁平易碎的岩石。它是一个角砾岩，是撞击奥德赛坑所产生的碎片被熔为一体所形成。许多阿波罗月球样本都是角砾岩。它的锌和溴含量不同寻常，这是该地区古代可能存在水热活动的一个线索。接下来，对约克角内侧的基岩露头"切斯特湖"（Chester Lake）进行检查、研磨和"α 粒子"探测，10 月末，结束了对"切斯特湖"的探测之后，机遇号沿着约克角向

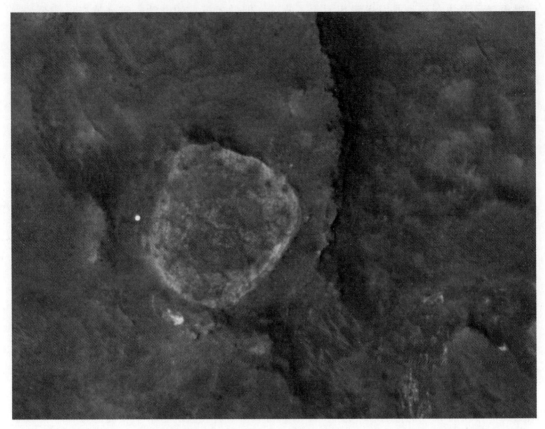

2011 年 3 月 31 日，火星勘测轨道器拍摄的明亮静默的勇气号位于"本垒"高原边缘的高分辨率影像
（图片来源：NASA/JPL/亚利桑那大学）

东北方向行驶，驶向几十米远的"休梅克岭"（Shoemaker Ridge），那里有存在黏土的迹象。它在那里发现了泥土下面出现的明亮的基岩纹理。其中一个名叫"霍姆斯特克"（Homestake），几厘米宽，几十厘米长，经显微镜拍摄并通过 α 粒子光谱仪分析，确定含有钙和硫，表明可能是石膏形式的相对纯净的硫酸钙。因此，霍斯特斯克的纹理可能由富含硫的水流过土壤中的缝隙所形成。

机遇号将在北坡度过冬季。与勇气号不同，由于靠近赤道，它并不需要在冬天停下来，但这是一个预防措施，因为最近没有发生可清洁太阳能电池板的事件，它上面堆积了灰尘，输出功率越来越少。接下来的春季或夏季，机遇号将南下到考验角。科研人员确定了相距 20m 范围内的两个合适的候选停车地点，其向北倾斜 10°～20°。其中最南端的地方被称为"火鸡避风港"（Turkey Haven），因为机遇号将在感恩节假期期间停在那里。它在那里对一个名为"德蓝土瓦"（Transvaal）的撞击角砾岩进行了分析。然后于 2011 年年底停在"格里利避风港"（Greeley Haven），一直待到了 2012 年年中。在此期间，它将对名为"安波伊"（Amboy）的目标收集长积分穆斯堡尔谱。而且由于机遇号会在几个月内保持静止，科学家们计划进行多普勒无线电跟踪试验，该试验与勇气号在斯卡曼德无法移动后曾计划进行的试验是同类的。

位于奋进坑边缘上的"勇气点"全景相机拼接图，展示了小的奥德赛撞击坑以及背景中奋进坑的底部
（图片来源：NASA/JPL/加州理工学院）

截至 2011 年年底，机遇号共行驶了 34 361 m，是排在行驶了 37 km 的月球车 2 号（Lunokhod 2）和行驶了 35.89 km 的阿波罗 17 号之后的行驶距离第三长的行星巡视器。它能否突破这些纪录还有待观察。我们无法预测机遇号会继续工作多久。然而，可以确定的是，这两辆火星探测车已大大超额完成了主任务。2012 年 8 月，在下一辆 NASA 火星车到达火星之前，机遇号很可能会到达黏土矿床，去探测与盖尔撞击坑类似的古代水环境。

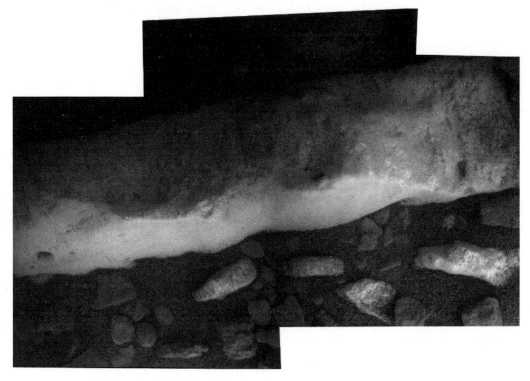

霍姆斯特克的显微镜拼接图，一块可能由石膏组成的明亮物质的纹理
（图片来源：NASA/JPL/加州理工学院）

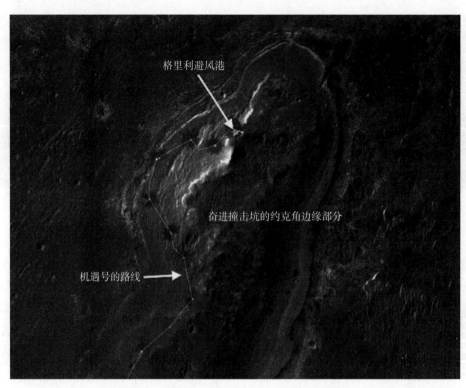

机遇号目前（2012 年年初）位于约克角北端"格里利避风港"的休息场所

（图片来源：NASA/JPL/加州理工学院/UA）

参 考 文 献

1 参见第二卷第 310～311 页关于火星磁场的介绍

2 Isakowitz – 2000

3 Oya – 1998

4 Okada – 1998

5 Mukai – 1998

6 Yamamoto – 1998

7 Tagnchi – 2000

8 Sasaki – 1999

9 AWST – 2000a

10 Matsuura – 2005

11 Abe – 1991

12 Kawaguchi – 2003b

13 Kimura – 1999

14 Yamakawa – 1999

15 Tokadoro – 1999

16 Nakagawa – 2008

17 Sasaki – 2005

18 Miyasaka – 2005

19 Hidaka – 2001

20 Yoshikawa – 2005

21 Nakatani – 2004

22 Ryne – 2004

23 Taylor – 1999

24 Malin – 1999

25 NASA – 1999d

26 NASA – 1994

27 Covault – 1994

28 Srnith – 1994

29 Kulikov – 1996

30 Cowley – 1999

31 Srnith – 2001a

32 Bonitz – 1998

33 Bonitz – 2001

34 Boynton – 2001

35 参见第一卷第 246、250、260 页关于火星 11～14 号上麦克风的介绍

36 NASA – 1998b

37 Mitcheltree – 1997

38 Lorenz – 2000

39 Smrekar – 1999

40 Westwick – 2007

41 Euler – 2001

42 NASA – 1999e

43 McCurdy – 2005a

44 Westwick – 2007

45 Smrekar – 1999

46 JPL – 2000

47 NASA – 1998b

48 JPL – 2000

49 Warwick – 2000

50 Westwick – 2007

51 Rieke – 2006b

52 Malin – 2005

53 Tytell – 2006

54 参见第二卷第 339～340 页关于摇臂转向的介绍

55 Arvidson – 2000

56 Volpe – 2000

57 Shirley – 1999

58 Squyres – 2005a

59 JPL – 1997

60 Bonitz – 2000

61 Matousek – 1998

62 Desai – 1998

63 Bille – 2004

64 Wilcox – 2000b

65 Reichhardt – 1999

66 Krninek – 2000

67 ASI – 1999

68 Magnani – 2004

69 Battistelli – 2004

70 Angrilli – 2004

71 Colangeli – 2000

72　Cordier – 2000

73　Golombek – 2000

74　JPL – 1999

75　Price – 2000

76　O'Neill – 1999

77　参见第一卷第 234～236 页关于火星飞机的介绍

78　Morton – 2000

79　MSSS – 1998

80　Furniss – 1999

81　Guynn – 2003

82　Colozza – 2003

83　Zubrin – 1993

84　Cesarone – 1999

85　Edwards – 1999

86　Hastrup – 1999

87　Taverna – l999a

88　Jordan – 1999

89　Morton – 1999

90　AWST – 2000b

91　Mecham – 2000

92　Covault – 2001

93　Covault – 2001

94　Smith – 2001b

95　Keating – 2003

96　Crowley – 2007

97　Mazarico – 2007

98　Smith – 2002a

99　Saunders – 2004

100　Mase – 2005

101　Smith – 2002b

102　Bell – 2002

103　Feldman – 2002

104　Mitrofanov – 2002

105　Boynton – 2002

106　Mitrofanov – 2003

107　Litvak – 2006

108　Head – 2003

109　Baker – 2003

110　Levrard – 2004

111　Mangold – 2004

112　Titus – 2003

113　Bandfield – 2007

114　Baker – 2003

115　Cbristensen – 2003a

116　Cbristensen – 2003b

117　Cbristensen – 2005

118　Osterloo – 2008

119　Cusbing – 2007

120　Barbieri – 2003

121　Gunoarsdottir – 2007

122　Spragne – 2004

123　Forget – 2004

124　Zuber – 2003

125　Litvak – 2006

126　Hurley – 2005

127　Kieffer – 2006b

128　Baratoux – 2011

129　Kremer – 2011

130　参见第二卷第 331～336 页关于火星 96 的介绍

131　Bibring – 2009a

132　参见第二卷第 107～108 页关于开普勒任务的介绍

133　Taverna – 1997

134　Schmidt – 1998

135　参见第二卷第 329 页关于相机的介绍

136　Bertaux – 2004

137　Barabash – 2006

138　Schmidt – 1999

139　Cbicarro – 2003

140　Griffiths – 2003

141　Coue – 2007

142　Pullan – 2004

143　Plllinger – 2003

144　Towner – 2000

145　Cbicarro – 2003

146　Fallon – 2003

147　Taverna – 1999b

148　Butler – 2003

149　Parkinson – 2004

150　Powell – 2003

151　Bibring – 2009b

152　ESA – 2003

153　Taverna – 2000a

154　ESA – 2004

155　Nelson – 2004

156　Shns – 2004a

157　Shns – 2004b

158　Peplow – 2004

159　House of Commons – 2004

160　Abdel – jawad – 2008

161　Plllinger – 2005

162　Plllinger – 2007

163　Bibring – 2009c

164　Taverna – 2004

165　参见第二卷第 315～317 页关于"瑞士奶酪"
　　　地形的介绍

166　Bibring – 2004

167　Borde – 2004

168　Denis – 2006

169　Adams – 2005

170　Oberst – 2006

171　Formisano – 2004

172　Encrenaz – 2008a

173　Wolkenberg – 2008

174　Bertaux – 2005a

175　Soobiab – 2005

176　Bertaux – 2005b

177　Perrier – 2005a

178　Fast – 2009

179　Perrier – 2005b

180　Murray – 2005b

181　Neukum – 2004

182　Hauber – 2005

183　Levrard – 2004

184　Head – 2005

185　Neukum – 2005

186　Hand – 2008

187　Poulet – 2008

188　Bibring – 2006

189　Poulet – 2005

190　Langevin – 2006

191　Schmidt – 2010

192　Bibring – 2005

193　Langevin – 2005a

194　Langevin – 2005b

195　Gendrin – 2005

196　Arvidson – 2005

197　Mustard – 2005

198　Doure – 2007

199　Bibring – 2009d

200　Naeye – 2005

201　Chicarro – 2006

202　Encrenaz – 2008b

203　Lundin – 2004

204　Holmstrom – 2007

205　Denis – 2006

206　Adams – 2005

207　Picardi – 2005

208　Watters – 2006

209　Plaut – 2007

210　Barabasb – 2007

211　Derds – 2009

212　Watters – 2007

213　Schultz – 2007

214　Willner – 2008

215　Basilevsky – 2008

216　Giuranna – 2010

217　Maltagliati – 2011

218　Heavens – 2011

219　Jansen – 2012 References 465

220　参见第二卷第 352～354 页关于火星网络和
　　　火星表面国际站点任务方案的介绍

221　Taverna – 2000b

222　Srnith – 2000

223　Taverna – 2000c

224　Marsal – 1999

225　Marsal – 2002

226　Nadalini – 2004

227　CNES – 2002

228　Crabb – 2003

229　Squyres – 2005b

230　Squyres – 2005c

231　Srnith – 2000

232　Squyres – 2005d

233　Taylor – 2005

234　Lindernann – 2005

235　Squyres – 2005c

236　Baumgertner – 2005

237　Bell – 2003

238　Srnith – 2004

239　Wolff – 2005

240　Mitcheltree – 2004

241　Squyres – 2005e

242　Powell – 2003

243　Dornheim – 2003a

244　Dornheim – 2003b

245　Golomhek – 2005

246　Covault – 2003a

247　Covault – 2003b

248　Covault – 2003c

249　Erickson – 2004

250　Covault – 2003d

251　Withers – 2006

252　Desai – 2008d

253　Dornheim – 2004c

254　Dornheim – 2004d

255　Reeves – 2005

256　Squyres – 2005f

257　Desai – 2008d

258　Covault – 2004c

259　Covault – 2004d

260　Dornheim – 2004e

261　Dornheim – 2004f

262　Squyres – 2005g

263　Dornheim – 2004g

264　Morring – 2004a

265　Chan – 2004

266　Bibring – 2007

267　Covault – 2004e

268　Morring – 2004b

269　Fairen – 2004

270　Bell – 2005

271　Covault – 2004f

272　Sullivan – 2005

273　Squyres – 2004a

274　Bell – 2004a

275　Squyres – 2004b

276　Soderblom – 2004c

277　Herkenhoff – 2004a

278　Arvidson – 2004a

279　Christensen – 2004a

280　Klingelhofer – 2004

281　Rieder – 2004

282　Smith – 2004

283　Dornheim – 2004h

284　Dornheim – 2004i

285　Dornheim – 2004j

286　Reeves – 2005

287　Dornheim – 2004k

288　Dornheim – 2004l

289　Selsis – 2005

290　Dornheim – 2004m

291　Haskin – 2005

292　Squyres – 2004c

293　Bell – 2004b

294　Grant – 2004

295　Arvidson – 2004b

296　Herkenhoff – 2004b

297　Gellert – 2004

298　Morris – 2004

299　Christensen – 2004b

300　Lernmon – 2004

301　Squyres – 2005h

302　Covault – 2004g

303　Dornheim – 2004n

304　Haskin – 2005

305　Squyres – 2005i

306　Covault – 2004h

307　Covault－2004i

308　Dornheim－2004o

309　Comeille－2005a

310　Dornheim－2004n

311　Squyres－2005j

312　Dornheim－2004n

313　Comeille－2004

314　Covault－2004h

315　Covault－2004i

316　Dornheim－2004o

317　Corneille－2005a

318　Dornheim－2005a

319　Dornheim－2005b

320　Dornheim－2005c

321　Comeille－2005b

322　Dornheim－2005d

323　Edwards－2006

324　Dornheim－2005d

325　Covault－2005

326　Domokos－2007

327　Bell－2006

328　Morris－2010

329　Comeille－2006

330　Desai－2008d

331　Goetz－2005

332　Dornheim－2005c

333　Dornheim－2005e

334　Dornheim－2005f

335　Comeille－2005b

336　Comeille－2006

337　Squyres－2006

338　Squyres－2007

339　Corneille－2007

340　Squyres－2006

341　Comeille－2007

342　Squyres－2009

343　Cull－2007

344　Squyres－2008

345　Covault－2007a

346　Covault－2007b

347　Covault－2007c

348　Covault－2007d

349　Comeille－2008

350　Covault－2008

351　Lawler－2008

352　Corneille－2009

353　Squyres－2009

354　Wray－2009

355　Comeille－2009

356　Comeille－2010

357　Golombek－2010

358　Mittlefehldt－2010

359　Comeille－2010

360　Norris－2010

361　Banerdt－2010

术 语 表

简称	全称	中文
ACE	Advanced Composition Explorer	先进成分探测器
Aerobraking	A maneuver where a spacecraft's orbit is changed by reducing its energy by repeated passages through a planet's upper atmosphere.	气动减速：飞行器通过反复穿过行星上层大气以降低动能，改变航天器运行轨道的机动方式
Aerocapture	A maneuver where a spacecraft enters into orbit around a planet by slowing it down by a passage through the upper levels of a planet's atmosphere.	气动捕获：飞行器通过穿过行星上层大气进行减速，从而进入环绕行星轨道的机动方式
Aerogel	A silicon-based foam in which the liquid component of a gel has been replaced with gas or, for use in space, effectively with vacuum, to produce a solid with a very low density.	气凝胶：一种硅基泡沫，其中的液体组分被气体替代，或者形成有效的空间，生成的固体具有极低的密度
Albedo	in first approximation a measure of the reflecting power of a surface.	反照率：大致表示表面反射能量的量度
Aphelion	The point of maximum distance from the Sun of a heliocentric orbit. Its contrary is perihelion.	远日点：在日心轨道上与太阳距离最远的点，与此含义相反的名词是近日点
APL	The Applied Physics Laboratory of Johns Hopkins University.	约翰斯·霍普金斯大学应用物理实验室
Apoapsis	The point of maximum distance from the central body of any elliptical orbit. This word has been used to avoid complicating the nomenclature, but a term tailored to the central body is often used. The only exceptions used herein owing to their importance were for Earth (apogee) and the Sun (aphelion). The contrary of apoapsis is periapsis.	远拱点：在任意椭圆轨道上与中心天体距离最远的点。用法是在这个词后跟随对应中心天体的名称，经常这样使用来避免根据中心天体的不同而使用专门的术语。重要天体比如地球（apogee，远地点）和太阳（aphelion，远日点）有专门的远拱点名称。与此含义相反的名词是近拱点
Apogee	The point of maximum distance from the Earth of a satellite orbit. Its contrary is perigee.	远地点：在卫星环绕地球轨道上与地球距离最远的点，与此含义相反的名词是近地点
ASI	Agenzia Spaziale Italiana (Italian Space Agency)	意大利航天局
ASPERA	Automatic Space Plasma Experiment with a Rotating Analyzer	带旋转分析仪的空间等离子体自动实验装置
Astronomical Unit	To a first approximation the average distance between the Earth and the Sun is 149,597,870,691 ($\pm$ 30) meters.	天文单位：日地平均距离的一级近似约为 149 597 870 691（$\pm$30）m
AU	Astronomical Unit	天文单位

续表

简称	全称	中文
AXAF	Advanced X – ray Astrophysical Facility	高级 X 射线天文物理设施
BMDO	Ballistic Missile Defense Organization	弹道导弹防御组织
BNSC	British National Space Council	英国国家空间委员会
Booster	Auxiliary rockets used to boost the lift – off thrust of a launch vehicle.	助推器：用于在火箭起飞时增加推力
Bus	A structural part common to several spacecraft.	平台：若干航天器的通用结构
CAESAR	Comet Atmosphere Encounter and Sample Return，or Comet Atmo – sphere and Earth Sample Return	彗星大气交会和采样返回或彗星大气和采样返回地球
CCD	Charge Coupled Device	电荷耦合器件
CHON	Carbon，Hydrogen，Oxygen and Nitrogen – rich molecules	富含碳、氢、氧和氮的分子
CISR	Comet Intercept and Sample Return	彗星拦截及采样返回
CMOS	Complementary Metal – Oxide Semiconductor	互补金属氧化物半导体
CNES	Centre National d'Etudes Spatiales（the French National Space Studies Center)	法国国家空间研究中心
Conjunction	The time when a solar system object appears close to the Sun as seen by an observer. A conjunction where the Sun is between the observer and the object is called 'superior conjunction'. A conjunction where the object is between the observer and the Sun is called 'inferior conjunction'. See also opposition.	（恒星、行星等的）合，是指由观察者看去，太阳系天体与太阳靠近的时刻。当太阳处于观察者和天体之间时称为"上合"；当天体处于观察者和太阳之间时称为"下合"。参见"冲"
CONTOUR	Comet Nucleus Tour	彗核之旅
Cosmic velocities	Three characteristic velocities of spaceflight： First cosmic velocity：Minimum velocity to put a satellite in a low Earth orbit. This amounts to some 8 km/s. Second cosmic velocity：The velocity required to exit the terrestrial sphere of attraction for good. Starting from the ground，this amounts to some 11 km/s. It is also called 'escape' speed. Third cosmic velocity：The velocity required to exit the Solar System for good.	宇宙速度：航天飞行的三个特征速度： 第一宇宙速度：卫星环绕地球的最低速度，约 8 km/s； 第二宇宙速度：飞离地球引力球的速度，从地球表面出发，约 11 km/s，因此也称为逃逸速度； 第三宇宙速度：飞离太阳系所需的速度
CRAF	Comet Rendezvous/Asteroid Flyby	彗星交会/小行星飞掠
Cryogenic propellants	These can be stored in their liquid state under atmospheric pressure at very low temperature；e. g. oxygen is a liquid below – 183 ℃.	低温推进剂：标准大气压下，在非常低的温度以液态贮存的推进剂，例如液氧，在标准大气压下的液态贮存温度为 −183 ℃
DASH	Demonstrator of Atmospheric reentry System with Hyperbolic velocity	双曲线速度大气再入系统验证器

续表

简称	全称	中文
Deep Space Network	A global network built by NASA to provide round – the – clock communications with robotic missions in deep space.	深空网：由 NASA 提供的全球测控网络，可支持 24 h 无人深空探测任务的通信需求
DeeDri	Deep Driller	深度钻取器
Direct ascent	A trajectory on which a deep – space probe is launched directly from the Earth's surface to another celestial body without entering parking orbit.	直接上升：深空探测器直接从地球表面发射至另一天体而不进入停泊轨道
DS	Deep Space	深空
DSN	Deep Space Network	深空网
Ecliptic	The plane of the Earth's orbit around the Sun.	黄道：地球围绕太阳公转的轨道平面
EELV	Evolved Expandable Launch Vehicle	改进型一次性运载火箭
Ejecta	Material from a volcanic eruption or a cratering impact that is deposited all around the source.	喷出物：火山喷发出的或撞击造成周围沉积层溅射出的物质
ESA	European Space Agency	欧洲空间局
Escape speed	See Cosmic velocities	逃逸速度：参见宇宙速度
FIDO	Field Integrated，Design，and Operations	现场集成、设计和操作
Flyby	A high relative speed and short – duration close encounter between a spacecraft and a celestial body.	飞掠：航天器以相对较高速度、较短时间、近距离与天体交会的过程
GPS	Global Positioning System	全球定位系统
GRB	Gamma – Ray Bursts	伽马射线爆发
GRO	Gamma – Ray Observatory	伽马射线天文台
GSFC	Goddard Space Flight Center	戈达德航天飞行中心
HER	Halley Earth Return	哈雷彗星采样返回任务
HST	Hubble Space Telescope	哈勃空间望远镜
Hypergolic propellants	Two liquid propellants that ignite spontaneously on coming into contact，without requiring an ignition system. Typical hypergolics for a spacecraft are hydrazine and nitrogen tetroxide.	自燃推进剂：两种推进剂接触后会发生燃烧，不需要点火系统，航天器所普遍采用的是肼和四氧化二氮
IBEX	Interstellar Boundary Explorer	星际边界探测器
ICE	International Cometary Explorer	国际彗星探测
IRAS	InfraRed Astronomical Satellite	红外天文卫星
ISAS	Institute of Space and Astronautical Sciences	空间和宇宙科学研究所
ISO	Infrared Space Observatory	红外空间天文台
ISS	Cassini's Imaging Science Subsystem	卡西尼成像科学子系统
ISS	International Space Station	国际空间站
ITAR	International Traffics in Arms Regulations	国际武器贸易条例

续表

简称	全称	中文
IUS	Inertial Upper Stage（previously：Interim Upper Stage）	惯性上面级（之前称为临时上面级）
JAXA	Japanese Aerospace Exploration Agency	日本宇宙航空研究开发机构
JPL	Jet Propulsion Laboratory；a Caltech laboratory under contract to NASA	喷气推进实验室：加州理工学院的实验室，隶属于 NASA
Lagrangian Points	Five equilibrium points for a gravitational system comprising two large bodies（e. g. the Sun and a planet）and a third body of negligible mass.	拉格朗日点：在由两个大型天体（例如太阳和一个行星）和一个质量可以忽略不计的小物体构成的引力系统中，五个引力平衡点
Lander	A spacecraft designed to land on another celestial body.	着陆器：设计用于在其他天体上着陆的航天器
LaRC	Langley Research Center	兰利研究中心
Launch window	A time interval during which it is possible to launch a spacecraft to ensure that it attains the desired trajectory.	发射窗口：确保航天器能够达到期望轨道的发射时间段
Lidar	Laser rader	激光雷达
LINEAR	Lincoln Near Earth Asteroid Research	林肯近地小行星研究
Lyman - alpha	The emission line corresponding to the first energy level transition of an electron in a hydrogen atom.	莱曼－阿尔法：氢原子中电子第一能级迁跃的发射谱线
MAGE	Mars Airborne Geophysical Explorer	火星机载物理探测者
MAV	Mars Ascent Vehicle	火星上升飞行器
MCO	Mars Climate Orbiter	火星气候轨道器
MER	Mars Exploration Rover	火星探测巡视器
MESSENGER	Mercury Surface，Space Environment，Geochemistry and Ranging	水星表面、空间环境、行星化学和测距（信使号水星探测器）
MGS	Mars Global Surveyor	火星全球勘探者
MINERVA	Micro/Nano Experimental Robot Vehicle for Asteroid	小行星微/纳实验机器人
MIT	Massachusetts Institute of Technology	麻省理工学院
MPF	Mars Pathfinder	火星探路者
MPL	Mars Polar Lander	火星极地着陆器
MRO	Mars Reconnaissance Orbiter	火星勘测轨道器
MUSES	MU［rocket］Space Engineering Satellite	缪斯：MU 火箭空间工程卫星
NAS	National Academy of Sciences	美国国家科学院
NASA	National Aeronautics and Space Administration	美国国家航空航天局
NASDA	National Space Development Agency	日本宇宙开发事业集团
NEAR	Near Earth Asteroid Rendezvous	近地小行星交会
NEAT	Near - Earth Asteroid Tracking program	近地小行星跟踪项目
NEP	Nuclear Electric Propulsion	核能电推进
NExT	New Exploration of Tempel 1	坦普尔 1 号彗星新探索

续表

简称	全称	中文
NOTSNIK	Naval Ordnance Test Station "Sputnik"	海军军械测试站
NSTAR	NASA Solar Electric Propulsion Technology Application Readiness	NASA 太阳能电推进技术应用筹备
Occultation	When one object passes in front of and occults another, at least from the point of view of the observer.	掩星：一种天文现象，指一个天体在另一个天体与观测者之间通过而产生的遮掩现象
OMEGA	Observatoire pour la Minéralogie, l'Eau, les Glaces et l'Activité, observatory for mineralogy, water, ices and activity	矿物学、水、冰和活动观测台
OMV	Orbital Maneuvering Vehicle	轨道机动飞行器
Orbit	The trajectory on which a celestial body or spacecraft is traveling with respect to its central body. There are three possible cases: Elliptical orbit: A closed orbit where the body passes from minimum distance to maximum distance from its central body every semiperiod. This is the orbit of natural and artificial satellites around planets and of planets around the Sun. Parabolic orbit: An open orbit where the body passes through minimum distance from its central body and reaches infinity at zero velocity in infinite time. This is a pure abstraction, but the orbits of many comets around the Sun can be described adequately this way. Hyperbolic orbit: An open orbit where the body passes through minimum distance from its central body and reaches infinity at non - zero speed. This describes adequately the trajectory of spacecraft with respect to planets during flyby manoeuvres.	轨道：天体或航天器相对其中心天体的运动轨迹，分为 3 类： 椭圆轨道：一条闭合轨道，物体每半周期从距离中心天体最小距离运动到最大的位置。自然卫星和人造卫星轨道围绕行星和行星围绕太阳都是这类轨道； 抛物线轨道：一种开放轨道。物体从距离中心天体最小距离经过无限长的时间到达无穷远处时速度为零。虽然这只是纯理论，但是一些围绕太阳的彗星轨道可以用这种轨道适当地描述； 双曲线轨道：一种开放轨道。物体从距离中心天体最小距离到达无穷远处时速度不为零。适用于描述航天器进行行星飞掠的机动轨道
Opposition	The time when a solar system object appears opposite to the Sun as seen by an observer.	冲：是指从观察者的角度来看，太阳系物体运行到太阳对面的时刻
Orbiter	A spacecraft designed to orbit a celestial body.	轨道器/轨道器：被设计用于环绕天体运行的航天器
OSCAR	Orbiting Sample Capture and Return	轨道采样捕获和返回（载荷）
Parking orbit	A low Earth orbit used by deep - space probes before heading to their targets. This relaxes the constraints on launch windows and eliminates launch vehicle trajectory errors. Its contrary is direct ascent.	停泊轨道：在深空探测器飞向目标前的近地轨道。这可以放宽对于发射窗口的约束条件，减少运载火箭的轨道误差。与之相对的是直接转移轨道
PAW	Position Adjustable Workbench	可调节式有效载荷工作台
Periapsis	The minimum distance point from the central body of any orbit. See also apoapsis.	近拱点：在任意椭圆轨道上与中心天体距离最近的点，参见远拱点
PEPE	Plasma Experiment for Planetary Exploration	行星探测等离子实验仪

续表

简称	全称	中文
Perigee	The minimum distance point from the Earth of a satellite. Its contrary is apogee.	近地点：在卫星环绕地球轨道上与地球距离最近的点，与此含义相反的名词是远地点
Perihelion	The minimum distance point from the Sun of a heliocentric orbit. Its contrary is aphelion.	近日点：在日心轨道上与太阳距离最近的点，与此含义相反的名词是远日点
PFF	Pluto Fast Flyby	冥王星快速飞掠
PKE	Pluto Kuiper Express	冥王星-柯伊伯快车
PLUTO	Planetary Underground Tool	行星地下工具
PREMIER	Programme de Retour d'Echantillons Martiens et Installation d'Expériences en Reseau，Mars sample return and network experiment establishment program	火星采样返回和网络实验建立项目
'Push – broom' camera	A digital camera consisting of a single row of pixels，with the second dimension created by the motion of the camera itself.	推扫式相机：相机传感器由一维的像素组成，第二维度由相机自身的运动产生
RAT	Rock Abrasion Tool	岩石磨蚀工具
Rendezvous	A low relative speed encounter between two spacecraft or celestial bodies.	交会：航天器和天体间以相对低的速度相遇
REP	Radioisotope Electric Propulsion	放射性同位素电推进
Retrorocket	A rocket whose thrust is directed opposite to the motion of a spacecraft in order to brake it.	反推火箭：推力与航天器运动方向相反的火箭，以使航天器减速
Rj	Jupiter radii（approximately 71，200 km）	木星半径（约 71 200 km）
Rover	A mobile spacecraft to explore the surface of another celestial body.	巡视器：用于探测其他天体表面的可移动航天器
Rs	Saturn radii（approximately 60，330 km）	土星半径（约 60 330 km）
RTG	Radioisotope Thermal Generator	放射性同位素温差电池
RTH	Radioisotope Thermal Heater	放射性同位素温差加热器
SEDSat	Students for the Exploration and Development of Space Satellite	参与空间卫星探测与研发项目的学生
SERT	Space Electric Rocket Test	空间电火箭测试
SEP	Solar Electric Propulsion	太阳能电推进
SIRTF	Shuttle（or Space）Infrared Telescope Facility	航天飞机红外望远镜设施
SMART	Small Missions for Advanced Research in Technology	小型高级技术研究任务
SOCCER	Sample of Comet Coma Earth Return	彗星彗发采样地球返回
Sol	A Martian solar day，lasting 24 Terrestrial hours，39 minutes，and 35. 244 seconds	一个火星日，相当于地球时间 24 h 39 min 35. 244 s
Solar flare	A solar chromospheric explosion creating a powerful source of high energy particles.	太阳耀斑：太阳色球层爆炸产生的一种高能粒子源

续表

简称	全称	中文
Space probe	A spacecraft designed to investigate other celestial bodies from a short range.	空间探测器：一种旨在从近距离探测其他天体的航天器
Spectrometer	An instrument to measure the energy of radiation as a function of wavelength in a portion of the electromagnetic spectrum. Depending on the wavelength the instrument is called, e. g. ultraviolet, infrared, gamma – ray spectrometer etc.	光谱仪：可测量特定波长的辐射能量在电磁波谱中所占的比例的仪器。根据所测光的波长命名，如紫外、红外、伽马射线光谱仪等
Spin stabilization	A spacecraft stabilization system where the attitude is maintained by spinning the spacecraft around one of its main inertia axes.	自旋稳定：一种航天器稳定方式，通过使航天器绕其惯性主轴旋转以保持姿态稳定
Synodic period	The period of time between two consecutive superior or inferior conjunctions or oppositions of a solar system body.	会合周期，会合周期对于外行星来说就是行星相继两次合或冲经历的时间；对于内行星来说就是行星相继两次上合或下合所经历的时间
TEGA	Thermal and Evolved Gas Analyzer	热演化气体分析仪
Telemetry	Transmission by a spacecraft via a radio system of engineering and scientific data.	遥测：由航天器通过无线电系统传送的工程和科学数据
THEMIS	Thermal – Emission Imaging System	热发射成像系统
3 – axis stabilization	A spacecraft stabilization system where the axes of the spacecraft are kept in a fixed attitude with respect to the stars and other references (the Sun, the Earth, a target planet etc.)	三轴稳定：一种航天器稳定方式，使航天器相对恒星或其他参考目标（例如太阳、地球，其他目标天体等）保持三个坐标轴固定的姿态稳定方式
UTC	Universal Time Coordinated; essentially Greenwich Mean Time	世界协调时：一般为格林尼治时间
UTTR	Utah Test and Training Range	犹他州试验与训练场
VESAT	Venus Environmental Satellite	金星环境卫星
Vidicon	A television system based on resistance changes of some substances when exposed to light. It has been replaced by the CCD.	光导摄像管：基于某些物质在光照下阻值会发生变化而开发的一种电视系统，现已被 CCD 所取代
VLBI	Very Long Baseline Interferometry	甚长基线干涉测量
WIRE	Wide – field Infrared Explorer	宽视场红外线探测器
WSB	Weak Stability Boundaries	弱稳定边界

附录 1

太阳系探测年代表 1997—2003 年

日 期	事 件
1999 年 9 月 23 日	火星气候轨道器在火星上撞毁而丢失
1999 年 12 月 3 日	火星极地着陆器在火星上撞毁而丢失
2001 年 9 月 22 日	深空 1 号飞掠保瑞利彗星
2001 年 10 月 24 日	火星奥德赛进入环火轨道
2003 年 12 月 25 日	火星快车进入环火轨道,而猎兔犬 2 号火星着陆器丢失
相关的里程碑	
2004 年 1 月 2 日	星尘号飞掠维尔特 2 号彗星
2004 年 1 月 4 日	勇气号在火星古谢夫陨石坑着陆
2004 年 1 月 25 日	机遇号在火星子午湾平原着陆
2004 年 7 月 1 日	卡西尼号进入环绕土星的轨道
2004 年 9 月 8 日	起源号撞向地球,带回太阳风的样品
2005 年 1 月 15 日	惠更斯号在土卫六上着陆
2005 年 9 月 12 日	隼鸟号与小行星糸川会合
2006 年 1 月 15 日	星尘号将维尔特 2 号彗星的样品带回地球
2010 年 6 月 13 日	隼鸟号将小行星糸川的样品带回地球
2011 年 2 月 15 日	星尘号飞掠坦普尔 1 号彗星

附录 2

行星探测器发射列表 1997—2003 年

发射日期	探测器名称	主要目标	运载火箭名称	国家
1997 年 10 月 15 日	卡西尼号 惠更斯号	土星 土卫六	大力神Ⅳ B 型	美国/意大利 ESA
1998 年 7 月 3 日	(希望号)	火星	M–V	日本
1998 年 10 月 24 日	深空 1 号	小行星＋彗星	德尔它 7326	美国
1998 年 12 月 11 日	(火星气候轨道器)	火星	德尔它 7425	美国
1999 年 1 月 3 日	(火星极地着陆器)	火星	德尔它 7425	美国
1999 年 2 月 7 日	星尘号	彗星	德尔它 7426	美国
2001 年 4 月 7 日	火星奥德赛号	火星	德尔它 7925	美国
2001 年 6 月 30 日	WMAP	L2 点	德尔它 7425–10	美国
2001 年 8 月 8 日	(起源号)	太阳探测器	德尔它 7326	美国
2002 年 7 月 3 日	(彗核旅行号)	彗星	德尔它 7425	美国
2003 年 5 月 9 日	隼鸟号	小行星	M–V	日本
2003 年 6 月 2 日	火星快车 (猎兔犬 2 号)	火星 火星	联盟–FG	ESA UK/ESA
2003 年 6 月 10 日	勇气号	火星	德尔它 7925	美国
2003 年 7 月 7 日	机遇号	火星	德尔它 7925H	美国
2003 年 8 月 25 日	斯皮策号	太阳轨道	德尔它 7920H	美国

注:名字由括号标注的任务为失败的任务,不过起源号存在争议。虽然起源号最终是在地球上撞毁的,而并非成功着陆,但它已经完成了其采样返回的目标。

附录 3

卡西尼号轨道交会目标列表

交会日期	目标卫星	最小距离
2004 年 6 月 11 日	土卫九	2 068 km
2004 年 10 月 26 日	土卫六(Ta)	1 174 km
2004 年 12 月 13 日	土卫六(Tb)	1 192 km
2005 年 1 月 14 日	土卫六(Tc)	60 003 km
2005 年 2 月 15 日	土卫六(T3)	1 579 km
2005 年 2 月 17 日	土卫二(E0)	1 261 km
2005 年 3 月 9 日	土卫二(E1)	497 km
2005 年 3 月 31 日	土卫六(T4)	2 404 km
2005 年 4 月 16 日	土卫六(T5)	1 027 km
2005 年 7 月 14 日	土卫二(E2)	166 km
2005 年 8 月 22 日	土卫六(T6)	3 660 km
2005 年 9 月 7 日	土卫六(T7)	1 075 km
2005 年 9 月 24 日	土卫三	1 495 km
2005 年 9 月 26 日	土卫七	479 km
2005 年 10 月 11 日	土卫四	499 km
2005 年 10 月 28 日	土卫六(T8)	1 353 km
2005 年 11 月 26 日	土卫五	504 km
2005 年 12 月 26 日	土卫六(T9)	10 411 km
2006 年 1 月 15 日	土卫六(T10)	2 043 km
2006 年 2 月 27 日	土卫六(T11)	1 812 km
2006 年 3 月 19 日	土卫六(T12)	1 949 km
2006 年 4 月 30 日	土卫六(T13)	1 856 km
2006 年 5 月 20 日	土卫六(T14)	1 879 km
2006 年 7 月 2 日	土卫六(T15)	1 906 km
2006 年 7 月 22 日	土卫六(T16)	950 km
2006 年 9 月 7 日	土卫六(T17)	1 000 km
2006 年 9 月 23 日	土卫六(T18)	960 km
2006 年 10 月 9 日	土卫六(T19)	980 km
2006 年 10 月 25 日	土卫六(T20)	1 030 km

续表

交会日期	目标卫星	最小距离
2006 年 12 月 12 日	土卫六（T21）	1 000 km
2006 年 12 月 28 日	土卫六（T22）	1 297 km
2007 年 1 月 13 日	土卫六（T23）	1 000 km
2007 年 1 月 29 日	土卫六（T24）	2 631 km
2007 年 2 月 22 日	土卫六（T25）	1 000 km
2007 年 3 月 10 日	土卫六（T26）	981 km
2007 年 3 月 26 日	土卫六（T27）	1 010 km
2007 年 4 月 10 日	土卫六（T28）	991 km
2007 年 4 月 26 日	土卫六（T29）	981 km
2007 年 5 月 12 日	土卫六（T30）	959 km
2007 年 5 月 28 日	土卫六（T31）	2 299 km
2007 年 6 月 13 日	土卫六（T32）	965 km
2007 年 6 月 29 日	土卫六（T33）	1 933 km
2007 年 7 月 19 日	土卫六（T34）	1 332 km
2007 年 8 月 31 日	土卫六（T35）	3 324 km
2007 年 9 月 10 日	土卫八	1 622 km
2007 年 10 月 2 日	土卫六（T36）	973 km
2007 年 11 月 19 日	土卫六（T37）	999 km
2007 年 12 月 5 日	土卫六（T38）	1 298 km
2007 年 12 月 20 日	土卫六（T39）	970 km
2008 年 1 月 5 日	土卫六（T40）	1 014 km
2008 年 2 月 22 日	土卫六（T41）	1 000 km
2008 年 3 月 12 日	土卫二（E3）	48 km
2008 年 3 月 25 日	土卫六（T42）	999 km
2008 年 5 月 12 日	土卫六（T43）	1 001 km
2008 年 5 月 28 日	土卫六（T44）	1 400 km
2008 年 7 月 31 日	土卫六（T45）	1 614 km
2008 年 8 月 11 日	土卫二（E4）	49 km
2008 年 10 月 9 日	土卫二（E5）	25 km
2008 年 10 月 31 日	土卫二（E6）	169 km
2008 年 11 月 3 日	土卫六（T46）	1 105 km
2008 年 11 月 19 日	土卫六（T47）	1 023 km
2008 年 12 月 5 日	土卫六（T48）	961 km
2008 年 12 月 21 日	土卫六（T49）	971 km

续表

交会日期	目标卫星	最小距离
2009 年 2 月 7 日	土卫六（T50）	967 km
2009 年 3 月 27 日	土卫六（T51）	963 km
2009 年 4 月 4 日	土卫六（T52）	4 147 km
2009 年 4 月 20 日	土卫六（T53）	3 599 km
2009 年 5 月 5 日	土卫六（T54）	3 242 km
2009 年 5 月 21 日	土卫六（T55）	966 km
2009 年 6 月 6 日	土卫六（T56）	968 km
2009 年 6 月 22 日	土卫六（T57）	955 km
2009 年 7 月 8 日	土卫六（T58）	966 km
2009 年 7 月 24 日	土卫六（T59）	956 km
2009 年 8 月 9 日	土卫六（T60）	971 km
2009 年 8 月 25 日	土卫六（T61）	970 km
2009 年 10 月 12 日	土卫六（T62）	1 300 km
2009 年 11 月 2 日	土卫二（E7）	99 km
2009 年 11 月 21 日	土卫二（E8）	1 603 km
2009 年 12 月 12 日	土卫六（T63）	4 850 km
2009 年 12 月 28 日	土卫六（T64）	955 km
2010 年 1 月 12 日	土卫六（T65）	1 073 km
2010 年 1 月 28 日	土卫六（T66）	7 490 km
2010 年 3 月 2 日	土卫五	101 km
2010 年 4 月 5 日	土卫六（T67）	7 462 km
2010 年 4 月 7 日	土卫四	503 km
2010 年 4 月 28 日	土卫二（E9）	99 km
2010 年 5 月 18 日	土卫二（E10）	435 km
2010 年 5 月 20 日	土卫六（T68）	1 400 km
2010 年 6 月 5 日	土卫六（T69）	2 044 km
2010 年 6 月 21 日	土卫六（T70）	880 km
2010 年 7 月 7 日	土卫六（T71）	1 005 km
2010 年 8 月 13 日	土卫二（E11）	2 550 km
2010 年 9 月 24 日	土卫六（T72）	8 175 km
2010 年 11 月 11 日	土卫六（T73）	7 921 km
2010 年 11 月 30 日	土卫二（E12）	48 km
2010 年 12 月 21 日	土卫二（E13）	48 km
2011 年 1 月 11 日	土卫五	76 km

续表

交会日期	目标卫星	最小距离
2011 年 2 月 18 日	土卫六（T74）	3 651 km
2011 年 4 月 19 日	土卫六（T75）	10 053 km
2011 年 5 月 8 日	土卫六（T76）	1 873 km
2011 年 6 月 20 日	土卫六（T77）	1 359 km
2011 年 9 月 12 日	土卫六（T78）	5 821 km
2011 年 10 月 1 日	土卫二（E14）	99 km
2011 年 10 月 19 日	土卫二（E15）	1 231 km
2011 年 11 月 6 日	土卫二（E16）	496 km
2011 年 12 月 12 日	土卫四	99 km
2011 年 12 月 13 日	土卫六（T79）	3 586 km
2012 年 1 月 2 日	土卫六（T80）	29 415 km
2012 年 1 月 30 日	土卫六（T81）	31 131 km
2012 年 2 月 19 日	土卫六（T82）	3 803 km
2012 年 3 月 27 日	土卫二（E17）	74 km
2012 年 4 月 14 日	土卫二（E18）	74 km
2012 年 5 月 2 日	土卫二（E19）	74 km
2012 年 5 月 22 日	土卫六（T83）	955 km
2012 年 6 月 7 日	土卫六（T84）	959 km
2012 年 7 月 24 日	土卫六（T85）	1 012 km
2012 年 9 月 26 日	土卫六（T86）	956 km
2012 年 11 月 13 日	土卫六（T87）	973 km
2012 年 11 月 29 日	土卫六（T88）	1 014 km
2013 年 2 月 17 日	土卫六（T89）	1 978 km
2013 年 3 月 9 日	土卫五	997 km
2013 年 4 月 5 日	土卫六（T90）	1 400 km
2013 年 5 月 23 日	土卫六（T91）	970 km
2013 年 7 月 10 日	土卫六（T92）	964 km
2013 年 7 月 26 日	土卫六（T93）	1 400 km
2013 年 9 月 12 日	土卫六（T94）	1 400 km
2013 年 10 月 14 日	土卫六（T95）	961 km
2013 年 12 月 1 日	土卫六（T96）	1 400 km
2014 年 1 月 1 日	土卫六（T97）	1 400 km
2014 年 2 月 2 日	土卫六（T98）	1 236 km
2014 年 3 月 6 日	土卫六（T99）	1 500 km

续表

交会日期	目标卫星	最小距离
2014 年 4 月 7 日	土卫六（T100）	963 km
2014 年 5 月 17 日	土卫六（T101）	2 994 km
2014 年 6 月 18 日	土卫六（T102）	3 659 km
2014 年 7 月 20 日	土卫六（T103）	5 103 km
2014 年 8 月 21 日	土卫六（T104）	964 km
2014 年 9 月 22 日	土卫六（T105）	1 400 km
2014 年 10 月 24 日	土卫六（T106）	1 013 km
2014 年 12 月 10 日	土卫六（T107）	980 km
2015 年 1 月 11 日	土卫六（T108）	970 km
2015 年 2 月 12 日	土卫六（T109）	1 200 km
2015 年 3 月 16 日	土卫六（T110）	2 275 km
2015 年 5 月 7 日	土卫六（T111）	2 722 km
2015 年 6 月 16 日	土卫四	516 km
2015 年 7 月 7 日	土卫六（T112）	10 953 km
2015 年 8 月 17 日	土卫四	474 km
2015 年 9 月 28 日	土卫六（T113）	1 036 km
2015 年 10 月 14 日	土卫二（E20）	1 839 km
2015 年 10 月 28 日	土卫二（E21）	49 km
2015 年 11 月 13 日	土卫六（T114）	11 920 km
2015 年 12 月 19 日	土卫二（E22）	4 999 km
2016 年 1 月 16 日	土卫六（T115）	3 817 km
2016 年 2 月 1 日	土卫六（T116）	1 400 km
2016 年 2 月 16 日	土卫六（T117）	1 018 km
2016 年 4 月 4 日	土卫六（T118）	990 km
2016 年 5 月 6 日	土卫六（T119）	971 km
2016 年 6 月 7 日	土卫六（T120）	975 km
2016 年 7 月 25 日	土卫六（T121）	976 km
2016 年 8 月 10 日	土卫六（T122）	1 599 km
2016 年 9 月 27 日	土卫六（T123）	1 737 km
2016 年 11 月 14 日	土卫六（T124）	1 582 km
2016 年 11 月 29 日	土卫六（T125）	3 223 km
2017 年 4 月 22 日	土卫六（T126）	979 km

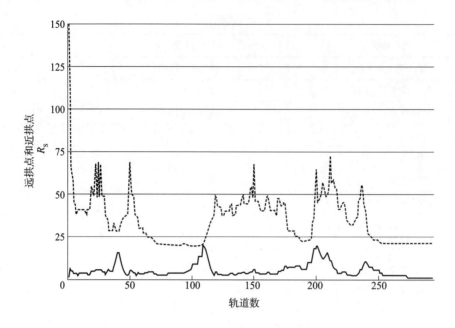

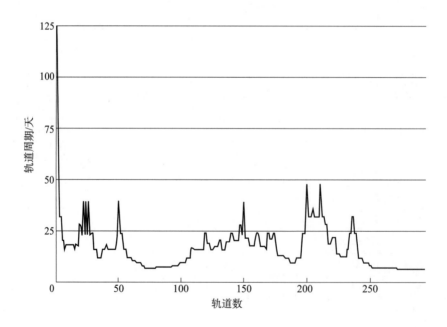

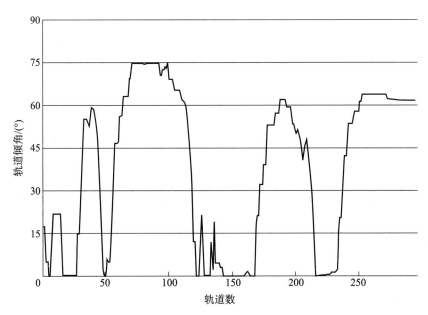

在卡西尼号 13 年的探测任务中轨道的演变。轨道的变化很大程度上受到土星重力的影响。近拱点和
远拱点高度一致时近圆形轨道的周期以及任务过程中轨道倾角的高低变化是值得关注的

参 考 文 献

[Abdel-jawad-2008] Abdel-jawad, M.M., Goldsworthy, M.J., Macrossan, M.N., "Stability Analysis of Beagle 2 in Free Molecular and Transition Regimes", Journal of Spacecraft and Rockets, 45, 2008, 1207-1212

[Abe-1991] Abe, T., Kawaguchi, J., Suzuki, K., "Feasibility Stndy of Mars Exploration by Using Aerocaptnre", paper dated 1991

[Abe-2006a] Abe, M., et al., "Near-Infrared Spectral Results of Asteroid Itokawa from the Hayabusa Spacecraft", Science, 312, 2006, 1334-1338

[Abe-2006b] Abe, S., et al., "Mass and Local Topography Measurements of Itokawa by Hayabusa", Science, 312, 2006, 1344-1347

[Abe-2011] Abe, S., et al., "Near-Ultraviolet and Visible Spectroscopy of HAYABUSA Spacecraft Re-entry", arXiv astro-ph/1108.5982 preprint

[Adams-2005] Adams, D., Sabahi, D., Mobrem, M., "MARSIS Antenna Deployment Testing and Analysis", presentation at the Spacecraft and Launch Vehicle Dynamic Environments Workshop, El Segundo, June 2005

[Allton-2005] Allton, J.H., Stansbery, E.K., McNamara, K.M., "Size Distribution of Genesis Solar Wind Array Collector Fragments Recovered", paper presented at the XXXVI Lunar and Planetary Science Conference, Houston, 2005

[Anderson-2007] Anderson, J.D., et al., "Saturn's Gravitational Field, Internal Rotation, and Interior Structnre", Science 317, 2007, 1384-1386

[Angrilli-2004] Angrilli, F., et al., "IPSE: The Italian Package for Scientific Experiments on Mars", Planetary and Space Science, 52, 2004, 41-45

[Arvidson-2000] Arvidson, R.E., et al., "FIDO Field Trials in Preparation for Mars Rover Exploration and Discovery and Sample Return Missions", paper presented at the Workshop on Concepts and Approaches for Mars Exploration, July 18-20, 2000, Houston, Texas

[Arvidson-2004a] Arvidson, R.E., et al., "Localization and Physical Property Experiments Conducted by Opportunity at Meridiani Planum", Science, 306, 2004, 1730-1733

[Arvidson-2004b] Arvidson, R.E., et al., "Localization and Physical Properties Experiments Conducted by Spirit at Gusev Crater", Science, 305, 2004, 821-824

[Arvidson-2005] Arvidson, R.E., et al., "Spectral Reflectance and Morphologic Correlations in Eastern Terra Meridiani, Mars", Science, 307, 2005, 1591-1594

[ASI-1999] "Deep Drill System(DeeDri)for Mars Surveyor Program 2003 Subsystem Proposal Information Package(S_PIP)", Rome, ASI and Tecnospazio, 1999

[Atreya-2007] Atreya, S., "Titan's Organic Factory", Science, 316, 2007, 843-844

[AWST-1989] "Cassini to Provide Detailed, Extended Views of Saturn", Aviation Week and Space

Technology，9 October 1989，109 - 110

［AWST - 2000a］"Nozonti on Target for Mars"，Aviation Week & Space Technology，11 December 2000，84

［AWST - 2000b］Aviation Week & Space Technology，30 October 2000，24

［Bagenal - 2005］Bagenal，F.，"Saturn's Mixed Magnetosphere"，Nature，433，2005，695 - 696

［Bagenal - 2007］Bagenal，F.，"A New Spin on Saturn's Rotation"，Science，316，2007，380 - 381

［Baines - 1995］Baines，K.H.，et al.，"VESAT：The Venus Environmental Satellite Discovery Mission"，Acta Astronautica，35，1995，417 - 425

［Baines - 2005］Baines，K.H.，et al.，"The Atmospheres of Saturn and Titan in the NearInfrared：First Results of Cassini/VIMS"，Earth，Moon，and Planets 96，2005，119 - 147

［Baker - 2003］Baker，V.R.，"Icy Martian Mysteries"，Nature，426，2003，779 - 780

［Baland - 2011］Baland，R.M.，et al.，"Titan's Obliquity as Evidence for a Subsurface Ocean?"，arXiv astro - ph/1104.2741 preprint

［Bandfield - 2007］Bandfield，J.L.，"High - Resolution Subsurface Water - Ice Distributions on Mars"，Nature，447，2007，64 - 67

［Banerdt - 2010］Banderdt，W.B.，"Mars Exploration Rovers Science Results from 6 1/4，Years on Mars"，presentation at the Planet Mars III Workshop，Les Houches，April 2010

［Barabash - 2006］Barabash，S.，et al.，"The Analyzer of Space Plasmas and Energetic Atoms(ASPERA - 3)for the Mars Express Mission"，Space Science Reviews，126，2006，113 - 164

［Barabash - 2007］Barabash，S.，et al.，"Martian Atmospheric Erosion Rates"，Science，315，2007，501 - 503

［Baratoux - 2011］Baratoux，D.，et al.，"Thermal History of Mars Inferred from Orbital Geocbentistry of Volcanic Provioces"，Nature，472，2011，338 - 341

［Barbieri - 2003］Barbieri，A.，et al.，"Specular Reflection of Odyssey's UHF Beacon from the Northern Latitudes of Mars"，paper presented at the Fall 2003 Meeting of the American Geophysical Union

［Barnes - 2005］Barnes，J.W.，et al.，"A 5 - Micron - Bright Spot on Titan：Evidence for Surface Diversity"，Science，310，2005，92 - 95

［Barnes - 2008］Barnes，J.，"Titan：Earth in Deep Freeze"，Sky & Telescope，December 2008，26 - 32

［Barnes - 2009a］Barnes，J.W.，et al.，"VIMS Spectral Mapping Observations of Titan during the Cassini Prime Mission"，Planetary and Space Science，2009，57，1950 - 1962

［Barnes - 2009b］Barnes，J.W.，et al.，"Shoreline features of Titan's Ontario Lacus from Cassini/VIMS observations"，Icarus，201，2009，217 - 225

［Barnes - 2011］Barnes，J.W.，et al.，"Wave Constraints for Titan's Jingpo Lacus and Kraken Mare from VIMS Specular Reflection Lightcurves"，Icarus，211，2011，722 - 731

［Barraclough - 2003］Barraclough B.L.，et al.，"The plasma ion and electron instroments for the Genesis Mission"，Space Science Review，105，2003，627 - 660

［Barraclough - 2004］Barraclough，B.L.，et al.，"The Genesis Mission Solar Wind Collection：Solar Wind Statistics over the Period of Collection"，paper presented at the XXXV Lunar and Planetary Science Conference，Houston，2004

［Basilevsky - 2008］Basilevsky，A.T.，et al.，"New MEX HRSC/SRC Images of Phobos and the Fobos -

Grunt Landing Sites", paper presented at the 48th Vernadsky/Brown Micro - symposium on Comparative Planetology, Moscow, October 2008

［Battistelli - 2004］Battistelli, E., et al., "Scientific Instroments Studied by Galileo Avionica for Mars Surface Exploration", Planetary and Space Science, 52, 2004, 47 - 53

［Baumgertner - 2005］Baumgertner, E.T., et al., "The Mars Exploration Rover Instrument Positioning System", paper presented at the 2005 IEEE Aerospace Conference

［Beckes - 2005］Beckes, H., et al., "Titan's Magnetic Field Signature During the First Cassini Encounter", Science, 308, 2005, 992 - 995

［Beckman - 1986］Beckman, J., Scoon, G.E.N., "Project Cassini - A Potential Collaborative ESA/NASA Saturn Orbiter and Titan Probe Mission", Acta Astronautica, 14, 1986, 185 - 194

［Bell - 2002］Bell, J., "Tip of the Martian Iceberg?", Science, 297,2002, 60 - 61

［Bell - 2003］Bell, J.F.III, et al., "The Panoramic Camera(Pancam)Investigation on the NASA 2003 Mars Exploration Rover Mission", paper presented at the XXXIV Lunar and Planetary Science Conference, Houston, 2003

［Bell - 2004a］Bell, J.F.III, et al., "Pancam Multispectral Imaging Results from the Opportunity Rover at Meridiani Planum", Science, 306, 2004, 1703 - 1709

［Bell - 2004b］Bell, J.F.III, et al., "Pancam Multispectral Imaging Results from the Spirit Rover at Gusev Crater", Science, 305, 2004, 800 - 806

［Bell - 2005］Bell, J.F.III, et al., "Solar Eclipses of Phobos and Deimos Observed from the Surface of Mars", Nature, 436, 2005, 55 - 57

［Bell - 2006］Bell, J., "Backyard Astronomy from Mars", Sky & Telescope, August 2006, 41 - 44

［Bertaux - 2004］Bertaux, J.-L., et al., "SPICAM: Studying the Global Structure and Composition of the Martian Atmosphere", in: "Mars Express: The Scientific Payload", Noordwijk, ESA SP - 1240, August 2004, 95 - 120

［Bertaux - 2005a］Bertaux, J.-L., et al., "Discovery of an Aurora on Mars", Nature, 435, 2005,790 - 794

［Bertaux - 2005b］Bertaux, J.-L., et al., "Nightglow in the Upper Atmosphere of Mars and Implications for Atmospheric Transport", Science, 307, 2005, 566 - 569

［Bertotti - 2003］Bertotti, B., Iess, L., Tortora, P., "A Test of General Relativity Using Radio Links with the Cassini Spacecraft", Nature, 425, 2003, 374 - 376

［Bertucci - 2008］Bertucci, C., et al., "The Magnetic Memory of Titan's Ionized Atmosphere", Science, 321, 2008, 1475 - 1478

［Bibring - 2004］Bibring, J.-P., et al., "Perennial Water Ice Identified in the South Polar Cap of Mars", Nature, 428, 2004, 627 - 630

［Bibring - 2005］Bibring, J.-P., et al., "Mars Surface Diversity as Revealed by the OMEGA/Mars Express Observations", Science, 307, 2005, 1576 - 1581

［Bibring - 2006］Bibring, J.-P., et al., "Global Mineralogical and Aqueous Mars History Derived from OMEGA/Mars Express Data", Science, 312, 2006, 400 - 404

［Bibring - 2007］Bibring, J.-P., et al., "Coupled Ferric Oxides and Sulfates on the Martian Surface", Science, 317, 2007, 1206 - 1210

［Bibring - 2009a］Bibring, J.-P., "Mars: Planète Bleue?"(Mars, Blue Planet?), Odile Jacob,2009, 133 -

135(in French)

[Bibring - 2009b] ibid., 141 - 142

[Bibring - 2009c] ibid., 142

[Bibring - 2009d] ibid.,145 - 170

[Bille - 2004] Bille, M., Lishock, E., "The First Space Race", Texas A&M University Press,2004, 140 - 150

[Bird - 2005] Bird, M.K., et al., "The Vertical Profile of Winds on Titan", Nature, 438, 2005,800 - 802

[Boehnardt - 1999] Boehnardt, H., et al., "The Nuclei of Comets 26P/Grigg - Skjellerup and 73P/ Schwassmann - Wachmann 3", Astronomy and Astrophysics, 341, 1999, 912 - 917

[Bolton - 2002] Bolton, S.J., et al., "Ultra - Relativistic Electrons in Jupiter's Radiation Belts", Nature, 415, 2002, 987 - 991

[Bonitz - 1998] Bonitz, R.G., "Mars Surveyor '98 Lander MVACS Robotic Arm Control Systen Design Concepts", in: Proceedings of the IEEE International Conference on Robotics and Automation, 1997, 2465 - 2470

[Bonitz - 2000] Bonitz, R.G., Ngnyen, T.T., Kim, W.S., "The Mars Surveyor '01 Rover and Robotic Arm", paper presented at the IEEE Aerospace Conference, March 2000

[Bonitz - 2001] Bonitz, R.G., et al., "MVACS Robotic Arm", Journal of Geophysical Research, 106, 2001, 17623 - 17634

[Borde - 2004] Borde, J., Poinsignon, V., Schmidt, R., "Mars Express Mission Outcome: Scientific and Technological Return of the First European Satellite Around the Red Planet", paper presented at the 55th International Astronautical Congress, Vancouver, 2004

[Borovicka - 2011] Borovicka, J., et al., "Photographic Observations of the Hayabusa Reentry", arXiv astro - ph/1108.6006 preprint

[Boynton - 2001] Boynton, W.V., et al., "Thermal and Evolved Gas Analyzer: Part of the Mars Volatile and Climate Surveyor Integrated Payload", Journal of Geophysical Research, 106, 2001, 17683 - 17698

[Boynton - 2002] Boynton, W.V., et al., "Distribution of Hydrogen in the Near Surface of Mars: Evidence for Subsurface Ice Deposits", Science, 297, 2002, 81 - 85

[Brad Dalton - 2005] Brad Dalton, J., "Saturn's Retrograde Renegade", Nature, 433, 2005, 695 - 696

[Britt - 2004] Britt, D.T., et al., "The Morphology and Surface Processes of Comet 19/P Borrelly", Icarus, 167, 2004, 45 - 53

[Brown - 2006] Brown, R.H., et al., "Composition and Physical Properties of Enceladus' Surface", Science, 311, 2006, 1425 - 1428

[Brown - 2008a] Brown, M.E., et al., "Discovery of Lake - Effect Clouds on Titan", arXiv astroph/0809. 1841 preprint

[Brown - 2008b] Brown, R.H., et al., "The Identification of Liquid Ethane in Titan's Ontario Lacus", Nature, 454, 2008, 607 - 610

[Brownlee - 1996] Brownlee, D.E., et al., "Stardust: Finessing Expensive Cometary Sample Returns", Acta Astronautica, 39, 1996, 51 - 60

[Brownlee - 2003] Brownlee, D.E., et al., "Stardust: Comet and Interstellar Dust Sample Return Mission", Journal of Geophysical Research, 108, 2003

［Brownlee - 2004］Brownlee, D.E., et al., "Surface of Young Jupiter Fantily Comet 81P/Wild 2: View From the Stardust Spacecraft", Science, 304, 2004, 1764 - 1769

［Brownlee - 2006］Brownlee, D.E., et al., "Comet 81P/Wild 2 Under a Microscope", Science, 314, 2006, 1711 - 1716

［Buratti - 2004a］Buratti, B.J., et al., "9969 Braille: Deep Space 1 Infrared Spectroscopy, Geometric Albedo, and Classification", Icarus, 167, 2004, 129 - 135

［Buratti - 2004b］Buratti, B.J., et al., "Deep Space 1 Photometry of the Nucleus of Comet 19P/Borrelly", Icarus, 167, 2004, 16 - 29

［Buratti - 2009］Buratti, B.J., Faulk, S.P., "A Search for Plume Activity on Mimas, Tethys, and Dione with Cassini VIMS High Solar Phase Angle Observations", NASA Undergraduate Student Research Program paper dated Augnst 2009

［Burch - 2007］Burch, J.L., et al., "Tethys and Dione as Sources of Ontward - Flowing Plasma in Saturn's Magnetosphere", Nature, 447, 2007, 833 - 835

［Burnett - 2003］Burnett D.S., et al., "The Genesis Discovery Mission: Return of solar matter to Earth", Space Science Review, 105, 2003, 509 - 534

［Burnett - 2005］Burnett, D.B., et al., "Molecular Contamination on Anodized Aluminium Components of the Genesis Science Canister", paper presented at the XXXVI Lunar and Planetary Science Conference, Houston, 2005

［Burnett - 2006a］Burnett, D.S., "NASA Returns Rocks from a Comet", Science, 314, 2006, 1709 - 1710

［Burnett - 2006b］Burnett, D.B., and the Genesis Science Team, "Genesis Mission: Overview and Status", paper presented at the XXXVII Lunar and Planetary Science Conference, Houston, 2006

［Burnett - 2011］Burnett, D.S., and Genesis Science Team, "Solar composition from the Genesis Discovery Mission", Proceedings of the National Academy of Sciences of the United States of America, 108, 2011, 19147 - 19151

［Burns - 2010］Burns, J.A., "The Birth of Saturn's Baby Moons", Nature, 465, 2010, 701 - 702

［Butler - 2003］Butler, D., "Are You on Board?", Nature, 423, 2003, 476

［Calcutt - 1992］Calcutt, S., et al., "The Composite Infrared Spectrometer", Journal of the British Interplanetary Society, 45, 1992, 381 - 386

［Canup - 2010］Canup, R.M., "Origin of Saturn's Rings and Inner Moons by Mass Removal from a Lost Titan - Sized Satellite", Nature, 468, 2010, 943 - 946

［Carroll - 1993］Carroll, M.W., "Cheap Shots", Astronomy, August 1993, 38 - 47

［Carroll - 1995］Carroll, M., "New Discoveries on the Horizon: NASA's Next Missions", Astronomy, November 1995, 36 - 43

［Carroll - 1997］Carroll, M., "Europa: Distant Ocean, Hidden Life?", Sky & Telescope, December 1997, 50 - 55

［Carusi - 1985］Carusi, A., et al., "Long - Term Evolution of Short - Period Comets", Bristol, Adam Hilger, 1985

［Casani - 1996］Casani, E.K., Stocky, J.F., Rayman, M.D., "Solar Electric Propulsion", paper presented at the First IAA Symposium on Realistic Near - Term Advanced Scientific Space Missions, Aosta, 25 - 27 June 1996

[Cesarone – 1999] Cesarone, R.J., et al., "Architectural Design for a Mars Communications & Navigation Orbital Infrastructore", paper AAS 99 – 300

[Chan – 2004] Chan, M.A., et al., "A Possible Terrestrial Analogue for Haematite Concretions on Mars", Nature, 429, 2004, 731 – 734

[Charnoz – 2005] Charnoz, S., et al., "Cassini Discovers a Kinematic Spiral Ring around Saturn", Science, 310, 2005, 1300 – 1304

[Charnoz – 2007] Charnoz, S. et al., "The Equatorial Ridges of Pan and Atlas: Terminal Accretionary Ornaments?", Science, 318, 2007, 1622 – 1624

[Charnoz – 2009] Charnoz, S., "Physical Collisions of Moonlets and Clumps with the Saturn's F – Ring Core", arXiv astro – ph/0901.0482 preprint

[Charnoz – 2010] Charnoz, S., Salmon, J., Crida, A., "The Recent Formation of Saturn's Moonlets from Viscous Spreading of the Main Rings", Nature, 465, 2010, 752 – 754

[Cheng – 2000] Cheng, A.F., Barnouin – Jha, O.S., Pieters, C.M., "Aladdin: Sample Collection from the Moons of Mars", paper presented at the Workshop on Concepts and Approaches for Mars Exploration, July 18 – 20, 2000, Houston, Texas

[Chicarro – 2003] Chicarro, M., Martin, P., Troutenet, R., "Mars Express – Unravalling the Scientific Mysteries of Mars", ESA Bulletin, 115, 2003, 18 – 25

[Chicarro – 2006] Chicarro, M., "One Martian Year in Orbit – The Science from Mars Express", ESA Bulletin, 125, 2006, 17 – 19

[Christensen – 2003a] Christensen, P.R., et al., "Formation of Recent Martian Gullies through Melting of Extensive Water – Rich Snow Deposits", Nature, 422, 2003, 45 – 48

[Christensen – 2003b] Christensen, P.R., et al., "Morphology and Composition of the Surface of Mars: Mars Odyssey THEMIS Results", Science, 300, 2003, 2056 – 2061

[Christensen – 2004a] Christensen, P.R., et al., "Mineralogy at Meridiani Planum from the Mini – TES Experiment on the Opportunity Rover", Science, 306, 2004, 1733 – 1739

[Christensen – 2004b] Christensen, P.R., et al., "Initial Results from the Mini – TES Experiment in Gusev Crater from the Spirit Rover", Science, 305, 2004, 837 – 842

[Christensen – 2005] Christensen, P.R., et al., "Evidence for Magmatic Evolution and Diversity on Mars from Infrared Observations", Nature, 436, 2005, 504 – 509

[Clark – 2005a] Clark, R.N., et al., "Compositional Maps of Saturn's Moon Phoebe from Imaging Spectroscopy", Nature, 435, 2005, 66 – 69

[Clark – 2005b] Clark, B.E., Grant, K.B., "Japan's Asteroid Archaeologist", Sky & Telescope, June 2005, 34 – 37

[Clark – 2009] Clark, R.N., "Detection of Adsorbed Water and Hydroxyl on the Moon", Science, 2009, 326, 562 – 564

[Clark – 2005] Clarke, J.T., et al., "Morphological Differences between Saturn's UltravioletAurorae and Those of Earth and Jupiter", Nature, 433, 2005, 717 – 719

[Clayton – 2011] Clayton, R.N., "The Earth and the Sun", Science, 332, 2011, 1509 – 1510

[CNES – 2002] "2007 Orbiter Mission Specification", docoment MARS – TS – 00 – 001 – CNES dated 25 January 2002

〔Coates - 1992〕Coates, A.J., et al., "The Electron Spectrometer for the Cassini Spacecraft", Journal of the British Interplanetary Society, 45, 1992, 387 - 392

〔Cochran - 2002〕Cochran, A., et al., "The COmet Nucleus TOUR(CONTOUR), A NASA Discovery Mission", Earth Moon and Planets, 89, 2002, 289 - 300

〔Colangeli - 2000〕Colangeli, L., "The Martian Atmospheric Grain Observer(MAGO) for In - Situ Dust Analysis", paper presented at the Workshop on Concepts and Approaches for Mars Exploration, July 18 - 20, 2000, Houston, Texas

〔Colozza - 2003〕Colozza, A., Landis, G., Lyons, V., "Overview of Innovative Aircraft Power and Propulsion Systems and Their Applications for Planetary Exploration", NASA TM - 2003 - 212459

〔Conway - 2007〕Conway, E.M., Flores, M., "Deep Space 1: A Revolution in Space Exploration", Quest, 14, No.2, 2007, 41 - 51

〔Cordier - 2000〕Cordier, B., et al., "MA - FLUX: The X - Ray Fluorescence Experiment inside the IPSE Laboratory", paper presented at the Workshop on Concepts and Approaches for Mars Exploration, July 18 - 20, 2000, Houston, Texas

〔Corneille - 2004〕Corneille, P., "High Life on Mars", Spaceflight, October 2004, 389 - 392

〔Corneille - 2005a〕Corneille, P., "Roving on the Red Planet", Spaceflight, March 2005, 102 - 106

〔Corneille - 2005b〕Comeille, P., "Extended Mission for MER Twins", Spaceflight, September 2005, 339 - 343

〔Corneille - 2006〕Corneille, P., "Two Years of MER Operations on Mars", Spaceflight, April 2006, 140 - 144

〔Corneille - 2007〕Comeille, P., "Three Years of MER Operations", Spaceflight, January 2007, 16 - 19

〔Corneille - 2008〕Corneille, P., "Four Years of MER Operations on Mars", Spaceflight, January 2008, 22 - 25

〔Corneille - 2009〕Comeille, P., "Five Years of MER on the Red Planet", Spaceflight, February 2009, 59 - 63

〔Corneille - 2010〕Corneille, P., "Six Years of MER Operations on Mars", Spaceflight, January 2010, 20 - 25

〔Coué - 2007〕Coué, P., "La Chine Veut la Lune"(China Wants the Moon), Paris, A2C Medias, 2007, 150 (in French)

〔Covault - 1994〕Covault, C., "U.S., Russia Plan New Mars Mission", Aviation Week & Space Technology, 6 June 1994, 24 - 25

〔Covault - 1997〕Covault, C., "Saturn's Mysteries Beckon Cassini", Aviation Week & Space Technology, 20 October 1997, 22 - 24

〔Covault - 2001〕Covault, C., "U.S.Poised for Return to Mars", Aviation Week & Space Technology, 2 April 2001, 36 - 38

〔Covault - 2002〕Covault, C., "Boeing Delta Rockets Contour toward Comets", Aviation Week & Space Technology, 8 July 2002, 25

〔Covault - 2003a〕Covault, C., "Mars Beckons", Aviation Week & Space Technology, 16 June 2003, 61 - 62

〔Covault - 2003b〕Covault, C., "Limited Opportunity", Aviation Week & Space Technology, 7 July 2003,

34－35

［Covault－2003c］Covault，C.，"Fast Action for Rover"，Aviation Week & Space Technology，14 July 2003，34－35

［Covault－2003d］Covault，C.，"Taking Mars"，Aviation Week & Space Technology，30 November 2003，page unknown

［Covault－2004a］Covault，C.，"Titan Revealed"，Aviation Week & Space Technology，1 November 2004，42－43

［Covault－2004b］Covault，C.，"Stardust's Adventure"，Aviation Week & Space Technology，12 January 2004，29

［Covault－2004c］Covault，C.，"Bedrock and Pay Dirt"，Aviation Week & Space Technology，2 February 2004，32－36

［Covault－2004d］Covault，C.，"Probing Martian Mysteries"，Aviation Week & Space Technology，9 February 2004，31－32

［Covault－2004e］Covault，C.，"Men from Earth"，Aviation Week & Space Technology，31 May 2004，62－68

［Covault－2004f］Covault，C.，"Sailing a Martian Sea"，Aviation Week & Space Technology，19 July 2004，180－184

［Covault－2004g］Covault，C.，"Roll On，Rovers!" Aviation Week & Space Technology，12 April 2004，53

［Covault－2004h］Covault，C.，"Martian Mountaineering"，Aviation Week & Space Technology，23 August 2004，40－42

［Covault－2004i］Covault，C.，"The Real Martians"，Aviation Week & Space Technology，1 November 2004，30－37

［Covault－2005］Covault，C.，"Martian Bonus"，Aviation Week & Space Technology，25 July 2005，27

［Covault－2007a］Covault，C.，"Over the Edge"，Aviation Week & Space Technology，9 July 2007，22

［Covault－2007b］Covault，C.，"Surviving the Storm"，Aviation Week & Space Technology，16 July 2007，31

［Covault－2007c］Covault，C.，"Opportunity's Knocks"，Aviation Week & Space Technology，30 July 2007，34

［Covault－2007d］Covault，C.，"Victorian Image"，Aviation Week & Space Technology，8 October 2007，39

［Covault－2008］Covault，C.，"The Outer Limit"，Aviation Week & Space Technology，14 April 2008，30－32

［Cowley－1999］Cowley，L.T.，Schroeder，M.，"Forecasting Martian Halos"，Sky & Telescope，December 1999，60－64

［Crabb－2003］Crabb，C.，"NASA Bails Out of French－Led Mars Mission"，Science，300，2003，719

［Crary－2005］Crary，F.J.，et al.，"Solar Wind Dynamic Pressure and Electric Field as the Main Factors Controlling Saturn's Aurorae"，Nature，433，2005，720－722

［Crida－2010］Crida，A.，Charnoz，S.，"Recipe for Making Saturn's Rings"，Nature，468，2010，904－905

［Crovisier－1996］Crovisier，J.，et al.，"What Happened to Comet 73P/Schwassmann－Wachmann 3?"，

Astronomy and Astrophysics, 310, 1996, L17 - L20

［Crowley - 2007］Crowley, G., Tolson, R.H., "Mars Thermospheric Winds from Mars Global Surveyor and Mars Odyssey Accelerometers", Journal of Spacecraft and Rockets, 44,2007,1188 - 1194

［Cruiksbank - 1972］Cruikshank, D.P., Morrison, D., "Titan and Its Atmosphere", Sky & Telescope, August 1972, 83 - 85

［Cruiksbank - 2007］Cruikshank, D.P., et al., "Surface composition of Hyperion", Nature, 448,2007, 54 - 57

［Cull - 2007］Cull, S., "Martian Photo Opportunity", Sky & Telescope, January 2007, 30 - 32

［Cushing - 2007］Cushing, G.E., et al., "THEMIS Observes Possible Cave Skylights on Mars", paper presented at the ⅩⅩⅩⅧ Lunar and Planetary Science Conference, Houston, 2007

［Cuzzi - 2010］Cuzzi, J.N., "An Evolving View of Saturn's Dynamic Rings", Science, 327,2010,1470 - 1475

［Cyranoski - 2010］Cyranoski, D., "Space Capsule Probed for Asteroid Dust", Nature, 466,2010, 16 - 17

［Dandouras - 2009］Dandouras, I., et al., "Titan's Exosphere and its Interaction with Saturn's Magnetosphere", Philosophical Transactions of the Royal Society A: Mathematical, Physical and Engineering Sciences, 367, 2009, 743 - 752

［Davies - 1988］Davies, J.K., "Satellite Astronomy: The Principles and Practice of Astronomy from Space", Chichester, Ellis Horwood, 1988, 156 - 158

［Davis - 2007］Davis, D.C., Patterson, C., Howell, K.C., "Solar Gravity Perturbations to Facilitate Long - Term Orbits: Application to Cassini" Paper AAS 07 - 275

［Déau - 2009］Déau, E., et al., "The Opposition Effect in Saturn's Rings Seen by Cassini/ISS: I. Morphology of Phase Curves", arXiv astro - ph/0901.0289 preprint

［Demura - 2006］Demura, H., et al., "Pole and Global Shape of 25143 Itokawa", Science, 312, 2006, 1347 - 1349

［Denis - 2006］Denis, M., et al., "Deployment of the MARSIS Radar Antennas On - Board Mars Express", paper presented at the Space Operations Conference, Rome, Italy, June 2006

［Denis - 2009］Denis, M., et al., "Ordinary Camera, Extraordinary Places - Visual Monitoring Cameras in the ESA Fleet", ESA Bulletin, 139, 2009, 29 - 33

［Denk - 2010］Denk, T., et al., "Iapetus: Unique Surface Properties and a Global Color Dichotomy from Cassini Imaging", Science, 327, 2010, 435 - 439

［Desai - 1998］Desai, P.N., "Mars Ascent Vehicle Flight Analysis", Paper AIAA - 98 - 2850

［Desai - 2000］Desai, S., et al., "Autonomous Optical Navigation (AutoNav) Technology Validation Report".In: "Deep Space 1 Technology Validation Reports", Washington,NASA, 2000

［Desai - 2008a］Desai, P.N., et al., "Entry, Descent, and Landing Operations Analysis for the Stardust Entry Capsule", Journal of Spacecraft and Rockets, 45, 2008, 1262 - 1268

［Desai - 2008b］Desai, P.N., Qualls, G.D., "Stardust Entry Reconstruction", paper AIAA - 2008 - 1198

［Desai - 2008c］Desai, P.N., Qualls, G.D., Schoenberger, M., "Reconstruction of the Genesis Entry", Journal of Spacecraft and Rockets, 45, 2008, 33 - 38

［Desai - 2008d］Desai, P.N., Knocke, P.C., "Mars Exploration Rovers Entry, Descent and Landing Trajectory Analysis", Journal of the Astronautical Sciences, 55, 2008

[Deutsch – 2002] Deutsch, L.J., "Resolving the Cassini/Huygens Relay Radio Anomaly", paper presented at the 2002 IEEE Aerospace Conference, Big Sky, Montana

[Dombard – 2007] Dombard, A.J., "Cracks under Stress", Nature, 447, 2007, 276 – 277

[Domokos – 2007] Domokos, A., et al., "Measurement of the meteoroid flux at Mars", Icarus, 191, 2007, 141 – 150

[Domokos – 2009] Domokos, G., et al., "Formation of Sharp Edged and Planar Areas of Asteroids by Polyhedral Abrasion", arXiv astro – ph/0904.4423 preprint

[Dornheim – 1996] Dornheim, M.A., "Cassini Mission to Saturn Caps Era of Grand Spacecraft", Aviation Week & Space Technology, 9 December 1996, 71 – 75

[Dornheim – 1998] Dornheim, M.A., "Cassini Gets First Boost from Venus", Aviation Week & Space Technology, 4 May 1998, 41

[Dornheim – 2001a] Dornheim, M.A., "ESA Board Suggests Procedures for Huygens Telemetry", Aviation Week & Space Technology, 8 January 2001, 21

[Dornheim – 2001b] Dornheim, M.A., "Cassini and Galileo Spacecraft Jointly Observe Jupiter", Aviation Week & Space Technology, 8 January 2001, 20

[Dornheim – 2003a] Dornheim, M.A., "Red Rover, Red Rover", Aviation Week & Space Technology, 26 May 2003, 54 – 56

[Dornheim – 2003b] Dornheim, M.A., "Can $ $ $ Buy Time?", Aviation Week & Space Technology, 26 May 2003, 56 – 58

[Dornheim – 2004a] Dornheim, M.A., "Discoveries Already", Aviation Week & Space Technology, 5 July 2004, 22 – 24

[Dornheim – 2004b] Dornheim, M.A., "Nabbing Titan", Aviation Week & Space Technology, 12 July 2004, 27 – 29

[Dornheim – 2004c] Dornheim, M.A., "Spirit Itches to Move", Aviation Week & Space Technology, 12 January 2004, 24 – 28

[Dornheim – 2004d] Dornheim, M.A., "Rover Crunch Time", Aviation Week & Space Technology, 26 January 2004, 27 – 28

[Dornheim – 2004e] Dornheim, M.A., "Martian Pearls", Aviation Week & Space Technology, 16 February 2004, 32 – 34

[Dornheim – 2004f] Dornheim, M.A., "In the Trenches", Aviation Week & Space Technology, 23 February 2004, 35 – 36

[Dornheim – 2004g] Dornheim, M.A., "Berries are Hematite", Aviation Week & Space Technology, 22 March 2004, 31

[Domheim – 2004h] Dornheim, M.A., "Extended Mission", Aviation Week & Space Technology, 5 April 2004, 33 – 34

[Dornheim – 2004i] Domheim, M.A., "Separated at Birth?", Aviation Week & Space Technology, 19 April 2004, 61 – 63

[Dornheim – 2004j] Dornheim, M.A., "To a Richer Outcrop", Aviation Week & Space Technology, 3 May 2004, 40

[Dornheim – 2004k] Dornheim, M.A., "Spirited Revival", Aviation Week & Space Technology, 2 February

2004，36 - 38

［Dornheim - 2004l］Domheim，M.A.，"Ready to Roll"，Aviation Week & Space Technology，9 February 2004，33 - 34

［Dornheim - 2004m］Dornheim，M.A.，"Spirit at Big Crater"，Aviation Week & Space Technology，15 March 2004，32 - 33

［Dornheim - 2004n］Domheim，M.A.，"Time Machine"，Aviation Week & Space Technology，10 May 2004，25 - 28

［Dornheim - 2004o］Dornheim，M.A.，"Martian Sand Traps"，Aviation Week & Space Technology，15 November 2004，75 - 76

［Dornheim - 2005a］Dornheim，M.A.，"Mineral Water"，Aviation Week & Space Technology，January 2005，37

［Dornheim - 2005b］Dornheim，M.A.，"Mission Rejuvenation"，Aviation Week & Space Technology，31 January 2005，24 - 25

［Dornheim - 2005c］Dornbeim，M.A.，"Mars Mission Grows"，Aviation Week & Space Technology，25 April 2005，68 - 70

［Dornheim - 2005d］Dornheim，M.A.，"King of the Hill"，Aviation Week & Space Technology，12 September 2005，60 - 61

［Dornheim - 2005e］Dornheim，M.A.，"Freeing Opportunity"，Aviation Week & Space Technology，9 May 2005，33 - 35

［Dornheim - 2005f］Dornheim，M.A.，"Free at Last"，Aviation Week & Space Technology，20 June 2005，64

［Dougherty - 2005］Dougherty，M.K.，et al.，"Cassini Magnetometer Observations During Saturn Orbit Insertion"，Science，307，2005，1266 - 1270

［Dougherty - 2006］Dougherty，M.K.，et al.，"Identification of a Dynamic Atmosphere at Enceladus with the Cassini Magnetometer"，Science，311，2006，1406 - 1409

［Douté - 2007］Douté，S.，et al.，"South Pole of Mars: Nature and Composition of the icy Terrains from Mars Express OMEGA Observations"，Planetary and Space Science，55，2007，113 - 133

［Dunbam - 2004］Dunham，D.W.，Farquhar，R.W.，"Background and Applications of Astrodynarnics for Space Missions of the Johns Hopkins Applied Physics Laboratory". In: Belbruno，E.，Folta，D.，Gurfll，P.，"Astrodynamics，Space Missions and Chaos"，Annals of the New York Academy of Sciences，1017，2004

［Duxbury - 2004］Duxbury，T.C.，et al.，"Asteroid 5535 Annefrank Size，Shape，and Orientation: Stardust First Results"，Journal of Geophysical Research，109，2004，E02002.1 - E02002.5

［Dyudina - 2008］Dyudina，U.A.，et al.，"Dynamics of Saturn's South Polar Vortex"，Science，319，2008，1801

［Ebihara - 2011］Ebihara，M.，et al.，"Neutron Activation Analysis of a Particle Returned from Asteroid Itokawa"，Science，333，2008，1116 - 1121

［Edwards - 1999］Edwards，C.，"Mars Network: First Stop on the Interplanetary Internet"，presentation of the Mars Network Project Office Telecommunications and Mission Operations Directorate，5 October 1999

［Edwards – 2006］Edwards, C. D. Jr., et al., "Relay Communications Strategies for Mars Exploration Through 2020", Acta Astronautica, 59, 2006, 310 – 318

［Elachi – 2005］Elachi, C., et al., "Cassini Radar Views the Surface of Titan", Science, 308, 2005, 970 – 974

［Elachi – 2006］Elachi, C., et al., "Titan Radar Mapper Observations from Cassini's T3 Fly – by", Nature, 441, 2006, 709 – 713

［Encrenaz – 2008a］Encrenaz, T., "Search for Methane on Mars: Observations, Interpretation and Future Work", Advances in Space Research, 42, 2008, 1 – 5

［Encrenaz – 2008b］Encrenaz, T., et al., "A Study of the Martian Water Vapor over Hellas using OMEGA and PFS Aboard Mars Express", Astronomy & Astrophysics, 484, 2008, 547 – 553

［Erickson – 2004］Erickson, J. K., Mauning, R., Adler, M., "Mars Exploration Rover: Launch, Cruise, Entry, Descent and Landing", paper presented at the 55th International Astronautical Congress, Vancouver, October 2004

［ESA – 2003］Mars Express Project Team, "Mars Express – Closing in on the Red Planet", ESA Bulletin, 115, 2003, 10 – 17

［ESA – 2004］"Beagle 2: ESA/UK.Cnnunission of Inquiry", report dated 5 April 2004

［ESF – 1998］European Science Foundation, National Research Council, "U. S. – EuropeanCollaboration in Space Science", Washington, National Academy press, 1998, 60 – 64 and 152 – 153

［Esposito – 2005］Esposito, L. W., et al., "Ultraviolet Imaging Spectroscopy Shows an Active Saturnian System", Science, 307, 2005, 1251 – 1255

［Esposito – 2008］Esposito, L. W., et al., "Moonlets and Clumps in Saturn's F ring", Icarus, 194, 2008, 278 – 289

［Euler – 2001］Euler, E. E., Jolly, S. D., Curtis, H. H., "The Failures of the Mars Climate Orbiter and Mars Polar Lander: A Perspective from the People Involved", paper AAS 01 – 074

［Fairén – 2004］Fairén, A. G., et al., "Inhibition of Carbonate Synthesis in Acidic Oceans on Early Mars", Nature, 431, 2004, 423 – 426

［Fallon – 2003］Fallon, E. J. II, Sinclair, R., "Design and Development of the Main Parachute for the Beagle 2 Mars Lander", paper AIAA – 2003 – 2153

［Farnham – 2002］Farnham, T. L., Cochran, A. L., "A McDonald Observatory Study of Comet 19P/ Borrelly: Placing the Deep Space 1 Observations into a Broader Context", arXiv astroph/ 0208445 preprint

［Farquhar – 1999］Farquhar, R. W., "The use of Earth – return trajectories for missions to comets", Acta Astronautica, 44, 1999, 607 – 623

［Farquhar – 2011］Farquhar, R. W., "Fifty Years on the Space Frontiers: Halo Orbits, Comets, Asteroids, and More", Denver, Outskirt Press, 2011, 209 – 223

［Fast – 2009］Fast, K. E., et al., "Comparison of HIPWAC and Mars Express SPICAM Observations of Ozone on Mars 2006 – 2008 and Variation from 1993 IRHS Observations", Icarus, 203, 2009, 20 – 27

［Feldman – 2002］Feldman, W. C., et al., "Global Distribution of Neutrons from Mars: Results from Mars Odyssey", Science, 297, 2002, 75 – 78

［Fink – 1976］Fink, D. E., "JPL Shapes Broad Planetary Program", Aviation Week & Space Technology, 9

August 1976, 37 - 43

[Fischer - 2006] Fischer, G., et al., "Discrimination between Jovian Radio Emissions and Saturn Electrostatic Discharges", Geophysical Research Letters, 33, 2006, L21201

[Fischer - 2007] Fischer, G., et al., "Nondetection of Titan Lightuing Radio Emissions with Cassini/RPWS after 35 Close Titan Flybys", Geophysical Research Letters, 34, 2007, L22104

[Fischer - 2008] Fischer, G., et al., "Atmospheric Electricity at Saturn", Space Sci Review, 137, 2008, 271 - 285

[Fischer - 2011] Fischer, G., et al., "A Giant Thunderstorm on Saturn", Nature, 475, 2011, 75 - 77

[Flamini - 1998] Flarnini, E., Somma, R., "Italian Participation to Interplanetary Exploration: The Cassini - Huygens Mission", paper presented at the Second IAA Symposium on Realistic Near - Term Advanced Scientific Space Missions, Aosta, Italy, June 29 - July 1, 1998

[Flasar - 2005a] Flasar, F.M., et al., "Temperatures, Winds, and Composition in the Saturnian System", Science, 307, 2005, 1247 - 1251

[Flasar - 2005b] Flasar, F.M., et al., "Titan's Atmospheric Temperatures, Winds, and Composition", Science, 307, 2005, 975 - 978

[Fletcher - 2008] Fletcher, L.N., et al., "Temperature and Composition of Saturn's Polar Hot Spots and Hexagon", Science, 319, 2008, 79 - 81

[Fletcher - 2011] Fletcher, L.N., et al., "Thermal Structure and Dynamics of Saturn's Northern Sptingtime Disturbance", Science, 332, 2011, 1413 - 1417

[Flight - 2000] "NASA Nano - Rover Axed after Cost and Weight Problems", Flight International, 14 November 2000, 40

[Flynn - 2006] Flynn, G.J., et al., "Elemental Compositions of Comet 81P/Wild 2 Samples Collected by Stardust", Science, 314, 2006, 1731 - 1735

[Forget - 2004] Forget, F., "Alien Weather at the Poles of Mars", Science, 306, 2004, 1298 - 1299

[Formisano - 2004] Formisano, V., et al., "Detection of Methane in the Atmosphere of Mars", Science, 306, 2004, 1758 - 1761

[Francillon - 1970] Francillon, R.J., "Japanese Aircraft of the Pacific War", London, Putnam, 1970, 206 - 214

[Fujiwara - 2006] Fujiwara, A., et al., "The Rubble - Pile Asteroid Itokawa as Observed by Hayabusa", Science, 312, 2006, 1330 - 1334

[Fulchignoni - 2005] Fulchignoni, M., et al., "In Situ Measurements of the Physical Characteristics of Titan's Environment", Nature, 438, 2005, 785 - 791

[Furniss - 1999] Furniss, T., "Martian Gliders", Flight International, 10 March 1999, 56

[Garnier - 2007] Garnier, P., et al., "The Exosphere of Titan and its Interaction with the Kronian Magnetosphere: MIMI Observations and Modeling", Planetary and Space Science, 55, 2007, 165 - 173

[Gellert - 2004] Gellert, R., et al., "Chentistry of Rocks and Soils in Gusev Crater from the Alpha Particle X - ray Spectrometer", Science, 305, 2004, 829 - 832

[Gendrin - 2005] Gendrin, A., et al., "Sulfates in Martian Layered Terrains: The OMEGA/Mars Express View", Science, 307, 2005, 1587 - 1591

[Giampieri - 2006] Giaropieri, G., et al., "A Regular Period for Saturn's Magnetic Field that May Track its

Internal Rotation", Nature, 441, 2006, 62 – 63

[Giuranna – 2010] Giuranna, M., et al., "Compositional Interpretation of PFS/MEx and TES/MGS Thermal Infrared Spectra of Phobos", paper presented at the European Planetary Science Congress 2010, Rome

[Gladstone – 2002] Gladstone, G.R., et al., "A Pulsating Auroral X – ray Hot Spot on Jupiter", Nature, 415, 2002, 1000 – 1002

[Goetz – 2005] Goetz, W., et al., "Indication of Drier Periods on Mars from the Chentistry and Mineralogy of Atmospheric Dust", Nature, 436, 2005, 62 – 65

[Golombek – 2000] Golombek, M., et al., "Preliminary Evaluation of Engineering Constrains of Mars Sarople Return Landing Sites", paper presented at the XXXI Lunar and Planetary Science Conference, Houston, 2000

[Golombek – 2005] Golombek, M.P., et al., "Assessment of Mars Exploration Rover Landing Site Predictions", Nature, 436, 2005, 44 – 48

[Golombek – 2010] Golombek, M., et al., "Constraints on Ripple Migration at Meridiani Planum from Observations of Fresh Craters by Opportunity and HiRISE", paper presented at the XLI Lnnar and Planetary Science Conference, Houston, 2010

[Gombosi – 2005] Gombosi, T.I., Hansen, K.C., "Saturn's Variable Magnetosphere", Science, 307, 2005, 1224 – 1226

[Grant – 2004] Grant, J.A., et al., "Surficial Deposits at Gusev Crater along Spirit Rover Traverses", Science, 305, 2004, 807 – 810

[Griffith – 2003] Griffith, C.A., et al., "Evidence for the Exposure of Water Ice on Titan's Surface", Science, 300, 2003, 628 – 630

[Griffith – 2005] Griffith, C.A., et al., "The Evolution of Titan's Mid – Latitude Clouds", Science, 310, 2005, 474 – 477

[Griffith – 2006a] Griffith, C.A., "Titan's Exotic Weather", Nature, 442, 2006, 362 – 363

[Griffith – 2006b] Griffith, C.A., et al., "Evidence for a Polar Ethane Cloud on Titan", Science, 313, 2006, 1620 – 1622

[Griffiths – 2003] Griffiths, A.D., et al., "The Scientific Objectives of the Beagle 2 Stereo Caroera System", paper presented at the XXXIV Lunar and Planetary Science Conference, Houston, 2003

[Grimberg – 2006] Grimberg.A., et al., "Solar Wind Neon from Genesis: Implications for the Lunar Noble Gas Record", Science, 314, 2006, 1133 – 1135

[Gunnarsdottir – 2007] Gunnarsdottir, H.M., et al., "Martian Surface Roughness Using 75 – cm Bistatic Surface Echoes Received by Mars Odyssey", paper presented at the XXXVIII Lunar and Planetary Science Conference, Houston, 2007

[Gurnett – 2001] Gurnett, D.A., et al., "Non – Detection at Venus of High – Frequency Radio Signals Characteristic of Terrestrial Lightning", Nature, 409, 2001, 313 – 315

[Gurnett – 2002] Gurnett, D.A., et al., "Control of Jupiter's Radio Emission and Aurorae by the Solar Wind", Nature, 415, 2002, 985 – 987

[Gurnett – 2005] Gurnett, D.A., et al., "Radio and Plasma Wave Observations at Saturn from Cassini's Approach and First Orbit", Science, 307, 2005, 1255 – 1259

［Gurnett－2007］Gurnett，D.A.，et al.，"The Vatiable Rotation Period of the Inner Region of Saturn's Plasma Disk"，Science，316，2007，442－445

［Gurnett－2009］Gurnett，D.A.，et al.，"Discovery of a Notth－South Asynunetry in Saturn's Radio Rotation Period"，Geophysical Research Letters，36，2009，L16102

［Guynn－2003］Guynn，M.D.，et al.，"Evolution of a Mars Airplane Concept for the ARES Mars Scout Mission"，paper AIAA 2003－6578

［Hand－2008］Hand，E.，"When Water Gushed on Mars"，Nature，453，2008，1153

［Hansen－2006］Hansen，K.C.，et al.，"Enceladus' Water Vapor Plume"，Science，311，2006，1422－1425

［Hansen－2008］Hansen，C.J.，et al.，"Water Vapour Jets inside the Plume of Gas Leaving Enceladus"，Nature，456，2008，477－479

［Hartogh－2011］Hartogh，P.，et al.，"Direct Detection of the Enceladus Water Torus with Herschel"，Astronomy & Astrophysics，532，2011，L2

［Harvey－2000］Harvey，B.，"The Japanese and Indian Space Programmes"，Chichester，Springer－Praxis，2000，4－6

［Haskin－2005］Haskin，L.A.，et al.，"Water Alteration of Rocks and Soils on Mars at the Spirit Rover Site in Gusev Crater"，Nature，436，2005，66－69

［Hassan－1997］Hassan，H.，Jones，J.C.，"The Huygens Probe"，ESA Bulletin，92，1997，33－43

［Hastrup－1999］Hastrup，R.C.，et al.，"Mars Comm/Nav MicroSat Network"，paper SSC99－VII－5

［Hauber－2005］Hauber，H，et al.，"Discovery of a Flank Caldera and Very Young Glacial Activity at Hecates Tholus，Mars"，Nature，434，2005，356－361

［Hayes－2011］Hayes，A.G.，"Transient Surfaoe Uqnid in Titan's Polar Regions from Cassini"，Icarus，211，2011，655－671

［Head－2003］Head，J.W.，et al.，"Reoent Ice Ages on Mars"，Nature，426，2003，797－802

［Head－2005］Head，J.W.，et al.，"Tropical to Mid－Latitude Snow and Ice Accumulation，Flow and Glaciation on Mars"，Nature，434，2005，346－351

［Heavens－2011］Heavens，N.G.，"Sunshine on a Cloudy Forecast"，Science，333，2011，1832－1833

［Heber－2007］Heber，V.S.，et al.，"Helium and Neon Isotopic and Elemental Composition in Different Solar Wind Regime Targets from the Genesis Mission"，paper presented at the XXXⅧ Lunar and Planetary Science Conference，Houston，2007

［Heber－2009］Heber，V.S.，et al.，"Fractionation Processes in the Solar Wind Revealed by Noble Gases Collected by Genesis Regime Targets"，paper presented at the XL Lunar and Planetary Science Conference，Houston，2009

［Hedman－2007］Hedman，M.M.，et al.，"The Source of Saturn's G Ring"，Science，317，2007，653－656

［Hedman－2009a］Hedman，M.M.，et al.，"Three Tenuous Rings/Arcs for Three Tiny Moons"，Icarus，199，2009，378－386

［Hedman－2009b］Hedman，M.M.，et al.，"Aegeon(Saturn LIII)，a G－Ring Object"，arXiv astro－ph/0911.0171 preprint

［Hedman－2011a］Hedman，M.M.，et al.，"Saturn's Curiously Corrugated C Ring"，Science，332，2011，708－711

［Hedman－2011b］Hedman，M.M.，et al.，"Physical properties of the small moon Aegaeon(Saturn LIII)"， paper presented at the European Planetary Science Congress, Nantes, 2011

［Helled - 2011］ Belled, R., "Constraining Saturn's Core Properties by a Measurement of Its Moment of Inertia - Implications to the Solstice Mission", arXiv astro - ph/1105.5068preprint

［Herkenhoff - 2004a］ Herkenhoff, K.E., et al., "Evidence from Opporturtity's Microscopic Imager for Water on Meridiarti Planum", Science, 306,2004, 1727 - 1730

［Herkenhoff - 2004b］ Herkenhoff, K.E., et al., "Textures of the Soils and Rocks at Gusev Crater from Spirit's Microscopic Imager", Science, 305, 2004, 824 - 826

［Hidaka - 2001］ Hidaka, T., et al., "Trajectory Plan and Earth Swingby Operation of NOZOMI".Paper dated 2001

［Hill - 2002］ Hill, T.W., "Magnetic Moments at Jupiter", Nature, 415, 2002, 965 - 966

［Hirst - 1999］ Hirst, E.A., Yen, C.- W.L., "Stardust Mission Plan", JPL Document SD - 75000 - 100, 1 February 1999

［Hittle - 2006］ Hittle, J.D., et al., "Genesis Spacecraft Science Cartister Preliminary Inspection and Cleaning", paper presented at the XXXVII Lunar and Planetary Science Conference,Houston, 2006

［Hohenberg - 2006］ Hohenberg, C.M., et al., "Light Noble Gases from Solar Wind Regimes Measured in Genesis Collectors from Different Arrays", paper presented at the XXXVII Lunar and Planetary Science Conference, Houston, 2006

［Hohnström - 2007］ Hohnström, M., et al., "Mars Express/ASPERA - 3/NPI and IMAGE/LENA Observations of Energetic Neutral Atoms in Earth and Mars Orbit", arXiv astroph/0711.1678 preprint

［Hong - 2002］ Hong, P., Carlisle, G., Sntith, N., "Look Ma, no HANS!", paper at the 2002 Aerospace Conference, Big Sky, March 2002

［Horz - 2006］ Horz, F., et al., "Impact Features on Stardust: Implications for Comet 81P/Wild2 Dust", Science, 314, 2006, 1716 - 1719

［House of Commons - 2004］ "Government Support for Beagle 2", ordered by The House of Commons, London, The Stationery Office Limited, 2 November 2004

［Hsu - 2009］ Hsu, H.W., et al., "Stream Particles Observation during the Cassirti - Huygens Flyby of Jupiter", paper presented at the European Planetary Science Congress, Potsdam,2009

［Hueso - 2006］ Hueso, R., Sanchez - Lavega, A., "Methane Storms on Satorn's Moon Titan",Nature, 442, 2006, 428 - 431

［Hurford - 2007］ Hurford, T.A., et al., "Eruptions Arising from Tidally Controlled Periodic Opertings of Rifts on Enceladus", Nature, 447, 2007, 292 - 294

［Hurley - 2005］ Hurley, K., et al., "An Exceptionally Bright Flare from SGR 1806 - 20 and the Origins of Short - Duration gamma - Ray Bursts", Nature, 434, 2005, 1098 - 1103

［IAUC - 8389］ "International Astronontical Urtion Circular No.8389", 16 August 2004

［IAUC - 8401］ "International Astronontical Urtion Circular No.8401", 9 September 2004

［IAUC - 8432］ "International Astronontical Urtion Circular No.8432", 8 November 2004

［IAUC - 8524］ "International Astronontical Urtion Circular No.8524", 6 May 2005

［IAUC - 8759］ "International Astronontical Urtion Circular No.8759", 11 October 2006

［IAUC - 8773］ "International Astronontical Urtion Circular No.8773", 14 November 2006

［IAUC - 8857］ "International Astronontical Urtion Circular No.8857", 18 July 2007

［IAUC－8970］"International Astronontical Union Circular No.8970", 5 September 2008

［IAUC－9023］"International Astronontical Union Circular No.9023", 3 March 2009

［IAUC－9091］"International Astronontical Union Circular No.9091", 2 November 2009

［Iess－2010］less, L., et al., "Gravity Field, Shape, and Moment of Inertia of Titan", Science, 327, 1367 －1369

［Iorio－2008］Iorio, L., "On the Recently Deterntined Anomalous Perihelion Precession of Saturn", ArXiv gr－qcf0811.0756v2 preprint

［Isakowitz－2000］Isakowitz, S.J., Hopkins, J.P.Jr., Hopkins, J.B., "International Reference Guide to Space Launch Systems", 3rd Edition, Reston, AIAA, 2000, 245－256

［Ishii－2003］Ishii, N., et al., "System Description and Reentry Operation Scenario of MUSESC Reentry Capsule", The Institute of Space and Astronautical Science Report SP No.17, March 2003

［Ishii－2008］Ishii, H.A., et al., "Comparison of Comet 81P/Wild 2 Dust with Interplanetary Dust from Comets", Science, 319, 2008, 447－450

［Jacobson－2006］Jacobson, R.A., et al., "The Gravity Field of the Saturnian System from Satellite Observations and Spacecraft Tracking Data", The Astronontical Journal, 132, 2006, 2520－2526

［Jaffe－1997］Jaffe, L.D., Herrell, L.M., "Cassini/Huygens Science Instruments, Spacecraft, and Mission", Journal of Spacecraft and Rockets, 34, 1997, 509－521

［Jäkel－1996］Jäkel, E., et al., "Drop Testing the Huygens Probe", ESA Bulletin, 85, 1996, 51－54

［Jansen－2012］Jansen, F.A., "Mars Express Status", presentation to the Mars Exploration Program Analysis Group(MEPAG)meeting ＃25, Washington, DC, February 2012

［Jewitt－2007］Jewitt, D., Haghighipour, N., "Irregular Satellites of the Planets: Products of Capture in the Early Solar System".In: "Annual Review of Astronomy and Astrophysics", 45, 2007, 261－297

［Johnson－2005］Johnson, T.V., Lunine, J.I., "Saturn's Moon Phoebe as a Captured Body from the Outer Solar System", Nature, 435, 2005, 69－71

［Jones－1997］Jones, J.C., Giovagnoli, F., "The Huygens Probe System Design".In: "Huygens: Science, Payload and Mission", Noordwijk, ESA, 1997, 25－45

［Jones－2006］Jones, G.H., et al., "Enceladus' Varying Imprint on the Magnetosphere of Saturn", Science, 311, 2006, 1412－1415

［Jones－2008］Jones, G.H., et al., "The Dust Halo of Saturn's Largest Icy Moon, Rhea", Science, 319, 2008, 1380－1384

［Jordan－1999］Jordan, J.F., Miller, S.L., "The Mars Surveyor Program Architecture", Journal of Space Mission Architecture, 1, 1999, 1－10

［JPL－1997］"Mars Surveyor Program Announcement of Opportunity－2001 Lander Mission Proposal Information Package", Pasadena, JPL, 1997

［JPL－1999］"Mars Sample Return Mission Lander Additional Payload (AP) Proposal Information Package", Pasadena, JPL, 1999

［JPL－2000］JPL Special Review Board, "Report of the Loss of the Mars Polar Lander and Deep Space 2 Missions", Pasadena, JPL, 22 March 2000

［Jurewicz－2003］Jurewicz A.J.G., et al., "The Genesis solar－wind collector materials", Space Science Review, 105, 2003, 535－560

［JWG - 1986］ Joint Working Group on Cooperation in Planetary Exploration, "United States and Western Europe Cooperation in Planetary Exploration", Washington, National Academy Press, 1986, 88 - 128

［Kargel - 2006］ Kargel, J.S., "Enceladus: Cosntic Gymnast, Volatile Miniworld", Science, 311, 2006, 1389 - 1391

［Karkoschka - 2007］ Karkoschka, E., et al., "DISR Imaging and the Geometry of the Descent of the Huygens Probe within Titan's Atmosphere", Planetary and Space Science, 55, 2007, 1896 - 1935

［Kawaguchi - 1995］ Kawaguchi, J., et al., "On the Low Cost Sample and Return Mission to Near Earth Asteroid Nereus via Electric Propulsion", Acta Astronautica, 35 supplement, 1995, 193 - 200

［Kawaguchi - 1996］ Kawaguchi, J., et al., "The MUSES - C, World's First Sample and Return Mission from Near Earth Asteroid: Nereus", Acta Astronautica, 39, 1996, 15 - 23

［Kawaguchi - 1999］ Kawaguchi, J., et al., "The MUSES - C, Mission Description and its Status", Acta Astronautica, 45, 1999, 397 - 405

［Kawaguchi - 2003a］ Kaweguchi, J., Uesugi, K., Fujiwara, A., "The MUSES - C Mission for the Sample and Return - Its Technology Development Status and Readiness", Acta Astronautica, 52, 2003, 117 - 123

［Kawaguchi - 2003b］ Kaweguchi, J., et al., "Synthesis of an Alternative Flight Trajectory for Mars Explorer, Nozomi", Acta Astronautica, 52, 2003, 189 - 195

［Kawaguchi - 2004］ Kawaguchi, J., Fujiwara, A., Uesugi, T.K., "The Ion Engine Cruise Operation and the Earth Swing by of 'Hayabusa' (MUSES - C)", paper presented at the 55th International Astronautical Congress, Vancouver, October 2004

［Kazeminejad - 2007］ Kazeminejad, B., et al., "Huygens' Entry and Descent through Titan's Atmosphere - Methodology and Results of the Trajectory Reconstruction", Planetary and Space Science, 55, 2007, 1845 - 1876

［Keating - 2003］ Keating, G.M., et al., "Global Measurements of the Mars Upper Atmosphere: Insitu Accelerometer Measurements from Mars Odyssey 2001 and Mars Global Surveyor", paper presented at the XXXIV Lunar and Planetary Science Conference, Houston, 2003

［Keller - 2006］ Keller, L.P., et al., "Infrared Spectroscopy of Comet 81P/Wild 2 Samples Returned by Stardust", Science, 314, 2006, 1728 - 1731

［Kelly Beatty - 2004］ Kelly Beatty, J., "Saturn's Phoebe: Small Moon, Grand Debut", Sky & Telescope, September 2004, 30 - 32

［Kempf - 2005a］ Kempf, S., et al., "High - Velocity Streams of Dust Originating from Saturn", Nature, 433, 2005, 289 - 291

［Kempf - 2005b］ Kempf, S., et al., "Composition of Saturnian Stream Particles", Science, 307, 2005, 1274 - 1276

［Kennedy - 2004］ Kennedy, B.M., Carranza, E., Williams, K., "1 - AU Calibration Activities for Stardust Earth Return", paper AAS 04 - 134

［Kerr - 1999］ Kerr, R.A., "Deep Space 1 Traces Braille Back to Vesta", Science, 285, 1999, 993 - 994

［Kerr - 2006］ Kerr, R.A., "A Dry View of Enceladus Puts a Damper on Chances for Life There", Science, 314, 2006, 1668

［Kerr - 2008］ Kerr, R.A., "Electron Shadow Hints at Invisible Rings Around a Moon", Science, 319,

2008，1325

［Kerr - 2011a］Kerr，R.A.，"Prime Science Achieved at Asteroid"，Science，332，2011，302

［Kerr - 2011b］Kerr，R.A.，"Hayabusa Gets to the Bottom of Deceptive Asteroid Cloaking"，Science，333，
2008，1081

［Kieffer - 2006a］Kieffer，S.W.，et al.，"A Clathrate Reservoir Hypothesis for Enceladus' South Polar
Plume"，Science，314，2006，1764 - 1766

［Kieffer - 2006b］Kieffer，H.H.，Christensen，P.R.，Titus，T.N.，"CO2 Jets Formed by Sublimation
Beneath Translucent Slab Ice in Mars' Seasonal South Polar Ice Cap"，Nature，442，2006，793 - 796

［Kieffer - 2008］Kieffer，S.W.，Jakosky，B.M.，"Enceladus - Oasis or Ice Ball?"，Science，320，2008，1432
- 1433

［Kimura - 1999］Kimura，M.，et al.，"PLANET - B('NOZOMI') Orbital Plan".In：Proceedings of the 8th
Workshop on Astrodynamics and Flight Mechanics，ISAS，1999

［Kissel - 2004］Kissel，J.，et al.，"The Cometary and Interstellar Dust Analyzer at Comet 81P/Wild 2"，
Science，304，2004，1774 - 1776

［Kivelson - 2006］Kivelson，M.G.，"Does Enceladus Govern Magnetospheric Dynamics at Saturn?"，
Science，311，2006，1391 - 1392

［Kivelson - 2007］Kivelson，M.G.，"A Twist on Periodicity at Saturn"，Nature，450，2007，178 - 179

［Klingelhöfer - 2004］Klingelhöfer，G.，et al.，"Jarosite and Hematite at Meridiani Planum from
Opportunity's Mossbauer Spectrometer"，Science，306，2004，1740 - 1745

［Kloster - 2009］Kloster，K.W.，Tarn，C.H.，Longuski，J.M.，"Saturn Escape Options for Cassini Encore
Missions"，Joumal of Spacecraft and Rockets，46，2009，874 - 882

［Kminek - 2000］Kminek，G.，et al.，"MOD - An In - Situ Organic Detector for the MSR 2003 Mission"，
paper presented at the XXXI Lunar and Planetary Science Conference，Houston，2000

［Kohlhase - 1997］Kohlhase，C.，Peterson，C.E.，"The Cassini Mission to Saturn and Titan"，ESA
Bulletin，92，1997，5562

［Koon - 1999］Koon，W.S.，Lo，M.W.，Marsden，J.E.，"The Genesis Trajectory and Heteroclinic
Connections"，paper presented at the AAS/AIAA Astrodynarnic Specialist Conference，August 16 -
19，1999

［Kremer - 2011］Kremer，K.，"Record - Breaking Martian Odyssey"，Spaceflight，March 2011，96 - 99

［Krimigis - 2002］Krimigis，S.M.，et al.，"A Nebula of Gases from Io Surrounding Jupiter"，Nature，415，
2002，994 - 996

［Krimigis - 2005］Krimigis，S.M.，et al.，"Dynamics of Saturn's Magnetosphere from MIMI During
Cassini's Orbital Insertion"，Science，307，2005，1270 - 1273

［Krimigis - 2009］Krimigis，S.M.，et al.，"Imaging the Interaction of the Heliosphere with the Interstellar
Medium from Saturn with Cassini"，Science，326，2009，971 - 973

［Królikowska - 2006］Królikowska，M.，Szutowicz，S.，"Non - Gravitational Motion of the Jupiter - Family
Comet 81P/Wild 2.I.The Dynamical Evolution"，Astronomy & Astrophysics，448，2006，401 - 409

［Kronk - 1984a］Kronk，G.W.，"Comets：A Descriptive Catalog"，Hillside，Henslow，1984，319 - 320

［Kronk - 1984b］ibid.，14S

［Kronk - 1984c］ibid.，225 - 226

〔Kronk - 1999a〕Kronk, G. W., "Cometograpby - A Catalog of Comets. Volume 1: Ancient - 1799", Cambridge University Press, 1999, 481 - 482

〔Kronk - 1999b〕ibid., 367 - 368

〔Krot - 2011〕Krot, A. N., "Bringing Part of an Asteroid Back Home", Science, 333, 2008, 1098 - 1099

〔Krüger - 2000〕Krüger, F. R., Kissel, J., "Erste Direkte Cbemische Analyse Interstellarer Staubteilchen" (First Direct Chemical Analysis of Interstellar Particles), Sterne und Weltraum, 39, 2000, 326 - 329 (in German)

〔Kubota - 2003〕Kubota, T., et al., "An Autonomous Navigational and Guidance System for MUSES - C Asteroid Landing", Acta Astronautica, 52, 2003, 125 - 131

〔Kubota - 2005〕Kubota, T., Yosbimitsu, T., "Asteroid Exploration Rover", presentation at the 2005 IEEE ICRA Planetary Rover Workshop

〔Kulikov - 1996〕Kulikov, S., "Top - Priority Space Projects", Aerospace Journal, November 1996, page unknown

〔Kurth - 2002〕Kurth, W. S., et al., "The Dusk Flank of Jupiter's Magnetosphere", Nature, 415, 2002, 991 - 994

〔Kurth - 2005〕Kurth, W. S., et al., "An Earth - Like Correspondence between Saturn's Auroral Features and Radio Emissions", Nature, 433, 2005, 722 - 724

〔Kurth - 2008〕Kurth, W. S., et al., "An Update to a Saturnian Longitude System Based on Kilometric Radio Emissions", Journal of Geophysical Research, 113, 2008, A05222

〔Lakdawalla - 2009〕Lakdawalla, E., "Ice Worlds of the Ringed Planet", Sky & Telescope, June 2009, 26 - 34

〔Lämmerzahl - 2006〕Lämmerzahl, C., Preuss, O., Dittus, H., "Is the Physics Within the Solar System Really Understood?" arXiv gr - qc/0604052 preprint

〔Lamy - 1998〕Lamy, P. L., Toth, I., Weaver, H. A., "Hubble Space Telescope Observations of the Nucleus and Inner Coma of Comet 19P/1904 Y2(Borrelly)" Astronomy & Astrophusics, 337, 1998, 945 - 954

〔Lamy - 2011a〕Lamy, L., et al., "Properties of Saturn Kilometric Radiation Measured within its Source Region", arXiv astro - ph/1101.3842 preprint

〔Lamy - 2011b〕Lamy, L., "Variability of Southern and Northern SKR Periodicities", arXiv astro - ph/ 1102.3099 preprint

〔Lancaster - 2006〕Lancaster, N., "Linear Dunes on Titan", Science, 312, 2006, 702 - 703

〔Langevin - 2005a〕Langevin, Y., et al., "Sunner Evolution of the North Polar Cap of Mars as Observed by OMEGA/Mars Express", Science, 307, 2005, 1581 - 1584

〔Langevin - 2005b〕Langevin, Y., et al., "Sulfates in the North Polar Region of Mars Detected by OMEGA/Mars Express", Science, 307, 2005, 1584 - 1586

〔Langevin - 2006〕Langevin, Y., et al., "No Signature of Clear CO_2 Ice from the "Cryptic"Regions in Mars' South Seasonal Polar Cap", Nature, 442, 2006, 790 - 792

〔Lauer - 2005〕Lauer, H. V., et al., "Genesis: Removing Contamination from Sample Collectors", paper presented at the XXXVI Lunar and Planetary Science Conference, Houston, 2005

〔Lawler - 2008〕Lawler, A., "NASA's Stern Quits over Mars Exploration Plans", Science, 320, 2008, 31

［Lazzarin－2001］Lazzarin, M., et al., "Groundbased Investigation of Asteroid 9969 Braille, Target of the Spacecraft Mission Deep Space 1", Astronomy & Astrophysics, 375, 2001, 281 - 284

［Lebreton－1988］Lebreton, J.-P., Scoon, G., "Cassini - A Mission to Saturn and Titan", ESA Bulletin, 55, 1988, 24 - 30

［Lebreton－1997］Lebreton, J.-P., Matson, D.L., "The Huygens Probe: Science, Payload and Mission Overview". In: "Huygens: Science, Payload and Mission", Noordwijk, ESA, 1997, 5 - 24

［Lebreton－2005］Lebreton, J.-P., et al., "An Overview of the Descent and Landing of the Huygens Probe on Titan", Nature, 438, 2005, 758 - 764

［Lemmon－2004］Lemmon, M.T., et al., "Atmospheric Imaging Results from the Mars Exploration Rovers: Spirit and Opportunity", Science, 306, 2004, 1753 - 1756

［Levison－2011］Levison, H.F., et al., "Ridge Formation and De - Spinning of Iapetus via an Impact - Generated Satellite", arXiv astro - ph/1105.1685

［Levrard－2004］Levrard, B., et al., "Recent Ice - Rich Deposits Formed at High Latitudes on Mars by Sublimation of Unstable Equatorial Ice During Low Obliquity", Nature, 431, 2004, 1072 - 1075

［Leyrat－2008］Leyrat, C., et al, "Infrared Observations of Saturn's Rings by Cassini CIRS : Phase Angle and Local Time Dependence", Planetary and Space Science, 56, 2008, 117 - 133

［Lindernann－2005］Lindemann, R.A., Voorhees, C.J., "Mars Exploration Rover Mobility Assembly Design, Test and Performance", paper presented at the 2005 International Conference on Systems, Man, and Cybernetics, Hawaii, 10 - 12 October 2005

［Litvak－2006］Litvak, M.L., et al., "Comparison between Polar Regions of Mars from HEND/Odyssey Data", Icarus, 180, 2006, 23 - 37

［Lopes－2010］Lopes, R.M.C., et al., "Distribution and Interplay of Geologic Processes on Titan from Cassini Radar Data", Icarus, 205, 2010, 540 - 558

［Lorenz－1994］Lorenz, R.D., "Huygens Probe Impact Dynamics", ESA Journal, 18, 1994, 93 - 117

［Lorenz－1997］Lorenz, R.D., "Lightning and Triboelectric Charging Hazard Assessment for the Huygens Probe". In: "Huygens: Science, Payload and Mission", Noordwijk, ESA, 1997, 265 - 270

［Lorenz－2000］Lorenz, R.D., et al., "Penetration Tests on the DS - 2 Mars Microprobes: Penetration Depth and Impact Accelerometer", Planetary and Space Science, 48, 2000, 419 - 436

［Lorenz－2006］Lorenz, R.D., et al., "The Sand Seas of Titan: Cassini RADAR Observations of Longitudinal Dunes", Science, 312, 2006, 724 - 727

［Lorenz－2008a］Lorenz, R.Mitton, J., "Titan Unveiled: Saturn's Mysterious Moon Explored", Princeton University Press, 2008, 158 - 159

［Lorenz－2008b］ibid., 204 - 209

［Lorenz－2008b］Lorenz, R.D., et al., "Titan's Rotation Reveals an Internal Ocean and Changing Zonal Winds", Science, 319, 2008, 1649 - 1651

［Lorenz－2008c］Lorenz, R.D., West, R.D., Johnson, W.T.K., "Cassini RADAR Constraint on Titan's Winter Polar Precipitation", Icarus, 195, 2008, 812 - 816

［Lorenz－2009］Lorenz, R.D., "Titan Mission Studies - A Historical Review", Journal of the British Interplanetary Society, 62, 2009, 162 - 174

［Lorenz－2010］Lorenz, R.D., "Winds of Change on Titan", Science, 329, 2010, 519 - 520

[Lundin - 2004] Lundin, R., et al., "Solar Wind - Induced Atmospheric Erosion at Mars: First Results from ASPERA - 3 on Mars Express", Science, 305, 2004, 1933 - 1936

[Lunine - 2008] Lunine, J.I., et al., "Cassini Radar's Third and Fourth Looks at Titan", Icarus,195, 2008, 415 - 433

[Magnani - 2004] Magnani, P.G., et al., "Deep Drill(DeeDri)for Mars Application", Planetary and Space Science, 52, 2004, 79 - 82

[Malin - 1999] Malin, M.C., et al., "The Mars Color Imager(MARCI)Investigation on the Mars Climate Orbiter Mission", paper presented at the XXX Lunar and Planetary Science Conference, Houston, 1999

[Malin - 2005] Malin, M.C., "Hidden in Plain Sight: Finding Martian Landers", Sky &.Telescope, July 2007, 42 - 44

[Maltagliati - 2011] Maltagliati, L., et al., "Evidence of Water Vapor in Excess of Saturation in the Atmosphere of Mars", Science, 333, 2011, 1868 - 1871

[Mangold - 2004] Mangold, N., et al., "Evidence for Precipitation on Mars from Dendritic Valleys in the Valles Marineris Area", Science, 305, 2004, 78 - 81

[Marsal - 1999] Marsal, O., et al., "NetLander: The First Scientific Lander Network on the Surface of Mars", paper presented at the L Congress of the International Astronautical Federation, Amsterdam, 1999

[Marsal - 2002] Marsal, O., et al., "The NetLander Geophysical Network on the Surface of Mars: General Mission Description and Technical Design Status", Acta Astronautica, 51,2002, 379 - 386

[Martin Marietta - 1976] "A Titan Exploration Study - Science, Technology, and Mission Planning Options", NASA CR - 137846, June 1976

[Martinex - Friaz - 2007] Martinex - Friaz, J., Nna - Mvondo, D., Rodriguez - Losada, J.A.,"Stardust's Hydrazine(N2H4)Fuel: A Potential Contaminant for the Formation of Titanium Nitride(Osbornite)", Energy &. Fuels, 21, 2007, 1822 - 1823

[Marty - 2011] Marty, B., et al., "A 15N - Poor Isotopic Composition for the Solar System as Shown by Genesis Solar Wind Samples", Science, 332, 2011, 1533 - 1536

[Mase - 2005] Mase, R.A., et al., "Mars Odyssey Navigation Experience", Journal of Spacecraft and Rockets, 42, 2005, 386 - 393

[Matousek - 1998] Matousek, S., et al., "A Few Good Rocks: The Mars Sample Return Mission Architecture", Paper AIAA - 98 - 4282

[Matsuura - 2005] Matsuura, S., "Osorubeki Tabiji - Kasei Tansaki 'Nowmi' no Tadotta 12 nen"(The Terrifying Journey - 12 Years of the Mars Probe Nozomi), Tokio, Opendoors,2005(in Japanese)

[Matzel - 2010] Matzel, J.E.P., et al., "Constraints on the Formation Age of Cometary Material from the NASA Stardust Mission", Science, 328, 2010, 483 - 486

[Mauk - 2003] Mauk, B.H., et al., "Energetic Neutral Atoms from a Trans - Europa Gas Torus at Jupiter", Nature, 421, 2003, 920 - 922

[Mazarico - 2007] Mazarico, E., et al., "Atmospheric Density During the Aerobraking of Mars Odyssey from Radio Tracking Data", Journal of Spacecraft and Rockets, 44, 2007, 1165 - 1171

[McCarthy - 1996] McCarthy, C., Hassan, H., "Lightning Susceptibility of the Huygens Probe", ESA Bulletin, 85, 1996, 55 - 57

［McCurdy－2005a］McCurdy，H. E.，"Low－Cost Innovation in Spaceflight: the Near Earth Asteroid Rendezvous(NEAR)Shoemaker Mission"，Washington，NASA，2005，38

［McFarling－2002］McFarling，U. L.，"Missions to Pluto，Europa Canceled"，Los Angeles Times，13 April 2002，A14

［McKeegan－2006］McKeegan，K. D.，et al.，"Isotopic Compositions of Cometary Matter Returned by Stardust"，Science，314，2006，1724－1728

［McKeegan－2011］McKeegan，K. D.，et al.，"The Oxygen Isotopic Composition of the Sun Inferred from Captured Solar Wind"，Science，332，2011，1528－1532

［McNamara－2005］McNamara，K. M.，and the Genesis Contingency Team，"Genesis Field Recovery"，paper presented at the XXXVI Lunar and Planetary Science Conference，Houston，2005

［McNeil Cheatwood－2000］McNeil Cheatwood，F.，et al.，"Dynamic Stability Testing of the Genesis Sample Return Capsule"，Paper AIAA 2000－1009

［Mecham－2000］Mecham，M.，"Red Team Preps Odyssey to Mars"，Aviation Week & Space Technology，11 December 2000，78－79

［Mecham－2006］Mecham，M.，"Stardust's Return Points NASA toward More Deep Space Missions"，Aviation Week & Space Technology，23 January 2006，20－21

［Meech－2004］Meech，K. J.，Hainaut，O. R.，Marsden，B. G.，"Comet Nucleus Size Distributions from HST and Keck Telescopes"，Icarus，170，2004，463－491

［Michel－2006］Michel，P.，Yoshikawa，M.，"Dynamical Origin of the Asteroid(25143)Itokawa: the Target of the Sample－Return Hayabusa Space Mission"，Astronomy & Astrophysics，449，2006，817－820

［Mitchell－2000］Mitchell，R. T.，"The Cassini/Huygens Mission to Saturn and Titan"，paper presented at the 51th International Astronautical Congress，Rio de Janeiro，October 2000

［Mitchell－2002］Mitchell，R. T.，"The Cassini/Huygens Mission to Saturn and Titan"，paper presented at The World Space Congress 2002，Houston

［Mitchell－2003］Mitchell，R. T.，"Cassini/Huygens at Saturn and Titan"，paper presented at the 56th International Astronautical Congress，Bremen，October 2003

［Mitchell－2004］Mitchell，R. T.，"Cassini/Huygens Arrives at Saturn"，paper presented at the 55th International Astronautical Congress，Vancouver，October 2004

［Mitchell－2005］Mitchell，R. T.，"The Cassini/Huygens Mission to Saturn"，paper presented at the 54th International Astronautical Congress，Fukuoka，October 2005

［Mitchell－2006］Mitchell，C. J.，et al.，"Saturn's Spokes: Lost and Found"，Science，311，2006，1587－1589

［Mitchell－2007］Mitchell，R. T.，"The Cassini Mission at Saturn"，Acta Astronautica，61，2007，37－43

［Mitcheltree－1997］Mitcheltree，R. A.，et al.，"Aerodynamics of the Mars Microprobe Entry Vehicles"，AIAA paper 97－3658

［Mitcheltree－1999］Mitcheltree，R. A.，et al.，"Aerodynamics of Stardust Sample Return Capsule"，Journal of Spacecraft and Rockets，36，1999，429－435

［Mitcheltree－2004］Mitcheltree，R. A.，et al.，"Mars Exploration Rover Mission: Entry，Decent，and Landing System Validation"，paper presented at the 55th International Astronautical Congress，

Vancouver, 2004

[Mitrofanov - 2002] Mitrofanov, I., et al., "Maps of Subsurface Hydrogen from the High Energy Neutron Detector, Mars Odyssey", Science, 297, 2002, 75 - 81

[Mitrofanov - 2003] Mitrofanov, I.G., et al., "CO2 Snow Depth and Subsurface Water - Ice Abundance in the Northern Hemisphere of Mars", Science, 300, 2003, 2081 - 2084

[Mittlefehldt - 2010] Mittlefehldt, D.W., et al., "Marquette Island: A Distinct Mafic Lithology Discovered by Opportunity", paper presented at the XLI Lunar and Planetary ScienceConference, Houston, 2010

[Miyasaka - 2005] Miyasaka, H., et al., "ACE/NOZOMI Multispacecraft Observations of Solar Energetic Particles", paper presented at the 29th International Cosmic Ray Conference, Pune, 2005

[Morita - 2003] Morita, Y., et al., "Demonstrator of Atmospheric Reentry with Hyperbolic Velocity - DASH", Acta Astronautica, 52, 2003, 29 - 39

[Morring - 2002a] Morring, F.Jr., "Hopes are Fading Fast for Lost Comet Probe", Aviation Week & Space Technology, 26 August 2002, 68 - 69

[Morring - 2002b] Morring, F.Jr., "Contour Team Wants to Build a New Probe", Aviation Week & Space Technology, 2 September 2002, 40 - 41

[Morring - 2004a] Morring, F.Jr., "Splashdown", Aviation Week & Space Technology, 29 March 2004, 32 - 34

[Morring - 2004b] Morring, F. Jr., Dornheim, M. A., "Follow the Water", Aviation Week & Space Technology, 8 March 2004, 26 - 27

[Morring - 2005a] Morring, F.Jr., Taverna, M.A., "Following Up", Aviation Week & Space Technology, 31 January 2005, 22 - 23

[Morring - 2005b] Morring, F.Jr., Taverna, M.A., Dornheim, M.A., "Rover Territory", Aviation Week & Space Technology, 24 January 2005, 24 - 26

[Morring - 2006] Morring, F. Jr., "NASA Applies Genesis - Failure Recommendations to Its Human Exploration Vehicle Developments", Aviation Week & Space Technology, 19 June 2006, 36

[Morring - 2007] Morring, F. Jr., "Plume Plunge", Aviation Week & Space Technology, 6 August 2007, 38

[Morring - 2008] Morring, F., Jr., "Hot Stuff'', Aviation Week & Spaoe Technology, 14 January 2008, 13

[Morris - 2004] Morris, R.V., et al., "Mineralogy at Gusev Crater from the Mossbauer Spectrometer on the Spirit Rover", Science, 305, 2004, 833 - 836

[Morris - 2010] Morris, R.V., et al., "Identification of Carbonate - Rich Outcrops on Mars by the Spirit Rover", Science, 329, 2010, 421 - 424

[Morton - 1999] Morton, O., "To Mars, En Masse", Science, 283, 2009, 1103 - 1104

[Morton - 2000] Morton, O., "Mars Air: How to Built the First Extraterrestrial Airplane", Air & Space, December 1999 - January 2000, 34 - 42

[MSSS - 1998] "Airplane Proposed for Mars Survey on Centennial of Wright Brothers First Flight", Malin Space Science Systems press release, 20 July 1998

[Mukai - 1998] Mukai, T., et al., "Observations of Mars and Its Satellites by the Mars Imaging Camera (MIC)on Planet - B", Earth Planets Space, 50, 1998, 183 - 188

［Murray - 1992］ Murray, C. D., "The Cassini Imaging Science Experiment", Journal of the British Interplanetary Society, 45, 1992, 359 - 364

［Murray - 2005a］ Murray, C.D., et al., "How Prometheus Creates Structure in Saturn's F Ring", Nature, 437, 2005, 1326 - 1329

［Murray - 2005b］ Murray, J.B., et al., "Evidence from the Mars Express High Resolution Stereo Camera for a Frozen Sea Close to Mars' Equator", Nature, 434, 2005, 352 - 356

［Murray - 2008］ Murray, C.D., et al., "The Determination of the Structure of Saturn's F Ring by Nearby Moonlets", Nature, 453, 2008, 739 - 744

［Mustard - 1999］ Mustard, J.F., et al., "Mapping the Mineralogy of Enviromnents of Mars with Aladdin", paper presented at the XXX Lunar and Planetary Science Conference, Houston, 1999

［Mustard - 2005］ Mustard, J.F., et al., "Olivine and Pyroxene Diversity in the Crust of Mars", Science, 307, 2005, 1594 - 1597

［Nadalini - 2004］ Nadalini, R., Bodendieck, F., "The Thermal Control System for a Network Mission on Mars: The Experience of the NetLander Mission", paper presented at the LV Congress of the International Astronautical Federation, Vancouver, 2004

［Naeye - 2005］ Naeye, R., "Europe's Eye on Mars", Sky & Telescope, December 2005, 30 - 36

［Nagao - 2011］ Nagao, K., et al., "Irradiation History of Itokawa Regolith Material Deduced from Noble Gases in the Hayabusa Samples", Science, 333, 2011, 1128 - 1131

［Nakagawa - 2008］ Nakagawa, H., et al., "UV Optical Measurements of the Nozomi Spacecraft Interpreted with a Two - Component LIC - Flow Model", Astronomy & Astrophysics, 491, 2008, 29 - 41

［Nakamura - 2001］ Nakamura, T., et al., "Multi - Band Imaging Camera and its Sciences for the Japanese Near - Earth Asteroid Mission MUSES - C", Earth Planets Space, 53, 2001, 1047 - 1063

［Nakamura - 2008］ Nakamura, T., et al., "Chondrulelike Objects in Short - Period Comet 81P/Wild 2", Science, 321, 2008, 1664 - 1667

［Nakamura - 2011］ Nakamura, T., et al., "Itokawa Dust Particles: A Direct Link Between S - Type Asteroids and Ordinary Chondrites", Science, 333, 2008, 1113 - 1116

［Nakatani - 2004］ Nakatani, I., "Nozomi Exploration Operations Challenges", presentation at the 8th International Conference on Space Operations, Montreal, May 2004

［NASA - 1994］ Joint U.S./Russian Technical Working Groups, "Mars Together and Fire & Ice", NASA CR - 19884, October 1994, 17 - 31

［NASA - 1998a］ "Deep Space 1 Launch Press Kit", Washington, NASA, October 1998

［NASA - 1998b］ "1998 Mars Missions Press Kit", Washington, NASA, December 1998

［NASA - 1999a］ "Stardust Launch Press Kit", Washington, NASA, February 1999

［NASA - 1999b］ "Europa Orbiter: Mission and Project Information", NASA Announcement of Opportunity 99 - OSS - 04, Appendix C, 1999

［NASA - 1999c］ "Solar Probe: Mission and Project Information", NASA Announcement of Opportunity 99 - OSS - 04, Appendix G, 1999

［NASA - 1999d］ "Mars Climate Orbiter Arrival Press Kit", Washington, NASA, September 1999

［NASA - 1999e］ "Mars Climate Orbiter Mishap Investigation Board Phase I Report", Washington, NASA, 10 November 1999

［NASA－2001］ "Genesis Launch Press Kit"，NASA，July 2001

［NASA－2002］ "CONTOUR－Comet Nucleus Tour Launch Press Kit"，NASA，July 2002

［NASA－2003］ "Comet Nucleus Tour－CONTOUR Mishaps Investigation Board Report"，NASA，31 May 2003

［NASA－2004］ "Genesis Sample Return Press Kit"，NASA，September 2004

［NASA－2005］ "Genesis Mishaps Investigation Board Report Volume 1"，NASA，July 2005

［Nelson－2004］ Nelson，L.，"Project Structure Blamed for Beagle 2 Loss"，Nature，429，2004，330

［Neugebauer－2003］ Neugebauer M.，et al.，"Genesis on－Board determination of the solar wind flow regime"，Space Science Review，105，2003，661－679

［Neukum－2004］ Neukum，G.，et al.，"Recent and Episodic Volcanic and Glacial Activity on Mars Revealed by the High Resolution Stereo Camera"，Nature，432，2004，971－979

［Neukum－2005］ Neukum，G.，et al.，"High Resolution Stereo Camera on Mars Express"，presentation to the 1st Mars Express Science Conference，Noordwijk，2005

［Newburn－2003］ Newburn，R.L.Jr.，et al.，"Phase Curve and Albedo of Aateroid 5535 Annefrank"，Journal of Geophysical Research，108，2003

［Niemann－2005］ Niemann，H.B.，et al.，"The Abundances of Constituents of Titan's Atmosphere from the GCMS Instrument on the Huygens Probe"，Nature，438，2005，779－784

［Nimmo－2006］ Nimmo，F.，Pappalaxdo，R.T.，"Diapir－Induced Reorientation of Saturn's Moon Enceladus"，Nature，441，2006，614－615

［Nimmo－2007］ Nimmo，F.，et al.，"Shear Heating as the Origin of the Plumes and Heat Fluxon Enceladus"，Nature，447，2007，289－291

［Nixon－2010］ Nixon，C.A.，"Abundances of Jupiter's Trace Hydrocaxbons from Voyager and Cassini"，Planetary and Space Science，58，2010，1667－1680

［Noguchi－2011］ Noguchi，T.，et al.，"Incipient Space Weathering Observed on the Surface of Itokawa Dust Particles"，Science，333，2008，1121－1125

［Nordholt－2003］ Nordholt J.E.，"The Genesis solar wind concentrator"，Space Science Review，105，2003，561－599

［Norris－2010］ Norris，G.，"Survival Spirit"，Aviation Week & Space Technology，1 February 2010，36－38

［Oberst－2006］ Oberst，J.，et al.，"Astrometric Observations of Phobos and Deimos with the SRC on Mars Express"，Astronomy & Astrophysics，447，2006，1145－1151

［Ohtsuka－2007］ Ohtsuka，K.，et al.，"Are There Meteors Originated from Near Earth Asteroid(25143) Itokawa?"，axXiv astro－ph/0808.2671 preprint

［Okada－1998］ Okada，T.，Ono，T.，"Application of Altimeter Experiments of Planet－B Orbiter to the Exploration of Martian Surface and Subsurface Layers"，Earth Planets Space，50，1998，235－240

［Okada－2006］ Okada，T.，et al.，"X－ray Fluorescence Spectrometry of Asteroid Itokawa by Hayabusa"，Science，312，2006，1338－1341

［O'Neill－1999］ O'Neill，W.，Casaux，C.，"The Mars Sample Return Project"，Paper IAF－99－Q.3.02

［Osterloo－2008］ Osterloo，M.M.，et al.，"Chloride－Bearing Materials in the Southern Highlands of Mars"，Science，319，2008，1651－1654

〔Ostro - 2004〕Ostro, S.J., et al., "Radar observations of asteroid 25143 Itokawa(1998 SF36)", Meteoritics & Planetary Science, 39, 2004, 1 - 18

〔Ostro - 2006〕Ostro, S.J., et al., "Cassini RADAR Observations of Enceladus, Tethys, Dione, Rhea, Iapetus, Hyperion, and Phoebe", Icarus, 183, 2006, 479 - 490

〔Owen - 1986〕Owen, T., "The Cassini Mission", In: NASA Goddard Institute for Space Studies, "The Jovian Atmospheres", 1986, 231 - 237

〔Owen - 1999〕Owen, T., "Titan". In: Kelly Beatty, J., Petersen, C.C., Chaikin, A.(eds.), "The New Solar System", Cambridge University Press, 4th edition, 1999, 277 - 284

〔Owen - 2005〕Owen, T., "Huygens Rediscovers Titan", Nature, 438, 2005, 756 - 757

〔Oya - 1998〕Oya, H., Ono, T., "A New Altimeter for Mars Land Shape Observations Utilizing the Ionospheric Sounder System Onboard the Planet - B Spacecraft", Earth Planets Space, 50, 1998, 229 - 234

〔Paganelli - 2007〕Paganelli, F., et al., "Titan's Surface from Cassini RADAR SAR and High Resolution Radiometry Data of the First Five Flybys", Icarus, 191, 2007, 211 - 222

〔Parkinson - 2004〕Parkinson, B., Kemble, S., "A Micromission for Mars Sample Return", Journal of the British Interplanetary Society, 57, 2004, 256 - 261

〔Peplow - 2004〕Peplow, M., "Beagle Team Hounds Space Agency over Lost Lander", Nature, 430, 2004, 954

〔Perrier - 2005a〕Perrier, S., et al., "Ozone Retrieval from SPICAM UV and Near IR Measurements: A First Global View of Ozone on Mars", presentation to the 1st Mars Express Science Conference, Noordwijk, 2005

〔Perrier - 2005b〕Perrier, S., et al., "Spatially Resolved UV Albedo of Phobos with SPICAM on Mars Express", presentation to the 1st Mars Express Science Conference, Noordwijk, 2005

〔Picardi - 2005〕Picardi, G., et al., "Radar Soundings of the Subsurface of Mars", Science, 310, 2005, 1925 - 1928

〔Pieters - 2000〕Pieters, C.M., et al. "Aladdin: Exploration and Sample Return from the Moons of Mars", paper presented at the Workshop on Concepts and Approaches for Mars Exploration, July 18 - 20, 2000, Houston, Texas

〔Pillinger - 2003〕Pillinger, C., "Beagle: From Sailing Ship to Mars Spacecraft", London, Faber and Faber, 2003

〔Pillinger - 2005〕Pillinger, C., et al., "A Combined Exobiology and Geophysics Mission to Mars 2009", presentation to the 1st Mars Express Science Conference, Noordwijk, 2005

〔Pillinger - 2007〕Pillinger, C., "Space is a Funny Place", London, Barnstorm, 2007, 191 - 197

〔Plaut - 2007〕Plaut, J.J., et al., "Subsurface Radar Sounding of the South Polar Layered Deposits of Mars", Science, 316, 2007, 92 - 95

〔Podolak - 2007〕Podolak, M., "The Case of Saturn's Spin", Science, 317, 2007, 1330

〔Porco - 2003〕Porco, C.C., et al., "Cassini Imaging of Jupiter's Atmosphere, Satellites, and Rings", Science, 299, 2003, 1541 - 1547

〔Porco - 2005a〕Porco, C.C., et al., "Cassini Imaging Science: Initial Results on Phoebe and Iapetus", Science, 307, 2005, 1237 - 1242

[Porco - 2005b] Porco, C.C., et al., "Cassini Imaging Science: Initial Results on Saturn's Rings and Small Satellites", Science, 307, 2005, 1226 - 1236

[Porco - 2005c] Porco, C.C., et al., "Imaging of Titan from the Cassini Spacecraft", Nature, 434, 2005, 159 - 168

[Porco - 2005d] Porco, C.C., et al., "Cassini Imaging Science: Initial Results on Saturn's Atmosphere", Science, 307, 2005, 1243 - 1247

[Porco - 2006] Porco, C.C., et al., "Cassini Observes the Active South Pole of Enceladus", Science, 311? 2006, 1393 - 1401

[Porco - 2007] Porco, C.C., et al. "Saturn's Small Inner Satellites: Clues to Their Origins", Science, 318, 2007, 1602 - 1607

[Porco - 2008] Porco, C., "The Restless World of Enceladus", Scientific American, December 2008, 52 - 63

[Postberg - 2008] Postberg, F., et al., "The E - Ring in the Vicinity of Enceladus II. Probing the Moon's Interior - The Composition of E - Ring Particles", Icarus, 193, 2008, 438 - 454

[Postberg - 2009] Postberg, F., et al., "Sodium Salts in E - Ring Ice Grains from an Ocean below the Surface of Enceladus", Nature, 459, 2009, 1098 - 1101

[Postberg - 2011] Postberg, F., et al., "A Salt - Water Reservoir as the Source of a Compositionally Stratified Plume on Enceladus", Nature, 474, 2011, 620 - 622

[Poulet - 2005] Poulet, F., et al., "Phyllosilicates on Mars and Implications for Early Martian Climate", Nature, 438, 2005, 623 - 627

[Poulet - 2008] Poulet, F., et al., "Abundance of Minerals in the Phyllosilicate - Rich Units on Mars", Astronomy & Astrophysics, 487, 2008, L41 - L44

[Powell - 2003] Powell, J.W., "Symbolic Mars", Spaceflight, September 2003, 364 - 365

[Price - 2000] Price, H., et al., "Mars Sample Return Spacecraft Systems Architecture", paper presented at the 2000 IEEE Aerospace Conference, March 18 - 25, 2000, Big Sky, Montana

[Pryor - 2008] Pryor, W., et al., "Radiation Transport of Heliospheric Lyman - a from Combined Cassini and Voyager Data Sets", Astronomy & Astrophysics, 491, 2008, 21 - 28

[Pryor - 2011] Pryor, W.R., et al., "The Auroral Footprint of Enceladus on Saturn", Nature, 472, 2011, 331 - 333

[Pullan - 2004] Pullan, D., et al., "Beagle 2: the Exobiological Lander of Mars Express", Noordwijk, ESA SP - 1240, August 2004, 165 - 204

[Racca - 1998] Racca, G.D., Whitcomb, G.P., Foing, B.H., "The SMART - 1 Mission", ESA Bulletin, 95, 1998, 72 - 81

[Rapp - 1996] Rapp, D., et al., "The Suess - Urey Mission (Return of Solar Matter to Earth)", Acta Astronautica, 39, 1996, 229 - 238

[Ratcliff - 1992] Ratcliff, P.R., et al., "The Cosmic Dust Analyser", Journal of the British Interplanetary Society, 45, 1992, 375 - 380

[Rayman - 1999] Rayman, M.D., et al., "Results from the Deep Space 1 Technology Validation Mission", paper presented at the L Congress of the International Astronautical Federation, Amsterdam, 1999

[Rayman - 2000] Rayman, M.D., Varghese, P., "The Deep Space 1 Extended Mission", paper presented at the LI Congress of the International Astronautical Federation，Rio de Janeiro，2000

［Rayman – 2002a］Rayman，M.D.，"The Deep Space 1 Extended Mission：Challenges in Preparing for an Encounter with Comet Borrelly"，Acta Astronautica，51，2002，507 – 516

［Rayman – 2002b］Rayman，M.D.，"The Successful Conclusion of the Deep Space 1 Mission：Important Results without a Flashy Title"，paper presented at the LIII Congress of the International Astronautical Federation，Houston，2002

［Read – 2009］Read，P.L.，Dowling，T.E.，Schubert，G.，"Saturns Rotation Period from its Atmospheric Planetary – Wave Configuration"，Nature，460，2009，608 – 610

［Read – 2011］Read，P.，"Storm – Clouds Brooding on Towering Heights"，Nature，475，2011，44 – 45

［Reeves – 2005］Reeves，G.，Neilson，T.，"The Mars Rover Spirit FLASH Anomaly"，paper presented at the 2005 IEEE Aerospace Conference

［Reichhardt – 1999］Reichhardt，T.，"The One – Pound Problem"，Air & Space Smithsonian，October/November 1999，50 – 57

［Reichhardt – 2000］Reichhardt，T.，"Doubts and Uncertainties Slow NASA's Schedule"，Nature，405，2000，4

［Reisenfeld – 2005］Reisenfeld，D.B.，et al.，"The Genesis Mission Solar Wind Samples：Collection Times，Estimated Fluences and Solar – Wind Conditions"，paper presented at the XXXVI Lunar and Planetary Science Conference，Houston，2005

［Reynolds – 2001］Reynolds，E.，et al.，"The Use of Hibernation Modes for Deep Space Missions as a Method to Lower Mission Operation Costs"，paper presented at the 15th annual AIAA/USU Conference on Small Satellites，August 2001

［Richter – 2001］Richter，I.，et al.，"First Direct Magnetic Field Measurements of an Asteroidal Magnetic Field：DS1 at Braille"，Geophysical Research Letters，28，2001，1913 – 1916

［Riedel – 2000］Riedel，J.E.，et al.，"Using Autonomous Navigation for Interplanetary Missions：The Validation of Deep Space 1 AutoNav"，paper presented at the IV IAA International Conference on Low – Cost Planetary Missions，Laurel，2 – 5 May 2000

［Rieder – 2004］Rieder，R.，et al.，"Chemistry of Rocks and Soils at Meridiani Planum from the Alpha Particle X – ray Spectrometer"，Science，306，2004，1746 – 1749

［Rieke – 2006a］Rieke，G.H.，"The Last of the Great Observatories：Spitzer and the Era of Faster，Better，Cheaper at NASA"，Tucson，University of Arizona Press，2006

［Rieke – 2006b］ibid.，119

［Rodriguez – 2009a］Rodriguez，S.，et al.，"Cassini/VIMS hyperspectral observations of the HUYGENS landing site on Titan"，arXiv astro – ph/0906.5476 preprint

［Rodriguez – 2009b］Rodriguez，S.，et al.，"Global Circulation as the Main Source of Cloud Activity on Titan"，Nature，459，2009，678 – 682

［Ryne – 2004］Ryne，M.，Nandi，S.，"Nozomi Earth Swingby Orbit Determination"，Paper AAS 04 – 131

［Saito – 2006］Saito，J.，et al.，"Detailed Images of Asteroid 25143 Itokawa from Hayabusa"，Science，312，2006，1341 – 1344

［Sanchez – Lavega – 1989］Sanchez – Lavega，A.，"Saturn's Great White Spots"，Sky & Telescope，August 1989，141 – 143

［Sanchez － Lavega － 2005］Sanchez － Lavega，A.，"How Long Is the Day on Saturn?"，Science，307，2005，1223 － 1224

［Sanchez － Lavega － 2011］Sanchez － Lavega，A.，et al.，"Deep Winds beneath Saturn's Upper Clouds from a Seasonal Long － Lived Planetary － Scale Storm"，Nature，475，2011，71 － 77

［Sandford － 2006］Sandford，S.A.，et al.，"Organics Captured from Comet 81P/Wild 2 by the Stardust Spacecraft"，Science，314，2006，1720 － 1724

［Sanford － 1992］Sanford，M.C.W.，"The Cassini/Huygens Mission and the Scientific Involvement of the United Kingdom"，Journal of the British Interplanetary Society，45，1992，355 － 358

［Sasaki － 1999］Sasaki，S.，et al.，"Initial Results of Mars Dust Counter(MDC)on Board Nozomi: Leonids Encounter"，paper presented at the XXX Lunar and Planetary Science Conference，Houston，1999

［Sasaki － 2005］Sasaki，S.，et al.，"Summary of Observation of Interplanetary and Interstellar Dust by Mars Dust Counter on Board Nozomi"，paper presented at the Workshop on Dust in Planetary Systems，Kaua'i，September 2005

［Saunders － 2004］Saunders，R.S.，et al.，"2001 Mars Odyssey Mission Summary"，Space Science Reviews，110，2004，1 － 36

［Schaller － 2006］Schaller，E.L.，et al.，"A Large Cloud Outburst at Titan's South Pole"，Icarus，182，2006，224 － 229

［Schaller － 2009］Schaller，E.L.，"Storms in the Tropics of Titan"，Nature，460，2009，873 － 875

［Schipper － 2006］Schipper，A.M.，Lebreton，J.-P.，"The Huygens Probe － Space History in Many Ways"，Acta Astronautica，59，2006，319 － 334

［Schmidt － 1998］Schmidt，R.，et al.，"The Mars Express Mission Concept － A New Management Approach"，ESA Bulletin，95，1998，66 － 71

［Schmidt － 1999］Schmidt，R.，et al.，"ESA's Mars Express Mission － Europe on Its Way to Mars"，ESA Bulletin，98，1999，56 － 66

［Schmidt － 2010］Schmidt，F.，et al.，"Sublimation of the Martian CO2 Seasonal South Polar Cap"，arXiv preprint astro － ph/1003.4453vl

［Schneider － 2012］Schneider，T.，et al.，"Polar Methane Accumulation and Rainstorms on Titan from Simulations of the Methane Cycle"，Nature，481，2012，58 － 61

［Schultz － 2007］Schultz，P.H.，"Hidden Mars"，Science，318，2007，1080 － 1081

［Schwochert － 1997］Schwochert，M.，"Stardust Navigation Camera Instrument Description Document"，JPL Document SD － 74000 － 100，30 June 1997

［Science － 2008］"Cooking up the Solar System from the Right Ingredients"，Science，319，2008，1756

［Scotti － 1998］"Fleeting Expectations: The Tale of an Asteroid"，Sky & Telescope，July 1998，30 － 34

［Sears － 2004］Sears，D.，et al.，"The Hera Mission: Multiple Near － Earth Asteroid Sample Return"，Advances in Space Research，34，2004，2270 － 2275

［Sekanina － 2004］Sekanina，Z.，et al.，"Modeling the Nucleus and Jets of Comet 81P/Wild 2 Based on the Stardust Encounter Data"，Science，304，2004，1769 － 1774

［Sekigawa － 2003］Sekigawa，E.，Mecham，M.，"Pick up Bits"，Aviation Week & Space Technology，19 May 2003，40 － 41

［Selsis － 2005］Selsis，F.，et al.，"A Martian Meteor and its Parent Comet"，Nature，435，2005，581

［Shemansky - 2005］Shemansky, D.E., et al., "The Cassini UVIS Stellar Probe of the Titan Atmosphere", Science, 308, 2005, 978 - 982

［Shiibashi - 2010］Shiibashi, K., "Back to Base", Aviation Week & Space Technology, 28 June 2010, 31 - 32

［Shirley - 1999］Shirley, D.L., "Touching Mars: 1998 status of the Mars Robotic Exploration Program", Acta Astronautica, 45, 1999, 249 - 265

［Showalter - 2005］Showalter, M. R., "Saturn's Strangest Ring Becomes Curiouser and Curiouser", Science, 310, 2005, 1287 - 1288

［Showman - 2009］Showman, A.P., "Windy clues to Saturn's spin", Nature, 460, 2009, 582

［Sims - 2004a］Sims, M.R.(ed.), "Beagle 2 Mars: Lessons Learned", University of Leicester, 2004

［Sims - 2004b］Sims, M.R.(ed.), "Beagle 2 Mars: Mission Report", University of Leicester, 2004

［Smith - 1994］Smith, B. A., "U.S./Russian Flights to Planets Discussed", Aviation Week & Space Technology, 20 June 1994, 60

［Smith - 1997a］Smith, B. A., "Cassini Readied for Marathon Mission", Aviation Week & Space Technology, 5 May 1997, 42 - 45

［Smith - 1997b］Smith, B. A., "Cassini Team Refines Science Sequences", Aviation Week & Space Technology, 5 May 1997, 45 - 47

［Smith - 1998］Smith, J.C., "Description of Three Candidate Cassini Satellite Tours", paper AAS 98 - 106

［Smith - 2000］Smith, B.A., "NASA Weighs Mission Options", Aviation Week & Space Technology, 11 December 2000, 54 - 59

［Smith - 2001a］Smith, P.H., et al., "The MVACS Surface Stereo Imager on Mars Polar Lander", Journal of Geophysical Research, 106, 2001, 17589 - 17607

［Smith - 2001b］Smith, B.A., "Odyssey Goes On Despite Glitch", Aviation Week & Space Technology, 27 August 2001, 31

［Smith - 2002a］Smith, J.C., Bell, J.L., "2001 Mars Odyssey Aerobraking", paper AIAA 2002 - 4532

［Smith - 2002b］Smith, B. A., "Mars Odyssey Poised to Deploy GRS Boom", Aviation Week & Space Technology, 20 May 2002, 65

［Smith - 2003］Smith, N.G., et al., "Genesis - The Middle Years", paper presented at the 2003 IEEE Aerospace Conference, March 8 - 15, 2003

［Smith - 2004］Smith, M.D., et al., "First Atmospheric Science Results from the Mars Exploration Rovers Mini - TES", Science, 306, 2004, 1750 - 1753

［Smrekar - 1999］Smrekar, S., et al., "Deep Space 2: the Mars Microprobe Mission", Journal of Geophysical Research, 104, 1999, 27,013 - 27,030

［Soderblom - 2000a］Soderblom, L. A., et al., "Miniature Integrated Camera Spectrometer (MICAS) Validation Report", paper presented at the Deep Space 1 Technology Validation Symposium, Pasadena, 2000

［Soderblom - 2000b］Soderblom, L.A., "New Short - Wavelength Infrared Spectra of Mars(1.3 to 2.5 mm) from the Miniature Integrated Camera Spectrometer(MICAS)on Deep Space1 ", paper presented at the ⅩⅩⅪ Lunar and Planetary Science Conference, Houston, 2000

［Soderblom - 2001］Soderblom, L.A., Yelle, R.V., "Near - Infrared Reflectance Spectroscopy of Mars(1.4

to 2. 6 mm) from the Deep Space 1 Miniature Integrated Camera Spectrometer (MICAS)", paper presented at the ⅩⅩⅩⅦ Lunar and Planetary Science Conference, Houston, 2001

[Soderblom - 2002] Soderblom, L. A., et al., "Observations of Comet 19P/Borrelly by the Miniature Integrated Camera and Spectrometer Aboard Deep Space 1", Science, 296,2002, 1087 - 1091

[Soderblom - 2004a] Soderblom, L.A., et al., "Imaging Borrelly", Icarus, 167, 2004, 4 - 15

[Soderblom - 2004b] Soderblom, L.A., et al., "Short Wavelength Infrared(1.3 - 2.6 mm) Observations of the Nucleus of Comet 19P/Borrelly", Icarus, 167, 2004, 100 - 112

[Soderblom - 2004c] Soderblom, L. A., et al., "Soils of Eagle Crater and Meridiani Planum at the Opportunity Rover Landing Site", Science, 306, 2004, 1723 - 1726

[Soderblom - 2007a] Soderblom, L.A., et al., "Topography and Geomorphology of the Huygens Landing Site on Titan", Planetary and Space Science, 55, 2007, 2015 - 2024

[Soderblom - 2007b] Soderblom, L.A., et al., "Correlations between Cassini VIMS Spectra and RADAR SAR Images: Implications for Titan's Surface Composition and the Character of the Huygens Probe Landing Site", Planetary and Space Science, 55, 2007, 2025 - 2036

[Soderblom - 2009] Soderblom, L.A., et al., "The Geology of Hotei Regio, Titan: Correlation of Cassini VIMS and RADAR", Icarus, 204, 2009, 610 - 618

[Sohl - 2010] Sohl, F., "Revealing Titan's Interior", Science, 327, 2010, 1338 - 1339

[Somma - 2008] Somma, R., "Some Recent Results from the Cassini Titan Radar Mapper", Journal of the British Interplanetary Society, 61, 2008, 295 - 299

[Soobiah - 2005] Perrier, S., et al., "Observations of Magnetic Anomaly Signatures in Mars Express ASPERA - ELS Data", presentation to the 1st Mars Express Science Conference, Noordwijk, 2005

[Sotin - 2005] Sotin, C., et al., "Release of Volatiles from a Possible Cryovolcano from Near - Infrared Imaging of Titan", Nature, 435,2005,786 - 789

[Sotin - 2007] Sotin, C., "Titan's Lost Seas Found", Nature, 445, 2007, 29 - 30

[Sotin - 2008] Sotin, C., Tobie, G., "Titan's Hidden Ocean", Science, 319, 2008, 1629 - 1630

[Southwood - 1992] Southwood, D. J., Balogh, A., Smith, E. J., "Dual Technique Magnetometer Experiment for the Cassini Orbiter Spacecraft", Journal of the British Interplanetary Society, 45, 1992, 371 - 374

[Spaceflight - 1992] "A Minor Planet with a Tail", Spaceflight, October 1992, 315

[Spahn - 2006a] Spahn, F., Sclunidt, J., "Saturn's Bared Mini - Moons", Nature, 440, 2006, 614 - 615

[Spahn - 2006b] Spahn, F., et al., "Cassini Dust Measurements at Enceladus and Implications for the Origin of the E Ring", Science, 311,2006, 1416 - 1417

[Sparaco - 1996] Sparaco, P., "Huygens Planetary Probe Set for Titan Landing in 2004", Aviation Week & Space Technology, 9 December 1996, 77 - 80

[Spencer - 2006] Spencer, J.R., et al., "Cassini Encounters Enceladus: Background and the Discovery of a South Polar Hot Spot", Science, 311, 2006, 1401 - 1405

[Spencer - 2010] Spencer, J.R., et al., "Formation of Iapetus' Extreme Albedo Dichotomy by Exogenically Triggered Thermal Ice Migration", Science, 327, 2010, 432 - 435

[Spilker - 2010] Spilker, L., "Cassini - Huygens Solstice Mission", White paper for the Solar System Decadal Survey 2013 - 2023

［Spitale - 2006］Spitale，J. N.，et al.，"The Orbits of Saturn's Small Satellites Derived from Combined Historic and Cassini Imaging Observations"，The Astronomical Journal，132，2006，692 - 710

［Spitale - 2007］Spitale，J. N.，Porco，C. C.，"Association of the Jets of Enceladus with the Warmest Regions on its South - Polar Fractures"，Nature，449，2007，695 - 697

［Spitale - 2009］Spitale，J. N.，Porco，C. C.，"Detection of Free Unstable Modes and Massive Bodies in Saturn's Outer B Ring"，arXiv astro - ph/0912.3489 preprint

［Sprague - 2004］Sprague，A. L.，et al.，"Mars' South Polar Ar Enhancement：A Tracer for South Polar Seasonal Meridional Mixing"，Science，306，2004，1364 - 1367

［Squyres - 2004a］Squyres，S. W.，et al.，"The Opportunity Rover's Athena Science Investigation at Meridiani Planum"，Science，306，2004，1698 - 1703

［Squyres - 2004b］Squyres，S. W.，et al.，"In Situ Evidence for an Ancient Aqueous Environment at Meridiani Planum，Mars"，Science，306，2004，1709 - 1714

［Squyres - 2004c］Squyres，S. W.，et al.，"The Spirit Rover's Athena Science Investigation at Gusev Crater，Mars"，Science，305，2004，794 - 799

［Squyres - 2005a］Squyres，S.，"Roving Mars"，New York，Hyperion，42 - 53

［Squyres - 2005b］ibid.，71 - 72

［Squyres - 2005c］ibid.，73 - 85

［Squyres - 2005d］ibid.，86 - 93

［Squyres - 2005e］ibid.，120 - 141

［Squyres - 2005f］ibid.，237 - 287

［Squyres - 2005g］ibid.，288 - 321

［Squyres - 2005h］ibid.，322 - 329

［Squyres - 2005i］ibid.，350 - 378

［Squyres - 2005j］ibid.，329 - 349

［Squyres - 2006］Squyres，S. W.，et al.，"Two Years at Meridiani Planum：Results from the Opportunity Rover"，Science，313，2006，1403 - 1407

［Squyres - 2007］Squyres，S. W.，et al.，"Pyroclastic Activity at Home Plate in Gusev Crater，Mars"，Science，316，2007，738 - 742

［Squyres - 2008］Squyres，S. W.，et al.，"Detection of Silica - Rich Deposits on Mars"，Science，320，2008，1063 - 1067

［Squyres - 2009］Squyres，S. W.，et al.，"Exploration of Victoria Crater by the Mars Rover Opportunity"，Science，324，2009，2058 - 2061

［Sremcevic - 2007］Sremcevic，M.，et al.，"A Belt of Moonlets in Saturn's A Ring"，Nature，449，2007，1019 - 1021

［ST - 1996］"Comet Schwassmann - Wachmann 3 Breaks Up"，Sky & Telescope，March 1996，11

［ST - 1999］"Getting a Feel for Braille"，Sky & Telescope，October 1999，28

［Staehle - 1999］Staehle，R. L.，et al.，"Ice & Fire：Missions to the Most Difficult Solar System Destinations ...on a Budget"，Acta Astronautica，45，1999，423 - 439

［Stallard - 2008］Stallard，T.，et al.，"Complex Structure within Saturn's Infrared Aurora"，Nature，456，2008，214 - 217

［Stansbery‐2001］Stansbery E.K., et al., "Genesis Discovery mission: Science canister processing at JSC", paper presented at the Lunar and Planetary Science Conference XXXII, Houston, 2001

［Stansbery‐2005］Stansbery, E. K., and Genesis Recovery Processing Team, "Genesis Recovery Processing", paper presented at the XXXVI Lunar and Planetary Science Conference, Houston, 2005

［Steinberg‐2003］Steinberg, J.T., et al., "Science Rationale for Observations from a Spacecraft in a Distant Retrograde Orbit: Case Study Using Genesis", Los Alamos National Laboratory paper LA‐UR‐03‐6205

［Stephan‐2008］Stephan, T., Leitner, J., van der Bogert, C.H., "Comparing Wild 2 Matter with Halley's Dust and Interplanetary Dust Particles", paper presented at the European Planetary Science Congress, Münster, 2008

［Stephan‐2010］Stephan, K., et al., "Specular Reflection on Titan: Liquids in Kraken Mare", Geophysical Research Letters, 37, 2010, L07104

［Stiles‐2008］Stiles, B.W., et al., "Determining Titan's Spin State from Cassini RADAR Images", The Astronomical Journal, 135, 2008, 1669‐1680

［Stofan‐2007］Stofan, E.R., et al., "The Lakes of Titan", Nature, 445, 2007, 61‐64

［Stofan‐2008］Stofan, E.R., "Varied Geologic Terrains at Titan's South Pole: First Results from T39", paper presented at the Lunar and Planetary Science Conference XXXIX, Houston, 2008

［Strange‐2002］Strange, N.J., Goodson, T.D., Habn, Y., "Cassini Tour Redesign for the Huygens Mission", paper presented at the AIAA Astrodynamics Specialist Conference, Monterey, August 2002

［Strange‐2002］Strange, N.J., Goodson, T.D., Habn, Y., "Cassini Tour Redesign for the Huygens Mission", paper presented at the AIAA Astrodynamics Specialist Conference, Monterey, August 2002

［Suess‐1956］Suess H.E., Urey H.C., "Abundances of the elements", Reviews of Modern Physics, 28, 1956, 53‐74

［Sullivan‐2005］Sullivan, R., et al., "Aeolian Processes at the Mars Exploration Rover Meridiani Planum Landing Site", Nature, 436, 2005, 58‐61

［Tagnchi‐2000］Tagnchi, M., et al., "Ultraviolet Imaging Spectrometer(UVS)Experiment on Board the NOZOMI Spacecraft: Instrumentation and Initial Results", Earth Planets Space, 52, 2000, 49‐60

［Taverna‐1997］Taverna, M. A., Anselmo, J. C., "New Cooperative Spirit Bodes Well for Mars Exploration", Aviation Week & Space Technology, 13 October 1997, 24‐25

［Taverna‐1999a］Taverna, M.A., "Microsats to Back Up Sample Return Missions", Aviation Week & Space Technology, 15 February 1999, 22‐23

［Taverna‐1999b］Taverna, M.A., "U.K.Funding Boost Mars Lander Project", Aviation Week & Space Technology, 16 Augnst 1999, 22‐23

［Taverna‐2000a］Taverna, M.A., "Europe Targets 2003 Mars Touchdown", Aviation Week & Space Technology, 11 December 2000, 71‐75

［Taverna‐2000b］Taverna, M.A., "ESA Firms up Mars Lander Project, Explores Role in 2005 Mission", Aviation Week & Space Technology, 27 November 2000, 45

［Taverna‐2000c］Taverna, M.A., "Europe to Have Major Sample Return Role", Aviation Week & Space Technology, 11 December 2000, 60‐63

［Taverna‐2004］Taverna, M.A., "Mars in 3D", Aviation Week and Space Technology, 2 February 2004,

38 - 39

［Taylor - 1999］Taylor，F. W.，Calcutt，S. B.，Vellacott，T.，"An Experimental Investigation into the Present - Day Climate of Mars：the PMIRR Experiment on the Mars Climate Orbiter".In：Hiscox，J.H. (ed.)，"The Search for life on Mars"，London，British Interplanetary society，1999，89 - 92

［Taylor - 2005］Taylor，J.，et al.，"Mars Exploration Rover Telecommunications"，JPL DESCANSO Design and Performance Summary Series，Article 10，October 2005

［Teolis - 2010］Teolis，B.D.，et al.，"Cassini Finds an Oxygen - Carbon Dioxide Atmosphere at Saturn's Icy Moon Rhea"，Science，330，2010，1813 - 1815

［Thomas - 2007］Thomas，P.C.，et al.，"Hyperion's sponge - like appearance"，Nature，448，2007，50 - 53

［Tiscareno - 2006］Tiscareno，M. S. et al.，"100 - Metre - Diameter Moonlets in Saturn's A Ring from Observations of 'Propeller' Structures"，Nature，440，2006，648 - 650

［Tiscareno - 2007］Tiscareno，M.S.，"Ringworld Revelations"，Sky & Telescope，February 2007，32 - 39

［Tiscareno - 2010］Tiscareno，M.S.，et al.，"Physical Characteristics and Non - Keplerian Orbital Motion of 'Propeller' Moons Embedded in Saturn's Rings"，Astrophysical Journal Letters，718，2010，L92 - L96

［Titus - 2003］Titus，T.N.，et al.，"Exposed Water Ice Discovered Near the South Pole of Mars"，Science，299，2003，1048 - 1051

［Tokadoro - 1999］Tokadoro，H.，et al.，"Nozomi Transmars Orbit".In：Proceedings of the 8th Workshop on Astrodynamics and Flight Mechanics，ISAS，1999

［Tokano - 2006］Tokano，T.，et al.，"Methane Drizzle on Titan"，Nature，442，2006，432 - 435

［Tokar - 2006］Tokar，R.L.，et al.，"The Interaction of the Atmosphere of Enceladus with Saturn's Plasma"，Science，311，2006，1409 - 1412

［Tokar - 2012］Tokar，R.L.，et al.，"Detection of exospheric O2+ at Saturn's moon Dione"，Geophysical Research Letters，39，2012，L03105

［Tomasko - 1997］Tomasko，M.G.，et al.，"The Descent Imager/Spectral Radiometer（DISR）Aboard Huygens".In："Huygens：Science，Payload and Mission"，Noordwijk，ESA，1997，109 - 138

［Tomasko - 2005］Tomasko，M.G.，et al.，"Rain，Winds and Haze During the Huygens Probe's Descent to Titan's Surface"，Nature，438，2005，765 - 778

［Tortora - 2004］Tortora，P.，et al.，"Precise Cassini Navigation During Solar Conjunctions Through Mnltifrequency Plasma Calibrations"，Journal of Guidance，Control，and Dynamics，27，2004，251 - 257

［Towner - 2000］Towner，M.C.，et al.，"The Beagle 2 Environmental Sensors：Instrument Measurements and Capabilities"，paper presented at the XXXI Lunar and Planetary Science Conference，Houston，2000

［Tsou - 1993］Tsou，P.，Brownlee，D.E.，Albee，A.L.，"Intact Capture of Hypervelocity Particles on Shuttle"，paper presented at the XXIV Lunar and Planetary Science Conference，Houston，1993

［Tsou - 2004］Tsou，P.，et al.，"Stardust Encounters Comet 81P/Wild 2"，Journal of Geophysical Research，109，2004

［Tsuchiyama - 2011］Tsuchiyama，A.，et al.，"Three - Dimensional Structure of Hayabusa Samples：Origin and Evolution of Itokawa Regolith"，Science，333，2008，1125 - 1128

［Tsurutani - 2004］Tsurutani，B.T.，et al.，"Plasma Clouds Associated with Comet P/Borrelly Dust Impacts"，Icarus，167，2004，89 - 99

[Turtle – 2009] Turtle, E.P., et al., "Cassini Imaging of Titan's High – Latitude Lakes, Clouds,and South – Polar Surface Changes", Geophysical Research Letters, 36, 2009, L02204

[Turtle – 2011] Turtle, E.P., et al., "Rapid and Extensive Surface Changes Near Titan's Equator: Evidence of April Showers", Science, 331,2011, 1414 – 1417

[Tuzzolino – 2004] Tuzzolino, A.J., et al., "Dust Measurements in the Coma of Comet 81P/Wild 2 by the Dust Flux Monitor Instrument", Science, 304, 2004, 1776 – 1780

[Tytell – 2004] Tytell, D., "NASA's Ringmaster", Sky & Telescope, November 2004, 38 – 42

[Tytell – 2006] Tytell, D., "Mars Polar Lander Still Missing", Sky & Telescope, January 2006,22

[Veazey – 2004] Veazey, G.R., "Recovery System Explained", Aviation Week & Space Technology, 8 November 2004, 6

[Verbiscer – 2009] Verbiscer, A.J., Skrotskie, M.P., Hamilton, D.P., "Saturn's Lagest Ring", Nature, 461, 2009, 1098 – 1100

[Veverka – 1999] Veverka, J., Yeomans, D.K., "Comet Nucleus Tour(CONTOUR) A Mission to Study the Diversity of Comet Nuclei", paper presented at the Torino Impact Workshop,June 1999

[Veverka – 2011] Veverka, J., et al., "Return to Comet Tempel 1: Results from Stardust – NExT", paper presented at the European Planetary Science Congress, Nantes, 2011

[Volpe – 2000] Volpe, R., et al., "Technology Development and Testing for Enhanced Mars Rover Sample Return Operations", paper presented at the 2000 IEEE Aerospace Conference, March 18 – 25, 2000, Big Sky, Montana

[Waite – 2005a] Waite, J.H.Jr., et al., "Oxygen Ions Observed Near Saturn's A Ring", Science,307, 2005, 1260 – 1262

[Waite – 2005b] Waite, J.H.Jr., et al., "Ion Neutral Mass Spectrometer Results from the First Flyby of Titan", Science, 308, 2005, 982 – 986

[Waite – 2006] Waite, J.H.Jr., et al., "Cassini Ion and Neutral Mass Spectrometer: Enceladus Plume Composition and Structure", Science, 311, 2006, 1419 – 1422

[Waite – 2007] Waite, J.H.Jr., et al., "The Process of Tholin Formation in Titan's Upper Atmosphere", Science, 316, 2007, 870 – 875

[Waite – 2009] Waite, J.H.Jr., et al., "Liquid Water on Enceladus from Observations of Ammonia and 40Ar in the Plume", Nature, 460, 2009, 487 – 490

[Wald – 2009] Wald, C., "In Dune Map, Titan's Winds Seem to Blow Backward", Science, 323, 2009, 1418

[Waller – 2003] Waller, W.H., "NASA's Space Infrared Telescope Facility: Seeking Warmth in the Cosmos", Sky & Telescope, February 2003, 42 – 48

[Wang – 2000] Wang, J., et al., "Deep Space One Investigations of Ion Propulsion Plasma Environment", Journal of Spacecraft and Rockets, 37,2000, 545 – 555

[Warwick – 2000] Warwick, G., "Overload Caused Mars Failures", Flight International, 11 April 2000, 41

[Watters – 2006] Watters, T.R., et al., "MARSIS Radar Sounder Evidence of Buried Basins in the Northern Lowlands of Mars", Nature, 444, 2006, 905 – 908

[Watters – 2007] Watters, T.R., et al., "Radar Sounding of the Medusae Fossae Formation Mars: Equatorial Ice or Dry, Low – Density Deposits?", Science, 318, 2007, 1125 – 1128

［West - 2005］West, R.A., et al., "No Oceans on Titan from the Absence of a Near - Infrared Specular Reflection", 436, 2005, 670 - 672

［Westphal - 2010］Westphal, A.J., et al., "Analysis of 'Midnight' Tracks in the Stardust Interstellar Dust Collector: Possible Discovery of a Contemporary Interstellar Dust Grain", paper presented at the XXXXI Lunar and Planetary Science Conference, Houston, 2010

［Westwick - 2007］Westwick, P.J., "Into the Black: JPL and the American Space Program 1976 - 2004", New Haven, Yale University Press, 2007, 276 - 279

［Whipple - 1950］Whipple, F.L., "A Comet Model. I. The Acceleration of Comet Encke", the Astrophysical Journal, 111, 1950, 375 - 394

［Wilcox - 2000a］Wilcox, B.H., Jones, R.M., "The MUSES - CN Nanorover Mission and Related Technology", paper presented at the 2000 IEEE Aerospace Conference

［Wilcox - 2000b］Wilcox, B.H., "A Miniature Mars Ascent Vehicle", paper presented at the Workshop on Concepts and Approaches for Mars Exploration, July 18 - 20, 2000, Houston, Texas

［Willner - 2008］Willner, K., et al., "New Astrometric Observations of Phobos with the SRC on Mars Express", Astronomy & Astrophysics, 488, 2008, 361 - 364

［Wilson - 2002］Wilson, R., "Genesis: Mission Design and Operations", paper presented at the conference on Libration Points and Applications, June 10 - 14, 2002

［Wilson - 2004］Wilson, R.S., Barden, B.T., Chung, M.-K.J., "Trajectory Design for the Genesis Backup Orbit and Proposed Extended Mission", paper AAS 04 - 227

［Withcomb - 1988］Withcomb, G.P., Corradini, M., Volonre, S., "The 1998 Scientific Programme Selection", ESA Bulletin, 55, 1988, 10 - 11

［Withers - 2006］Withers, P., Smith, M.D., "Atmospheric entry profiles from the Mars Exploration Rovers Spirit and Opportunity", Icarus, 185, 2006, 133 - 142

［Woerner - 1998］Woerner, D.F., "Revolutionary Systems and Technologies for Missions to the Outer Planets", paper presented at the Second IAA Symposium on Realistic Near - Term Advanced Scientific Space Missions, Aosta, 29 June - 1 July 1998

［Wolf - 1998］Wolf, A.A., "Incorporating Icy Satellite Flybys in the Cassini Orbital Tour", paper AAS 98 - 107

［Wolf - 2007］Wolf, A., et al., "Stardust New Exploration of Tempel - 1(NEx1)", paper presented at the Seventh IAA International Conference on Low - Cost Planetary Missions, Pasadena, 12 - 14 September 2007

［Wolff - 2005］Wolff, M.J., Smith, M.D., "Things Are Looking Up", Sky & Telescope, March 2005, 44 - 45

［Wolkenberg - 2008］Wolkenberg, P., et al., "Simultaneous observations of Martian atmosphere by PFS - MEX and Mini - TES - MER", paper presented at the European Planetary Science Congress, Münster, 200

［Wray - 2009］Wray, J.J., et al., "Phyllosilicates and Sulfates at Endeavour Crater, Meridiani Planum, Mars", Geophysical Research Letters, 36, 2009, L21201

［Yarn - 2007］Yarn, C.H., et al., "Saturn Impact Trajectories for Cassini End - of - Life", Paper AAS 07 - 257

〔Yarnakawa‐1999〕 Yarnakawa, H., "PLANET‐B Orbit Around Mars(2004 Arrival)".In:Proceedings of the 8th Workshop on Astrodynamics and Flight Mechanics, ISAS, 1999

〔Yamamoto‐1998〕 Yamamoto, Y., Tsuruda, K., "The PLANET‐B Mission", Earth Planets Space, 50, 1998, 175‐181

〔Yano‐2006〕 Yano, H., et al., "Touchdown of the Hayabusa Spacecraft at the Muses Sea on Itokawa", Science, 312, 2006, 1350‐1353

〔Yoshikawa‐2005〕 Yoshikawa, M., et al., "Summary of the Orbit Determination of NOZOMI Spacecraft for all the Mission Period", Acta Astronautica, 57, 2005, 510‐519

〔Yoshimitsu‐2006〕 Yoshimitsu, T., Kubota, T., Nakatani, I., "The opearation 〔sic〕 and scientific data of MINERVA rover in Hayabusa mission", Paper COSPAR 2006‐A‐02987

〔Young‐2004〕 Young, D.T., et al., "Solar Wind Interactions with Comet 19P/Borrelly", Icarus, 167, 2004, 80‐88

〔Young‐2005〕 Young, D.T., et al., "Composition and Dynamics of Plasma in Saturn's Magnetosphere", Science, 307, 2005, 1262‐1266

〔Zarka‐2007〕 Zarka, P., et al., "Modulation of Saturn's Radio Clock by Solar Wind Speed",Nature, 450, 2007, 265‐267

〔Zarka‐2008〕 Zarka, P., et al., "Ground‐Based and Space‐Based Radio Observations of Planetary Lightning", Space Science Reviews, 137, 2008, 257‐269

〔Zarnecki‐1992〕 Zarnecki, J.C., "Surface Science Package for the Huygens Titan Probe",Journal of the British Interplanetary Society, 45, 1992, 365‐370

〔Zarnecki‐2005〕 Zarnecki, J.C., et al., "A Soft Solid Surface on Titan as Revealed by the Huygens Surface Science Package", Nature, 438, 2005, 792‐795

〔Zebker‐2009〕 Zebker, H.A., et al., "Size and Shape of Saturn's Moon Titan", Science, 324,2009, 921‐923

〔Zinunerman‐2001〕 Zinunerman, W., Bonitz, R., Feldman, J., "Cryobot: An Ice Penetrating Robotic Vehicle for Mars and Europa.", paper presented at the 2001 IEEE Aerospace Conference, Big Sky

〔Zolensky‐2006〕 Zolensky, M.E., et al., "Mineralogy and Petrology of Comet 81P/Wild 2 Nucleus Samples", Science, 314, 2006, 1735‐1739

〔Zuber‐2003〕 Zuber, M.T., "Learning to Think Like Martians", Science, 302, 2003, 1694‐1695

〔Zubrin‐1993〕 Zubrin, R., et al., "A New MAP for Mars", Aerospace America, September 1993, 20‐24

延 伸 阅 读

➤ 图书

Godwin, R., (editor), "Deep Space: The NASA Mission Reports", Burlington, Apogee, 2005

Godwin, R., (editor), "Mars: The NASA Mission Reports Volume 2", Burlington, Apogee, 2004

Kelly Beatty, J., Collins Petersen, C., Chaikin, A. (editors), "The New Solar System", 4th edition, Cambridge University Press, 1999

Shirley, J. H., Fairbridge, R. W., "Encyclopedia of Planetary Sciences", Dordrecht, Kluwer Academic Publishers, 1997

➤ 期刊

Aerospace America.

l'Astronomia (in Italian).

Aviation Week & Space Technology.

Espace Magazine (in French).

Flight International.

Novosti Kosmonavtiki (in Russian).

Science.

Scientific American.

Sky & Telescope.

Spaceflight.

➤ 网址

ESA (www.esa.int).

Jonathan's Space Home Page (planet4589.org/space/space.html).

JPL (www.jpl.nasa.gov).

Malin Space Science Systems (www.msss.com).

NASA NSSDC (nssdc.gsfc.nasa.gov).

Novosti Kosmonavtiki (www.novosti-kosmonavtiki.ru).

Space Daily (www.spacedaily.com).

Spaceflight Now (www.spaceflightnow.com).

The Planetary Society (planetary.org).

系列丛书目录

第一卷：黄金时代（1957—1982 年）

第二卷：停滞与复兴（1983—1996 年）